中国近岸海洋生态学研究与管理

Coastal Marine Ecology in China: Research and Management

丁德文　何培民　叶属峰　陈　彬　黄凌风 等　编著

上海海洋大学
自然资源部第一海洋研究所
中国生态学学会海洋生态专业委员会
自然资源部海洋生态监测与修复技术重点实验室
上海河湖生物链构建及资源化利用工程技术研究中心

科学出版社
北　京

内 容 简 介

本书针对生态文明新时代下的海洋生态学学科体系建设与发展的主题，综述了我国受人类活动影响最严重的近岸海洋生态学的发展现状与管理进展，及时反映了我国近岸海洋生态学研究与管理前沿学科的新理论和新技术。本书共5篇31章，理论与实践相结合，分别阐述了海洋生态系统生态学理论、自然海洋生态系统生态学、人类活动影响下的海洋人工生态系统、受损海洋生态系统的修复与保护、近海生态灾害暴发机制与防控等最新理论研究与实践进展。

本书可供从事海洋生态、海洋环境、海洋规划与管理等相关领域的研究人员、技术人员、管理人员及高等院校、科研院所相关专业的师生参考。

图书在版编目(CIP)数据

中国近岸海洋生态学研究与管理 / 丁德文等编著. —北京：科学出版社，2022.3

ISBN 978-7-03-070559-4

Ⅰ. ①中…　Ⅱ. ①丁…　Ⅲ. ①近海-海洋生态学-研究-中国
Ⅳ. ①Q178.53

中国版本图书馆CIP数据核字(2021)第228254号

责任编辑：朱　瑾　习慧丽 / 责任校对：何艳萍

责任印制：吴兆东 / 封面设计：无极书装

科学出版社出版

北京东黄城根北街16号

邮政编码：100717

http：//www.sciencep.com

北京中科印刷有限公司 印刷

科学出版社发行　各地新华书店经销

*

2022年3月第　一　版　开本：720×1000　1/16

2022年3月第一次印刷　印张：29

字数：585 000

定价：298.00元

（如有印装质量问题，我社负责调换）

《中国近岸海洋生态学研究与管理》

编著委员会

主　编：丁德文　何培民　叶属峰　陈　彬　黄凌风
　　　　汪华林　杨金龙　何文辉

副主编：孙　松　杨红生　安树青　吕为群　吕颂辉
　　　　黄磊昌　刘权兴　索安宁　张继红　杨　强
　　　　杜　虹　许洺山　林　军　张建恒　吴海龙

编　委：方淑波　阎恩荣　段元亮　孙景春　叶淑红
　　　　吕　芳　戴惠平　田　敏　杨　桥　管卫兵
　　　　俞炜炜　刘金林　庄旻敏　张　芳　欧林坚
　　　　张晓玲　何伟宏　安　迪　葛振鹏　王家惠
　　　　吴文广　梁　箫　汪振华　周曦杰　王　慧
　　　　李信书　吴铭轩　常玉龙　李剑平　孙盖南
　　　　刘　炜　张梅菁　赵子滔　张建琳　常佳楠
　　　　钟逸云

前　言

自2012年中国共产党第十八次全国代表大会提出“努力走向社会主义生态文明新时代”（简称“生态文明新时代”）以来，我国先后发生了与海洋生态学有关的三件大事。

一是，我国提出了生态文明思想，为海洋生态学的发展指明了服务导向。党的十八大把生态文明纳入“五位一体”的中国特色社会主义事业总体布局，将生态文明建设提到了前所未有的高度，提出建设美丽中国和走向社会主义生态文明新时代的目标。自此，生态文明建设如火如荼。海洋是国家生态文明建设全局的重要领域，海洋生态文明的核心命题在于“形成并维护人与海洋的和谐关系”，根本目标是建成“水清、岸绿、滩净、湾美、物丰、人悦”的美丽海洋。海洋强国建设与海洋经济高质量发展，都离不开陆海统筹下的海洋生态文明建设。海洋生态文明建设深深植根于科学，以海洋生态学为学科基础。

二是，我国重新划分了生态学二级学科方向，为海洋生态学学科体系设置奠定了科学基础。自2011年国务院学位委员会将生态学升级为一级学科后，生态学在我国自然科学发展中的地位不断得到提升。2018年6月5日，国务院学位委员会生态学科评议组在北京宣布，对生态学科的二级学科方向重新划分，由7个二级学科方向(动物生态学、植物生态学、微生物生态学、生态系统生态学、景观生态学、修复生态学、可持续生态学)构成新的学科体系，改变了原先3个二级学科方向(生态科学、生态工程、生态管理)的学科体系，这将深刻影响未来生态学的科研与教育，生态学的“上位”显然加速了学科的发展，在全国高校中，生态学的受欢迎程度大大提高。

三是，新一轮国家深化改革为新时代海洋生态学的发展提供了强有力的组织和制度保障。2018年3月，十三届全国人大一次会议审议批准了《国务院机构改革方案》，一场国家治理的深刻变革——第八轮机构改革大幕由此拉开，采用大部制改革方式，组建自然资源部、生态环境部、农业农村部、应急管理部等，海洋领域转向以资源开发、生态保护、水环境治理为核心的三重管理模式。2019年10月，党的十九届四中全会审议通过了《中共中央关于坚持和完善中国特色社会主义制度、推进国家治理体系和治理能力现代化若干重大问题的决定》。这些均为构建我国海洋自然资源管理新模式、推进海洋治理体系和治理能力现代化提供了强有力的保障。

我们不禁要问：生态文明新时代下的海洋生态学，其学科设置与发展定位是什么？在我国“双一流”涉海高校中，海洋生态学学科体系该如何设置和建设，才能科学地支撑构建以生态系统的海岸带资源管理、生态保护、水环境治理为核心的管理新模式？才能更好地履行海洋自然资源管理的“两统一”职责，推进海洋治理体系和治理能力现代化？才能最终服务于海洋强国建设和海洋经济高质量发展？基于以上考虑，在丁德文院士的倡议下，2019 年 4 月 27～28 日，上海海洋大学、自然资源部第一海洋研究所、中国生态学学会海洋生态专业委员会、自然资源部海洋生态监测与修复技术重点实验室联合在上海海洋大学召开了现代海洋生态学学科体系建设高峰论坛，会上来自海洋领域的 18 位海洋生态学专家先后做了专题报告，纵论我国海洋生态学的发展现状、管理进展与新时代学科体系构建。本书就是这次会议的成果之一。

海洋没有大到不会毁灭，也没有大到不能修复，只是大到无法忽视[①]。海洋对我们居住的这个蓝色星球、人类社会生存和发展都至关重要。海洋不需要人类，但人类却离不开海洋，迄今累积性人类活动对全球海洋生态系统的影响已不容忽视。据报道，全球 41%的海域受到 17 种不同人类活动的强烈影响，近岸海域是受人类活动影响最严重的区域[②]。《中国近岸海洋生态学研究与管理》全书共分 31 章，按人类活动的影响程度将近岸海洋生态系统划分为自然海洋生态系统、半人工海洋生态系统和人工海洋生态系统三大类，加上生态学理论研究和海洋生态灾害特征研究两大部分，分五篇进行章节布局。具体如下：

第一篇海洋生态系统生态学研究，分 5 章。由丁德文编写开篇第 1 章，论新时代海洋人工生态系统生态学：指导思想、热点聚焦与学术前沿，提出了海洋人工生态系统生态学的指导思想、热点聚焦与学术前沿。第 2 章海洋生态管理科学研究进展，由陈彬和俞炜炜编写，从海洋生态监测、海洋生态评价、海洋空间规划和海洋生态区划、基于生态系统的海洋管理角度，系统回顾与总结了国内外海洋生态管理科学研究进展。第 3 章新时代海岸带生态学研究与管理的三点思考，由叶属峰编写，在研判新时代海岸带生态学研究与管理面临的三大新形势的基础上，针对海岸带生态屏障建设(“三屏三带”与生命共同体构建)、海岸带生态修复(新时代生态文明建设的重要使命)、新时代海岸带生态工程(生命共同体的可持续设计)提出了三点深入思考。第 4 章人工生态系统生态学视野下的海岸带利用规划研究，由黄磊昌等编写，阐述了“多规合一”的大背景下，如何基于人工生态系统生态学视野，深入推进海岸带利用规划，提

---

① Lubchenco J, Gaines S D. 2019. A new narrative for the ocean. Science, 364: 911-912.

② Halpern B S, Walbridgel S, Selkoe K A, et al. 2008. A global map of human impact on marine ecosystems. Scicence, 319(5865): 948-952.

Halpern B S, Frazier M, Potapenko J, et al. 2015. Spatial and temporal changes in cumulative human impacts on the world's ocean. Nature Communications, 6: 7615.

出了“三观控制”“四生协调”策略，即宏观规划、中观管理和微观技术的“三观”生态控制，生活、生态、生产、生长的“四生”协调。第5章气候变化对海洋生态系统的影响机制，由何培民等编写，介绍了气候变化对海洋生态系统的重大影响，包括海洋变暖、海洋酸化、海洋低氧，并提出了应对气候变化的管理对策。

第二篇海洋自然生态系统保护，分7章，分别选择典型生态系统类型(海岸线/海岸带、滨海湿地、珊瑚礁、近海、海岛等)，开展海洋自然生态系统保护的评价方法、适应性管理及生态功能区划等研究，综述了基于自组织理论的海岸带生态系统研究进展，从生态系统视角进行战略思考。第6章海岸线生态空间完整性评价，由索安宁和丁德文编写；第7章珊瑚礁生态修复适应性管理初探，由索安宁等编写；第8章附着生物在近海生态系统中的作用，由段元亮、何文辉编写；第9章围填海对滨海湿地生态功能的影响评估——以长江三角洲和黄河三角洲为例，由安树青等编写；第10章基于自组织理论的海岸带生态系统研究进展，由葛振鹏和刘权兴编写；第11章基于植物功能性状的中国东部海岛植被区划，由许洺山、叶属峰、阎恩荣编写；第12章论大湾区建设：基于生态系统视角的战略思考，由叶属峰编写。

我国海洋牧场理念始于20世纪40年代，近几年海洋牧场概念再次成为热点，虽然海洋牧场已成为我国推进“蓝色粮仓”建设的一种典型海洋人工生态系统类型，但对其科学的深度认知与全海域的规划建设尚需深入探讨与谨慎对待。海洋牧场是基于海洋生态学原理，利用现代工程技术，充分利用自然生产力，在一定海域内营造健康的生态系统，科学养护和管理生物资源而形成的人工渔场[①]。第三篇人工生态系统——海洋牧场构建，分6章，全面介绍了我国海洋牧场系统工程规划及对其发展模式的思考。第13章海洋牧场系统工程与科技应对，由孙景春、杨红生等编写；第14章关于人工生态系统——近海养殖生态系统的养殖环境压力及综合养殖模式发展的思考，由张继红等编写；第15章海洋生态系统微要素——个体优势与群体应激，由吕为群编写；第16章生物被膜在海洋生态系统中的功能作用，由杨金龙等编写；第17章大规模海水增养殖活动对海域生态环境的影响，由林军等编写；第18章气候变化对海洋渔业资源的重大影响，由管卫兵等编写。

第四篇近海生态修复与保护，分8章。无论是从全球还是从局部来看，近海生态系统的受损情况最为严重，全球气候变化、资源过度捕捞、海运与污染是导

① 杨红生. 2017. 海洋牧场构建原理与实践. 北京：科学出版社.

致近海生态系统退化的四大关键因素[①]。人类活动是海洋生态系统适应性管理的主要调控内容，但对于近海生态系统来说，生态修复的难度很大，关键在于减小人类活动的强度，加大生态保护力度。本篇选择从生态修复与保护这个角度展开论述。第 19 章生物操纵与近海生物资源恢复，由黄凌风等编写；第 20 章大型海藻生态修复及其机制，由杜虹等编写；第 21 章江苏紫菜养殖生态修复效益研究，由吴海龙等编写；第 22 章长江口海三棱藨草湿地的生态修复：机制与效应，由方淑波等编写；第 23 章旋流自转技术在海洋生态保护中的应用，由常玉龙、汪华林等编写；第 24 章海洋油气平台生产废水处理及生态保护，由杨强等编写；第 25 章海洋假单胞菌 PF-6 胞外多糖对 Pb^{2+}、Cu^{2+}和 Cr^{6+}的吸附研究，由叶淑红和吕芳编写；第 26 章论海洋生态修复中生态文化建设的重要性，由戴惠平和田敏编写。

海洋生态灾害的频繁发生是典型近海生态系统退化的重要表征，与全球气候变化、近海富营养化加剧、渔业资源开发利用过度、滨海湿地围垦等综合因素有关。进入 21 世纪以来，我国近海海洋生态灾害逐渐上升为仅次于海洋动力灾害的第二大灾种，对沿海地区国民经济和人民生命财产造成了重大损失。第五篇近海生态灾害暴发机制与防控，分 5 章，分别论述了我国近海频繁发生的有害藻华、大型水母、绿潮、金潮等海洋生态灾害研究进展。第 27 章我国近海的有害藻华，由吕颂辉等编写；第 28 章黄海、东海大型水母暴发机制研究进展，由孙松等编写；第 29 章黄海绿潮暴发机制及预警、防控研究进展，由刘金林、何培民等编写；第 30 章我国金潮发生概况及其生态效应，由庄旻敏、张建恒等编写；第 31 章典型海洋甲藻藻毒素：结构与理化性质、毒性及其检测技术，由杨桥等编写。

本书的编写得到了自然资源部海洋生态监测与修复技术重点实验室蒋晓山、纪焕红，自然资源部北海预报中心高松，中国科学院海洋研究所张立斌、林承刚、冯颂，中国科学院南海海洋研究所、南方海洋科学与工程广东省实验室(广州)张立、岳维忠，中国科学院南海海洋研究所、中国科学院热带海洋生物资源与生态重点实验室、南方海洋科学与工程广东省实验室(广州)周卫国，中国水产科学研究院黄海水产研究所刘毅、王新萌，中国水产科学研究院东海水产研究所田晓清、樊成奇，厦门大学彭国干，南京大学张静涵、陈佳秋、王春林、张海飞、高雪芹，华东理工大学黄渊、付鹏波、卢浩、刘懿谦、代品一，暨南大学王小冬、岑竞仪、崔磊，大连工业大学王家惠、李壮、丛珊珊、李帆，汕头大学刘晓娟、毕然、邹定辉、梁宏豪，浙江海洋大学杨希、代俊，江苏省紫菜协会戴卫平，上海海洋大学竹攸汀、冯丹丹、钟威、温英、杨伟、陶燕东、厉成伟、赵萌、钟胜财、武鹏

---

① Halpern B S, Walbridge1 S, Selkoe K A, et al. 2008. A global map of human impact on marine ecosystems. Scicence, 319(5865): 948-952.

Halpern B S, Frazier M, Potapenko J, et al. 2015. Spatial and temporal changes in cumulative human impacts on the world's ocean. Nature Communications, 6: 7615.

玲、胡阳、何宁、康新宇、赵晓惠、文钦琳、符美琳、丁晓玮等科研工作者的大力支持。本书得到了上海海洋大学双一流学科建设项目、上海市科技计划项目（20DZ2250700）及上海太和水科技发展股份有限公司资助，在此一并表示感谢。

为了全面地叙述中国近岸海洋生态学发展情况及相关研究的进展，我们力求理论和实践有机结合，力求图文并茂。但是，海洋生态学学科门类繁多，不同学科发展方向的研究深度和广度不同，各章节编排结构和内容难免存在差异，加上编写时间仓促，编者水平有限，书中难免存在不足，敬请广大专家、学者及读者批评指正，并提出宝贵意见。

《中国近岸海洋生态学研究与管理》编著委员会

2020年7月

目　录

第一篇　海洋生态系统生态学研究

第二篇 海洋自然生态系统保护

第三篇　人工生态系统——海洋牧场构建

第一篇

海洋生态系统生态学研究

第 1 章　论新时代海洋人工生态系统生态学：指导思想、热点聚焦与学术前沿[①]

1.1　引　言

众所周知，我国目前已进入中国特色社会主义生态文明新时代。新时代进一步要求生态文明思想在海洋领域的实践要有新气象、新思维、新作为。2019 年 4 月 22 日为庆祝国家海洋环境监测中心成立 60 周年而举办的“新时代海洋生态环境治理形势与对策”学术研讨会，就新时代海洋生态环境研究问题做了探讨，关于现代海洋生态学学科建设问题，介绍了有关人工生态系统生态学的建设问题。本章拟以海洋牧场为例，进一步系统探讨人工生态系统的学科建设问题，主要阐明三个问题：一是海洋生态环境研究的指导思想，二是目前海洋生态环境实践的热点聚焦，三是以海洋牧场为例，阐述海洋生态环境学科的学术前沿。

1.2　海洋生态环境研究的指导思想

1.2.1　新时代期待构建中国特色海洋生态学

优良的生态环境是财富，是生产力，也是人民的希望、社会进步的反映。生态文明是中国的创造，中国是世界上率先建设生态文明的国家。海洋生态环境理论与实践是生态文明建设的科技与工程支撑，海洋生态环境研究也更需要马克思主义思想来指导，所以新时代我们期待能够构建出中国特色海洋生态学。

1.2.2　新时代生态文明建设要求海洋生态学研究理念创新与变革

第一，关于生态学科建设的指导思想。如何理解生态马克思主义，或者说中国化的马克思主义？21 世纪的马克思主义生态学的几种表现，最主要的是关于生

① 本章作者：丁德文(自然资源部第一海洋研究所，青岛 266061；中国科学院热带海洋生物资源与生态重点实验室，广州 510301；南方海洋科学与工程广东省实验室(广州)，广州 510301；中国科学院南海海洋研究所，广州 510301)。本研究获得南方海洋科学与工程广东省实验室(广州)重大专项项目“广东省海洋牧场规划、建设与管理工程技术研究”的资助。

命共同体、命运共同体、海洋命运共同体、金山银山理论、生态文明思想和海洋强国的论断，这应该是我们构建生态学科最主要的思想，因为它们是当代最集中体现生态马克思主义的指导思想。

第二，生态文明建设的新内容。2019 年 3 月 5 日召开的十三届全国人大二次会议强调，要保持加强生态文明建设的战略定力，探索以生态优先、绿色发展为导向的高质量发展新路子，加大生态系统保护力度，打好污染防治攻坚战，守护好祖国北疆这道亮丽风景线。这四句话概括了当前生态文明建设的新内容。

第三，十八大以来生态文明思想新诊断。十八大以来，生态文明思想不断丰富和完善。最近，中国社会科学院将十八大以来的生态文明思想新论断总结为：第一是在“五位一体”总体布局中的生态文明建设，第二是新时代坚持和发展中国特色社会主义的基本方略中的坚持人与自然和谐共生，第三是新发展理念中的绿色发展观，第四是三大攻坚战中的污染防治。

此外，新时代我国生态环境保护方面的法律法规逐步完善。在生态治理方面，最近国家就逐步完善生态立法提出了三项指示：第一是完善生态治理的法律体系，第二是完善社会力量的参与机制，第三是完善生态治理的监督问责机制。

在上述思想指引下，生态环境理论的研究，特别是关于所谓的范式的改变，应该提到议事日程上来。所以，我们应该将整体有机的自然观、复杂适应演化的技术观、跨学科的融合方法论、生态技术工程观、社会经济文化价值观，作为新时代生态学研究的指导理念。

1.3 目前海洋生态环境实践的热点聚焦

1.3.1 中国走进了海洋生态文明新时代

在海洋强国战略和生态文明思想的指引下，中国走进了海洋生态文明新时代。中国总体的生态环境建设包括认知、顺应、保护、管理、利用、开发、改造和建设，加在一起称为“新时代的双向运动”。这个称为中国总体的生态环境运动，在理念与实践上，均发生了翻天覆地的变化：①中国的生态环境由局部的要素、类型、点式防控向综合控制再向顶层(区域、时序)设计防控发展；②由被动承受到主动治理再到政府引导、全民参与的攻坚治理行动；③由单一的环境问题到复合的环境问题再到资源-环境-生态和人类活动“四位一体”的问题，简单地讲，就是资源养护、环境保护、生态健康、产业发展；④由解决环境的外部经济问题到经济环境双赢问题再到自然社会整体和谐问题。

这些理念，成了中国的生态文明建设和生态环境运动里最剧烈的、颠覆性的变化。这些变革，彰显了生态马克思主义在中国的创举，打破了库兹涅茨倒“U”形曲线的魔咒，用事实批驳了布朗关于中国环境的谬论，现在可以说是终结了“先污染、后治理”的发展模式，走出了一条生产、生活、生态“三生”协调的新路子，对世界环境保护也做出了新的贡献，贡献了新的智慧。所以，我们应该更好地理解当前中国的生态文明建设、中国的生态环境运动，更急需中国海洋生态学、海洋生态科技、海洋生态管理支撑。应该更加努力地使它们跟上新时代的要求，更好地作为生态文明建设的坚强科技支撑。

1.3.2　当前海洋生态环境保护建设热点工作

在当前来讲，生态环境保护特别是在海洋领域的聚焦热点工作主要有 8 项，包括海岸带 4 项和大海洋 4 项。

海岸带生态的 4 项热点聚焦如下。

(1) 海域综合整治，以渤海综合整治为代表。

(2) 流域-河口生态建设(现在国家正在酝酿)，如长江流域经济带建设和以长江口两翼一体化为核心的生态建设。

(3) 海岸带(线)生态屏障建设，以(粤港澳)大湾区、海南省、长江三角洲为代表。

(4) 岛礁生态保护，如珊瑚礁生态修复、岛礁一体化。

目前的热点，集中体现在以上四大工程代表类型，包括综合治理、河口、岸线和岛礁，比过去所提内容更加深入、更加集中。

大海洋生态的 4 项热点聚焦如下。

(1) 大洋生态系统资源养护。

(2) 极地极端条件下生态环境研究，以解决气候变化问题为主。

(3) 冷泉生态系统，以天然气水合物开采环境风险防范为主。

(4) 深渊生态系统，以模拟实验的大科学装置及现场实验为主。

目前来讲，中国海洋生态环境保护热点聚焦在以上八大类型，这些内容都是典型的代表。所以，中国生态环境新时代、中国生态环境的运动高潮应该马上到来，我们应该要积极地准备。

1.4　海洋生态环境学科的学术前沿——以海洋牧场为例

本节重点介绍海洋生态环境学科的学术前沿问题，包括学科体系、学术体系、话语体系和教材体系。通过国家自然科学基金委员会第 230 期双清论坛“现代化海洋牧场建设与发展”(2019 年 3 月 31 日至 4 月 1 日，舟山)的学习和讨论，我们更加体会到，海洋牧场最能代表人工生态系统，最能代表海洋的生态工程，也更能体现海洋的管理。因此，以海洋牧场为例，更能说清楚海洋生态环境学科的学术前沿问题。

作为海洋牧场规模化建设的“牧场运动”可上溯至朱树屏先生，已近半个世纪，而海洋牧场建设的初始“牧场理念”形成，更可追溯到20世纪40年代，但至今关于海洋牧场建设核心的“牧场思想”和“牧场理论”尚未形成。

1.4.1　海洋人工生态系统的概念范畴与逻辑体系之间的关系

如图1.1所示，首先需要说明以下两个问题。

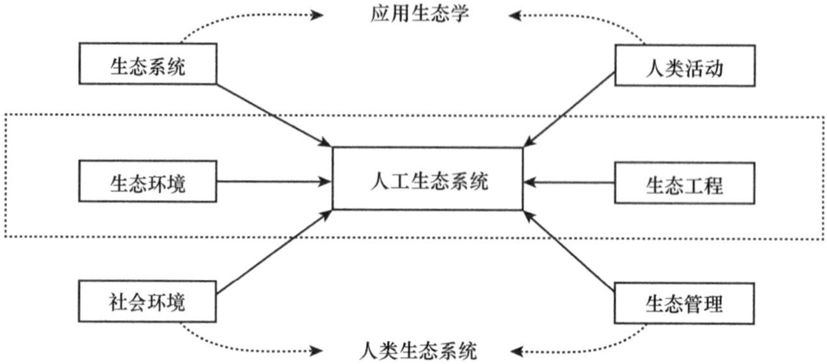

图1.1　人工生态系统的概念范畴与逻辑体系

第一，为什么人工生态系统是能够存在的，或者说，从学术理念上来讲，为什么人工生态系统是合法的。

第二，人工生态系统与国际上目前流行的人类生态系统有什么区别。

现代传统的生态学以自然生态学理论为基础，人类活动为中介，也就是所谓的应用生态学，这是一个基本研究范式。世界上是这么做的，中国基本上也在这么做。它的研究范式是自然生态系统加上人类活动等于应用生态学。

按照目前国际上的基本潮流，生态-社会-环境加上生态管理，包括生态经济、生态社会、生态文化、生态法律、生态哲学，统统加在一起，称为“人类生态系统”。

我们现在提出的“人工生态系统”概念，是以生态环境和生态工程为背景，在自然生态学的基础上，考虑人类活动与生态系统两大系统，融合形成的新系统。

人工生态系统的建立，充分地注意到美国生态学家奥德姆（Odum）以后整个生态学发展的状况。生态系统本身强调功能和对其边界确定的困难，因为系统科学是形式科学，现在国际上流行的关于学科的说法，不是自然科学和人文社会科学，而是实体科学和形式科学。实体科学包括自然科学和社会科学；形式科学就是关于组织、形式之间的科学，也称为横断科学，如系统科学及复杂性、协同性这类科学，专门提出各个研究领域里共性的形式问题，不具体研究实体问题。

奥德姆有一个学派将生态系统定义为景观实体加上系统功能。“生态环境”

一词是中国的创造，从国际上来讲，要么“生态”，要么“环境”。现在来说，中国从自然科学到人文科学，以及政治、法律条文，统统使用“生态环境”一词。按照现在的理解，“生态环境”在自然科学里包括资源、环境、生态、灾害、健康，在社会科学里包括生态难民、生态危机、生态安全，加在一起，称为生态危机防范。所以，“生态环境”这个概念是中国的一个发明，它的内涵也是综合性的。

基于上述基本概念，我们进一步介绍“人类活动”。“人类活动”的范围很大，就其关系而言，前期的社会活动称为工程技术活动，然后是社会活动、经济活动、文化活动。

“人工生态系统”强调工程技术活动。马世骏和王如松(1984)曾提出“复合生态系统”概念——自然-经济-社会系统。现在看来，还是不太确切，因为经济和社会同属于大社会系统。

世界存在的本体是自然、人和社会，它的存在论就是本体论，它的时代论是关系时代论和过程时代论。从本体论、存在论和时代论上来讲，“人工生态系统”就是生态环境的综合概念，加上生态工程技术方面的领域。也就是说，我们的研究成果只是基于马克思主义最基本的原理，对自然变化从使用价值到交换价值，只研究使用价值，交换价值应该是人类生态系统生态学的研究范畴。

1.4.2　海洋牧场的发展历程：历史与逻辑的统一

以海洋牧场为例，人工牧场是历史与逻辑的统一。海洋牧场的发展经历了天然海洋牧场、近岸海水养殖、农牧化海洋牧场(以放流、鱼礁为主)和人工生态系统海洋牧场(学科研究方向)四个发展阶段(表 1.1)。

表 1.1　海洋牧场的发展阶段：理念变革及功能扩展(历史与逻辑的统一)

发展阶段	天然海洋牧场	近岸海水养殖	农牧化海洋牧场(以放流、鱼礁为主)	人工生态系统海洋牧场
生产方式	自然生产(捕捞)	技术化人工养殖	技术生物生产	文化生物生产
学科领域	渔业生物学	养殖生物(生理)学	种群生物学	人工生态系统生态学
技术途径	渔业技术	养殖技术	牧场工程技术	生态工程技术 社会经济技术
管理模式	渔业资源管理	养殖管理	社会化生态化管理	适应性管理
代表学者	朱树屏……	曾呈奎、张福绥、唐启升、麦康森、包振民……	杨红生、陈勇、陈鹰、章守宇、张秀梅……	丁德文、张偲、龙丽娟、索安宁、高吉喜……
生态化程度			人工活动生态化 农牧化牧场寻求生态原理	生态功能工程化 生态系统寻求工程技术内生化
			自然生态系统与工程技术融合形成新系统	

第一个发展阶段是天然海洋牧场，以自然生产(捕捞)为主，利用渔业生物

学、渔业技术和渔业资源管理方法，主要代表人物是中国科学院海洋研究所的朱树屏等。

第二个发展阶段是近岸海水养殖，以技术化人工养殖为主，利用养殖生物(生理)学、养殖技术、养殖管理方法等，主要代表人物是曾呈奎、张福绥、唐启升、麦康森、包振民等。

第三个发展阶段是农牧化海洋牧场，以种群生物学、牧场工程技术、社会化生态化管理为导向，以放流、鱼礁为主，主要代表人物是杨红生、陈勇、陈鹰、章守宇、张秀梅等。

第四个发展阶段是人工生态系统海洋牧场，以文化生物生产为主，主要代表人物是丁德文、张偲、龙丽娟、索安宁、高吉喜等。

我们认为，海洋牧场应该是技术生物生产和文化生物生产相结合的渔业生产模式，体现在学科上，天然海洋牧场以渔业科学为主，近岸海水养殖以养殖科学为主，农牧化海洋牧场以种群生态学为主，海洋牧场人工生态系统以生态系统生态学为主，并辅以生态工程技术学和现代管理学。

我们现在需要创建以人工生态系统生态学为基础的生态工程技术和社会经济技术结合的、以适应性生态管理为主导的学科体系。在农牧化海洋牧场里追求的是人工活动的生态化，在人工生态系统的海洋牧场里追求的是生态功能的功能化。在农牧化海洋牧场里寻求的是生态学原理，在人工生态系统的海洋牧场里寻求的是工程技术的内消化。如果按照海洋牧场发展历史与学科支撑相统一的逻辑来看，并不排除将现在水产养殖作为一种业态、产业或行业功能进行理解。

1.4.3 海洋牧场的理念认识及功能扩展

海洋牧场理念经历了从生产方式到工程模式的演化，再到人工生态系统模式建构过程的转变。从生产方式上的思维，到工程模式上的建设行动，作为一种业态(或经济集群)的认知，再到生态化的建设路径，主要是从养殖学家的角度，服务于渔业产业、环境保护、渔业设施和渔业管理。

从对人工生态系统的认知到建构，作为生命共同体的理念，再到生态系统的适应性管理，人工生态系统是系统构建、生境营造、生态工程和生态管理。人工生态系统理念包括系统观、生态系统和生命观、工程观、社会经济观和价值伦理观。

海洋牧场建设应以人工生态系统生态学理论和实践为基础，综合应用生态工程学和生态管理学理论开展建设。从其发展历程来看，海洋牧场的功能逐渐扩展为四大功能：生态生产功能、生态资源养护功能、生态环境保护功能、社会文化功能(图 1.2)。这四种功能加在一起，构成了海洋牧场人工生态系统的总体功能，并不排斥海洋牧场作为渔业的一种业态，作为一种渔业的生产方式。

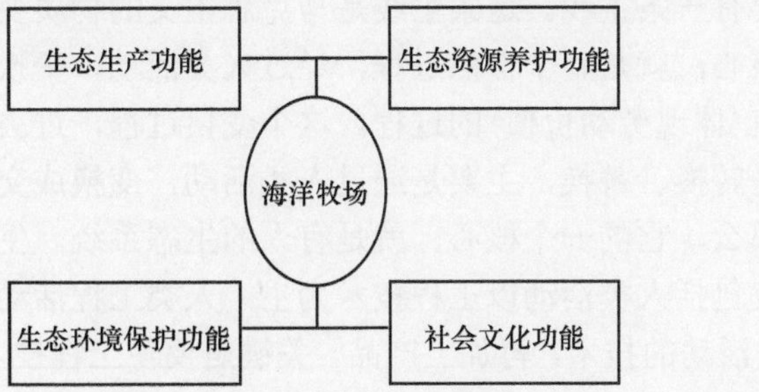

图 1.2　海洋牧场的四大功能

我们强调人工生态系统，更强调牧场的生态学本质和它的理论基础。所以，海洋牧场的功能分解和功能追求，或者说人工生态系统的分类，再或者说工程的分类，应该追寻的原则是太阳能的最大化利用，因为我们的牧场主体利用的是太阳能，它是生物生长、生产的能量来源。

另外一个是人工物质投入最小化问题，因为不投饵，自己构建食物链，主要是通过人工控制(信息)的生态化实现自然控制。此外，管理活动智能化，更强调牧场作为人工生态系统自组织能力的稳定连续、创造能力增强、适应性(选择性)提升，并且自然文化景观与技术景观和谐共生。我们认为，这才是整个海洋牧场生态学的本质。从功能观念上来讲，海洋牧场已经从过去生产方式上的主导思维发展到工程模式上的建设行动，现在作为一种业态或者是经济集群的性质，再到生态化的建设路径。所以，它的学科体系相应地应该发生变化，支撑牧场建设的学科体系也应该发生变化。

现在通过海洋牧场这个例子，我们知道了人工生态系统这门学科建构的主导思想，或者说让它合法化的哲学基础，再或者说工程学与自然科学的基础。

第一是生态马克思主义理论。完整的生态马克思主义理论包括马克思主义哲学、政治经济学和科学社会主义，当前来讲，就是生命共同体、命运共同体理论，再加上金山银山理论和生态文明思想。对于海洋领域来说，很高兴再次听到海洋命运共同体理论的提出，再加上海洋强国战略，从哲学到政治经济学再到科学社会主义，这些都是文明的指导思想。

第二是逻辑起点。人工生态系统不像过去的应用生态系统，它的二重性是既强调自然生态系统里的自然特性，又强调工程技术里的人文特征。所以，自然生态系统加上人类活动的中介，是典型二元论的结果，即人与自然的二元论，要么是人类为中心，要么是自然为中心，在方法上是还原论的，不可能整个解决里边的工程技术与管理问题。所以，我们有理由来否定现在的生态学范式：自然生态学+人类中介=应用生态学。这种研究范式应该是最大的变革。也就是说，我们认为整个中国的现代生态学里，集中一点就是要否定这种研究范式。

第三是要有一条主线。这条主线是马克思主义的物质变化。马克思主义以政治经济学为核心，就是整个自然过程，经过人类活动，变换到有使用价值，最后到有交换价值(体现劳动价值)的过程。这个变换过程，过去我们只讲交换，实质上更主要的是转换、替换，主要是通过人类活动，变换成交换价值，再进入人类生态系统。那么，它的一个核心，就是有人的生态系统。生态学再不能搞无人的生态学，这就包括人类活动以工程技术为主。人类工程活动的目标体系、价值体系，还有人类活动的技术，再加上产品，关键是要使工程技术和社会活动内生化，即使自然生态系统和工程技术系统能够真正地融合。另外，它的一个基本规律是，自然生态系统与工程技术系统的协调。我国生态环境当前最主要的一个矛盾焦点就是自然生态系统与工程技术系统之间的矛盾，典型代表就是城市化、集约化的农业与传统的生态环境之间的矛盾。

海洋牧场人工生态系统构建应该有一套理论，目前暂时归为三大学科：第一是人工生态系统生态学，第二是生态工程系统与系统工程学，第三是适应性生态管理与管理技术学。我们认为，目前这三大学科体系(学科群)应该概括了人工生态系统理论的基本内容(表 1.2)。

表 1.2　海洋牧场人工生态系统构建的理论体系

学科	内容
人工生态系统生态学	系统性、复杂性、多样性、层次性；结构、过程、功能；环境、发展、演化；工程技术活动和信息活动内生化；牧场建设使演替活动加速化、功能多样化、系统与环境融合化
生态工程系统与系统工程学	鱼礁工程(生境营造技术)；增殖、放流、底播(移植)(群落构建技术)；生物驯化技术；生态修复技术；环境技术；信息技术；管理技术；顶层设计优化与工程装备体系化
适应性生态管理与管理技术学	传统管理、行为管理、系统管理；理性模型，如科学管理(泰罗)、行政管理(法约尔)、科层管理(韦伯)；人际关系模型，如组织理论(斯科特)；系统管理模型；法制管理、行政管理、技术管理(技术管理与管理技术)、公众管理、基于生态系统的管理、基于生态系统的适应性管理(弹性管理)；安全与风险防范(技术管理)

1.4.4　海洋牧场人工生态系统研究框架及构建

1.4.4.1　研究框架

按照三大学科体系(表 1.2)，人工生态系统生态学研究人工生态系统，特别是海洋生态系统的系统性、复杂性、多样性、层次性；结构、过程、功能；环境、发展、演化。人工生态系统生态学要解决的主要问题是使工程技术活动和信息活动内生化，以及牧场建设使演替活动加速化。因为牧场建设的就是一个人工生态系统，要想达到理想化的进程，只有通过人工干预，才能加速这种演替。此外，工程装备要智能化、系统化。

特别要谈一谈管理问题。过去我们没有把管理作为一种科学。管理科学比生态学作为一级学科(2011 年)早多了。改革开放一开始就提出，我们不仅要引进外国的技术，还要引进外国的管理思想和方法。但是，尤其是在过去的海洋系统里，管理一直是以行政主体为主导，法治体系应该要遵守，这是法律部门制定的，我们从事的大致都是技术管理中的管理技术。

现在的管理学科分为三大体系：传统管理、行为管理和系统管理。最基本的管理是传统管理，第二次世界大战以后逐步过渡到行为管理，最新的是系统管理。第一种管理模型是理性模型，如第二次世界大战以后以泰罗为主的科学管理模型、以法约尔为主的行政管理模型和以韦伯为主的科层管理模型。第二种管理模型是人际关系模型，如斯科特的组织理论。但现在国际上主要是第三种模型——系统管理模型。目前在我国，海洋管理还是法制管理、行政管理、技术管理等，我们现在只做技术管理中的管理技术。

海洋牧场重点是安全与风险防范。所以，构建人工生态系统中基于系统科学的系统管理、系统模型是关键，再加上国际上的弹性管理和适应性管理思想。因为，管理科学是系统科学的三大浪潮之一，以适应性管理科学为核心。

1.4.4.2　海洋牧场理论体系：系统结构及演化机制

海洋牧场人工生态系统结构如图 1.3 所示，其基本构件包括关键功能群及其相互关系、人工调控三大部分。关键功能群的选择与食物网构建是关键。关键功能群构建中，要满足时空区域上种群繁育的“三场一通道”(索饵场、产卵场、越冬场、洄游通道)原则。对人工调控因素要有充分认知，在海洋牧场中，要通过适应性的控制与捕获管理，达到精准调控的目的。

关键功能群是一个以顶级经济生物为主体的食物链群体。关键功能群选取有 6 项原则：①本地区海洋经济生物种；②体形大、产量高；③肉质鲜美、适合捕捞；④适合人工繁殖、培育、放流；⑤各种关键功能群具有不同的生态位；⑥各种关键功能群之间互利共生，不存在敌害关系。根据前期资料筛选，从食物网角度考虑，结合人工繁育技术成熟度、是否能够驯化，可以选择以鱼类为主的消费养殖品种，如鲻鱼类、鲈鱼类、金线鱼类、鲷鱼类、舌鳎类、石斑鱼类为初选的珠江口关键渔业资源功能群，一般不超过 6 种。此外，还可以增加一些虾、蟹、扇贝类和大型藻类，以完善食物网功能。

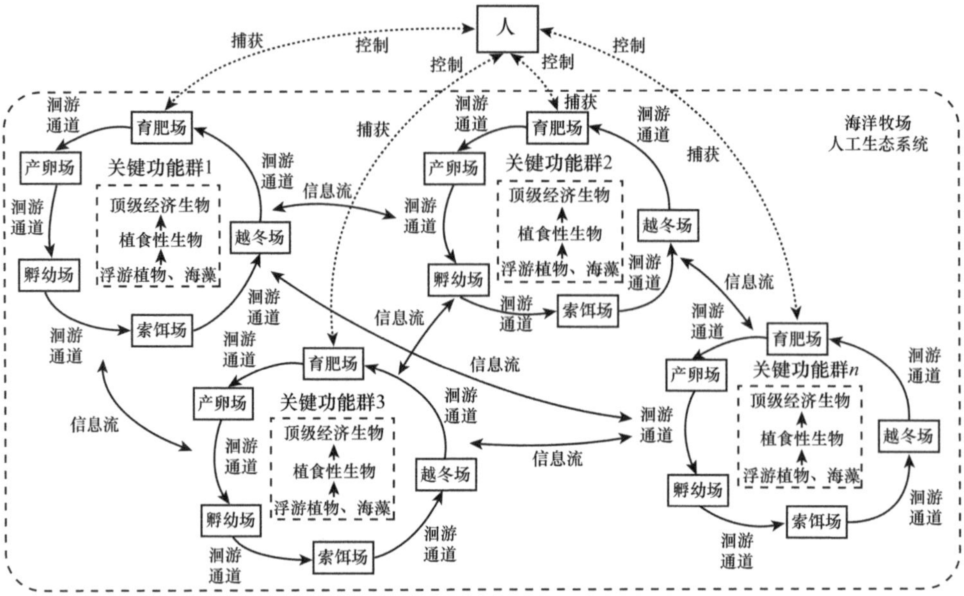

图 1.3　海洋牧场人工生态系统结构图

海洋牧场的系统与环境演化机制如图 1.4 所示。要建设的海洋牧场，其初始状态是什么样的我们并不知道。如果像图 1.4a 这种情况，那么它是离散的，我们也说它是荒漠化的；还有一种是基于资源枯竭的(图 1.4b)，联系非常少，那我们只有通过工程和技术的人类活动，把它变成一个系统以后，才能够建设一个有效的人工海洋牧场；目前自然生态系统和工程技术系统两大系统融合以后，归结成现代的系统观就分为系统、广系统、环境、广环境 4 个部分(图 1.4e)，系统管系统，环境管环境，这样构建起来以后，牧场的人工生态系统就有了基本类型。

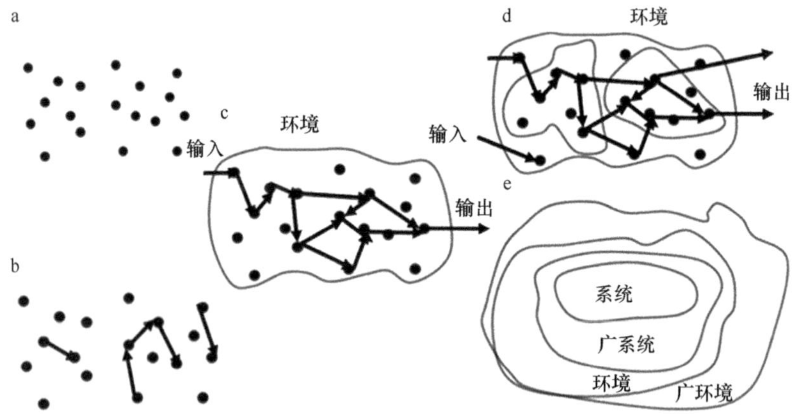

图 1.4　海洋牧场的系统与环境演化机制(改自颜泽贤等，2006)

在人工生态系统中，如果是演绎，从结构上来讲，系统、放流和生态修复实质上是人工生态系统功能群的搭建或构建，构造一个完整的以功能群为核心的生态系统。作为广系统来说，人工鱼礁只不过是生境的营造。对于环境问题，牧场的生态环境，如海水，如果从生态因子考虑它是生境，因为有营养盐；如果从环境因子考虑，那么它是环境。所以，广环境就是社会环境，从制度、经济、文化这些方面，相当于陆基部分，它与社会经济有关，与牧场本身的系统构建不一样。

生态系统包括物质、能量、信息(人类活动)三部分内容。系统指完整的群落，广系统指群落和生境，环境包括直接环境和间接环境，广环境指自然环境和社会经济环境(表1.3)。牧场人工生态系统建设是在系统层次上建设，包括景观实体和系统功能，必须能在区域上表达，即在区域生态环境中存在和发展。在系统的信息表达上是人工活动和工程技术的内生化。

表1.3　系统组成及其主要内容与说明

系统组成	主要内容	说明
系统	功能群构造	资源生产力
广系统	功能群构造+生境营造	
环境(生态)	牧场的自然生态环境	自然环境 灾害环境 工程环境
广环境	自然环境+社会经济环境	制度 经济 文化

海洋牧场系统演化包括突现、存在、增长、发展和演化过程，其适应性循环机制包括保护(κ)、释放(Ω)和重组(α)策略。通过构建海洋牧场人工生态系统，要阐释突现是如何发生的，以及存在的层次性；增长包括生物量和资源性两部分内容，发展包括结构、功能复杂性的增长；演化指定向性的变化。人工生态系统的演化机制观点包括：特点是自主主体的演化机制，动力来自推拉控制筛选力的综合；机制上包括控制、组织和适应性，表达上采用系统状态的阐述和模拟。总体上，海洋牧场按人工生态系统构建，按突现、运行、演化三个阶段来实现。

参 考 文 献

马世骏，王如松. 1984. 社会-经济-自然复合生态系统. 生态学报，4(1)：1-9.

颜泽贤，范冬萍，张华夏. 2006. 系统科学导论——复杂性探索. 北京：人民出版社.

杨红生，霍达，许强. 2016. 现代海洋牧场建设之我见. 海洋与湖沼，47(6)：1069-1074.

第 2 章　海洋生态管理科学研究进展①

2.1　引　言

海洋约占据着地球 71%的表面积，是地球上最大的水域、生命的“摇篮”、资源的“聚宝盆”和“蓝色粮仓”，更是全球气候变化的最大“调节器”和“缓冲器”。中国是海洋大国，拥有珊瑚礁、红树林、海草床、滨海湿地、河口、海湾、海岛等多种典型生态系统。然而，由于长期受海洋保护意识薄弱、海洋开发方式粗放、用海规模强度增大等造成的累积叠加影响，我国海洋生态系统面临着环境恶化、资源退化、生境破碎、功能受损、灾害频发等严重的生态问题，近岸局部海域污染依然严重，大部分典型海洋生态系统处于亚健康状态(刘伊娜，2014；中华人民共和国生态环境部，2019)。

目前，我国已进入经济体制改革深水区、社会发展的战略机遇期，资源环境的约束与发展之间的矛盾更加显现(马凤媛，2014)。为突破陆地资源环境短缺的瓶颈、保护海洋环境，可持续开发利用海洋资源显得极为重要。海洋生态系统的健康发展是建设海洋生态文明、实现海洋经济可持续发展的重要保障。作为海洋生态学的重要研究方向，海洋生态管理科学以海洋生态—经济—社会系统为研究对象，研究这些子系统之间相互联系、相互影响、相互制约的矛盾运动。海洋生态管理的本质是“运用各种有效管理手段，调控人类行为，协调经济社会发展同海洋生态保护之间的关系，限制人类损害海洋生态的活动以维护海洋生态健康和安全，实现海洋资源可持续利用的行为总体”。从研究方向来看，海洋生态管理科学主要包括海洋生态监测、海洋生态评价、海洋空间规划和海洋生态区划、基于生态系统的海洋管理等，以下分别对这几部分的内容进行阐述。

2.2　海洋生态监测

海洋生态监测是客观评价海洋生态状况、实施海洋生态管理与决策的基本依据，是海洋生态环境保护的重要基础性工作。经过多年的建设与发展，中国海洋生态环境监测工作经历了从无到有、从相对薄弱到相对完善的快速发展，从

---

① 本章作者：陈彬[1,2]，俞炜炜[1,2](1. 自然资源部第三海洋研究所，厦门 361005；2. 福建省海洋生态保护与修复重点实验室，厦门 361005)。本研究获得科技部国家重点研发计划项目(2018YFC0507205，2017YFC0506105)的资助。

以污染监测调查为主向污染与生态监测并重的发展历程。目前，中国已形成国家和地方相结合的业务体系，在关键海区建立了多参数、长期、立体、实时的海洋立体监测网络，为海洋生态环境保护、海洋事业和沿海社会经济发展做出了重要贡献。

2.2.1　海洋生态监测技术

2.2.2.1　卫星遥感监测技术

卫星遥感从根本上改变了人类研究生态系统功能和人类活动影响的能力，使得大尺度、长时间序列的生态系统监测和研究成为可能。根据文献计量分析，海洋监测技术是国际海洋科学研究领域的热点问题之一，其中遥感技术和稳定同位素成为高频词汇。美国是世界上最早发展海洋卫星遥感技术的国家，美国、欧洲国家、日本、印度等已建立比较成熟和完善的海洋卫星遥感系统，目前海洋卫星遥感技术已经广泛应用于海面温度(Wentz et al.，2000)、海表盐度(Reul et al.，2014a，2014b)、海洋水色和藻华(Stumpf et al.，2003；Maritorena and Siegel，2005)、浮游植物和初级生产力(Mouw et al.，2017；Gregg and Rousseaux，2019)、海面风场(Chelton et al.，2004)、海洋涡旋(Faghmous et al.，2015)、海冰(Ivanova et al.，2014)和海面溢油(Liu et al.，2017)监测等方面。

自 20 世纪 70 年代以来，中国海洋卫星遥感技术和应用取得了长足发展，目前已构建了覆盖海洋水色、海洋动力和海洋监视监测三大系列的海洋卫星(林明森等，2019；蒋兴伟等，2016)。2002 年，中国发射了第一颗海洋水色卫星(HY-1A)，实现了中国海洋卫星的从无到有(林明森等，2019)。至今，中国共发射了 4 颗海洋水色卫星、5 颗海洋动力环境卫星(包含中法海洋卫星)、1 颗海洋监视监测卫星，实现了全球海洋环境的逐日观测，遥感产品质量也得到极大提升，部分产品已达到国际先进水平(林明森等，2019)，在中国海洋资源与环境监测、海洋防灾减灾、海洋权益维护、海洋安全管理等方面发挥了重要作用(蒋兴伟等，2016)。

2.2.2.2　新兴海洋生物监测技术

近年来，一些新兴的海洋生物监测技术得到迅速发展，如 DNA 条形码、海洋生物图像/影像识别、病原微生物快速检测等。

DNA 条形码技术是利用生物体 DNA 中一段保守片段对物种进行快速准确鉴定的技术(孙松等，2011)。2004 年，斯隆基金会创立了“生命条形码联盟”(Consortium for the Barcode of Life，CBOL)，对标本的管理、CO Ⅰ基因的扩增方法和程序、数据的管理等都提出了规范化的要求，该联盟现拥有来自 50 多个国家的 150 多个成员组织，旨在促进全球物种鉴定 DNA 条形码标准的探索和开发(李琪等，2010)。目前，DNA 条形码技术已被应用于海洋底栖生物(Leray and Knowlton，2015)、哺乳动物(Alfonsi et al.，2013)、浮游生物(孙松等，2011)等许多生物类群的鉴定和研究。

海洋生物图像/影像识别技术主要应用于浮游生物和鱼类的识别与监测。在浮游生物图像观测识别中，使用较多的有浮游生物录像记录仪(VPR)、水下录像剖面仪(UVP)、浮游生物扫描仪(ZooScan)和流式影像仪(FlowCAM)等。在鱼类图像识别方面，《欧共体海洋战略纲要指令》(2008/56/EC)指出，鱼类视频图像识别技术越来越被认为是最有前途的生物多样性监测方法之一。

早期国内外海洋病原微生物的研究多数集中于病原微生物的危害、致病机制、海洋生物免疫机制的探讨，以及疫苗的研发、海洋生物抗性基因的筛选等方面。随着科学技术的发展，新的检测技术不断涌现且被广泛用于海洋病原微生物的检测，目前已建立了多种高效灵敏的检测技术。国际上逐步建立了海洋病原微生物的预警和监测体系，开发了检测技术，制定了防控防治措施等。

2.2.2 海洋生态监测网络

随着科学技术的发展，海洋生态动态监测已经由单一站点独立工作向跨区域、跨国的联网观测方向发展，在大尺度上揭示生态系统的动态过程及驱动机制。20 世纪 80 年代，世界各国就开始将分散的观测站整合成国家网络，如美国长期生态学研究网络(US-LTER)、美国海洋生物多样性观测网络(MBON)、英国环境变化监测网络(ECN)、加拿大生态监测与分析网络(EMAN)、中国生态系统研究网络(CERN)等。在各国或区域监测网络的基础上，进一步整合形成了全球尺度上的联网监测网络，如国际长期生态研究网络(ILTER)、全球环境监测系统(GEMS)、国际通量观测研究网络(FLUXNET)、全球海洋观测系统(GOOS)、全球珊瑚礁监测网络(GCEMN)等。

我国生态环境监测兴起于 20 世纪 70 年代，至今已开展了一系列的环境、资源、污染的调查与研究工作，陆域和海洋各相关部门和单位相继建立了一批生态观测定位站、生态(环境)监测站。中国生态系统研究网络(CERN)研究计划中涉海的生态站有 3 个，即胶州湾海洋生态系统定位研究站、大亚湾海洋生物综合实验站和三亚热带海洋生物实验站。经过几十年的发展，中国海洋观测已逐步形成了由海洋站网、浮标网、雷达网、志愿船、卫星遥感等组成的海洋观测业务系统，基本覆盖我国近岸、近海及部分重点关注海域，建立了从国家到地方的海洋预报体系(伯云台等，2018)。

2.2.3　未来发展重点

尽管中国海洋生态监测领域的发展迅速，取得了丰硕成果，但仍存在一些问题，例如，海洋观(监)测主要集中于近岸与近海区域，尚未完全覆盖中国管辖海域，覆盖范围小，远海监测能力薄弱；监测立体化程度较低，实时观测能力有待加强；海洋生物监测项目很有限，目前集中于对海洋藻类、浮游生物等低营养级生物类群的监测，对高营养级海洋生物的观测严重不足。中国现有的海洋生态监测不足以提供大量、高时效、高覆盖率的海洋生态监测数据来支撑海洋生态评价和生态系统管理，因此，未来海洋生态监测的发展重点包括以下 4 个方面：①天地海一体化立体观测技术研发，将卫星观测、地表观测和海洋观测结合，这是生态系统研究的发展方向；②跨学科、跨区域的监测网络建设，生态监测已经由单一站点向跨区域、跨国的联网观测发展；③生态监测仪器向高精度方向发展，生态监测由简单的观察或观测向高精度自动化信息采集、传输和储存方向发展，未来将关注如何提高观测的精度、信息采集的密度、观测项目的集成性和综合性；④发展 DNA 条形码、图像观测识别等新兴海洋生物检测技术，使海洋生物和环境监测更便捷、更灵敏、更全面。

2.3　海洋生态评价

海洋生态评价是生态系统管理的基础，其最终目的是促进海洋可持续发展。海洋生态评价的主要目的是掌握海洋生态系统的现状和趋势，识别对海洋生态系统造成的影响和干扰，预测不同决策情景下海洋生态系统的未来。因此，海洋生态评价为生态系统管理提供的科学决策支撑主要体现在：①评价海洋生态状况和趋势，识别海洋重要生态区、生态退化区、生态脆弱区或敏感区、生物多样性保育区等，为海洋空间规划提供科学依据；②评估预测气候变化和人类活动对海洋生态系统造成的影响和风险，对比分析不同情景的生态风险，为减缓和控制各种压力提供决策依据；③评估预测不同管理决策情景下的海洋生态状况，为制定管理决策提供科学支持。建立科学合理的海洋生态评价方法对于表征人类干扰活动产生的海洋生态环境效应、预测海洋生态演变趋势、最大程度规避干扰活动带来的生态风险等都具有重要的现实意义。

2.3.1　海洋生态评价与海洋健康指数

随着全球海洋生态与环境问题日益严峻，世界各国政府、组织机构和公众对海洋生态系统状况的关注程度也日渐提高。国际上开展了大量海洋生态评价工作，如千年生态系统评估(Millennium Ecosystem Assessment，MA)、美国国家海洋与大气局(NOAA)综合生态系统评估(Integrated Ecosystem Assessment，IEA)、欧盟海洋战略框架指令(Marine Strategy Framework Directive，MSFD)、海洋健康指数(ocean health index，OHI)评估、全球海洋评估(World Ocean Assessment，WOA)等。

千年生态系统评估(MA)于 2001 年启动，是一项为期 4 年的国际合作计划，首次在全球范围内对生态系统及其对人类福祉的影响进行多尺度综合评估(Reid and Mooney，2016)，涵盖了农田、旱地、林地、城市、水域、海岸带、海洋、极地、山地、海岛等 10 类生态系统(Millennium Ecosystem Assessment，2005)。MA 关注生态系统服务与人类福祉之间的关系，生态系统服务是评估的核心内容，并系统论述生态系统的供给服务、支持服务、调节服务和文化服务。MA 的亮点在于探索生态系统和人类福祉之间的耦合关系，将经济、环境、社会和文化纳入生态系统范畴进行综合，对自然科学和社会科学方面的信息进行整合，促进对生态系统的综合规划、管理与建设(王如松，2004)。

2004 年，联合国大会批准了报告和评估包括社会经济方面的全球海洋环境状况的定期程序(WOA)，目的是促进并加强对海洋环境状况的定期评估，增强决策的科学基础，评估的内容涵盖全球海洋的环境、经济和社会。第一个评估周期是 2010～2014 年，2015 年底发布了《第一次全球海洋评估》，该报告评估的内容涵盖生态系统服务、人类活动、海洋生物多样性和生境、人类对海洋的影响等，结果表明全球海洋正承受着巨大的压力，海洋承载力已经达到极限。

2008 年，美国 NOAA 首次发布了综合生态系统评估(IEA)框架(Samhouri et al.，2013)，其致力于提供一个合理的跨学科分析和基于科学的框架，以支撑海洋、沿海、河口和五大湖资源的基于生态系统的管理。目前，该计划已有 5 个区域项目，即加利福尼亚洋流区、夏威夷岛西海岸、阿拉斯加、美国东北部(包括大西洋中部、乔治海岸和缅因湾)、墨西哥湾。IEA 是个循环的过程，包括 5 个步骤，即设定目的和目标、确定指标、评估生态系统、风险和不确定性分析、评估未来的管理策略(Levin et al.，2009；Samhouri et al.，2013)。IEA 的主要目标是为制定管理决策提供全面的信息，包括：评估生态系统的状况和趋势，如生态系统服务；评估生态系统中可能对生态系统造成压力的活动或要素；在不采取任何管理措施的情况下，预测处于压力下的生态系统未来状况；预测不同管理方案下生态系统的未来状况，并评估管理措施的预期目标实现情况。

2008 年，欧洲议会和欧洲理事会制定了欧盟海洋战略框架指令(MSFD)，要求将基于生态系统的方法应用于人类活动的管理，以实现海洋产品和服务的可持续利用(Borja et al.，2010；Long，2011)。MSFD 要求在 2020 年欧洲各国海域水环境保持在“良好环境状态”，并提出了描述“良好环境状态”的 11 个内容，包括生物多样性、外来物种、捕捞鱼和贝类、食物网、人类活动引起的富营养化、海底完整性、水文地理条件、污染物、鱼类和贝类中的污染物、垃圾、能量和噪声(European Commission，2010；Borja et al.，2013)。许多国家、学者纷纷开展海洋状况的评估和研究，以评估 2020 年目标的实现情况(Ferreira et al.，2011；Borja et al.，2012；Rice et al.，2012)。

2012 年，保护国际基金会在全球首次发布了海洋健康指数(OHI)，提供了一个用于评估全球乃至区域不同尺度的海洋健康状况的综合框架(Halpern et al.，2012)。OHI 评估反映的是人类-自然生态系统的健康状况，揭示海洋健康状况的变化及趋势，从而促使公众、企业和政府共同努力来改善海洋健康状况(Halpern et al.，2012)。OHI 综合考虑了对人类社会和海洋生态系统至关重要的 10 个目标及其相关的压力和恢复能力指数，10 个目标包括食物供给、传统渔民的捕捞机会、自然产品、碳汇、海岸防护、海岸带生计与经济、旅游与休闲、海洋归属感、清洁水域、生物多样性(温泉等，2018)。除全球每年开展海洋健康评估外，许多国家、地区在 OHI 框架下进行了不同区域、不同尺度的海洋健康评估，如巴西(Elfes et al.，2014)、中国(温泉等，2018)、斐济(Selig et al.，2015)、美国西海岸(Halpern et al.，2014)。

在我国，定期在全国范围进行的海洋生态评价主要有《中国海洋生态环境状况公报》，其评价内容涉及海洋环境、海洋生态、入海污染源、海洋功能区环境、海洋环境灾害等；此外，2005～2008 年实施的"908"专项对全国的红树林、珊瑚礁、海岛、海洋生物多样性等进行了评价。此外，国际上许多学者围绕不同的需求和目标，针对不同区域、不同尺度、不同生态系统类型、不同生物群落等开展了生态评价，评价的内容广泛涵盖海洋生态系统健康(Song et al.，2017)、海洋生物多样性(Andersen et al.，2015；Teixeira et al.，2016)、海洋生态系统服务(Hattam et al.，2015)、海洋生态风险(Munns et al.，2016)、海洋生态敏感性(Zacharias and Gregr，2005)等许多方面。

2.3.2　海洋生态灾害预测预警

海洋生态灾害预测预警技术的研究已成为海洋生态灾害研究领域中的新兴热点。近 20 年来，随着人工智能理论与方法在解决信息科学中重大问题方面的不断突破和发展，遗传算法、模糊逻辑、统计学习和知识发现等研究领域迅速崛起，人们开始探索将这些理论和方法也应用于海洋生态灾害的预测上，如美国 NOAA 的有害赤潮预测系统(HAB-OFS)、西班牙和希腊等欧盟国家的基于实例推理(CBR)和人工智能技术建立的赤潮预警系统等。目前，海洋生态预测关注气候变化(Payne et al.，2015；Ge et al.，2016；单秀娟等，2017)、富营养化(Glibert et al.，2010)、有害藻类(Allen et al.，2008；Glibert et al.，2010)等问题。

生态预警不仅可以预测生物、化学、物理及人类引起的生态系统及其组成部分变化的影响，还涵盖广泛的时间、空间尺度。生态预警由于其联系的复杂多样还被当作一种跨多学科的集成机制。随着我国生态文明建设和生态环境保护相关战略与决策的推进及实施，学术界分别针对不同生态系统从不同角度入手开展了诸多生态预警方面的科学探索，生态预警评价模型主要有物元分析模型、惩罚变权模型、RBF 神经网络模型、数字地理模型等。海洋生态环境预警机制的建立，可以有效预防和处置威胁海洋生态环境的突发性事件，并为各级政府建立海洋生态环境保护措施提供决策依据(许婷婷，2017)。

2.3.3　未来发展重点

随着信息学的快速发展，海洋生态评价的空间尺度逐渐扩大，评价方法由定性向模型定量发展，海洋生态定量预测已成为海洋生态评价的热点，生态信息学在生态评估和预警中得到迅速发展。生物多样性信息学和生态信息学的快速发展为综合生态评估和预警提供了数据工具和复杂计算功能，包括挖掘源自不同来源的数据，以及对这些数据进行集成、分析和建模。

目前我国海洋生态环境的预警机制还不成熟，多采用人工现场调查的方式。人工现场调查需要花费大量的人力和物力，同时覆盖范围有限，还缺乏时效性和准确性。因此，应建立健全的海洋生态环境预警机制，主要包括(许婷婷，2017)：①开发研究海洋灾害动态监测和预警系统，在海洋灾害预报的基础上，进一步研发有害赤潮早期预警技术，为降低赤潮灾害损失提供管理资料；②开展快速检测技术及平台、优化布设应急监测站的同化技术、高分辨率海洋生态灾害预报和应急响应系统等方面的关键技术研究；③建立海洋生态环境预警指标体系，根据不同海域的实际情况，建立符合实情的生态预警指标体系，为更有效地进行海洋生态监测及预警做准备；④建立海洋生态环境预警数据库，掌握我国各海域的生态环境及特殊条件，并实时追踪相关数据，实现对数据的有效管理；⑤建立海洋生态环境预警数学模型。基于海洋生态环境预警指标体系和海洋生态环境预警数据库，构建海洋生态环境预警数学模型，为改善海洋生态环境及有效预防生态环境问题提供科学可行的理论依据。

未来海洋生态评价的发展重点包括：①生态监测、评估、预警与大数据技术和可视化空间信息技术的结合；②运用云计算、物联网等信息化手段，提升生态保护综合监管和分析预警能力，全面掌握生态系统构成、分布与动态变化，及时评估和预警生态风险，提高生态保护管理决策科学化水平。

2.4　海洋空间规划和海洋生态区划

自 2006 年以来，联合国教育、科学及文化组织(UNESCO)的政府间海洋学委员会(IOC)和人与生物圈计划一直在推动以生态系统为基础的海洋空间规划

(MSP)，旨在建立科学和实践之间的桥梁，提供更加实用的工具以满足管理的现有需求(Ehler，2017)。海洋空间规划起源于海洋保护区的建设，之后被应用于海洋空间多用途的管理。近年来，海洋空间规划更多聚焦于多种用途的海洋空间规划中的自然保护的需求，如海洋生态和生物重要区/敏感区的保护。海洋空间规划和海洋生态区划已成为促进以生态系统为基础的海洋管理转化成现实的关键步骤(Cabral et al.，2015)。

2.4.1 海洋区域的多相性

海洋是一个复杂的空间镶嵌体，海面下隐藏着各种各样的地形、海水层次和运动等动态物理特征，分布着成千上万的海洋生物，聚集了各类各型的人类开发利用。海洋在时间上具有明显的多相性，有些过程或事件的发生只需几小时、几天或几个月，而有的则需几年，甚至是几十年或几个世纪。海洋生态系统具有各种空间尺度，而空间尺度差异也是有效管理的根基，例如，大空间尺度上的各大洋在生态学上各有不同，而在小空间尺度上，空间复杂性或立体性高的生境通常具有更高的物种多样性。海洋自然进程的复杂性及由此产生的时空镶嵌格局，决定了成功的海洋管理需要管理者充分认识海洋的时空多相性，并据以管理海洋(Norse，2005)。

在认识到海洋的多相性，而对海洋生态系统却不完全了解时，最合理的规划和管理决策是保护分布有重要的可持续种群或群落的海域。因此，海洋生态学家需要为管理者提供哪些海域具有某种特定物种、生态系统或生态过程，哪些海域需要最优先保护等重要信息。

2.4.2 海洋空间规划的关键问题

2.4.2.1 规划目标

海洋空间规划是一个具有前瞻性和积极性的调控、管理和保护海洋环境的战略计划，解决现有的和潜在的多种海域利用的相互冲突，促进海洋的可持续性管理，其目标是构建更合理的海洋空间利用和海洋空间保护之间的相互关系，以平衡开发需求和环境保护(徐丛春，2008)。例如，英国将海洋空间规划目标确定为“创造一个阐明英国未来的海洋目标和重点领域，并引导决策者和利用者更有效、可持续地利用和保护海洋资源的战略性海洋规划系统”(Defra，2007)。

2.4.2.2 范围与尺度

面积是海洋空间规划的关键问题。在存在不确定性条件下，保存足够大面积的海域以确保其中的种群能够自我维持，是管理的基本目标。

生态系统在不同尺度上起作用，海洋空间也应在不同尺度上加以规划，如从大尺度的洋盆和海区到中尺度的生态区，再到小尺度的特定生境(Spalding，2007)。关于在什么尺度上规划，没有统一的说法，而许多经验表明，最好的解决方案是采取嵌套的空间分布层级制度，在不同的层次解决不同的问题。使用嵌套的空间分布层级制度及开展差距分析，有助于生态系统管理工作确定其重点，这既能反映海洋学、生态学和人类利用的格局，又能反映其中的各种过程。各个层级确定的海洋空间规划的尺度存在国家或区域差异。Defra(2004)建议，把海洋空间规划定义为“区域规划”“大尺度规划”是有所裨益的，有利于反映重要的海洋学和生物地理学过程。

2.4.2.3　规划边界

海洋空间规划需要确定规划单元的边界，包括海岸边界、向陆边界和向海边界。规划的范围最好与生态系统边界相吻合，但在实际应用中，规划单元也需要考虑社会政治和管理因素(Jones et al，2016)。

通常，出于对法律的考虑，海洋空间规划的向陆边界是需要确定的，即使确定的只是“人为”的边界。向陆边界因拟解决的问题不同而不同，如可能根据汇水区确定。海洋规划与陆地规划在空间上的重叠可以促进陆地和海洋规划活动及制度的综合。

海洋空间规划的向海边界有可能取决于国家管辖海域的边界，但这基本与生态系统的边界不相一致。欧洲各国对于制定越境海洋空间规划都保持沉默，但其中存在某些协调的因素(OSPAR，2005；European Commission，2005a，2005b)。海洋空间规划有可能要求开展战略环境评价，国家应当与可能受影响的相邻国家协商。

2.4.2.4　时间要素

海洋空间规划具有一定的前瞻性，其中包括未来的愿景、预测未来的需求和状况，并根据目标和目的描绘未来的情景，以及尽可能根据规划做出决策。许多现有行动计划的规划期为 10 年(MSPP，2005)，有一些规划期更长，如大堡礁世界遗产区域制定了 25 年的战略计划。有学者认为，20 年或更长的规划期较为适合(MSPP，2005；Defra，2007)。

2.4.3　中国的海洋空间规划

2.4.3.1　海洋功能区划

20 世纪 80 年代以来，中国沿海地区社会经济活动强度不断加大，海洋生态环境问题愈发突出。由于海洋生态系统提供的产品及服务并非都能以货币形式衡量，仅依靠市场难以实现资源最优配置，因此具备公共属性的海洋环境资源被过度利用。在此情况下，需要政府介入以确定海洋生态系统能提供最优产品和服务的组合，海洋功能区划正是这种政府管制行为的一种表现形式。海洋功能区划是海洋管理的基础，将海洋划分为不同类型的功能区(依据生态功能和重点利用的标准划分)，以控制和指导海域的合理使用(Li，2006)。迄今为止，我国已经于 1989～1995 年、2002 年和 2012 年先后完成了三轮海洋功能区划的编制(杨玉洁等，2017)。海洋功能区划已经成为海域使用管理、海洋环境保护的基本依据。各级海洋管理部门在进行海域使用管理活动中，必须将项目用海是否符合海洋功能区划要求作为首要条件进行严格审核(徐伟等，2010)。

2.4.3.2　海洋生态区划

1)海洋生态红线

2000 年，《全国生态环境保护纲要》就中国生态环境提出了“分类指导，分区推进”的思路，即全面推进重要生态功能区的抢救性保护、重点资源开发区的强制性保护和生态环境良好区的积极保护。《中华人民共和国环境保护法》(2014 修订)明确“国家在重点生态功能区、生态环境敏感区和脆弱区等区域划定生态保护红线，实行严格保护”。海洋生态红线区可定义为“为维护海洋生态健康与生态安全，以重点生态功能区、生态环境敏感区和生态脆弱区为保护重点而划定的实施严格管控、强制性保护的区域”。按照“保住生态底线，兼顾发展需求”的原则，在海洋重点生态功能区、生态环境敏感区和脆弱区划定需要严格保护的海洋生态红线区，分类分级制定相应的管控措施，保护海洋生态底线。目前，全国沿海 11 个省(区、市)已初步完成红线划定工作，30%以上的管理海域和 35%以上的大陆岸线被纳入红线管控范围，我国已基本实现全面建立海洋生态红线制度的目标(高月鑫等，2018)。

2)海洋生物多样性保护优先区划

生物在地球上的分布是不均匀的，为了充分利用有限的资源和资金，必须选取最具有价值的区域或生物类群开展生物多样性保护。因此，生物多样性保护的一项关键任务在于识别“对生物多样性保护具有关键意义的优先区域”。生物多样性在地球上的分布总是遵循由气候、地质、地球进化史等因素所决定的复杂模式，这些复杂模式就称为生态区(ecological region)。生态区是指生活着一系列地理上独特的物种、自然群落和环境条件的集合体(WWF，2000)。一个生态区的边界往往并不是固定和明显的，而是与重要的生态过程和进化过程密切相关的，不同生态过程和进化过程区域常常对外呈现出不同的生物多样性格局。

Huang 等(2015)考虑我国自然地理、生态过程、环境因子等特征，采用四级分区的方法，分区并筛选优先区域，所依据的主要生物地理因子如下。一级分区：地理位置、气候特征。二级分区：地理轮廓、岸线特征、海岸地形、地貌、水团特征。三级分区：底质(泥滩、沙滩、生物滩)、海流(上升流等)、水深。四级分区：温度、盐度、营养盐、沉积化学、特殊小生境类型(河口、海湾、海岛等)。海洋生物多样性保护优先区的确定主要考虑生物多样性丰富区、珍稀濒危物种集中分布区、重要生态系统分布区。据此共筛选 52 个海洋生物多样性保护优先区，总面积约 80 万 km^2，占我国管辖海域总面积的 26.7%。优先区内分布着《国家重点保护水生野生动物名录》记录的国家一级和二级重点保护物种，以及《中国物种红色名录》(第一卷至第三卷)所记录的全部极危和濒危物种。

2.4.4 未来发展重点

(1)进一步明确海洋空间规划的内涵和范围。尽管许多政策性文件和规划、学者对海洋空间规划的相关概念和术语进行了界定，但仍未达成共识，这是海洋空间规划在大多数国家政策和决策层面未得到重视的原因之一。一些国家已开始实施海洋空间规划，但规划范围界定不清，术语也不一致，有的称综合管理，有的则称海洋空间管理和海洋区划等。

(2)确保海洋空间规划活动具有自适应性。由于海洋空间规划的不确定性、海洋及人类生态系统的动态性，管理也必须随着时间的变化具有适应性。适应性管理是在实践中学习的过程，可将适应性管理纳入海洋空间规划和管理中。

(3)协调构建完整的海洋空间规划体系。近年来，各类海洋空间规划不断增加，但由于依据的法律规定和政策要求不同，存在海洋规划内容相互重叠、管理体系复杂等问题，协调各海洋空间规划，构建一个有层次的、有逻辑的、完整的海洋空间规划体系，是加快推进海洋生态文明建设的要求。

(4)将现有海洋空间规划体系成果融入新编制的国土空间规划中。2019 年 5 月发布的《中共中央国务院关于建立国土空间规划体系并监督实施的若干意见》和《自然资源部关于全面开展国土空间规划工作的通知》提出，建立国土空间规划体系，将主体功能区规划、土地利用规划、城乡规划、海洋功能区划等空间规划融合为统一的国土空间规划。海洋空间规划体系作为国土空间规划体系的重要组成部分，急需在国土空间规划的思路和编制要求下开展工作，将现有海洋空间规划体系成果融入新编制的国土空间规划中(狄乾斌和韩旭，2019)。

2.5 基于生态系统的海洋管理

生态系统方法的管理(ecosystem approaches management，EAM)是一种为生物资源决策提供全面框架的管理方法。与单个物种或单一问题管理相比，EAM 考虑了与资源使用相关的更广泛的生态、环境和人类因素。EAM 所涉及的生态系统是指由地理上特定的有机体(包括人类)、环境和控制其动态的过程组成的系统。生态系统途径的核心在于保持生态系统完整性，从而为人类活动和福利提供必要的资源和服务。生态系统途径关注对生物多样性功能的理解及其与生态系统的各种过程和生态系统稳定性的相关性。

2.5.1　EAM 的管理目标

管理学的五大职能是计划、组织、指挥、协调和控制。确定管理目标是 EAM 的首要步骤。美国海洋政策委员会提出的生态系统方法的海洋管理的目标包括：在未来，海洋、海岸和湖泊是干净、安全、繁荣和可持续管理的；支持多种有益的用途，同时保护高度的生物多样性和广泛的重要自然生境；海岸将是一个有吸引力的生活、工作和娱乐场所，拥有干净的水和海滩，对敏感栖息地和濒危物种具有特殊保护作用；海滩关闭、有害藻华、入侵物种的繁殖及本土物种的消失都是罕见的。由此可见，生态系统方法的海洋管理的根本目标是构建一个有益于社会发展的健康且高产的海岸和海洋生态系统。

目前，生态系统方法已经成为促进陆地、海岸带和海洋环境可持续发展的关键框架并获得广泛接受，为评估生物多样性和生态系统服务、评价和实施自然资源管理提供了重要的框架。《生物多样性公约》(CBD)将生态系统方法称为“综合管理土地、水及生物资源，促进以平等方式保护和可持续利用多样性的策略”。生态系统方法的应用要重点考虑生态系统内各种过程的功能性关系，重视生态系统服务衍生的利益的分配，采取适应性管理措施及在行业部门合作的基础上开展多尺度管理行动等。事实上，生态系统方法就是在已经广泛应用于海岸带和海洋管理的海洋和海岸带综合管理方法基础上发展起来的(Ehler and Chua，2006)。

2.5.2　EAM 的特征

EAM 有许多明显的特征，包括：特定的地理(空间)位置，空间管理范围由生态系统边界界定；随着时间的推移，管理与新的认识和变化相适应；EAM 是一种科学决策的方法，同时是一种动态管理的过程，这个管理框架或方法会随着生态系统内因素的变化而进行相应调整；考虑生态系统的不确定性；考虑多个同时发生的因素可能对管理的影响，尤其是外部生态系统发生变化对目标管理产生的影响；努力平衡各种社会目标的资源决策和分配；强调公众参与，但提升公众参与度的过程是渐进而缓慢的。

以生态系统为基础的管理以地点或区域为基础，重点在于具体的生态系统及各种活动的影响范围(Crowder and Norse，2008)。强调区域管理是以生态系统为基础的管理的关键特征之一，明显有别于只关注单个物种、行业部门、活动或关注点的现行管理方法(Crowder et al.，2006)。行业部门管理仅注重某一海域中特定位置(或场所)的特定活动或项目，而区域管理则涵盖区划海域内促进其中所有活动的可持续发展和利用的活动或项目(Coast，2003)。

2.5.3 EAM 的管理决策

2.5.3.1 自然科学的应用

EAM 需要了解生态系统的资源特征，包括自然和文化资源的范围、特征、位置、质量和所处的生命周期等，需要长期、连续地监测，收集基础的生物、物理、化学数据，了解物种的多样性及保护策略，在景观尺度下开展栖息地保护和修复，以实现生态系统的再平衡。

2.5.3.2 社会科学的应用

EAM 的首要目标是繁荣的可持续发展。首先，需要描述与海岸及海洋资源的分配和使用相关的经济条件与趋势；其次，需要对海岸带和海洋地区的物质的和非物质的文化进行统计；再次，还需要明确负责管理沿海和海洋资源的机构，以及整合沿海决策的成功流程的要素；最后，制定预测模型，让管理人员能够了解海平面上升、其他海岸灾害等的潜在风险，并制定出相应的决策分析工具。

2.5.3.3 海洋生态管理决策支持系统

决策支持系统(decision support system，DSS)是辅助决策者通过数据、模型和相关知识，以人机交互方式进行半结构化或非结构化决策的计算机应用系统，能够为决策者提供分析问题、建立模型、模拟决策过程和方案的环境，调用各种信息资源和分析工具。决策支持系统应用于海洋生态系统管理，可辅助管理者对海岸带管理相关信息资源进行集成，提供海洋生态保护问题识别、模型分析的系统平台，并基于适应性管理等各种理念，模拟决策过程，提高海洋管理部门海洋生态系统管理的决策水平。Chen 等(2009)集成海洋生物多样性评价、规划、管理等相关成果，构建基于海岸带管理的海洋生物多样性保护决策支持平台，其中包括海岸带管理及海洋生物多样性信息资源集成，以及海洋生物多样性影响源评估、海洋生物多样性状态评估、栖息地评估等模块研发，基于适应性管理的理念模拟决策过程，最终形成决策支持平台等。借鉴该理念，海洋生态系统管理决策支持流程如图 2.1 所示，即在海洋生态现状调查、海岸带开发主要影响源分析和海洋生态现状评估的基础上，制定和实施海洋生态保护规划，并跟踪监测生物多样性状况，对生物多样性保护中的各种情况进行综合模拟分析，达到决策辅助的目的。

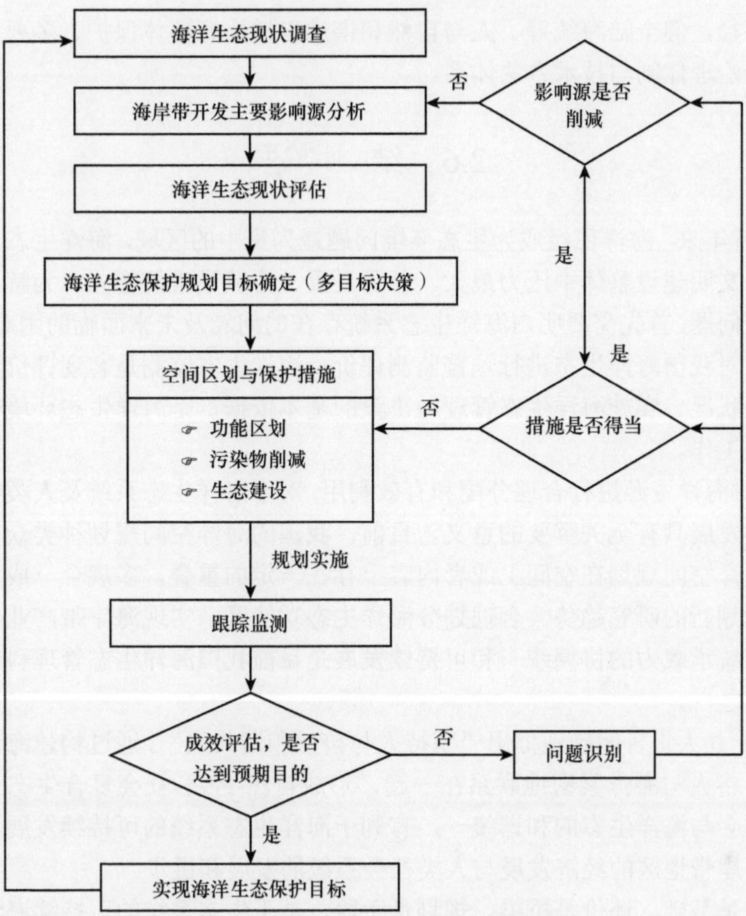

图 2.1　海洋生态管理决策支持流程图

2.5.4　未来发展重点

(1) 尽管以生态系统为基础的海洋管理方法已经得到广泛认同，制定了大量原则、定义和指南，但这种管理方法依然基本上属于概念，在科学论坛上广泛讨论，而实际操作中缺乏实例。在海洋环境中实施生态系统管理，政府和利益相关者缺乏必要的手段，尤其缺乏跨部门整合的手段。为了促进该方法的实际应用，需要建立更具有可操作性的手段（Arkema and Dewsbury，2006），其中关键是实施海洋空间规划。

(2) 发展山水林田湖草海生命共同体理论体系，研究全球变化背景下从流域、河口到海洋的生态系统连通性和整体性及其演化规律，构建大数据支撑下的人类社会与海洋资源、环境协调和可持续发展的模式，建立涵盖自然资源多要素的全方位数据服务和全流程的技术体系，优化基于生态系统的海洋综合管理的方法论和实现路径，健全陆海统筹、人与自然和谐的自然资源整体保护、多要素系统修复和综合治理体制与技术方法体系。

2.6 结　　语

(1)近年来，海洋已经成为生态环境问题最为集中的区域，海洋生态文明建设成为生态文明建设整体中压力最大、任务最重、协调最难的部分。为解决当前的海洋生态问题，首先需要明白海洋生态系统存在的问题及未来面临的困难与挑战，这就要求对我国海洋生态进行预警监测评价，海洋生态监测是客观评价海洋生态环境质量状况、实施海洋生态管理与决策的基本依据，是海洋生态环境保护的重要基础性工作。

(2)对海洋资源进行合理分配和有效利用，对于海洋生态系统及人类社会经济的可持续发展具有至关重要的意义。目前，我国的海洋空间规划种类众多，不同类型的海洋空间规划在空间上或者内容上存在一定的重叠，多规合一成为国内海洋空间规划新的研究趋势。合理划分海洋生态功能区，实现海岸带产业结构和海洋生态系统承载力的协调统一和可持续发展是目前我国海洋生态管理科学的主要研究内容之一。

(3)十九大报告明确地提出“坚持人与自然和谐共生”，通过构建海洋人工生态系统，将人与海洋紧密地联系在一起，形成自然-经济-社会复合生态系统，实现人类社会与海洋生态的和谐统一，有利于海洋生态系统的可持续发展，同时可以促进海岸带地区的经济发展与人类社会系统的发展和进步。

监测是基础，评价是桥梁，规划是手段，基于生态系统的可持续海洋管理是目标。以此为基础，开发海洋生态系统管理决策支持系统，从而实现对海洋生态系统的科学管理，维护有益于社会的健康且高产的海岸和海洋生态系统。

参 考 文 献

安德森 L S，格里菲斯 M. 2009. 欧盟水框架指令对中国的借鉴意义. 水利水电快报，30(9)：78-94.

伯云台，王岚，姜源庆，等. 2018. 海洋在线水质生态观测系统研究进展. 环境影响评价，40(2)：81-85.

丛丕福，杨新梅，韩庚辰，等. 2011. 我国海洋保护区的生态建设概况与未来发展分析. 海口：第七届中国生态健康论坛.

狄乾斌，韩旭. 2019. 国土空间规划视角下海洋空间规划研究综述与展望. 中国海洋大学学报(社会科学版)，(5)：59-68.

高月鑫，曾江宁，黄伟，等. 2018. 海洋功能区划与海洋生态红线关系探讨. 海洋开发与管理，35(1)：33-39.

国家海洋局. 2012. 全国海洋功能区划(2011—2012 年).

黄宗国，林茂. 2012. 中国海洋物种多样性(上册、下册). 北京：海洋出版社.

蒋兴伟，林明森，张有广. 2016. 中国海洋卫星及应用进展. 遥感学报，20(5)：1185-1198.

李琪，邹山梅，郑小东，等. 2010. DNA条形码及其在海洋生物中的应用. 中国海洋大学学报(自然科学版)，40(8)：43-47.

李守俊. 2011. 简述我国海洋生态环境的基本现状与相关对策分析. 知识经济，(24)：78.

林明森，何贤强，贾永君，等. 2019. 中国海洋卫星遥感技术进展. 海洋学报，41(10)：99-112.

刘伊娜. 2014. 浅析我国海洋生态环境保护现状及对策. 广州：中国环境资源法学研究会2014年年会暨2014全国环境资源法学研讨会.

罗秉征，胡晓燕. 1993. 海洋生态学的研究现状与发展趋势. 海洋科学，(4)：23-26.

马凤媛. 2014. 我国海洋强国战略视角下的海洋环境保护题研究. 中国海洋大学硕士学位论文.

单秀娟，陈云龙，金显仕. 2017. 气候变化对长江口和黄河口渔业生态系统健康的潜在影响. 渔业科学进展，38(2)：1-7.

孙松，李超伦，王敏晓，等. 2011. DNA条形码及其在海洋浮游动物生态学研究中的应用. 生物多样性，19(6)：805-814.

王景昊. 2017. 我国海洋生态环境的基本现状与对策分析. 中国高新技术企业，(1)：87-88.

王如松. 2004. 生态学与人类福祉——新千年生态系统评估与复合生态系统研究. 绵阳：中国生态学会第七届全国会员代表大会暨学术研讨会.

温泉，王静，梁斌，等. 2018. 海洋健康指数中国适用性研究. 北京：科学出版社.

吴珍. 2019. 上海海域生态系统健康评价及其优化对策研究. 华东师范大学硕士学位论文.

徐丛春，王晓惠，李双建. 2008. 国际海洋空间规划发展趋势及对我国的启示. 海洋开发与管理，(9)：45-59.

徐伟，夏登文，刘大海，等. 2010. 项目用海与海洋功能区划符合性判定标准研究. 海洋开发与管理，27(7)：4-7.

许婷婷. 2017. 浅谈我国海洋生态环境预警机制. 科技创新与应用，(7)：169.

杨洋. 2016. 中国海洋健康指数评估模型的构建与初步应用研究——以浙江省和温州市为例. 上海海洋大学硕士学位论文.

杨玉洁，栾维新，王辉. 2017. 4.0版海洋功能区划的生态环境政策基础与任务探讨. 海洋环境科学，36(6)：806-812.

岳奇，徐伟，赵梦，等. 2014. 新一轮海洋功能区划的比较分析. 海洋环境科学，33(3)：487-492.

赵士洞. 2001. 新千年生态系统评估计划第一次技术设计会议在荷兰召开. 生态学报，(5)：862-864.

中华人民共和国生态环境部. 2019. 2018年中国海洋生态环境状况公报.

周杨明，于秀波，于贵瑞. 2008. 生态系统评估的国际案例及其经验. 地球科学进展，(11)：1209-1217.

Alfonsi E, Méheust E, Fuchs S, et al. 2013. The use of DNA barcoding to monitor the marine mammal biodiversity along the French Atlantic coast. Zookeys, (365): 5-24.

Allen J I, Smyth T J, Siddorn J R, et al. 2008. How well can we forecast high biomass algal bloom events in a eutrophic coastal sea? Harmful Algae, 8(1): 70-76.

Andersen J H, Halpern B S, Korpinen S, et al. 2015. Baltic Sea biodiversity status vs. cumulative human pressures. Estuarine, Coastal and Shelf Science, 161: 88-92.

Arkema K K, Dewsbury A B M. 2006. Marine ecosystem-based management: From characterization to implementation. Frontiers in Ecology and the Environment, 4(10): 525-532.

Borja Á, Dauer D M, Grémare A. 2012. The importance of setting targets and reference conditions in assessing marine ecosystem quality. Ecological Indicators, 12(1): 1-7.

Borja Á, Elliott M, Andersen J H, et al. 2013. Good Environmental Status of marine ecosystems: What is it and how do we know when we have attained it? Marine Pollution Bulletin, 76(1-2): 16-27.

Borja Á, Elliott M, Carstensen J, et al. 2010. Marine management-Towards an integrated implementation of the European Marine Strategy Framework and the Water Framework Directives. Marine Pollution Bulletin, 60(12): 2175-2186.

Cabral P, Levrel H, Schoenn J, et al. 2015. Marine habitats ecosystem service potential: A vulnerability approach in the Normand-Breton (Saint Malo) Gulf, France. Ecosystem Services, 16: 306-318.

Chelton D B, Schlax M G, Freilich M H, et al.2004. Satellite measurements reveal persistent small-scale features in ocean winds. Science, 303 (5660) : 978-983.

Chen B, Huang H, Yu W W, et al. 2009. Marine biodiversity conservation based on integrated coastal zone management (ICZM) : A case study in Quanzhou Bay, Fujian, China. Ocean & Coastal Management, 52 (12) : 612-619.

CoastNET. 2003. Spatial planning in the coastal and marine environment: next steps to action. Report of a CoastNET conference. London: University of London.

Crowder L, Norse E. 2008. Essential ecological insights for marine ecosystem-based management and marine spatial planning.Marine Policy, 32 (5) : 772-778.

Crowder L B, Osherenko G, Young O R, et al. 2006. Resolving mismatches in U.S. ocean governance.Science, 313 (5787) : 617-618.

DEFRA (Department for Environment, Food and Rural Affairs) . 2004.Review of marine nature conservation: working group report to government. London: Defra.

DEFRA (Department for Environment, Food and Rural Affairs) . 2007.A sea change-a Marine Bill White Paper. London: Defra.

Ehler C. 2017. World-Wide Status and Trends of Maritime/Marine Spatial Planning. Presented at the 2nd International Conference on Marine/Maritime Spatial Planning. Paris: UNESCO.

Ehler C, Chua T E. 2006. The ecosystem approach to integrated ocean and coastal management.Paris: Third global conference on oceans, coasts and islands.

Elfes C T, Longo C, Halpern B S, et al. 2014. A regional-scale ocean health index for Brazil. PLOS ONE, 9: e92589.

European Commission. 2005a. Proposal for a Directive of the European Parliament and of the council establishing a framework for community action in the field of marine environmental policy (Marine Strategy Directive), COM (2005) 505 final. Luxembourg: EC.

European Commission. 2005b. Towards a future maritime policy for the union: A European vision for the oceans and seas. Luxembourg: EC.

European Commission. 2010. Commission Decision of 1 September 2010 on criteria and methodological standards on good environmental status of marine waters. Official Journal of the European Union, L232: 12-24.

Faghmous J H, Frenger I, Yao Y, et al. 2015. A daily global mesoscale ocean eddy dataset from satellite altimetry. Scientific Data, 2 (1) : 1-16.

Ferreira J G, Andersen J H, Borja A, et al. 2011. Overview of eutrophication indicators to assess environmental status within the European Marine Strategy Framework Directive. Estuarine, Coastal and Shelf Science, 93: 117-131.

Ge Z M, Wang H, Cao H B, et al. 2016. Responses of eastern Chinese coastal salt marshes to sea-level rise combined with vegetative and sedimentary processes. Scientific Reports, 6: 28466.

Glibert P M, Allen J I, Bouwman A F, et al. 2010. Modeling of HABs and eutrophication: status, advances, challenges. Journal of Marine Systems, 83 (3-4) : 262-275.

Gregg W W, Rousseaux C S. 2019. Global ocean primary production trends in the modern ocean color satellite record (1998–2015) . Environmental Research Letters, 14 (12) : 124011.

Halpern B S, Longo C, Hardy D, et al. 2012. An index to assess the health and benefits of the global ocean. Nature, 488 (7413) : 615-620.

Halpern B S, Longo C, Scarborough C, et al. 2014. Assessing the Health of the U.S. West Coast with a regional-scale application of the ocean health index. PLOS ONE, 9(6): e98995.

Hattam C, Atkins J P, Beaumont N, et al. 2015. Marine ecosystem services: Linking indicators to their classification. Ecological Indicators, 49: 61-75.

Huang H, Chen B, Lin J. 2015. The marine spatial classification and the identification of priority conservation areas (PCAs) for marine biodiversity conservation-A case study of the offshore China.Ocean& Coastal Management, 116: 224-236.

Ivanova N, Johannessen O M, Pedersen L T, et al. 2014. Retrieval of Arctic Sea ice parameters by satellite passive microwave sensors: A comparison of eleven sea ice concentration algorithms. IEEE Transactions on Geoscience and Remote Sensing, 52(11): 7233-7246.

Jones P J S, Lieberknecht L M, Qiu W. 2016. Marine spatial planning in reality: Introduction to case studies and discussion of findings. Marine Policy, 71: 256-264.

Katsanevakis S, Weber A, Pipitone C, et al. 2012. Monitoring marine populations and communities: Methods dealing with imperfect detectability. Aquatic Biology, 16(1): 31-52.

Leray M, Knowlton N. 2015. DNA barcoding and metabarcoding of standardized samples reveal patterns of marine benthic diversity. Proceedings of the National Academy of Sciences, 112(7): 2076-2081.

Levin P S, Fogarty M J, Murawski S A, et al. 2009. Integrated ecosystem assessments: Developing the scientific basis for ecosystem-based management of the ocean. PLOS Biology, 7(1): e1000014.

Li H. 2006. The impacts and implications of the legal framework for sea use planning and management in china.Ocean& Coastal Management, 49(9-10): 717-726.

Liu S, Chi M, Zou Y, et al. 2017. Oil spill detection via multitemporal optical remote sensing images: A change detection perspective. IEEE Geoscience and Remote Sensing Letters, 14(3): 324-328.

Long R. 2011. The marine strategy framework directive: A new European approach to the regulation of the marine environment, marine natural resources and marine ecological services. Journal of Energy & Natural Resources Law, 29(1): 1-44.

Maritorena S, Siegel D A. 2005. Consistent merging of satellite ocean color data sets using a bio-optical model. Remote Sensing of Environment, 94(4): 429-440.

McAllister D E. 1991. What is the status of the world's coral reef fishes?　Sea Wind, 5(1): 14-18.

Millennium Ecosystem Assessment. 2005. Ecosystems and Human Well-being: Synthesis. Washington, DC: Island Press.

Mouw C B, Hardman-Mountford N J, Alvain S, et al. 2017. A consumer's guide to satellite remote sensing of multiple phytoplankton groups in the global ocean. Frontiers in Marine Science, 4: 41.

MSPP (Marine Spatial Planning Pilot Consortium). 2005. Marine spatial planning pilot literature review.

Munns W R, Rea A W, Suter G W, et al. 2016. Ecosystem services as assessment endpoints for ecological risk assessment. Integrated Environmental Assessment and Management, 12: 522-528.

Norse E A. 2005. Ending the range wars on the last frontier: Zoning the sea//Norse E A, Crowder L B. Marine Conservation Biology: The Science of Maintaining the Sea's Biodiversity. Washington, DC: Island Press: 422-443.

OSPAR (Convention for the Protection of the Marine Environment of the North-East Atlantic). 2005. Workshop on marine spatial management (MASMA) .http: www.ospar.org/eng/html/welcome.html.

Payne M R, Barange M, Cheung W W L, et al. 2015. Uncertainties in projecting climate-change impacts in marine ecosystems. ICES Journal of Marine Science, 73(5): 1272-1282.

Reid W V, Mooney H A. 2016. The millennium ecosystem assessment: Testing the limits of interdisciplinary and multi-scale science. Current Opinion in Environmental Sustainability, 19: 40-46.

Reul N, Chapron B, Lee T, et al. 2014a. Sea surface salinity structure of the meandering Gulf Stream revealed by SMOS sensor. Geophysical Research Letters, 41 (9) : 3141-3148.

Reul N, Fournier S, Boutin J, et al. 2014b. Sea surface salinity observations from space with the SMOS satellite: A new means to monitor the marine branch of the water cycle. Surveys in Geophysics, 35 (3) : 681-722.

Rice J, Arvanitidis C, Borja A, et al. 2012. Indicators for sea-floor integrity under the European Marine Strategy Framework Directive. Ecological Indicators, 12 (1) : 174-184.

Sadovy Y, Domeier M. 2005. Are aggregation-fisheries sustainable? Reef fish fisheries as a case study.Coral Reefs, 24 (2) : 254-262.

Samhouri J F, Haupt A J, Levin P S, et al. 2013. Lessons learned from developing integrated ecosystem assessments to inform marine ecosystem-based management in the USA. ICES Journal of Marine Science, 71 (5) : 1205-1215.

Selig E R, Frazier M, O'Leary JK, et al. 2015. Measuring indicators of ocean health for an island nation: The ocean health index for Fiji. Ecosystem Services, 16: 403-412.

Song D, Gao Z, Zhang H, et al. 2017. GIS-based health assessment of the marine ecosystem in Laizhou Bay, China. Marine Pollution Bulletin, 125 (1-2) : 242-249.

Spalding M D, Fox H E, Allen G R, et al. 2007. Marine ecoregions of the world: A bioregionalization of coastal and shelf areas.BioScience, 57 (7) : 573-583.

Stumpf R P, Culver M E, Tester P A, et al. 2003. Monitoring Karenia brevis blooms in the Gulf of Mexico using satellite ocean color imagery and other data. Harmful Algae, 2 (2) : 147-160.

Teixeira H, Berg T, Uusitalo L, et al. 2016. A catalogue of marine biodiversity indicators. Frontiers in Marine Science, 3: 207.

Wentz F J, Gentemann C, Smith D, et al. 2000. Satellite measurements of sea surface temperature through clouds. Science, 288 (5467) : 847-850.

Young O R, Osherenko G, Ekstrom J, et al. 2007. Solving the crisis in ocean governance: Place-based management of marine ecosystems.Environment: Science and Policy for Sustainable Development, 49 (4) : 20-32.

Zacharias M A, Gregr E J. 2005. Sensitivity and vulnerability in marine environments: an approach to identifying vulnerable marine areas.Conservation Biology, 19 (1) : 86-97.

Zampoukas N, Palialexis A, Duffek A, et al. 2014. Technical guidance on monitoring for the marine strategy framework directive. Tech. Rep., European Commission, Report EUR: 26499.

第 3 章　新时代海岸带生态学研究与管理的三点思考①

3.1　引　　言

海岸带是陆海相互作用的过渡性区域。广义上的海岸带指向陆上溯 10km，向海到大陆架；狭义上的海岸带是指潮间带，即波浪作用的最上限与最下限之间的区域。在我国，海岸带和海涂资源综合调查(1980～1986 年)曾经规定，海岸带范围特指从海岸线算起，向陆域延伸 10km、向海域延至 10～15m 等深线海域。而在我国社会经济调查统计中，则把沿海占有海岸线的县级行政边界或设市的市区行政边界(重点是海岸线以上 10km 范围)作为海岸带的陆域范围，向海至领海外部界线(丰爱平和刘建辉，2019)。从自然系统的角度看，海岸带是陆地、海洋、大气间相互作用最活跃的地带。从世界范围来看，仅占地球表面 8%的海岸带提供了全球 28%的生物生产，距海不到 200km 的海岸带地区集中了全球 50%以上的人口，是人类经济活动最频繁的区域，是全球经济持续发展最富有生命力的地带。

自我国进入生态文明新时代以来，2018 年 3 月始的新一轮政府机构改革组建了自然资源部和生态环境部，分别重新确定了“三定”职能，原有的海洋生态系统管理机制发生了根本性改变。为此，基于新时代海岸带生态学研究与管理面临的三大新形势这个基本认识，从海岸带生态屏障建设、海岸带生态修复效果评估及海岸带生态工程可持续设计三个方面，开展新时代海岸带生态学研究与管理的战略思考，为构建新时代海洋生态系统管理模式奠定基础。

3.2　新时代海岸带生态学研究与管理面临的三大新形势

3.2.1　新形势之一：新时代海洋管理体制的两大转变

2019 年 7 月 5 日在北京召开了深化党和国家机构改革总结会议，标志着 2018 年 3 月启动的新一轮党和国家机构改革工作圆满完成，我国海洋资源管理出现了两大转变：一是，以大部制改革思路，组建了自然资源部和生态环境部，强化“多规合一”，践行“陆海统筹、以海定陆”的管理原则；二是，海洋管理职能整体上实现从原来的以水

---

① 本章作者：叶属峰(自然资源部东海局，上海 200137；自然资源部海洋生态监测与修复技术重点实验室，上海 200137)。本研究获得 2015 年度海洋公益专项性行业科研专项经费项目“基于海洋健康的资源环境承载能力监测预警关键技术研究与区域示范应用”(201505008)的资助。

环境管理为核心向以资源管理和生态保护为核心的转变，建立以生态系统为核心、面向海洋高质量发展的海岸带管理新模式，履行“整体保护、系统修复、综合管理”的新管理职责(图 3.1)。从以上两个重大转变来看，有必要高度重视生态系统完整性理论与复杂性理论在海岸带可持续生态学研究与管理中的应用及完善，尤其是在海洋领域。

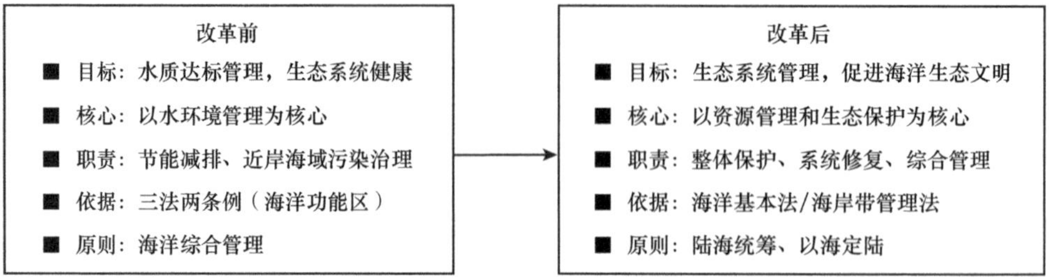

图 3.1　2018 年党和国家机构改革前后海洋资源管理的重大转变

3.2.2　新形势之二：未来 30 年海洋技术与装备的发展越来越快

2016 年 6 月 16 日，美国陆军部发布的《2016～2045 年新兴科技趋势：领先预测综合报告》(*Emerging Science and Technology Trends 2016-2045：A Synthesis of Leading Forecasts*)提出了六大关键趋势，即城市化、气候变化、资源紧缺、人口统计数据变化、全球化变革、中产阶级崛起，可能会重塑社会政治变革、技术和安全之间的关系，确定了未来 30 年将影响世界的 20 个核心科技趋势。

综合分析国际国内形势和我国发展条件，2017 年召开的党的十九大确定，新时代中国特色社会主义发展的“两个阶段”战略安排：第一阶段(2020～2035 年)基本实现社会主义现代化；第二阶段(2035～2050 年)把我国建设成社会主义现代化强国。

技术发展决定着未来方向。从目前的发展趋势来看，在我国实现未来两个十五年计划期间，海洋科技与装备将迎来空前发展，速度与进度均难以想象，特别是以“大数据、智能化”为特征的“新基建”逐渐横空出世：小卫星迅猛发展，人工智能深度融合，物联网大规模普及应用，数据分析与模拟仿真能力大幅提高，气候变化与生态预警能力显著增强。在这样的高技术应用背景下，海岸带生态学研究与管理必将逐渐发生一系列深刻变革：关键生态过程、稳态转换节点、系统能流转换等系列海洋生态学机制与过程将得到量化解译与阐释，为以自然为基础的海洋解决方案建立和以生态系统为基础的海洋管理新模式构建提供科学支撑。

3.2.3　新形势之三：人类活动对海岸带生态系统的影响越来越显著而广泛

从全球范围来看，地球年代进入“人类世”阶段，人类活动对海岸带(海洋)的影响越来越大、越来越广泛而深入。世界上的所有海岸带(海洋)都受到人类活动直接或间接的影响。20 世纪 70 年代，人们想象不到人类活动对海洋的影响能够达到全球尺度(孙松，2002)，但现在全球41%的海域受到17种不同人类活动的强烈影响(李达净等，2018)，这些活动包括海上采油、商业船运、人类活动导致的物种入侵、渔业捕捞、各种人为污染，以及酸化、紫外线辐射、水温上升等由气候变化导致的问题。

影响海洋的人类活动可分为两大类：陆源人类活动和海上人类活动。陆源人类活动对近海生态系统的影响日益加剧，人类开发利用海洋资源和建设海岸带、城市化及陆源排污，导致出现的主要问题有海洋生物资源被过度捕捞、海岸带富营养化、海洋酸化、珊瑚退化、海洋垃圾及海岸带矿产开采等高强度开发活动引发的重金属和持久性有机污染物污染等(吕永龙等，2016)。人造微塑料已经污染了世界海洋的最深区域，海沟有可能是全球微塑料的重要储库之一(李达净等，2018)。全球20个海洋生态系统受人类干扰情况的研究表明(Halpern et al., 2008)，全球海洋至少40%海域受到人类活动的严重影响，60%的主要海洋生态系统已经退化或不可持续利用。国际奥委会-联合国教科文组织(IOC-UNESCO)全球大型海洋生态系统的现状研究报告认为，不断加剧的气候变化和人类活动导致全球大型海洋生态系统状况堪忧；全球66个大海洋生态系统(large marine ecosystem, LME)中，50%的渔业资源被过度捕捞，有64个LME受到海水变暖影响等；超过50%的全球珊瑚礁受到威胁，到2030年这一比例将达到90%(IOC-UNESCO，2016)。

对海洋生态系统的影响因素中，人类活动起着核心与关键作用。人工生态系统是海岸带区域的一种重要形态。在海岸带(海洋)生态学研究与管理中，应当改变人类游离于生态系统之外和不重视人类在生态系统中的作用的传统认识，应深度认识到人类在生态系统中的核心地位与关键作用(李文华，2011)(图3.2)。这也是建立以生态系统为基础的海洋管理新模式的基本认识论之所在。

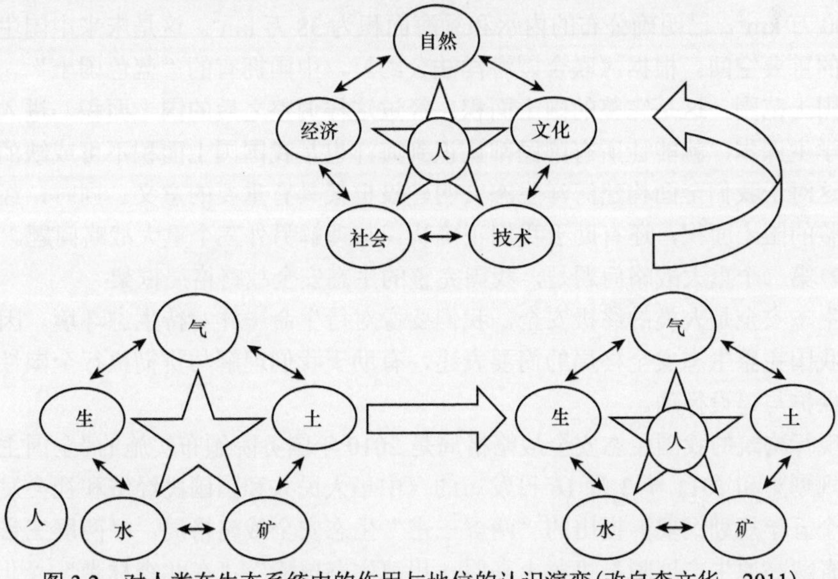

图 3.2　对人类在生态系统中的作用与地位的认识演变(改自李文华，2011)

3.3 海岸带生态屏障建设：“三屏三带”与生命共同体构建

3.3.1 新时代加快海洋强国建设急需重视的四个战略问题

我国政府于 2018 年正式提出“习近平生态文明思想”，这是世界各国普遍接受的科学发展观。在“生态”一词提出(1866 年)150 余年、环保事业启蒙(1962 年)近 60 年、中国共产党成立(1921 年)100 周年和中华人民共和国成立(1949 年)70 余年之际，我国将生态文明思想提高到国家战略高度，这是一个非常了不起的、可喜的变化，足可见其重要性与紧迫性。作为一个海洋科学工作者与海洋生态管理者，集中、系统而深入地学习之后，一方面很有收获，另一方面深刻感到，要想早日实现中华民族伟大复兴的中国梦，就必须走海洋强国之路：从海洋走向未来，从海洋走向世界。

然而，从新时代海洋强国战略实施的现状与路径来看，我们还需要大力发展与系统构建海洋生态文明的理论体系，夯实其建设方略。因此，以生态文明思想为指导，加快海洋强国建设和海洋高质量发展，从战略上思考，急需重视以下四个重大战略问题！

1)第一个重大战略问题是，全民完整的国土面积教育

众所周知，我们从小学就一直接受我国的国土面积是 960 万 km^2 这一事实，但很少涉及海洋这一蓝色国土的面积。完整的国土面积，应该包括陆地面积与海洋面积，是两者之和。

依据《联合国海洋法公约》的规定和我国政府的主张，我国管辖海域面积约为 300 万 km^2，已明确公布的内水和领海面积为 38 万 km^2。这是未来中国生存与发展的重要空间。根据《联合国海洋法公约》，中国拥有的“蓝色国土”，应将纳入国土范围，这是完整的国土面积。经过这样调整之后的国土面积，进入我国中小学生课本，就能让所有国民都认识到海洋也是我国国土面积不可或缺的一部分，这对于我们全面构建海洋生态文明建设框架具有重要的意义。同时，经过这一调整的国土面积，还有助于我们正确认识与理解另外三个重大战略问题。

2)第二个重大战略问题是，我国完整的生态安全战略格局框架

生态安全是人类的终极安全，我们要像对待生命一样对待生态环境。因此，对于我国完整生态安全格局的简要表述，有助于我们理解与贯彻执行全国性生态环境保护与建设行动。

现行构筑的我国生态安全战略格局是 2010 年国务院颁布实施的《全国主体功能区规划》和 2011 年 3 月 16 日发布的《中华人民共和国国民经济和社会发展第十二个五年规划纲要》提出的“两屏三带”生态安全战略格局。“两屏三带”是指“青藏高原生态屏障”“黄土高原—川滇生态屏障”“东北森林带”“北方防

沙带”“南方丘陵山地带”，形成一个整体绿色发展的生态轮廓。可以看出，“两屏三带”这一生态安全战略格局表述中，没有包括海洋部分，即海岸带海岛，没有体现这个蓝色国土的海上生态屏障作用。

从陆海统筹和我国海陆生态系统完整性角度来看，在我国生态安全战略格局中，有必要将海岸带海岛作为我国海上的生态安全屏障，提高到“两屏三带”生态安全战略格局的战略高度来加以认识与实施。海岸带，加上镶嵌于海上的万余个星罗棋布的海岛，共筑我国海上生态安全屏障。

在国家层面，2014 年 2 月 8 日颁布的《全国生态保护与建设规划纲要(2013～2020 年)》(国家发展改革委等，2014)，已将海岸带作为海岸线看待，纳入“两屏三带一区多点”的生态安全战略格局表述之中，并实现了两个突破：①首次纳入海洋内容，“第三章总体布局”之“一、生态保护与建设区域布局”中列入“(九)海洋区”；②首次将海岸带以海岸线形式纳入“两屏三带一区多点”的战略规划框架中，“第四章生态保护与建设主要任务”中单列“七、保护和整治海洋生态系统”。

但是，我们还是可以看出，这一表述仍然不能全面体现海岸带海岛在我国国民经济与社会发展中的重要性。因此，需从陆海统筹的战略高度来加以认识与实施，进一步提升海岸带海岛的生态屏障功能，建议将原“两屏三带”改为“三屏三带”，其中增加的“一屏”为海岸带海岛生态屏障，代表来自海上的生态安全屏障。

3) 第三个重大战略问题是，完整的生命共同体框架构建

目前的生命共同体框架表述是“山水林田湖草”，其中“海洋”包含在水的表述之中，没有明确将“海洋”作为一个重要组成部分体现在这个框架内，没有体现海洋之“大”和“重要性”。

从太空来看，地球是一个蓝色星球，海洋约占地球表面积的 71%，陆地是海洋之“岛屿”。我国蓝色国土面积约 300 万 km^2，约占陆地国土面积的 1/3，拥有丰富的资源和巨大的生存发展空间。此外，海洋的重要性难以想象，它通过大气环流与海洋环流，可能将水、风、能、物质等输送到地球上的任何一个地方，是地球作为一个有生命星球的重要支撑力量。

在未来 30 年乃至更长时间里，海洋在我国建设海洋强国、世界强国的过程中，会表现出越来越大的作用。很明显，将海洋放在“山水林田湖草”的“水”的框架中，显然格局小了，是一种“从陆看海”的思维，应该改为“从海看陆”思维了，“海洋”表述应该独立出来。

此外，考虑到地球年代进入“人类世”以来，人类活动对海洋生态系统的影响越来越广泛而深入，人类不能置身于海洋生态系统之外，而应将人类作为海洋生态系统的一个有机组成部分，且是主要影响与控制因素来看待。因此，对于海

洋生命共同体构建来说，有必要修改补充这一框架表述，在“山水林田湖草”这个框架中增加“海洋”为其单独部分，还要体现人类活动的作用，完整表述建议为“山水林田湖草海-人”。

4)第四个重大战略问题是，“陆海统筹、以海定陆”原则

要用生态环境建设来统筹“山水林田湖草海-人”海洋生命共同体建设，构建实施海洋生态文明建设和海洋高质量发展布局框架。

流动性是海洋的最大特征。海洋是全球地势最低的洼地，是终端，人类活动产生的营养盐、重金属、石油类等污染物最终全部流入海洋。另外，一旦人类干扰和全球变化导致海洋生态系统发生稳态转变，与陆地相比，人类就更加难以、几乎没有办法对海洋实施恢复补救与处置措施。

因此，从污染治理与生态保护视角来看，只有充分认识海洋的这个特征，转变“从陆看海”为“从海看陆”思维，即树立“陆海统筹、以海定陆”原则，才能正确引导全体国民“关心海洋、认识海洋、经略海洋”的海洋意识与海洋情怀，才能系统构建“以海定陆”战略思维。十三届全国人大二次会议期间，生态环境部部长李干杰在“部长通道”表示：陆海统筹，以海定陆，打好渤海综合治理攻坚战。

如果以上这四个重大战略问题，能够协调、统一提升到国家战略高度，全面展开作为全民文化素质教育的一部分，那么真正的海洋强国时代就要来临了。

3.3.2　建设架构模式：生命共同体的概念及其内涵拓展

2013年，《关于〈中共中央关于全面深化改革若干重大问题的决定〉的说明》提出了“山水林田湖是一个生命共同体”的思想。2015年9月通过的《生态文明体制改革总体方案》再次强调了这一思想。2017年10月，党的十九大报告强调“人与自然是生命共同体，人类必须尊重自然、顺应自然、保护自然”，进一步推动形成人与自然和谐发展现代化建设新格局，为当代世界解决全球性生态危机提供中国智慧和中国方案，为全球生态安全作出重要贡献。

“山水林田湖草”[①]是生命共同体的架构，其提出到发展也经历了不同阶段，随着认识的深入，这一生命共同体架构也需与时俱进，不断地完善与发展。在海岸带复合生态系统中，除了山、水、林、田、湖、草这6个基本的生命系统结构特征之外，还有两个重要的属性特征：一是深受海洋的影响；二是受高强度的人类活动影响。为此，海岸带生命共同体架构应该由8个部分构成，即“山水林田湖草海-人”，而“人”(人类活动)既是其中一个有机组成部分，又是最关键的一个组成部分，控制、调节、影响着这个生命共同体架构的运行模式(图3.3)。

①2017年，在中央全面深化改革领导小组第三十七次会议上将“草”纳入，提出“山水林田湖草是生命共同体”。

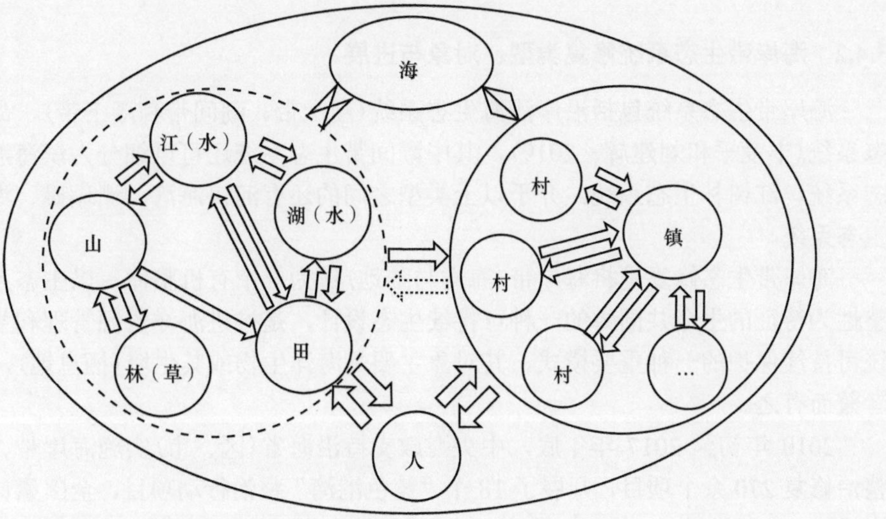

图 3.3　海岸带生命共同体的架构模式示意图：山水林田湖草海-人（改自李达净等，2018）

同时需要进一步指出的是，在利用海岸带生命共同体这个架构模式进行生态学研究与管理时，应注重发挥海洋特色：以海洋生态系统服务为理论基础，以海洋文明社区构建为管理单元，以海洋文化培育传播为构建方向，以海洋生态文明建设为重点内容，为深度参与全球海洋治理贡献中国方案。

3.4　海岸带生态修复：新时代生态文明建设的重要使命

从目前的发展态势来看，海岸带生态修复将会成为我国未来 20 年乃至更长时期内的一项重要任务，这是中国共产党进入第四个 30 年执政的三大目标之一——恢复自然环境(潘维，2017)，是践行生态文明思想的重要体现。在我国，这是一项极其重要但也极其艰巨的伟大工程。

3.4.1　《2021～2030 年联合国生态系统恢复十年》决议

2019 年 3 月，联合国大会宣布了《2021～2030 年联合国生态系统恢复十年》决议，旨在恢复退化和被破坏的生态系统，以此作为应对气候危机和加强粮食安全、保护水资源和生物多样性的有效措施。大会重点强调了生态系统恢复在实现可持续发展中的作用，指出要实现《2030 年可持续发展议程》中有关恢复生态系统的目标，必须采取紧急行动。从现在到 2030 年，恢复 3.5 亿 hm^2 退化土地可以产生 9 万亿美元的生态系统服务价值，并从大气中再吸收 13～26 种温室气体，从大气中去除多达 260 亿 t 温室气体。

3.4.2　海岸带生态系统修复类型、对象与进展

海岸带生态系统包括沿岸浅海生态系统(潮上带、潮间带和潮下带)、岛屿生态系统(丰爱平和刘建辉，2019)，其中潮间带生态系统还可以细分为滨海湿地生态系统、红树林生态系统。介于以上类型之间的还有河口海湾、珊瑚礁、海草床生态系统。

海岸带生态修复是将海岸带(海洋与陆地)作为一个有机整体，以生态系统完整性为特征的生命共同体的一种可持续生态设计，是推进海洋资源管理和生态系统可持续保护的一种重要模式，其对象主要是海洋生物或其生境(栖息地)，或两者兼而有之。

2010 年初至 2017 年年底，中央财政支持沿海省(区、市)实施海岸带、海岛整治修复 270 余个项目，开展了 18 个“蓝色港湾”整治行动项目，全国累计修复岸线 260km、沙滩 1240km^2、海岛近 60 个、滨海湿地 4100hm^2(张志卫等，2018)。

3.4.3　海岸带生态修复工程效果评估：“蓝碳”的新使命

效果评估是生态修复的重要环节，通过监测预警与评价来实现。

从以上新时代海洋转型特征来看，新时代海洋生态工作亟待呼唤新理念。从海洋“蓝碳”这个概念的提出、形成与发展过程来看，“蓝碳”适合承担新时代海洋转型的三大使命(图 3.4)：①CO_2 减排，“蓝碳”作为一个不可或缺的组成部分，服务于全球气候变化谈判及国家低碳发展战略制定，而生态保护修复是一种协同增汇过程，生态修复产业则有助于 CO_2 减排，是实现碳中和的一种必要途径；②环保理念转型，“蓝碳”作为一个核心概念引导环保产业与绿色能源发展战略制定，构建

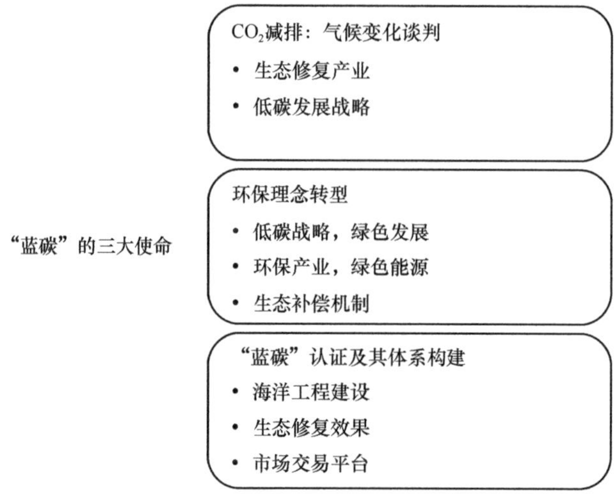

图 3.4　新时代海洋“蓝碳”的三大使命

低碳发展战略，促进以绿色能源体系为核心的环保产业发展及生态补偿机制建立，助力海洋绿色发展；③“蓝碳”认证及其体系构建，用以指导生态修复和产业发展，规范海洋工程建设，评价海洋生态修复效果，建设海洋“蓝碳”市场交易平台。

最近，作为美国高级科技咨询机构的美国科学院发表了《负排放技术和可靠的封存：研究议程》(NASEM，2018)，将“蓝碳”正式提到六大碳负排放技术的首位，并列于陆地碳的去除和封存、生物能源与碳捕获及封存、直接空气捕获、碳矿化和地质封存。实施这六大技术将使人类从被动地适应气候变化走向主动地捕获大气中的 CO_2 以减缓气候变化。该报告提议大力加强“蓝碳”的研究，以弥补其中的大量未知因素。可以预见，“蓝碳”正在从概念走向科学理论、政策体系、管理制度和技术措施，逐渐承担海岸带生态修复效果评估指标的新使命。

3.5　新时代海岸带生态工程：生命共同体的可持续设计

工程是实际地改造世界的物质实践活动(李伯聪，2002)，是人类文明进步的强大动力(殷瑞钰等，2011)。以工程表征的人类活动，加上全球气候变化，深刻影响着海岸带生态系统的健康与可持续发展。人类活动对海岸带生态系统的影响越来越广、越来越显著。

当前我们正生活在一个大转变的年代，这一转变的重要标志是人与社会、人与自然之间展开了一场新的对话(颜泽贤等，2006)。从历史发展角度来看，世界最终将成为人与自然平等相处的生态共同体。后工业现代社会，愿景是形成一个人与自然和谐共生的耦合人工生态系统。因此，海岸带人工耦合生态系统工程学，是生命共同体理念的应用及可持续生态工程设计方案，对于从学科和科学视角探讨现代海洋生态学体系具有重要意义。

新时代海洋生态文明建设中，海洋生态系统管理新模式的构建急需三个方面的技术支撑：一是海岸带生态系统生态学及其生态过程为其提供科学基础；二是海岸带生态屏障建设及其生命共同体理念为其提供景观构建模式；三是海岸带生态修复工程技术及基于生命共同体的可持续设计技术为其提供技术手段。其中涉及三个重要理念：生态安全、可持续生态设计及生态修复工程实践。

3.5.1　人类活动影响下的三个重要理念

工程是工业时代的主导思想，而生态学将是未来新秩序的竞争者之一(Leopold，1987)。在地球年代进入可持续的人类主宰地球生态系统年代——“人类世”、人类活动影响为显著特征的后现代工业社会，建设以满足人民群众对美好生态环境的向往为目标的伟大工程，需要我们通过持续不断地同破坏生态、污染生态的行为作斗争而实现第四个 30 年执政三大目标之一——恢复自然环境(潘维，

2017)。

海岸带这一陆海相互作用强烈的过渡性区域，同样受到高强度的人类活动的影响。其中，有三个重要理念值得重视：一是生态安全，这是人类的终极安全，是指导可持续生态设计与设计生态工程的重要理念。二是可持续生态设计，这是一项前沿高技术，是实现恢复和保护海岸带生态系统服务的重要技术，在实践中应高度重视。生态设计对生态工程建设是至关重要的。一件事物结果的好坏、优劣、盈亏等，有 50%以上是由设计的因素所决定的。约翰 · 蒂尔曼 · 莱尔在《人类生态系统设计》一书中指出，如果区域景观是珍品，更高水准的设计将更加珍贵(Lyle，1999)。三是生态工程，这是基于海岸带生命共同体构建的高度体现可持续生态设计的综合体。由生态破坏、资源衰退、环境污染等引起的海岸带生态系统严重退化而导致的生态安全问题，需要利用人工与自然过程相结合的复合生态修复模式，通过恢复与保护生态系统服务来提高海岸带生态安全水平，这是贯穿未来 20 年乃至更长时间的一项长期而艰巨的工程。

3.5.2 生态系统服务和保护的生态设计

工程，狭义上是指建立在科学、技术基础之上，人类有组织、有目的地去改造物质世界，带有规模性、私利性、系统性和复杂性的实践活动过程的总称(殷瑞钰等，2011)。生态工程设计是一项高技术。20 世纪 60 年代，奥德姆首先提出生态工程(ecological engineering，EE)概念，生态工程学科诞生，1988 年将生态工程定义为一种将人类设计和环境自我设计相结合的学科，且二者由此得到共生。20 世纪 90 年代，Mitsch 和 Jorgensen(2004)发展了生态工程应用学，开展了大范围实践，如湿地处理废弃物。进入 21 世纪以来，生态工程成为一个领先的设计学科，面向可持续的人工生态系统。Mitsch 和 Jorgensen(2004)将生态工程定义为用自然环境来设计人类社会，以使二者都能得益于目的：恢复和保护生态系统服务。Matlock 和 Morgan(2013)将生态工程定义为设计系统的过程，这些设计系统能够保存、恢复和建立生态系统服务，生态工程师设计生态服务，人类从生态系统中提取产品和服务。

海岸带生命共同体构建与实施，要通过可持续的生态设计来实现，目的是恢复和保护海岸带生态系统服务。这方面，已经开展了不少前期研究，许多经验值得参考。马效能(2019)提出了自然保护地生态修复的 4 条黄金法则：①恢复与其说是种草，不如说是除草；②识别自然栖息地的残余斑块，并引导这些斑块自然地向退化土地扩展，而不是对恢复区进行清理并重新种植；③如果人类的活动改变了土地剖面及水文状况，恢复土地剖面和水文状况就至关重要；④不要试图通过引进外来物种来改善环境。

可以看出，生态修复中要特别注重生态系统服务设计，标准方法是经过综合、分析、审议、实施与评估五个环节(图 3.5)。设计中要遵循三条基本原理(Matlock and Morgan，2013)：①一切都有联系。Odum(1998)描述了生态系统的基本原则，整个生物圈的生物过程与非生物过程是相互联系的。②一切都在发生变化。一切都在变化，且变化的速度在增加；全球气候、土地利用和人口因素变化推动生物圈变化。③我们都在其中。这是生态工程伦理的本质精神。Mitsch 和 Jorgensen(2004)定义了生态设计的 18 条原则。工程设计要遵循自然修复设计的合法性，满足以下四个标准(Sabatier et al.，2007)：①自主性，人们应该自己选择规则和条件，并在此环境中生活；②程序合法性，设计实施的方法至关重要，透明度和公开性原则必须得到贯彻；③实质性的合法，设计必须管用；④公正性，根本上要求设计必须改善我们的生活条件，受牵累的各方必须同意设计的影响。

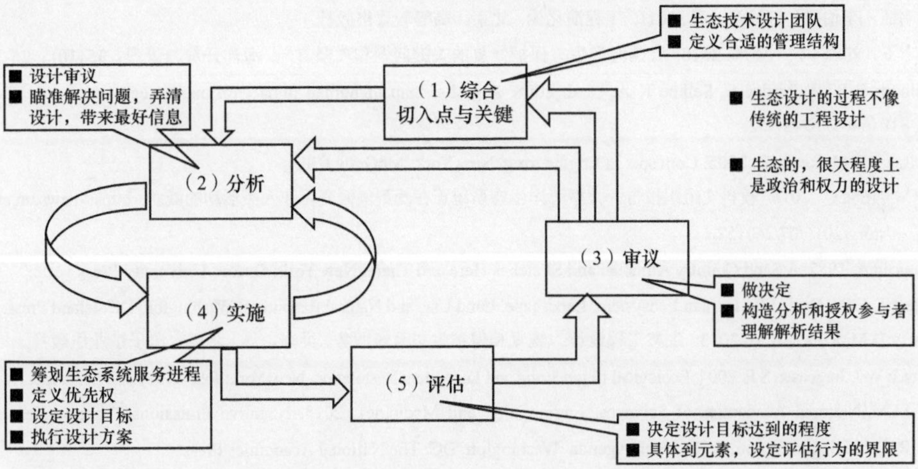

图 3.5　生态系统服务设计：标准方法(Holtzapple and Reece，2005)

生态系统服务设计要坚持可持续性原则，体现七个要素(Nieto，1997)：①在一个开放和透明的过程中倾听所有人的声音；②尊重后代的权利；③重新界定人类及其赖以生存的生态系统之间的关系；④在科学的基础上理解生态系统服务的界限；⑤理解整个生产供应链和跨空间尺度活动的相互关联影响；⑥加强社区层面的自给能力；⑦以务实的态度来实施操作，以便检验、修改并适应不断变化的条件。

海岸带是一个复合人工生态系统，其生命共同体构建框架包括山水林田湖草海-人(叶属峰和温泉，2019)，要特别注重结合海岸带的陆海相互作用特色，尤其是海洋特色，在生境地形与水文动力学、生态格局(特别是群落结构)及基础设施等设计中，要充分体现恢复和保护海岸带生态系统服务这一目的。

参 考 文 献

丰爱平，刘建辉. 2019. 海洋生态保护修复的若干思考. 中国土地，397(2)：32-34.

国家发展改革委，科技部，财政部，等. 2014. 关于印发《全国生态保护与建设规划(2013～2020 年)的通知》. http://www.ndrc.gov.cn/fzggw/jgsj/njs/sjdt/201411/t20141119_1194736.html? code=&state=123.

李伯聪. 2002. 工程哲学引论——我造物故我在. 郑州：大象出版社.

李达净，张时煌，刘兵，等. 2018.“山水林田湖草-人”生命共同体的内涵、问题与创新. 中国农业资源与区划，39(11)：1-5，93.

李文华. 2011. 人与生物圈计划对生态学研究的影响. 人与生物圈，(3)：44-47.

吕永龙，苑晶晶，李奇锋，等. 2015. 陆源人类活动对近海生态系统的影响. 生态学报，36(5)：1183-1191.

马效能. 2019. 自然保护地生态恢复指南. 周亭亭，解焱，时金松，译. 北京：国际自然保护地联盟(IAPA).

潘维. 2017. 信仰人民：中国共产党与中国政治传统. 北京：中国人民大学出版社：94.

孙松. 2002. 人类活动对海洋生态系统的影响. 科学对社会的影响，(1)：22-26.

颜泽贤，范冬萍，张华夏，等. 2006. 系统科学导论——复杂性探索. 北京：人民出版社.

叶属峰，温泉. 2019. 海岸带生命共同体有哪些特点？中国生态文明，(4)：49-50.

殷瑞钰，李伯聪，汪应洛，等. 2011. 工程演化论. 北京：高等教育出版社.

张志卫，刘志军，刘建辉. 2018. 我国海洋生态保护修复的关键问题和攻坚方向. 海洋开发与管理，35(10)：26-30.

Halpern B S, Walbridge S, Selkoe K A, et al. 2008. A global map of human impact on marine ecosystems. Science, 319(5865): 948-952.

Holtzapple M, Reece D. 2005. Concepts in Engineering. New York: McGraw Hill.

IOC-UNESCO. 2016. 教科文组织报告：大型海洋生态系统正在受到气候变化和人类活动的威胁. https://news.un.org/zh/story/2016/07/260152.

Leopold A. 1987. A Sand Country Almanac and Sketches Here and There. New York: Oxford University Press.

Lyle J T. 1999. Design for Human Ecosystem. Landscape, Land Use, and Natural Resources. Washington, DC: Island Press.

Marty D M, Robert A M. 2013. 生态工程设计：恢复和保护生态系统服务. 吴巍，译. 北京：电子工业出版社.

Mitsch W J, Jorgensen S E. 2004. Ecological Engineering and Ecosystem Restoration. New York: John Wiley and Sons, Inc.

NASEM(National Academies of Sciences, Engineering, and Medicine). 2018. Negative Emissions Technologies and Reliable Sequestration: A Research Agenda. Washington, DC: The National Academies Press.

Nieto C C. 1997. Toward a holistic approach to the ideal of sustainability. Philosophy and Technology, 2(2): 41-48.

Odum H T. 1998. Self-organization, transformity, and information. Science, 242(4882): 1132.

Sabatier P, Focht W, Lubell M, et al. 2007. Swimming Upstream: Collaborative Approaches to Watershed Management. Cambridge: MIT Press.

第4章 人工生态系统生态学视野下的海岸带利用规划研究①

4.1 引言

海岸带是海陆相互衔接、相互作用所形成的过渡性空间地带，也是滨海城市中最为敏感的生态脆弱景观带(俞孔坚等，2017)。其自然资源丰富、类型多样，风景优美；生物复杂多样，生态系统多元，物质能量充足；人类活动活跃，区位发展优势显著。海岸带是城市风貌的载体，是彰显城市形象、激发城市活力、城市文脉传承与表达的媒介，因此，海岸带成为城市发展需求的优势土地资源。同时，海岸带面临开发强度过大、频度过高，以及自然资源结构被破坏、人为干扰过度等诸多问题(褚琳等，2015)。

人工生态系统生态学是基于人类与自然是统一整体的生态系统，是充分考虑人类活动需求与自然发展规律的生态系统，是满足人类和自然共同发展的生态系统。因此，基于人工生态系统生态学(artificial ecosystem ecology，AEE)理论的海岸带开发利用与生态调控将滨海城市看作一个人工生态系统，包含人类与海岸带等自然资源，基于海岸带利用的整体系统性和指导性，问题和目标明确，可操作性强，对满足人类对海岸带利用需求下的海岸带保护规划，尤其是滨海城市这一人工生态系统的健康可持续发展具有重要的理论与实践意义。

基于人工生态系统生态学的海岸带开发利用规划研究，其应用前景包括以下三点。

(1)宏观尺度上：建设海洋强国，走向深蓝战略的具体落实。海岸带是连接海洋和陆地的重要纽带，起到连接和保护的重要作用，是重要的过渡带，对其合理高效地利用和保护对于国家走向深蓝战略具有重要理论和现实意义。

---

① 本章作者：黄磊昌[1]，王家惠[1]，李壮[1]，丛珊珊[1]，李帆[1]，丁德文[2](1. 大连工业大学艺术设计学院，大连 116034；2. 自然资源部第一海洋研究所，青岛 266061)。本研究获得国家自然科学基金面上项目“环渤海湾海岸带景观保护与利用的生态控制技术研究”(32071831)、2020 年辽宁省高等学校创新人才支持计划项目、2020 年大连市社会科学界联合会重点项目“大连海洋中心城市建设策略研究”(2020dlskzd207)、辽宁省特聘教授项目“基于老工业基地振兴背景下的辽宁省全域工业旅游综合体验共同体建设的理论与实践研究”、辽宁省重点研发计划指导计划项目“基于兴辽战略的海岸带全域文化旅游共同体生态建设策略研究”、2020 年度辽宁省经济社会发展研究课题“辽宁地域的工业文化建设及其创新应用研究”(2020lslktyb-008)的资助。

(2)区域尺度上：区域陆海统筹发展的需要。在区域尺度上，海岸带作为陆海统筹发展的轴向和线性带状区域对于陆海统筹发展具有重要的连接廊道作用，其生态调控有利于保护海洋和陆地生物群落的数量及多样性，为区域内城市持续发展更好地利用海岸带提供理论和技术基础。

(3)市域及学科尺度上：海岸带区域内城市特色风貌保护与文脉传承、景观规划与生态等学科理论及内容丰富和完善的要求。海岸带景观是滨海城市中公共开放空间的重要景观，能够体现出滨海城市独具特色的地域文脉，是提高城市整体视觉形象的必要环节(闫莹等，2008)，在包含人类活动与自然海岸带的人工生态系统生态学指导下的海岸带开发利用与生态调控不但满足人类发展需要，而且对于丰富和完善景观设计学、规划学及生态学等学科理论、实践与内容也具有重要的意义，也是学科发展与文脉传承的必然要求。

4.2 国内外海岸带研究进展

4.2.1 国外研究现状

国外对海岸带的研究起步较早，海岸带相关理论体系已相对比较完善，对海岸带综合管理、评价分析、生态环境保护、资源利用等方面的经验较多，关于海岸带的学术研究和科研方面有许多值得思考与借鉴。

在海岸带的界定、特征、综合管理等理论方面，Breen 和 Rigby(1996)把城市滨水区开发的用途归为六大类，分别为居住、商贸、文化教育、娱乐休闲、历史和港口设施；Veloso-Gomes 等(2008)对海岸带的基础综合管理政策进行了研究，提出并制定了海岸带综合管理政策的 9 个基本原则、8 个主要目标、37 个策略。在海岸带的环境现状与生态保护方面，Sánchez-Quiles 和 Tovar-Sánchez(2015)研究并证实了人类对沿海水环境的污染，如人们使用的化妆品所含成分会对海洋生物的生长产生影响；迪克逊等(2011)发现人类的潜水活动会使珊瑚等生物遭受破坏；而 Hall(1980)的研究也证明澳大利亚大堡礁地区游客在低潮时的珊瑚区散步是使珊瑚严重损害和退化的最主要因素。

在海岸带的研究方法及技术方面，Morgan(1999)以人文、自然、生物、开发程度四个方面为基础，研究出一种对海滨安全性、气候适宜性和海滨景观美学质量的评价体系；Anilkumar 等(2010)针对土地利用和海岸带的影响建立了公式化的评价标准；Nguyen 和 Kok(2007)用特殊的分析方法找到了一种系统化的测试方法以便建立海岸带的管理模型。

在海岸带的利用与规划方面，Wong(1998)对东南亚地区海岸带周边的防护墙进行了研究，他认为防护墙在防止海岸崩塌和侵蚀的同时使沿海景观遭受严重破坏；Ullah 等(2010)将海岸带景观评估技术初次运用在亚洲的发展中国家，创新性地提出了分析海岸带旅游开发潜力的方法，并以巴基斯坦海岸带景观进行了实证研究；Rangel-Buitrago 等(2013)以哥伦比亚地中海沿岸的海岸带景观为基础，提出了针对性的管理对策；Cillari 等(2012)针对海岸带的海钓旅游进行了重点研究。

国外研究认为，海岸带是非常有利用价值的公共空间，对于滨海城市海岸带的开发能够大幅提高周边滨海区域与滨海城市地块的价值。国外针对海岸带的研究主要体现在对海岸带的综合管理研究，滨水环境的生态系统研究，海岸带自然环境的保护研究，自然资源的可持续发展研究，解析滨海景观自然资源的内在属性，对原有海岸带景观的修复、优化、重组、创新，协调人与自然的生态关系等领域。实践方面也有诸如纽约的炮台山公园、多伦多的"皇后码头"、巴尔的摩的内港区重建、利物浦的阿尔培托码头改建、曼彻斯特运河的河滨改建及伦敦港区开发等多个较为典型项目的建设(潘韦妤，2014)。

4.2.2　国内研究现状

赵锐和赵鹏(2014)提出了将沿海地区划分为一级、二级、三级海岸带的"三分法"；范学忠等(2010)通过研究归纳了海岸带综合管理研究领域及发展预想；安鑫龙等(2009)对我国滨海湿地的现状进行了调研，提出了滨海湿地环境的保护策略。李军(2011)通过国内外对比分析、实地调查和理论联系实际等方法，系统整理了国内外海岸带的相关文献和理论，为海陆资源的互动开发提供了重要的理论支撑；李利红等(2013)基于 RS/GIS 数据对西门岛滩涂湿地景观的格局变化进行了分析；唐远彬等(2013)找到了通过 GIS 数据计算海陆界面资源面积的方法；倪绍起等(2013)研究出利用机载 LiDAR 与潮汐推算海岸带自然岸线的方法；梁建等(2011)利用卫星成像仪数据，实现对海岸带的水质、岸线、土地等的动态监测；成筠等(2009)使用 GIS 控件 MapObjects，为海岸带的综合管理和生态修复提供了辅助支持；张震等(2011)基于 GIS 使用 ArcEngine 进行二次开发，最终实现了海岸带地质灾害的预测、预报与防治。高峰等的《海岸带研究国际发展态势分析及我国对策》、王真等的《滨海地区的生态化开发模式》、俞孔坚等的《海岸带景观》等从不同层面、不同角度对海岸带的定义、分类、特征、现状、管理、保护和利用等方面进行了解析与研究，并对海岸带的不同层面提出了理论原理与可实施策略。国内学者普遍认为海岸带有最丰富的资源、最明显的区位优势，其利用价值不容小觑。但海岸带面临城市化加快、海平面上升、环境污染、海岸侵蚀、渔业资源退化等现状，其敏感脆弱、灾害频发的问题也尤为突出。实践方面，国内开展了天津海河沿岸开发、青岛新区规划、上海黄浦江海岸带规划等项目的建设。

国内学者主要在滨水景观的尺度上对海岸带的资源进行界定划分与优化再利用(汪永华和李若英，2006)。我国关于海岸带的研究起步相对较晚，发展比较缓慢。20 世纪 80 年代开始，我国陆续对海岸带进行研究，但研究成果较少，直到迈入 21 世纪，研究成果才显著增加(慕慧洁，2016)。系统化的基础理论、设计规范不够明确，关于海岸带保护与利用的规划依然仅限于局部，对海岸带生态环境的保护、海陆资源的利用及海岸带景观一体化还需要更加深入地解析与探究。

4.3 海岸带与人工生态系统生态学

4.3.1 海岸带的概念、特点及类型

4.3.1.1 海岸带的概念

当前，对于海岸带的界定还没有达成统一的共识，大多根据研究需要而界定研究范围。海岸带的界定涉及两个方面，一个是地域性，另一个是范围，前者在普遍意义上或者理论上有一个相对统一的认知，都认为海岸带就是海陆过渡带或者交界地带，而后者则差别较大。在地理学上常用地形地貌地质特点来界定，如特殊的喀斯特地貌、地质构造等；在海洋学上则多以海岸线的向海和向陆来界定，一般是以海洋和陆地的等高线来划定，最常用的是用距离来界定，如向海 15n mile 向陆 10km 作为海洋学界的研究范围；在景观学上以海岸线为研究的地理区域，多与旅游业相结合，常根据自然风貌和城市规划发展来界定研究范围，与自然保护区的联系比较紧密。

基于 AEE 的海岸带利用规划中的海岸带的界定以海岸线和自然地形地貌及城市发展规划尤其是城市生态红线来划定研究范围。

4.3.1.2 海岸带的特点

(1)海岸带要素构成复杂，人类与自然交互。海岸带是海陆生态系统的过渡带，具有边缘效应，其要素构成众多，如河口、滩涂湿地、沙滩、港湾、山脉、山林、道路、古迹、地质构造等，包含各类资源，如人工资源、自然资源。

(2)海岸带风景优美、气候舒适，是城市风貌和文脉的载体。海岸带是所属城市风貌的最具特色的代表，属于城市特色潜力区域，是城市价值的体现，因此是城市具有吸引力的土地资源，是人类活动最频繁的地带。

(3)海岸带是生态敏感和脆弱带。海岸带独特的风景与土地价值，导致人类趋向性和强频度性，而人类活动必然对原有生态系统产生破坏和干扰，因此海岸带又是一个比较敏感和脆弱的区域，这与人类的发展与利用是矛盾的，这也正是海岸带利用规划的原因所在。

4.3.1.3 海岸带的类型

按照不同的基准，海岸带可以分为不同的类型。按照构成要素海岸带可以分

成人工型、自然型及混合型；按照景观价值海岸带可以分为保护价值类、特色价值类和一般价值类；按照形态海岸带可以分为两板一带、三板一带及环式板带等类型(图 4.1)。

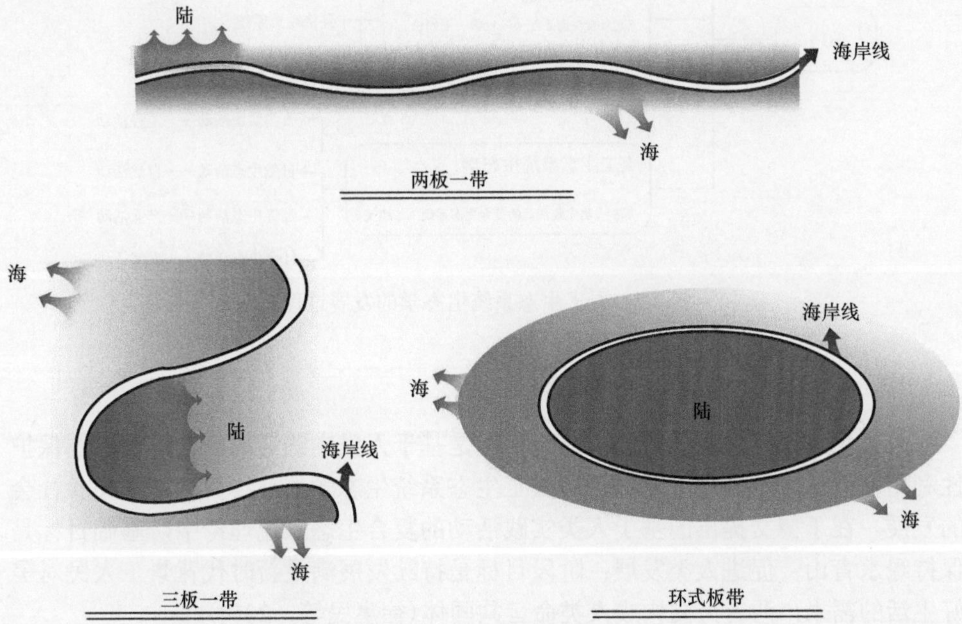

图 4.1　海岸带形态类型

4.3.2　海洋人工生态系统生态学

4.3.2.1　发展演变

人工生态系统生态学认知的脉络：最早是由沈满洪(1996)提出的生态经济学下的二元复合生态系统，分为生态系统和经济系统两部分，统称为生态经济系统；接着演变为城市生态系统，马世骏和王如松(1984)提出三元复合生态系统理论，分为自然生态系统、经济生态系统和社会生态系统三个部分，余谋昌(2011)提出生态-人-社会复合生态系统理论；最终演变为现在的人工生态系统生态学，丁德文提出了基于人类实践活动的复合生态系统理论，分为四个部分：人类实践活动，简称工程活动；自然生态活动，简称自然活动；经济生态活动，简称产业活动；社会生态活动，简称人文活动(徐惠民等，2014)(图 4.2)。海洋人工生态系统生态学是基于人类实践活动与海洋资源环境的复合生态系统生态学，是人工生态系统生态学的一个部分，包括海洋人文活动、海洋生态活动和人类实践过程及海洋产业活动的生态系统。

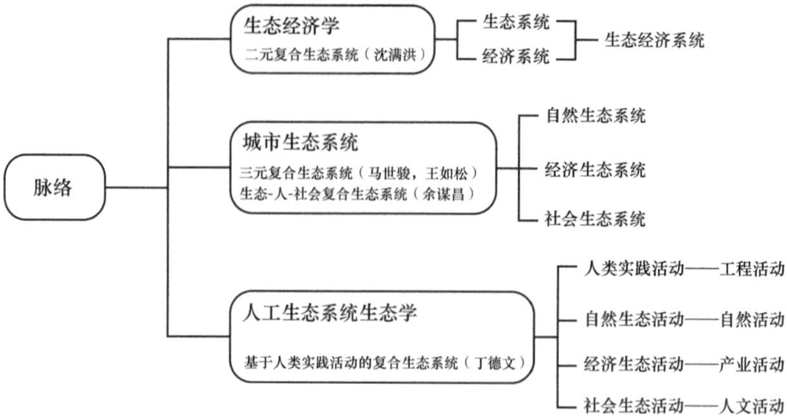

图 4.2　人工生态系统生态学的发展过程

4.3.2.2　目标：海洋命运共同体

人工生态系统生态学研究的最终目标是基于人类实践活动的自然资源的保护性利用，而更好地利用即发展，即人工生态系统生态学的最终目标是人类和社会的发展。在丁德文提出的基于人类实践活动的复合生态系统理论中，基础目标是保持绿水青山，促进人类发展；阶段目标是持续发展满足新时代背景下人民对美好生活的需求，两者一同构成人类命运共同体(徐惠民等，2014)。

4.3.3　海岸带景观与人工生态系统生态学

4.3.3.1　海岸带：特色人工生态系统

海岸带是海洋与陆地的交错地带，从构成来看，有自然要素、人工要素，其中活动主体是人。毫无疑问，海岸带就是一个具有自然或者古迹特色的人工生态系统，因此研究海岸带的利用规划就需要人工生态系统生态学的视野。

4.3.3.2　AEE 视野下的海岸带规划的生态位

人工生态系统生态学整体上包括三个层面：生态需求、生态管理和生态工程。其中生态需求和生态管理受人类活动的影响，生态需求分为自然条件下的生态本底调研、生态供给服务和生态承载力。基于规范、标准、机构和成本四方面考虑的生态管理，分为生态诊断、生态评价和生态修复，其中生态诊断可反映自然条件，生态评价可评价为健康和不健康；生态修复是对于生态评价不健康的进行修复。受生态修复影响的生态工程，分为规划、设计、材料和成本四方面，生态位影响其中的生态工程规划，最终生态工程又反过来影响生态需求(图 4.3)。

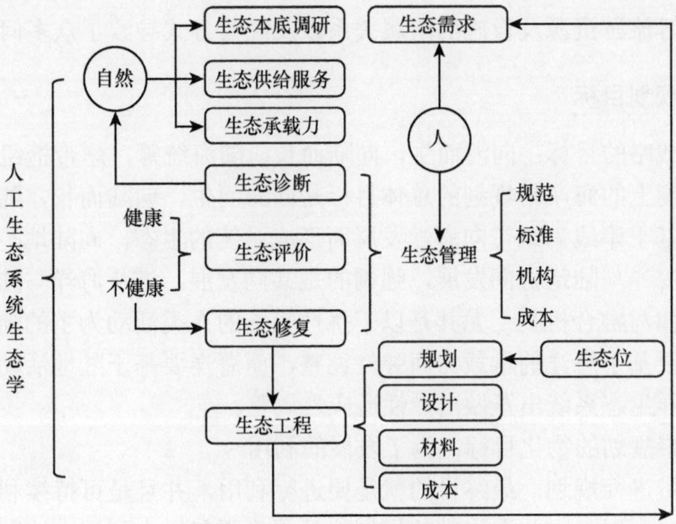

图 4.3　海岸带规划的生态位

4.4　AEE 视野下的海岸带利用规划策略

4.4.1　海岸带利用规划的现状与问题

(1) 利用无序、无度，规划缺失。人类在利用海岸带时没有进行总体利用规划，城市规划中也没有一个海岸带利用的专项规划，只是根据需要去利用。同时，在利用的时候强度大、频度高、没有限制，造成混乱、景观斑块破碎。

(2) 缺乏陆海统筹，重视陆地，轻视或者忽视海洋的利用与规划。由于可达性和生态功能的凸显性，陆地处于人类开发利用的首选地位，因此人类活动对陆域干扰性较大；而海洋由于地理及自然条件等方面的限制，处于次要地位。

(3) 缺少城市风貌规划、海岸带文化规划。对于海岸带的价值认知不足，单纯追求经济利益导致特色风貌被破坏或者丢失，地域文化没有凸显，缺少文化和风貌规划。

(4) 利用方式简单粗暴，缺少新技术与新材料运用。利用方式受到经济效益驱动，往往简单粗暴，利用效率较低，缺少新技术和新材料的应用，缺乏生态修复补偿机制，导致大量具有保护价值的资源受到破坏。

(5) 审美差距，造成视觉污染。由于审美意识及欣赏水平的差异，规划设计方案也千差万别，甚至造成视觉污染，从而影响海岸带的整体风貌和城市文化。

(6) 宣传和科学普及弱，管理机制不顺。对海岸带的景观及生态价值认知流于表面，缺乏对本质的认知，因此科学普及和宣传作品尤其是与海岸带规划设计有机结合的作品匮乏，这也是海岸带景观的局限性之一。当然管理机制更是谈不上，尤其是沙滩等旅游资源及设施的所属关系以及经营方式导致了众多问题。

4.4.2 利用规划目标

1) 国家战略的目标：向海而生，向陆而长，陆海统筹，岸带枢纽

国土尺度上的海岸带规划的总体目标是向海而生，向陆而长，陆海统筹，岸带枢纽，即基于岸线为纽带向海洋发展而形成系统的生态，向陆地扩展促进经济持续增长，海洋与陆地协同发展，强调的是共同发展，遵从海洋与陆地的相互联系、发展规律与融合机制，尤其是以干扰性较强的人类活动为主的陆地的代谢对海洋的影响要基于海洋的承载力而弹性调整，而海洋要基于陆地活动的需要和强度从整个海洋生态系统出发做出弹性适应性调整。

2) 海岸带规划的物化目标：为了发展的利用

对海岸带进行规划，最终目的就是要进行利用，并且是可持续利用，即保证后代能够继续利用，因此海岸带的规划就是明确要怎样去利用，这种利用是一种有规划、有目的、有节制的利用，这里的对于自然风貌、特色风光的保护就是为了持续的利用，也是一种资源的公平和共享。

4.4.3 利用规划内容："山水林田湖草海-人"海岸带生命共同体

1) 结构与功能规划：人类+自然共生保障

结构规划是在尊重海洋和陆地各自景观风貌、地形条件及各自所能负起的功能基础上进行的，决定海岸带利用规划的秩序，是人类利用与自然持续发展构成生命共同体的最优结构。明确海岸带承担的功能是什么，不能承担的功能是什么，后者尤其重要，否则会导致无序，影响生态系统的稳定。

2) 海岸带生态系统与关键节点规划：生命共同体的生态系统构成

海岸带包含林地生态系统(林、草)、岛屿生态系统(山、湖、人)、城市生态系统(人)、湿地生态系统(水)、农业生态系统(田)等关键生态系统，各类生态系统的关键节点直接影响着系统的稳定性。

3) 视觉规划：自然风貌保护与人类生态审美

以自然保护、生态审美为导向，强调自然与人工协调，陆海统筹，海岸带规划与城市规划之间有机融合，研究自然海岸带视景、视点、视廊及人的视觉反馈和心理体验。

4) 游览道路交通规划：人与自然的相互介入

提出可持续游览道路交通规划要求，游览道路交通规划时应尽量避开生态脆弱区以保持其连续性和完整性，道路走向、弯曲度等会影响游客心理感受和游览方式；此外，提出游览道路交通规划原则。

5) 植物规划：导入人类的植物群落

生态核心保护区的植被景观应以恢复和保持原有植被景观特色为主，尤其是珍贵树种和古树的保护；海陆界面退化湿地和沙滩地的植被规划，应当以恢复为主要目的；海陆界面缓冲区的植被景观应兼顾生态和景观效应，营造地带性树种群落和特有植物群落，同时注重植物检疫，避免对本土植物群落造成病虫害；海陆界面户外游憩区的植被景观规划应将乡土植物与特色植物相结合；海陆界面公园绿地服务区植物景观应注重乔、灌、草搭配，植物造景与该区景观功能相协调。

6) 设施规划与夜景规划：基于人的利用与限定规划

设施规划包含物联网、互联网、运动娱乐设施、交通设施、公共服务及导视标识等各个方面。海岸带的设施规划不仅是人类利用的设施，还有海岸带保护的设施，如以保护为导向的监测、监察、预警等设施。

7) 景观空间规划：基于山水林田湖草的人工互动

遵循整体规划，包括诸如景观空间、最少干预的人工空间，注重与自然的契合，充分利用生态技术，基于生态监测、生态评价、生态管理与生态工程进行景观空间建设，具体到空间的类型、规模、布局及材料的运用等各个方面。

4.4.4　“三观控制”：生命共同体整体控制

基于人工生态系统生态学，将人类活动作为生态系统完整性的一部分，海岸带规划的生态控制策略包含理论与技术调控体系两个层面，宏观规划的生态控制、中观管理的生态控制、微观技术的生态控制三个尺度，即“三观控制”(图 4.4)。规划调控包括总量、规模、成本、空间等方面的调控；管理调控包括机构、机制、制度、监测、评价等方面的调控；技术调控包括群落规划、区域规划、功能与结构规划、景观规划、视觉规划、色彩规划等方面的调控。

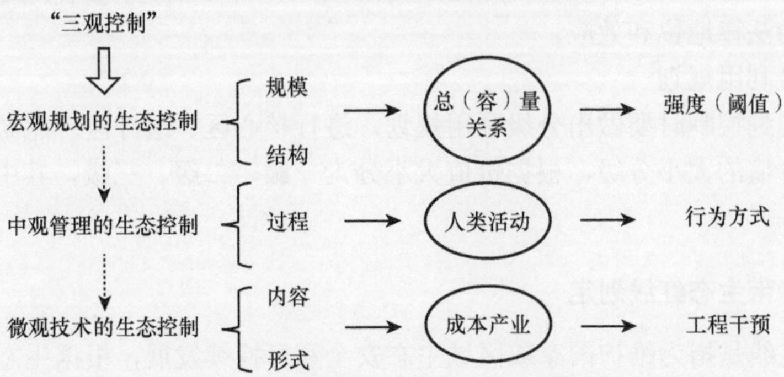

图 4.4　总体控制策略——“三观控制”

4.4.5 “四生协调”：向生的控制

“四生协调”即生活、生态、生产和生长四个层面的协调，构成 LEAD 协调模型，促使生命共同体向生发展(图 4.5)。生活(life)——人的环境行为需求；生态(ecology)——人与环境的相互介入；生产(art)——人与自然互动，是人类生存的艺术，是基于自然生存背景下的共同生存；生长(develop)——生命共同体的目标。“四生协调”与“三观控制”共同构建海岸带开发利用的生态调控体系，保证规划利用的可实施性。

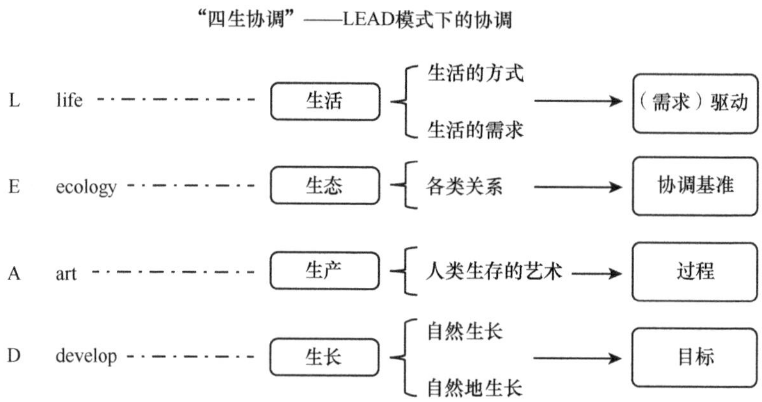

图 4.5 总体控制策略——“四生协调”

4.4.6 海岸带利用专项规划的上位

1)与城市总体规划一致的专项规划

在城市总体规划汇总设置海岸带规划，不和城市绿地系统规划合二为一，作为滨海城市的特色规划，明确海岸带规划的地位，它是与城市总体规划一致的，具有同等的法律地位和效应。

2)分级利用规划

详细规划控制时要做出分级利用规划，进行核心区、缓冲区、旅游区的分级或者依据价值的大小分级，根据价值大小分为一级、二级、三级，其中一级价值最高。

4.4.7 海岸带生态红线划定

生态红线是指为维护国家或区域生态安全和可持续发展，根据生态系统完整性和连通性的保护需求，划定的需实施特殊保护的区域的界线。依据国家生态红线划定的要求，基于海岸带特殊的自然地理特征，明确海岸带的功能，尤其是明确非海岸带功能，这是保障持续利用的基础。海岸带生态红线是专类红线，是为了发展和利用的红线。

4.5　海岸带保护利用规划展望

4.5.1　海岸带利用规划的变与不变

1) 规划目标的不变：永远是为了发展

无论社会发展和技术进步怎样，发展是永恒不变的目标。因此，海岸带利用与保护的目标就是陆海统筹原则下综合规划利用海岸带资源，促进人类社会与经济的持续发展。

2) 规划的动态发展与持续过程

随着技术进步，人类利用海岸带资源的方式不断发生改变，海岸带旅游规划随之改变。技术进步会影响人类利用海岸带的方式、强度和频度，从而对海岸带生态系统造成不利影响。同时，人工生态修复技术的进步相应地会缩短海岸带修复的周期，因此海岸带规划需要进行相应的动态调整。

4.5.2　海岸带边界与利用范围的弹性

由于技术的进步，人类所能到达的海洋距离及对于海岸带的影响会发生很大变化，海岸带的划定范围也会随之发生相应的变化，人类的影响会扩大，距离也会扩大，从而造成影响范围和利用范围及利用的资源不断扩展，因此海岸带范围的划定也需要弹性适应。

4.5.3　海岸带需要研究的关键问题

1) 海岸带功能定位严重缺失，范围界定不明确

海岸带功能定位严重缺失，范围界定不明确，导致谁需要谁就来索取，面临开发利用方式不佳、强度大和频度高等诸多生态问题。

2) 缺乏生态系统整体性理论与技术研究，可实施性弱

学术研究内容多局部，对象零散，成果的可实施性较弱，转化率较低，尤其是生态系统整体性的理论和系统生态控制技术研究相对较少。

3) 管理部门多元，秩序混乱，缺乏陆海统筹弹性管理

海岸带涉及确权部门较多，导致管理机构多，秩序混乱，没有达到陆海统筹，形成很多已建设完成等既成事实，缺乏综合弹性管理，生态恢复实施难度大。

参 考 文 献

安鑫龙，齐遵利，李雪梅，等. 2009. 中国海岸带研究III——滨海湿地研究. 安徽农业科学，37(4)：1712-1713.

成筠，秦延文，郑炳辉，等. 2009. 基于 GIS 的海岸带生境修复与经济协调发展系统. 计算机工程与设计，30(7)：1816-1818.

褚琳，黄翀，刘庆生，等. 2015. 2000-2010 年辽宁省海岸带景观格局与生境质量变化研究. 资源科学，37(10)：1962-1972.

迪克逊 J A，斯库拉 L F，卡朋特 R A，等. 2001. 环境影响的经济分析. 何雪炀，等，译. 北京：中国环境科学出版社：209-222.

范学忠，袁琳，戴晓燕，等. 2010. 海岸带综合管理及其研究进展. 生态学报，30(10)：2756-2765.

李军. 2011. 海陆资源开发模式研究——以山东半岛蓝色经济区为例. 中国海洋大学博士学位论文.

李利红，张华国，史爱琴，等. 2013. 基于 RS/GIS 的西门岛海洋特别保护区滩涂湿地景观格局变化分析. 遥感技术与应用，28(1)：129-136.

梁建，宋平舰，崔建伟，等. 2011. HY-1BCZI 海岸带动态监测系统设计与实现. 海洋通报，30(1)：94-99.

马世骏. 1981. 现代化经济建设与生态科学——试论当代生态学工作者的任务. 生态学报，(2)：176-178.

慕慧洁. 2016. 基于 RMP 框架的烟台市海岸带旅游资源开发模式研究. 山东师范大学博士学位论文.

倪绍起，张杰，马毅，等. 2013. 基于机载 LiDAR 与潮汐推算的海岸带自然岸线提取方法研究. 海洋学研究，31(3)：55-61.

潘韦妤. 2014. 海陆界面可持续景观规划研究. 大连工业大学硕士学位论文.

沈满洪. 1996. 生态经济系统的组成要素及其公共性程度分析. 杭州大学学报，26(3)：69-73.

唐远彬，南胜，刘文. 2013. 基于 GIS 的滩涂资源面积量算方法研究. 测绘通报，(6)：86-89.

汪永华，李若英. 2006. 海南岛东南海岸带景观生态规划. 地域研究与开发，25(5)：103-107.

王如松，李锋，韩宝龙，等. 2014. 城市复合生态及生态空间管理. 生态学报，34(1)：1-11.

徐惠民，丁德文，石洪华，等. 2014. 基于复合生态系统理论的海洋生态监控区区划指标框架研究. 生态学报，34(1)：122-128.

闫莹，邢光敏，赵艳珍，等. 2008. 秦皇岛海岸带景观规划设计(I). 河北渔业，(3)：35-37.

余谋昌. 2001. 生态哲学是一种新的哲学范式. 科学新闻，(31)：20.

俞孔坚，萨拉 · 雅各布斯，张健. 2017. 海岸带景观. 景观设计学，5(4)：6-9.

张震，马安青，李福建，等. 2011. 基于 Arc Engine 的我国海岸带地质灾害信息管理系统的设计与研究. 遥感技术与应用，26(4)：533-537.

赵锐，赵鹏. 2014. 海岸带概念与范围的国际比较及界定研究. 海洋经济，4(1)：58-64.

Anilkumar P P, Varghese K, Ganesh L S. 2010. Formulating a coastal zone health metric for landuse impact management in urban coastal zones. Journal of Environmental Management, 91(11): 2172-2185.

Breen A, Rigby D. 1996. The New Waterfront. Thames and Hudson: 5-9.

Cillari T, Falautano M, Castriota L, et al. 2012. The use of bottom long line on soft bottoms: An opportunity of development for fishing tourism along a coastal area of the Strait of Sicily(Mediterranean Sea). Ocean & Coastal Management, 55: 20-26.

Hall C M. 1980. Introduction to Tourism: Development Dimensions and Issues. South Melbourne: Addison Wesley Longman.

Morgan R. 1999. A novel, user-based rating system for tourist beach.Tourism Management, 20(4): 393-410.

Nguyen T G, de Kok J L. 2007. Systematic testing of an integrated systems model for coastal zone management using sensitivity and uncertainty analyses. Environmental Modelling and Software, 22(11): 1572-1587.

Rangel-Buitrago N, Correa I D, Anfuso G, et al. 2013. Assessing and managing scenery of the Caribbean Coast of Colombia. Tourism Management, 35: 41-58.

Sánchez-Quiles D, Tovar-Sánchez A. 2015. Are sunscreens a new environmental risk associated with coastal tourism. Environment International, 83: 158-170.

Ullah Z, Johnson D, Micallef A, et al. 2010. Coastal scenic assessment: unlocking the potential for coastal tourism in rural Pakistan via Mediterranean developed techniques. Journal of Coastal Conservation, 14(4): 285-293.

Veloso-Gomes F, Barroco A, Pereira A R, et al. 2008. Basis for a national strategy for integrated coastal zone management-in Portugal. Journal of Coastal Conservation, 12(1): 3-9.

Wong P P. 1998. Coastal tourism development in Southeast Asia: Relevance and lessons for coastal zone management. Ocean and Coastal Management, 38(2): 89-109.

第 5 章　气候变化对海洋生态系统的影响机制①

5.1　引　　言

全球气候变化，无论是全球气候变暖引起海平面上升和水体溶氧量降低，还是厄尔尼诺等自然灾害的日益频繁发生，均对世界渔业资源产生了极大的影响(王亚民等，2009)。热带及极地各个海区都已不同程度受到气候变暖的影响，是全球气候变化重要研究热点(胡德良和 Eli Kintisch，2015)。极地海域许多海洋生物将面临日益严重的生存危机而濒临灭绝，赤道地区海洋生物则将被迫大规模迁移，导致外来物种入侵和传统渔场偏移，全球渔业资源已受到了过度捕捞的严重影响，近年来又将经受全球变暖的影响，可谓雪上加霜(李励年和王茜，2009；刘红红和朱玉贵，2019)。我国也已发现，与 20 世纪 50 年代相比，东海和黄渤海 21 世纪初渔获物中较高温度偏好的种类比例已增加，而较低温度偏好的种类比例在下降(梁翠，2017)。

影响气候变化的人类活动主要为碳排放。人类碳排放主要通过海洋变暖、酸化和缺氧三个过程影响海洋生态系统。因此，气候变化将会影响海洋资源的分布、物候、养分供应、浮游生物组成和生产、栖息地范围、捕捞及适应等，最终将影响海洋渔业资源。

本章主要介绍气候变化对海洋生态系统的影响机制，为今后采取合理的海洋渔业管理策略应对气候变化奠定基础。

5.2　IPCC：人类活动是全球气候变暖的主要原因

世界气象组织(WMO)和联合国环境规划署(UNEP)认识到全球气候变化问题日趋严重，于 1988 年建立了政府间气候变化专门委员会(Intergovernmental

---

① 本章作者：何培民[1,2,3]，管卫兵[1,2,3]，张建恒[1,2,3]，段元亮[1,2]，刘炜[1,2]，赵子滔[1,2]，张梅菁[1,2]，钟逸云[1,2]，张建琳[1,2]，常佳楠[1,2]，丁德文[1,2](1. 上海海洋大学海洋生态与环境学院，上海 201306；2. 水域环境生态上海高校工程研究中心，上海 201306；3. 自然资源部海洋生态监测与修复技术重点实验室，上海 200137)。本研究获得国家重点研发专项课题“重要深海生物毒素及生物伤防护关键技术研究”(2019YFC0312600)、国家支撑计划项目“长江口附近海域生态修复及资源化利用关键技术研究与示范”(2012BAC07B00)、上海市海洋局科研项目“上海市滨海典型海域生态环境质量提升技术研究”(沪海科 2015-02)和自然资源部海洋生态监测与修复技术重点实验室项目(MEMRT202003)的资助。

Panel on Climate Change，IPCC）。IPCC 的主要职责就是审查每年发表的大量有关气候变化的论文，在全面、客观、公开和透明的基础上，大约每五年发布一次气候变化评估报告，为决策者提供气候变化科学评估及其带来的影响和潜在威胁，并提供适应或减缓气候变迁影响的相关建议。

IPCC 至今共发布了 5 次评估报告。第一次评估报告（AR1，1990 年）确认了有关气候变化问题的科学基础，认为“近百年气候变化可能是自然波动，或人为活动，或二者共同影响的结果”。该报告促使联合国大会制定《联合国气候变化框架公约》（UNFCCC），并于 1994 年 3 月生效。第二次评估报告（AR2，1995 年）指出人类活动对地球气候和气候系统的影响已经可以“被检测出来”，该报告提交给 UNFCCC 第二次缔约方大会，为公约《京都议定书》会议谈判做出了贡献。第三次评估报告（AR3，2001 年）包括 3 个工作组的报告：《气候变化科学基础》《气候变化影响、适应性和脆弱性》《气候变化减缓》，以及各种有关科学与技术问题的《第五次评估报告：综合报告》，认为“新的更强证据表明，过去 50 年观测到的大部分气候变暖可能归因于人类活动”。第四次评估报告（AR4，2007 年）表明气候变化十分明显，引起了世界极大反响。第五次评估报告（AR5，2014 年）指出人类活动对气候系统的影响是明确的，而且这种影响在不断增强，在世界各个大洲都已观测到种种影响，如果任其发展，气候变化对人类和生态系统造成严重、普遍和不可逆转影响的可能性将会提高。不过，当前尚有适应气候变化的办法，实施严格的减缓活动可确保将气候变化的影响保持在可管理的范围内，从而可创造更美好、更可持续的未来。第六次评估报告预计 2022 年发布。

IPCC 第五次评估报告由 800 多名科学家参与编写，为有史以来最全面的气候变化评估报告。第五次评估报告第一工作组报告《气候变化科学基础》于 2013 年 9 月正式发布，第二工作组报告《气候变化影响、适应性和脆弱性》于 2014 年 3 月正式发布，第三工作组报告《气候变化减缓》于 2014 年 4 月正式发布。2014 年 11 月 2 日，IPCC 在丹麦哥本哈根发布了《第五次评估报告：综合报告》。相比前四次评估报告，第五次评估报告更肯定指出，温室气体排放及其他人为驱动因子已成为自 20 世纪中期以来气候变暖的主要原因。近几十年，各大洲及各海域均已证实气候变化的影响。破坏气候的人类活动越多，气候变化风险就越大。温室气体持续排放将导致气候系统所有组成部分发生持久变暖，并且可能对自然界和人类社会产生广泛而深刻的影响。已证实气候变化风险会给应对能力有限的不发达国家和脆弱群体带来很大特定的挑战，且社会、经济、文化、制度或其他方面被边缘化的人们特别容易受到气候变化的影响。大幅和持续减少温室气体排放是限制气候变化风险的核心，仅靠适应是不够的。减缓措施可降低升温速率和幅度，可为自然和人类适应气候变暖争取到几十年的时间。目前采用各种减缓措施，有可能在未来几十年时间内实现大幅减排，并将升温限制在 2℃以内。如果将减缓措施延迟至 2030 年实施，那么到 21 世纪末要限制升温低于 2℃，则将很大程度上增加相关技术、经济、社会和体制方面的挑战。减缓城市的成本估算可能有较大差异，但全球经济增长不会有很大影响。正常情况下，21 世纪的消费(可体现经济增长)每年增长率为 1.6%～3%，强力减排也仅降低约 0.06%。

IPCC 第一工作组(WG1)第五次评估报告(AR5)的《决策者摘要》(*Summary for Policymakers*，SPM)于 2013 年 9 月 27 日在斯德哥尔摩正式发布，报告中特别增加了气候变化对海洋的影响案例。该报告指出，在工业化、现代化进程中，部分国家、地区、企业片面追求经济增长速度，毫无约束地大量排放温室气体，使地球表面温度上升了 1.4～5.8℃，导致自然灾害更加频繁，物种灭绝速度加快，人类自下而上生存环境堪忧。该报告认为，海洋强烈影响气候系统并为人类提供重要服务，但气候变化已影响了所有纬度地区的关键海洋和沿海生物、生态系统和服务功能，预计 2100 年之前将面临高风险。因此，需要立即大量减少 CO_2 排放，以防止 CO_2 对海洋生态系统及其服务功能产生不可逆转的影响。如果不强力限制排放 CO_2，将导致海洋全变样。随着大气中 CO_2 增加，人类对海洋保护、海洋适应和海洋修复的可选措施将会越来越少，效果也会越来越差。因此，我们必须认真对待气候变化对海洋的影响。

联合国最新报告使用可量化的辐射增温(RCP)表示太阳对地表的加热以及被温室气体滞留所产生的热能量，单位为 W/m^2。IPCC 特别指出，2100 年辐射增温为 $2.6W/m^2$、$4.5W/m^2$、$6W/m^2$、$8.5W/m^2$ 等四种模拟情景，其对应的 CO_2 浓度分别为 421ppm①、538ppm、670ppm、936ppm。如果我们完全不减排，2100 年全球温度将上升 4.8℃，台湾 10%的面积将被淹没。

第五次评估报告还对大气温度、水环境、空气和海洋状况分别进行了阐述。

大气温度：人为排放的温室气体将对 21 世纪温度影响非常大，陆地温度上升幅度比海洋更大，极区变暖速度更快。一旦全球平均温度升高，则将发生更多热极端事件，冷极端事件则相对减少，热浪发生频率也将会增加。

水环境：21 世纪气候持续变暖，则干、湿区的季节性降水差异更加明显，高纬度地区和赤道太平洋地区降水量将增加，中纬度地区和副热带地区干区降水量将减少，季风影响区域将增加，季风降水将增强，影响周期也将延长，但环流将减弱。

空气和海洋：模拟中的未来，温度上升将提高臭氧破坏率，地表臭氧浓度将降低，但 CH_4 浓度将升高。4 种 RCP 情况下，海洋温度均为上升，热带和副热带的表层海水变暖最显著。海洋将会吸收人为排放的 CO_2，导致海水酸化，pH 下降，碳酸盐离子减少，化学平衡将会改变。

值得注意的是，2011 年 12 月 11 日在南非德班举行的联合国气候变化大会上，

①ppm 为非法定计量单位，$1ppm=10^{-6}$。

已通过了一项《德班系列协议》，特别强调“人类活动很可能是气候变暖的主要原因”，并将这种可能性从 2001 年的约 66%提升到 90%以上。2015 年 3 月在巴西桑托斯举行了第三届“气候变化对海洋的影响”国际研讨会，已获取了海洋变暖、海平面上升、海洋酸化、海洋生物多样性丧失和生态系统功能变化等方面的一些最新证据(Barange et al.，2016)。

2019 年 9 月，面对气候变化对海洋渔业资源影响的问题日益尖锐，IPCC 举行了第 51 次会议，接受并批准了《关于气候变化中海洋和冰冻圈的特别报告》，这份报告主要评估了气候变化对海洋、海洋生物及冰雪极地和高山地区的影响，明确指出海洋温度上升、pH 下降已导致生产能力降低，冰川和冰盖融化正在导致海平面上升，沿海极端事件正日益严重。海洋变暖和海洋化学变化已经干扰了整个海洋食物网中的物种，对海洋生态系统与人类已产生了很大影响(IPCC，2019)。

“气候变化对海洋的影响”国际研讨会由联合国教育、科学及文化组织政府间海洋学委员会(IOC)与国际海洋考察理事会(ICES)、北太平洋海洋科学组织(PICES)及联合国粮食及农业组织(FAO)共同组织，自 2008 年持续至今，每四年举办一届，现已举办了四届。

DeVries 等(2019)同时也观察到了海洋碳汇缓解大气碳排放的作用。20 世纪 90 年代相对于排放，大气中碳积累有所增强，而在 2000 年后，即使排放量迅速增长，大气碳增长率也有所放缓。这些变化是由海洋和陆地生物圈自然资源引起 CO_2 汇集所驱动的。海洋碳汇可能是大气 CO_2 累积中观测到的年际变异的 40%。Moore 等(2018)进一步研究指出，在南极 2300 年耦合气候模拟中，西风强化并向极地移动，地表水变暖，海冰消失，驱动全球规模的养分再分配，导致南大洋大量养分净转移到深海。在 30°N 以北的海表面养分减少导致初级生产量和碳排放量稳步下降(分别下降 24%和 41%)。由于受到营养水平较低的生产力限制，潜在渔业产量在全球减少了 20%以上，在北大西洋减少了近 60%。持续高水平的温室气体排放可能会在 1000 年内抑制海洋生物生产(Moore et al.，2018)。

IPCC 第六次评估报告第一工作组报告《气候变化 2021：自然科学基础》及《决策者摘要》(SPM)已于 2021 年 8 月 9 日正式发布，认为人类活动致使气候以前所未有的速度变暖，每个地区都面临着越来越多的变化，极端高温和降水事件变得更加频繁，人类比以往能更加精确地模拟地球气候系统。

5.3　海洋生态系统的响应机制

从以上的研究结果可以看出，全球气候变暖的事实已毋庸置疑。自 20 世纪 50 年代以来，气候系统观测到的许多变化是过去几十年甚至近千年以来史无前例的，人类活动是全球气候变化的主要原因。人类活动造成的碳排放主要通过三个过程影响海洋生态系统，即海洋变暖、海洋酸化和海洋低氧。

5.3.1　海洋变暖

人类活动形成的温室气体不断排放，使更多的热量留在了地球，温室气体的温室效应导致地球系统的能量不断增加，致使全球气候变暖，而且这些能量主要累积在海洋中，使海洋热含量增加。

全球气候变暖指的是在一段时间内，地球大气和海洋因温室效应而造成温度上升的气候变化现象。可见，海洋变暖是指海洋吸收了温室气体而造成温度上升的变化现象。海洋覆盖了近 3/4 的地球表面，吸收了全球绝大部分热量。并且海水比热容远比空气的更大，因此，93%的全球变暖能量储存在海洋中，海洋大幅缓和了气候暖化。目前海洋升温的速度比联合国政府间气候变化专门委员会 5 年前的估计值至少快了 40%。研究指出，海洋温度已经连续数年刷新纪录。美国有线电视新闻网 2020 年 1 月 13 日报道，最新研究显示 2019 年海洋温度达到有记录以来的最高温。

海洋究竟变暖了多少？2000 年，美国国家海洋与大气局(NOAA)最早发布了全球海洋上层热含量变化时间序列，发现了 20 世纪下半叶全球海洋次表层升温现象(Levitus，2000)。近年来，各国纷纷建立了深海观测网，且 2005 年后还布放了 Argo 新仪器，并获得了较好的全球海洋热含量估计数据。对于 2005 年之前的监测，海洋数据领域科研人员不断发展新技术改进旧数据质量，以准确重构过去的海洋状态(Gleckler et al.，2016；Cheng et al.，2019)。目前覆盖海洋中上层 2000m 的 Argo 观测网正在向深海扩展。2013 年，IPCC 第一工作组第五次评估报告的《决策者摘要》列出了美国、英国、日本、澳大利亚团队所做的 5 个海洋热含量变化趋势估算结果，不同国际机构基于海洋观测数据的估计值有很大差异，其中最小估计值只有最大估计值的一半，这表明对海洋热含量变化趋势估算还存在不确定性。这一方面说明过去的海洋观测数据存在质量和数量问题，人们对全球变暖的科学认知还不够，另一方面也影响了气候模型评估和预测的可信度(Cheng et al.，2019)。后来研究人员发现这种传统估算方法低估了过去几十年的海洋热含量上升速率(Gleckler et al.，2016；Cheng et al.，2017，2019)。Gleckler 等(2016)搜集了各种来源的数据(包括 19 世纪“挑战者”号海洋探险的数据，近期船舰探险及遍布全球海洋 3000 个 Argo 自动浮标的测量数据)，将海洋划分为 3 个深度(上层 0～700m 深；中层 700～2000m 深；深层大于 2000m 深)，分析了 1865～2015 年海洋热含量变化趋势(Gleckler et al.，2016；Cheng et al.，2017，2019)。研究发现，与整个工业时代相比，海洋上层的热含量已提高了 32 倍，与 18 年前比较，海洋吸收的热量已经翻了 1 倍。进一步发现，海洋中大多数额外热量都储藏在深水层，其中 35%储藏在水下 700m(且还在持续快速增加)，绝大部分热量都深藏在海底。20 年前海洋只储藏了工业革命以来大约 20%温室气体排放产生的额外热量。化石燃料燃烧产生了大量温室气体，由于海水比热容远大于空气，因此，海洋吸收了超过 90%的多余热量和大约 30%的 CO_2。其中，2011 年南大洋就吸收了大约 12 亿 t 碳，约等于欧盟每年的碳排放量。可见，海洋吸收了大量温室气体，并且海洋热量还在不断增加(Gleckler et al.，2016；Cheng et al.，2017，2019)。

海洋变暖速度是多大？最近中国科学院大气物理研究所成里京团队联合美国圣·托马斯大学 J. Abraham、加利福尼亚大学伯克利分校 Z. Hausfather 和美国大气研究中心 K. Trenberth 在 *Science* 发表论文指出，他们研究了 20 世纪 50 年代以来的数据，于 2017 年提出了一个新的海洋上层 2000m 热含量估计模型，包括了国际同行推荐的海洋次表层 XBT 温度观测数据偏差订正方案，利用气候模型的集合模拟结果提供多源补充信息，增加了观测的空间影响范围，采用新集合最优插值方法等(Cheng et al.，2017)。同时日本气象厅、澳大利亚联邦科学与工业研究组织、美国普林斯顿大学等也提出了更新的或改进的方法对海洋热含量变化进行估算，这些新方法均非常一致地显示出，自 1955 年以来全球海洋热含量表现为上升趋势，1990 年之后，海洋中深层(700m 以下)显著加速变暖，其中南大洋和大西洋变暖最快，且预测深海变暖的海水可能在若干世纪后会重新回到海表，对未来气候变化产生影响(Cheng et al.，2017，2019)。美国国家航空航天局戈达德空间科学研究所主任 Gavin Schmidt 认为该发现进一步验证了已有的科学研究工作，并为 21 世纪末气候预估提供了更高的可信度。Cheng 等（2017，2019）按照最新研究方法，对 1960 年以来全球海洋上层 2000m 热含量变化做了更准确的估计，比政府间气候变化专门委员会第五次评估报告的预估快了约 13%(图 5.1)。很多科学家认为近十年来全球表面气温增暖速率减缓，但最新研究表明，从能量角度来看，气候变暖并没有发生停滞，相反海洋和地球系统在加速吸收热量(Cheng et al.，2019)。英国气象局知名科学家马特·帕默针对该项研究进一步解释，“停滞”是海气相互作用自然变率的产物，是海洋能量在不同深度间输送导致的，但全球变暖并未停滞。该项研究表明，1970 年以来，海洋吸收全球超过 90%的多余热量，大气层和地面仅吸收不到 4%的多余热量(Cheng et al.，2019)。中国科学院大气物理研究所联合美国圣·托马斯大学、美国国家大气研究中心、中国科学院海洋研究所等单位共同发布的海洋热含量数据显示，2016～2019 年海温为地球有史以来最高，且一年比一年高，其中 2018 年全球海洋上层 2000m 热含量较 1981～2010 年平均值高出 19.67×10^{22}J，比 2017 年高出 0.91×10^{22}J，相当于中国 2017 年全年发电量的 388 倍左右，相当于 1 亿颗原子弹的能量(Cheng et al.，2019)。最新研究表明，2019 年海洋温度最高，海洋需要吸收 2.28×10^{17}J 的热量才能达到这个温度(Cheng et al.，2019)。

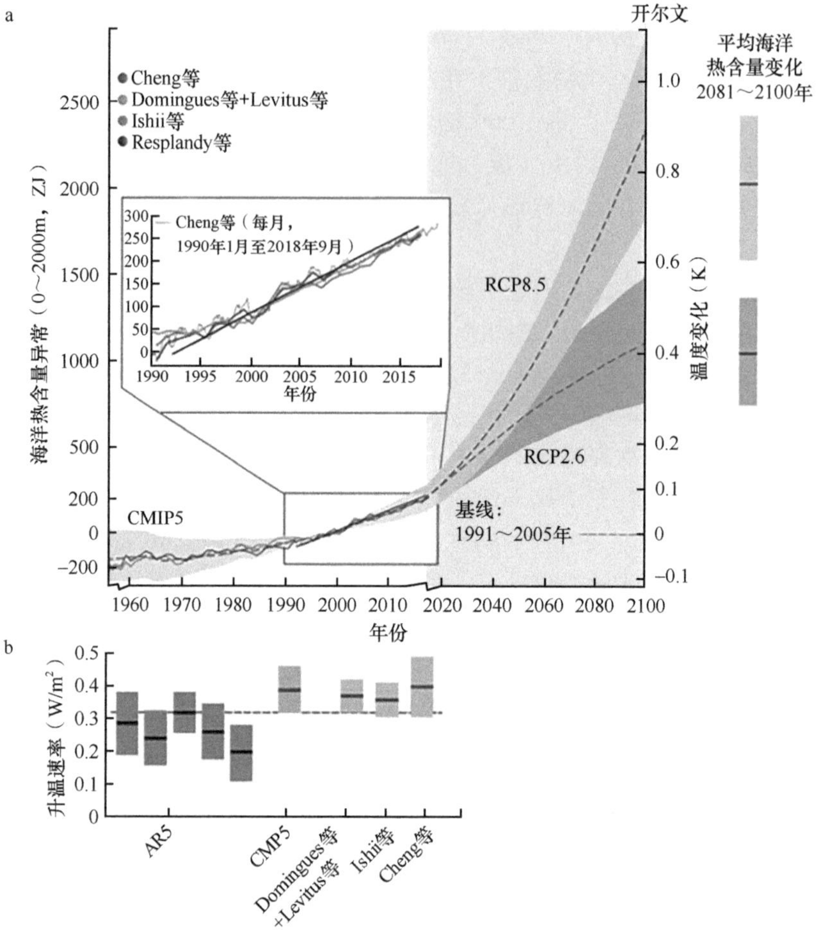

图 5.1　全球海洋热含量过去变化与未来预估(Cheng et al.，2019)

图 a，全球上层 2000m 海洋热含量过去的变化和未来预估(1955～2100 年)；图 b，新的海洋热含量估计(右侧 3 个柱状图)与 IPCC-AR5 五个估计值(左侧 5 个柱状图)比较，显示气候模型的同期模拟结果(右侧第 4 个柱状图)和新的观测估计一致

海洋未来将升温多少？以上新方法获得的海洋变暖速度非常一致，说明了方法是可信的，因而可以对全球海洋变暖做出更准确的计算。根据最新估算，1971～2010 年全球海洋上层 2000m RCP 速率为 0.36～0.39W/m^2，显示最新估算比 IPCC-AR5 同期估计(仅为 0.20～0.32W/m^2)更为准确。1991 年后海洋上层 2000m 变暖速度为 0.55～0.68W/m^2，表明 1990 年后海洋变暖显著加速。研究进一步表明，耦合模式比较计划 5(CMIP5)模型集合平均可以非常好地模拟历史海洋变暖：1970～2010 年 CMIP5 模拟的海洋上层 2000m 变暖速度为 0.39W/m^2，这与最新观测结果几乎一致。模型对过去情况的优秀模拟效果也极大提升了其对未来预估的可信度。根据 CMIP5 模型预估，在 RCP8.5 情况下，即假设未来不施行任何减排

政策，2081～2100 年整个海洋上层 2000m 将平均变暖 0.78℃（相对于 1991～2005 年的平均状态），这是过去 60 年海洋变暖总量的 6 倍，海洋变暖速度持续加快。在 RCP2.6 情况下，即假设未来将接近或达到《巴黎协定》减排目标，2081～2100 年海洋上层 2000m 将平均变暖 0.4℃，变暖速度在 21 世纪下半叶减缓（Cheng et al.，2019）。海洋在 1955～1986 年保持平稳的变暖速度，自 1987～2019 年，海洋变暖的幅度比之前的高 4.5 倍。并且海洋变暖速度正在加快，近 10 年是有记录以来全球海洋温度最高的，其中最近 5 年温度最高。2019 年海洋温度比 1981～2010 年的平均温度高 0.075℃（Cheng et al.，2019）。

海洋变暖带来怎样的灾难？一方面，大气温度升高致使冰川消融，整个海平面上升，进而导致沿海低地和滩涂被淹甚至消失。另一方面，海水温度的升高，致使很多海洋生物生活习惯改变，甚至"离家"出走，寻找新的栖息地，由于难以适应，很多海洋生物面临死亡（Brander，2007；陈宝红等，2009；徐瑞永等，2009；杜建国等，2012；李文昶和季宇彬，2013；刘尊雷等，2015；孙军等，2016；孙军和薛冰，2016；Wabnitz et al.，2018；Burrows et al.，2019）。

海洋变暖将加剧灾难性暴风雨发生。据估算，海洋变暖导致全球海平面较 1981～2010 年平均值上升了 29.5mm，给沿海、低洼和小岛屿地区带来越来越大的气候风险。研究发现，海洋变暖和海浪能量的增加之间存在直接联系，迄今为止全球海洋气候分析已经确定，在两个半球高纬度的海洋局部地区，风速和浪高有所增加。海洋吸收了如此巨大的能量，将通过各种途径释放出来，易引发台风、飓风等极端天气，通过台风和飓风剧烈释放能量，可以快速达到平衡。更热的大气和海洋将促使台风等极端天气气候事件更加频发、强度更大（Cheng et al.，2017，2019）。2018 年的台风"山竹"、飓风"莱恩"等对登陆地造成了极大的经济和社会损失。

海洋变暖导致洋流和风力模式改变，从而影响浮游植物和浮游动物群落的季节性、丰富性及多样性，这些群落构成海洋食物网的重要基础（USGCRP，2018）。海洋变暖已导致绿海龟 99%变为雌性。海龟在地球上已经生存了大约 1 亿年，其中绿海龟已属濒危物种。澳大利亚雷恩岛（Raine Island）周边珊瑚礁区域有 20 多万只绿海龟栖息，海龟蛋孵化温度偏高更容易孵化出雌性后代，已多为"一夫多妻制"。20 世纪 70～80 年代，雌雄海龟比例为 6∶1，目前为 116∶1。研究结果显示，至少 20 年时间里，雷恩岛几乎只孵化雌性绿海龟（Jensen et al.，2018）。近年来，马尔代夫和塞舌尔群岛 90%的珊瑚都已经因海水温度上升而死亡。2020 年 2 月，新西兰奥克兰发现了 50 万只贻贝热死。海洋变暖已导致鱼类向更深、更冷的水域迁移。2019 年，西班牙巴利阿里群岛大学研究计算了海洋生物在 2100 年前保持恒定温度所需的垂直运动，发现在 RCP4.5 中等排放情景下，适当栖息地平均加深了 18.7m，在 RCP8.5 高排放情景下，适当栖息地平均加深了 32.3m。到 21 世纪末，浮游植物与珊瑚、海带和海草等浅海底栖物种的适当栖息地将沿垂直方向压缩(Jorda et al.，2020)。热带地区国家(特别是非洲西北部国家)更容易受到气候变化的影响，造成潜在物种灭绝。多位学者对 779 种商业鱼类分布范围变化进行了预测，发现温和排放条件下，与 2012 年相比，2100 年每个热带国家可能会失去 7%的物种。如果天气太热，它们将向两极迁移，2050 年非洲西北部专属经济区将失去最多物种，预计减少 6%～25%，到 2100 年预计减少 30%～58%(Pinsky et al.，2018；Sills et al.，2018；Oremus et al.，2020)。

5.3.2　海洋酸化

除变暖之外，大气中过量的 CO_2 还对海洋的化学成分具有直接和独立的影响。当 CO_2 溶解在海水中时，溶解的 CO_2 一部分与水生成碳酸，并电离出氢离子，从而直接导致海水 pH 逐渐降低(USGCRP，2018)。这种海洋吸收大气中人为排放的 CO_2 引起的海水酸度增加过程，被称为海洋酸化(ocean acidification)(贺仕昌等，2014)。pH 是海水酸化的一个度量，海水酸度与海洋中 CO_2、HCO_3^-和 CO_3^{2-}浓度的关系如图 5.2 所示。

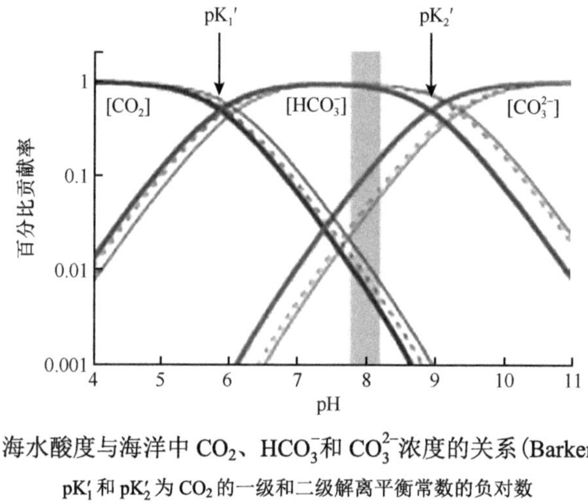

图 5.2　海水酸度与海洋中 CO_2、HCO_3^-和 CO_3^{2-}浓度的关系(Barker，2013)

pK_1' 和 pK_2' 为 CO_2 的一级和二级解离平衡常数的负对数

海洋酸化被认为是全球第三大环境问题，给海洋生物的生存带来极大挑战，进而影响人类的生活和居住环境。1994 年签订的《联合国气候变化框架公约》和 1997 年补充的《京都议定书》均包含了国际社会防止海洋酸化的规定，2007 年 IPCC 第四次评估报告《气候变化 2007》正式提出海洋酸化问题。2008 年 10 月国际海洋酸化研讨会与会科学家指出，海洋酸化自然恢复至少需要数千年，全球尽快减少 CO_2 排放是遏制海洋酸化现象的唯一有效途径。2008 年，欧洲委员会启动“欧洲海洋酸化计划”(EPOCA)。2009 年来自 26 国的 150 位科学家共同签署《摩纳哥宣言》(“Monaco Declaration”)，呼吁决策者将 CO_2 排放量稳定在安全范围内，以避免危险的气候变化及海洋酸化等问题。澳大利亚、美国、加拿大和英国等为海洋酸化主要研究国家，其中美国国家海洋与大气局、美国伍兹霍尔海洋研究所、美国加利福尼亚大学、澳大利亚昆士兰大学和詹姆斯·库克大学是主要海洋研究机构，欧美等国已开始研究遏制海洋酸化的对策。2009 年，英国政府开展“海洋生态系统对海洋酸化的响应”研究项目，德国启动了“海洋酸化的生物学影响”(BIOACID)项目等。2009 年 3 月美国总统奥巴马签署了《美联邦海洋酸化研究和监测(FOARAM)法案》，目前已在东西海岸建立了海洋酸化观测站，构建了覆盖美国近岸的海洋酸化观测网。2012 年，联合国海洋科学委员会和国际科联海洋研究科学委员会联合开展“海洋酸化和生态系统效应观测网”项目。2012 年 6 月，国际原子能机构(International Atomic Energy Agency，IAEA)成立了海洋酸化国际协调中心。全球海洋酸化观测网(Global Ocean Acidification Observing Network，GOA-ON)以美国国家海洋与大气局(NOAA)、国际原子能机构、全球海洋观测系统(GOOS)、美国综合海洋观测系统(IOOS)等多个机构或系统为基础，近年来已开展了多项全球性海洋酸化相关研究工作，包括全球海洋酸化观测网建立、数据资料分析和管理、研究成果应用、制定应对政策等。

目前我国海洋酸化部分研究已进入国际一流水平，也已将海洋酸化研究列入重点支持方向。我国是北极《斯匹次卑尔根群岛条约》缔约国，也是北极理事会的永久观察员国。我国从 2008 年第三次北极科考时就与美国、欧盟签署了关于共同研究海洋酸化的合作文件，国家海洋局第三海洋研究所[①]承担了国家项目“北冰洋海洋酸化与碳循环工程技术及其应用研究”，利用 20 年来中国北极科考建立的海-冰-气立体观测数据，分析了北冰洋海洋酸化与碳循环特征，以揭示其驱动机制并预测未来趋势。

海洋一直在从大气中吸收 CO_2 和向大气中排放 CO_2 来回交换。寒冷时期，海洋向大气排放 CO_2，其 pH 上升约 0.2；大气变暖时，海洋从大气中吸收 CO_2，pH 下降约 0.2，且交换周期为几千年甚至几万年(Pelejero et al.，2010)。这种大气碳变化主要由自然因素驱动，并形成了全球气候大自然正常波动。但从工业革命开始后，由于人类开采使用煤、石油和天然气等化石燃料，并砍伐了大量森林，海洋吸收了大约 525 亿 t CO_2，相当于每天吸收 2200 万 t CO_2。至 21 世纪初，人类活动已向大气中排放了超过 5000 亿 t CO_2，致使大气碳含量水平逐年上升(Boden et al.，2010)，海洋平均每年吸收了约 25%所有人类活动额外排放的 CO_2(Sabine et al.，2004)。

美国夏威夷 Mauna Loa 站和 Aloha 站的长期监测结果显示：至 2017 年，大气

① 根据 2018 年国务院机构改革方案，不再保留国家海洋局，组建了自然资源部，国家海洋局第三海洋研究所现为自然资源部第三海洋研究所。

CO_2浓度以大约 1.7ppm/a 的速度升高，海表面 CO_2 分压也随之不断升高，而表面海水 pH 持续降低，并且 WHOTS 浮标、KEO 浮标、Papa 浮标等全球所有监测站位监测的大气 CO_2 数据均为相似的变化趋势(Barker，2013)。现在大气 CO_2 含量为 400ppm，海水 pH 为 8.1，如果我们继续以现在相同的速度排放 CO_2，预测 2050 年 86%海洋酸度将更高，2100 年大气 CO_2 浓度将接近 930ppm，海洋 pH 将小于 7.8(Wood et al.，2014；Pershing et al.，2018；Sosdian et al.，2018)。

海洋酸化是大气、水圈和生物圈之间相互作用的结果，海洋吸收大气中的 CO_2 对于缓解全球变暖起着重要的作用，但这破坏了海洋自身碳酸盐的化学平衡，导致海水酸度增加(贺仕昌等，2014)。我国研究已发现，北冰洋生态最为脆弱，不但融冰快速，而且酸化也快速，其酸化程度、扩张范围和发展趋势已成为全球之最(Qi et al.，2017)。

海洋酸化使依赖于化学环境稳定的多种海洋生物乃至生态系统面临巨大威胁。海水 pH 较低，营养盐饵料价值下降，浮游植物吸收各种营养盐的能力也将发生变化。浮游植物是海洋食物网的初级生产力，它们变化将导致整个海洋动物食物链发生变化。并且酸化海水将加剧腐蚀海洋生物身体，研究已表明，海洋酸化使钙化藻类、珊瑚虫类、贝类、甲壳类和棘皮动物碳酸钙外壳、骨架形成效率明显下降，还会腐蚀鲨鱼的盾鳞和牙齿，扰乱鱼类的嗅觉(Sabine et al.，2004；Hoegh-Guldberg et al.，2007；Talmage and Gobler，2010；Whiteley，2011；Porteus et al.，2018)。海洋变暖和酸化已致使大堡礁附近珊瑚礁系统连续 3 年大规模白化，其经济损失高达 1 万亿元(Sabine et al.，2004)。根据 IPCC 发布的《全球 1.5℃增暖特别报告》，如果全球持续变暖，到 21 世纪末 99%以上珊瑚礁系统将白化消亡(IPCC，2018)。

5.3.3 海洋低氧

通常将水体中 O_2 溶解浓度低于 2.0mg/L 称为低氧状态(Wei et al.，2007)。地球 O_2 主要是存储在大气中，海洋仅包含了地球全部 O_2 含量的 1%，这已足够保证海洋生物生存下来(Diaz and Rosenberg，2008)。当海水中 O_2 溶解浓度低于 2.0mg/L 时，大部分海洋生物将面临死亡(郑静静等，2016)。研究发现，在过去 50 年中海洋 O_2 含量下降了 2%，如果继续不加控制，到 2100 年 O_2 含量可能减少 7%，这将对海洋生物的生存构成极大威胁(Minna Epps/IUCN，2019)。

海洋低氧实际上就是 O_2 消耗大于补给过程的持续(郑静静等，2016)。海水中溶解氧主要依靠大气复氧和藻类光合作用提供。其中，大气复氧是海洋溶解氧的重要来源，大气中的 O_2 通过海气界面进入海洋的过程，称为大气复氧。但海气交换过程中，温度越高，氧气溶解度越低，且溶解氧饱和度也降低，致使海洋不断释放 O_2，所以气候变暖是海洋低氧的重要原因。海洋溶解氧的另外一个重要来源，就是微型浮游植物、大型海藻和海草通过光合作用不断向海水中提供 O_2。但这些植物受光照强度影响，海洋越深，光照强度越弱，所以大部分植物均分布在海洋透光层，光合作用提供的 O_2 也主要分布在透光层。海洋溶解氧的汇则主要为有机物耗氧分解、无机物氧化作用、海洋生物呼吸作用等。其中，河口底层有机物十分丰富，需要消耗大量溶解氧分解，因此入海河口底层易造成低氧现象。此外，无机物 NH_4^+ 硝化作用和还原态金属离子氧化作用也是海洋溶解氧的重要汇，珠江口低氧很大程度上由 NH_4^+ 硝化作用引起。全部海洋动物及黑暗或光线很弱条件下的海洋植物都需要依靠呼吸作用消耗 O_2 来维持生命。我国长江、珠江入海口均已形成了很大面积的低氧区。

目前监测数据显示，气候变暖与富营养化是海洋低氧的主要驱动因素。随着海洋变暖，表层海水溶解氧减少，密度下降，导致海洋深层海水溶解氧更少。美国国家大气研究中心最新的研究也证明，温度上升将阻遏海洋吸收和分散 O_2，并已发现北极和热带大西洋等部分区域温度上升速度是其他地区的 2 倍，低氧也最为严重。海洋富营养化导致大量浮游植物、大型海藻过度生长，引发赤潮、绿潮、金潮，当营养盐消耗到一定低值后，赤潮、绿潮、金潮生物将死亡和沉降，死亡藻体分解会消耗大量 O_2，因此富营养化河流入海口及绿潮和金潮沉降区底部极易形成低氧(何培民等，2019)。因此，所有化肥、污水、动物和水产养殖废液等都是导致近海 O_2 流失的重要因素(Diaz and Rosenberg，2008；Minna Epps/IUCN，2019)。全球死亡地带现在已有 400 多个，最近南半球的南美洲、非洲和亚洲等地区已出现死亡地带，如果任其发展，螃蟹、虾和鱼都将绝迹(Diaz and Rosenberg，2008)。因氮素不断从陆地流出并通过密西西比河流入，墨西哥湾已出现藻类大量繁殖，形成了大面积死亡区或无氧区(USGCRP，2018)。

2019 年 12 月 7 日，世界自然保护联盟(IUCN)在西班牙马德里举办“绿会联合国气候变化大会”并发布最新报告《海洋低氧：每个人的问题》(*Ocean deoxygenation: Everyone's problem*)，探讨了海洋低氧的原因、影响和可能的解决方案，并警告各国：全球海洋低氧状况正日益威胁鱼类物种并破坏着生态系统，气候变化和营养物污染已造成海洋低氧，渔业如金枪鱼、马林鱼和鲨鱼等物种日益受到严重威胁。20 世纪 60 年代海洋低氧区仅 45 个，目前已达 700 个，完全缺氧区数量也翻了两番(Minna Epps/IUCN，2019)。IUCN 全球海洋和极地项目海洋科学与保护高级顾问、报告联合编辑 Dan Laffoley 特别强调，海洋生态系统已面临海洋升温、海洋酸化和海洋低氧三大压力，为了阻止贫氧地区扩大，我们必须果断地遏制温室气体排放及营养物污染。缺氧作用已开始改变海洋生物的平衡，对低氧特别敏感的金枪鱼、马林鱼和鲨鱼等物种已被迫开始迁移到富氧浅海区。按照目前的状态，预计到 2100 年全球海洋 O_2 储量将损失 3%～4%(Minna Epps/IUCN，2019)。为此，IUCN 代理总干事 Grethel Aguilar 博士会上向各国呼吁，为了遏制海洋低氧的损失及气候变化带来的其他灾难性影响，世界各国领导人必须承诺立即大幅削减排放温室气体。联合国教育、科学及文化组织政府间海洋学委员会(IOC)全球海洋氧气网络(GO2NE)联合主席 Denise Breitburg 博士也指出，全球气温上升和营养过剩已致使公海及沿海水域 O_2 减少，可以通过营养循环阻止和逆转 O_2 下降趋势，从而可保护重要生态系统功能，并提高渔业和粮食安全可持续性(Breitburg et al., 2018)。英国东英吉利大学一项研究发现，浮游生物通过光合作用可吸收大气中50%的 CO_2，然后将其储存于深海，且浮游植物形成渔业食物链，对于粮食安全非常重要，但海洋变暖直接影响浮游生物，反过来驱动气候变化，致使恶性循环(Toseland et al., 2013)。

海洋变暖 O_2 到底将减少多少？一些气候模型已经预测了全球变暖背景下海洋氧含量会减少，到 2100 年会减少 7%，但因证据不足，引起很大争议。为此，Schmidtko 等(2017)最近采用全球海洋氧含量观测数据，重构了过去 50 年海洋氧含量变化模型，首次证实海洋过去 50 年氧含量降低了 2%，最高下降可达 40%。我国自然资源部第二海洋研究所卫星海洋环境动力学国家重点实验室的研究显示，我国近海低氧的频率在提高、面积在扩大、程度在加重。21 世纪初长江口的硝酸盐浓度是 20 世纪 60 年代的 4 倍以上，若干年份甚至可以达到 6 倍。如果长江入海营养盐输入通量降低 30%，就可以减小东海夏季低氧面积的 15%左右(Zhou et al., 2017)。

海水变暖、酸化和低氧已经导致海洋生态系统发生巨大变化，并有可能在 21 世纪末导致大量物种灭绝(Reddin et al., 2020)。英国科学家的研究显示，随着全球变暖加剧，过去 50 年海洋中 O_2 已减少 2%～5%，鳕鱼等大型鱼类生存将更加艰难，甚至开始灭绝。开放海洋环境中大多数物种空间遗传结构问题仍未得到很好解决(Stanley et al., 2018)。地球物种分布正在加速变化，这种变化越来越多地受到气候变化的驱动，这些后果会影响生物和人类社区(Pecl et al., 2017)。中国科技大学沈延安教授团队最近的研究显示，晚寒武世海洋低氧是造成全球三叶虫灭绝的重要因素(Lu et al., 2018)。

5.4 应对气候变化的科学研究及管理对策

《关于气候变化中海洋和冰冻圈的特别报告》(IPCC, 2019)指出，如果我们能够紧急减少温室气体排放，就可以限制海洋和冰冻圈的变化规模，生态系统和赖以生存的生计才能够得到保护。因此，首先要减小对那些为我们提供食物的海洋生态系统的影响。其次，降低污染等其他压力，协助海洋生物应对环境的变化，同时使海洋更具恢复力。最后，制订渔业管理和海洋保护区政策框架，以便为人类社会提供机会，以适应变化及尽量降低我们的生计风险。只有社会各个方面，包括能源、土地、生态系统、城市和基础设施及工业等方面，实现前所未有的转变，我们才能将全球升温控制在远低于超出工业化前水平 2℃的水平(牛静美，2019)。这既实施了《巴黎协定》提出的气候政策和减排措施，又可以保护海洋和冰冻圈，并最终维持地球上的所有生命。

5.4.1　提高模型预测的精度

随着信息科技的发展，我们需要更精确的预测模型。近年来，通过使用计算能力和物理模型的快速发展所带来的复杂互联模型，极大地促进了对全球模式的理解和对未来世界海洋的预测。模式的快速改进和传统的学科特定方法(如单独的气候、浮游生物和渔业模型)的改进整合创造了一个理想的平台。气候变化对海洋生态系统的影响研究已经落后于陆地生态系统，部分原因是海洋复杂和测量困难(Skogen et al.，2018)。

海洋初级生产的模型研究已有很多新的进展。Cadigan 等(2017)将来自全球气候模型(挪威地球系统模型)的生物地球化学与区域模型(NORWECOM.E2E)进行了比较，两种模型的主要区别在于春季藻类旺长的时间，以及夏季全球模型中的营养消耗，通过降尺度，区域模型在某种程度上能够减小物理场中的偏差，并且春季藻类旺长的时间接近于观测。虽然现在通过多模式比对来定期评估气候变化，但为了解决这些单一模型的局限性，Gaines 等(2018)提出了 6 个全球海洋生态系统模型的标准化集合。模型结果表明，如果没有捕捞，平均全球动物生物量在低排放下会降低 5%(±4% SD)，到 2100 年在高排放下会降低 17%(±11% SD)，每升温 1℃平均下降 5%。预计的生物量下降主要受温度升高和初级生产减少驱动，并且在较高的营养水平下更为明显，这一过程称为营养放大。相当大的区域变化特征是高纬度地区生物量增加强烈、中低纬度地区减少，气候模式对变化方向有一定的影响，但幅度可变。Yamaguchi 和 Suga(2019)从 2013 年世界海洋数据库中收集了 1960～2017 年的温度和盐度数据，然后，他们使用数学方程式计算了可获取数据的地区 10～200m 温度和盐度的差异，发现世界上约 40%的海洋正处于上层海洋密度分层的上升阶段。更加强烈的分层可能意味着生活在海洋表面附近的称为光浮游植物的微观光合生物将无法获取生存所需的营养，从而影响其余的海洋食物链。神经网络驱动的地球系统模型使加利福尼亚大学欧文分校的海洋学家得出了一个令人惊讶的结论：到 21 世纪末，浮游植物的数量将在低纬度水域中增长。意外的模拟结果违背了环境科学界许多人的长期信念，浮游植物是水生食物网的基础，但未来的全球气候变化将使热带海洋不适合浮游植物生存(University of California-Irvine，2020)。

关于气候对渔业资源的影响模型也有较多的进展。Jones 等(2015)针对圣劳伦斯湾南部的雪蟹开发了一种高分辨率时空模型，用于支持加拿大东海岸的经济上重要的渔业。预测到 2050 年，英国专属经济区内的总最大潜在捕捞量将减小，导致净现值中值下降 10%。当依照燃料价格变化的趋势推断到未来时，这个价值会进一步下降，当取消增加捕捞能力的补贴时，这个价值会变为负值(van Leeuwen et al.，2016)。王玉衡(2011)采用一个耦合了物理和低营养级生态系统的鳀鱼 IBM 模式作为主要研究手段，模型模拟的鳀鱼周年洄游规律与观测相符，虽然有些区域由于洄游机制研究的匮乏和物理环境的模拟精度问题存在数值存留，但宏观上反映了鳀鱼种群的动态变化过程。将耦合海水水柱模型应用于北海的三个地点，这三个地点代表不同的更广泛的水动力机制，该模型由水动力生物地球化学水柱模型(GOTM-ERSEM-BFM)组成。自下而上的压力，如改变非生物环境(气候变化、化学循环)将对整个规模范围内的鱼类生物量产生影响(Bonan and Doney，2018)。

根据亚利桑那大学地球科学家领导的新研究，南极冰盖融化增加了淡水，增加了风，减少了南大洋中的 O_2，使其更加酸化和温暖。研究人员发现，通过将 1990～2004 年的船上测量值与 2012～2019 年配备微传感器的机器人浮标的测量值进行比较，南大洋水域发生了变化。这是第一个将南大洋增加的淡水和额外的风纳入气候变化模型的研究，该团队使用了美国国家海洋与大气局的 ESM2M 模型(Bronselaer et al.，2010)。全球变暖可能导致飓风比目前气象学家预测的还要强大。该警告来自研究热带气旋行为的物理学家，他们注意到物理学的原理之一——相变，并未出现在气象科学文献中(Wolf，2020)。

对陆地和海洋生态系统的许多全球变化压力不仅影响对人类至关重要的生态系统服务，还通过改变与大气的能量和质量交换来影响未来气候的轨迹。现在人们理解，必须根据无数相互关联的物理、化学、生物和社会经济过程来研究气候变化。气候变化研究的这一扩大基础是全球气候模型向地球系统模型(ESM)转变的基础。这些模型表明，生物圈不仅可以应对气候变化，还可以直接影响气候变化的方向和程度(Lotze et al.，2019)。

5.4.2 开展气候变化对海洋生态系统影响的跨学科研究

气候变化对海洋生态系统的影响是全方位的，不仅是渔业，还有海洋生态系统(周秋麟和杨圣云，1998a，1998b)，尤其是随着海平面的上升、海洋环流的变化、海洋盐度层分层的变化、风暴事件增多等的众多影响。这就需要我们从海洋生物(包括古生物)、物理海洋、海洋化学、海洋地理、海洋气候等跨学科角度加强研究气候对海洋生态系统的影响。

在 2.52 亿年前的二叠纪与三叠纪之交，海洋系统出现了海水表面温度的快速升高、最严重的动物大灭绝和生物地球化学循环的变化，这对研究现代海洋生态系统具有很好的启示意义。在现代海洋生态系统，全球变暖所引发的碳和氮的耦合关系已经在局部海区出现。如果这种耦合关系进一步发展到全球规模，海洋生态系统将会出现严重危机(谢树成，2018)。工业革命以来，人类活动每年向大气中排放约 10 亿 t 的 CO_2，其直接影响是导致了全球温度升高、区域气候模式振荡、海平面上升、海水酸化等一系列变化。这些变化能够促使海洋生物从基因水平到生态系统水平发生改变，从而影响海洋生态系统的服务功能，不利于人类的可持续发展(韦兴平等，2011)。

极地海洋生物学过程在极地海洋生态与全球气候变化中具有重要作用。极地海洋生物学过程中碳和其他生源物质的转换、海冰对海洋生态系统及全球气候变化有影响；极地海洋生物产物 CO_2 和硫化物等生源气体也与极地气候有直接联系(王自磐，1997)。全球海洋的酸化对珊瑚礁、甲壳类动物甚至整个海洋生态系统都造成了不利影响。美国、欧洲国家及日本等都在重要海洋研究计划中做了相关部署，旨在深入了解海洋酸化的机制、可能造成的影响及制定相关应对措施(王金平等，2014)。一项新的研究表明，预计的海洋变暖和酸化不仅会影响单个物种的行为，还会影响受其影响的更广泛的海洋生态系统。在 pH 较低且较温暖的海水中，常见的浅沟蛤(*Scrobicularia plana*)的取食习惯产生了很大变化，这类对环境的影响可能是意想不到的(Colen et al.，2020)。另一项新的研究表明，沿海植物群落是全球海洋防御的重要组成部分，但越来越受到气候变化的影响。海平面上升、极端风暴事件的频率和强度增加，对海滩、山崖和沿海基础设施产生了明显的全球影响(Hanley et al.，2020)。开展气候变化对海洋生态系统影响的跨学科研究的核心是需要进行长期监测并将其与洪水风险模型相结合，以更好地预测风暴和其他气候变化驱动现象在何处及如何影响沿海生态系统和服务。气候变化在沿岸带导致更加强烈和频繁的风暴与海洋热浪，对沿岸生态系统造成更多的破坏。2015～2016 年的珊瑚白化事件是有史以来最严重的事件，全球许多地方损失了大量珍贵的珊瑚。对于珊瑚礁来说，这种极端事件减少了活珊瑚的覆盖范围，并导致珊瑚和珊瑚鱼类群落的长期变化，加剧了水质变差和过度捕捞对当地的威胁(França et al.，2020)。先前的研究涉及在何处建立海洋保护区来修复珊瑚，但几乎所有研究都忽略了珊瑚也可以响应气候变化而进化的事实。研究发现，保护珊瑚礁确实可以增强珊瑚进化和应对这些变化的能力，不仅需要考虑保存较凉爽的地方(将来珊瑚最能生存的地方)，还应该考虑已经拥有耐热珊瑚的炎热地方(Walsworth et al.，2019)。气候变暖对海流循环将产生重大影响，严重影响原来渔业生态系统的格局。北大西洋洋流将暖水从墨西哥湾输送到欧洲，为欧洲西北的大部分地区提供了相对温和的气候。但是，科学家怀疑格陵兰岛的融水和过多的降水会干扰这种洋流。格罗宁根大学和乌得勒支大学的科学家进行的模拟显示，由于北大西洋上空降水的微小而迅速的变化，目前的潮流不太可能完全停止。但是，在未来 100 年中，当前的变化有 15%的可能性会停止(Castellana et al.，2019)。近年来，科学家预测切萨皮克湾的夏季死亡地带将越来越大，尽管长期致力于减少营养物质污染，但螃蟹和鱼类等生物的 O_2 很少或根本没有 O_2。研究人员警告说，气候也可能产生重大影响(Ni et al.，2019)。根据北卡罗来纳州立大学和俄勒冈州立大学的最新研究，气候变化的另一个受害者可能是海岸线休闲捕鱼。该研究发现，美国某些地区可能会因气温上升而受益，但这一受益将被其他地方捕鱼减少所抵消。最糟糕的情况是，到 2080 年，我们的参与度将下降 15%；在未来 30 年中，参与度可能下降 3.4%；最早在 2050 年将下降 9.9%(Dundas et al.，2019)。如果人类要缓解全球气候变化，识别天然碳汇并了解其工作方式至关重要。在与大气中碳含量上升的斗争中，需要保护和恢复红树林生态系统(Hapsari et al.，2019)。

5.4.3 加大渔业资源对气候变化的适应性管理

我们还需要加大力度进行海洋渔业资源适应性管理。未来气候变化对海洋渔业的影响有可能对广泛的社会经济因素产生负面影响。然而，世界各国关于这些影响的脆弱性存在相当大的差异。Ramirez 等(2017)利用与气候变化对海洋渔业影响有关的最新数据，计算了 147 个国家渔业的脆弱性指数。由此产生的指数中 10 个最脆弱国家中有 7 个是小岛屿发展中国家，该指数的前四分之一的国家位于非洲、亚洲、大西洋（加勒比海）及大洋洲。

海洋为人们带来了巨大的利益，每年提供超过 8000 万 t 的海产品，为近 30 亿人提供超过 20%的所需动物蛋白，为全球 10%的人口提供生计。虽然在评估理论上可行的方面具有指导意义，但往往仅关注最大潜在渔获量的变化，却忽视了人类对气候变化的替代应对措施的影响，这可能会限制或加剧生态系统的变化。渔民、管理机构和市场的行动都会影响从生态系统中获得的渔业利益的大小。适应性渔业管理改革的潜在好处是什么？它们改善了气候变化导致的物种生产力和分布变化的预期后果？通过改进当前的渔业管理来提高全球渔业产量，保护和盈利能力仍有相当大的空间，但气候变化可能会损害这些潜在的上行效应(Pentz et al.，2018)。

准确预测太平洋年代际振荡(PDO)的功能可帮助决策者了解温暖和寒冷的海洋状况并进行规划，有助于渔业和水产养殖部门管理与这些情况相关的生产风险，同样可以支持这些部门及保险公司的战略和投资决策，尤其是在评估多年风险时。长期预报还可以帮助规划保护行动和收获水平，从而增强海洋生态系统对与环境条件相关的生物变化的适应力(Li et al.，2020)。

一般而言，区域渔业管理组织的政策框架是全面的，并且似乎拥有实现气候变化下资源管理目标所需的大多数要素。研究假设，跨界和公海渔业管理的法律及政治因素是这一成就的主要原因(Moegni and Sridadi，2018)。极端天气拉尼娜和厄尔尼诺增加海浪，改变野生鱼类种群，并导致渔民成本增加。应对极端气候对渔业影响的措施包括：①通过连接渔业机构和海洋研究机构建立预警系统，以协助决策者采取时间适应性措施；②暂时停止补贴活动以帮助在极端天气下管理成本；③开发用于管理极端天气事件的研究技术(Hanich et al.，2018)。气候变化已经在影响全球，但几乎没有关于应对和适应这些变化的信息。对国家和区域范围的海洋保护，渔业管理和沿海规划有何影响？哪些战略及政策可以最好地支持和应对不同规模的挑战？为适应和减缓气候变化有哪些提供资金的机会？这些都是需要解决的问题(Mulvaney et al.，2017)。

随着气候变化继续影响新英格兰的沿海生态系统及其相关渔业，对适应性管理的测量、预测，以及解释和应用这些影响的需求正在扩大(Savo et al.，2017)。沿海地区生态系统受到一些压力，包括气候变化，对渔业和自然资源管理构成挑战(Ojea et al.，2017)。气候变化已经对渔业产生了生态、社会和经济影响，预计未来这些影响的频率和幅度将会增加(Lam et al.，2016b)。

以往的研究根据生物量、物种组成和潜在捕捞量的变化，突出了气候变化下渔业的赢家和输家。了解气候变化如何改变海洋国家的渔业收入，是制定有效的社会经济政策和粮食可持续性战略以减缓和适应气候变化的关键。研究结果表明，需要对气候变化对全球海洋渔业的潜在经济影响进行全面的经济分析(Hare et al.，2016)。

气候变化和年际变率正在影响全世界的海洋鱼类和无脊椎动物物种，这些影响将在可预见的未来继续存在。Hare 等(2016)对美国东北部的 82 种鱼类和无脊椎动物进行了气候脆弱性评估，评估中包含的大多数物种在应对预计的气候变化方面具有很高的分布变化潜力，这些结果将为与理解和调整海洋渔业管理、适应气候变化和年际变化有关的研究及管理活动提供信息。Costello 等(2016)分析了全球 4713 种渔业的数据，其占全球鱼类捕捞量的 78%，以此估算恢复枯竭渔业的替代方法的现状、趋势和益处。研究结果表明，渔业管理的适当改革将大大提高鱼类的总体丰度，同时提高粮食安全和利润。鱼类产量的预测表明，高纬度地区的生产力提高，低纬度/中纬度地区的生产力下降，区域差异很大。在对渔业高度依赖的国家，预计气候变化将提高西非的生产潜力，但降低南亚和东南亚的生产潜力(Barange et al.，2014)。

尽管传统上是在国家层面管理渔业，但最新研究表明每个国家的渔业经济在很大程度上依赖邻国产卵场的健康状况，强调了加强国际合作的必要性。世界上绝大多数野生捕捞海鱼(估计占 90%)是在国家管辖区域海岸 200mile①范围内捕捞的。然而，这些鱼在幼体阶段仍能游走而远离产卵场，这意味着，尽管国家/地区已经设定了国家海洋界限，但海洋却是由高度互连的网络组成的，大多数国家都依赖邻国来管理自己的渔业(University of Delaware，2019)。即使是巨大的受保护

① 1mile = 1.609 344km。

的海洋，也不足以保存高度活动的物种，如海龟、鲸鱼、鲨鱼和海鸟，它们可以穿越整个海洋寻找食物和繁殖地。随着物种、栖息地和生态群落的转移，已建立的保护区可能不再起作用(Maxwell et al., 2020)。

总之，世界海洋为数十亿人提供食物和生计，然而物种的地理范围变化及气候变化引起的生产力变化预计将对这些效益产生深远的影响。渔业管理的改进如何抵消气候变化的负面影响，答案取决于种群的现状；许多种群当前状况不佳及适应范式转变的潜在不良反应可能会使未来的全球渔业产量和利润比以前的估计更低。然而，通过共同解决目前的低效率问题，以适应渔业生产力变化及积极创建有效的跨界机构的方式改革渔业，可在未来获取与目前生产的产品相比更高的利润和更高的产量(Pentz et al., 2018)。

5.4.4 加大对适应气候变化的社会科学支持

为了确保全球珊瑚礁的未来，迫切需要在长期就地保护珊瑚礁方面继续投资。除这些努力之外，还需要改进数据收集、分析和学习，以使珊瑚礁和人类都能够应对不断发生的本地和全球威胁。人们依赖珊瑚礁来获得多个方面的福祉，与人而不是鱼类或珊瑚一起工作是珊瑚礁管理的核心。管理的社会生态系统观点对于实现人与自然的和谐发展至关重要(Gurney et al., 2019)。

新的保险制度可以使渔民在极端天气下推迟捕鱼，而不必冒险。它还可以帮助他们更快地更换和维修被暴风雨破坏或损坏的渔船、渔具、工具和基础设施。当然政策制定者不能在气候适应计划中完全依靠气候风险保险，必须辅以沿海生态系统的适应行动，如保护红树林，制定风暴前的准备计划及对脆弱程度较低的渔船和渔具进行投资(Sainsbury et al., 2019)。

气候变化研究资金的管理更为重要。随着缓解气候变化的机会之窗越来越小，研究人员建议为缓解气候变化的社会科学研究提供更多的资金，改善全球研究资金的协调性和透明度。围绕社会科学中的关键问题确定优先级，并提高社会科学研究的严格性，现阶段我们要研究气候变化的真正作用，而不是设法确定如何阻止气候变化(Overland and Sovacool, 2020)。需要做的是：①缓解气候变化的资金需要与威胁的程度相匹配，仅风暴潮造成的全球年度气候变化损失就已经达到 10 亿～400 亿美元，并且在未来 80 年中可能超过 100 万亿美元，为了减轻这种威胁的严重性，应该增加对缓解气候变化研究的资金；②改善资金透明度和协调性，有必要加强全球协调和对气候研究资金的监督；③使社会科学研究更加严格，尽管有关气候变化的社会研究需要更多的资金，但社会科学也需要应对挑战；④更好地与排放源和趋势保持一致，优先研究减少燃烧问题的真正解决办法；⑤将气候变化视为全球性挑战，尽管全球解决方案也取决于对微观水平的理解，但仍然令人惊讶的是，很少有社会科学研究直接针对真正的大问题。

预计到 2030 年，海洋的经济潜力将从 2010 年的 1.5 万亿美元增加到 3 万亿美元。在环境变化和金融不确定性的环境下，人们对“蓝色经济”的增长给予了极大关注。“蓝色经济”是指海洋和海洋资源的可持续利用，以促进经济增长、就业和改善生计。Bennett 等(2019) 建议：①建立一个全球协调机构并制定国际准则；②确保国家政策和机构保障的可持续性；③促进公平分享利益并尽量减少损害；④采用包容性的治理和决策程序；⑤参考跨学科海洋科学的见解。国际上目前还没有一套针对“蓝色经济”的指导方针，甚至没有一个明确的国际协调机构，在许多国家亦不存在类似的协调机构。缺乏协调已经导致我们在全球渔业中面临窘境，如有害补贴导致过度捕捞，侵犯人权行为，以及当地获取鱼类种群和粮食安全正在遭受破坏。“蓝色经济”已经在增长，但是，我们有机会和责任塑造未来的增长，以使其可持续和公平。

参考文献

陈宝红，周秋麟，杨圣云. 2009. 气候变化对海洋生物多样性的影响. 台湾海峡，28(3)：437-444.

杜建国，Cheung W W L，陈彬，等. 2012. 气候变化与海洋生物多样性关系研究进展. 生物多样性，20(6)：745-754.

贺仕昌，张远辉，陈立奇，等. 2014. 海洋酸化研究进展. 海洋科学，38(6)：85-93.

胡德良，Eli Kintisch. 2015. 北极变暖对海洋渔业的影响难以预料. 气候变化研究进展，11(2)：130.

李励年，王茜. 2009. 欧美科学家研究全球气候变化对海洋生物多样性的影响. 现代渔业信息，24(8)：20-21.

李文昶，季宇彬. 2013. 影响海洋生物多样性因素的研究进展. 哈尔滨商业大学学报(自然科学版)，29(1)：46-48，53.

梁翠. 2017. 中国近海区域渔业资源及其演替研究. 厦门大学博士学位论文.

刘红红，朱玉贵. 2019. 气候变化对海洋渔业的影响与对策研究. 现代农业科技，(10)：244-247.

刘尊雷，袁兴伟，杨林林，等. 2015. 气候变化对东海北部外海越冬场渔业群落格局的影响. 应用生态学报，26(3)：901-911.

牛静美. 2019. IPCC《关于气候变化中海洋与冰冻圈的特别报告》火热出炉. https://baijiahao.baidu.com/s?id=1645818570049395095&wfr=spider&for=pc.

孙军，林茂，陈孟仙，等. 2016. 全球气候变化下的海洋生物多样性. 生物多样性，24(7)：737-738.

孙军，薛冰. 2016. 全球气候变化下的海洋浮游植物多样性. 生物多样性，24(7)：739-747.

王金平，季婉婧，高峰，等. 2014. 海洋酸化的影响及主要国家研究部署. 世界科技研究与发展，36(6)：726-731.

王亚民，李薇，陈巧媛. 2009. 全球气候变化对渔业和水生生物的影响与应对. 中国水产，(1)：21-24.

王玉衡. 2011. 黄海物理环境对鳀鱼种群动态的影响. 中国海洋大学博士学位论文.

王自磐. 1997. 极地海洋生物学过程与全球气候变化. 东海海洋，(3)：30-37.

韦兴平，石峰，樊景凤，等. 2011. 气候变化对海洋生物及生态系统的影响. 海洋科学进展，29(2)：241-252.

谢树成. 2018. 距今 2.52 亿年前后的生物地球化学循环与海洋生态系统崩溃：对现代海洋的启示. 中国科学：地球科学，(12)：1600-1605.

徐瑞永，Cheung W W L. 2009. 全球气候变化对海洋生物多样性影响的预测. 中国渔业经济，27(6)：85-93.

郑静静，刘佳梅，高姗. 2016. 海洋低氧现象的研究进展.海洋学报，33(4)：88-96.

周秋麟，杨圣云. 1998a. 气候变化与海洋生态(之一). 海洋开发与管理，(1)：44-48.

周秋麟，杨圣云. 1998b. 气候变化与海洋生态(之二). 海洋开发与管理，(2)：57-60.

Barange M, King J, Valdés L, et al. 2016. The evolving and increasing need for climate change research on the oceans. ICES Journal of Marine Science, 73 (5): 1267-1271.

Barange M, Merino G, Blanchard J L, et al. 2014. Impacts of climate change on marine ecosystem production in societies dependent on fisheries. Nature Climate Change, 4 (3): 211-216.

Barker S. 2013. Paleoceanography, Physical and Chemical Proxies/Dissolution of Deep-Sea Carbonates. Encyclopedia of Quaternary Science: 859-870.

Bennett N J, Cisneros-Montemayor A M, Blythe J, et al. 2019. Towards a sustainable and equitable blue economy. Nature Sustainability, 2 (11): 991-993.

Boden T A, Marland G, Andres R J. 2010. Global, Regional, and National Fossil-Fuel CO_2 Emissions. Carbon Dioxide Information Analysis Center, Oak Ridge National Laboratory, U.S. Department of Energy, Oak Ridge, Tenn., U.S.A.

Bonan G B, Doney S C. 2018. Climate, ecosystems, and planetary futures: The challenge to predict life in Earth system models. Science, 359 (6375): eaam8328.

Brander K M. 2007. Global fish production and climate change. Proceedings of the National Academy of Sciences, 104 (50): 19709-19714.

Breitburg D, Levin L, Oschlies A, et al. 2018. Declining oxygen in the global ocean and coastal waters. Science, 359: 46.

Bronselaer B, Russell J L, Winton M, et al. 2010. Importance of wind and meltwater for observed chemical and physical changes in the Southern Ocean. Nature Geoscience, 13 (1): 35-42.

Burrows M T, Bates A E, Costello M J, et al. 2019. Ocean community warming responses explained by thermal affinities and temperature gradients. Nature Climate Change, 9: 959-963.

Cadigan N G, Wade E, Nielsen A. 2017. A spatial-temporal model for snow crab (*Chionoecetes opilio*) stock size in the Southern Gulf of St. Lawrence. Canadian Journal of Fisheries and Aquatic Sciences, 74 (11): 1808-1820.

Castellana D, Baars S, Wubs F W, et al. 2019. Transition probabilities of noise-induced transitions of the Atlantic Ocean circulation. Scientific Reports, 9 (1): 20284.

Checkley D M, Asch R G, Rykaczewski R R. 2017. Climate, Anchovy, and Sardine. Annual Review of Marine Science, 9 (1): 469-493.

Cheng L, Abraham J, Hausfather Z, et al. 2019. How fast are the oceans warming? Science, 363 (6423): 128-129.

Cheng L, Trenberth K E, Fasullo J, et al. 2017. Improved estimates of ocean heat content from 1960 to 2015. Science Advances, 3 (3): e1601545.

Colen C V, Ong E Z, Briffa M, et al. 2020. Clam feeding plasticity reduces herbivore vulnerability to ocean warming and acidification. Nature Climate Change, 10: 162-166.

Costello C, Ovando D, Clavelle T, et al. 2016. Global fishery prospects under contrasting management regimes. Proceedings of the National Academy of Sciences of the United States of America, 113 (18): 5125-5129.

DeVries T, Le Quéré C, Andrews O, et al. 2019. Decadal trends in the ocean carbon sink. PNAS, 116 (24): 11646-11651.

Diaz R J, Rosenberg R. 2008. Spreading dead zones and consequences for marine ecosystems. Science, 321 (5891): 926-929.

Dundas S J, von Haefen R H V. 2019. The effects of weather on recreational fishing demand and adaptation: Implications for a changing climate. Journal of the Association of Environmental and Resource Economists, 7 (2): 209-242.

França F M, Benkwitt C E, Peralta G, et al. 2020. Climatic and local stressor interactions threaten tropical forests and coral reefs. Philosophical Transactions of the Royal Society B: Biological Sciences, 375 (1794): 20190116.

Gaines S D, Costello C, Owashi B, et al. 2018. Improved fisheries management could offset many negative effects of climate change. Science Advances, 4 (8): eaao1378.

Gleckler P J, Durack P J, Stouffer R J, et al. 2016. Industrial-era global ocean heat uptake doubles in recent decades. Nature Climate Change, 6 (4) : 394-398.

Gurney G G, Darling E S, Jupiter S D, et al. 2019. Implementing a social-ecological systems framework for conservation monitoring: Lessons from a multi-country coral reef program. Biological Conservation, 240: 108298.

Hanich Q, Wabnitz C C, Ota Y, et al. 2018. Small-scale fisheries under climate change in the pacific islands region. Marine Policy, 88: 279-284.

Hanley M E, Bouma T J, Mossman H L. 2020. The gathering storm: optimizing management of coastal ecosystems in the face of a climate-driven threat. Annals of Botany, 125 (2) : 197-212.

Hapsari K A, Jennerjahn T C, Lukas M C, et al. 2019. Intertwined effects of climate and land use change on environmental dynamics and carbon accumulation in a mangrove-fringed coastal lagoon in Java, Indonesia. Global Change Biology, 26: 1414-1431.

Hare J A, Morrison W E, Nelson M W, et al. 2016. A vulnerability assessment of fish and invertebrates to climate change on the northeast U.S. continental shelf. PLOS ONE, 11 (2) : e0146756.

Hoegh-Guldberg O, Mumby P J, Hooten A J, et al. 2007. Coral reefs under rapid climate change and ocean acidification. Science, 318 (5857) : 1737-1742.

IPCC. 2019. Special Report on the Ocean and Cryosphere in a Changing Climate (SROCC). https: //www.ipcc.ch/site/assets/uploads/2019/09/SROCC-factsheet.pdf.

Jensen M P, Allen C D, Eguchi T, et al. 2018. Environmental warming and feminization of one of the largest sea turtle populations in the world. Current Biology, 28 (1) : 154-159.

Jones M C, Dye S R, Pinnegar J K, et al. 2015. Using scenarios to project the changing profitability of fisheries under climate change. Fish and Fisheries, 16 (4) : 603-622.

Lam V W Y, Cheung W W L, Reygondeau G, et al. 2016b. Projected change in global fisheries revenues under climate change. Scientific Reports, 6: 32607.

Levitus S. 2000. Warming of the world ocean. Science, 287 (5461) : 2225-2229.

Li S, Wu L, Yang Y, et al. 2020. The Pacific Decadal Oscillation less predictable under greenhouse warming. Nature Climate Change, 10: 30-34.

Lotze H K, Tittensor D P, Bryndum-Buchholz A. et al. 2019. Global ensemble projections reveal trophic amplification of ocean biomass declines with climate change. PNAS, 116 (26) : 12907-12912.

Lu W Y, Shen Y A, Thomas E, et al. 2018. Late inception of a resiliently oxygenated upper ocean. Science, 361 (6398) : 174-177.

Maxwell S M, Gjerde K M, Conners M G, et al. 2020. Mobile protected areas for biodiversity on the high seas. Science, 367 (6475) : 252-254.

Minna Epps/IUCN. 2019. https://unfccc-cop25.streamworld.de/videos/iucn-ocean-deoxygenation-report-launch.

Moegni N, Sridadi A R. 2018. Economic analysis of the potential impact climate change in Fisheries. Advanced Science Letters, 24 (5) : 3317-3322.

Moore J K, Fu W, Primeau F, et al. 2018. Sustained climate warming drives declining marine biological productivity. Science, 359 (6380) : 1139-1143.

Mulvaney K K, Druschke C G. 2017. Using diverse expertise to advance climate change fisheries science. Ocean & Coastal Management, 149: 175-185.

Ni W, Li M, Ross A C, et al. 2019. Large projected decline in dissolved oxygen in a eutrophic estuary due to climate change. Journal of Geophysical Research: Oceans, 124 (11) : 8271-8289.

Ojea E, Pearlman I, Gaines S D, et al. 2017. Fisheries regulatory regimes and resilience to climate change. Ambio, 46 (4): 399-412.

Oremus K L, Bone J, Costello C, et al. 2020. Governance challenges for tropical nations losing fish species due to climate change. Nature Sustainability, 3: 277-280.

Overland I, Sovacool B K. 2020. The misallocation of climate research funding. Energy Research & Social Science, 62: 101349.

Pecl G T, Araujo M B, Bell J D, et al. 2017. Biodiversity redistribution under climate change: impacts on ecosystems and human well-being. Science, 355 (6332): eaai9214.

Pelejero C, Calvo E M, Hoeghguldberg O, et al. 2010. Paleo-perspectives on ocean acidification. Trends in Ecology and Evolution, 25 (6): 332-344.

Pentz B, Klenk N, Ogle S, et al. 2018. Can regional fisheries management organizations (RFMOs) manage resources effectively during climate change? Marine Policy, 92: 13-20.

Pershing A J, Griffis R B, Jewett E B, et al. 2018. Oceans and Marine Resources//Reidmiller D R, Avery C W, Easterling D R, et al. Impacts, Risks, and Adaptation in the United States: Fourth National Climate Assessment, Volume II. U.S. Global Change Research Program, Washington, DC, USA: 353-390.

Pinsky M L. 2018. Throwing back the big ones saves a fishery from hot water. PNAS, 115 (8): 1678-1680.

Pinsky M L, Reygondeau G, Caddell R, et al. 2018. Preparing ocean governance for species on the move. Science, 360 (6394): 1189-1191.

Qi D, Chen L, Chen B, et al. 2017. Increase in acidifying water in the western Arctic Ocean. Nature Climate Change, 7 (3): 195-199.

Ramirez F, Afan I, Davis L S, et al. 2017. Climate impacts on global hot spots of marine biodiversity. Science Advances, 3 (2): e1601198.

Reddin C J, Nätscher P S, Kocsis A T, et al. 2020. Marine clade sensitivities to climate change conform across timescales. Nature Climate Change, 10 (3): 249-253.

Sabine C L, Feely R A, Gruber N, et al. 2004. The oceanic sink for anthropogenic CO_2. Science, 305 (5682): 367-371.

Sainsbury N C, Turner R A, Townhill B L, et al. 2019. The challenges of extending climate risk insurance to fisheries. Nature Climate Change, 9: 896-897.

Savo V, Morton C, Lepofsky D. 2017. Impacts of climate change for coastal fishers and implications for fisheries. Fish and Fisheries, 18 (5): 877-889.

Schmidtko S, Stramma L, Visbeck M. 2017. Decline in global oceanic oxygen content during the past five decades. Nature, 542 (7641): 335-339.

Sills J, Aqorau T, Bell J, et al. 2018. Good governance for migratory species. Science, 361 (6408): 1208-1209.

Skogen M D, Hiollo S S, Sando A B, et al. 2018. Future ecosystem changes in the northeast Atlantic: A comparison between a global and a regional model system. ICES Journal of Marine Science, 75 (7): 2355-2369.

Sosdian S M, Greenop R, Hain M P, et al. 2018. Constraining the evolution of Neogene ocean carbonate chemistry using the boron isotope pH proxy. Earth & Planetary Science Letters, 498: 362-376.

Speers A E, Besedin E Y, Palardy J E, et al. 2016. Impacts of climate change and ocean acidification on coral reef fisheries: An integrated ecological-economic model. Ecological Economics, 128: 33-43.

Stanley R R E, Dibacco C, Lowen B, et al. 2018. A climate-associated multispecies cryptic cline in the northwest Atlantic. Science Advances, 4 (3): eaaq0929.

Talmage S C, Gobler C J. 2010. Effects of past, present, and future ocean carbon dioxide concentrations on the growth and survival of larval shellfish. Proceedings of the National Academy of Sciences, 107(40): 17246-17251.

Toseland A, Daines S J, Clark J R, et al. 2013. The impact of temperature on marine phytoplankton resource allocation and metabolism. Nature Climate Change, 3: 979-984.

University of California-Irvine. 2020. Oceanographers predict increase in phytoplankton by 2100: Machine learning Earth system model projects higher numbers in low-latitude regions. https://www.sciencedaily.com/releases/2020/01/200127134823.htm.

University of Delaware. 2019. New study maps how ocean currents connect the world's fisheries. The small world of global marine fisheries: The cross-boundary consequences of larval dispersal. https://www.sciencedaily.com/releases/2019/06/190620153534.htm.

USGCRP. 2018. Impacts, Risks, and Adaptation in the United States: Fourth National Climate Assessment, Volume Ⅱ [Reidmiller D R, Avery C W, Easterling D R, et al.]. U.S. Global Change Research Program, Washington, DC, USA, 1515 pp. DOI: 10.7930/NCA4.2018.

van Leeuwen S M, Le Quesne W F, Parker E R. 2016. Potential future fisheries yields in shelf waters: A model study of the effects of climate change and ocean acidification. Biogeosciences, 13(2): 441-454.

Wabnitz C C C, Lam V W Y, Reygondeau G, et al. 2018. Climate change impacts on marine biodiversity, fisheries and society in the Arabian Gulf. PLOS ONE, 13(5): e0194537.

Walsworth T E, Schindler D E, Colton M A, et al. 2019. Management for network diversity speeds evolutionary adaptation to climate change. Nature Climate Change, 9: 632-636.

Wei H, He Y C, Li Q J, et al. 2007. Summer hypoxia adjacent to the Changjiang estuary. Journal of Marine Systems, 67(3-4): 292-303.

Whiteley N M. 2011. Physiological and ecological responses of crustaceans to ocean acidification. Marine Ecology Progress Series, 430: 257-271.

Wolf E L. 2020. Critical behavior of tropical cyclones. Theoretical and Applied Climatology, 139(3-4): 1231-1235.

Wood H L, Skold H N, Eriksson S P, et al. 2014. Health and population-dependent effects of ocean acidification on the marine isopod *Idotea balthica*. Marine Biology, 161(10): 2423-2431.

Yamaguchi R, Suga T. 2019. Trend and variability in global upper-ocean stratification since the 1960s. Journal of Geophysical Research: Oceans, 124(12): 8933-8948.

Zhou F, Chai F, Huang D J, et al. 2017. Investigation of hypoxia off the Changjiang Estuary using a coupled model of ROMS-CoSiNE. Progress in Oceanography, 159: 237-254.

第二篇

海洋自然生态系统保护

第 6 章　海岸线生态空间完整性评价①

6.1　引　言

海岸线是海洋与陆地的分界线，受潮汐、波浪、风暴潮等海洋水动力环境的影响，海岸线有涨有落，时刻处于变化过程中(EI-Asmar and Hereher，2011；杨世伦，2003)。这种海岸线的往复涨落变化造就了海洋与陆地之间一种独特的生态系统——潮间带生态系统。海岸线的生态功能实质上就是潮间带的生态功能。海岸线所在的潮间带生态系统在潮汐、波浪、风暴潮等水动力过程的影响下，涨潮为海，落潮为滩，具有海洋、陆地、湿地等多种生境特征，是重要的水陆两栖生境，也是许多海洋生物、湿地生物、水陆两栖生物，乃至鸟类的重要栖息地，被称为全球生物多样性最为丰富的生态系统之一(关道明，2012)。

海岸线一直是全球地理学、海洋学、生态学研究的热点区域。1967 年英国科学家 Mandelbrot 在 *Science* 杂志发表了不列颠海岸线有多长的研究报道，引起了全球科学家对海岸线研究的关注(Mandelbrot，1967)。1985 年美国科学家 Bird 出版了 *Coastline changes，A global review*，全面分析了近几十年全球海岸线进退，并将海岸线划分为冰川悬崖海岸、三角洲海岸、沼泽湿地海岸和人工海岸等类型(Bird，1985)。2015 年我国研究者在 *Science* 杂志发表了关于中国人工岸线的研究，指出 2010 年我国人工海堤长度已达到 11 000km，占全国大陆海岸线总长度的 61%(Ma et al.，2014)。

纵观国内外海岸线研究，一些学者虽然将海岸线划分为自然岸线(包括基岩岸线、砂质岸线、淤泥质岸线、生物岸线与河口岸线)和人工岸线等类型，但关于自然岸线和人工岸线的科学界定，一直缺乏详细的理论探讨(Arroyo，et al.，2006；马小峰等，2007；Suo and Zhang，2015)，以至于许多研究将海岸带存在人工构筑物的岸段全部划分为人工岸线，这与海岸线的实际情况是相悖的。对于人工岸线，也不能完全否认其生态功能，而应根据其对潮间带生态空间完整性的影响程度区别对待，那些处于潮间带上部且对潮间带生态空间完整性影响不大的防潮堤坝不

---

① 本章作者：索安宁[1,2,3]，丁德文[1,2,3](1. 中国科学院热带海洋生物资源与生态重点实验室，广州 510301；2. 南方海洋科学与工程广东省实验室(广州)，广州 510301；3. 中国科学院南海海洋研究所，广州 510301)。本研究获得中国科学院战略性先导科技专项(A 类，XDA13020401)、南方海洋科学与工程广东省实验室(广州)人才团队引进重大专项(GML2019ZD0402)、中国科学院南海生态环境工程创新研究院课题(ISEE2019ZR0)的资助。

能完全视为人工岸线。

为明晰自然岸线判定的理论依据和技术方法，本章以营口海岸线为例，从海岸线所在的潮间带滩涂空间完整性角度，提出了海岸线生态空间完整性判定方法，并以此为基础构建了海岸线生态化指数评价模型，以期为海岸线生态保护、生态修复与综合管理提供理论与技术依据。

6.2　研究区概况

营口市海岸位于辽东湾东北部、大辽河入海口以南、浮渡河入海口以北，地理位置(40°25′～40°40′N，122°5′～122°25′E)，海岸直线长度 122km，北部靠近营口市区为淤泥质海岸，中部团山—鲅鱼圈岸段为基岩海岸，南部鲅鱼圈港以南为砂质海岸，两端的大辽河口和浮渡河口为河口海岸。近几十年来，受围海晒盐、围海养殖、港口码头建设、填海造地等不同时期人类开发利用活动的影响，海岸线潮间带存在土石围堰堤坝、斜坡式防潮防浪堤坝、直立码头堤坝等形态和用途不一的海岸人工构筑物。多样的海岸底质类型与复杂的海岸开发利用方式使营口市海岸成为我国北方海岸特征的一个缩影。

营口市海岸按行政区划分为西城区、老边区、盖州市、鲅鱼圈区。

6.3　海岸线生态化度量方法

6.3.1　海岸线生态空间完整性度量方法

自然岸线是海陆长期相互作用下形成的具有自然生态服务功能的潮间带完整生态空间，而各类人类海岸活动则会占用或破坏部分甚至全部海岸线潮间带生态空间。潮间带生态空间被破坏或挤压占用会直接影响潮间带的生态服务功能。潮间带生态空间完整性就是潮间带从平均大潮高潮线到平均大潮低潮线之间生态空间的完整程度，如果人类海岸开发活动在潮间带构筑了人工堤坝，平均大潮高潮线就会向海推移，平均大潮高潮线至平均大潮低潮线之间的平面直接距离就会缩短。为了度量潮间带生态空间完整性，本研究构建了潮间带生态空间完整性系数，计算方法如下：

$$Q = \frac{k}{L} \tag{6.1}$$

式中，Q 为潮间带生态空间完整性系数；L 为自然状态下平均大潮高潮线至平均大潮低潮线之间的平面直线距离；k 为海岸人工堤坝建设情况下平均大潮高潮线至平均大潮低潮线之间的平面直线距离(图 6.1)。正常情况下潮间带生态空间完整性系数 Q 为 0～1.0。当海岸人工堤坝坡脚线在平均大潮低潮线以下时，$k=0$，即 $Q=0$；当海岸人工堤坝坡脚线在平均大潮高潮线以上时，$k=L$，即 $Q=1.0$。发生海岸侵蚀或淤涨时，虽然平均大潮高潮线和平均大潮低潮线位置发生变化，但只要潮间带没有人工堤坝，就满足 $k=L$，即 $Q=1.0$。

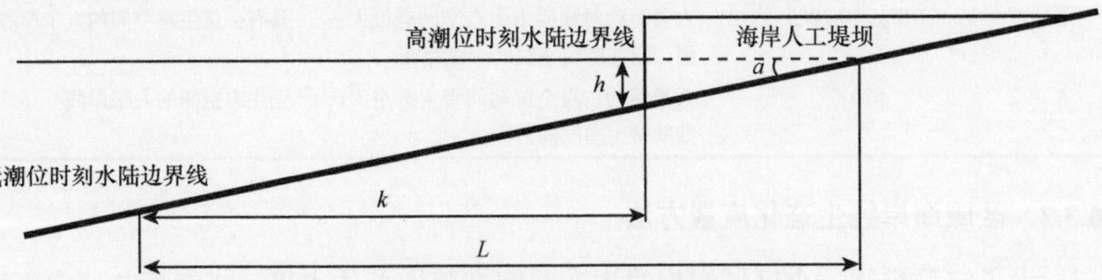

图 6.1　潮间带生态空间完整性结构示意图

在潮间带存在海岸人工堤坝的情况下 L 一般难以直接测量，但可以通过测量高潮位时刻海岸人工堤坝坡脚处的水深和潮间带平均坡度间接推算，具体推算公式如下：

$$L = k + h\cot a \tag{6.2}$$

式中，h 为高潮位时刻海岸人工堤坝坡脚处的水深；a 为海岸线潮间带平均坡度。

利用潮间带生态空间完整性系数可以判断潮间带生态空间的完整程度，并界定海岸线类型及其人工化程度，具体见表 6.1。当潮间带生态空间完整性系数 $Q \geqslant 1.0$ 时，说明潮间带生态空间完整，潮间带没有人类建设开发活动，属于自然岸线；当潮间带生态空间完整性系数 $Q \leqslant 0$ 时，说明潮间带生态空间消失，人类海岸开发建设活动已经完全占用或破坏了潮间带生态空间，属于无生态空间的人工岸线；当潮间带生态空间完整性系数 $0 < Q < 1.0$ 时，说明潮间带生态空间部分保留，人类海岸开发建设活动占用了部分潮间带生态空间，属于具有部分生态空间的人工岸线。具有部分生态空间的人工岸线，又可以进一步分为具有基本生态空间的人工岸线($0.80 \leqslant Q < 1.0$)、具有部分生态空间的人工岸线($0.50 \leqslant Q < 0.80$)、具有有限生态空间的人工岸线($0.20 \leqslant Q < 0.50$)和具有少量生态空间的人工岸线($0 < Q < 0.20$)。

表 6.1　潮间带生态空间完整性系数分类

序号	潮间带生态空间完整性系数	潮间带生态空间完整程度	海岸线类型划分
1	$\geqslant 1.0$	潮间带生态空间完整	自然岸线
2	$0.80 \leqslant Q < 1.0$	人类活动对潮间带生态空间有少量占用，潮间带生态空间基本完整	具有基本生态空间的人工岸线

续表

序号	潮间带生态空间完整性系数	潮间带生态空间完整程度	海岸线类型划分
3	$0.50 \leqslant Q < 0.80$	人类活动对潮间带生态空间有一定占用，潮间带生态空间部分存在	具有部分生态空间的人工岸线
4	$0.20 \leqslant Q < 0.50$	人类活动对潮间带生态空间有较大占用，潮间带生态空间有限存在	具有有限生态空间的人工岸线
5	$0 < Q < 0.20$	人类活动对潮间带生态空间有很大占用，潮间带生态空间少量存在	具有少量生态空间的人工岸线
6	$\leqslant 0$	人类活动占用全部潮间带生态空间，潮间带生态空间消失	无生态空间的人工岸线

6.3.2 区域海岸线生态化度量方法

为了定量描述一个区域海岸线生态空间完整性总体水平，或者反映一个区域海岸线生态空间受人类活动影响程度的总体状况，以潮间带生态空间完整性系数为基础，构建海岸线生态化指数，计算方法如下：

$$\mathrm{EC}_i = \frac{\sum_{j=1}^{n}(l_j \times Q_j)}{\sum_{j=1}^{n} l_j} \tag{6.3}$$

式中，EC_i为第 i 区域海岸线生态化指数；Q_j为第 j 岸段潮间带生态空间完整性系数；l_j为第 j 岸段长度；j 为第 i 区域具有不同潮间带生态空间完整性系数的岸段数量。

6.4 营口市海岸线生态空间监测

6.4.1 数据源

根据营口市海岸区域潮汐表，该区域平均大潮高潮位为 418.59cm，出现在每年的 6 月、7 月、8 月和 9 月的 15～19 时；平均大潮低潮位为 2.33cm，出现在每年 1 月、2 月、3 月、11 月和 12 月的 12～24 时。为此，本研究收集了覆盖营口市海岸线区域的大潮高潮时刻(2015 年 7 月 20 日 16 时)采集的 GF-1 卫星遥感影像和大潮低潮时刻(2015 年 3 月 23 日 11 时)采集的 GF-1 卫星遥感影像，轨道号：E121.1N39.7 和 E121.5N41.3。参考数据有 1∶10 000 数字地形图。

6.4.2 水陆边界线信息提取

水陆边界线在卫星遥感影像上可以看作影像灰度值发生阶跃变化的边缘点集

合，可用边缘检测算法自动提取水陆边界线，常用的边缘检测算法有 Roberts 算法、Prewitt 算法、Sobel 算法、Laplace 算法、Canny 算法等，其中 Canny 算法对于卫星遥感影像中水陆边界线的阶梯形边缘检测效果最好(Giancarlo et al.，2000；韩震和恽才兴，2003；恽才兴，2005；孙富伟等，2011)。为此，本章研究采用 Canny 算法分别提取研究区大潮高潮时刻和大潮低潮时刻获取的 GF-1 卫星遥感影像上的水陆边界线，形成营口市海岸大潮高潮时刻和大潮低潮时刻的水陆边界线。大潮高潮时刻水陆边界线与大潮低潮时刻水陆边界线之间的区域就构成了营口市海岸线生态空间。

6.5　营口市海岸线潮间带生态空间完整性与生态化状态分析

6.5.1　营口市海岸线潮间带生态空间完整性分析与生态化类型划分

从营口市海岸线潮间带生态空间完整性系数分布可以看出，潮间带生态空间完整性系数为 1.0 的海岸线主要分布在团山、月亮湾、仙人岛和白沙湾，长度分别为 5.62km、4.09km、3.93km 和 11.15km，其中团山岸段和仙人岛岸段为基岩岸线，月亮湾岸段和白沙湾岸段为砂质岸线。

潮间带生态空间完整性系数为 0 的海岸线主要分布在鲅鱼圈港区、仙人岛石化工业区、鞍钢工业区及蓝旗海岸围海养殖区，长度分别为 36.56km、17.84km、17.55km 和 6.10km，全部为人工堤坝岸线。

潮间带生态空间完整性系数为 0.80～1.0 的海岸线长度为 8.83km，占研究区海岸线总长度的 3.73%，主要分布在仙人岛、北海局部岸段，长度分别为 2.79km 和 4.52km。

潮间带生态空间完整性系数为 0.50～0.80 的海岸线长度为 24.67km，占研究区海岸线总长度的 10.43%，主要分布在北海、红旗桥、月亮湾等局部岸段。

潮间带生态空间完整性系数为 0.20～0.50 的海岸线长度为 14.82km，占研究区海岸线总长度的 6.26%，主要分布在四道沟、新海大街、大清河局部岸段，长度分别为 2.05km、1.84km 和 2.85km。

潮间带生态空间完整性系数为 0～0.20 的海岸线长度为 36.75km，占研究区海岸线总长度的 15.53%，主要分布在四道沟以南、沿海产业基地岸段，长度分别为 4.95km 和 27.95km。

根据潮间带生态空间完整性系数，营口市海岸线可划分为自然岸线、具有基本生态空间的人工岸线、具有部分生态空间的人工岸线、具有有限生态空间的人工岸线、具有少量生态空间的人工岸线和无生态空间的人工岸线 6 种类型，各类海岸线生态空间完整性类型长度与分布具体见表 6.2。

表 6.2 营口市海岸线生态空间完整性类型划分表

海岸线类型	长度(km)	所占比例(%)	主要分布岸段
自然岸线	43.33	18.31	团山、月亮湾、仙人岛、白沙湾
具有基本生态空间的人工岸线	8.83	3.73	仙人岛、北海局部岸段
具有部分生态空间的人工岸线	24.67	10.43	北海、红旗桥、月亮湾等局部岸段
具有有限生态空间的人工岸线	14.82	6.26	四道沟、新海大街、大清河局部岸段
具有少量生态空间的人工岸线	36.75	15.53	四道沟南、沿海产业基地岸段
无生态空间的人工岸线	108.24	45.74	鲅鱼圈港区、仙人岛石化工业区、鞍钢工业区及蓝旗海岸围海养殖区

6.5.2 营口市海岸线生态化状况分析

图 6.2 为研究区海岸线生态化指数区域分布图。可以看出，研究区海岸线生态化指数总体为 0.29，但各个区域差异比较大。

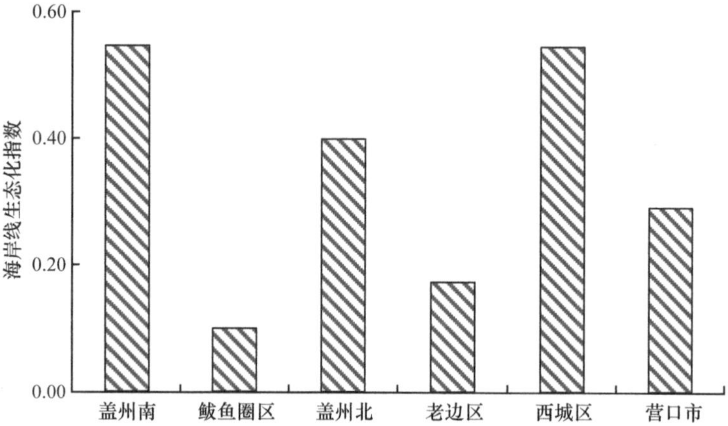

图 6.2 营口市海岸线生态化指数区域分布图

盖州南岸段海岸线生态化指数最大，为 0.55，主要因为该区域自然砂质岸线占比很大，海岸人工构筑物多位于高潮带，对潮间带生态系统完整性影响较小。

西城区岸段海岸线生态化指数略小于盖州南岸段，该岸段处于大辽河入海口，人类活动干扰较少，滨海公路多处通过涵洞与公路以上芦苇湿地连通，海岸基本保持自然状态。

盖州北岸段海岸线生态化指数为 0.40，该岸段北部海岸线以团山岸段的基岩岸线及其以南的砂质岸线为主，潮间带人工构筑物相对比较少，人类活动对海岸线的干扰小。

老边区海岸线生态化指数为 0.17，该岸段北部人工防护堤坝外存在较宽的潮间带湿地，具有一定的生态功能，南部海岸近年来实施了大规模的围海养殖工程，使养殖堤坝深入低潮线以下区域，潮间带滩涂湿地基本消失，海岸生态功能十分有限。

鲅鱼圈区海岸线生态化指数最小，仅为 0.10，主要因为该区域海岸修建了鲅鱼圈港、鞍钢工业区，港口码头岸线直接进入深水海域，海岸堤坝大多位于潮间带低潮线以下，海岸线潮间带生态系统多已不复存在。

6.6 关于自然岸线保有率

海岸线不仅是海洋与陆地管理的分界线，更是海洋生态系统向陆地生态系统过渡的生态交错线，因此海洋综合管理非常重视海岸线的生态功能（Lin et al., 2009）。《全国海洋功能区划（2011—2020 年）》《水污染防治行动计划》等国家和地方海洋及涉海生态环境管理文件都提出了自然岸线保有率的管理目标。相关专家学者也开展了大量的自然岸线保有情况监测研究，Ma 等（2014）报道 2010 年全国大陆人工岸线占大陆海岸线总长度的 61%；高义等（2013）和高志强等（2014）报道2010年全国大陆人工岸线所占比例由1990年的24.60%上升到2010年的56.10%；刘百桥等（2015）报道 2013 年全国大陆自然岸线长度为 8298.12km，占海岸线总长度的 43.71%。政府管理部门和专家学者都十分关心自然岸线的生态功能，而忽略了人工岸线的生态功能。实际上，自然岸线之所以具有重要的生态功能是因为自然岸线具有完整的潮间带生态空间及其生态服务功能。对于人工岸线，也不能完全否认其生态功能，只要海岸线存在潮间带生态空间，它就能发挥海岸线潮间带水陆两栖的生境栖息功能，具有一定的生态服务功能。索安宁等（2015）指出自然岸线的界定应该以潮间带生态系统完整性为原则，只要海岸人工修筑物不影响潮间带生态系统的结构功能完整性，则可认为其为自然岸线，当海岸人工构筑物已影响潮间带生态系统结构功能完整性时，才能认定其为人工岸线。在前期研究的基础上，本研究提出了海岸线生态空间完整性界定和定量评价的潮间带生态空间完整性系数和海岸线生态化指数，前者用于界定和评价某一海岸线断面是否为自然岸线或海岸线生态空间保护的完整程度，后者用于评价某一区域海岸线生态空间完整程度保护的整体情况。这种海岸线潮间带生态空间完整性评价方法，一方面可以作为自然岸线判定的基本理论依据，也是海岸线生态空间完整程度评价的重要定量指标；另一方面也可作为海岸线整治修复考评的重要定量指标，对于推动海岸线生态空间恢复、保护海岸线潮间带生态系统完整性等具有重要的实际应用价值。

6.7 结　语

本章探索构建了潮间带生态空间完整性判定方法，以此为基础来划分自然岸线和人工岸线，并根据人工岸线潮间带生态空间完整性的受损程度，将人工岸线细化为具有基本生态空间的人工岸线、具有部分生态空间的人工岸线、具有有限生态空间的人工岸线、具有少量生态空间的人工岸线和无生态空间的人工岸线 5 种类型。在此基础上，本章构建了用于定量描述区域性海岸线生态空间完整程度的海岸线生态化指数。希望本章能够为自然岸线的界定、海岸线生态保护与修复、生态用海模式探索及人工岸线生态化建设等海岸线保护与利用监管提供思路和技术方法。

参考文献

高义，王辉，苏奋振，等. 2013. 中国大陆海岸线近 30a 的时空变化分析. 海洋学报，35(6)：31-42.

高志强，刘向阳，宁吉才，等. 2014. 基于遥感的近 30a 中国海岸线和围填海面积变化及成因分析. 农业工程学报，30(12)：140-147.

关道明. 2012. 中国滨海湿地. 北京：海洋出版社.

韩震，恽才兴. 2003. 伶仃洋大铲湾潮滩冲淤遥感反演研究. 海洋学报，25(5)：58-64.

刘百桥，孟伟庆，赵建华，等. 2015. 中国大陆 1990-2013 年海岸线资源开发利用特征变化. 自然资源学报，30(12)：67-68.

马小峰，赵冬至，邢小罡，等. 2007. 海岸线卫星遥感提取方法研究. 海洋环境科学，26(2)：87-91.

史沛文. 2015. 国际重要湿地濒危物种丰富度与环境响应因子的关系. 南京大学硕士学位论文.

孙伟富，马毅，张杰，等. 2011. 不同类型海岸线遥感解译标志建立和提取方法研究. 测绘通报，3：41-44.

索安宁，曹可，马红伟，等. 2015. 海岸线分类体系探讨. 地理科学，35(7)：933-937.

杨世伦. 2003. 海岸环境和地貌过程导论. 北京：海洋出版社.

恽才兴. 2005. 海岸带及近海卫星遥感综合应用技术. 北京：海洋出版社.

Arroyo L A, Healey S P, Cohen W B, et al. 2006. Using object-oriented classification and high-resolution imagery to map fuel types in a Mediterranean region. Journal of Geophysical Research Atmospheres, 111: 11-19.

Bird E C F. 1985. Coastline change: A global review. Chichester: Wily.

EI-Asmar H M, Hereher M E. 2011. Change detection of the coastal zone east of the Nile Delta using remote sensing. Environmental Earth Science, 62(4): 769-777.

Giancarlo B, Silvana D, Raimondo D. 2000. Semiautomatic coastline detection in remote sensing images. Hawaii: IEEE International Geoscience & Remote Sensing Symposium.

Lin N, Huang N Y, Xu W B. 2009. Coastline defining and management model research. Marine Science Bulletin, 24(1): 45-47.

Ma Z J, David S M, Liu J G, et al. 2014. Ecosystem management rethinking China's new great wall: Massive seawall construction in coastal wetlands threatens biodiversity. Science, 346(11): 912-914.

Mandelbrot B B. 1967. How long is the coast of Britain.Science, 156: 636-638.

Suo A N, Zhang M H. 2015. Sea areas reclamation and coastline change monitoring by remote sensing in coastal zone of Liaoning in China. Journal of Coastal Research, 73: 725-729.

第 7 章　珊瑚礁生态修复适应性管理初探①

7.1　引　言

珊瑚礁是一种极为特殊的海洋生态系统，具有较高的生物多样性和重要的生态服务功能，与红树林、海草床并称为全球三大典型海洋生态系统(Smith，1978)。近 50 年来，在人类活动、全球变暖等多种因素影响下，珊瑚礁生态系统受到不同程度的威胁，局部海域珊瑚礁生态系统处于快速的退化过程中(Spalding and Grenfell，1997)。为了保护珊瑚礁生态系统，全球很多学者都在探索珊瑚礁生态修复方法。Edwards 和 Clark(1998)在美国夏威夷和墨西哥湾开展了大量的珊瑚礁移植修复对比实验，Soong 和 Chen(2003)在台湾南部开展了鹿角珊瑚移植修复实验，Shafir 等(2001)在红海海域探索开展了珊瑚礁悬浮移植实验，提高了珊瑚移植的成活率。Rinkevich(1995)在深入剖析珊瑚移植实验后，提出了“gardening coral reefs”(“珊瑚礁园艺”)的概念。“珊瑚礁园艺”就是在珊瑚礁修复海域附近建造一个珊瑚园艺养殖区，将采集来的珊瑚断片或浮浪幼虫在珊瑚园艺养殖区培养、抚育到合适的大小，再移植到珊瑚礁修复区域。这种珊瑚园艺养殖的移植修复方法，不仅移植的珊瑚成活率高，还可为珊瑚移植提供较多的物种来源，减少了野生珊瑚礁的采集压力，得到很多学者的认同(Oren and Benayahu，1997；Rinkevich，2006)。珊瑚礁生态修复管理是提高珊瑚礁生态修复成效的重要方面，甚至有些学者认为，只要加强珊瑚礁区域的海洋环境管理，减少珊瑚礁的外界环境压力，珊瑚礁生态就会自然恢复(Precht，2006)。适应性管理是通过对管理实践结果进行不断学习总结，并反馈到管理工作中持续提高管理实践技术水平的一种新型管理理论(Allen et al.，2001；Healey et al.，2004)。适应性管理理论的核心是在管理实践工作中不断分析学习改进，并反馈到管理实践中持续提高管理技术水平的循环过程(Johnson，1999)。本章探索将适应性管理理论应用于珊瑚礁生态修复管理，建立珊瑚礁生态修复适应性管理理论框架，为珊瑚礁生态修复管理探求理论方法。

---

① 本章作者：索安宁[1,2,3]，何伟宏[1,3]，丁德文[1,2,3]，张立[1,3]，周卫国[1,2,3]，岳维忠[1,3](1. 南方海洋科学与工程广东省实验室(广州)，广州 510301；2. 中国科学院热带海洋生物资源与生态重点实验室，广州 510301；3. 中国科学院南海海洋研究所，广州 510301)。本研究获得中国科学院战略性先导科技专项(A 类，XDA13020401)、南方海洋科学与工程广东省实验室(广州)人才团队引进重大专项(GML2019ZD0402)、中国科学院南海生态环境工程创新研究院课题(ISEE2019ZR0)的资助。

珊瑚礁生态系统修复是热带海洋生态修复的主要方向，引起了国内外的极大关注。本章针对珊瑚礁生态修复管理问题，根据珊瑚礁园艺生态修复模式，设计了珊瑚礁生态修复工艺流程，将适应性管理理论应用于珊瑚礁生态修复工艺流程管理，建立了珊瑚礁生态修复适应性管理框架。从珊瑚礁生态修复适应性管理目标确定→珊瑚礁生态修复适应性管理方案制定→珊瑚礁生态修复适应性管理方案实施→珊瑚礁生态修复效果监测与评价→珊瑚礁生态修复适应性管理方案调整优化，提出了一套珊瑚礁生态修复适应性管理模式，为珊瑚礁生态修复管理探索理论方法。

7.2　珊瑚礁生态修复工艺流程设计

鉴于 Rinkevich(1995)提出的“gardening coral reefs”生态修复模式已经得到众多学者的实验验证和认可，本研究基于“gardening coral reefs”生态修复模式设计珊瑚礁生态修复工艺流程(Ortiz-Prosper and Bowden-Kerby，2001；Epstein et al.，2003)。首先，收集珊瑚浮浪幼虫，开展珊瑚园艺养殖，培养足够数量的珊瑚虫幼体，作为珊瑚移植修复的物种来源；同时，开展待修复区域珊瑚人工礁构建，为珊瑚的附着生长提供适宜的生境条件；再次，开展珊瑚移植，将园艺养殖区生长至一定尺寸的珊瑚枝块整体移植至珊瑚人工礁区，使其着床生长；然后，在珊瑚修复区开展监测与评价管理，定时评价珊瑚移植效果；最后，根据珊瑚礁移植效果监测评价结果，对移植效果差的区域诊断原因，改善生境条件，进行再移植修复。图 7.1 为珊瑚礁生态修复技术循环流程。

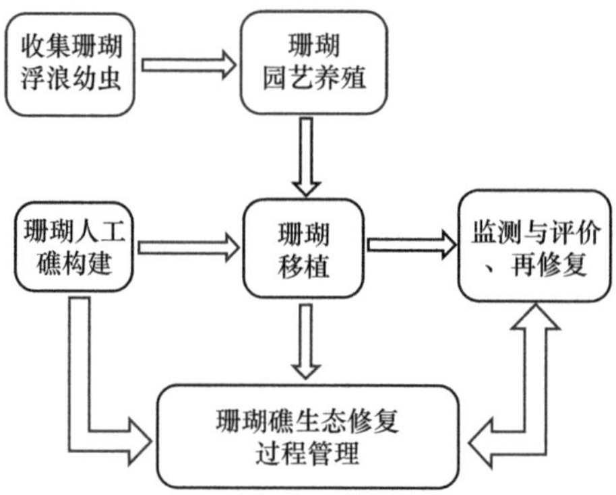

图 7.1　珊瑚礁生态修复技术循环流程

7.2.1　珊瑚园艺养殖

遴选光照、温度、盐度、营养盐等水环境适宜的海域，建设珊瑚园艺养殖区。

在珊瑚园艺养殖区架设悬浮园艺养殖场，悬浮养殖场由枝状培养架、悬挂于枝状培养架上的陶瓷培养盆及置于培养盆中的袜状培养袋组成，以便于珊瑚浮浪幼虫着床生长。在健康的珊瑚礁区域采集珊瑚有性繁殖产生的浮浪幼虫和部分珊瑚断片，将它们携带并移植到珊瑚园艺养殖区置于悬浮园艺培养场。采用壳状珊瑚藻(*Neogoniolithon fosliei*)表面的假交替单胞菌(*Pseudoalteromonas* sp.)分泌的四溴吡咯(TBP)、壳状珊瑚藻分泌的溴酪氨酸衍生物(11-deoxyfistularin-3)等海洋生物化学信息诱导浮浪幼虫着床生产(Kitamura et al.，2007；Gleasond and Hofmann，2011；Sneed et al.，2014)。定期观察浮浪幼虫黏结生长情况和珊瑚断片的再生长状况，评价园艺培养效果。

7.2.2　珊瑚人工礁构建

调查分析珊瑚礁修复海域的光照、温度、盐度、营养盐及生物群落分布状况。根据调查分析结果，筛选最适宜珊瑚礁生长的局部海域作为珊瑚人工礁构建区域，并调整和优化珊瑚人工礁构建区域生境条件。选择天然礁石、混凝土构件、陶瓷等材料作为珊瑚人工礁构建的主要材料，在投礁材料表面构造各种微型孔洞，为珊瑚着礁生长提供有利条件(高永利等，2013)。将准备好的珊瑚人工礁投放材料投放于珊瑚人工礁构建区域，形成相对复杂的局部微地形三维人工礁体。观测人工礁区与珊瑚生长密切相关的光照、营养盐、生物群落结构等因素，进一步评价人工礁区珊瑚移植的适宜性。

7.2.3　珊瑚移植

将珊瑚园艺养殖区培养健康的 1 年以上珊瑚礁幼体小心取下，移植到珊瑚人工礁区。移植过程中要注意保护珊瑚礁幼体，防止物理损伤。对于无法避免的物理损伤，可采用水泥、石膏等黏结开裂的珊瑚礁体。移植的珊瑚礁体要采用钢丝、绳索等将其固定于珊瑚人工礁，防止波浪、海流等水动力冲走或搬运移植的珊瑚礁幼体。

7.2.4　监测评价与再修复

在珊瑚移植区开展定期监测，主要监测珊瑚覆盖度、大型藻类密度、生物群落结构，分析珊瑚礁移植区的物种多样性变化，特别是顶级捕食者、植食性鱼类、海胆、微生物功能群等的变化，评价珊瑚礁区生态系统是否向顶级结构演变(Pamintuan and Alino，1994；Omori and Fujiwara，2004)。对于移植效果差的区域，进一步开展区域生境条件监测诊断，寻找影响珊瑚移植的环境制约因素，进行整治改善后，进行珊瑚礁幼体再移植，直到恢复区域珊瑚礁生态系统结构与功能。

7.3　珊瑚礁生态修复适应性管理框架

珊瑚礁生态修复是一个多学科交叉融合，技术经济与社会问题交织在一起的新兴生态学研究领域。人们对珊瑚礁生态系统认识十分有限，对珊瑚礁生态修复实践的有效性及其影响后果的预测可能会很不全面，从而使珊瑚礁生态修复项目存在很多不确定因素(Clark and Edwards，1994；Sabater and Yap，2002)。将适应性管理理论应用于珊瑚礁生态修复，实施珊瑚礁生态修复适应性管理对于完善珊瑚礁生态修复理论方法、提高珊瑚礁生态修复成效具有重要的意义。珊瑚礁生态修复适应性管理主要是通过对珊瑚礁各种生态修复方案的实施效果进行监测、分析与评价，不断提升珊瑚礁生态修复认知，基于对珊瑚礁生态修复新的认知和信息反馈，对原来的修复方案和管理方案进行修改、完善和提高的一整套珊瑚礁生态修复管理模式。它是解决人类活动、全球变化等外界干扰与珊瑚礁生态修复之间相互影响不可预知问题的有效管理应对方法。

珊瑚礁生态修复适应性管理的核心任务或基本框架主要由四部分组成，包括珊瑚礁生态修复适应性管理目标确定、珊瑚礁生态修复适应性管理方案制定、珊瑚礁生态修复适应性管理工程实施、珊瑚礁生态修复效果的监测与评价。经监测与评价达到珊瑚礁生态修复目标，则进入珊瑚礁生态修复适应性管理阶段。如果珊瑚礁生态修复效果的监测与评价结果未达到珊瑚礁生态修复适应性管理目标，则继续下一轮的生态修复循环，包括修订珊瑚礁生态修复适应性管理目标、调整珊瑚礁生态修复适应性管理方案、再次实施珊瑚礁生态修复适应性管理工程及开展珊瑚礁生态修复效果监测与评价。持续进行珊瑚礁生态修复循环，直到实现珊瑚礁生态修复适应性管理目标。因此，珊瑚礁生态修复适应性管理是一种循环管理过程，一旦开始，就不存在逻辑上的终点，直到珊瑚礁生态修复实现预期目标。具体的珊瑚礁生态修复适应性管理循环框架如图 7.2 所示。

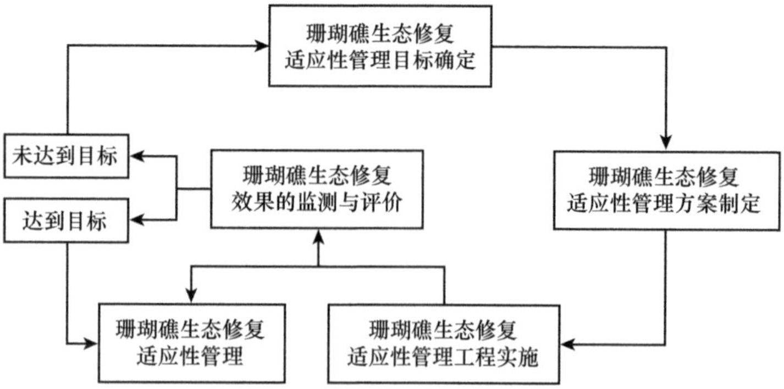

图 7.2　珊瑚礁生态修复适应性管理循环框架

7.4　珊瑚礁生态修复适应性管理模式

7.4.1　珊瑚礁生态修复适应性管理目标确定

珊瑚礁生态修复适应性管理的目标是在现有的海洋生态修复工程管理的基础上推动管理方式的创新，以避免珊瑚礁生态修复在面对海洋生态系统复杂性和不确定性时所造成的不可逆转的环境损失。珊瑚礁生态修复适应性管理应从现实出发，综合考虑区域珊瑚礁生态系统退化程度、修复技术可行性、修复成本等多种因素，本着简便易行的原则，综合确定珊瑚礁生态修复目标。

珊瑚礁生态修复总体目标是恢复区域珊瑚礁生态系统的完整结构和健康功能。珊瑚礁生态修复可以毗邻的健康珊瑚礁生态系统为参照，确定各种生态修复目标指标(李元超等，2008；余克服，2018)，主要包括以下几个方面。

(1)珊瑚礁生态总体修复指标：珊瑚修复面积、珊瑚覆盖度提升比例、珊瑚平均生长速度、造礁珊瑚物种多样性、珊瑚死亡率及白化比例等。

(2)生境条件修复指标：水体透明度、水温、盐度、营养盐浓度、pH、水体环境质量、油污等。

(3)造礁珊瑚功能群修复指标：造礁珊瑚物种丰富度、造礁珊瑚功能群类型及比例、各种造礁珊瑚生长速度等。

(4)光合藻类功能群修复指标：光合速度、白化面积比例、光合藻类疾病等。

(5)底栖浮游生物功能群修复指标：砗磲类、海参类、长棘海星、海胆类的分布密度、个体大小。

(6)微生物功能群修复指标：密度、分解代谢速度等。

(7)大型藻类修复指标：覆盖区域面积比例、密度、植株高度及覆盖度等。

(8)植食性鱼类功能群修复指标：种类数、密度、个体大小、栖息位置等。

(9)顶级捕食者功能群修复指标：种类数、密度、个体大小、栖息位置等。

7.4.2　珊瑚礁生态修复适应性管理方案制定

珊瑚礁生态修复适应性管理方案包括珊瑚礁生态修复适应性管理模型构建、珊瑚礁生态修复工程流程安排、珊瑚礁生态修复监测计划制定、珊瑚礁生态修复效果评价方法制定等。珊瑚礁生态修复适应性管理模型构建是珊瑚礁生态修复适应性管理方案制定的核心内容，主要利用已有的珊瑚礁生态系统调查/监测数据，必要时可进行适量的海洋调查以获取必需的基线数据，在区域珊瑚礁生态系统结构功能分析的基础上，构建珊瑚礁生态修复系统动力学模型(Mitchell et al.，2002；Pahl-Wostl，2007)。珊瑚礁生态修复系统动力学模型构建应结合前期对珊瑚礁生态修复主要环境影响因素的分析排序，明确其中主要的控制变量和评价数据需求，按照便捷高效的原则构建。

珊瑚礁生态修复系统动力学模型的因变量是珊瑚礁生态修复目标，包括造礁珊瑚功能群修复目标、生境条件修复目标、珊瑚礁生态修复成本目标及社会参与目标等。

1)造礁珊瑚功能群修复系统动力学模型

造礁珊瑚功能群修复系统动力学模型以造礁珊瑚功能群修复为因变量，自变量包括珊瑚移植数量、移植成活率、生长速度、覆盖度等，构建珊瑚礁生态修复适应性管理模型，具体表达如下：

$$G_1 = f(W_1, E_1, R_1, T_1) \tag{7.1}$$

式中，G_1 为珊瑚修复面积；W_1 为珊瑚移植数量；E_1 为珊瑚移植成活率；R_1 为珊瑚生长速度；T_1 为珊瑚覆盖度。

珊瑚移植成活率可进一步细化，自变量包括海域光照、水温、盐度、水质、灾害干扰、人类破坏、疾病等多种因素，具体表达如下：

$$E_1 = f(r, t, d, m, z, g, j) \tag{7.2}$$

式中，r 是光照；t 是水温；d 是盐度；m 是水质；z 是灾害干扰，g 是人类破坏；j 是疾病。

珊瑚生长速度可进一步细化，自变量包括海域光照、水温、盐度、水质、营养盐浓度、疾病等多种因素，具体表达如下：

$$R_1 = f(r, t, d, m, k, j) \tag{7.3}$$

式中，k 是营养盐浓度。

2)生境条件修复系统动力学模型

生境条件修复系统动力学模型以生境条件修复为因变量，以海水养殖、旅游娱乐、排污倾废、全球变化、海洋工程、船舶事故等为自变量，具体表达如下：

$$G_2 = f(F_I, E_n, P_u, C_h, E_g, S_h) \tag{7.4}$$

式中，G_2 为珊瑚移植修复海域总体生境适宜性；F_I 为海水养殖影响；E_n 为旅游娱乐影响；P_u 为排污倾废影响；C_h 为全球变化影响；E_g 为海洋工程影响；S_h 为船舶事故影响。

3)珊瑚礁生态修复成本模型

珊瑚礁生态修复成本模型以珊瑚礁生态修复成本为因变量，以珊瑚浮浪幼虫收集成本、珊瑚幼虫园艺培养成本、珊瑚移植成本、人工礁建设成本、移植海域生境修复成本、生态修复区域监测管理成本为自变量，具体表达如下：

$$G_3 = f(S_j, P_y, Y_z, J_e, S_x, M_l) \tag{7.5}$$

式中，G_3为珊瑚礁生态修复成本；S_j为珊瑚浮浪幼虫收集成本；P_y为珊瑚幼虫园艺培养成本；Y_z为珊瑚移植成本；J_e为人工礁建设成本；S_x为移植海域生境修复成本；M_l为生态修复区域监测管理成本。

以珊瑚礁生态修复系统动力学模型为核心，根据珊瑚礁生态修复过程动态监测、评价结果，以及珊瑚礁生态修复新认识、新发现，不断调整优化珊瑚礁生态修复适应性管理模型，提高珊瑚礁生态修复效能。

7.4.3　珊瑚礁生态修复适应性管理方案实施

珊瑚礁生态修复方案的制定可根据不同区域珊瑚礁生态系统的特点设计不同的修复方案，并在理论模拟和经验假定基础上选择不同的生态修复方案。首先，根据珊瑚礁生态修复方案，遴选珊瑚礁生态修复海域，采取多种措施改善珊瑚礁生态修复海域生境条件，建设适宜珊瑚移植生长发育的人工珊瑚礁，监测与评价珊瑚礁生态修复海域的生境适宜性，对达不到珊瑚移植要求的生境因素进行研究诊断，探求其中原因，进行二次整改。其次，将珊瑚园艺培养区培养健康达标的珊瑚幼虫移植到珊瑚礁生态修复的人工礁区，采取措施营造珊瑚礁生态系统。最后，按照前期制定的珊瑚礁生态修复适应性管理方案实施珊瑚礁生态修复适应性管理。同时，由管理部门根据修复要求和现实的生态环境监测能力，编制系统的珊瑚礁生态修复效果监测计划，对珊瑚礁生态修复的关键环节和重点评价指标进行动态监测。珊瑚礁生态修复适应性管理方案实施流程见图 7.3。

7.4.4　珊瑚礁生态修复效果监测与评价

按照生态修复适应性管理框架流程设计要求，珊瑚礁生态修复效果监测与评价首先需要建立一套代表珊瑚礁顶级群落结构功能的评价标准参数；其次是定义影响参数的“预期目标”水平，生态修复参数值与目标值之间的差异就代表了珊瑚礁生态修复目标的实现程度(Knowlton，2001；McCook et al.，2001)。由于珊瑚礁生态修复效果的显现通常存在时间迟滞问题，需要确定一个适当的评价时间节点来尽可能准确地反映珊瑚礁生态系统修复的资源环境效果。如果评价时间太早，生态修复的整体效果还没有显现，不足以推动政策的有效调整。如果评价进行得太晚，显著的或不可逆转的环境损失已经发生，生态修复就失去了及时进行政策调整的意义。

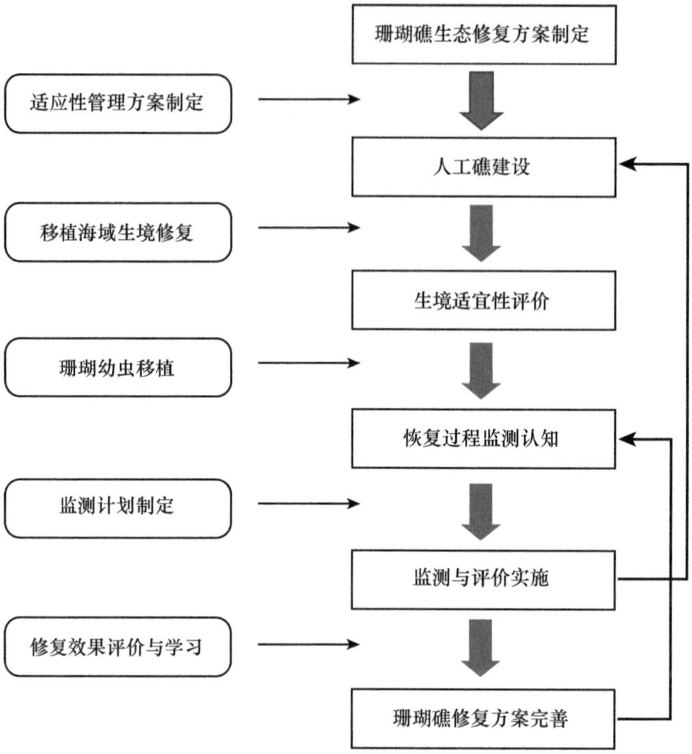

图 7.3　珊瑚礁生态修复适应性管理方案实施

7.4.5　珊瑚礁生态修复适应性管理方案调整优化

根据珊瑚礁生态修复效果监测与评价结果，调整优化珊瑚礁生态修复方案。珊瑚礁生态修复效果监测与评价过程主要建立在模型模拟基础上，通过输入各类监测数据来模拟自然生态系统的动态变化，并结合既定的管理目标，对系统变化中的关键变量或指标运行结果进行比较分析，确定珊瑚礁生态修复的目标是否实现。通过对珊瑚礁生态修复效果的监测与评价，深入了解不同区域、不同类型珊瑚礁生态修复与区域海洋生态系统之间的相互作用机制，建立一种双向学习和动态政策调整机制，为未来珊瑚礁生态修复决策提供更好的科学依据。

珊瑚移植修复是对珊瑚礁生态系统结构和功能的修复，使珊瑚礁生态系统恢复到健康生态系统状态(Spalding and Grenfell，1997)。因此，可根据珊瑚礁生态修复效果监测与评价结果同修复目标之间的差距，诊断珊瑚礁生态修复目标实现情况。生态修复通常会遵循图 7.4 所示的路径发展，它是以珊瑚礁生态系统结构状况为横轴，珊瑚礁生态系统功能状况为纵轴构成的矩阵图。矩阵的横轴和纵轴各有三个阶层(低、中、高)，设计者可根据实际需要，增加纵轴和横轴的阶层数(魏翔和缪幸福，2011)。这个矩阵图就可以说明珊瑚礁生态修复方案由起点到终点(目标)的可能途径。根据珊瑚礁生态修复动态监测与评价结果，判断当前珊瑚礁生态系统发展状况处于矩阵的哪个位置，其所处的位置就代表珊瑚礁生态系统当前的发展情况(表 7.1)。一般而言，珊瑚礁生态系统修复过程中，生态系统发展趋势应该按照左下角向右上角方向进行，但在此过程中如果发生异常行进，修复人员应立即做出反馈，采取适当的行为给予修正。行为方案可分为 3 类：①无行动方案，即暂时不采取任何人为措施，耐心等待并给生态系统一段时间使其自然改善；②有行动方案，依据监测与评价结果，采取修正措施，促进珊瑚礁生态系统朝修复目标方向发展；③改变修复目标，若发现珊瑚礁生态系统无法向修复目标方向发展，就应该考虑改变原来制定的修复目标。从以上的反馈机制可以看出，在珊瑚礁生态修复过程中存在许多影响修复结果的因素，预测结果往往无法准确。因此，在珊瑚礁生态修复过程中，建立适当的反馈机制以便随时采取适当行动，是较为有效的管理方式。

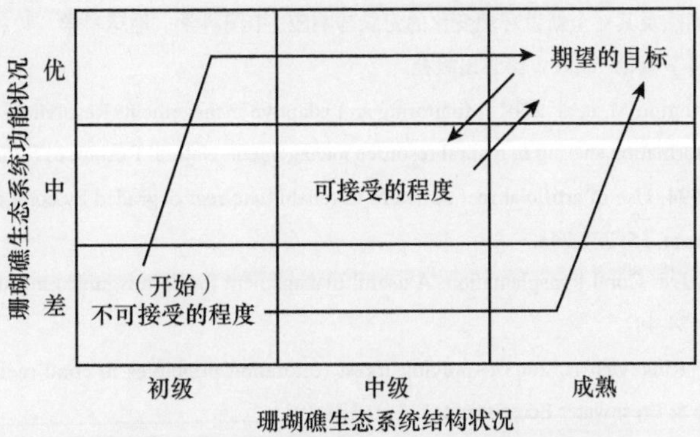

图 7.4　珊瑚礁生态修复发展路径矩阵图(魏翔和缪幸福，2011)

表 7.1　珊瑚礁生态系统修复过程发展矩阵

功能状况	结构状况		
	初级	中级	成熟
优	功能与结构无关联，属初级发展阶段，功能最佳，属特例状况	属中级发展阶段，功能最佳	功能和结构分别处于成熟发展阶段，生态系统稳定，生态系统可自我维持
中	属初级发展阶段，功能中等，中度干扰	属中级发展阶段，功能中等，中度干扰	结构发展成熟，功能中等，结构与功能关联性中等，中度干扰
差	属初级发展阶段，结构脆弱，高度干扰	属中级发展阶段，功能差，中度干扰	结构发展成熟，功能差，属特例状况

7.5　结　　语

由于珊瑚礁生态修复是一项难度极大的生态修复工作，珊瑚礁生态修复者面临着以不确定性和变化为特征的复杂系统，必须向更综合和更多参与者的管理模式转变。适应性管理原理强调不确定性、突变性和弹性，把生态适应性管理模式应用到珊瑚礁生态修复工作，通过对珊瑚礁生态修复过程的持续监测、评价、学习，把珊瑚礁生态修复过程中出现的新信息反馈到未来的珊瑚礁生态修复管理决策中，不断提高珊瑚礁生态修复管理政策和实践水平，建立珊瑚礁生态修复适应性管理模式，对于应对气候变化、修复损毁珊瑚礁等不确定性复杂问题具有重要的实践意义和广阔的应用前景(余克服，2012；廖芝衡等，2016)。

参考文献

高永利，黄晖，练健生，等. 2013. 大亚湾造礁石珊瑚移植迁入地的选择及移植存活率监测. 应用海洋学学报，32(2)：100-106.

李元超，黄晖，董志军，等. 2008. 珊瑚礁生态修复研究进展. 生态学报，28(10)：5047-5054.

廖芝衡，余克服，王英辉. 2016. 大型海藻在珊瑚礁退化过程中的作用. 生态学报，36(21)：6687-6695.

魏翔，缪幸福. 2011. 适应性管理法在湿地恢复计划中的应用. 安徽工程大学学报，26(2)：31-34.

余克服. 2012. 南海珊瑚礁及其对全新世环境变化的记录与响应. 中国科学：地球科学，42(8)：1160-1172.

余克服. 2018. 珊瑚礁科学概论. 北京：科学出版社.

Allen W, Bosch O, Kilvington M, et al. 2001. Monitoring and adaptive management: Resolving social and organisational issues to improve information sharing in natural resource management. Natural Resources Forum, 25 (3) : 225-233.

Clark S, EdwardsA J. 1994. Use of artificial reef structure to rehabilitate reef degraded by coral mining in the Maldives. Bulletin Marine Science, 55: 724-744.

Edwards A J, Clark S. 1998. Coral transplantation: A useful management tool ormisguided meddling? Marine Pollution Bulletin, 37 (8-12) : 474-487.

Epstein N, Bak R P M, Rinkevich B. 2003. Applying forest restoration principles to coral reef rehabilitation. Aquatic Conservation Marine & Freshwater Ecosystems, 13 (5) : 387-395.

Gleasond F, Hofmann D K. 2011. Coral larvae: From gametes to recruits. Journal of Experience Marine Biology Ecology, 408 (1) : 42-57.

Healey M C, Angermeier P L, Cummins K W, et al. 2004. Conceptual models and adaptive management in ecological restoration: The CALFED Bay-Delta Environmental Restoration Program. Sacramento CALFED Bay-Delta Program.

Johnson B L. 1999. The role of adaptive management as an operational approach for resource management agencies. Conservation Ecology, 3 (2) : 8-20.

Kitamura M, Koyama T, Nakano Y, et al. 2007. Characterization of a natural inducer of coral larval metamorphosis. Journal of Experience Marine Biology Ecology, 340 (1) : 96-102.

Knowlton N. 2001. Ecology-coral reef biodiversity-habitat size matters. Science, 292 (5521) : 1493-1495.

McCook L J, Jompa J, Diaz-Pulido G. 2001. Competition between corals and algae on coral reefs: A review of evidence and mechanism. Coral Reefs, 19 (4) : 400-417.

Omori M, Fujiwara S. 2004. Manual for restoration and remediation of coral reefs. Fertility & Sterility, 86 (3) : 442-443.

Oren U, Benayahu Y. 1997. Transplantation of juvenile corals: A new approach for enhancing colonization of artificial reefs. Marine Biology, 127 (3) : 499-505.

Ortiz-Prosper A L, Bowden-Kerby A. 2001. Planting small massive corals on small artificial concrete reefs or coral heads. Bulletin Marine Science, 69 (2) : 1047-1051.

Pahl-Wostl C. 2007. Transitions towards adaptive management of water facing climate and global change. Water Resources Management, 21 (1) : 49-62.

Pamintuan I S, Alino P M. 1994. Early successional patterns of invertebrates in artificial reef established at clear and silty areas in Bolinao, Pangasinan, Northern Philippines. Bulletin Marine Science, 55 (2-3) : 867-877.

Mitchell J K, Briscoe M, Burges S J, et al. 2002. Committee to Assess the U.S. Army Corps of Engineers Methods of Analysis and Peer Review for Water Resources Project Planning. Washington, DC: National Academy Press.

Precht W F. 2006. Coral Reef Restoration Handbook. Boca Raton: CRC Press

Rinkevich B. 1995. Restoration strategies for coral reefs damages by recreational activities: The use of sexual and asexual recruits. Restoration Ecology, 3: 241-251.

Rinkevich B. 2006. The coral gardening concept and the use of underwater nurseries: Lessons learned from silvics and silviculture//Precht W F.Coral Reef Restoration Handbook. Boca Raton: CRC Press: 291-300.

Sabater M G, Yap H T. 2002. Growth and survival of coral transplants with and without electrochemical deposition of $CaCO_3$. Journal of Experience Marine Biology Ecology, 272 (2) : 131-146.

Shafir S, van Rijn J, Rinkevich B. 2001. Nubbing of coral colonies: A novel approach for the development of inland broodstocks. Aquatic Science Conservation, 3 (1-3) : 183-190.

Smith S V. 1978. Coral reef area and the contribution of reef to process and resources of the world's oceans. Nature, 273: 225-226.

Sneed J M, Sharp K H, Ritchie K B, et al. 2014. The chemical cue tetrabromopyrrole from a biofilm bacterium induces settlement of multiple Caribbean corals. Proceedings of the Royal Society of London B: Biological Sciences, 281 (1786) : 20133086.

Soong K, Chen T. 2003. Coral transplantation: Regeneration and growth of *Acropora* fragments in a nursery. Restoration Ecology, 11: 62-71.

Spalding M D, Grenfell A M. 1997. New estimates of global and regional coral reef areas. Coral Reefs, 16 (4) : 225-230.

第 8 章　附着生物在近海生态系统中的作用①

8.1　引　　言

海洋附着生物是海洋环境中栖息或附着在船舶和各种水下人工设施上的动植物与微生物等的总称。一般认为附着生物是对人类经济活动产生不利影响，给投资者带来负面效应的一类生物。但随着科研水平的提高和探索的进一步深入，其中的某些种类也可以为人们带来一定的生态效益和经济效益，如微型附着生物能增加养殖生物的附苗率，附着藻类、滤食性贝类能有效地净化环境。此外，部分附着生物还具有一定的药用价值。

附着生物亦称污损生物，其在分类学上不属于某一特定的分类单位，而是附着生活在海洋设施和生物体表面的动植物和微生物等的总称(Azis et al., 2001)。附着生物被定义为附生在水下人工设施表面，并会造成一定经济影响的生物(Braithwaite and McEvoy, 2005)。附着生物分布广泛、种类繁多，据统计全世界海洋附着生物有 4000 多种，中国沿海记录了 614 种，常见的类群有藻类、水螅类、苔藓虫类、双壳类、海鞘类和甲壳动物等(逯艳英和吴建华，2001)。附着生物根据对附着基摩擦力的大小可分为三大类：①由细菌类、微小藻类和原生动物等形成的微附着生物；②由大型藻类和无脊椎动物(海绵、海葵、被囊类动物和水螅虫)形成的软性附着生物；③由具壳的无脊椎动物(藤壶、贻贝和管虫)形成的硬性附着生物(Maréchal and Hellio, 2009)。本章主要综述附着生物的生态效益，阐述附着生物与人类养殖活动及环境的关系，为人们对附着生物形成正确认识奠定一定的基础。

8.2　附着生物的生态效应

随着人类海上活动强度的日益增大，海洋生态系统已不堪重负，海洋生态环境严重退化(Hughes, 1994; Yasuhara et al., 2012)，养殖生产产量大大下降(Rogers et al., 2018)。如今，生态学者研究最多的是如何恢复自然资源、如何合理利用自然资源以实现可持续发展。附着生物几乎伴随着人类的一切海洋活动，早在公元

① 本章作者：段元亮[1,2]，何培民[1,2] 何文辉[1,2,3] (1. 上海海洋大学海洋生态与环境学院，上海 201306；2. 水域环境生态上海高校工程研究中心，上海 201306；3. 上海河湖生物链构建及资源化利用工程技术研究中心，上海 200433)。

前 5 世纪就有了关于附着生物的记载（Woods Hole Oceanographic Institution，1952）。随着社会的发展，人类不断完善对海洋生物的研究，人们越来越意识到海洋生物自身的重要性。作为海洋环境中一个不容忽视的类群，附着生物曾一直被认为是负面生物，但随着研究的深入，其生态价值也不断被挖掘出来。大型藻类可以用于缓解水体富营养化，其成熟藻体具有更多的用途；附着贝类不仅能起到净化环境的作用，还可以通过生物沉积作用向水域底部传输大量的碳元素，对于地球碳循环具有巨大的意义；附着微生物可以制成微生物制剂，用于改善水体环境。

8.2.1　附着生物对水质的影响

附着生物在水体中无处不在，其会对水体中的营养物质流向产生极大影响。宋玉芝等（2009）以渔网围隔上的附着生物为材料，研究了附着生物对水体中氮的去除效果，结果显示效果显著，仅半个月，总氮浓度就从 5mg/L 下降到 2mg/L，去除率达到 60%。此外，附着贝类可以通过高质量的生物沉积作用降低水体中的营养物质含量，缓解海域富营养化（Hoellein et al.，2015）。Yamamuro 等（2000）通过多年研究发现，在充足 O_2 存在的条件下，凸壳肌蛤可以通过埋葬贝壳从潟湖中去除 7.1t 氮和 5.1t 磷。Hölker 等（2015）综述了已有的研究，并把以前忽视的功能特性集成到一个生态系统模型中，发现管栖无脊椎动物可调控水体中的养分，进而在调节水质和营养状况方面起着中心作用。附着微生物的反硝化作用在水生态系统反硝化脱氮过程中占据着重要地位（于洪刚等，2017）。此外，附着生物还具有很好的重金属去除能力（Abd-Elnaby et al.，2016）。

8.2.2　附着生物对底质的影响

附着生物能显著影响底质的结构（Crooks，1998）与生态系统结构（Creese et al.，1997；Reusch and Williams，1998；Mistri，2002），特别是滤食性附着贝类的生物沉积作用。附着贝类能够过滤大量悬浮颗粒物质，进而产生大量的沉积物（Mazzola and Sarà，2001）。周毅（2001）在烟台四十里湾的研究发现，壳高 41.1mm 的栉孔扇贝生物沉积速率最高可达到 230mg/(g · d)，生物沉积物碳、氮、磷含量（质量分数）分别为 5.04%、0.67%和 0.14%。Hatcher 等（1994）调查发现，贻贝养殖区相较于对照区的沉积物结构更细、密度更小、含水量更高。不仅如此，附着生物还可以直接作用于底质，影响其生态结构，如改变栖息地结构对微生物及后续大型动物的定植产生影响（Hoellein et al.，2015）。

8.2.3　附着生物的碳汇效应

碳汇是指从大气中清除温室气体、气溶胶或温室气体前体的任何过程、活动或机制(IPCC，2007)。海洋占地球表面积的 70%以上，是最大的“碳库”，碳量约占全球碳总量的 93%，约为大气碳量的 50 倍(李纯厚等，2010)。除了海洋水体自身，海洋生态系统中的各类生物也在碳汇功能中起着巨大的作用，如浮游生物、大型藻类、贝类等(李纯厚等，2010)。大型海藻通过光合作用将海水中的溶解无机碳转化为有机碳(Zou and Gao，2014；Ji et al.，2016)，并通过吸收海水中的可溶性营养盐增加海水的碱度(Xu et al.，2012)，在双重作用下加强海洋碳汇。据估测，全球大陆架海域大型藻类每年可固碳 7 亿 t(何培民等，2015)。除了通过收获形成碳，大型藻类还能通过沉降作用和漂浮作用对深海储碳产生影响(Krause-Jensen et al.，2016)。滤食性贝类具有强大的滤水能力，可滤食海水中的颗粒有机碳，通过形成以碳酸钙为主要成分的贝壳(李纯厚等，2010)和以生物沉积物的形式将碳输送至海底(张永雨等，2017)，来实现对海洋碳汇的贡献。张明亮等(2011)调查发现，桑沟湾栉孔扇贝通过生物沉积作用每年可将 8.71×10^4t 碳沉降到海底，而其中绝大部分被埋藏并脱离地球化学循环。此外，其他一些附着生物也能产生和附着贝类相似的生态效益，如海鞘和藤壶(Haven and Morales-Alamo，1966；Dahlbäck and Gunnarsson，1981)。据估算，1999～2008 年中国海水贝藻养殖共计移出 1204 万 t 碳，相当于移出 4415 万 t CO_2(张永雨等，2017)。此外，部分微生物还能将水体中的活性有机碳转化为惰性溶解有机碳，其可在海水中储存上千年(Jiao et al.，2015)。有研究表明，海洋溶解有机碳的 95%是生物不能利用的(Hansell et al.，2009；焦念志等，2011；Jiao et al.，2015)，这部分可长久储存的惰性溶解有机碳的主要贡献者正是微生物(Jiao et al.，2011，2014)。

8.2.4　附着生物对生态系统的影响

附着生物作为海洋生态系统中的一个重要组成部分，时时刻刻影响着海洋生态系统。海藻不仅具有很高的初级生产力，是整个海洋食物链的起点，还对近岸碳循环过程起着非常重要的作用，是海洋中生物地球化学循环的重要组成部分(谭海丽，2012)。大型海藻有气候调节、固碳产氧、缓解富营养化、净化环境及为其他生物提供栖息地等生态功能(Costanza et al.，1997；李岩等，2015)。大型海藻大面积生长形成藻场，藻场为各种海洋生物提供生长、繁殖的空间，形成丰富的生物群落(李伟新等，1982)。大型海藻在生长和衰老过程中不断释放的颗粒态有机质和溶解态有机质是水层与底栖生物重要的碳源之一(Duggins and Simenstad，1989)。此外，大型藻类还能为许多底栖硅藻、具壳藻类、附生藻类、原生动物和细菌等提供生存基质，这也正好支持了虾、腹足类、等足目、线虫和桡足类等无脊椎动物的生存，继而又为更高一级的消费者提供了食物来源(Alongi，1998)。

滤食性生物是指通过滤水活动滤食水体中的微小浮游生物和细小悬浮有机颗粒并将其同化而达到摄食目的的一类生物，绝大多数双壳贝类属于滤食性生物

(Davenport et al.，2000)。滤食性贝类具有很高的滤水效率，其通过滤食作用将水体中的有机颗粒吸收后转换成可溶性营养物质、粪和假粪排出，进而影响海域生态系统的承载力和稳定性(Newell，2004；Smaal et al.，2013)。滤食性贝类的摄食行为对海区水体中浮游植物的生物量有很强的控制效应(MacIsaac et al.，1992；Nunes et al.，2003)，这也正意味着它控制了浮游植物对营养盐的利用，进而对海区的营养盐产生影响(Officer et al.，1982；周曦杰，2014)。滤食性贝类不只是对浮游植物造成摄食压力，同时对初级生产力的提高也有一定的促进作用(董双林和王芳，1999；王俊等，2001)，这可能是因为滤食性贝类的摄食作用将大量的浮游植物和其他悬浮颗粒物滤食，改善了水体的透明度，增加了光的通透性，使得藻类光合作用加强(Dame，1996；Nakamura and Kerciku，2000)。除此之外，滤食性贝类的生物沉积作用能调节颗粒物在水体中的流动，促进营养元素向底层环境沉降，将水环境和底质环境有序地耦连在一起(Haven and Morales-Alamo，1966；Kautsky and Evans，1987；Norkko et al.，2001)，并对环境产生持续影响(Bernard，1974)。滤食性贝类的生物沉积作用能再生相当数量的氨盐、磷酸盐和硅酸盐(Hatcher et al.，1994；Christensen et al.，2003；Richard et al.，2007)，进而影响浮游植物的丰富度、生物量、群落种类组成(Baudinet et al.，1990)及提高海域初级生产力(Cockcroft et al.，1993)，同时能直接或间接给底栖生物提供营养并影响底栖生物群落结构(Newell，1965；Baudinet et al.，1990)。此外，海鞘和藤壶等也是滤食性生物，也会产生和贝类相似的生态效应(Haven and Morales-Alamo，1966；Dahlbäck and Gunnarsson，1981)。因此，滤食性附着生物加速了海水-沉积物界面间的营养盐交换，促进了营养盐的再生与循环(Dame et al.，1984)，在维持海洋生态系统的平衡稳定中扮演着重要角色。

8.2.5　附着生物的负面影响

事物具有两面性，总体来说，附着生物对人工设施的影响主要是负面的。自人工设施开始接触水，生物附着问题就已经开始。附着生物会导致船舶自重和表面摩擦增大、船速减慢和燃油消耗增大(Schultz，2007)，生物附着严重时，会导致船舶腐蚀和机械故障；附着生物在养殖网箱上生长，会阻塞网孔，导致网箱受到的水流冲击力增加(Milne，1970)，网箱内外水流交换不畅(Phillippi et al.，2001)，严重影响网箱内的环境及网箱结构(Beveridge，1996；Phillippi et al.，2001)。对于养殖生物来说，附着生物既有益处，又有害处。附着生物可能会与养殖生物竞争食物(Lesser et al.，1992)、使养殖环境变差(Eckman et al.，2001)、导致养殖生物生长变慢甚至死亡(Mohammad，1976；Tan et al.，2002)。然而，附着生物预先处理过的附着基更有利于贝类附苗(Mallet and Carver，1991)，微生物膜可以促进贻贝、海胆等海洋无脊椎动物幼虫的附着和变态(Huggett et al.，2006；Bao et al.，2007)。

8.3 生物附着的影响因子

附着生物群落在海洋设施和海洋生物表面的演替是一个很复杂的过程，影响生物附着的因子很多，与浸水时间、水温、深度、营养状况等因素密切相关。生物附着之初是在附着基质表面形成一层大分子膜，使之有利于细菌和单细胞生物(如硅藻类)附着，之后多细胞真核生物(如大型藻类的孢子、原生动物、藤壶、多毛类和软体动物等)开始附着(Abarzua and Jakubowski，1995)。严涛等(2003)的研究发现，随着浸水时间的延长，附着生物的种类逐渐增加，并且附着生物群落组成随深度发生明显的变化。Dubost 等(1996)研究海洋场所夏季附着生物特征时发现，网箱网目大小、温度、深度均对附着生物的附着有影响，其中网的孔径越大，附着速度越快，同时最佳的附着水层为 0.4～1m。Howes 等(2007)发现，温度与深度对玻璃海鞘的附着有很大的影响。Rajagopal 等(2006)研究了不同贻贝的附着和生长情况，发现较高海流速度有助于贻贝的附着和生长。曹善茂等(1998，1999)通过调查发现，附着生物主要受到水流、水温、盐度和营养状况等因素的影响。Guenther 等(2006)发现，合浦珠母贝(*Pinctada fucata*)本身的年龄、大小与生物附着呈正相关关系。此外，生物群落演替开始和持续的时间也能影响生物的附着(Taylor et al.，1997)。

综上，附着生物虽然给生产和生活带来很多的困难，但随着科研水平的提高和研究的深入，发现某些附着生物或是在某一领域的附着生物也可以给人们带来巨大的生态效益和经济效益。例如，附着生物可以调控无脊椎动物的附着变态，可以实现水域原位修复及资源环境生态恢复等。附着生物种类繁多，分布广泛，其生态、经济价值远不止此，还有待于更多的试验探索发现。

8.4 附着生物在未来的发展与利用

目前附着生物生态研究基本上仍处于静态定性描述阶段，尚未能准确地了解和掌握其动态变化过程，而此过程也正是当前生态学领域所关注的核心问题。因此，我们还需要大量的调查研究来准确地预测附着生物群落的发展趋势，为有效的生产活动、科学的生态修复奠定坚实的基础。

参 考 文 献

曹善茂，张丛尧，张国范，等. 1998. 海洋贝类养殖网笼污损生物类群的研究. 大连水产学院学报，13(4)：15-21.

曹善茂，周一兵，牟红梅. 1999. 大连市沿海污损生物种类及分布的研究. 大连水产学院学报，14(4)：36-42.

董双林，王芳. 1999. 海湾扇贝对海水池塘浮游生物和水质的影响. 海洋学报，21(6)：138-144.

何培民，刘媛媛，张建伟，等. 2015. 大型海藻碳汇效应研究进展. 中国水产科学，22(3)：588-595.
焦念志. 2012. 海洋固碳与储碳——并论微型生物在其中的重要作用. 中国科学：地球科学，42(10)：19-32.
柯才焕，周时强，田越，等. 2001. 盘鲍幼体附着诱导的研究. 台湾海峡，20(1)：9-14.
李纯厚，齐占会，黄洪辉，等. 2010. 海洋碳汇研究进展及南海碳汇渔业发展方向探讨. 南方水产，6(6)：81-86.
李伟新，朱仲嘉，刘凤贤. 1982. 海藻学概论. 上海：上海科学技术出版社.
李岩，付秀梅. 2015. 中国大型海藻资源生态价值分析与评估. 中国渔业经济，33(2)：57-62.
逯艳英，吴建华. 2001. 海洋生物污损的防止. 腐蚀与防护，22(12)：530-534.
宋玉芝，秦伯强，高光. 2009. 附着生物对富营养化水体氮磷的去除效果. 长江流域资源与环境，18(2)：180-185.
谭海丽. 2012. 无居民海岛潮间带大型海藻生态修复研究. 中国海洋大学博士学位论文.
王俊，姜祖辉，董双林. 2001. 滤食性贝类对浮游植物群落增殖作用的研究. 应用生态学报，12(5)：765-768.
严涛，严文侠，董钰，等. 2003. 珠江口东南近海海区污损生物研究. 海洋学报，25(6)：117-125.
于洪刚，杨希晨，孟琦，等. 2017. 富营养化水体中附植生物夏季反硝化脱氮作用研究. 绿色科技，(20)：36-37.
张明亮，邹健，毛玉泽，等. 2011. 养殖栉孔扇贝对桑沟湾碳循环的贡献. 渔业现代化，38(4)：16-19，34.
张永雨，张继红，梁彦韬，等. 2017. 中国近海养殖环境碳汇形成过程与机制. 中国科学：地球科学，47(12)：1414-1424.
周曦杰. 2014. 枸杞岛典型生境螺贝类代表种——角蝾螺、紫贻贝摄食生态初步研究. 上海海洋大学硕士学位论文.
周毅. 2000. 滤食性贝类筏式养殖对浅海生态环境影响的基础研究. 中国科学院海洋研究所博士学位论文.
Abarzua S, Jakubowski S. 1995. Biotechnological investigation for the prevention of biofouling. I. Biological and biochemical principles for the prevention of biofouling. Marine Ecology Progress Series, 123(1-3): 301-312.
Abd-Elnaby H M, Abou-Elela G M, Ghozlan H A, et al. 2016. Characterization and bioremediation potential of marine *Psychrobacter* species. The Egyptian Journal of Aquatic Research, 42(2): 193-203.
Alongi D M. 1998. Coastal Ecosystem Processes.Boca Raton: CRC Press.
Azis P K A, Al-Tisan I, Sasikumar N. 2001. Biofouling potential and environmental factors of seawater at a desalination plant intake. Desalination, 135(1-3): 69-82.
Bao W Y, Satuito C G, Yang J L, et al. 2007. Larval settlement and metamorphosis of the mussel *Mytilus galloprovincialis* in response to biofilms. Marine Biology, 150(4): 565-574.
Baudinet D, Alliot E, Berland B, et al. 1990. Incidence of mussel culture on biogeochemical fluxes at the sediment-water interface. Hydrobiologia, 207(1): 187-196.
Bernard F R. 1974. Annual biodeposition and gross energy budget of mature Pacific oysters, *Crassostrea gigas*. Journal of the Fisheries Board of Canada, 31(2): 185-190.
Beveridge M C M. 1996. Cage Aquaculture. Cambridge: Cambridge University Press: 376.
Braithwaite R A, McEvoy L A. 2005. Marine biofouling on fish farms and its remediation. Advances in Marine Biology, 47: 215-252.
Christensen P B, Glud R N, Dalsgaard T, et al. 2003. Impacts of longline mussel farming on oxygen and nitrogen dynamics and biological communities of coastal sediments. Aquaculture, 218(1-4): 567-588.
Cockcroft A C, McLachlan A. 1993. Nitrogen budget for a high-energy ecosystem. Marine Ecology-Progress Series, 100: 287-299.
Costanza R, d'Arge R, De Groot R, et al. 1997. The value of the world's ecosystem services and natural capital. Nature, 387: 253-260.

Creese R, Hooker S, de Luca S, et al. 1997. Ecology and environmental impact of *Musculista senhousia* (Moilusca: Bivalvia: Mytilidae) in Tamaki Estuary, Auckland, New Zealand. New Zealand Journal of Marine and Freshwater Research, 31 (2) : 225-236.

Crooks J A. 1998. Habitat alteration and community-level effects of an exotic mussel, *Musculista senhousia*. Marine Ecology Progress Series, 162 (8) : 137-152.

Dahlbäck B, Gunnarsson L Å H. 1981. Sedimentation and sulfate reduction under a mussel culture. Marine Biology, 63 (3) : 269-275.

Dame R F. 1996. Ecology of Marine Bivalves: An Ecosystem Approach. Boca Raton: CRC Press.

Dame R F, Zingmark R G, Haskin E. 1984. Oyster reefs as processors of estuarine materials. Journal of Experimental Marine Biology and Ecology, 83 (3) : 239-247.

Davenport J, Smith R J J W, Packer M. 2000. Mussels *Mytilus edulis*: Significant consumers and destroyers of mesozooplankton. Marine Ecology Progress Series, 198: 131-137.

Dubost N, Masson G, Moreteau J C. 1996. Temperate freshwater fouling on floating net cages: Method of evaluation, model and composition. Aquaculture, 143 (3-4) : 303-318.

Duggins D O, Simenstad C A, Estes J A. 1989. Magnification of secondary production by kelp detritus in coastal marine ecosystems. Science, 245 (4914) : 170-173.

Eckman J E, Thistle D, Burnett W C, et al. 2001. Performance of cages as large animal-exclusion devices in the deep sea. Journal of Marine Research, 59 (1) : 79-95.

Guenther J, Southgate P C, De Nys R. 2006. The effect of age and shell size on accumulation of fouling organisms on the Akoya pearl oyster *Pinctada fucata* (Gould) . Aquaculture, 253 (1-4) : 366-373.

Hansell D A, Carlson C A, Repeta D J, et al. 2009. Dissolved organic matter in the ocean: A controversy stimulates new insights. Oceanography, 22 (4) : 202-211.

Hatcher A, Grant J, Schofield B. 1994. Effects of suspended mussel culture (*Mytilus* spp.) on sedimentation, benthic respiration and sediment nutrient dynamics in a coastal bay. Marine Ecology-Progress Series, 115: 219-235.

Haven D S, Morales-Alamo R. 1966. Aspects of biodeposition by oysters and other invertebrate filter feeders. Limnology and Oceanography, 11 (4) : 487-498.

Hoellein T J, Zarnoch C B, Grizzle R E. 2015. Eastern oyster (*Crassostrea virginica*) filtration, biodeposition, and sediment nitrogen cycling at two oyster reefs with contrasting water quality in Great Bay Estuary (New Hampshire, USA) . Biogeochemistry, 122 (1) : 113-129.

Hölker F, Vanni M J, Kuiper J J, et al. 2015. Tube-dwelling invertebrates: Tiny ecosystem engineers have large effects in lake ecosystems. Ecological Monographs, 85 (3) : 333-351.

Howes S, Herbinger C M, Darnell P, et al. 2007. Spatial and temporal patterns of recruitment of the tunicate *Ciona intestinalis* on a mussel farm in Nova Scotia, Canada. Journal of Experimental Marine Biology and Ecology, 342 (1) : 85-92.

Huggett M J, Williamson J E, de Nys R, et al. 2006. Larval settlement of the common Australian sea urchin *Heliocidaris erythrogramma* in response to bacteria from the surface of coralline algae. Oecologia, 149 (4) : 604-619.

Hughes T P. 1994. Catastrophes, phase shifts, and large-scale degradation of a Caribbean coral reef. Science, 265 (5178) : 1547-1551.

IPCC. 2007. IPCC Fourth Assessment Report-AR4-Climate Change 2007: The Physical Science Basis. Cambridge: Cambridge University Press.

Ji Y, Xu Z, Zou D, et al. 2016. Ecophysiological responses of marine macroalgae to climate change factors. Journal of applied phycology, 28(5): 2953-2967.

Jiao N, Herndl G J, Hansell D A, et al. 2011. The microbial carbon pump and the oceanic recalcitrant dissolved organic matter pool. Nature Reviews Microbiology, 9(7): 555.

Jiao N, Legendre L, Robinson C, et al. 2015. Comment on "Dilution limits dissolved organic carbon utilization in the deep ocean". Science, 350(6267): 14833.

Jiao N, Robinson C, Azam F, et al. 2014. Mechanisms of microbial carbon sequestration in the ocean–future research directions. Biogeosciences, 11(19): 5285-5306.

Kautsky N, Evans S. 1987. Role of biodeposition by *Mytilus edulis* in the circulation of matter and nutrients in a Baltic coastal ecosystem. Marine Ecology Progress Series, 38: 201-212.

Krause-Jensen D, Duarte C M. 2016. Substantial role of macroalgae in marine carbon sequestration. Nature Geoscience, 9(10): 737-742.

Lesser M P, Shumway S E, Cucci T, et al. 1992. Impact of fouling organisms on mussel rope culture: Interspecific competition for food among suspension-feeding invertebrates. Journal of Experimental Marine Biology and Ecology, 165(1): 91-102.

MacIsaac H J, Sprules G, Johannson O E, et al. 1992. Filtering impacts of larval and sessile zebra mussels (*Dreissena polymorpha*) in western Lake Erie. Oecologia, 92(1): 30-39.

Mallet A L, Carver C E. 1991. An assessment of strategies for growing mussels in suspended culture. Journal of Shellfish Research, 10: 471-477.

Maréchal J P, Hellio C. 2009. Challenges for the development of new non-toxic antifouling solutions. International Journal of Molecular Sciences, 10(11): 4623-4637.

Mazzola A, Sarà G. 2001. The effect of fish farming organic waste on food availability for bivalve molluscs (Gaeta Gulf, Central Tyrrhenian, MED): Stable carbon isotopic analysis. Aquaculture, 192(2-4): 361-379.

Milne P H. 1970. Fish farming: A guide to the design and construction of net enclosures. Marine Research, (1): 1-31.

Mistri M. 2002. Ecological characteristics of the invasive Asian date mussel, *Musculista senhousia*, in the Sacca di Goro (Adriatic Sea, Italy). Estuaries, 25(3): 431-440.

Mohammad M B M. 1976. Relationship between biofouling and growth of the pearl oyster *Pinctada fucata* (Gould) in Kuwait, Arabian Gulf. Hydrobiologia, 51(2): 129-138.

Nakamura Y, Kerciku F. 2000. Effects of filter-feeding bivalves on the distribution of water quality and nutrient cycling in a eutrophic coastal lagoon. Journal of Marine Systems, 26(2): 209-221.

Newell R. 1965. The role of detritus in the nutrition of two marine deposit feeders, the prosobranch *Hydrobia ulvae* and the bivalve *Macoma balthica*. Proceedings of the Zoological Society of London, 144(1): 25-45.

Newell R I E. 2004. Ecosystem influences of natural and cultivated populations of suspension-feeding bivalve molluscs: A review. Journal of Shellfish research, 23(1): 51-62.

Norkko A, Hewitt J E, Thrush S F, et al. 2001. Benthic-pelagic coupling and suspension-feeding bivalves: Linking site-specific sediment flux and biodeposition to benthic community structure. Limnology and Oceanography, 46(8): 2067-2072.

Nunes J P, Ferreira J G, Gazeau F, et al. 2003. A model for sustainable management of shellfish polyculture in coastal bays. Aquaculture, 219(1-4): 257-277.

Officer C B, Smayda T J, Mann R. Benthic filter feeding: A natural eutrophication control. Marine Ecology Progress Series, 9(2): 203-210.

Phillippi A L, O'Connor N J, Lewis A F, et al. 2001. Surface flocking as a possible anti-biofoulant. Aquaculture, 195 (3-4): 225-238.

Rajagopal S, Venugopalan V P, Van der Velde G, et al. 2006. Mussel colonization of a high flow artificial benthic habitat: Byssogenesis holds the key. Marine Environmental Research, 62 (2): 98-115.

Reusch T B H, Williams S L. 1998. Variable responses of native eelgrass *Zostera marina* to a non-indigenous bivalve *Musculista senhousia*. Oecologia, 113 (3): 428-441.

Richard M, Archambault P, Thouzeau G, et al. 2007. Summer influence of 1 and 2 yr old mussel cultures on benthic fluxes in Grande-Entrée lagoon, Îles-de-la-Madeleine (Québec, Canada). Marine Ecology Progress Series, 338: 131-143.

Rogers A, Blanchard J L, Mumby P J. 2018. Fisheries productivity under progressive coral reef degradation. Journal of Applied Ecology, 55 (3): 1041-1049.

Schultz M P. 2007. Effects of coating roughness and biofouling on ship resistance and powering. Biofouling, 23 (5): 331-341.

Smaal A C, Schellekens T, Van Stralen M R, et al. 2013. Decrease of the carrying capacity of the Oosterschelde estuary (SW Delta, NL) for bivalve filter feeders due to overgrazing? Aquaculture, 405: 28-34.

Tan C K F, Nowak B F, Hodson S L. 2002. Biofouling as a reservoir of *Neoparamoeba pemaquidensis* (Page, 1970), the causative agent of amoebic gill disease in Atlantic salmon. Aquaculture, 210 (1-4): 49-58.

Taylor J J, Southgate P C, Rose R A. 1997. Fouling animals and their effect on the growth of silver-lip pearl oysters, *Pinctada maxima* (Jameson) in suspended culture. Aquaculture, 153 (1-2): 31-40.

Woods Hole Oceanographic Institution, United States. 1952. Navy Department. Bureau of Ships. Marine fouling and its prevention. United States Naval Institute.

Xu Z, Gao K. 2012. NH_4^+ enrichment and UV radiation interact to affect the photosynthesis and nitrogen uptake of *Gracilaria lemaneiformis* (Rhodophyta). Marine Pollution Bulletin, 64 (1): 99-105.

Yamamuro M, Hiratsuka J, Ishitobi Y. 2000. Seasonal change in a filter-feeding bivalve *Musculista senhousia* population of a eutrophic estuarine lagoon. Journal of Marine Systems, 26 (2): 117-126.

Yasuhara M, Hunt G, Breitburg D, et al. 2012. Human-induced marine ecological degradation: Micropaleontological perspectives. Ecology and Evolution, 2 (12): 3242-3268.

Zou D, Gao K. 2014. Temperature response of photosynthetic light-and carbon-use characteristics in the red seaweed *Gracilariopsis lemaneiformis* (Gracilariales, Rhodophyta). Journal of Phycology, 50 (2): 366-375.

第 9 章 围填海对滨海湿地生态功能的影响评估——以长江三角洲和黄河三角洲为例①

9.1 引 言

滨海湿地是指低潮时水深低于 6m 的水域及其沿岸浸湿地带，它发挥着重要的生态服务功能，主要包括：①为海洋动物提供生长发育和繁殖的场所，维持高生物多样性和高渔业产量；②吸收并固定大量的 CO_2，减缓全球气候变化；③净化近海水体，维持近海水质；④促淤造陆，保护沿海地区免受台风和海啸的侵害；⑤为休闲娱乐和科研教育提供绝佳场所(程敏等，2016；Sutton-Grier and Howard，2019)。在全球变化的背景下，滨海湿地生态系统的健康稳定性主要取决于两个方面：一是自身系统对外部变化的适应性；二是人类活动对这种适应性的干扰程度(Scavia et al.，2002)。滨海湿地生态系统位于海洋和陆地的交错带，被认为是承受全球变化最为前沿、最为重要的缓冲带(邓自发等，2010)。

在人类活动的干扰下，滨海湿地呈现出明显的退化，主要表现为：滨海湿地面积大幅下降、生物多样性降低、很多物种处于濒危状态、生态服务功能(固碳、护岸等)减弱等(张晓龙等，2014)。在众多的人类干扰活动中，围填海是造成滨海湿地退化的主要原因(谷东起等，2003；Ma et al.，2014；肖甜甜等，2019)。围填海主要通过人为修筑堤坝、填埋土石方等工程措施将天然海域空间改变成陆地以拓展人类的社会和经济发展空间，它是长期以来我国开发利用海岸带的重要形式。围填海的主要类型包括堤坝围封、农田、养殖塘、围海养殖(围网和围堤)、盐田、城镇工业用地、港口 8 种类型(Cui et al.，2016)。在城镇化建设快速发展和土地资源有限的情况下，围填海活动已成为近几十年沿海地区缓解土地供求矛盾、拓展人类活动空间和经济发展空间的有效手段(崔保山等，2017)。

大规模围填海在产生巨大的社会经济效益的同时，对滨海湿地生态系统造成了严重的影响(肖甜甜等，2019)。围填海所引起的滨海湿地退化具有多阶段、多层次的特征(魏帆等，2019)。围填海活动严重影响滨海湿地植被的分布，导致景

---

① 本章作者：安树青[1,2]，安迪[1]，张静涵[1]，陈佳秋[1]，王春林[1]，张海飞[1]，高雪芹[1](1. 南京大学常熟生态研究院，苏州 215500；2. 南京大学湿地与滩涂研究中心，南京 210046)。本研究获得国家重点基础研究发展计划(“973 计划”)“围填海活动对大江大河三角洲滨海湿地影响机理与生态修复”项目(2013CB430400)的资助。

观格局破碎化(张绪良等，2009)，致使湿地丧失碳固定和储存功能，湿地由碳汇转变成碳源(Yan et al.，2016)。围填海通过覆盖作用显著改变湿地底质特征，导致湿地生物栖息地丧失，对底栖动物和鸟类的种群组成及时空分布具有显著的负面影响(张明慧等，2012；宋红丽，2015；邱建慧，2017；颜凤等，2017)。另外，伴随围填海而来的不合理开发利用会引起地面沉降、土壤理化性质变化、海洋环境污染和海水倒灌等永久性破坏(胡蓓蓓等，2008；赖翔宇和王世存，2019)。

围填海对滨海湿地生态系统的影响受到了广泛的关注(El-Asmar and Hereher，2011；庞琳等，2018；白玉川等，2019；田鹏等，2019)。国内外学者从不同的角度研究了围填海对滨海湿地生态系统的影响，这些研究大多集中在围填海对湿地生物多样性、生态过程、结构和生态功能的影响(Yang et al.，2011；Duan et al.，2016；崔保山等，2017；马学垚等，2018)，侧重于探索围填海的生态环境效应(Rodríguez et al.，2017)。总体上，围填海会导致滨海湿地整体的生态服务功能减弱，同时围填海对滨海湿地功能的影响存在很大差异，这主要是围填海方式和滨海湿地功能的多样性决定的。目前的研究未能很好地阐释不同围填海方式与湿地功能丧失之间的关系(柯丽娜等，2018)。

本章根据《千年生态系统评估》和滨海湿地生态系统的特点，建立了湿地生态服务功能值的评估体系和方法，评估了 5 种滨海湿地类型(红树林、盐沼、滩涂、近海水域、河口水域)和 8 种围填海类型[堤坝围封、农田、养殖塘、围海养殖(围网和围堤)、盐田、城镇工业用地、港口]的生态服务功能值，并探究了围填海活动作用下的长江三角洲和黄河三角洲生态服务功能值变化；同时基于生态服务功能值，建立了货币化价值的评估方法，并利用该方法就围填海对两大三角洲生态服务功能货币化价值的影响进行评估。本研究探索了不同围填海类型对滨海湿地不同生态服务功能的影响，可为不同围填海类型作用下滨海湿地的管理提供科学依据。

9.2 生态服务功能值的评估体系和方法

根据《千年生态系统评估》将湿地生态服务功能划分为供给、调节、支持、文化四种功能(一级分类)，包括：①物质生产(供给功能)；②气候调节、污染净化、干扰调节、水资源调节(调节功能)；③初级生产力、营养物质循环、生物栖息地和生物多样性维持(支持功能)；④休闲娱乐、文化科研(文化功能)，共 10 种(陈鹏，2006；江波等，2011；马琼芳等，2019；李楠等，2019)。从湿地的生物组分、理化环境和连通性三个生态系统层次上(辛琨等，2002；吴玲玲等，2003；欧阳志云等，2004；王伟等，2005)，挑选出对湿地 10 种二级分类功能产生影响的 38 个主要指标(表 9.1)，以此构建不同湿地类型和围填海类型生态服务功能的评估矩阵，评估 5 种滨海湿地类型(红树林、盐沼、滩涂、近海水域、河口水域)和 8 种

表 9.1　湿地生态服务功能评估指标

评价指标			供给功能	调节功能				支持功能			文化功能	
			物质生产	气候调节	污染净化	干扰调节	水资源调节	初级生产力	营养物质循环	生物栖息地和生物多样性维持	休闲娱乐	文化科研
生物组分	生产者(湿地植被)	草本	√	√	√	√	√	√	√	√	√	√
		低矮乔灌木	√	√	√	√	√	√	√	√	√	√
		高大乔木	√	√	√	√	√	√	√	√	√	√
		浮游植物		√	√	√	√	√	√	√		√
	消费者	浮游动物							√	√		√
		鸟类							√	√	√	√
		昆虫							√	√	√	√
		两栖类、爬行类及哺乳类							√	√	√	√
		植食性底栖动物							√	√		√
		肉食性底栖动物							√	√		√
		腐食性底栖动物			√				√	√		√
		植食性鱼类	√						√	√	√	√
		肉食性鱼类	√						√	√	√	√
	分解者	细菌和真菌			√			√	√	√		√
理化环境	水	pH	√					√		√		√
		盐度								√		√
		溶解氧	√	√	√			√	√	√	√	√
		水温	√	√				√	√	√		√
		营养盐	√		√			√	√	√	√	√
		污染物	√		√			√	√	√	√	√

续表

评价指标			供给功能	调节功能				支持功能			文化功能	
			物质生产	气候调节	污染净化	干扰调节	水资源调节	初级生产力	营养物质循环	生物栖息地和生物多样性维持	休闲娱乐	文化科研
理化环境	土壤/沉积物	温度								√		√
		氧化还原电位			√			√		√		√
		含水率				√	√	√		√	√	√
		有机质含量	√					√	√	√		√
		盐度(电导率)						√		√		√
		营养盐	√	√	√			√	√	√		√
		水溶性盐(矿物质)	√		√			√		√		√
		污染物	√		√			√	√	√	√	√
连通性	水文连通	地表径流连通	√		√	√	√	√	√	√		√
		地下水系连通			√		√		√	√		√
		海陆连通	√		√	√	√	√	√	√		√
	土壤开放	土壤与水体界面	√		√	√	√	√	√	√		√
		土壤与大气界面	√	√	√			√	√	√		√
	生物连通	鸟类迁徙						√	√	√	√	√
		鱼类游动						√	√	√	√	√
		底栖动物连通	√	√	√				√	√	√	√
		植物繁殖体连通						√		√	√	√
		浮游动植物连通		√	√			√	√	√	√	√

围填海类型[堤坝围封、农田、养殖塘、围海养殖(围网和围堤)、盐田、城镇工业用地、港口]的生态服务功能值，计算公式如下：

$$F_{ij}=1-\frac{M_{ij}}{N_j} \tag{9.1}$$

式中，F_{ij}为第 i 种湿地或围填海类型的第 j 种生态服务功能值；M_{ij}为第 i 种湿地或围填海类型对第 j 种功能实际存在影响的链条数；N_j为第 j 种功能的响应链丰度值，即响应链条数。此公式假定：在完全不受人为干扰的自然状态下，一个完美湿地生态系统的各种功能值为 1。

9.3　生态服务功能货币化价值评估方法

根据评估的滨海湿地所在的沿海地级市，采用不同行政区域的滨海湿地生态服务功能货币化价值，作为长江三角洲、黄河三角洲滨海湿地各项功能的单位面积生态服务功能货币化价值标准，突出滨海湿地的区域性，并根据滨海湿地和围填海的各项单位面积生态服务功能赋值，构建公式来计算货币化价值(丁冬静，2016；高崟等，2017；商慧敏等，2018)。结合 2015 年滨海湿地围填海情况，分析长江三角洲、黄河三角洲滨海湿地在围填海活动作用下生态服务功能货币化价值的变化(李晶等，2018)。围填海活动区域被围垦前作为滨海湿地时的生态服务功能货币化价值计算公式如下：

$$F_{ij}=V_j\times S_i \tag{9.2}$$

式中，F_{ij}是第 i 种类型的围填海活动区域被围垦前第 j 项生态服务功能的货币化价值；V_j是滨海湿地所在沿海地级市第 j 项生态服务功能的单位面积货币化价值；S_i是滨海湿地第 i 种类型围填海活动的面积。

滨海湿地转变为不同围填海区域后，各类型围填海区域的生态服务功能货币化价值计算公式如下：

$$f_{ij}=[(p_{ij}-q_j)/q_j]\times F_{ij} \tag{9.3}$$

$$F'_{ij}=F_{ij}+f_{ij}$$

式中，f_{ij}是第 i 种类型的围填海活动引起的滨海湿地第 j 项生态服务功能货币化价值变化量；p_{ij}是第 i 种类型的围填海活动第 j 项单位面积生态服务功能赋值；q_j是对应的围垦前为滨海湿地时的第 j 项单位面积生态服务功能赋值；F_{ij}是第 i 种类型的围填海活动区域被围垦前第 j 项生态服务功能货币化价值；F'_{ij}为第 i 种类型的围填海活动第 j 项生态服务功能货币化价值。

9.4 生态服务功能值比较

5 种滨海湿地总生态服务功能值大小排序为：红树林＞河口水域＞盐沼＞近海水域＞滩涂；8 种围填海类型总生态服务功能值大小排序为：堤坝围封＞农田＞养殖塘＞围海养殖-围网＞围海养殖-围堤＞盐田＞城镇工业用地＞港口(图 9.1)。

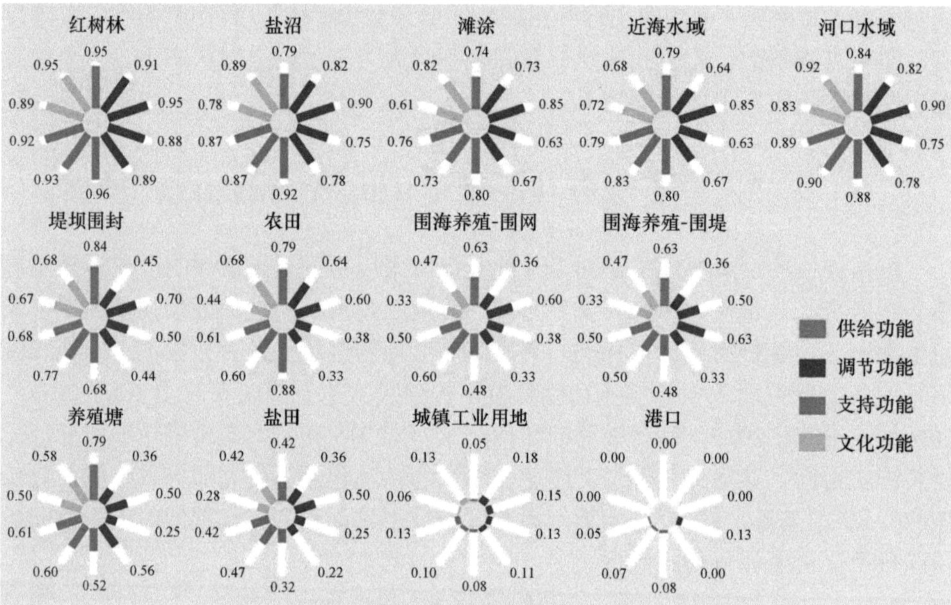

图 9.1 不同湿地及围填海类型的生态服务功能值

每个图中的 10 个数值从上面正中位置沿顺时针方向依次为物质生产、气候调节、污染净化、干扰调节、水资源调节、初级生产力、营养物质循环、生物栖息地和生物多样性维持、休闲娱乐及文化科研的功能值

不同生态服务功能之间进行比较：①红树林和盐沼的最大生态服务功能是初级生产力，功能值分别为 0.96 和 0.92；最小的是干扰调节，功能值分别为 0.88 和 0.75。滩涂和近海水域的最大生态服务功能是污染净化，功能值均为 0.85；而最小的分别是休闲娱乐和干扰调节，功能值分别为 0.61 和 0.63。河口水域最大的生态服务功能则是文化科研，功能值为 0.92；最小的是干扰调节，功能值为 0.75。关于最大值与最小值之间的差值，红树林最小，仅有 0.08，滩涂和近海水域较大，分别为 0.24 和 0.22。②对于 8 种围填海类型，堤坝围封、养殖塘、围海养殖-围网的物质生产功能值是 10 种生态服务功能中最大的，功能值分别为 0.84、0.79、0.63；农田的最大生态服务功能是初级生产力，功能值为 0.88；围海养殖-围堤的最大生态服务功能是物质生产和干扰调节，功能值均为 0.63；城镇工业用地和港口的最大生态服务功能分别是气候调节和干扰调节，功能值分别为 0.18 和 0.13。堤坝围

封、农田和盐田的最小生态服务功能均是水资源调节，功能值分别 0.44、0.33 和 0.22；两种围海养殖最小的是水资源调节和休闲娱乐功能，功能值为 0.33；养殖塘最小的是干扰调节功能，功能值为 0.25。城镇工业用地的每种功能都较小，功能值为 0.05～0.18，而港口只有干扰调节、初级生产力、营养物质循环、生物栖息地和生物多样性维持的功能，均较小，分别是 0.13、0.08、0.07 和 0.05。所以城镇工业用地和港口的生态服务功能值最大值与最小值之间的差值最小，仅有 0.13；盐田次之，为 0.28；较大的是农田和养殖塘，分别为 0.55、0.54。

不同的围填海类型对滨海湿地生态功能的影响不同。与自然湿地相比，堤坝围封、农田和养殖塘土地利用方式对湿地整体生态功能的影响比较小，对干扰调节功能影响比较大。若将自然湿地开垦成城镇工业用地和港口，会严重削弱湿地的生态服务功能，导致很多生态服务功能丧失。

9.5　围填海作用下长江三角洲和黄河三角洲生态服务功能值变化

长江三角洲各项生态服务功能值在 1990 年和 2000 年较 1980 年表现出增加的趋势，2000 年之后，长江三角洲生态服务功能值呈下降趋势（图 9.2a）。黄河三角洲各项生态服务功能值从 1970 年至 2015 年总体呈现逐渐降低的趋势（图 9.2b），而且养殖塘、

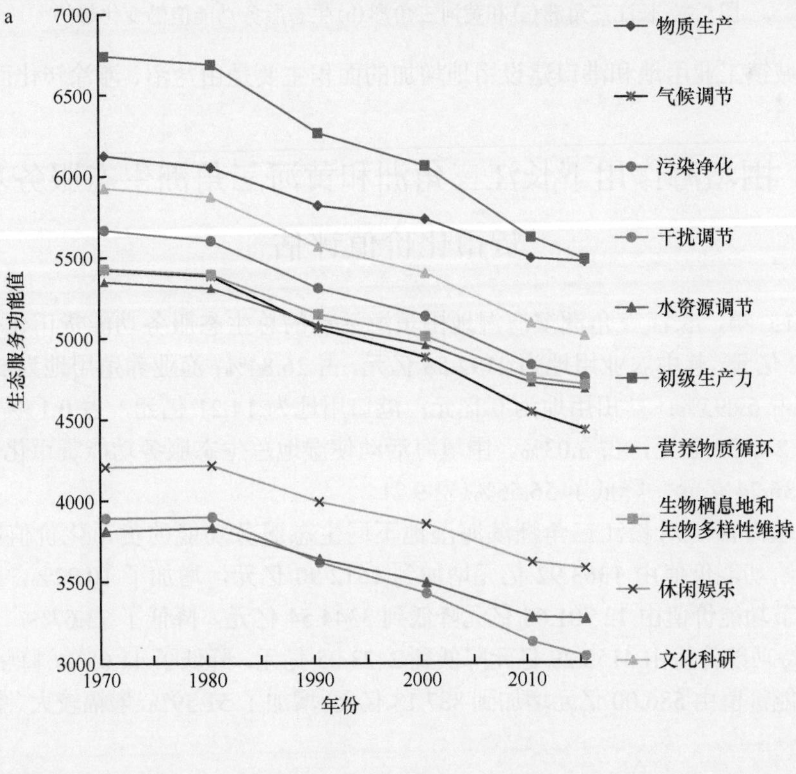

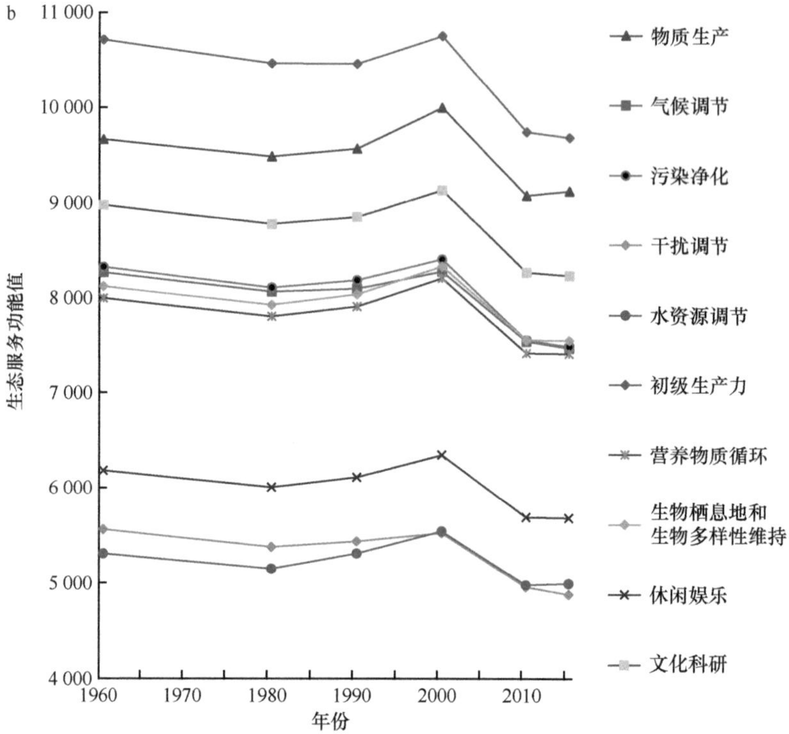

图 9.2　长江三角洲(a)和黄河三角洲(b)生态服务功能值的变化趋势

盐田、城镇工业用地和港口建设用地增加的面积主要是由盐沼、滩涂转化而来的。

9.6　围填海作用下长江三角洲和黄河三角洲生态服务功能货币化价值评估

2015 年，长江三角洲滨海湿地围填海活动的总生态服务功能货币化价值为 8167.62 亿元，其中农业用地为 2192.58 亿元，占 26.84%；渔业养殖用地为 5713.24 亿元，占 69.95%；盐田用地为 0 亿元；港口用地为 14.21 亿元，占 0.17%；建设用地为 247.59 亿元，占 3.03%。围填海活动使湿地总生态服务功能货币化价值减少 10 636.24 亿元，降低了 56.56%(表 9.2)。

围填海活动对长江三角洲滨海湿地不同生态服务功能的货币化价值影响不同。供给功能价值由 1363.92 亿元增加到 1512.90 亿元，增加了 10.92%，增幅较小；调节功能价值由 12 701.65 亿元降低到 3344.54 亿元，降低了 73.67%，降幅较大；支持功能价值由 4152.29 亿元降低到 2423.05 亿元，降低了 41.65%，降幅较大；文化功能价值由 586.00 亿元增加到 887.13 亿元，增加了 51.39%，增幅较大(图 9.3)。

表 9.2　2015 年长江三角洲滨海湿地围填海前后生态服务功能货币化价值评估结果　（单位：亿元）

滨海湿地围填海用地类型	生态服务功能								总计
	供给功能	调节功能				支持功能		文化功能	
	物质生产	气候调节	污染净化	干扰调节	水资源调节	营养物质循环	生物栖息地和生物多样性维持	休闲娱乐和文化科研	
滨海湿地(100%)	1 363.92	3 394.13	2 467.42	4 816.95	2 023.15	2 661.17	1 491.12	586.00	18 803.86
农业用地(16.84%)	590.52	536.85	151.07	202.76	235.83	0	352.22	123.33	2 192.58
渔业养殖用地(47.34%)	922.38	973.80	0	570.08	663.06	453.52	1 367.52	762.88	5 713.24
盐田用地(0)	0	0	0	0	0	0	0	0	0
港口用地(0.32%)	0	0	0	11.09	0	0	2.20	0.92	14.21
建设用地(35.50%)	0	0	0	0	0	0	247.59	0	247.59

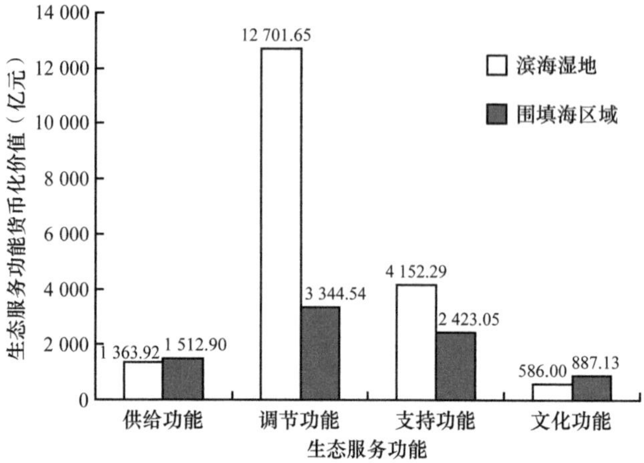

图 9.3　围填海活动对长江三角洲滨海湿地各生态服务功能的影响

围填海活动对长江三角洲滨海湿地调节功能、支持功能和文化功能的货币化价值变化影响显著，对供给功能的货币化价值变化影响较不显著。

围填海活动下，2015 年黄河三角洲滨海湿地的总生态服务功能货币化价值为 6346.08 亿元，其中农业用地为 4436.16 亿元，占 69.90%；渔业养殖用地为 108.40 亿元，占 1.71%；盐田用地为 15.68 亿元，占 0.25%；港口用地为 208.52 亿元，占 3.29%；建设用地为 1577.32 亿元，占 24.85%。围填海活动使湿地总生态服务功能货币化价值减少 75 364.29 亿元，降低了 92.23%(表 9.3)。

围填海活动对黄河三角洲滨海湿地不同生态服务功能的货币化价值影响不同。供给功能价值由 5941.71 亿元降低到 890.00 亿元，降低了 85.02%，降幅较大；调节功能价值由 53 811.63 亿元降低到 3105.73 亿元，降低了 94.23%，降幅较大；支持功能价值由 19 404.18 亿元降低到 2030.77 亿元，降低了 89.53%，降幅较大；文化功能价值由 2552.85 亿元降低到 319.58 亿元，降低了 87.48%，降幅较大(图 9.4)。围填海活动对黄河三角洲滨海湿地供给、调节、支持和文化四大生态服务功能的货币化价值变化影响均较显著。

9.7　结　　语

对比 5 种湿地和 8 种围填海类型的 10 种生态服务功能，发现湿地生态系统在不同围填海活动作用下整体的生态服务功能降低，不同类型功能损失的程度并不相同。从 1970 年至 2015 年大规模的围填海造陆活动导致黄河三角洲生态服务功能各项值逐年降低，长江三角洲出现了小幅增长后也开始大幅度下降。围填海活动对长江三角洲滨海湿地的调节、支持和文化三大生态服务功能的货币化价值变化影响均较显著，对黄河三角洲滨海湿地的供给、调节、支持和文化四大生态服

表 9.3　2015 年黄河三角洲滨海湿地围填海前后生态服务功能货币化价值评估结果　（单位：亿元）

滨海湿地围填海用地类型	生态服务功能								总计
	供给功能	调节功能				支持功能		文化功能	
	物质生产	气候调节	污染净化	干扰调节	水资源调节	营养物质循环	生物栖息地和生物多样性维持	休闲娱乐和文化科研	
滨海湿地(100%)	5 941.71	14 786.16	10 749.05	19 462.79	8 813.63	11 593.09	7 811.09	2 552.85	81 710.37
农业用地(7.25%)	861.75	1 397.18	165.35	292.64	1 032.46	0	409.09	277.69	4 436.16
渔业养殖用地(0.19%)	12.57	24.06	0	7.47	26.36	7.73	13.66	16.55	108.40
盐田用地(0.37%)	15.68	0	0	0	0	0	0	0	15.68
港口用地(1.32%)	0	0	0	160.21	0	0	22.97	25.34	208.52
建设用地(90.87%)	0	0	0	0	0	0	1 577.32	0	1 577.32

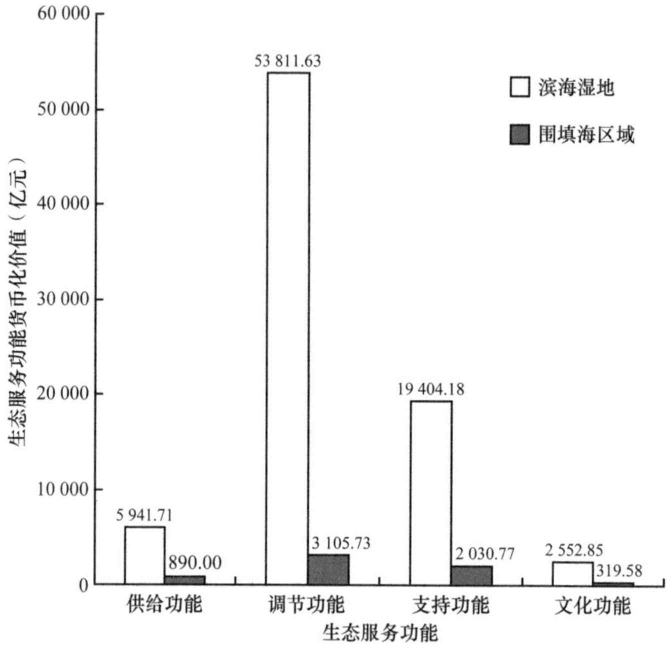

图 9.4　围填海活动对黄河三角洲滨海湿地各生态服务功能的影响

务功能的货币化价值变化影响较显著。所以，在利用滨海湿地时，应该保证其合理性，注重不同围填海类型的分配比例，既满足人类发展的需求，又尽可能维持自然湿地生态系统的功能与稳定，实现可持续发展。

参 考 文 献

白玉川，温志超，徐海珏. 2019. 围海造陆条件下排海高温浓盐水对渤海湾温盐场分布影响模拟及预测. 海洋学报，41(3)：62-75.

陈鹏. 2006. 厦门湿地生态系统服务功能价值评估. 湿地科学，2：101-107.

程敏，张丽云，崔丽娟，等. 2016. 滨海湿地生态系统服务及其价值评估研究进展. 生态学报，(23)：7509-7518.

崔保山，谢湉，王青，等. 2017. 大规模围填海对滨海湿地的影响与对策. 中国科学院院刊，32(4)：418-425.

邓自发，欧阳琰，谢晓玲，等. 2010. 全球变化主要过程对海滨生态系统生物入侵的影响. 生物多样性，18(6)：605-614.

丁冬静. 2016. 海南滨海湿地生态系统服务功能价值评估. 中国林业科学研究院硕士学位论文.

高崟，崔丽娟，王发良，等. 2017. 基于大数据的湿地生态系统服务价值评估. 水利水电技术，48(9)：1-9，23.

谷东起，赵晓涛，夏东兴. 2003. 中国海岸湿地退化压力因素的综合分析. 海洋学报，25(1)：78-85.

韩颖，杜嘉，宋开山，等. 2017. 五个时期长江入海口湿地土地利用格局及变化. 湿地科学，15(4)：608-612.

胡蓓蓓，姜衍祥，周俊，等. 2008. 天津市滨海地区地面沉降灾害风险评估与区划.地理科学，28(5)：693-697.

江波，欧阳志云，苗鸿，等. 2011. 海河流域湿地生态系统服务功能价值评价. 生态学报，31(8)：2236-2244.

柯丽娜，庞琳，王权明，等. 2018. 围填海景观格局演变及存量资源分析——以大连长兴岛附近海域为例. 生态学报，38(15)：5498-5508.

赖翔宇，王世存. 2019. 中国近岸海域污染严重. 生态经济，35(3)：13-16.

李晶，雷茵茹，崔丽娟，等. 2018. 我国滨海滩涂湿地现状及研究进展. 林业资源管理，2：24-28，137.

李楠，李龙伟，张银龙，等. 2019. 杭州湾滨海湿地生态系统服务价值变化. 浙江农林大学学报，36(1)：118-129.

马琼芳，燕红，李伟，等. 2019. 吉林省湿地生态系统服务价值评估. 水利经济，37(3)：67-71，77，84，88.

马学垚，杜嘉，梁雨华，等. 2018. 20 世纪 60 年代以来 6 个时期长江三角洲滨海湿地变化及其驱动因素研究. 湿地科学，16(3)：303-312.

欧阳志云，赵同谦，王效科，等. 2004. 水生态服务功能分析及其间接价值评价. 生态学报，(10)：2091-2099.

庞琳，武红庆，阴曙升. 2018. 基于多源遥感影像的大连长兴岛围填海景观格局演变分析. 国土与自然资源研究，4：18-19.

邱建慧. 2017. 围填海活动对中国滨海湿地碳储量的影响研究. 厦门大学硕士学位论文.

商慧敏，王庆改，郗敏，等. 2018. 胶州湾滨海湿地生态补偿标准研究. 湿地科学，16(3)：400-406.

宋红丽. 2015. 围填海活动对黄河三角洲滨海湿地生态系统类型变化和碳汇功能的影响. 中国科学院东北地理与农业生态研究所博士学位论文.

田鹏，李加林，姜忆湄，等. 2019. 海湾景观生态脆弱性及其对人类活动的响应——以东海区为例. 生态学报，39(4)：1463-1474.

王伟，陆健健. 2005. 生态系统服务功能分类与价值评估探讨. 生态学杂志，(11)：64-66.

魏帆，韩广轩，韩美，等. 2009. 1980～2017 年环渤海海岸线和围填海时空演变及其影响机制. 地理科学，39(6)：1-11.

吴玲玲，陆健健，童春富，等. 2003. 长江口湿地生态系统服务功能价值的评估. 长江流域资源与环境，5：411-416.

肖甜甜，李杨帆，向枝远. 2019. 基于生态系统服务评价的围填海区域景观生态红线划分方法及应用研究. 生态学报，39(11)：3850-3860.

辛琨，肖笃宁. 2002. 盘锦地区湿地生态系统服务功能价值估算. 生态学报，5：1345-1349.

颜凤，李宁，杨文，等. 2017. 围填海对湿地水鸟种群、行为和栖息地的影响. 生态学杂质，36(7)：2045-2051.

张明慧，陈昌平，索安宁，等. 2012. 围填海的海洋环境影响国内外研究进展. 生态环境学报，21(8)：1509-1513.

张晓龙，刘乐军，李培英，等. 2014. 中国滨海湿地退化评估.海洋通报，33(1)：112-119.

张绪良，张朝晖，徐宗军，等. 2009. 莱州湾南岸滨海湿地的景观格局变化及累积环境效应. 生态学杂志，28(12)：2437-2443.

赵士洞，赖鹏飞，商界环保协会(香港). 2007b. 千年生态系统评估报告集(二). 北京：中国环境科学出版社.

赵士洞，张永民，赖鹏飞. 2007a. 千年生态系统评估报告集(一). 北京：中国环境科学出版社.

Cui B, He Q, Gu B, et al. 2016. China's coastal wetlands: Understanding environmental changes and human impacts for management and conservation. Wetlands, 36(S1): S1-S9.

Duan H, Zhang H, Huang Q, et al. 2016. Characterization and environmental impact analysis of sea land reclamation activities in China. Ocean & Coastal Management, 130: 128-137.

El-Asmar H M, Hereher M E. 2011. Change detection of the coastal zone east of the Nile Delta using remote sensing. Environmental Earth Sciences, 62(4): 769-777.

Georgina M. 2002. Millennium ecosystem assessment. Environmental Science & Pollution Research, 9(4): 219-220.

Ma Z, Melville D S, Liu J, et al. 2014. Rethinking China's new great wall. Science, 346(6212): 912-914.

Rodríguez J F, Saco P M, Sandi S, et al. 2017. Potential increase in coastal wetland vulnerability to sea-level rise suggested by considering hydrodynamic attenuation effects. Nature Communications, 8: 16094.

Scavia D, Field J C, Boesch D F, et al. 2002. Climatic change impacts on U.S. coastal and marine ecosystems. Estuaries and Coasts, 25: 149-164.

Sutton-Grier A, Howard J. 2018. Coastal wetlands are the best marine carbon sink for climate mitigation. Frontiers in Ecology and the Environment, 16(2): 73-74.

Yang H Y, Chen B, Barter M, et al. 2011. Impacts of tidal land reclamation in Bohai Bay, China: Ongoing losses of critical Yellow Sea waterbird staging and wintering sites. Bird Conservation International, 21(3): 241-259.

Yang W, Li N, Leng X, et al. 2016. The impact of sea embankment reclamation on soil organic carbon and nitrogen pools in invasive *Spartina alterniflora* and native *Suaeda salsa* salt marshes in eastern China. Ecological Engineering, 97: 582-592.

第10章　基于自组织理论的海岸带生态系统研究进展①

10.1　引　　言

生态系统会由于生物体及其依存环境间的相互作用形成一定的时空结构，其中空间有序结构通常被称为空间斑图或空间格局(Levin，1992；Camazine et al.，2001；Mueller，2013)。虽然高度有序的斑图在各种各样的生物和生态系统中均有出现，如细菌群落(Budrene and Berg，1995；Tsimring et al.，1995)、斑马的黑白条纹(Egri et al.，2012；Yamanaka and Kondo，2014)、沙丁鱼群(Couzin and Krause，2003；Cavagna et al.，2010)、半干旱地区的植被(Klausmeier，1999；Rietkerk et al.，2004)和高山森林(Hiemstra and Reiners，2002)等，但这些系统的内部过程却存在显著差异，因而这些高度有序的空间斑图是否暗示生命科学存在一套“月之暗面”式的普适定律？这一问题实际上已经跨越了生态学近百年的研究史，目前仍然令生态学家“上下而求索”(Solé and Bascompte，2006；Pringle and Tarnita，2017；Tarnita，2018)。在相当长的时间内，生态学家认为生态系统的斑图要么是直接来源于非生物的环境异质性(Clements，1916；Tilman，1982)，要么是间接来自非生物的环境异质性引起的系统各因子相互作用强度沿环境梯度发生的变化，如基岩海岸线潮间带牡蛎生态系统(Menge，1976；Bertness，1998)。虽然这种非生物的环境异质性决定论确实能够解释很多生态系统斑图的形成，但是其亦被很多理论研究和实验证据所驳斥，特别是此观点无法解释非生物的环境均质性很强的生态系统中出现斑图的原因，如缺乏营养和水的半干旱-干旱地区植被生态系统的斑图(Couteron and Lejeune，2001；Barbier et al.，2006)。

针对非生物的环境异质性决定论的显著缺陷，20世纪90年代以来生态学家从自组织理论出发对各种生态系统斑图的形成提出了新的理论解释(Levin，1992；Klausmeier，1999)。自组织是指耗散系统在全局出现的空间有序结构可从系统局部之间的相互作用中自发地涌现出来。自组织是自然和社会等复杂系统的内在特征，复杂系统在外界只提供能量而不施加方向性外力条件下可以改变空间结构使系统从

---

① 本章作者：葛振鹏[1]，刘权兴[1,2,3,4](1. 华东师范大学生态与环境科学学院，上海 200241；2. 华东师范大学河口海岸学国家重点实验室，上海 200241；3. 华东师范大学全球变化与生态预测研究中心，上海 200241；4. 华东师范大学上海市城市化生态过程与生态恢复重点实验室，上海 200241)。本研究获得国家自然科学基金项目(41676084)、科技部重点研发专项(2017YFC0506001)、中荷(兰)政府间合作项目(2016YFE0133700)的资助。

无序向有序方向发展(Camazine et al.，2001)。Battle 等(2016)的研究发现非平衡态系统的自组织不仅有上述从无序向有序的单调熵减过程，还应囊括熵减与熵增交替的循环过程，并给出了除传统玻尔兹曼方法以外表征系统处于非平衡态的新方法。从这个视角来看，自然界内生态系统的自组织过程无时无处不在发生。然而，由于各种差异极大的生态系统均存在显著的斑图，如半干旱-干旱地区的植被系统、潮间带的贻贝系统和近岸水下的珊瑚礁系统，并且这些斑图往往具有跨生态系统的相似性，因此为生态系统斑图的形成寻找具有普遍意义的自组织机制及相应的直接实验证据是目前的迫切需求。

空间斑图可分为规则斑图与不规则斑图，两者的主要区别在于规则斑图内的斑块存在特征尺度，而不规则斑图内的斑块无特征尺度(Guichard et al.，2003；van de Koppel et al.，2005a；von Hardenberg et al.，2010)。对两种斑图的形成机制，存在几种不同的自组织理论(Turing，1952；Cahn and Hilliard，1958；Bak et al.，1987；Ouyang and Swinney，1991；D'Odorico et al.，2006b)。在本章中，我们主要关注三种被广泛应用于解释斑图形成的理论——图灵原理、相分离原理和自组织临界，其中相分离原理和自组织临界分别被用于解释规则斑图和不规则斑图的形成，而图灵原理可解释这两种斑图的形成。

图灵原理："计算机之父"图灵(Turing，图 10.1a)在 1952 年从理论上提出了"活化子-抑制子"机制，用于解释动物皮肤上的规则色素条纹(Turing，1952)。在空间中存在均匀分布的活化子物质 A，A 可以通过自催化反应生成更多的 A，并能够催化抑制子物质 B 的产生，相反，B 会抑制 A 的生成以达到平衡。此外，B 的扩散速率大于 A 的扩散速率，即 B 可以在长距离上抑制 A 的生成，A 只能在短距离内自我催化(图 10.1b)。因而，若空间上均匀分布的 A 存在无穷小的波动，那么 A 与 B 之间的相互作用在经过一段时间之后就会被放大，A 在空间上会形成稳定的规则空间斑图(欧阳颀，2000)。在生态学中，图灵原理是生长驱动类模型(growth-driven model)的理论基础，以半干旱-干旱生态系统的资源浓缩机制为例(Couteron and Lejeune，2001)，植被区域通过从周围环境汲取更多的水资源进行局部扩张，而植被向外扩张的速率小于水资源向植被区域扩散的速率，因而在水量有限的条件下两者形成了短距离内对植被扩张的促进作用(正反馈)及长距离上对植被扩张的抑制作用(负反馈)，即图 10.1c 所标示的依赖尺度的反馈。

相分离原理：卡恩(Cahn，图 10.1d)与希利亚德(Hilliard)在 1958 年提出了简单的偏微分方程(被称为 CH 方程)，用于描述相分离过程(Cahn and Hilliard，1958)。在 2013 年之前，相分离原理只在非生命的物理和化学系统中被证实及应用，如生活中常见的"水油分离"，而在 1980 年有理论研究推测相分离可能存在于生命系统，但无实证(Cohen and Murray，1981)，直到 2013 年 Liu 等(2013)首次从理论和实验上证实生命系统亦遵循相分离原理，即贻贝生态系统在短时间内形成规则斑图的机制在数学上与广义 CH 方程等价。相分离原理的本质为当相似粒子的局部浓度增加时，粒子从分散运动向聚集运动转变，即粒子向相似粒子浓度高的区域移动，促使这些区域内相似粒子的浓度更高，从而在空间上形成规则斑图(图 10.1e)。相分离原理最直观地表现为粒子的运动速率依赖于粒子的局部浓度，两者存在非线性的关系(图 10.1f)。在生态学中，虽然相分离原理和图灵原理均能生成规则斑图，但是相分离原理满足变量在时空上的守恒，而图灵原理则不满足，其本质是空间均匀态的不稳定动力学行为(Meron，2015)，因而两者存在根本上的不同。

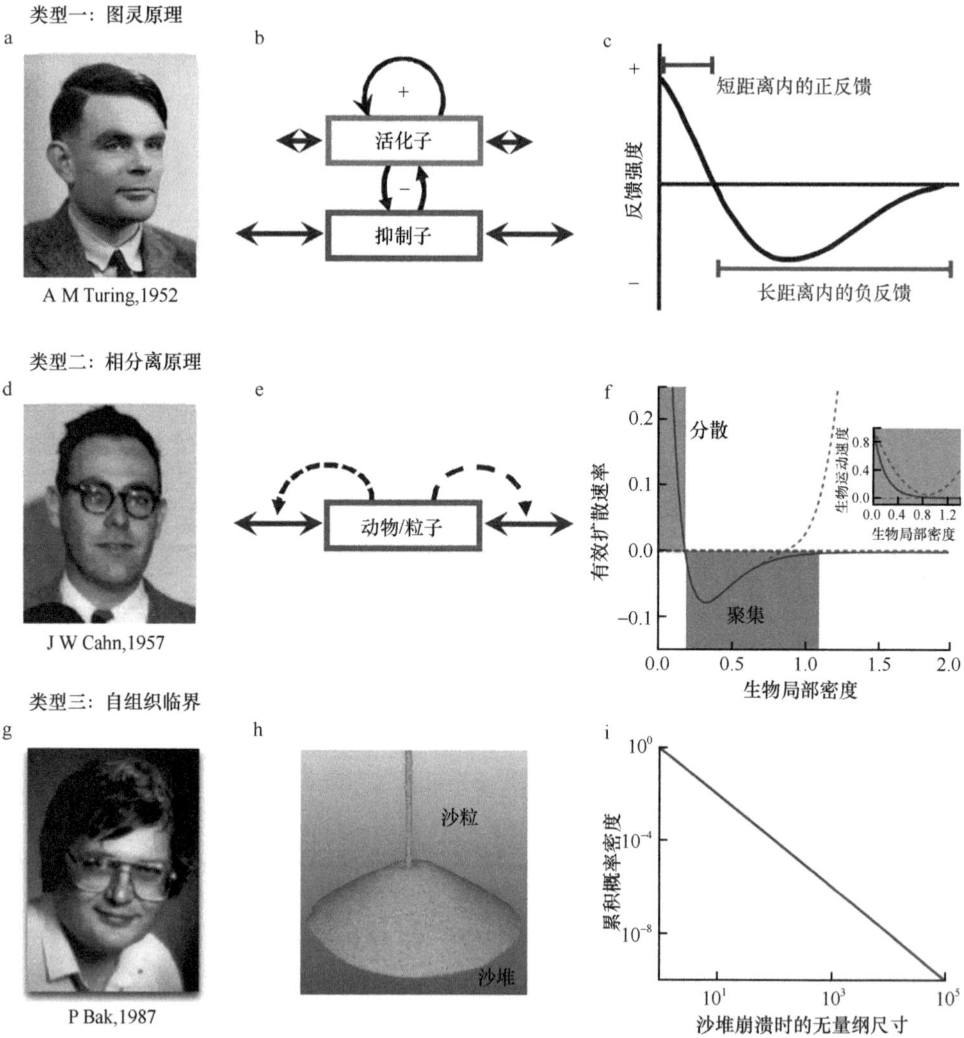

图 10.1　三种自组织机制

图灵原理的示意图：a. 图灵的肖像来自计算机历史博物馆；b. 抑制子-活化子的相互作用；c. 依赖尺度的反馈。相分离原理的示意图：d. 卡恩的肖像来自 Liu 等(2016)；e. 动物或粒子的聚集与分散；f. 依赖密度的有效扩散速率。自组织临界的示意图：g. 巴克的肖像来自 www.eoht.info；h. “BTW”沙堆模型；i. “BTW”沙堆模型崩溃时具有的标度不变性自组织临界：巴克(Bak，图 10.1g)与合作者在 1987 年提出了一个统计物理范畴的思维实验“BTW”沙堆模型并提出了自组织临界的概念(Bak et al.，1987)。这个思维实验的具体过程是：使沙粒缓慢地落下逐渐形成沙堆，并且允许沙粒从沙堆的边界脱离沙堆(图 10.1h)，当输入和脱离的沙粒两者数量相等时沙堆会进入静止状态，这时输入和脱离的沙粒之间会通过特殊的方式形成局部的动力学过程。当沙粒输入速率无限慢时，沙堆可能会在任何尺寸崩溃，即沙堆崩溃时的尺寸进入了无标度的状态。换言之，若进行大量的“BTW”沙堆模型实验，沙堆崩溃时尺寸的频率分布应当满足幂律分布(图 10.1i；后文称幂律分布为 PL，截断幂律分布为 TPL)，此时系统所处的状态被称为自组织临界状态。自组织临界与传统热力学临界最大的不同在于非平衡态系统可以在宽阔的参数范围内自发地缓慢到达自组织临界，而平衡态系统需要通过调整各种参数到狭窄的参数范围时才能到达传统热力学临界(Bak，1996)。自组织概念一经提出就在各个学科中，特别是在与生命有关的学科中受到了广泛的关注(Jensen，1998)。但事实上，直到今天依然没有人能给出系统处于自组织临界状态的充分必要条件，自组织临界这一客观存在但难以精确描述的状态依然是统计物理领域的研究热点。在生态学中自组织临界常被用来解释不规则斑图的形成和生物集群行为中出现的长程关联。最广为人知的自组织临界模型是森林火灾模型(Drossel and Schwabl，1992；Malamud et al.，1998)，其可以在宽阔的参数范围内生成斑块尺寸的频率分布符合 PL 或 TPL 的不规则斑图，很多研究亦认为可在宽阔的参数范围内产生不规则斑图的系统与其处于自组织临界状态有关(Hergarten，2002；Stollenwerk and Jansen，2011)。鸟群和细菌群落的生物集群行为在一定条件下分别会出现“个体有序且整体有序”和“个体随机但整体有序”两种群体有序结构(Chen et al.，2012；Haimovici et al.，2013；Attanasi et al.，2014；周超等，2017)，研究发现它们可以在空间上进行“无尺度性”的协同运动，同时由于生物系统是典型的非平衡态系统，因而这类生物集群系统可能处于自组织临界状态。不可否认，自组织临界这一概念对与生命相关的学科充满了吸引力，但是我们对它目前在生态学中的角色持保留态度，由于自组织临界的定义本身并不清晰，因此其存在被滥用的可能(Dickman et al.，2000)，同时由于非平衡态系统演化至自组织临界状态的动力学过程依然扑朔迷离，因此目前也没有令人信服的实验证据可以具体描述生态系统演化至自组织临界状态的过程。

海岸带位于海洋、陆地和大气系统三者的狭窄交界面，是陆海相互作用最为剧烈的地带(Mei，1989)，其间分布有许多重要和特殊的生态系统(Alongi，1998)。海岸带生态系统不仅是全球最具生产力和最富生物多样性的生态系统，还为人类提供了风暴防御、渔业、旅游和固碳等生态服务(Moberg and Folke，1999；Barbier et al.，2011；Mcleod et al.，2011；Mehvar et al.，2018)。然而，在全球气候变化加快和人类活动持续增强的大背景下，海岸带生态系统在各个空间尺度上均遭受着日益严重的破坏和威胁。例如，牡蛎、珊瑚礁、海草三种生态塑造物种的生物量分别至少减少了 85%、19%和 29%(Côté et al.，2006；Waycott et al.，2009；Beck et al.，2011)。因而，加深对海岸带生态系统的理解对保护乃至恢复海岸带生态系统至关重要。在各种生态理论中，蓬勃发展的生态自组织理论不仅具有成为普遍性生态法则的潜力，还可为海岸带生态系统的保护和恢复提供见解。

本章回顾近年来在海岸带生态系统自组织过程研究领域的主要成果，并阐明自组织涌现属性对生态系统功能的影响。首先，在第二部分介绍 5 种存在显著斑图的海岸带生态系统，描述其生成斑图的自组织过程，并解释斑图在各个生态系统中的功能；接着，在第三部分介绍生态系统自组织过程对主要生态功能的影响；然后，在第四部分介绍目前证实自组织机制的可靠实验证据；最后，在第五部分提出 5 个关于生态系统自组织理论研究的前沿开放问题。

10.2　海岸带生态系统的自组织过程

本节以 5 种典型的海岸带生态系统为例介绍自组织过程，其中对盐沼、底栖硅藻和贻贝分别介绍其形成规则斑图与不规则斑图的生态过程，对海草和珊瑚礁介绍其形成规则斑图的生态过程，并阐明自组织过程对这 5 种典型海岸带生态系统功能的影响。

10.2.1　盐沼

盐沼广泛分布于具有一定盐度、水动力作用较弱(主要指波浪动力较弱)且较温暖的海湾、河口和潟湖地区(Chapman，1974)。盐沼可以保护沿海地区免受风暴侵袭、固碳和转化营养物质，并为人类提供渔获等生态服务(Silliman et al.，2009)，其规则斑图和不规则斑图均有文献报道。在美国利特尔河河口低潮带分布的苔草(*Carex stricta*)斑图内斑块呈规则点状分布(图 10.2a)，斑块之间的距离约为 60cm。苔草丛生长在隆起的根堆上，在彼此之间的区域大量死去的苔草以放射状掉落，这些死去的植物积累成为影响光向下照射和限制苔草种子发芽的有害物质层(Crain and Bertness，2005)。同时，由于隆起的根堆在顶部将苔草顶出了有害物质层，因此根堆顶部的苔草得以较好地生长。野外移植实验证明，苔草丛没有短距离内的正反馈，只具备有害物质层距苔草丛越远从而导致苔草丛生长效果先增后减的负反馈，此生态过程是依赖尺度的反馈的一个变种，即只存在长距离上的抑制作用(van de Koppel and Crain，2006)。苔草丛规则斑图的存在亦证明存在长距离上的负反馈是生态系统存在规则斑图的必要非充分条件(Eppinga et al.，2009)。

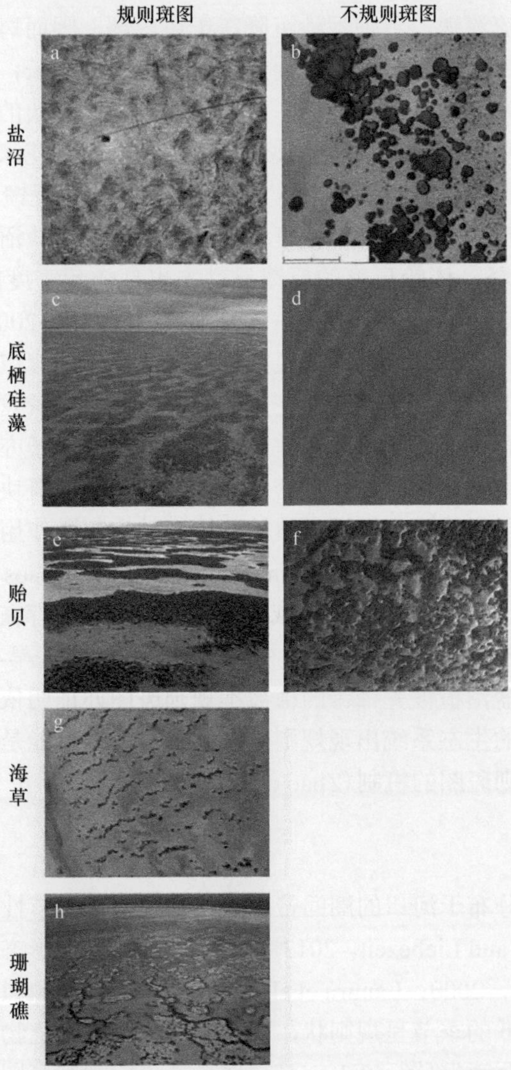

图 10.2　5 种典型海岸带生态系统中的斑图

盐沼的两种斑图：a 来自 van de Koppel 和 Crain(2006)；b 来自 Zhao 等(2019)。底栖硅藻的两种斑图：c 与 d 均位于欧洲北海潮间带。贻贝的两种斑图：e 与 f 均位于欧洲北海潮间带。海草的规则斑图：位于澳大利亚的沙克海湾。珊瑚礁的规则斑图：位于澳大利亚的大堡礁

淤泥质潮滩在从低至高的高程梯度上经常呈现无植被光滩—盐沼植被先锋带—均匀全覆盖盐沼植被带的空间格局(van Wesenbeeck et al.，2008a)，其中盐沼植被先锋带大多存在显著的不规则斑图(图 10.2b)。在盐沼植被先锋带，植被斑块附近往往由于水动力较强而存在明显的冲刷沟(Temmerman et al.，2007)，这些冲刷沟的存在是植被与动力沉积作用之间存在依赖尺度的反馈的直接证据。互花

米草斑块可降低水流流速，致使泥沙沉降在斑块内部，因而斑块处的高程得以升高且互花米草淹水时间得以减少，这促进了互花米草的生长，这个过程在短距离内形成了促进互花米草生长的正反馈。然而，互花米草斑块的存在导致斑块边缘的水流流速增加，从而导致斑块边缘被侵蚀成沟，因而互花米草无法进一步向外扩张，这个过程在长距离上形成了抑制互花米草生长的负反馈(van Wesenbeeck et al.，2008b)。进一步而言，这种植被斑块形成的机制可为盐沼植被先锋带的植被不规则斑图提供解释。依赖尺度的反馈反过来也是依赖密度的反馈(Rietkerk et al.，2002；van de Koppel et al.，2005a；van Hulzen et al.，2007)，即互花米草斑块内的正反馈与互花米草斑块外缘的负反馈两者的具体强度取决于斑块的面积和体积，不同距离上的反馈强度随着互花米草的密度或生物量发生变化。但是，由于潮间带不同区域存在显著的水动力差异，变化的物理因子亦会导致依赖尺度的反馈的具体表现发生变化，因此不同密度和生物量的植被斑块与非均一的流体之间的非线性相互作用导致不同区域的植被斑块与动力沉积作用之间依赖尺度的反馈出现了差异性显著的表现形式(Lejeune et al.，2002；D'Alpaos et al.，2007；Kirwan and Murray，2007)，其结果就是此区域植被斑图内斑块不存在特征尺度，从而形成了不规则斑图，这与资源几乎可以被视为均匀分布的半干旱-干旱地区的植被生态系统差异极大。盐沼植被先锋带的植被不规则斑图亦证明依赖尺度的反馈不仅是环境均质性很强的生态系统出现规则斑图的机制，还可能是环境异质性显著的生态系统出现不规则斑图的机制(Zhao et al.，2019)。

10.2.2　底栖硅藻

底栖硅藻广泛分布于河口的潮间带区域，是潮间带季节性底栖食草动物的重要食物来源(Scholz and Liebezeit，2013)。底栖硅藻斑图的形态往往呈现季节性变化(de Brouwer et al.，2000；Lanuru et al.，2007；Weerman et al.，2011a)，在底栖食草动物生物量较低的季节呈规则状，而在底栖食草动物生物量较高的季节逐渐变化为不规则状乃至消失(图 10.2c、d)。底栖硅藻的规则斑图在强潮流区域呈现“脊-沟”状，在弱潮流区域接近圆形，其中底栖硅藻分布于地表高处。底栖硅藻会在地表高处分泌生物膜，这种生物膜会制造出胞外聚合物(extracellular polymeric substance，EPS)以增强局部沉积物的黏性和稳定性，使泥沙在 EPS 区域逐渐积累变高，这就导致在潮汐过程中潮水会很快地从地表高处排向地表低处，从而减少潮水对地表高处 EPS 的破坏，因而在 EPS 的保护下底栖硅藻得以更快地生长(Weerman et al.，2010)。在这个生态过程中，短距离内的正反馈发生于底栖硅藻与沉积物之间，它使硅藻区域的局部沉积物不断积累形成“脊”状和圆形的突起形态。进而，地表高差的增强将使水更快且更多地汇集在地表低洼处，在低洼处的积水会防止 EPS 大量生成，从而使底栖硅藻在低洼处不易定殖且沉积物易被水流搬运走，构成了长距离上对底栖硅藻生长的抑制作用，两者构成了依赖尺度的反馈(Weerman et al.，2012)。

底栖硅藻生态系统的不规则斑图内斑块尺寸的频率分布呈现 TPL 的特征，且 TPL 的截断值随着底栖硅藻生态系统的退化而不断下降，这表明这种退化与规则斑图中较大斑块的消失同步发生(Weerman et al.，2012)。野外观测发现，底栖食草动物对底栖硅藻的捕食导致其从规则斑图逐渐变为不规则斑图(Weerman et al.，2011b)。在这个过程中，并不是底栖食草动物对底栖硅藻斑图的形态起了直接的改造作用，而是底栖食草动物的捕食降低了底栖硅藻的生物量，导致底栖硅藻与沉积物之间依赖尺度的反馈逐渐消失，因而底栖硅藻系统会从具有高生物量的规则斑图状态(且地表高差显著)向只有极低生物量的不规则斑图状态(且地表无显著高差)变化。从这个角度看，底栖硅藻的斑图变化可作为底栖硅藻生态系统退化和突变的指示器(Rietkerk et al.，2004；Kéfi et al.，2007；Scheffer et al.，2009)。然而，在底栖硅藻与沉积物之间依赖尺度的反馈逐渐消失的同时，是否浮现出另一种机制促使底栖硅藻不规则斑图的斑块保持了一定程度的尺度不变性(即斑块尺寸的频率分布满足 PL 或 TPL)目前尚不得而知。

10.2.3　贻贝

贻贝在全球各种类型的海岸均有分布(National Research Council(U.S.)，1980)，其不仅具有显著的消浪护堤功能，还是食用蛋白质的重要来源之一，具有价值极高的生态服务功能(Moreto and Parducho，1985)。与盐沼及底栖硅藻类似，贻贝生态系统亦存在规则斑图与不规则斑图(图 10.2e、f)。贻贝规则斑图可以在多尺度上同时出现，广泛分布于欧洲北海和瓦登海潮滩的贻贝种群 *Mytilus edulis* 是典型的例子。在生态系统层次上，贻贝之间在大于 1m 的尺度上对食物(藻类)进行竞争，同时，贻贝之间在小于 1m 的尺度上通过聚集成堆来拦截水流中的泥沙，以此提高贻贝群的局部高度来增加个体的捕食效率，这个短距离内促进与长距离上竞争的耦合过程可以解释在 5～10m 尺度上出现的贻贝带状斑图(van de Koppel et al.，2005a)。在个体层次上，贻贝个体通过依赖密度的运动速率变化在小斑块(即中等密度)中聚集而从大斑块(即高密度)中逃离，形成斑块间大约 15cm 宽的网状斑图，贻贝在斑块中用足丝线(byssal thread)联结在一起以防被捕食和被水流冲走(van de Koppel et al.，2008；Liu et al.，2013；de Paoli et al.，2017)。

综合而言，贻贝生态系统在厘米和天的尺度上形成的网状斑图是由依赖密度的运动速率所驱动，而在米和月的尺度上形成的带状斑图则是由依赖尺度的反馈所驱动。两者的形成机制亦与其生态功能息息相关。当规则斑图产生于贻贝为减少水动力(如波浪)扰动造成的贻贝损失而聚集成堆时，斑图意味着提高生态系统的生产力和加快生态系统受扰动后的恢复速率(Liu et al.，2014)。而当规则斑图产生于高处捕食效率更高所导致的贻贝堆叠时，斑图的涌现属性对生态功能的影响则十分微弱(Liu et al.，2012)。贻贝生态系统的多尺度规则斑图提高了其在面对外部环境变化时的鲁棒性(Liu et al.，2014)。

自然界的贻贝不规则斑图亦曾被文献报道，分布于美国加利福尼亚基岩海岸的贻贝种群 *Mytilus californianus* 所形成的斑图内斑块尺寸的频率分布呈现出 PL 特征(Menge and Sutherland，1987；Guichard et al.，2003)。由于基岩海岸的波浪较强，贻贝个体之间需要通过足丝线将彼此联结在一起以防被波浪卷走(Denny，1987)。然而，足够强的波浪依然可以将一部分贻贝卷走并留下空地，此时若空地的邻域内存在成年贻贝，此空地可能会被移动而来的成年贻贝占据(Paine and Levin，1981；Helmuth，1998)。在这个生态过程中，波浪的扰动作用与贻贝间相互促进导致的恢复作用均发生于局部，即系统的正反馈与负反馈均在短距离内发生，显著区别于产生规则斑图的贻贝生态系统，这是两者出现不同斑图形态的根本原因(Guichard et al.，2003)。此外，贻贝种群 *Mytilus californianus* 不规则斑图的形成机制可能处于自组织临界状态(Wilson et al.，1996)，结合野外测量的结果发现，贻贝生态系统在面临波浪扰动这一巨大的外部压力时会通过演化至自组织临界状态来增加生态系统的生物量和提高扰动后的恢复速率(Pascual and Guichard，2005)。

10.2.4 海草

海草生态系统覆盖了全球海洋面积的 0.1%～0.2%，是海洋生境的重要生态塑造物种，为大量的鱼类和无脊椎动物提供了栖息地(Orth et al.，2006)，亦是全球重要的碳库(Fourqurean et al.，2012)。无论是潮间带的海草生态系统还是潮下带的海草生态系统均存在各种形态的规则斑图(图 10.2g)(van der Heide et al.，2007，2011)。早些的研究都认为海草生态系统的规则斑图完全取决于动力因子(Patriquin，1975；Robbins and Bell，1994；Fonseca et al.，2002)，随后的一些研究发现海草可改善自身的生长环境，如减弱水流和减少泥沙的再悬浮，这表明在海草与其依存环境之间可能存在依赖尺度的反馈(van der Heide et al.，2007，2008)。分布于法国布列塔尼砂质海岸线潮间带的 *Zostera noltii* 规则斑图呈现出带状斑块结构，且带状斑块的长轴大体上垂直于该地区的流向和波向(van der Heide et al.，2010)。海草斑图位于从海向陆的水深梯度上，虽然海草斑图内海草的覆盖度和斑块的平均尺寸受控于不同水深梯度上潮汐动力引起的淹水时间、光照条件等梯度因子(Leuschner et al.，1998)，但海草斑图的形成却是来自海草与其局部动力沉积环境之间依赖尺度的反馈(van der Heide et al.，2010)。

局部高密度的海草群会捕集泥沙以防止根被波浪掘起(相当于增加了滩面的粗糙度)，海草与泥沙之间构成了短距离内的正反馈。同时，海草的地表部分会导致波浪与海草群相互作用后在海草群向陆一侧形成强剪切力环境，进而导致海草群陆侧的根被掘起、泥沙被侵蚀形成低洼地，从而构成了长距离上的负反馈。由于直接的物理作用(如水流)在某些区域确实可以导致海草斑图的形成(Marba and Duarte，1995；Fonseca et al.，2002)，因此上述在法国布列塔尼地区发现的海草斑图形成机制是否适合其他区域需要进一步的验证。此外，在生态功能方面，与半干旱地区植被斑图可以指示生态系统临近崩溃不同，海草斑图只能表征海草生态系统在植被均匀全覆盖的稳态与带状规则斑图的稳态之间存在突变的可能，因而海草斑图不能指示海草生态系统的崩溃(van der Heide et al.，2010)。

10.2.5　珊瑚礁

珊瑚生态系统多见于南北纬 30°之间的海域中，多见于太平洋中、西部，其不仅是保护海岸线免受波浪侵蚀的重要屏障，还是地球生物圈中生物多样性的热点区域(Bellwood et al.，2004；Pandolfi et al.，2011)。珊瑚生态系统的规则斑图呈现多尺度的特征，最小的斑图出现在 0.1m 尺度上，表现为具有精细复杂结构的珊瑚定殖点在垂直于水流的方向上以规则的间隔分布(Helmuth et al.，1997)，而最大的斑图结构出现在 1～10km 尺度上(图 10.2h)，表现为珊瑚礁沿优势洋流方向排列(Jupp et al.，1985)。由于种类构成相同的珊瑚虫群体在诸如光照、水动力和营养条件等相异的环境因子的驱动下会形成相异的斑图结构，因此可推知环境因子对珊瑚斑图的形成有重要作用(Jeremy，1991；Gattuso et al.，1999)。从营养的角度来说，不同空间尺度的珊瑚群落(如定殖点的珊瑚虫和珊瑚礁)可通过发育成规则斑图状增加自身的表面粗糙度或增加水流在其间的流动路径复杂度以达到阻滞水流并从中截留营养的目的(Mistr and Bercovici，2003)。

珊瑚生态系统斑图的生态过程为：虫黄藻(*Effrenium voratum*)通过光合作用消耗水流中的营养物质并为珊瑚虫提供食物与 O_2，而珊瑚虫钙化过程产生的 CO_2 可供虫黄藻进行光合作用。在这个生态循环中，虫黄藻的光合作用对 CO_2 的转化可以增强珊瑚的钙化(Borowitzka and Larkum，1987)，珊瑚虫钙化后可增加珊瑚的表面粗糙度或使水流在珊瑚间的流动路径更加复杂，从而强化对水体中营养物质截留的能力，进而可使虫黄藻的光合作用进一步增强，可见珊瑚虫和虫黄藻之间形成了在珊瑚邻域内的正反馈；此外，由于水体携带的营养物质是通过洋流在长距离上进行输移的，因此营养物质随着水体在经过珊瑚时会被虫黄藻不断地消耗，形成了各个珊瑚附近的虫黄藻对营养物质在长距离上的竞争，从而形成了长距离上的负反馈，两者构成了珊瑚生态系统在摄取营养时依赖尺度的反馈(Mistr and Bercovici，2003)。珊瑚斑图的存在使珊瑚群落对水体中营养的利用率显著提高，对珊瑚生态系统生产力和生物多样性的提高有重要意义(Hopley et al.，2007)。

10.3　自组织的生态系统功能

生态系统自组织过程产生了规则或不规则的斑图，更为重要的是，复杂系统的自组织过程存在涌现属性，即系统内部的非线性过程会导致系统整体不一定等于系统各个部分之和(Nicolis and Prigogine，1977)。具体而言，生态系统产生这些斑图的自组织机制会对生态系统的功能产生显著影响，譬如，依赖尺度的反馈这一机制在某种程度上就是为了探求生态系统斑图的生态功能而被推动发展起来的(Pringle and Tarnita，2017)。本节将从生态系统的生产力、恢复力、突变早期信号和生态多样性四个角度阐述生态系统自组织过程对生态功能的影响。

10.3.1　生产力

理论研究与实验证据均表明，当非生物的环境条件相同时，生态系统具备规则斑图时的生产力显著强于其具备随机空间结构时的生产力(Lejeune et al.，2002；Yizhaq et al.，2005)。在干旱地区，令植被生态系统生成规则斑图的资源浓缩机制可使有限的资源在植被系统内部被最大化地利用以尽可能地提高系统的生产力(D'Odorico et al.，2006a；Guttal and Jayaprakash，2007)，沙漠化严重的以色列已经将这种理论应用于沙漠化地区的生态管理和恢复中(Shachak et al.，1998)。塞瓦纳(savanna)系统中，在各个营养水平下呈六边形均匀分布的白蚁丘(白蚁巢穴的地上部分)都比随机分布的白蚁丘具有更多的植被和更高的动物丰度，这是由于白蚁的垂向运动可导致土壤渗流能力提高一个数量级(Tongway et al.，2001)，从而促进植被在水资源较丰富的白蚁丘附近定植。同时，由于呈六边形均匀分布的白蚁丘可在景观尺度上令空间上所有点到其最邻近白蚁堆的平均距离最小，因此大大减少了植被种子在传播过程中所需花费的代价，从而显著地提升了植被及以植被为食物的动物群落的生产力(Pringle et al.，2010)。在潮间带，贻贝生态系统和珊瑚礁均可以通过形成多尺度规则斑图来改变水流的结构以提高摄食效率，进而提高系统的生产力(van de Koppel et al.，2005a；Mistr and Bercovici，2003)。

不规则斑图在很多生境恶劣的生态系统中被认为是系统生产力最大化的标志，此时的生态系统往往已经接近崩溃(Kéfi et al.，2010，2011)。在地中海沿岸的半干旱地区，稀少的降水耦合植被短距离内的正反馈作用促使植被生态系统生产力最高时呈现出植被不规则斑图内斑块尺度的频率分布符合 PL 或 TPL(Kéfi et al.，2007)。在基岩潮间带，面对强烈的波浪扰动，贻贝不规则斑图内斑块尺度的频率分布亦符合 PL 或 TPL，此时波浪卷走贻贝后留下的空地可以最快地被依然留存的成年贻贝占据，从而给成年贻贝原所在位置的幼年贻贝释放出繁殖和生长所需的空间和资源，从而保持系统生产力的最大化(Guichard et al.，2003)。在海洋浮游生物系统中，不规则斑图往往是捕食关系和流体动力共同作用的结果(Rovinsky et al.，1997)，因而不规则斑图并不是系统生产力最大化的标志，但是小尺度的不规则斑图可通过尺度放大效应在大尺度上影响海洋的初级生产力(Brentnall，2003)。

10.3.2　恢复力

生态系统的恢复力是指生态系统受到扰动后恢复原有状态的能力(Pérez et al.，2010)，从自组织理论的角度来看，指生态系统被扰动后虽偏离但未离开原有的动力学吸引子(稳态)，并可以很快回到被扰动前的系统状态的能力。生态系统具有的稳定斑图往往就对应于生态系统的一个稳态，因而了解生态系统形成斑图的自组织过程对评估生态系统的恢复力至关重要。同时，在人类活动持续增强导致环境压力进一步加大的今天，把握生态系统的恢复力对保护生态系统乃至进行生态系统恢复尤为关键。

多种规则斑图的形成机制在不同尺度上的共存具有显著的生态功能。对潮间带贻贝规则斑图的理论和实验研究均表明，在个体层次和生态系统层次的自组织过程的相互作用是决定贻贝生态系统恢复能力的关键因素。理论研究表明，具有多尺度规则斑图的贻贝生态系统的恢复速率比无斑图的贻贝生态系统的恢复速率快 10 倍以上(Liu et al.，2014)。实验研究表明，由贻贝的运动行为所驱动的小尺度斑图对帮助贻贝群减少波浪扰动造成的损失具有至关重要的作用，而当有贻贝被波浪卷走时，大尺度的贻贝斑图有助于改善小尺度斑图的形态以促进小尺度斑图获得更强的抵御扰动的能力(de Paoli et al.，2017)，相关的案例亦可见于半干旱-干旱地区白蚁与植被共存的生态系统(Bonachela et al.，2015)。

直接测量生态系统的恢复速率需要极为严苛的实验条件，并且很难在野外实际的生态系统中进行，这大大限制了将生态系统的恢复速率作为生态管理指标的应用范围(Dakos et al.，2012，2013)。然而，近期对荷兰潮间带盐沼湿地的研究显示，利用航空影像提取盐沼系统斑图后可直接计算具有显著环境异质性的盐沼系统的恢复速率，并结合形成盐沼斑图的自组织机制可对盐沼的退化情况进行评估(van Belzen et al.，2017)。这不仅极大地减少了评估生态系统恢复速率的工作量，还在遥感技术蓬勃发展的今天为空间自组织斑图及相关理论提供了广阔的应用前景。

生态恢复已经被提升为一个逆转全球海岸湿地退化趋势的重要策略(Hassan and Scholes，2005)。目前海岸生态恢复科学强调尽量减少幼苗之间的竞争以最大限度地提高种植的成功率(Halpern et al.，2007；Gedan and Silliman，2009)，这种方式忽视了生态自组织理论中短距离内的正反馈可促进幼苗在高物理压力(如水动力)下的存续。美国大西洋西部和东部沿岸的生态恢复实验都证明，在种植幼苗时简单地改变区域内幼苗的空间结构，即将幼苗放在彼此的旁边，而不是每个幼苗之间都间隔一定的距离，便可利用幼苗之间的促进作用平均提高107%的幼苗存活率(Silliman et al.，2015)。因此，生态恢复中几乎无成本的微小调整可能会促使植物个体之间短距离内的促进作用被触发，进而显著地提高生态恢复的成功率。由于许多生活在海岸带生态系统中的植被天然具备短距离内的彼此促进作用，因此将这类种植方式纳入海岸生态恢复理论可在生态保护资金有限的情形下提高生态保护效率、增强绿色堤防效果和优化生态服务能力。

10.3.3 突变早期信号

生物量是评估生态系统退化程度的直接指标，但是强非线性的生态系统会随着环境压力的升高在内部正反馈的作用下导致生物量局部双稳态的涌现，进而在双稳态的边缘出现临界点(tipping point)(Scheffer et al.，2009；Veraart et al.，2012)。生物量在临界点会发生变为0的突变，然而生物量何时会达到临界点目前是难以预知的，因而将其作为评估生态系统退化程度的指标往往会由于临界点的存在而失效(Rietkerk et al.，2004；Carpenter et al.，2011)。生态系统中这种难以预测的突变伴随着生态资源的陡然损失或增加，这是自然条件的巨大改变，也必然对人类的生产生活造成巨大影响。对生态系统进行有效管理和制定适宜的恢复策略强烈地依赖于掌握生态系统不同稳态的表现形式，而其中最直观的表现形式即为生态系统的斑图，因而从自组织空间斑图角度尝试预测生态系统的突变始终是生态学研究的热点问题(Drake and Griffen，2010；Dai et al.，2012)。客观来说，目前依然缺乏公认且实用的预测空间范围较大的生态系统在面临环境变化时是否会发生突变的工具，而在所有候选工具中空间自组织斑图具有极大的发展潜力(Weerman et al.，2012)。

目前对半干旱-干旱地区植被规则斑图的研究已使规则斑图成为预示不可逆的生态系统退化的直观指示器。随着降水量的下降，植被斑图从空间上均匀分布的全覆盖状态先变为具有缺口状空地的植被覆盖状态，接着变为条带状植被覆盖状态，然后变为点状植被覆盖状态，最后植被突变式地消失变为裸地(Scheffer et al.，2001，2016)。此生态系统的每种斑图都对应一种稳态，且系统在全局尺度上存在双稳态特征，所以从点状斑图到裸地之间的突变一旦发生就会毁灭系统内的全部植被，导致植被生态系统的退化难以自然逆转(Rietkerk et al.，2004)。这是由于此区域植被斑图的形成机制是以依赖尺度的反馈为根本特征的资源(如水或营养)局部浓缩机制，并且这种资源局部浓缩机制必须通过植物来启动，因而一旦植被在整个系统中消失，在无外力干预的情形下即使资源再次增加，这种机制也无法在裸地启动，这将导致植被生态系统难以自然恢复。然而，亦有理论研究认为在半干旱-干旱地区的植被生态系统中，点状斑图与裸地之间发生突变的可能性微乎其微，即由点状斑图至裸地的变化会通过同宿蛇(homoclinic snaking)形式“逐渐”发生(Meron，2016)，但我们认为这种同宿蛇形式的变化依然属于突变。不可否认的是，在所有基于依赖尺度的反馈这一思想的理论模型中，没有模型可以用存在斑图的生态系统的原位测量数据进行完全的参数化，这也是所有这类模型的最大缺陷，也是目前难以在数值上精确预测生态系统突变的根本原因(Juergens，2015；Pringle and Tarnita，2017)。

除了上述的规则斑图，不规则斑图亦被作为生态系统接近突变的指示器，其中最主要的指标为 PL 和 TPL 的指数与截断值(Kéfi et al.，2011)。有研究显示，在半干旱-干旱生态系统中由植被局部正反馈过程所驱动的不规则斑图会随着放牧压力增加或降水减少导致 PL 和 TPL 的指数下降及截断值增加(Kéfi et al.，2007)。然而，关于这两个指标是否合适的争论延续至今(Maestre and Escudero，2009；Pueyo，2011)。这主要是由于存在一个重大的统计理论问题，PL 和 TPL 在数学上与大数定理存在矛盾(Stumpf and Porter，2012)，目前没有鲁棒性极强的方法来对数据进行 PL 和 TPL 拟合，因此不同的拟合方法往往会得出差异很大的 PL 和 TPL 参数(Pueyo，2011)，进而导致差异极大的突变预测结果。除了这两个指标，亦有研究通过分析不规则斑图的空间自相关系数与空间方差是否陡增来预测生态系统是否即将发生突变(Guttal and Jayaprakash，2009；Dakos et al.，2010)。但是亦有研究发现，生态系统斑图在临近突变时空间自相关系数和空间方差并不一定增大，反而有可能减小(Dakos et al.，2011)。Weerman 等(2012)在海岸地区对底栖硅藻生态系统的退化过程进行分析发现，将斑图内斑块尺寸的频率分布的参数值作为生态系统崩溃的征兆为时尚早。

无论是规则斑图还是不规则斑图，目前生态系统斑图可作为生态系统退化指标的必要非充分条件是(Weerman et al.，2012)：①分解出斑图形成和系统退化的机制；②发展对“斑图吸引子”(即生态系统的稳态)的精确描述，必须在理论上预测出生态系统在未被扰动的情形下斑图将如何变化，必须在实验上获得生态系统在被扰动的情形下斑图如何变化的证据，对两者进行对比分析；③在对生态系统的状况做出可靠的评估之前，基于前两点制定出反映斑图的空间信息及斑图形成机制的强度指标。在上述生态观的基础上，将斑块尺寸的频率分布的指数和截断点(若存在的话)、空间自相关系数、空间方差和平均斑块尺寸等一系列统计指标综合考虑，并进行相关生态系统的实验验证才是目前判断生态系统是否临近突变的可靠方法论。

10.3.4　生态多样性

生态多样性是生态系统的基本属性，亦是评估生态系统健康程度的重要指标，物种间的竞争、食物网的连接性和生物与非生物因素之间的相互作用会导致生境多样性、群落多样性和生态过程多样性变得极其复杂(Levin，1998)。目前，虽然从物种间竞争和食物网联结性这两个角度对生态多样性已有许多研究(Paine，1966；Schoener，1983)，但是从生态系统斑图角度对生态多样性的研究在理论和实验两个方面均较少。由于生态系统斑图的形成过程会显著地改变资源分布，因此其会对其他物种之间的关系产生影响，且这种影响的程度依赖于不同的斑图形成机制之间的相对强度、资源本身的属性及实际的斑图形态(Meron，2015)。

生境的多样性和相应的物种多样性很大程度上取决于生态塑造物种所塑造的斑图类型(Jones et al.，1997；Cuddington et al.，2007)，其中规则斑图只能代表一种生境(单个稳态)，而不规则斑图或许能代表多种生境(多个稳态)，因为不规则斑图亦可能是生态系统在多个稳态上共存所形成的(von Hardenberg et al.，2001；Meron，2016)，所以存在不规则斑图的生境可能具有更高的物种多样性(Gilad et al.，2007；Meron，2012)。必须强调的是，环境变化导致生态系统在不同稳态上变化时可能会由生境多样性的变化导致物种多样性发生违反直觉的变化(Gilad et al.，2004)。以存在显著高程梯度的干旱地区生态系统为例，随着降水量的下降，植被生态系统由带状退化为点状，由于裸地会集中在高程较高处，因此点状斑图内植被斑块的土壤含水量却会明显大于带状斑图，这种全局水资源的下降而植被区域水资源的上升极有可能导致物种多样性上升。

研究生态系统群落多样性的难点在于必须找出表征生态系统群落层次性质的变量，但是目前从自组织视角对这些性质的研究依然极为有限。生物性状在生态位上的协同演化可以解释自然界存在许多相似物种的原因(Scheffer and van Nes，2006)。Norberg 等(2001)和 Nathan 等(2016)利用动力学方法在空间无斑图的多物种生态系统中进行研究发现，在不同物种生物量权重轴上存在的稳定脉冲解可以表征生态系统的功能多样性、群落丰度和群落组成。但是，当生态系统存在斑图时会如何影响群落多样性目前尚不清楚，Meron(2016)推测：生态系统斑图往往代表存在某种或某几种具备改造生存环境能力的功能组，因而这些功能组的存在至少可以在非生物的环境梯度上提高生态过程的多样性。此外，由于斑图通常代表多种生态功能组的耦合，因此从动力系统的角度来看系统可能存在大量的局部双稳态，这会导致至少两种功能组在空间上共存的大量混合状态。因而，虽然不同功能组在局部彼此排斥，但是没有功能组可以在全局上取代其他功能组，从这个意义上讲，斑图的存在可以通过形成不同功能组之间稳定的组合嵌套来影响群落层次的多样性。亦有研究认为，异质性环境导致不同物种的空间扩散率存在差异，这进而在时间上形成了多物种共存的生态位组合，从而增加了物种多样性(Loreau et al.，2003)。然而，我们认为生物与其依存环境之间的自组织过程可以直接导致环境异质性的产生，所以在将来需要大量的理论和实验研究揭开自组织过程在生物多样性领域的神秘面纱。

10.4　生态系统自组织机制的实验证据

本节将从各个自组织机制出发，介绍认可度较高的相关生态学实验证据。

10.4.1　图灵原理

目前在生态系统中验证图灵原理的实验证据就是通过实验测量生态系统是否存在依赖尺度的反馈，即是否存在与图 10.1c 类似的曲线。目前可信的实验证据集中于植被生态系统，主要原因是植被实验具备很好的可操作性。具体而言，在潮间带动力梯度不显著的区域通过在距植被斑块不同的距离上移植植株，同时，在相似环境内设置无斑块的移植对照组(或者直接将原斑块移除后再进行一次相同的植株移植)。在经过合适的时间之后测量两类移植环境下植被的各项生态学参数，以生物量为例，探测不同距离上移植植株生物量在有无斑块的情形下如何变化，通过对比这两种情形确认距斑块不同距离上的移植植株生物量是否存在图灵原理式的变化，此类实验较为可信的有 van de Koppel 和 Crain(2006)、Zhao 等(2019)开展的实验。然而，在潮间带动力梯度显著的区域，目前主要通过在不同动力梯度区域移植植株，测量与上述类似的植被生态学参数，并辅以水槽实验或现场水文监测来测量植被与动力沉积过程之间的相互作用，此类实验证据较为可信的有 van Wesenbeeck 等(2008b)和 van der Heide 等(2010)开展的实验。除上述移植实验外，在干旱地区还可以通过测量植被斑块生物量和距植被斑块不同距离上含水量的年际(这是此生态系统发生显著变化的最小时间尺度)变化，对两者进行互相关分析探测两者的相关性是否随着距离发生图灵原理式的变化(Rietkerk et al.，2000)。

10.4.2　相分离原理

验证生态系统中相分离原理的实验证据与相分离原理的定义直接相关，即测量出生物的运动速率会随着群体内的生物密度发生非线性变化(图 10.1f)。由于这方面的研究起始于 2013 年(Liu et al.，2013，2016)，因此目前的实验证据主要集中于对贻贝生态系统进行的室内控制实验。利用高速摄像机对处于均匀环境的贻贝进行跟踪拍摄，进而计算每个贻贝在其不同邻域半径内的移动速率，发现贻贝个体在贻贝群体密度低时移动速率较高，在贻贝群体密度中等时移动速率较低，在贻贝群体密度高时移动速率再次增高(van de Koppel et al.，2008)。目前仅 Fisher 和 Hoekstra(2010)、Fisher 等(2014)在测量白足鼠属(*Peromyscus*)精子细胞的运动中发现了类似的实验证据，而其他对生物细胞层面相分离现象的研究并没有关注依赖密度的运动速率这一直接证据(Boeynaems et al.，2018)。

10.4.3 自组织临界

目前生态学主要是利用自组织临界这一概念来判断生态系统是否即将完全退化，但事实上就像在 10.3.3 小节中所阐述的，目前对如何进行实测数据的 PL 或 TPL 拟合尚存在争议(Maestre and Escudero，2009；Pueyo，2011)，对生态系统如何进入自组织临界状态或处于其间时的生态过程更是一无所知，因而直接描述系统如何进入自组织临界状态的生态学实验证据尚未被报道。据我们所知，直接证明自组织临界的实验证据只有一个，在挪威奥斯陆有物理研究小组对“BTW”沙堆模型这个思维实验进行了物理实验模拟，不过采用的是具有更小表面张力的细长状米粒，实验结果很好地支持了图 10.1i 的曲线(Frette et al.，1996)。根据我们的设想，若生态系统的突变式退化确实会发生，那么生态学中一个可能成为自组织临界的实验证据是利用遥感技术对某些植被生态系统即将完全退化的干旱区域进行高时空分辨率的监测，在确保区域内降水量在时间上无显著变化的情形下，将此区域分为满足生态统计显著性的若干面积相等的子区域，并侦测每个子区域内植被完全退化前(这也意味着这些子区域的植被必须发生完全退化)的生物量，若这些生物量的频率分布满足 PL，则这是直接支持生态系统存在自组织临界的实验证据。

10.5 前沿开放问题

虽然经过了近 30 年的研究之后科学界已经从自组织角度对生态系统产生了许多新颖且深刻的认识，但客观来说，生态自组织过程和机制的研究依然存在许多尚未得到很好回答的问题。本节将提出与海岸带生态系统关系紧密的前沿开放问题。

10.5.1 多物种自组织过程及功能

目前对两个物种相互作用的自组织过程(如捕食者与被捕食者之间或资源与消费者之间的相互作用)已有了很多的认识(Pistorius and Utterback，1996)，但是对多于两个物种时物种之间自组织过程的了解几乎还是一片空白，目前仅对“石头-剪刀-布”这类特殊的三物种间可彼此循环替代的生态系统有研究(Sinervo and Lively，1996；Kerr et al.，2002；Levine et al.，2017)，但这种生态系统不具有普遍意义。在目前普遍意义上多物种自组织过程的研究中，物种之间相互作用的过程并不是直接发生的，而是通过对同种资源的竞争而间接产生(Norberg et al.，2001；Nathan et al.，2016)。显然，由食物网即可推知仅从捕食关系的角度来说不同物种之间就存在高阶相互作用(high-order interaction)(Grilli et al.，2017；Iacopini et al.，2019），因而目前的自组织研究还远远未揭示多物种的自组织过程。另外，从理论研究的角度看，在多物种自组织研究中一个显而易见的问题是：物种数量的增加将导致物种间关系的数量呈几何级数上升，这对理论研究构成了一个巨大的挑战。

10.5.2　由生物行为驱动的自组织过程

由于生物与其依存环境存在相互作用，不仅环境会导致生物行为发生改变，生物的行为亦会导致环境发生改变，因而在生物行为与依存环境之间明显存在相互的反馈，这很容易让人联想到从自组织的视角看待两者之间的关系。已有研究证明，个体行为和其依存环境之间的反馈可以解释个体生存策略的选择（de Jager et al.，2011；de Paoli et al.，2017；López Pereira et al.，2017；Feinerman et al.，2018），如贻贝个体会使用莱维行走（Lévy walks）策略加速贻贝规则斑图的形成以获取更强的抗扰动能力。同时，对贻贝生态系统相分离过程的研究已经为理解由动物运动驱动的自组织过程找到了一个具有普遍意义的物理机制（Liu et al.，2016）。然而，这些仅从运动角度出发的研究还远远没有挖掘出由生物行为驱动的自组织过程这一理论宝藏。以植物为例，虽然植物没有神经系统，但是近期有实验研究报道了匍匐委陵菜（*Potentilla reptans*）会根据其邻域内同种生物高度和密度的不同在三种可相互替代的策略中“抉择（choose）”一种作为应对竞争光时的最优策略（Gruntman et al.，2017）。同时，亦有关于植被在砂质海岸会通过“抉择”类似莱维行走的策略进行种群扩张的报道（Reijers et al.，2019），那么显而易见的问题是植被的这些“抉择”是如何发生的？由此及彼，在放牧物种大量存在的海岸或者半干旱地区，作为放牧物种食物的植被会不会“抉择”某个种群扩张策略以实现限制放牧物种生物量的目标？从更普遍的意义上来说，生物个体行为是如何通过级联效应来影响生态系统层次的过程和功能？

10.5.3　空间分带的自组织过程

不同植被在空间上分带分布的现象在海岸地区十分常见。例如，在砾石海滩存在互花米草（*Spartina alterniflora*）高密度地均匀覆盖于高程较低处，而非禾本草本植物群落（forb-dominated community）紧邻互花米草但分布于高程较高处，这两者在空间上没有任何交织，即严格地在空间上区分彼此（van de Koppel et al.，2006）。有很多研究认为，塑造生态群落结构的关键在于物种间促进和竞争作用的相对重要性（Bruno et al.，2003），但潮间带不同植被的空间分带现象很可能来源于促进和竞争作用的相对尺度，而非两者的相对重要性（van de Koppel et al.，2006）。例如，作为生态塑造物种的互花米草通过改变局部波浪动力梯度为所有其他种类的植被开辟了潜在生态位，而其他种类的植被与互花米草之间的竞争结果决定了这些植被的空间分布。目前，亦有用长距离上的相互作用(请注意与“图灵原理中长距离上抑制”的差异)来解释这一现象(van de Koppel et al.，2015)。事实上理解这一问题的关键在于厘清作为占优势的生态塑造物种是否会占据所有生境？这种不同植被空间分带分布的现象究竟是物种间的相互作用还是非生物的环境异质性抑或是两者的耦合所导致？

10.5.4 动力-沉积-地貌-生物四者耦合的格局演化

传统的动力地貌理论并不能很好地解释许多地貌格局的形成，并且越来越多的研究发现生物作用对许多地貌格局的形成甚至起着关键作用(Stine and Butler，2010；Goudie and Viles，2016)，同样地，在生态学中若忽略动力沉积作用也无法解释很多群落格局的形成(Kapustka，2004)。在海岸地区，佛罗里达珊瑚礁景观的退化并不是来自环境动力(如温度和波浪)的变化，而是由于*Sphingomonas*属的一个新种杀死了珊瑚虫(Richardson et al.，1995)；河流沙洲与沿岸沙丘上植被斑图的形成与风暴频率及风暴造成的动力沉积过程息息相关(Bertagni et al.，2018)；当综合考虑动力-沉积-地貌-生物四个因子时，往往可以深化对生态地貌格局形成过程的理解，如河道与潮沟(Rodríguez-Iturbe and Rinaldo，2001；Kirwan and Murray，2007；Temmerman et al.，2007)、风成沙丘(Durán and Herrmann，2006；Durán et al.，2008；Durán and Moore，2013)和盐沼(Temmerman et al.，2005；van de Koppel et al.，2005b；Best et al.，2018)。对动力-沉积-地貌-生物四者耦合过程的研究目前是生物地理研究的热点。然而，与生物相关的计算流体力学发展较慢，无论是风动力还是水动力在生物尺度上严格来说无法规避湍流问题，原本在研究较大空间尺度的动力地貌问题时采用雷诺平均来数值求解纳维-斯托克斯方程(Navier-Stokes equation)的方法无法直接在生物尺度上应用。由于生物因素的加入，原本“动力驱动沉积—沉积决定地貌—地貌反馈动力”的动力地貌循环被打破，生物可以对动力和沉积产生影响，动力和沉积也可以对生物产生影响，整个系统的自由度陡增。近期有研究发现，不同扩张速率的植被可以塑造出截然不同的潮间带地貌(Schwarz et al.，2018)，两次风暴影响沙丘的时间间隔与沿岸沙丘植被定植所需时间的比值决定了沙丘的高度(Durán Vinent and Moore，2014)，但目前相关的理论研究还极为有限，因而如何在不同的时空尺度上耦合“动力-沉积-地貌-生物”之间的关系是必须要仔细思考的问题。

10.5.5 自组织机制实验证据与生态系统功能

必须承认，相比于极其丰富的生态自组织理论研究，目前关于生态自组织机制的实验证据是十分匮乏的，这也严重限制了评估自组织涌现属性对生态功能的影响(Pringle and Tarnita，2017)。验证图灵原理的室内控制实验较少，目前仅在物理化学中存在公认的实验证据(Zhabotinsky，1964；Ouyang and Swinney，1991)，而生物学中亟待这样的实验证据出现。生态学中的野外实验证据已经在 10.4.1 小节中介绍，然而目前对可能基于图灵原理产生的生态现象依然需要大量严格的实验证据来佐证，特别是在海岸地区这种环境异质性极强的区域目前依然是在局部动力差异较小的区域进行实验验证，缺乏严格意义上覆盖全动力梯度的实验方法，因而如何进一步厘清生态系统自组织过程和潮间带动力沉积过程对生态系统功能的耦合影响？生态学中验证相分离原理的实验依然十分稀少，在 10.4.2 小节中已经介绍了已有的实验证据。同时，由于验证相分离原理的实验证据较为缺乏，因此对相分离原理可能具备的生态功能目前尚无了解，如相分离过程中斑块尺寸的变化是否可表征生态系统即将突变？目前，自组织临界的实验证据依然停留在侦测系统的某些物理量是否符合 PL 或 TPL，抑或是分析系统具有长程相关性等参数，尚无记录生态或生物系统自发演化至自组织临界状态的实验证据，因而在生态系统是否可以找到自组织临界的直接实验证据并完善自组织临界这一概念的内涵？最终，我们希望能将源于生物作用的自组织机制在实验证据的支持下发展为具有普遍意义且有预测能力的理论框架，因为只有具备了预测能力，生态自组织理论才能得以实际应用。

参 考 文 献

欧阳颀. 2000. 反应扩散系统中的斑图动力学. 非线性科学丛书.上海：上海科技教育出版社.

周超，王威，张何朋. 2017. 活性胶体的个体行为与动态自组装. 科学通报，(2)：194-208.

Alongi D M. 1998. Coastal Ecosystem Processes. Boca Raton: CRC Press.

Attanasi A, Cavagna A, Del Castello L, et al. 2014. Finite-size scaling as a way to probe near-criticality in natural swarms. Physical Review Letters, 113(23): 238102.

Bak P. 1996. How Nature Works: The Science of Self-organized Criticality. New York: Copernicus.

Bak P, Tang C, Wiesenfeld K. 1987. Self-organized criticality: An explanation of the 1/*f* noise. Physical Review Letters, 59: 381-384.

Barbier E B, Hacker S D, Kennedy C, et al. 2011. The value of estuarine and coastal ecosystem services. Ecological Monographs, 81: 169-193.

Barbier N, Couteron P, Lejoly J, et al. 2006. Self-organized vegetation patterning as a fingerprint of climate and human impact on semi-arid ecosystems. Journal of Ecology, 94: 537-547.

Battle C, Broedersz C P, Fakhri N, et al. 2016. Broken detailed balance at mesoscopic scales in active biological systems. Science, 352: 604-607.

Beck M W, Brumbaugh R D, Airoldi L, et al. 2011. Oyster reefs at risk and recommendations for conservation, restoration, and management. Bioscience, 61: 107-116.

Bellwood D R, Hughes T P, Folke C, et al. 2004. Confronting the coral reef crisis. Nature, 429: 827-833.

Bertagni M B, Perona P, Camporeale C. 2018. Parametric transitions between bare and vegetated states in water-driven patterns. Proceedings of the National Academy of Sciences, 115: 8125-8130.

Bertness M D. 1998. Searching for the role of positive interactions in plant communities. Trends in Ecology & Evolution, 13: 133-134.

Best Ü S N, Van der Wegen M V, Dijkstra J, et al. 2018. Do salt marshes survive sea level rise? Modelling wave action, morphodynamics and vegetation dynamics. Environmental Modelling & Software, 109: 152-166.

Boeynaems S, Alberti S, Fawzi N L, et al. 2018. Protein phase separation: A new phase in cell biology. Trends in Cell Biology, 28: 420-435.

Bonachela J A, Pringle R M, Sheffer E, et al. 2015. Termite mounds can increase the robustness of dryland ecosystems to climatic change. Science, 347: 651-655.

Borowitzka M A, Larkum A W D. 1987. Calcification in algae: Mechanisms and the role of metabolism. Critical Reviews in Plant Sciences, 6: 1-45.

Brentnall S J. 2003. Plankton patchiness and its effect on larger-scale productivity. Journal of Plankton Research, 25: 121-140.

Bruno J F, Stachowicz J J, Bertness D. 2003. Inclusion of facilitation into ecological theory. Trends in Ecology & Evolution, 18: 119-125.

Budrene E O, Berg H C. 1995. Dynamics of formation of symmetrical patterns by chemotactic bacteria. Nature, 376: 49-53.

Cahn J W, Hilliard J E. 1958. Free energy of a nonuniform system. Ⅰ. interfacial free energy. Journal of Chemical Physics, 28: 258-267.

Camazine S, Deneubourg J L, Franks N R, et al. 2001. Self-organization in Biological Systems. Princeton: Princeton University Press.

Carpenter S R, Cole J J, Pace M L, et al. 2011. Early warnings of regime shifts: A whole-ecosystem experiment. Science, 332: 1079-1082.

Cavagna A, Cimarelli A, Giardina I, et al. 2010. Scale-free correlations in starling flocks. Proceedings of the National Academy of Sciences of the United States of America, 107: 11865-11870.

Chapman V J. 1974. Salt Marshes and Salt Deserts of the World. London: Elsevier.

Chen X, Dong X, Be'er A, et al. 2012. Scale-invariant correlations in dynamic bacterial clusters. Physical Review Letters, 108: 148101.

Clements F E. 1916. Plant succession: An analysis of the development of vegetation. Washington: Carnegie Institution of Washington.

Cohen D S, Murray J D. 1981. A generalized diffusion-model for growth and dispersal in a population. Journal of Mathematical Biology, 12(2): 237-249.

Côté I M, Reynolds J D, Fisheries Conservation Foundation. 2006. Coral Reef Conservation. Cambridge, New York: Cambridge University Press.

Couteron P, Lejeune O. 2001. Periodic spotted patterns in semi-arid vegetation explained by a propagation-inhibition model. Journal of Ecology, 89: 616-628.

Couzin I D, Krause J. 2003. Self-organization and collective behavior in vertebrates. Advances in the Study of Behavior, 32: 1-75.

Crain C M, Bertness N D. 2005. Community impacts of a tussock sedge: Is ecosystem engineering important in benign habitats? Ecology, 86: 2695-2704.

Cuddington K, Byers J E, Wilson W G, et al. 2007. Ecosystem Engineers: Plants to Protists. Amsterdam: Academic Press: Pages XIII-XV.

D'Alpaos A, Lanzoni S, Marani M, et al. 2007. Landscape evolution in tidal embayments: Modeling the interplay of erosion, sedimentation, and vegetation dynamics. Journal of Geophysical Research-Earth Surface, 112: F01008.

D'Odorico P, Laio F, Ridolfi L. 2006a. Patterns as indicators of productivity enhancement by facilitation and competition in dryland vegetation. Journal of Geophysical Research, 111: G03010.

D'Odorico P, Laio F, Ridolfi L. 2006b. Vegetation patterns induced by random climate fluctuations. Geophysical Research Letters, 33: L19404.

Dai L, Vorselen D, Korolev K S, et al. 2012. Generic indicators for loss of resilience before a tipping point leading to population collapse. Science, 336: 1175-1177.

Dakos V, Kéfi S, Rietkerk M, et al. 2011. Slowing down in spatially patterned ecosystems at the brink of collapse. The American Naturalist, 177: E153-E166.

Dakos V, van Nes E H, D'Odorico P, et al. 2012. Robustness of variance and autocorrelation as indicators of critical slowing down. Ecology, 93: 264-271.

Dakos V, van Nes E H, Donangelo R, et al. 2010. Spatial correlation as leading indicator of catastrophic shifts. Theoretical Ecology, 3: 163-174.

Dakos V, van Nes E H, Scheffer M. 2013. Flickering as an early warning signal. Theoretical Ecology, 6: 309-317.

de Brouwer J F C, Bjelic S, de Deckere E M G T, et al. 2000. Interplay between biology and sedimentology in a mudflat (Biezelingse Ham, Westerschelde, The Netherlands). Continental Shelf Research, 20: 1159-1177.

de Jager M, Weissing F J, Herman P M J, et al. 2011. Lévy walks evolve through interaction between movement and environmental complexity. Science, 334: 1639.

de Paoli H, van der Heide T, van den Berg A, et al. 2017. Behavioral self-organization underlies the resilience of a coastal ecosystem. Proceedings of the National Academy of Sciences USA, 114 (30): 8035-8040.

Denny M W. 1987. Lift as a mechanism of patch initiation in mussel beds. Journal of Experimental Marine Biology and Ecology, 113: 231-245.

Dickman R, Muñoz M A, Vespignani A, et al. 2000. Paths to self-organized criticality. Brazilian Journal of Physics, 30: 27-41.

Drake J M, Griffen B D. 2010. Early warning signals of extinction in deteriorating environments. Nature, 467: 456-459.

Drossel B, Schwabl F. 1992. Self-organized critical forest-fire model. Physical Review Letters, 69: 1629-1632.

Durán O, Herrmann H J. 2006. Vegetation against dune mobility. Physical Review Letters, 97: 188001.

Durán O, Moore L J. 2013. Vegetation controls on the maximum size of coastal dunes. Proceedings of the National Academy of Sciences, 110: 17217.

Durán O, Silva M V N, Bezerra L J C, et al. 2008. Measurements and numerical simulations of the degree of activity and vegetation cover on parabolic dunes in north-eastern Brazil. Geomorphology, 102 (3): 460-471.

Durán Vinent O, Moore L J. 2014. Barrier island bistability induced by biophysical interactions. Nature Climate Change, 5: 158.

Egri Á, Blahó M, Kriska G, et al. 2012. Polarotactic tabanids find striped patterns with brightness and/or polarization modulation least attractive: An advantage of zebra stripes. The Journal of Experimental Biology, 215: 736-745.

Eppinga M B, Rietkerk M, Wassen M, et al. 2009. Linking habitat modification to catastrophic shifts and vegetation patterns in bogs. Plant Ecology, 200: 53-68.

Feinerman O, Pinkoviezky I, Gelblum A, et al. 2018. The physics of cooperative transport in groups of ants. Nature Physics, 14: 683-693.

Fisher H S, Giomi L, Hoekstra H E, et al. 2014. The dynamics of sperm cooperation in a competitive environment. Proceedings of the Royal Society B-Biological Sciences, 281 (1790): 20140296.

Fisher H S, Hoekstra H E. 2010. Competition drives cooperation among closely related sperm of deer mice. Nature, 463: 801-803.

Fonseca M, Whitfield P E, Kelly N M, et al. 2002. Modeling seagrass landscape pattern and associated ecological attributes. Ecological Applications, 12: 218-237.

Fourqurean J W, Duarte C M, Kennedy H, et al. 2012. Seagrass ecosystems as a globally significant carbon stock. Nature Geoscience, 5: 505-509.

Frette V, Christensen K, Malthe-Sørenssen A, et al. 1996. Avalanche dynamics in a pile of rice. Nature, 379: 49-52.

Gattuso J P, Allemand D, Frankignoulle M. 1999. Photosynthesis and calcification at cellular, organismal and community levels in coral reefs: A review on interactions and control by carbonate chemistry. American Zoologist, 39: 160-183.

Gedan K B, Silliman B R. 2009. Using facilitation theory to enhance mangrove restoration. Ambio, 38: 109.

Gilad E, Shachak M, Meron E. 2007. Dynamics and spatial organization of plant communities in water-limited systems. Theoretical Population Biology, 72: 214-230.

Gilad E, von Hardenberg J, Provenzale A, et al. 2004. Ecosystem engineers: From pattern formation to habitat creation. Physical Review Letters, 93: 098105.

Goudie A, Viles H A. 2016. Geomorphology in the Anthropocene. Cambridge: Cambridge University Press.

Grilli J, Barabás G, Michalska-Smith M J, et al. 2017. Higher-order interactions stabilize dynamics in competitive network models. Nature, 548: 210.

Gruntman M, Gross D, Majekova M, et al. 2017. Decision-making in plants under competition. Nature Communications, 8: 2235.

Guichard F, Halpin P M, Allison G W, et al. 2003. Mussel disturbance dynamics: Signatures of oceanographic forcing from local interactions. American Naturalist, 161: 889-904.

Guttal V, Jayaprakash C. 2007. Self-organization and productivity in semi-arid ecosystems: Implications of seasonality in rainfall. Journal of Theoretical Biology, 248: 490-500.

Guttal V, Jayaprakash C. 2009. Spatial variance and spatial skewness: Leading indicators of regime shifts in spatial ecological systems. Theoretical Ecology, 2: 3-12.

Haimovici A, Tagliazucchi E, Balenzuela P, et al. 2013. Brain organization into resting state networks emerges at criticality on a model of the human connectome. Physical Review Letters, 110: 178101.

Halpern B S, Silliman B R, Olden J D, et al. 2007. Incorporating positive interactions in aquatic restoration and conservation. Frontiers in Ecology & the Environment, 5: 153-160.

Hassan R, Scholes R, Ash N. 2005. Ecosystems and human well-being: Current state and trends. Journal of Bacteriology, 1: 1387-1404.

Helmuth B S T. 1998. Intertidal mussel microclimates: Predicting the body temperature of a sessile invertebrate. Ecological Monographs, 68: 51-74.

Helmuth B S T, Sebens K P, Daniel T L. 1997. Morphological variation in coral aggregations: Branch spacing and mass flux to coral tissues. Journal of Experimental Marine Biology and Ecology, 209: 233-259.

Hergarten S. 2002. Self-Organized Criticality in Earth Systems. New York: Springer.

Hiemstra C A, Reiners W A. 2002. Snow redistribution by wind and interactions with vegetation at upper treeline in the Medicine Bow Mountains, Wyoming, USA. Arctic Antarctic & Alpine Research, 34: 262-273.

Hopley D, Smithers S G, Parnell K E. 2007. The Geomorphology of the Great Barrier Reef: Development, Diversity, and Change. Cambridge: Cambridge University Press.

Iacopini I, Petri G, Barrat A, et al. 2019. Simplicial models of social contagion. Nature Communications, 10: 2485.

Jensen H J. 1998. Self-organized Criticality: Emergent Complex Behavior in Physical and Biological Systems. Cambridge: Cambridge University Press.

Jeremy B C J. 1991. Adaptation and diversity of reef corals. Bioscience, 41: 475-482.

Jones C G, Lawton J H, Shachak M. 1997. Positive and negative effects of organisms as physical ecosystem engineers. Ecology, 78: 1946-1957.

Juergens N. 2015. Exploring common ground for different hypotheses on Namib fairy circles. Ecography, 38: 12-14.

Jupp D L B, Mayo K K, Kucher D A, et al. 1985. Landsat based interpretation of the Cairns section of the Great Barrier Reef Marine Park.Canberra, ACT: CSIRO Division of Water & Land Resources.

Kapustka L. 2004. Landscape ecology and wildlife habitat evaluation: Critical information for ecological risk assessment, land-use management activities, and biodiversity enhancement. ASTM International, West Conshohocken, PA.

Kéfi S, Eppinga M, Ruiter P, et al. 2010. Bistability and regular spatial patterns in arid ecosystems. Theoretical Ecology, 3: 257-269.

Kéfi S, Rietkerk M, Alados C L, et al. 2007. Spatial vegetation patterns and imminent desertification in Mediterranean arid ecosystems. Nature, 449: 213-215.

Kéfi S, Rietkerk M, Roy M, et al. 2011. Robust scaling in ecosystems and the meltdown of patch size distributions before extinction. Ecology Letters, 14: 29-35.

Kerr B, Riley M A, Feldman M W, et al. 2002. Local dispersal promotes biodiversity in a real-life game of rock-paper-scissors. Nature, 418: 171-174.

Kirwan M L, Murray A B. 2007. A coupled geomorphic and ecological model of tidal marsh evolution. Proceedings of the National Academy of Sciences of the United States of America, 104: 6118-6122.

Klausmeier C A. 1999. Regular and irregular patterns in semiarid vegetation. Science, 285: 838.

Lanuru M, Riethmuller R, van Bernem C, et al. 2007. The effect of bedforms (crest and trough systems) on sediment erodibility on a back-barrier tidal flat of the East Frisian Wadden Sea, Germany. Estuarine Coastal and Shelf Science, 72: 603-614.

Lejeune O, Tlidi M, Couteron P. 2002. Localized vegetation patches: A self-organized response to resource scarcity. Physical Review E, 66: 010901.

Leuschner C, Landwehr S, Mehlig U. 1998. Limitation of carbon assimilation of intertidal *Zostera noltii* and *Z. marina* by desiccation at low tide. Aquatic Botany, 62: 171-176.

Levin S A. 1992. The problem of pattern and scale in ecology. Ecology, 73: 1943-1967.

Levin S A. 1998. Ecosystems and the biosphere as complex adaptive systems. Ecosystems, 1: 431-436.

Levine J M, Bascompte J, Adler P B, et al. 2017. Beyond pairwise mechanisms of species coexistence in complex communities. Nature, 546: 56.

Liu Q X, Doelman A, Rottschafer V, et al. 2013. Phase separation explains a new class of self-organized spatial patterns in ecological systems. Proceedings of the National Academy of Sciences of the United States of America, 110: 11905-11910.

Liu Q X, Herman P M J, Mooij W M, et al. 2014. Pattern formation at multiple spatial scales drives the resilience of mussel bed ecosystems. Nature Communications, 5: 7.

Liu Q X, Rietkerk M, Herman P M J, et al. 2016. Phase separation driven by density-dependent movement: A novel mechanism for ecological patterns. Physics of Life Reviews, 19: 107-121.

Liu Q X, Weerman E J, Herman P M J, et al. 2012. Alternative mechanisms alter the emergent properties of self-organization in mussel beds. Proceedings of the Royal Society B-Biological Sciences, 279: 2744-2753.

López Pereira M, Sadras V O, Batista W, et al. 2017. Light-mediated self-organization of sunflower stands increases oil yield in the field. Proceedings of the National Academy of Sciences, 114: 7975.

Loreau M, Mouquet N, Gonzalez A. 2003. Biodiversity as spatial insurance in heterogeneous landscapes. Proceedings of the National Academy of Sciences, 100: 12765-12770.

Maestre F T, Escudero A. 2009. Is the patch size distribution of vegetation a suitable indicator of desertification processes? Ecology, 90: 1729-1735.

Malamud B D, Morein G, Turcotte D L. 1998. Forest fires: An example of self-organized critical behavior. Science, 281: 1840-1842.

Marba N, Duarte C M. 1995. Coupling of seagrass (*Cymodocea nodosa*) patch dynamics to subaqueous dune migration. Journal of Ecology, 83: 381-389.

Mcleod E, Chmura G L, Bouillon S, et al. 2011. A blueprint for blue carbon: Toward an improved understanding of the role of vegetated coastal habitats in sequestering CO_2. Frontiers in Ecology and the Environment, 9: 552-560.

Mehvar S, Filatova T, Dastgheib A, et al. 2018. Quantifying economic value of coastal ecosystem services: A review. Journal of Marine Science and Engineering, 6 (1): 5.

Mei C C. 1989. The Applied Dynamics of Ocean Surface Waves. Toh Tuck Link: World Scientific Publishing Co. Pte. Ltd.

Menge B A, Sutherland J P. 1987. Community regulation: Variation in disturbance, competition, and predation in relation to environmentalstress and recruitment. American Naturalist, 130: 730-757.

Menge B A. 1976. Organization of the New England rocky intertidal community: Role of predation, competition, and environmental heterogeneity. Ecological Monographs, 46: 355-393.

Meron E. 2012. Pattern-formation approach to modelling spatially extended ecosystems. Ecological Modelling, 234: 70-82.

Meron E. 2015. Nonlinear physics of ecosystems. CRC, Taylor & Fancis Goup, London, New York.

Meron E. 2016. Pattern formation-A missing link in the study of ecosystem response to environmental changes. Mathematical Biosciences, 271: 1-18.

Mistr S, Bercovici D. 2003. A theoretical model of pattern formation in coral reefs. Ecosystems, 6: 61-74.

Moberg F, Folke C. 1999. Ecological goods and services of coral reef ecosystems. Ecological Economics, 29: 215-233.

Moreto D A, Parducho F L. 1985. Costs and returns of mussel farms, Cavite and Capiz Provinces, 1983. Bureau of Agricultural Economics, Quezon City, Philippines.

Mueller E N. 2013. Patterns of Land Degradation in Drylands Understanding Self-organised Ecogeomorphic Systems. Dordrecht: Springer.

Nathan J, Osem Y, Shachak M, et al. 2016. Linking functional diversity to resource availability and disturbance: A mechanistic approach for water-limited plant communities. Journal of Ecology, 104: 419-429.

National Research Council (U.S.). 1980. The international mussel watch: Report of a workshop. National Academy of Sciences, Washington, DC.

Nicolis G, Prigogine I. 1977. Self-organization in Nonequilibrium Systems: From Dissipative Structures to Order through Fluctuations. New York: John Wiley & Sons.

Norberg J, Swaney D P, Dushoff J, et al. 2001. Phenotypic diversity and ecosystem functioning in changing environments: A theoretical framework. Proceedings of the National Academy of Sciences of the United States of America, 98: 11376-11381.

Orth R J, Carruthers T J B, Dennison W C, et al. 2006. A global crisis for seagrass ecosystems. Bioscience, 56: 987-996.

Ouyang Q, Swinney H L. 1991. Transition from a uniform state to hexagonal and striped turing patterns. Nature, 352: 610-612.

Paine R T. 1966. Food web complexity and species diversity. American Naturalist, 100: 65-75.

Paine R T, Levin S A. 1981. Intertidal landscapes: Disturbance and the dynamics of pattern. Ecological Monographs, 51: 145-178.

Pandolfi J M, Connolly S R, Marshall D J, et al. 2011. Projecting coral reef futures under global warming and ocean acidification. Science, 333: 418-422.

Pascual M, Guichard F. 2005. Criticality and disturbance in spatial ecological systems. Trends in Ecology & Evolution, 20: 88-95.

Patriquin D G. 1975. "Migration" of blowouts in seagrass beds at Barbados and Carriacou, West Indies, and its ecological and geological implications. Aquatic Botany, 1: 163-189.

PérezÁ A, Fernández B H, Gatti R C, et al. 2010. Building resilience to climate change: Ecosystem-based adaptation and lessons from the field. IUCN, Gland, Switzerland.

Pistorius C W I, Utterback J M. 1996. A Lotka-Volterra model for multi-mode technological interaction: Modeling competition, symbiosis and predator prey modes. International Center for Research on the Management of Technology, Sloan School of Management, Massachusetts Institute of Technology, Cambridge, MA.

Pringle R M, Doak D F, Brody A K, et al. 2010. Spatial pattern enhances ecosystem functioning in an African savanna. PLOS Biology, 8: e1000377.

Pringle R M, Tarnita C E. 2017. Spatial Self-organization of ecosystems: Integrating multiple mechanisms of regular-pattern formation. Annual Review of Entomology, 62: 359-377.

Pueyo S. 2011. Desertification and power laws. Landscape Ecology, 26: 305-309.

Reijers V C, Siteur K, Hoeks S, et al. 2019. A Lévy expansion strategy optimizes early dune building by beach grasses. Nature Communications, 10(1): 1-9.

Richardson L L, Goldberg W M, Kuta K G, et al. 1995. Florida's mystery coral-killer identified. Nature, 392: 557-558.

Rietkerk M, Boerlijst M C, van Langevelde F, et al. 2002. Self-organization of vegetation in arid ecosystems. American Naturalist, 160: 524-530.

Rietkerk M, Dekker S C, de Ruiter P C, et al. 2004. Self-organized patchiness and catastrophic shifts in ecosystems. Science, 305: 1926-1929.

Rietkerk M, Ketner P, Burger J, et al. 2000. Multiscale soil and vegetation patchiness along a gradient of herbivore impact in a semi-arid grazing system in West Africa. Plant Ecology, 148: 207-224.

Robbins B D, Bell S S. 1994. Seagrass landscapes: A terrestrial approach to the marine subtidal environment. Trends in Ecology & Evolution, 9: 301-304.

Rodríguez-Iturbe I, Rinaldo A. 2001. Fractal river basins: Chance and self-organization. Cambridge, New York: Cambridge University Press.

Rovinsky A B, Adiwidjaja H, Yakhnin V Z, et al. 1997. Patchiness and enhancement of productivity in plankton ecosystems due to the differential advection of predator and prey. Oikos, 78: 101.

Scheffer M, Bascompte J, Brock W A, et al. 2009. Early-warning signals for critical transitions. Nature, 461: 53-59.

Scheffer M, Bascompte J, Brock W A, et al. 2016. Early-warning signals for critical transitions. Nature, 6: 53-59.

Scheffer M, Carpenter S, Foley J A, et al. 2001. Catastrophic shifts in ecosystems. Nature, 413: 591-596.

Scheffer M, van Nes E H. 2006. Self-organized similarity, the evolutionary emergence of groups of similar species. Proceedings of the National Academy of Sciences, 103: 6230-6235.

Schoener T W. 1983. Field experiments on interspecific competition. The American Naturalist, 122: 240-285.

Scholz B, Liebezeit G. 2013. Compatible solutes and fatty acid composition of five marine intertidal microphytobenthic Wadden Sea diatoms exposed to different temperature regimes. Diatom Research, 28: 337-358.

Schwarz C, Gourgue O, van Belzen J, et al. 2018. Self-organization of a biogeomorphic landscape controlled by plant life-history traits. Nature Geoscience, 11: 672-677.

Shachak M, Sachs M, Moshe I. 1998. Ecosystem management of desertified shrublands in Israel. Ecosystems, 1: 475-483.

Silliman B R, Grosholz E, Bertness M D. 2009. Human Impacts on Salt Marshes: A Global Perspective. Berkeley: University of California Press.

Silliman B R, Schrack E, He Q, et al. 2015. Facilitation shifts paradigms and can amplify coastal restoration efforts. Proceedings of the National Academy of Sciences, 112: 14295-14300.

Sinervo B, Lively C M. 1996. The rock–paper–scissors game and the evolution of alternative male strategies. Nature, 380: 240-243.

Solé R V, Bascompte J. 2006. Self-organization in Complex Ecosystems. Princeton: Princeton University Press.

Stine M B, Butler D R. 2010. A content analysis of biogeomorphology within geomorphology textbooks. Geomorphology, 125: 336-342.

Stollenwerk N, Jansen V. 2011. Population Biology and Criticality: From Critical Birth-death Processes to Self-organized Criticality in Mutation Pathogen Systems. London: Imperial College Press.

Stumpf M P H, Porter M A. 2012. Critical truths about power laws. Science, 335: 665-666.

Tarnita C E. 2018. Ecology: Termite patterning at multiple scales. Current Biology, 28: R1394-R1396.

Temmerman S, Bouma T J, Govers G, et al. 2005. Impact of vegetation on flow routing and sedimentation patterns: Three-dimensional modeling for a tidal marsh. Journal of Geophysical Research Earth Surface, 110: F04019.

Temmerman S, Bouma T J, van de Koppel J, et al. 2007. Vegetation causes channel erosion in a tidal landscape. Geology, 35: 631-634.

Tilman D. 1982. Resource Competition and Community Structure. Princeton: Princeton University Press.

Tongway D J, Valentin C, Seghieri J. 2001. Banded Vegetation Patterning in Arid and Semiarid Environments Ecological Processes and Consequences for Management. New York: Springer-Verlag New York, Inc.

Tsimring L, Levine H, Aranson I, et al. 1995. Aggregation patterns in stressed bacteria. Physical Review Letters, 75: 1859-1862.

Turing A M. 1952. The chemical basis of morphogenesis. Philosophical Transactions of the Royal Society of London, 237: 37-72.

van Belzen J, van de Koppel J, Kirwan M L, et al. 2017. Vegetation recovery in tidal marshes reveals critical slowing down under increased inundation. Nature Communications, 8: 15811.

van de Koppel J, Altieri A H, Silliman B R, et al. 2006. Scale-dependent interactions and community structure on cobble beaches. Ecology Letters, 9: 45-50.

van de Koppel J, Crain C M. 2006. Scale-dependent inhibition drives regular tussock spacing in a freshwater marsh. American Naturalist, 168: E136-E147.

van de Koppel J, Gascoigne J C, Theraulaz G, et al. 2008. Experimental evidence for spatial self-organization and its emergent effects in mussel bed ecosystems. Science, 322: 739-742.

van de Koppel J, Rietkerk M, Dankers N, et al. 2005a. Scale-dependent feedback and regular spatial patterns in young mussel beds. American Naturalist, 165: E66-E77.

van de Koppel J, van der HeideT, Altieri A H, et al. 2015. Long-distance interactions regulate the structure and resilience of coastal ecosystems. Annual Review of Marine Science, 7: 139-158.

van de Koppel J, van der Wal D, Bakker J P, et al. 2005b. Self-organization and vegetation collapse in salt marsh ecosystems. American Naturalist, 165: E1-E12.

van der Heide T, Bouma T J, van Nes E H, et al. 2010. Spatial self-organized patterning in seagrasses along a depth gradient of an intertidal ecosystem. Ecology, 91: 362-369.

van der Heide T, Smolders A J P, Rijkens B G A, et al. 2008. Toxicity of reduced nitrogen in eelgrass (*Zostera marina*) is highly dependent on shoot density and pH.Oecologia, 158: 411-419.

van der Heide T, van Nes E H, Geerling G W, et al. 2007. Positive feedbacks in seagrass ecosystems: Implications for success in conservation and restoration. Ecosystems, 10: 1311-1322.

van der Heide T, van Nes E H, van Katwijk M M, et al. 2011. Positive feedbacks in seagrass ecosystems - evidence from large-scale empirical data. PLOS ONE, 6(1): e16504.

van Hulzen J B, Van Soelen J, Bouma T J. 2007. Morphological variation and habitat modification are strongly correlated for the autogenic ecosystem engineer *Spartina anglica* (common cordgrass). Estuaries and Coasts, 30: 3-11.

van Wesenbeeck B K, van de Koppel J, Herman P M J, et al. 2008a. Potential for sudden shifts in transient systems: Distinguishing between local and landscape-scale processes. Ecosystems, 11: 1133-1141.

van Wesenbeeck B K, van de Koppel J, Herman P M J, et al. 2008b. Does scale-dependent feedback explain spatial complexity in salt-marsh ecosystems? Oikos, 117: 152-159.

Veraart A J, Faassen E J, Dakos V, et al. 2012. Recovery rates reflect distance to a tipping point in a living system. Nature, 481: 357-359.

von Hardenberg J, Kletter A Y, Yizhaq H, et al. 2010. Periodic versus scale-free patterns in dryland vegetation. Proceedings of the Royal Society B-Biological Sciences, 277: 1771-1776.

von Hardenberg J, Meron E, Shachak M, et al. 2001. Diversity of vegetation patterns and desertification. Physical Review Letters, 87: 198101.

Waycott M, Duarte C M, Carruthers T J B, et al. 2009. Accelerating loss of seagrasses across the globe threatens coastal ecosystems. Proceedings of the National Academy of Sciences of the United States of America, 106: 12377-12381.

Weerman E J, Herman P M J, van de Koppel J. 2011a. Macrobenthos abundance and distribution on a spatially patterned intertidal flat. Marine Ecology-Progress Series, 440: 95-103.

Weerman E J, Herman P M J, Van de Koppel J. 2011b. Top-down control inhibits spatial self-organization of a patterned landscape. Ecology, 92: 487-495.

Weerman E J, Van Belzen J, Rietkerk M, et al. 2012. Changes in diatom patch-size distribution and degradation in a spatially self-organized intertidal mudflat ecosystem. Ecology, 93: 608-618.

Weerman E J, van de Koppel J, Eppinga M B, et al. 2010. Spatial self-organization on intertidal mudflats through biophysical stress divergence. American Naturalist, 176: E15-E32.

Wilson W G, Nisbet R M, Ross A H, et al. 1996. Abrupt population changes along smooth environmental gradients. Bulletin of Mathematical Biology, 58: 907-922.

Yamanaka H, Kondo S. 2014. In vitro analysis suggests that difference in cell movement during direct interaction can generate various pigment patterns in vivo. Proceedings of the National Academy of Sciences, 111: 1867-1872.

Yizhaq H, Gilad E, Meron E. 2005. Banded vegetation: Biological productivity and resilience. Physica A: Statistical Mechanics and its Applications, 356: 139-144.

Zhabotinsky A M. 1964. Periodical oxidation of malonic acid in solution (a study of the Belousov reaction kinetics). Biofizika, 9: 306-311.

Zhao L X, Xu C, Ge Z M, et al. 2019. The shaping role of self-organization: Linking vegetation patterning, plant traits and ecosystem functioning. Proceedings of the Royal Society B: Biological Sciences, 286: 20182859.

第11章 基于植物功能性状的中国东部海岛植被区划[①]

11.1 引 言

植被区划是以揭示植被生态地理区域的相似性、规律性和差异性为目的整合和划分的区域单元，是在研究植被分类、植被与环境关系、植物区系及植被历史动态的基础上归纳出的植被空间结构的地理特征(黄威廉和屠玉麟，1983)。国外比较有影响力的植被区划有 Woodward 和 Williams 的植被类型划分、Box 的全球潜在优势植被类型划分等。我国主要的植被区划方案有《中国植被类型》(钱崇澍等，1956)、《中国植被》(中国植被编辑委员会，1980)及《中国植物区系与植被地理》等(陈灵芝，2015)。植被区划是生态地理区划的重要分支，对指导区域生态建设有重要价值。

海岛是我国海洋经济发展的重要保障，其植被对海洋环境保护和生态平衡起着重要作用。在“海上丝绸之路”倡议不断深化发展的背景下，研究海岛植被区划能更好地认识海岛植被特征、指导海岛生态建设、协调海岛生态环境保护与开发利用、保障国家战略的顺利实施，然而，当前还未有专门针对海岛植被的区划方案。海岛植被主要由地理气候决定，并表现出明显的纬度地带性。蔡燕红等(2016)认为，探索海岛植被类型与气候因子间的关系是进行海岛植被区划的重要途径。而以往的陆地植被区划通常将植被、气候(温度、降水、光照)、地理空间特征(土壤要素、地形地貌、生态梯度、海拔)等作为指标，在判断相似性和规律性的基础上进行植被区划(刘晔等，2008)。植物功能性状是植物对不同环境的适应性及植物内部不同功能间的生理或进化权衡策略(Díaz et al.，2004；孟婷婷等，2007)。近年来，基于植物功能性状的方法在重建群落生态学、预测生态系统响应等方面得到了广泛应用(Wright et al.，2004；冯秋红等，2008)。研究表明，植物功能性状与气候、地理空间特征有很强的关系，并在地域上表现出显著的空间聚集性(冯秋红等，2008；刘晓娟和马克平，2015)。因此，以植物功能性状的地理空间聚集为视角，能为划分海岛植被提供一个全新的方法。

植被区划的方法主要有模糊聚类、典范对应分析、多元分析、主成分分析等(倪

---

① 本章作者：许洺山[1,2]，叶属峰[3]，阎恩荣[1,2](1. 华东师范大学生态与环境科学学院，上海 200241；2. 浙江普陀山森林生态系统定位观测研究站，舟山 316100；3. 自然资源部东海局，上海 200137)。本研究获得国家自然科学基金面上项目(31770467)和自然资源部海洋生态监测与修复技术重点实验室2020年度开放基金(202002)的资助。

健等，1998；金佳鑫等，2016）。随着近期功能生态学方法和视角的拓展，Dolédec 等（1996）、Dary 等（2014）报道 RLQ（R-代表环境；L-代表物种多度；Q-代表植物功能性状）模型能很好地检验植物功能性状与地理环境间的关系。综上所述，RLQ 模型可作为植被区划的一种新方法，但目前还未有这方面的研究报道。

当前还非常缺乏中国东部海岛植被的区划方案。本章首次基于中国东部 11 个海岛的 74 个植被样地的物种多度、环境要素和 2012 株植物的 12 个功能性状数据集，利用 RLQ 模型（即环境-物种多度-植物功能性状矩阵）对中国东部海岛植被进行了分类和区划，旨在基于植物功能适应特征，为海岛植被区划方案提供新视角和新方法，并为海岛植被保护和开发管理提供理论依据。结果表明，利用植物功能性状方法，可将我国东部海岛分为暖温带耐旱-耐贫瘠植物功能区、北亚热带耐旱-喜肥沃植物功能区、中亚热带喜湿-喜温植物功能区、南亚热带耐贫瘠-耐虫食植物功能区，该结果与基于气候的植被区划基本一致。总之，利用植物功能性状能更精确、详细地划分海岛植被区。

11.2　研究区域与研究方法

11.2.1　研究区域概况

依据纬度梯度和植被类型，选取中国东部山东北长山岛（37°58.5′N）至福建大屿岛（25°27′N）之间的 11 个海岛作为研究对象。研究区域从北至南，纬度、饱和水汽压和蒸发量依次降低，温度和降水量依次升高，土壤类型从棕壤、黄壤过渡为红壤，植被类型为庙岛群岛的针叶林、落叶阔叶林、针阔混交林→秦山岛的针叶林和阔叶林→大金山岛的常绿落叶阔叶混交林→舟山群岛的亚热带常绿阔叶林→福建海岛的针叶林和针阔混交林，优势种有黑松（*Pinus thunbergii*）、麻栎（*Quercus acutissima*）、刺槐（*Robinia pseudoacacia*）、扁担杆（*Grewia biloba*）、青冈（*Cyclobalanopsis glauca*）、石柯（*Lithocarpus glaber*）、红楠（*Machilus thunbergii*）、台湾相思（*Acacia confusa*）等。

11.2.2　植被调查和植物功能性状测定

2016 年 7～11 月，对所选的中国东部 11 个海岛的植被全面踏查后，选择代表性的植物群落进行调查和植物功能性状测定。依据最小面积法则，森林群落为 20m×20m，灌丛为 10m×10m。详细记录样地内所有胸径≥1cm 木本植物的物种名称、基径、胸径、株高、枝下高、叶下高、冠幅及样地的地形、地貌，总计调查了 74 个样地、11 100 株木本植物。植物功能性状的采集与测量方法参照 Cornelissen 等（2003）。具体做法为：对每个样地内所有出现的物种随机选择 3 株健康植株(不足3株的在样地周围选取)，分别在没有明显遮阴的林冠处，选择3～5个不同方位的枝条，摘取20片成熟叶片、当年生小枝和较粗枝条，分别装进密封袋中带回实验室。按个体水平称量密封袋中成熟叶片的鲜重，进行记录，然后用叶面积仪(LI-COR, LI-3100C, USA)测量叶片面积，装入信封，放置在75℃烘箱中48h烘干至恒重，称量叶片干重；在测定叶面积的同时测定叶片厚度、叶柄长度等。最后将烘干叶片磨碎，用SmartChem 200全自动化学分析仪测定叶片的总碳、总氮、总磷含量。

在密封袋中取出当年生小枝，先记录脱叶痕与当年生叶片的数量，再将当年生叶片摘下，为了减小误差，用游标卡尺在不同位置测量三次当年生小枝的枝长和直径，计算出小枝横截面积和小枝体积，再称量其鲜重，最后装入信封，放置在75℃烘箱中48h烘干至恒重，称量干重；将刚摘下的当年生叶片按照成熟叶片的测量方法，测量其叶片面积、鲜重和干重。选取较为笔直粗大的枝条根部，用游标卡尺在三个不同位置测量直径，然后用美工刀将树皮削掉，再用游标卡尺在刚刚的三个位置测量直径，得到树皮厚度，并称量鲜重。再用排水法测量干材的体积，最后装入信封，放入105℃的烘箱中，24h后称量干重。共测定了2012株木本植物的叶片、干材、枝条性状。

11.2.3　环境变量收集与测定

环境变量包括气象数据和土壤理化性质两类。气象数据有年均温度(mean annual temperature，MAT)、年均降水量(mean annual precipitation，MAP)、年均蒸发量(mean annual evaporation，MAE)、相对湿度(relative humidity，RH)、年均风速(mean annual wind speed，MAWS)、水汽压(vapour pressure，VP)，数据主要来源于中国气象局网站距离调查海岛最近站点的30年平均数据，部分温度、降水量、蒸发量数据以海岛为单位摘自《中国海岛志》(中国海岛志编纂委员会，2013)和文献资料。

土壤理化性质包括土壤总碳(total carbon，TC)、总氮(total nitrogen，TN)、总磷(total phosphorus，TP)的含量和土壤含水量(soil water content，SWC)。在森林样地随机选取5个采集点，在灌丛样地随机选取3个采集点，用土铲将每个样点的枯枝落叶层和腐殖质层去掉，挖一个30cm深的土壤剖面，在20cm左右深处，用环刀取出一定量的土壤，装入带有编号的密封袋中，将土样在105℃下烘干48h至恒重，计算土壤含水量。同时在取过环刀土的样点中再将另一个带有编号的密封袋装入500g左右的土壤，自然风干后研磨过100目筛，用德国Elementar化学元素分析仪测定土壤总碳。然后取适量过筛土样，采用温控硝解炉(DK 42, VELP Scientifica, Milano, Italy)进行硝解，硝解方法参照标准凯式法。最后用SmartChem 200全自动化学分析仪测定土壤总氮和总磷含量。

11.2.4　海岛植被区划指标

11.2.4.1　一级区划指标：气候地理

海岛气候是区域尺度上决定植被分异的关键因素，如降水量、蒸发量和光照强度等，这些因素对植被类型、群落结构和功能属性起着重要作用。我国东部海岛跨越多个气候带，形成了迥异的植被类型。因此，海岛植被区划的气候指标选取年均温度、年均降水量、年均蒸发量、大风日数、饱和水汽压等。此外，局部区域生境中地形地貌和土壤属性的异质性会导致不同生境中水热因子格局的差异，如土壤总碳、总氮、总磷的含量，土壤含水量、容重，以及坡度、坡向、海拔等。

11.2.4.2　二级区划指标：群丛或群落

群丛和群落是研究植被的基本单元。群丛或群落组成相似，其植被类型也往往相似。同时，特定气候地理单元下的群落或群丛能反映该生境中共存物种的特有属性，因此选取具有最小面积的群丛或群落作为海岛植被区划的二级指标。

11.2.4.3　三级区划指标：物种与植物功能性状

植物功能性状反映了植物适应环境的生活策略。同区域的植被在物种组成和功能性状上具有相似性。同时，功能性状接近的物种组成功能型组，能更好地反映植物对环境的适应特征，是区分植被组成的重要标志，因此选取物种与植物功能性状作为海岛植被区划的三级指标(表 11.1)。

表 11.1　海岛植被区划指标体系

级别	选取指标	指标解译	空间区域类别
一级指标	气候地理	区域尺度的水、热、光、风综合局部区域生境的地形地貌和土壤属性	气候地理特征相似
二级指标	群丛或群落	具有相似组成和结构的群丛或群落在空间聚集	群丛或群落类型相似
三级指标	物种与植物功能性状	具有相似功能性状的物种在空间聚集	物种组成与功能性状相似

11.3　数 据 分 析

RLQ 模型借助物种多度矩阵来分析物种性状与环境的关系(Dray and Legendre，2008)，其通过寻找最佳的线性组合使得物种性状与环境间的协方差最小化。RLQ 模型可用于定量因子的主成分分析(PCA)、定性变量的多重对应分析(Tenenhaus and Young，1985)，或者用于混合变量(定性和定量)的 Hill-Smith 分析

(Hill and Smith，1976)。该模型通过矩阵运算对植物功能性状与环境变量间的关联强度进行检验。

首先，基于 RLQ 模型将气候和土壤数据做 Hill-Smith 分析，在气候地理尺度上将空间分类，环境的 PCA 将选取的海岛划分为不同的空间区域；然后，用 RLQ 模型将调查群落聚集在二维空间区域中，不同的空间区域中群落具有相似性；最后，将具有相似性状的物种划分到不同的空间区域，并得到海岛植被区划指标体系和植被区划图。所有分析均在 R 3.4.3 中完成，其中 RLQ 模型在“Ade4”包中运算，制图在 ArcGIS 10.0 中实施。

11.4 中国东部海岛植被区划

RLQ 模型前两轴总计解释植物功能性状与环境关系的 90.69%。基础 RLQ 秩分解(表 11.2)表明：总秩为 2.48，其中第一轴为 1.93，第二轴为 0.55，且第一轴的相关系数(0.46)大于第二轴(0.33)。偏 RLQ 秩分解(表 11.3)显示：环境第一轴的惯量和协惯量(4.34)小于第二轴(6.85)；性状第一轴的惯量和协惯量为 2.08，第二轴为 4.13。

表 11.2 基础 RLQ 秩分解

组分	特征值	协方差	R 标准差	Q 标准差	相关系数
第一轴 Ax1(70.64%)	1.93	1.39	2.08	1.44	0.46
第二轴 Ax2(20.05%)	0.55	0.74	1.58	1.43	0.33

表 11.3 偏 RLQ 秩分解

	组分	惯量和协惯量	最大值	比率	相关系数
环境：惯量和协惯量	第一轴 Ax1	4.34	4.87	0.89	
	第二轴 Ax2	6.85	8.19	0.84	
性状：惯量和协惯量	第一轴 Ax1	2.08	3.11	0.67	
	第二轴 Ax2	4.13	5.14	0.80	
相关系数	第一轴 Ax1		0.46	0.94	0.48
	第二轴 Ax2		0.33	0.94	0.35

11.4.1 气候地理的空间分类

RLQ 模型中，环境矩阵的 Hill-Smith 分析将研究区域划分为暖温带、北亚热带、中亚热带和南亚热带 4 个区域单元(图 11.1a)。区域间的地理环境差异较大，北亚热带和南亚热带具有完全相反的环境特征，北亚热带有较大的大风日数及较高的土壤总碳、总氮和总磷含量，而南亚热带的大风日数较小且土壤总碳、总氮、总磷含量较低；暖温带蒸发量较大，饱和水汽压和降水量较小；中亚热带有较高的降水量和饱和水汽压。

环境矩阵的 PCA 显示：PC1 为气候综合轴，占比 41.6%，包含较大的年均温度(0.469)、年均降水量(0.498)和饱和水汽压(0.502)正载荷及较大的年均蒸发量(–0.410)负载荷；PC2 为土壤养分轴，占比 28.4%，有较大的土壤总碳(0.542)、总磷(0.424)和总氮(0.529)正载荷及较大的大风日数(–0.401)负载荷。PCA 将研究海岛划分在 4 个区域：高纬度的山东南长山岛、北长山岛、庙岛及江苏秦山岛；次高纬度的上海大金山岛；中纬度的浙江外马廊岛、朱家尖岛、普陀山岛和洛迦山岛；低纬度的福建烽火岛和大屿岛(图 11.1b)。

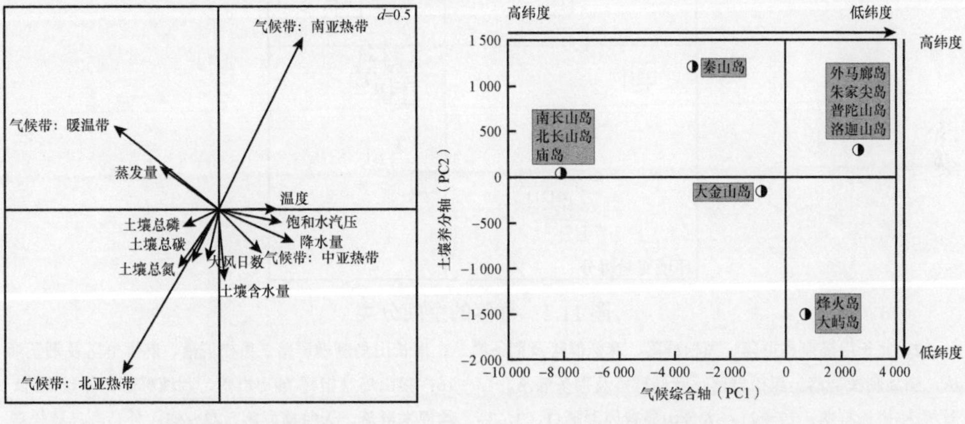

a. 气候环境的空间分类　　b. 海岛地理的空间分类

图 11.1　气候地理空间分区

11.4.2　群丛或群落的空间分类

RLQ 模型将调查群落聚集在二维空间的 4 个区域。图 11.2 左上角是暖温带的针阔混交林区，包括南长山岛、北长山岛、庙岛及秦山岛的黑松、刺槐、麻栎群落及荆条灌丛(1～16)；左下角是北亚热带的常绿落叶阔叶混交林，有大金山岛的青冈、丝棉木和天竺桂群落(17～21)；右下角是中亚热带的常绿阔叶林区，包含舟山群岛的红楠、青冈、枫香树、马尾松、滨柃群落等(22～63)；右上角是南亚热带的针阔落叶混交林，有烽火岛和大屿岛的黑松、台湾相思群落等(64～74)。

11.4.3　物种及植物功能性状的空间分类

RLQ 模型中，物种的空间分类如图 11.3a 所示。标志种在二维排序空间中所占比重较大，分别为左上区域的大青(*Clerodendrum cyrtophyllum*)、珊瑚树(*Viburnum odoratissimum*)、斜脉暗罗(*Polyalthia plagioneura*)等；左下区域的湿地松(*Pinus elliottii*)、赤楠(*Syzygium buxifolium*)、檵木(*Loropetalum chinensis*)、榔榆(*Ulmus parvifolia*)等；右下区域的羊舌树(*Symplocos glauca*)、柃木(*Eurya japonica*)、小叶女贞(*Ligustrum quihoui*)等；右上区域的臭椿(*Ailanthus altissima*)、椿叶花椒(*Zanthoxylum ailanthoides*)、黑松(*Pinus thunbergii*)、楝(*Melia azedarach*)、盐肤木(*Rhus chinensis*)、构树(*Broussonetia papyrifera*)等。

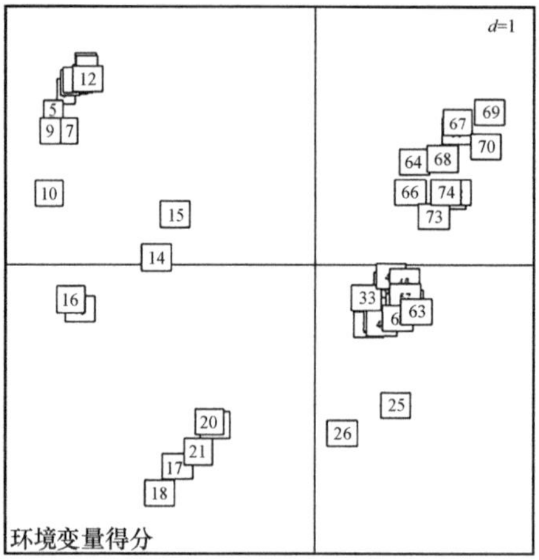

图 11.2　群落的空间分类

1～12：北长山岛刺槐群落、黑松群落、麻栎群落及荆条灌丛；南长山岛刺槐群落、黑松群落、麻栎群落及荆条灌丛；庙岛刺槐群落、黑松群落、麻栎群落及荆条灌丛。13～16：秦山岛扁担杆-酸枣群落、刺槐群落、黑松群落、丝棉木-榔榆群落。17～21：大金山岛青冈群落(1，2，3)、丝棉木群落、天竺桂群落。22～63：外马廊岛黑松群落、麻栎群落、野桐群落；朱家尖岛红楠群落、青冈群落；普陀山岛法雨寺青冈群落、枫香树群落(1，2，3)、红山茶群落、青冈群落(1，2，3)、罗汉松群落、马尾松群落(1，2，3)、台湾蚊母树群落(1，2，3)、香樟群落(1，2，3)、黑松群落、西天景区青冈群落、粮库青冈群落(1，2，3)，柘木灌丛(1，2，3)、檵木灌丛(1，2)、青冈灌丛(1，2，3)；洛迦山岛红楠-普陀樟群落(1，2，3)、滨柃灌丛(1，2，3)。64～74：烽火岛黑松群落、台湾相思群落(1，2，3)、化香树灌丛；大屿岛台湾相思群落(1，2，3)、黑松灌丛(1，2，3)

各区域共存物种在功能性状上具有相似性。图 11.3b 左上区域暖温带落叶物种占优势，植物通常具有较大的比叶面积、小枝含水量和胡伯尔值，以及较低的叶片干物质含量和叶片氮含量；左下区域为北亚热带的常绿落叶阔叶混交林，有较大的干材密度和比枝长，以及较小的树皮厚度和叶片厚度；右下区域以中亚热带常绿阔叶林为主，常绿植物密度较大，再者土壤肥沃，植物具有较高的叶片氮含量和叶片干物质含量，以及较小的小枝含水量、比叶面积和胡伯尔值；右上区域为南亚热带植物，一般具有较大的树皮厚度和叶片厚度，以及较小的比枝长和干材密度。

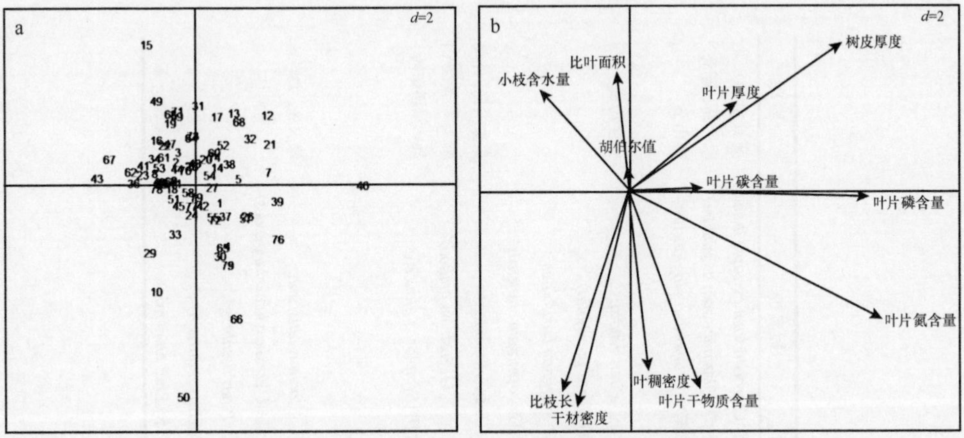

图 11.3　物种(a)和植物功能性状(b)的空间分类

图中的数字代表物种，括号内为物种多度：10-赤楠(66)；11-赤皮青冈(75)；12-臭椿(57)；13-椿叶花椒(20)；15-大青(11)；16-枫香树(203)；17-构树(97)；18-海桐(216)；19-海州常山(10)；21-黑松(750)；22-红楠(336)；29-檵木(649)；32-楝(18)；33-榔榆(45)；39-蒙古栎(312)；40-牡荆(10)；43-普陀杜鹃(66)；49-珊瑚树(51)；50-湿地松(12)；62-乌饭树(21)；66-小叶女贞(11)；67-斜脉暗罗(13)；68-盐肤木(46)；69-羊舌树(23)；73-野桐(410)；76-柃木(28)

11.4.4　海岛植被区划综合体系

基于 RLQ 模型对中国东部海岛植被根据气候地理、群丛或群落、物种与植物功能性状三级分类指标进行区划，得到中国东部海岛植被综合区划体系(表 11.4)和植被区划图。具体的植被功能分区如下。

(1)暖温带耐旱-耐贫瘠植物功能区。该植被区主要分布在暖温带，年均蒸发量较大，饱和水汽压、年均温度、降水量较低。植被是以刺槐、黑松、麻栎群落，荆条、扁担木-酸枣、丝棉木-榔榆灌丛群落为主的针阔混交林，植物具有较大的比叶面积、小枝含水量，以及较低的叶片养分含量。

(2)北亚热带耐旱-喜肥沃植物功能区。该植被区位于大风日数较大、土壤肥沃的北亚热带，植被为以青冈、丝棉木、野桐、麻栎群落为主的常绿落叶阔叶混交林。植物通常具有较大的干材密度和比枝长，以及较小的叶片厚度和树皮厚度。

(3)中亚热带喜湿-喜温植物功能区。该植被区分布于降水量和饱和水汽压较高的中亚热带。植被类型主要为常绿阔叶林，优势群落有青冈、香樟、台湾蚊母树、红楠群落等，植物通常具有较高的叶片氮含量和叶片干物质含量。

(4)南亚热带耐贫瘠-耐虫食植物功能区。该植被区位于大风日数较小和土壤贫瘠的南亚热带，植被以针阔混交林为主，优势物种为黑松、化香、相思树等，植物通常具有较大的树皮厚度和叶片厚度，能有效防御虫食。

表 11.4　基于植物功能性状的海岛植被综合区划体系

植物功能区	地理区域	气候特征	主要植被类型	优势群落类型	植物性状特征	标志种	海岛
暖温带耐旱-耐贫瘠植物功能区	暖温带：大连市到滨海县	较大的年均蒸发量；较低的饱和水汽压、年均温度、降水量	针阔混交林	刺槐、黑松、麻栎群落，荆条、扁担木-酸枣、丝棉木-榔榆灌丛群落	较大的比叶面积、小枝含水量和胡伯尔值；较低的叶片干物质含量和叶片氮含量	大青（*Clerodendrum cyrtophyllum*）、珊瑚树（*Viburnum odoratissimum*）、斜脉暗罗（*Polyalthia plagioneura*）	南长山岛、北长山岛、庙岛、秦山岛
北亚热带耐旱-喜肥沃植物功能区	北亚热带：滨海县到平湖市	较大的大风日数；较高的土壤总碳、总氮、总磷含量	常绿落叶阔叶混交林	青冈、丝棉木、野桐、麻栎群落	较大的干材密度和比枝长；较小的树皮厚度和叶片厚度	湿地松（*Pinus elliottii*）、榔榆（*Ulmus parvifolia*）、赤楠（*Syzygium buxifolium*）、檵木（*Loropetalum chinensis*）	大金山岛
中亚热带喜湿-喜温植物功能区	中亚热带：平湖市到福州市	较高的降水量和饱和水汽压	常绿阔叶林	黑松、麻栎、野桐、红楠、青冈、枫香树、红山茶、檵木、罗汉松、马尾松、台湾蚊母树、香樟、红楠群落，滨柃、海桐灌丛	较高的叶片氮含量和叶片干物质含量；较小的小枝含水量和比叶面积	柃木（*Eurya japonica*）、小叶女贞（*Ligustrum quihoui*）、羊舌树（*Symplocos glauca*）	朱家尖岛、外马廊岛、普陀山岛、洛迦山岛
南亚热带耐贫瘠-耐虫食植物功能区	南亚热带：福州市到海南	较小的大风日数和较低的土壤养分含量	针阔混交林	黑松、相思树群落，化香灌丛	较大的树皮厚度和叶片厚度；较小的比枝长和干材密度	臭椿（*Ailanthus altissima*）、椿叶花椒（*Zanthoxylum ailanthoides*）、黑松（*Pinus thunbergii*）、楝（*Melia azedarach*）、盐肤木（*Rhus chinensis*）	烽火岛、大屿岛

11.5 展　望

地理环境是植物分布的主要决定因素，也是植物性状变异的重要来源。植物群落在环境过滤下表现出集聚效应，即同一区域的物种在形态、功能上具有相似特征。研究表明，全球尺度上，比叶重与年均温度、水分蒸散发、水汽压亏缺、太阳辐射和降水量间存在显著关系(Wright et al.，2004)；区域尺度上，植物功能性状与气候因素间的关系较紧密，尤其是植物营养性状比繁殖性状与气候的关系更加紧密(Díaz et al.，1998)。植物比叶面积与温度正相关，叶片干物质含量与温度负相关。降水对植物功能性状也有显著影响，如比叶面积与降水量正相关(Roche et al.，2004)。此外，光照也显著影响植物功能性状，如叶面积和比叶面积均随光照的增强而减小。

长期以来，生态学家利用典范对应分析、冗余分析、主成分分析等探讨植物功能性状与环境的关系。近年来，利用 RLQ 模型能够通过构建环境-多度-植物功能性状矩阵来评价植物功能性状在环境梯度上的响应和分布，进而利用植被特征、环境信息划分出植被区域。Pavoine 等(2011)用 RLQ 模型得出盐度梯度是形成物种分布格局的主要因素。Dray 等(2014)认为，比叶面积在积雪和凹生境中与氮含量显著正相关，植物叶面积与海拔和坡度负相关。本研究表明，纬度差异造成的水热梯度是影响植物分布的重要因素，如高纬度的海岛年均蒸发量大，土壤总碳、总磷含量较低，再加上海风和冷冻的影响，其物种的小枝含水量和比叶面积较大，叶片养分含量较低。低纬度的海岛大风日数较小，温度较高，分布的物种叶片厚度、比叶面积、小枝含水量、胡伯尔值较大，叶片干物质含量和叶片氮含量较低。此外，植物功能性状与局域环境中的土壤属性也有关系，如叶片干物质含量与土壤含水量显著负相关，是因为叶片干物质含量与水和蛋白质含量密切相关，土壤中水资源的增加直接导致植物可吸收的水分含量增高，提高了叶片中的含水量，因此干物质含量有所降低。

气候、地形、土壤、生物特征对生态区域单元的形成起重要作用。以往的植被区划选取气候(湿润指数)、植被(植被类型、植被区划类型、植物区系类型)和土壤指标等(Cornelissen et al.，2003；黄海侠，2014)，还有专门针对沙漠、黄土高原的大尺度的生态区划等。这些区划的主要对象是陆地连续分布的生态系统，主要依赖气候、地理环境和物种差异，而未能考虑植物的适应性差异，尤其是物种组成在各海岛间过渡，再者共有种很多，难以有效划分类别。近年来，植物功能性状由于能够揭示物种的生存策略，因而被广泛应用于解释物种生态策略。特定环境梯度内植物的功能性状可代表其在此环境条件下的资源获得、生长繁殖等适应权衡策略(宝乐和刘艳红，2009)。分析植物功能性状在环境梯度上的分布，能更好地捕捉到海岛或不同区域的微小差别，进而进行植被区划。

本研究是首次基于海岛植物功能性状在地理气候、群落特征、土壤属性和物种组成的基础上进行海岛植被区划，更精确详细地划分出植被相似区域，以期为海岛生态分类和区划提供借鉴。此方法与传统的植被区划相比，更精确、更详细地考虑植物在不同区域环境的适应性。但该方法测定指标多，工作量大，较适用于小范围或小面积的单个海岛，以及需要详细区划的海岛。对于大范围的海岛植被区划，建议只测定优势种的几个关键性状，如叶面积、比叶面积和干材密度等。本章研究结果显示，我国北部海岛以耐旱-耐贫瘠植物为主，因北部海岛相对风大，降水少，环境干燥，只有耐旱的植物可以长期适应；北亚热带相对降水少，蒸发量较大，但土壤肥沃，大多生长耐旱-喜肥沃的植物。舟山群岛地处亚热带季风季候区，相对湿润，雨量充沛，土壤资源优厚，通常分布较多的喜湿-喜温植物。南部海岛土壤贫瘠，病虫害严重。植物在维持生长的同时，在树皮厚度和叶片厚度上投资相对较多。本章主要提供了对海岛植被进行区划的新方法和新视角，文中具体的植物功能区命名还有待与同行商榷。此外，基于功能性状可划分出不同的生态功能区，如防火区、水源涵养区（冠幅面积和叶片干物质含量较大）、固碳区（叶片气孔导度和蒸腾速率大）、防风区（比叶面积和树高较大）（黄海侠，2014），针对各区的功能采取经营管理措施。还可在海岛植被恢复方面，根据区域内植物功能性状与该区地理环境的关系，选择具有这些性状的目标树种，恢复该区域的植被（郝莹莹等，2017；许洺山等，2018；Liu et al.，2018）。基于植物功能性状的海岛植被区划相比传统的海岛植被区划，对海岛植被恢复、森林生态系统服务功能有重要的研究价值。

参 考 文 献

宝乐，刘艳红. 2009. 东灵山地区不同森林群落叶功能性状比较. 生态学报，29(7)：3692-3703.

蔡燕红，宋振亚，李亚蔚，等. 2016. 中国陆地与海岛植被分类研究综述与展望. 海洋学报，38(4)：95-108.

陈灵芝. 2015. 中国植物区系与植被地理. 北京：科学出版社.

冯秋红，史作民，董莉莉. 2008. 植物功能性状对环境的响应及其应用. 林业科学，44(4)：125-131.

郝莹莹，罗小波，仲波，等. 2017. 基于植被分区的中国植被类型分类方法. 遥感技术与应用，32(2)：315-323.

黄海侠. 2014. 植物功能性状对森林生态系统服务功能的指示. 华东师范大学硕士学位论文.

黄威廉，屠玉麟. 1983. 贵州植被区划. 贵州师范大学学报(自然科学版)，(1)：28-29.

金佳鑫，王颖，江洪，等. 2016. 基于遥感和典范对应分析方法优化生态地理分区——以中国区域为例. 中国科学，46(9)：1188-1196.

刘晓娟，马克平. 2015. 植物功能性状研究进展.中国科学，45(4)：325-339.

刘晔，吴绍洪，郑度，等. 2008. 中国中温带东部生态地理区划的土壤指标选择. 地理学报，63(11)：1169-1178.

孟婷婷，倪健，王国宏. 2007. 植物功能性状与环境和生态系统功能. 植物生态学报，31：150-165.

倪健，陈仲新，董鸣，等. 1998. 中国生物多样性的生态地理区划. 植物学报，40(4)：370-382.

钱崇澍，吴征镒，陈昌笃. 1956. 中国植被的类型. 地理科学，22(1)：37-92.

许洺山，赵慈良，刘翔宇，等. 2018. 浙江普陀山岛植被区划方案. 浙江农林大学学报，35(4)：657-663.

中国海岛志编纂委员会. 2013. 中国海岛志：浙江卷第 2 册. 北京：海洋出版社：412-459.

中国植被编辑委员会. 1980. 中国植被. 北京：科学出版社.

Cornelissen J H C, Lavorel S, Garnier E, et al. 2003. A handbook of protocols for standardised and easy measurement of plant functional traits worldwide. Australian Journal of Botany, 51(4): 335-380.

Dary S, Choler P, Dolédec S, et al. 2014. Combining the fourth-corner and the RLQ methods for assessing trait responses to environmental variation. Ecology, 95(1): 14-21.

Díaz S, Cabido M, Casanoves F. 1998. Plant functional traits and environmental filters at a regional scale. Journal of Vegetation Science, 9(1): 113-122.

Díaz S, Hodgson J G, Thompson K. 2004. The plant traits that drive ecosystems: Evidence from three continents. Journal of Vegetation Science, 15: 295-304.

Dolédec S, Chessel D, Ter Braak C J F, et al. 1996. Matching species traits to environmental variables: A new three-table ordination method. Environmental and Ecological Statistics, 3: 143-166.

Dray S, Legendre P. 2008. Testing the species traits-environment relationship: The fourth-corner problem revisited. Ecology, 9: 3400-3411.

Hill M O, Smith A J E. 1976. Principal component analysis of taxonomic data with multi-state discrete characters. Taxon, 25(2/3): 249-255.

Liu Y, Fu B, Wang S, et al. 2018. Global ecological regionalization: From biogeography to ecosystem services. Environmental Sustainability, 33: 1-8.

Pavoine S, Vela E, Gachet S, et al. 2011. Linking patterns in phylogeny, traits, abiotic variables and space: A novel approach to linking environmental filtering and plant community assembly. Journal of Ecology, 99(1): 165-175.

Roche P, Díaz-Burlinson N, Gachet S. 2004. Congruency analysis of species ranking based on leaf traits: Which traits are the more reliable? Plant Ecology, 174: 37-48.

Tenenhaus M, Young F W. 1985. An analysis and synthesis of multiple correspondence analysis, optimal scaling, dual scaling, homogeneity analysis and other methods for quantifying categorical multivariate data. Psychometrika, 50(1): 91-119.

Wright I J, Reich P B, Westoby M, et al. 2004. The worldwide leaf economics spectrum. Nature, 428: 821-827.

第 12 章　论大湾区建设：基于生态系统视角的战略思考①

12.1　引　　言

历经 150 余年，生态学学科得到了长足发展，如今已融入了各个学科领域，现已发展成为科学与社会的桥梁(Odum，2017)，以第三种文化——生态文化的形式，被广泛应用于社会科学、哲学与自然科学等各个领域(柳卸林等，2018)，用生态系统理论与方法思考和解决社会发展问题(任大帅和朱斌，2018)，逐渐发展成为生态系统管理模式，创新性地开展全球治理(Verhulst et al.，2017)，实现我国国家治理体系和治理能力现代化。国际上提出“大湾区”概念以来，继旧金山、纽约湾、东京湾大湾区之后，我国的 2017 年《政府工作报告》正式提出要研究制定粤港澳大湾区城市群发展规划，标志着粤港澳大湾区建设正式成为国家战略，许多学者马上从生态系统视角开展了大湾区建设研究(辜胜阻等，2018)。

继粤港澳大湾区(Guangdong-Hong Kong-Marco Greater Bay Area，GHM GBA)(樊纲，2017)之后，浙江省人民政府 2017 年又提出“环杭州湾大湾区建设规划”，并于第四届世界浙商大会上，首次发布了浙江大湾区建设路径，提出了建设项目达 120 个、总投资约 1.5 万亿元的宏伟计划。大湾区建设事关多领域、多区域、多部门、多学科、多产业，总体上需要构建一个和谐的整体系统，最终呈现的是以大湾区生态系统为空间承载体、陆海特征明显的一个完整的、健康的、可持续发展的复合型海洋社会。而迄今，在世界范围内，生态系统生态学获得了长足发展，它既是生态学发展的重要手段和趋势，又是整个地球系统资源管理的重要科学依据(肖显静和何进，2018)。

1997 年莱斯特 · R · 布朗首次将“生态安全”纳入国家安全范畴。1987 年《我们共同的未来》指出“安全的定义必须扩展，超出对国家主权的政治和军事威胁，而要包括环境恶化和发展条件遭到的破坏”。生态安全越来越重要，世界各国政府高度重视。2014 年，在中央国家安全委员会第一次会议上，我国将生态安全正式

---

① 本章作者：叶属峰(自然资源部东海局，上海 200137；自然资源部海洋生态监测与修复技术重点实验室，上海 200137)。本研究获得 2015 年度海洋公益性行业科研专项经费项目“基于海洋健康的资源环境承载能力监测预警关键技术研究与区域示范应用(201505008)”的资助。

纳入国家总体安全体系。因此，本章以"生态安全是最终的安全"的建设判断标准(Myers，2001；徐继承和易佩荣，2004；罗永仕，2015)，从生态系统生态学的视角，探讨大湾区复合型海洋生态系统建设的有关问题，以期为我国的大湾区建设提供战略思考。

生态学现已发展成为科学与社会的桥梁，已融入各个学科领域，形成了第三种文化——生态文化。生态系统理论与方法，已经发展成为国家治理体系和治理能力现代化的重要途径。本章基于生态学的发展历程，从生态系统结构与功能特征出发，初步讨论大湾区生态系统应该是一个结构完整的、功能协调的复合生态系统，其建设的理论基础来源于五大主要理论，即大湾区理论、复合生态系统理论、生态系统生态学理论、生态经济学理论和风险管理理论；空间载体上，目标是构建湾区生物海岸；内容上，重点关注六大内容，即流域尺度的湾区社会-经济-生态复合生态系统生态学研究、海岸带生态建设、湾区资源环境承载能力监测与预警、湾区风险预警与管控、智慧湾区建设、科学普及与生态教育；运行机制上，构建创新生态系统机制。

12.2　生态学发展历程：生态学—生态系统—系统生态学

自从 1866 年德国生物学家恩斯特·海克尔(Ernst Haeckel)提出"生态学"(ecology)的概念，特别是 1935 年英国生态学家亚瑟·乔治·坦斯利(Arthur George Tansley)提出"生态系统"(ecosystem)一词以来，生态系统理论发展与应用经历了几个重大转折期：20 世纪 60 年代将生态系统管理(ecosystem management)概念应用于解决资源环境问题，70～80 年代逐渐形成了完整的生态系统管理模式，90 年代至 21 世纪初形成了综合生态系统管理体系，迄今进入了以系统生态学(system ecology)与弹性思维为主流的新时代生态系统生态学发展新阶段。

Tansley(1935)将"生态系统"定义为："一个物理学意义上的整个系统，它不仅包括各种生物，还包括构成(生态)生物群系(biome)环境的全部物理因子，即最广泛的生境因子(habitat factors)。"根据这个定义，生态系统作为自然的基本单元，是一个有机性的存在。生态系统是生态学中最大的功能单元(Odum，1953)。

从系统的角度来看，生态系统是一个由许多生物体相互作用形成的生态网络，组分之间互相协调、共同合作(Jørgensen et al.，2007；Jørgensen，2013；肖显静和何进，2018)。生态系统具有七大属性：①生态系统是开放的系统；②生态系统在本体上是难以理解的；③生态系统有方向性地发展；④生态系统具有网络上的联结性；⑤生态系统是等级地组织起来的；⑥生态系统是生长和发育的；⑦生态系统对干扰有复杂的响应。

由此可见，生态系统是一个"超级有机体"。Jørgensen(2013)、约恩森(2017)

认为，生态系统由于具有远离热力学平衡的发达组织和结构，具有独特的整体性特征，是一个具有自组织的、自我调节的系统，遵循生态热力学定律。1989 年，英国生态学会 75 周年纪念大会上，主席 J M Cherrett 对生态学概念进行了问卷调查，结果“Ecosystem”一词在生态学概念前 30 名排名表中位列第一。

12.3 大湾区——结构完整、功能协调的复合型海洋生态系统

马世骏和王如松(1984)共同创建了社会-经济-自然复合生态系统理论，他们共同开创了复合生态系统生态学领域，为认识和调控人与自然的耦合关系提供了新方法，为可持续发展与生态文明建设奠定了理论基础(欧阳志云，2017)。这一理论涵盖城市复合生态系统生态学、产业生态学、可持续发展生态建设模式。近年来，结合人工生态系统概念，这一理论又有了新的发展。

大湾区复合生态系统具备三大特征，即结构完整、功能协调、陆海关联，其建设目标是健康的、安全的、生态的且可持续发展的复合生态系统，其发展与演化的动力学机制是自然力与社会力共同作用。其中，社会力包括经济杠杆(资金)、社会杠杆(权力)和文化杠杆(精神)。

樊纲(2017)在“首届粤港澳大湾区论坛”中提出，共建中国的世界级湾区。那么，从生态系统的角度来看，大湾区是什么？我们可以隐喻地说，大湾区既是一个结构完整、功能协调的具有陆海特征的复合型社会，又是一个复合型海洋生态系统。大湾区建设需要复合生态系统理论指导，并在实践中检验再发展这一理论。

那么，大湾区发展的生态愿景是什么？我们认为，应该朝着一个健康的、安全的、可持续的复合型海洋生态系统方向发展。

12.4 大湾区建设：从生态系统角度关注四大方面

海洋属于逆向公共资源(Hardin，1969)。大湾区建设应坚持整体性、关联性、协同性原则，从生态系统角度重点关注以下四大方面。

12.4.1 概念理论上：涉及五大主要理论

大湾区建设在概念理论上涉及五大主要理论：一是大湾区理论；二是复合生态系统理论；三是生态系统生态学理论；四是生态经济学理论；五是风险管理理论。

12.4.1.1　大湾区理论

世界银行的数据显示，全球经济总量中的 60%来自港口海湾地带及其直接腹地。世界级大湾区具有 6 条发展规律(大湾区发布，2018)：①港口经济是带动湾区起步的最初动力；②发达的交通是湾区经济发展的基础；③丰富的教育资源是湾区经济持续发展的不竭动力；④风险投资是创新生态系统的必备环节；⑤行业权威机构落地有利于产业集聚；⑥整体规划有利于湾区协同发展。

12.4.1.2　复合生态系统理论

国内外公认的“社会-经济-自然复合生态系统”理论是马世骏院士和王如松院士于 1984 年共同创建的(马世骏和王如松，1984)，这一理论为我国的生态文明建设奠定了理论基础(欧阳志云，2017)。

12.4.1.3　生态系统生态学理论

英国生态学家亚瑟 · 乔治 · 坦斯利在 1935 年提出了“生态系统”(ecosystem)概念，这一重要概念提出后，在生态学向自然科学、社会科学、哲学领域得到了广泛应用，并且经过从生态学向自然科学再向社会科学和哲学两次泛化后，“生态系统”这一概念被广泛应用于各个学科领域。

生态系统生态学是生态学的一个重要分支学科，其研究内容包括：①自然生态系统的保护和利用；②生态系统调控机制；③生态系统退化的机制、恢复及其修复；④全球性生态问题；⑤生态系统可持续发展(蔡晓明，2000；Jørgensen et al.，2007)。

许多学者尝试对生态系统理论进行了归纳与总结(蔡晓明和蔡博峰，2012；Jørgensen，2013；约恩森，2017)，其基本原理主要包括开放性原理、时空结构性原理、结构与功能的相关性原理、反馈性原理、整体性原理和层级系统原理等(蔡晓明和蔡博峰，2012；约恩森，2017)，这些原理在其主要过程与功能如能量流动、物质循环和信息流动中表现出来。

12.4.1.4　生态经济学理论

生态文明呼唤经济学范式的变革。生态经济学理论是一门多学科交叉的边缘学科，从经济学、生态学、资源学等多个角度，重新审视人类经济社会与自然生态环境的关系，探索管理人类生活和地球环境、保护人类的经济和生态协调发展的理论与途径(樊胜岳等，2010)。

12.4.1.5　风险管理理论

大湾区建设中，对投资项目及资产进行风险管理是极其重要的内容，这属于管理学范畴，可视为一种系统性风险管理。里根政府的行政管理和预算局创造了一个新概念——“风险管理”。这个概念已经被美国环保局采纳，作为处理环境问题的标准方针。风险管理要求进行科学的风险评估，并将这些评估与其他信息(如减少风险的代价和可行性)相结合，来确定如何最有效地减少风险(卓志，2006)。

12.4.2 空间载体上：构建湾区生物海岸

大湾区建设的空间承载区域是海岸带区域，在目标湾区中指整个海区及其流域尺度内的陆域部分，具体分为：城市生态系统、海岸滨海湿地生态系统、河口-近海生态系统、岛屿生态系统和典型近海生态系统等。

12.4.3 建设内容上：重点关注六大内容

12.4.3.1 流域尺度的湾区社会-经济-生态复合生态系统生态学研究

以完整性、关联性与协同性为原则，从湾区流域尺度上，基于生态圈与技术圈两大部分，按照生态系统生态学理论，在大湾区生态系统科学分类的基础上，系统开展湾区社会-经济-生态复合生态系统生态学研究，阐释生产者-消费者-分解者这一完整的、具备不同营养级层次生物的食物网关系，获得更多、更好的大湾区生态系统整体性认识，为构建以海岸带生命共同体“山水林田湖草海-人”为基本框架的湾区生态系统管理模式提供科学基础。

12.4.3.2 海岸带生态建设

海岸带生态建设，以湾区海岸带-海岛为空间承载体，以湾区内红树林、珊瑚礁、海草床及旗舰物种(如中华白海豚)为规划目标，主体内容包括：①湾区自然保护地体系建设，包括海洋国家公园等；②湾区景观生态廊道建设；③湾区典型生态系统(红树林、珊瑚礁、海草床、岛礁等)修复；④湾区生态系统监测、模拟与预警体系建设。

12.4.3.3 湾区资源环境承载能力监测与预警

开展湾区资源环境承载能力监测与预警研究的目的有三个：①统一国土空间规划与用途管制、区域限批；②服务于湾区自然资源与生态系统完整性保护；③为开展自然资产评估与生态补偿提供科学依据。

研究的主要内容有：①湾区空间资源承载能力监测与预警；②湾区海岸带游憩承载能力监测与预警；③红树林生态系统承载能力监测与预警等。

12.4.3.4　湾区风险预警与管控

考虑环境问题是理解国家的经济处境和寻找改善出路的关键(巴里·康芒纳，2002)。1986 年德国社会学家乌尔里希·贝克提出“风险社会”和“世界风险社会”的概念(乌尔里希·贝克，2004a，2004b)。目前，全球已进入现代风险社会时期。

依据世界经济论坛 2017 年发布的《全球风险报告》(*The Global Risk Report*)的研究框架设计，风险可分为政治风险、经济风险、社会风险、生态风险和技术风险五大类(The World Economic Forum，2018)，并在此基础上形成了更为具体的、可量化的风险指标体系。

风险控制体系主要包括四大块内容：理解风险、风险管理、应急管理、风险治理与韧性建设。以“场景确立-风险识别-风险评估-风险预警-风险管控”等五个环节，在“沟通与交流、监控与反馈”的反复交互中，构建大湾区建设中的风险管控体系，实现风险认知、风险应急、风险管控，促进风险治理与韧性建设。

在当前全面推进“生态文明建设”与“构建人类命运共同体”的时势背景下，建构以“陆海统筹、以海定陆为目标”、海陆复合型为特征的大湾区风险管控体系及其运行机制，为解决国家“一带一路”倡议关键节点——大湾区建设的可持续推进提供决策依据，实现以新时代海洋秩序建构为核心的国家海洋治理体系与治理能力现代化。

12.4.3.5　智慧湾区建设

智慧湾区建设的目的是，通过实时在线监测与预警，达到精准决策与施策。

智慧湾区建设主要包括三个部分：①湾区数据库，包括从流域到湾区的五大数据库建设(基础地理数据库、监测数据库、模型库、产品库、应急管理库)；②决策支持模块，通过调用评估、预警、模拟与决策模型来实现；③应急响应与风险管控模块。

12.4.3.6　科学普及与生态教育

大湾区建设除硬件建设外，还要特别注重软件建设，如基础教育与高等教育中的生态教育与科学普及，这关系到下一代，关系大湾区的可持续发展。要将大湾区建设的重要理念，与国家“一带一路”倡议的关键节点建设理念联系起来，要与中华民族伟大复兴的中国梦联系起来，要与国家海洋强国战略联系起来。

12.4.4　运行机制上：创新生态系统构建

创新研究已经步入第三代研究范式——创新生态系统，体现出生态转向、动态转向等特点(胡中韬和曹文蕊，2017)。尤其是在大湾区建设中，如粤港澳大湾区跨越了三个行政区域、三个关税区、两种制度、多种法系，创新发展的制度环境复杂，但又极为关键。因此，借助生态系统生态学相关理论与概念，实现生态转向与动态转向，创新性地开展大湾区运行机制与法律规则的创建。

创新生态系统是大湾区发展的驱动力(周任重，2017)。近年来，针对创新生态系统方面的研究很多，如《中国创新生态系统的构建及评价研究》(姜庆国，2018)、《从创新生态系统看中国如何建成世界科技强国》(柳卸林等，2018)、《构建粤港澳大湾区创新生态系统的战略思考》(辜胜阻等，2018)。

创新生态系统是大湾区的发展驱动力。依据生态系统生态学理论与方法，创建运行机制和法律规制，目标是世界科技强国、(上海)科创中心。

12.5 展望：深度融合实现大湾区建设的生态系统化

从微观到宏观转变，从简单到复杂的演化，生命系统是一个相互联系和相互协调的精妙体系。从近年的研究来看，生态系统理论正越来越多地从自然科学研究跨学科、跨领域地应用到社会科学领域，在大湾区建设中也多有应用。两者的深度融合是一个有前途的未来，更能体现出生态学是科学与社会的桥梁，也为实现国家治理体系与治理能力现代化的研究和实践路径提供了一个可行的方向。

建设大湾区，应该深度整合大湾区的各个组成部分，从整体上实现生态系统化。在大湾区建设过程中，系统生态学可为大湾区建设提供理论基础(整体论、系统论和协调论)，而复合生态系统理论是一个结构完整、功能协调的大湾区的管理基础，深度融合实现大湾区生态系统化须从四大方面抓起：理论、载体、内容与机制。

参考文献

巴里 · 康芒纳. 2002. 与地球和平共处. 王喜六，王文江，陈兰芳，译. 上海：上海译文出版社.

蔡晓明. 2000. 生态系统生态学. 北京：科学出版社.

蔡晓明，蔡博峰. 2012. 生态系统的理论和实践. 北京：化学工业出版社.

樊纲. 2017. 创新驱动与都市转型：打造中国的世界级湾区. 香港：首届粤港澳大湾区论坛.

辜胜阻，曹冬梅，杨嵋. 2018. 构建粤港澳大湾区创新生态系统的战略思考. 中国软科学，4：1-9.

赫尔曼 · 戴利，乔舒亚 · 法利. 2010. 生态经济学原理与应用. 金志农，陈美球，蔡海生，等，译. 北京：中国社会科学出版社.

胡中韬，曹文蕊. 2017. 区域创新生态系统：基于生态学的思考. 现代商贸工业，34：23-24.

姜庆国. 2018. 中国创新生态系统的构建及评价研究. 经济经纬，35(4)：1-8.

Jørgensen S E. 2013. 系统生态学导论. 陆健健，译.北京：高等教育出版社.

柳卸林，丁雪辰，高雨辰. 2018. 从创新生态系统看中国如何建成世界科技强国. 科学学与科学技术管理，39(3)：3-15.

罗永仕. 2015. 生态安全的现代性境遇. 北京：人民出版社.

马世骏，王如松. 1984. 社会-经济-自然复合生态系统. 生态学报，4(1)：1-9.

诺曼 · 迈尔斯. 2001. 最终的安全：政治稳定的环境基础. 王正平，金辉，译. 上海：上海译文出版社.

Odum E P. 2017. 生态学：科学与社会之间的桥梁. 何文珊，译.北京：高等教育出版社.

欧阳志云. 2017. 开创复合生态系统生态学，奠基生态文明建设——纪念著名生态学家王如松院士诞辰七十周年.生态学报，37(17)：5579-5583.

任大帅，朱斌. 2018. 主流创新生态系统与新流创新生态系统：概念界定及竞争与协同机制. 技术经济，37(2)：28-38.

深圳报业集团. 2018. 世界级大湾区的 6 条发展规律. 深圳特区报，2018-07-13.

Verhulst S G，Noveck B S，Raines J，et al. 2017. 全球治理创新：走向一个分散式互联网治理生态系统(摘译).汕头大学学报(人文社会科学版)，33(9)：82-88.

乌尔里希 · 贝克. 2004a. 风险社会. 何博闻，译. 上海：译林出版社.

乌尔里希 · 贝克. 2004b. 世界风险社会. 吴英姿，译. 南京：南京大学出版社.

肖显静，何进. 2018. 生态系统生态学研究的关键问题及趋势——从“整体论与还原论的争论”看. 生态学报，38(1)：31-40.

徐继承，易佩荣. 2004. 人类的终极安全：生态安全. 佳木斯大学社会科学学报，1：71-73.

约恩森 S E. 2017. 生态系统生态学.曹建军，赵斌，张剑，等，译.北京：科学出版社.

周任重. 2017. 论粤港澳大湾区的创新生态系统. 开放导报，3：53-56.

卓志. 2006. 风险管理理论研究. 北京：中国金融出版社.

Hardin G. 1969. The tragedy of the commons. Science, 162(5364): 1243-1248.

Jørgensen S E, Fath B, Bastianoni S, et al. 2007. A New Ecology: System Perspective. Amsterdam: Elsevier.

Odum E P. 1953. Fundamentals of Ecology. Philadephie: Saunders.

Tansley A G. 1935. The use and abuse of vegetational concepts and terms. Ecology, 16(3): 284-307.

The World Economic Forum. 2018. The Global Risk Report 2018 (13th ed.). http: //wef.ch/risks2018.

第三篇

人工生态系统——海洋牧场构建

第 13 章　海洋牧场系统工程与科技应对①

13.1　引　言

我国是海洋大国，大陆海岸线长 1.8 万 km 以上，岛屿海岸线长约 1.4 万 km，海洋资源得天独厚，是世界第一渔业大国。我国近海环境受损严重，渔业资源衰退，海洋荒漠化趋势显著。海洋牧场作为一种海洋经济新业态，既能养护生物资源，又能修复生态环境，是实现我国近海渔业资源恢复、生态系统和谐发展的重要途径。海洋牧场的建设涉及海洋生态学、海洋动物行为学、海洋生物保护学、海洋工程与信息技术学等多学科的交叉应用，是一个复杂的、长期的、多学科交叉的系统工程(杨红生等，2019)。目前，我国海洋牧场建设从理念构想到初具规模，其形式和内涵不断发展丰富，但真正意义上的现代化海洋牧场建设刚刚起步，其科学发展仍面临诸多挑战(杨红生，2016)。因此，针对制约海洋牧场发展和产业升级的关键问题，系统开展现代化海洋牧场构建原理创新与技术攻关，对我国海洋牧场产业可持续发展至关重要。

海洋牧场是基于生态学原理，充分利用自然生产力，运用现代工程技术和管理模式，通过生境修复和人工增殖，在适宜海域构建的兼具环境保护、资源养护和渔业持续产出功能的生态系统(杨红生等，2019)。海洋牧场发展经历了以渔业资源增殖放流、人工鱼礁投放和海洋牧场系统化建设为标志的 3 个主要发展阶段：①建设试验期(1979～2006 年)发布了《中国水生生物资源养护行动纲要》，建立了 23 个人工鱼礁实验点，共计投放人工鱼礁 28 000 余个；②建设推进期(2006～2015 年)投入资金 22.96 亿元，建设鱼礁 3152 万 m^2，形成了 464km^2 的海洋牧场；③建设加速期(2015 年之后)完成覆盖渤海、黄海、东海与南海四大海域的 86 个国家级海洋牧场示范区建设，并计划到 2025 年建设 178 个国家级海洋牧场示范区(中华人民共和国农业部，2017；农业部渔业渔政管理局和中国水产科学研究院，2017)。我国海洋牧场建设从理念构想到初具规模，其形式和内涵不断发展丰富，从以人工鱼礁为基础的海洋牧场，逐步形成重视理念、设备、技术和管理现代化

---

① 本章作者：孙景春[1,2,3,4]，张立斌[1,2,3,4]，林承刚[1,2,3,4]，杨红生[1,2,3,4](1. 中国科学院海洋研究所海洋生态与环境科学重点实验室，青岛 266071；2. 青岛海洋科学与技术试点国家实验室海洋生态与环境科学功能实验室，青岛 266071；3. 中国科学院海洋大科学研究中心，青岛 266071；4. 中国科学院海洋牧场工程实验室，青岛 266071。
本研究获得国家自然科学基金重点基金项目(42030408)的资助。

的海洋牧场。

本章主要回顾我国海洋牧场建设历程，梳理海洋牧场建设过程中布局规划与承载力评估、监测与运行管理、产业链拓展与升级等系统工程，针对面临的技术挑战与问题，提出相应的技术对策，以期为建设现代化海洋牧场新模式提供参考。

13.2　海洋牧场系统工程建设

海洋牧场的建设是一个复杂的、长期的、多学科交叉的系统工程，包含建设规划与承载力评估、生境营造与资源养护、监测与运行管理、产业链拓展与升级、建设综合管理等关键步骤(杨红生等，2019)。

1)海洋牧场建设规划与承载力评估

开展海洋牧场待建海域本底调查与环境评价，确定海区的理化因素与海底状况(郝向举等，2017)，基于相关海域区划设计，统筹规划海洋牧场待建海域和陆域使用，确保海洋牧场空间科学布局，提升空间利用率。开展海洋牧场承载力调查与评估，建立海洋牧场健康评价指标体系，确定我国海洋牧场待建海域的承载力和增殖潜力、构建模式和建设规模。

2)海洋牧场生境营造与资源养护

研究海洋牧场生境修复与优化技术，优化富营养化海域物质削减和资源化利用，加强退化生境修复，以改善海洋牧场生态环境(胡炜等，2019)。加强对海草床和海藻场修复技术、底质修复技术、水动力调节技术、种群重建技术、景观设计技术的研究，修复并优化海洋牧场生境(阙华勇等，2016)。研究种质保存原理和关键技术，构建搜集、整理、鉴定、保护、保存和合理利用的完整体系。建设原种场和种质资源保护区，开展本地种人工增殖放流活动，评估原种场内的种群容纳量；依据种群结构，制定科学的资源养护计划与管理制度，避免过度捕捞的隐患。

3)海洋牧场监测与运行管理

建立基于浮标、船载传感器系统、无人机、遥感技术的生态环境监测平台，研发水下智能识别系统，研发专家决策系统，实现环境参数、资源状况全天候监测和实时传输的智慧化管理，对异常天气变化、浒苔、赤潮等生态风险进行预警预报，提升风险应对能力，对海洋牧场主要经济生物量变动情况进行科学预测，为实现资源和环境“可视、可测、可报”提供装备支撑。研发机械化播苗、采收装备，提升海洋牧场装备现代化水平，实现规模化、机械化生产，提升生产效率、精度，降低人力成本、生产风险。

4)海洋牧场产业链拓展与升级

结合精深加工、仓储物流、休闲旅游等行业，拓展海洋牧场产业链。研发新型海洋生物制品，建立海洋生物制品产业化示范生产线，加强海洋牧场水产品高值化利用；依托海区地理优势，建设海洋科技馆、渔家乐等多种形式的旅游服务场所，发展休闲垂钓、渔业体验等旅游项目，增加其科普、文化附加值，提升海洋牧场经济、生态服务价值；构建“渔旅融合”“海上风电+海洋牧场”等新模式，促进渔民转产转业，降低渔民养殖成本，减少养殖风险，实现渔民收入与企业发展同步提升、海域生态与产出效益同步改善。

5) 海洋牧场建设综合管理

制定海洋牧场建设标准，促进海洋牧场规范建设、统筹管理、协调运转。制定海洋牧场评估标准，重视增养殖产品获得的经济效益，兼顾海区的生态效益和社会效益。加强海洋牧场产业主管部门与支撑基础科学研究部门的沟通协调，建立相关管理部门在海洋牧场规划、建设和管理中的沟通协调机制；根据海域自然条件、海洋功能区属性、环境质量特点做好海洋牧场选址和区划，创新政府扶持、企业主导、渔民受益的海洋牧场建设和运营模式，实现海洋牧场的科学管理与多赢化运营。

13.3　海洋牧场建设面临的挑战与问题

海洋牧场发展迅猛，但低水平同质化现象严重。一系列问题对我国海洋牧场的高质量发展提出了严峻挑战，主要原因是基础研究的前瞻布局不足、基础理论研究滞后、顶层设计的科技支撑薄弱、工程和信息技术支撑能力有限。

1) 基础研究薄弱，宏观规划理论支撑不足

生态优先是海洋牧场建设的首要原则。目前，我国近海哪些区域可以建设海洋牧场？能建多大的海洋牧场？能建什么样的海洋牧场？一系列亟待明确的问题缺乏科学依据。对近海的生物生产力和生态承载力认知不足，缺乏科学评估体系，亟待揭示海洋牧场建设与毗连海域的互作机制，评估海洋牧场建设对生态系统的影响。

2) 生境营造能力不强，生态效应认知不明

人工生境建设是海洋牧场建设的关键基础。目前，海洋牧场人工生境工程技术缺乏系统性研究、人工构件投放缺乏理论依据、建设设施作用机制不明、设施-生物-环境三者之间的耦合机制不清、海草(藻)床和珊瑚礁等的修复缺乏有效措施、生物功能群构建缺乏科学基础等问题，严重制约着海洋牧场生态效益提升和高效产出。对海洋牧场重要经济生物的行为特征认识不清，生物之间的相互作用及功能群构建缺乏理论支持，增殖放流对海域生物多样性和群落结构的影响不明，重要经济生物精准采捕缺乏科学标准。

3) 监测装备体系不完善，评价保障系统功能不强

风险防控是海洋牧场高质量发展的重要保障。全球气候变化和人类活动影响

下海洋牧场的生态灾害时有发生，生态风险的信息化预警与精准预报支撑能力不足；海洋牧场环境资源高精度实时监测系统与设备研发针对性不强，无法实现真正意义上的“可视、可测、可报”；综合管理模式和机制亟待创新和完善。

4）渔业资源利用不充分，产品附加值不高

海洋牧场海产品产业链较短，致使在海洋牧场的各个过程无法充分利用海产品在生产过程中的优势。海洋牧场产品精深加工能力薄弱，缺乏技术上的创新。海洋牧场产业化经营水平较低，海洋牧场产业发展总体来说较为滞后，经营类型较为传统，缺失增添新型商业业态的变通性，产业链条不完善，导致综合效益处于低下水平(郝有暖等，2019)。

5）标准规范体系不完备，综合管理效果不佳

当前我国海洋牧场建设多以企事业申报为主，缺乏国家、省、市层次上的统一规划。海洋牧场的建设同时受多个涉海部门指导，但各部门职能分工不清、各自为政，因而存在重复建设、特色不突出的现象，难以形成整体有效的效果。此外，多数海洋牧场还只停留在投石造礁的初期阶段，布局不尽合理，缺乏长期规划(李波，2012)，建设效果欠佳。

13.4 海洋牧场建设关键技术突破

现代化海洋牧场建设刚刚起步，基础理论和技术研究相对滞后。面向国家海洋生态文明建设的重大战略需求和海洋牧场持续健康发展的产业急需，通过多学科交叉与融合，实施海洋牧场原理认知和重大技术突破，形成系统的现代化海洋牧场理论和技术创新体系，支撑现代化海洋牧场发展，具有重要的科学价值和战略意义。重点开展以下五个方向的研究。

1）海洋牧场生态模型构建与生物承载力提升技术

建立海洋牧场环境因子和渔业资源信息实时监测网络，研发海洋牧场生态安全与环境保障监测平台，集成建立海洋牧场环境因子大数据处理分析中心，采用多元模型预测评估海洋牧场安全与经济生物资源产出，综合提高海洋牧场对自然灾害的预警能力和智能化管理能力。针对中国海域生境特征，优化海洋牧场食物网结构，完善海洋牧场食物网系统，丰富海洋牧场内生物资源营养级结构；构建海洋牧场生物承载力评估体系，制定海洋牧场生物资源可持续开发、管理利用技术方案，打造增殖结构合理的生态牧场，实现海洋牧场可持续利用。

2）海洋牧场生态环境营造与生物资源评估技术

研发海洋牧场生态礁体材料设计、制造、组合与布局技术，重点突破大型人工鱼礁设计制造等关键技术；优化海藻场/海草床的修复与移植技术，研究大型海藻/海草在特定环境下的生长机制、环境及生物间的作用机制，系统研发大型海藻/

海草恢复设施装备与技术等，有效控制海洋生境碎片化，实现海洋牧场内生态环境全面修复。利用声学等生物资源探测与评估技术，建立生物资源声学无损探测与评估体系；利用遥感信息技术开发环境因子与资源变动数据模型；研发放流效果的评估技术，精确评估放流幼体在海洋牧场的存活、生长和繁衍状况，以多元技术手段实现海洋牧场生物资源精确评估。

3）海洋牧场智能微网系统构建与监测管理技术

建立海洋牧场与海上风电融合发展技术体系，研发增殖型风电基础装备，开发环境友好型风机设施，构建“蓝色粮仓+蓝色能源”的现代化海洋牧场发展新模式；开发海洋牧场智能微网系统，保障海洋牧场的能源供给，实现海洋牧场与海上风电融合发展的可视、可管与可控，进一步实现海域空间资源的集约高效利用，兼顾清洁能源产出与渔业资源持续发展。基于海洋牧场关键种行为特征，创新水下诱捕技术，结合自动控制技术，开展智能生态捕获装备研制。基于海洋牧场水体特征，结合激光、偏振成像、声学探测等技术，开展海洋牧场经济生物资源可视化研究，构建水下动态实时监测系统，为海洋牧场资源的智能化捕获提供新的技术手段，降低渔业作业风险，提升海洋牧场资源捕捞效率，实现海洋牧场生物高精度机械化采捕。

4）海洋牧场生物资源高效开发与综合利用技术

创建“科研院所+企业+合作社+渔户”相结合的泽潭组织模式，建立“生境优化+资源增殖+精深加工”的三产贯通发展模式，进行海洋牧场初级水产品的高值化利用，并与精深加工、仓储物流、休闲旅游等相结合，增加科普、旅游、文化附加值，提升海洋牧场经济、生态服务价值。利用经济植物开发营养特膳食品等多元化功能产品；利用鱼虾蟹贝的加工废弃物，进行胶原蛋白等活性成分的再利用，深度开发功能食品等相关产品；利用藻类开发藻胆蛋白等活性成分提取方法与技术，筛选特殊功能保健食品和食物资源；利用微生物资源及其代谢产物，构建特色菌种库，筛选药用先导化合物，研制污染物降解等功能产品。

5）海洋牧场科学经营与综合管理技术

在国家层面上，编制我国管辖海域海洋牧场建设的中长期规划，出台海洋牧场建设和运行管理的国家及行业标准，明确我国海洋牧场的定义、范畴和类型，将财政资金投向真正意义上的海洋牧场。构建“科研院所+企业+合作社+渔户”相结合的组织管理模式，实现海洋牧场企业发展与渔民收入同步提升、海域生态与产出效益同步改善，引领支撑国家级海洋牧场示范区建设，为国际现代化海洋牧场建设提供中国样板。

参考文献

郝向举，罗刚，王云中，等. 2017. 我国海洋牧场科技支撑基本情况、存在问题及对策建议. 中国水产，(11)：44-48.

郝有暖，田涛，杨军，等. 2019. 我国经营性海洋牧场产业链延伸研究. 海洋开发与管理，36(5)：84-89.
胡炜，李成林，赵斌，等. 2019. 科学推进现代化海洋牧场建设的思考. 中国海洋经济，(1)：50-63.
李波. 2012. 关于中国海洋牧场建设的问题研究. 中国海洋大学硕士学位论文.
农业部渔业渔政管理局，中国水产科学研究院. 2017. 中国海洋牧场发展战略研究. 北京：中国农业出版社.
阙华勇，陈勇，张秀梅，等. 2016. 现代海洋牧场建设的现状与发展对策. 中国工程科学，18(3)：79-84.
杨红生. 2016. 我国海洋牧场建设回顾与展望. 水产学报，40(7)：1133-1140.
杨红生，霍达，许强. 2016. 现代海洋牧场建设之我见. 海洋与湖沼，47(6)：1069-1074.
杨红生，茹小尚，张立斌，等. 2019. 海洋牧场与海上风电融合发展：理念与展望. 中国科学院院刊，34(6)：700-707.
杨红生，杨心愿，林承刚，等. 2018. 着力实现海洋牧场建设的理念、装备、技术、管理现代化. 中国科学院院刊，33(7)：732-738.
杨红生，章守宇，张秀梅，等. 2019. 中国现代化海洋牧场建设的战略思考. 水产学报，43(4)：1255-1262.
中华人民共和国国务院. 2006. 国务院关于印发中国水生生物资源养护行动纲要的通知.
中华人民共和国农业部. 2017. 农业部关于印发《国家级海洋牧场示范区建设规划(2017—2025)》的通知.
Food and Agriculture Organization of the United Nations. 2018. The state of World Fisheries and Aquaculture 2018: Meeting the sustainable development goals. Rome: FAO.

第14章　关于人工生态系统——近海养殖生态系统的养殖环境压力及综合养殖模式发展的思考①

14.1　引　　言

随着人口的增加，满足人类食物和优质蛋白的需求是一项十分艰巨的任务。在池塘、滩涂养殖空间受到围填海挤压及深水养殖高成本、高风险制约的情况下，大幅度增加的海洋食物需求仍将主要从我国近海生态系统获得解决。随着养殖规模不断扩大和养殖强度不断提高，近海养殖空间受到很大的限制，加之沿岸水域环境污染、病害暴发等，危及海水养殖产业的可持续发展。海水养殖面临增加食物产出的问题，以及保证可持续产出的挑战。

海洋是全球生命支持系统的重要组成部分，海水养殖是人类主动、定向利用海洋生命系统来为人类这一地球上最为高级和复杂的生命系统服务的行为。海水养殖关乎我国粮食安全、食品安全、生态安全，影响国民经济健康发展和贸易平衡。近海养殖生态系统作为人类最大的人工生态系统，因介于以人工调节为主的陆基养殖和以自然调节为主的深远海养殖之间，有着特殊的特点。自20世纪80年代开始，我国海水养殖产量和面积呈直线上升式迅猛发展(图14.1)，至2017年，我国的海洋捕捞产量与养殖产量已超过3321万t/a，居世界第一，为国民提供了1/5的优质蛋白食物保障。我国海洋渔业的产量已经超过淡水渔业，是世界上唯一养殖产量大于捕捞产量的国家。海洋渔业为我国经济发展做出了贡献，2017年渔业经济总产值已达2.476万亿元，渔业产值占渔业经济总产值的50%(图14.2)。其中，海水养殖产值0.33万亿元，海洋捕捞产值0.199万亿元，分别占渔业产值的27%和16%。

---

① 本章作者：张继红[1,2]，吴文广[1]，刘毅[1]，王新萌[1](1. 中国水产科学研究院黄海水产研究所，农业农村部海洋渔业与可持续发展重点实验室(综合性)，青岛266071；2. 青岛海洋科学与技术试点国家实验室海洋渔业科学与食物产出过程功能实验室，青岛266071)。本研究获得国家重点研发计划课题(2020YFA0607603)、国家自然科学基金联合项目(U1906216、41776155)、现代农业人才支撑计划专项业务费项目(20160101)、山东省重大科技创新工程专项“健康海洋”技术创新工程(2018SDKJ0501-3)、中国科学院战略性先导科技专项(A类)“美丽中国生态文明建设科技工程”(XDA23050402)、农业农村部“一带一路”沿线热带国家水产养殖科技合作项目“水产生态综合养殖模式优化、集成与示范”课题、农业科研杰出人才及其创新团队培养(125A0301)的资助。

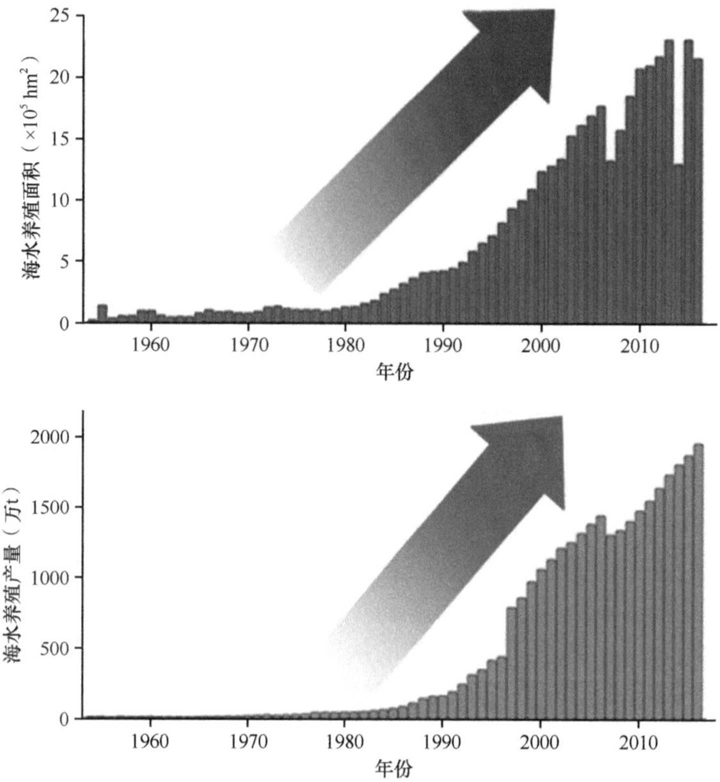

图 14.1　1949～2017 年我国海水养殖面积和产量(1949～2017 年《中国渔业统计年鉴》)

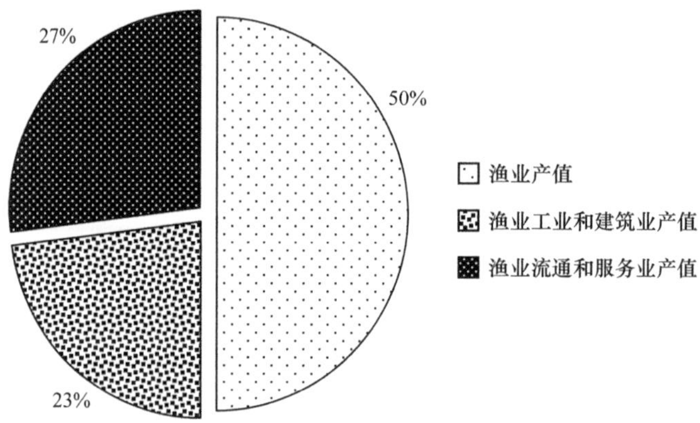

图 14.2　2017 年我国渔业经济构成

目前我国人口超 14 亿，满足人类食物和优质蛋白的需求是一项十分艰巨的任务。近海生态系统作为我国海水养殖的主战场，不仅受全球气候变化及陆源污染的影响，还受养殖活动自身的影响。科学适宜的养殖规模、养殖类型、养殖密度可以有效地降低单一种类及投饵型养殖的环境压力。建立科学的养殖模式和适应性管理对策，将有助于保障近海养殖产业的高效、可持续发展。

本章概述近海养殖生态系统的特点及投饵型和非投饵型两大类型养殖对环境的影响，从不同营养级生物的生源要素收支特性及种类匹配，养殖生态系统生源要素的生物地球化学特性研究，养殖生态系统的养殖容量评估，多营养层次综合养殖的养殖、生态、经济效益分析与评价，阐释近海综合养殖模式构建的理论基础和实践体系，提出目前存在的问题并进行展望。

14.2　近海养殖生态系统的特点和养殖对环境的影响

我国的海水养殖以贝类、藻类为主，2018 年贝类、藻类养殖产量占比分别为 71%和 12%(图 14.3)。并且，这种养殖结构相对稳定，从 1949 年至今变化不大。中国水产养殖的显著特点是种类多样性丰富、优势种显著、营养层次多、营养级低、生态效率高、生物量产出多(唐启升等，2013)。因此，养殖结构、养殖技术和方式、海域环境状况造就了中国特有的人工生态系统。

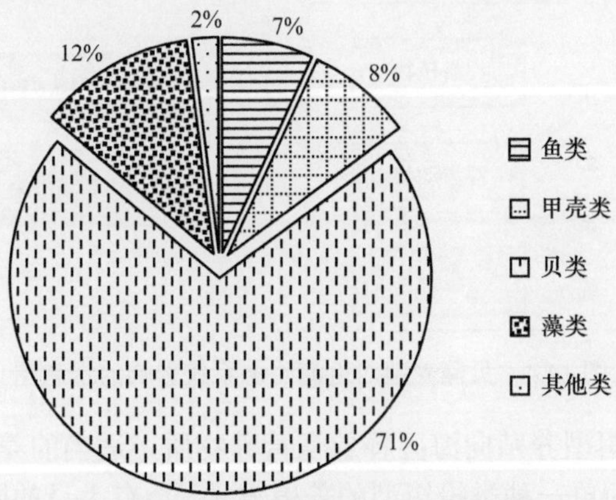

图 14.3　2018 年我国海水养殖产品构成

海水养殖是指从育苗、养成到收获完全在人的管理之下所进行的生产活动。海水增殖是指通过人工措施如放流苗种、建立人工鱼礁改造渔场环境等，使资源得到增加的活动。海水增殖和养殖技术包括育苗、投饵、防治病害、改造渔场环境，以及其他增养殖工程技术等。在近海养殖生态系统中海水养殖活动的每一个阶段都会对近海生态环境有不同程度的影响，诸如育苗、饵料、防治病害、改造渔场环境，以及其他增养殖工程技术等，会在不同方面、不同程度上影响生态环境。通常情况下，投放苗种可影响养殖生态系统的优势种、生物多样性；投放增养殖设施可能会对养殖系统的流场、底质结构及附着基质产生影响；养殖投入品，包括饵料/饲料、药品等及收获阶段的人为扰动，对底栖生物、生物地球化学循环过程有潜在的影响。

近海养殖生态系统是人工构建的大规模、高密度、高产出的特殊生态系统，不同养殖模式的生态效应明显不同。我国海水增养殖类型主要包括非投饵型的贝藻养殖和投饵型的鱼虾蟹养殖。

贝藻养殖系统可以直接或间接利用海水中大量的生源要素，一方面，贝藻养殖可以通过收获从养殖生态系统中移除大量的 N、P 营养元素，对近海的富营养化起到一定的控制作用；另一方面，养殖的大型藻类和滤食性贝类与浮游植物竞争生源要素、与浮游动物竞争饵料微藻，从而对高营养级的鱼类等渔业生物产生负面影响(图 14.4)。对于非投饵型贝藻养殖活动，其对生态系统的压力主要源于超负荷养殖对系统内营养元素的削减引起的生态系统变化。因此，基于养殖容量和生态容量来确定适宜的养殖密度和规模，是解决非投饵型养殖环境压力问题的关键。

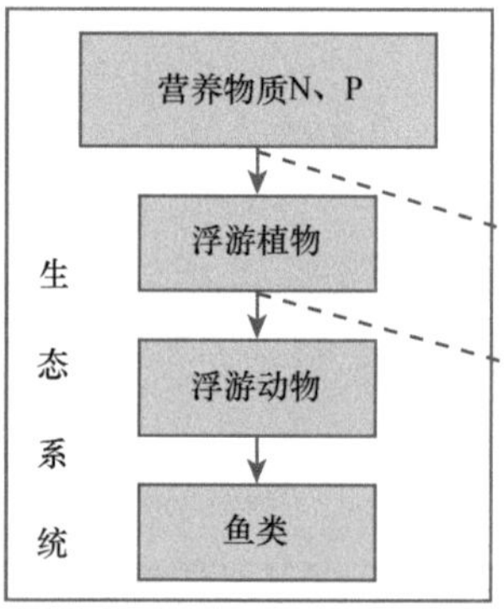

图 14.4　贝藻养殖对近海生态系统影响的示意图

鱼虾蟹类等投饵型养殖向海区释放富营养物质，适当的养殖活动可增加生物多样性，但是过量的单一种类投饵型的养殖方式，会有大量的固态(残饵和养殖生物的粪便)和溶解态(养殖生物的代谢产物，如排泄的氨氮等)的废物排入养殖生态系统(图 14.5)。例如，网箱养殖会引起水体的富营养化(Naylor et al.，2000；Wang et al.，2012)，并影响网箱下方及周围的沉积环境和底栖生物(Folke et al.，1994；Pohle et al.，2000)。另外，养殖设施、人工鱼礁等减缓了海水流速，降低了近海与养殖海域的海水交换速率，从而使投饵型养殖活动的负面影响加剧。因此，投饵型养殖类型的环境压力主要来源于对生态系统营养物质的过量输入而引起的生态系统改变。建立基于贝藻参的多营养层次综合养殖模式，是减轻单一种类投饵型养殖的负面影响的有效方式之一。

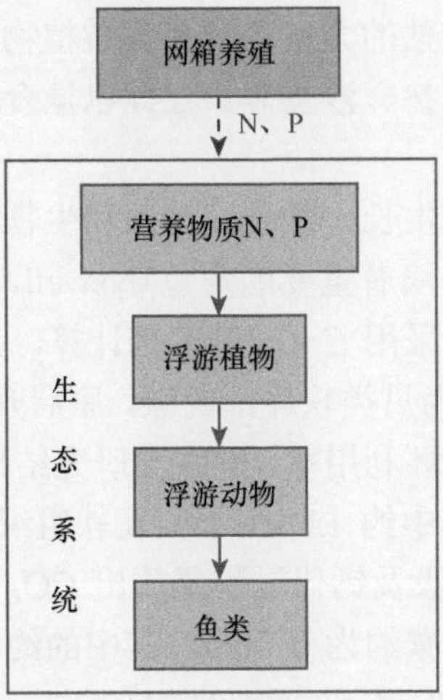

图 14.5　网箱养殖对生态系统影响的示意图

14.3　近海综合养殖模式构建的理论基础和实践体系

当前，我国渔业经济增长方式正由“粗放型”向“节约型”转变，由“开发型”向“环境友好型”转变，由“单一型”向“多元型”转变，由“经验型”向“科技创新型”转变，依靠科技进步和提高劳动者素质，以提高经济效益为中心，向结构优化、规范经营、科技进步、科学管理要效益，逐步扩大渔业生产规模。海水多营养层次综合养殖正是这种模式转变最好的方式。多营养层次综合养殖(integrated multi-trophic aquaculture，IMTA)(Chopin et al.，2001)是根据养殖系统中不同层次营养级生物间的生态互利性及养殖水域对养殖生物的容纳量，将不同营养级生物(如投饵类动物、滤食性贝类、大型藻类和沉积食性动物等)科学地整合到综合养殖系统中，使养殖系统中一些生物释放或排泄到水体中的废弃营养物质成为另一些生物的营养物质来源，实现近海生态系统中生源要素的高效、高值利用。这种模式能充分利用输入养殖系统中的营养物质和能量，在减轻养殖自身污染等人类活动对自然生态系统的负面影响的同时，使系统具有较高的容纳量和食物产出能力，具有显著的经济、社会和生态效益，是世界水产养殖业的发展方向和研究热点。

关于 IMTA 构建的理论基础和实践体系研究(Macdonald et al.，2011；Huong et al.，2010；Holdt and Edwards，2014)，主要包括以下几个方面。

1) 不同营养级生物的生源要素收支特性及种类匹配

养殖生物个体生源要素收支特性的研究是了解其在养殖生态系统中的生态功能及不同营养级生物之间匹配的基础。近海 IMTA 中，发挥生物滤器作用的生物主要包括可利用溶解性营养盐的大型藻类和浮游植物、可利用颗粒态营养物质的滤食性贝类、沉积食性的刺参、沙蚕等。在此以滤食性贝类为例，简要介绍贝类的生源要素收支研究情况。

滤食性贝类通过滤食、生长、呼吸、排泄和生物沉积过程，在浅海生态系统的物质循环和能量流动中扮演着重要的角色(Newell，2004)。例如，关于贝类个体的生源要素收支方程普遍采用 $C=G+R+F$ 来计算，其中 C 为碳摄入；F 为粪中的碳；R 为呼吸代谢碳；G 为贝类软体部的碳。唐启升等(2013)报道了鲍-参-藻配比的综合养殖系统中碳的循环利用率，碳收支研究结果显示，1kg(湿重)的鲍所摄食吸收的碳约为 2.15kg，其中约 12%用于壳及软组织的生长，33%作为生物沉积沉降到海底，55%通过鲍呼吸及钙化过程释放出 CO_2 并回归水体。鲍养殖过程中排泄、排粪产生的生物沉积碳约为 0.74kg，其中的约 10%(0.07kg C)被海带吸收再利用，其余的约 90%(0.67kg C)与海带残饵(0.37kg C)作为刺参的食物来源，其中的约 69%(0.72kg C)被刺参同化，剩余的约 31%沉入海底。鲍呼吸和钙化过程中产生的 1.18kg 溶解 CO_2 及刺参呼吸产生的 0.09kg 溶解 CO_2 为海带光合作用提供了 52%的无机碳。

2)养殖生态系统生源要素的生物地球化学特性研究

关于养殖生态系统生源要素的研究已有很多报道(Wang et al.，2014；Yang et al.，2017)。以我国北方养殖生态系统——桑沟湾为典型案例，从贝藻固碳过程和关键受控因素、海-气界面和海-底界面碳交换通量及碳埋藏通量等方面系统地研究了桑沟湾生态系统碳的生物地球化学特性，研究发现：①养殖活动对海域碳的源汇影响较大，网箱区进行养殖活动时，表现为 CO_2 的源区，贝藻各区域都为 CO_2 的汇区。桑沟湾海-气界面的 CO_2 平均通量春季为–3.18mmol/($m^2 \cdot d$)，夏季为–2.19mmol/($m^2 \cdot d$)，秋季为–14.40mmol/($m^2 \cdot d$)，冬季为–26.12mmol/($m^2 \cdot d$)，整个桑沟湾养殖海区全年碳吸收量可达 6.9×10^3t。②贝类个体碳收支的结果以长牡蛎为例，1 只软体部干重 0.25g 的长牡蛎经过 1 年成长，利用了水体中 7533mg 的碳，其中 39.16%通过呼吸和钙化过程释放到环境中，21.33%形成贝壳和软体部；39.51%形成生物性沉积物。长牡蛎利用 7533mg 的碳，最终形成了 3 部分的碳埋藏出口：1421mg 的贝壳碳、186mg 的软体部碳、2976mg 的生物沉积碳。生物性沉积物对桑沟湾表层沉积物有机碳的贡献率春夏季为 13.96%±8.62%，秋季为 32%。③通过分析桑沟湾养殖海域的沉积物柱状样，结合沉积速率结果，桑沟湾全湾沉积物碳库年储量约为 3.05×10^4t，其中无机碳年储量为 2.13×10^4t，有机碳年储量为 0.92×10^4t；蓝碳碳库年储量为 1.58×10^4t，其中无机蓝碳年储量为 1.32×10^4t，有机蓝碳年储量为 0.26×10^4t。

3)养殖生态系统的养殖容量评估

养殖容量评估是进行健康养殖、生态养殖的前提，是保障海水养殖健康、可持续发展的必要条件，也是海洋生态文明建设不可忽视的研究内容。“容量”(carrying capacity)的概念来自种群生态学的Logistic方程，$dN/dt=r\times N\times(K-N)/K$，其中 N 代表种群大小，t 为时间，r 为种群的瞬时增长率，表示该物种的潜在增殖能力，K 为环境容量。种群密度与增长率之间存在反馈机制，即密度制约作用。当 $N=K$ 时，增长率(dN/dt)为零，种群数量保持稳定，达到环境容量。可见，在特定的环境条件下，种群的数量不能无限制地增加。养殖容量的概念，从最初关注最大养殖产量向最大可持续产量转变，从关注经济效益向生态效益转变(唐启升，1996；董双林等，1998)，基本内涵是：特定水域单位水体养殖生物不危害生态环境、能够保持生态系统相对稳定、符合可持续产出的最大产量。不同养殖种类的养殖方式及其与环境的作用机制不同，容量的限制因子不同。对于网箱、虾蟹等养殖投饵型的养殖，因残饵、鱼虾蟹等排泄和代谢产生的颗粒和溶解态物质排放量较大，主要将与污染物密切相关的环境指标作为容量评估的限制因子，也称为环境容量(黄洪辉等，2003；Cai et al.，2007)。对于滤食性贝类、大型藻类等非投饵型的养殖，以海水中的氮磷等营养物质或浮游植物等颗粒有机物为饵料，养殖容量与生态系统的功能如营养盐浓度和结构、初级生产力、浮游植物现存量及悬浮颗粒有机物的浓度等密切相关，即营养盐或食物通常为大型藻类或贝类养殖容量的限制指标(Duarte et al.，2003；Nunes et al.，2003；Shi et al.，2013；Zhao et al.，2019)。

4) IMTA 的养殖、生态、经济效益分析与评价

Zhang 等(2009)采用挪威的 MOM-B 系统对桑沟湾沉积环境进行了评估，结果显示，经过近 20 年的 IMTA，桑沟湾沉积环境依然处于良好状态。Shi 等(2013)采用环境可持续指数(environmental sustainability index，ESI)、成本效益分析(cost-benefit analysis，CBA)等方法评价了桑沟湾单养海带、单养扇贝、贝藻综合养殖的生态效益和经济效益，证实贝藻综合养殖系统的经济效益和生态效益最佳。刘红梅等(2014)建立了桑沟湾生态系统的养殖、生态、经济效益评估模型，比较分析了 7 种不同养殖模式的生态服务功能，包括食物供给功能、营养物质循环功能、碳汇功能等。研究证实，IMTA 是一种可持续的环境友好的养殖模式。

IMTA 是目前普遍认可的近海可持续养殖模式，加拿大、挪威、美国、智利、南非等国开展了系列研究。目前，我国近海 IMTA 达到国际先进水平，桑沟湾多营养层次综合养殖模式已研发并进入规模化养殖生产，包括鱼-贝-藻、贝-藻、贝-藻-参等多元综合养殖模式，产生了良好的经济、社会和生态效益。

14.4　存在的问题与展望

近海养殖存在的问题：相比于陆基工厂化养殖和池塘养殖，近海养殖的生态

环境各要素兼具人工调节与自然调节，由自然环境提供养殖生物所必需的海水、气温、光照等基本要素，由人工调控养殖生物所在的水域范围、投喂饵料及参与部分养殖海水的循环等。近海养殖区域的养殖水体一般可以与自然状态的海水水体进行交换，实现养殖区域内的水循环。因此，近海养殖的环境受水温、流场等的影响，这使得养殖排放的颗粒态、溶解态物质的水平输运和垂直输运更为复杂。由于不同海域流场、水温、地形等环境存在差异，不同营养级生物的生长很难同步，因此即使在养殖开始时设定了不同种类的适宜配比，在养殖生长过程中适宜的配比也是动态变化的。

因此，以养殖容量为基础，以高效、可持续产出为核心，科学地控制养殖密度和规模、优化养殖结构和布局，构建经济效益高、生态环境友好的养殖模式；以实验生态和海水养殖的研究为基础，综合考虑生态系统中非生物、生物及人类调控的相互作用，通过 IMTA 数值研究，掌握及预测整个养殖周期的动态变化过程和趋势。

参 考 文 献

董双林，李德尚，潘克厚. 1998. 论海水养殖的养殖容量. 青岛海洋大学学报，28(2)：253-258.

黄洪辉，林钦，贾晓平，等. 2003. 海水鱼类网箱养殖场有机污染季节动态与养殖容量限制关系. 集美大学学报(自然科学版)，(2)：101-105.

李瑞环. 2014. 生态养殖活动下营养盐动力学研究. 中国海洋大学博士学位论文.

刘红梅，齐占会，张继红，等. 2014. 桑沟湾不同养殖模式下生态系统服务和价值评价. 青岛：中国海洋大学出版社.

牛亚丽. 2014. 桑沟湾滤食性贝类碳、氮、磷、硅元素收支的季节变化研究. 浙江海洋学院硕士学位论文.

任黎华. 2014. 桑沟湾筏式养殖长牡蛎及其主要滤食性附着生物固碳功能研究. 中国科学院研究生院(海洋研究所)博士学位论文.

史洁，魏皓，赵亮，等. 2010. 桑沟湾多元养殖生态模型研究：Ⅲ海带养殖容量的数值研究. 渔业科学进展，31(4)：43-52.

唐启升. 1996. 关于容纳量及其研究. 海洋水产研究，17(2)：1-6.

唐启升，方建光，张继红，等. 2013. 多重压力胁迫下近海生态系统与多营养层次综合养殖. 渔业科学进展，34(1)：1-11.

Cai H W, Sun Y L. 2007. Management of marine cage aquaculture-an environmental carrying capacity method based on dry matter conversion rate. Environment Science and Pollution Research, 14(7): 469.

Duarte P, Meneses R, Hawkins A J S, et al. 2003. Mathematical modelling to assess the carrying capacity for multi-species culture within coastal waters. Ecological Model, 168(1): 109-143.

Folke C, Kautsky N, Troell M. 1994. The costs of eutrophication from salmon farming: impl, ications for policy. J. Environ. Manage, 40(2): 173-181.

Holdt S L, Edwards M D. 2014. Cost effective IMTA: A comparison of the production efficiencies of mussels and seaweed. Journal of Applied Phycology, 26(2): 933-945.

Macdonald B A, Robinsons M C, Barrington K A, et al.2011. Feeding activity of mussels (*Mytilus edulis*) held in the field at an integrated multi-trophic aquaculture (IMTA) site (*Salmo salar*) and exposed to fish food in the laboratory. Aquaculture, 314 (1-4): 244-251.

Mmai H, Fotedar R, Fewtrell J. 2010. Evaluation of *Sargassum* sp. as a nutrient sink in an integrated seaweed-prawn (ISP) culture system. Aquaculture, 310 (1-2): 91-98.

Naylor R. L. Goldburg R J, Primavera J H, et al., 2000. Effect of aquaculture on world fish supplies. Nature 405: 1017-1024.

Newell R I E. 2004. Ecosystem influences of natural and cultivated populations of suspension-feeding bivalve molluscs: A review. Journal of Shellfish Research, 23 (1): 51-61.

Nunes J P, Ferreira J G, Gazeau F, et al. 2003. A model for sustainable management of shellfish polyculture in coastal bays. Aquaculture, 219 (1-4): 257-277.

Pohle G, Frost B, Findlay R, 2000. Assessment of regional benthic impact of salmon mariculture within the Letang Inlet, Bay of Fundy. ICES J. Mar. Sci. 58, 417-426

Shi H H, Zheng W, Zhang X L, et al. 2013. Ecological-economic assessment of monoculture and integrated multi-trophic aquaculture in Sanggou Bay of China. Aquaculture, 410: 172-178.

Tang Q S. 1996. On the carrying capacity and its study. Marine Fisheries Research, 17 (2): 1-6.

Wang X, Olsen I M, Reitan K I, et al., 2012. Discharge of nutrient wastes from salmon farms: environmental effects: and potential for integrated multi-trophic aquaculture. Aquacult. Environ. Interact. 2, 267-283.

Zhang J, Hansen P K, Fang J G, et al. 2009. Assessment of the local environmental impact of intensive marine shellfish and seaweed farming-application of the MOM system in the Sungo Bay, China. Aquaculture, 287 (3-4): 304-310.

第 15 章　海洋生态系统微要素——个体优势与群体应激①

15.1　引　　言

应激是生物面对突然发生的环境变化做出的短期的动态反应，也是生物生态适应和进化适应的体现。当海洋动物面临危险时行为和应激应对策略共同决定其生存能力，它们不仅要面对环境物理因子的变化，还要应对种内、种间的斗争和防止被捕食，不能有效感知和应对危险的群体在自然界难以生存。因此，海洋动物个体优势与群落应激是保证海洋生态系统稳定的微要素，但目前国内在这方面的研究还存在许多的空白。

21 世纪以来，社会生产力逐渐提高，人们对海洋资源的开发力度也越来越大，渔业资源是海洋资源的重要核心资源之一。长期以来，由于思想的局限性，渔业资源遭遇了严重损害，水域污染现象异常严重。保护海洋生物资源，建立适宜生物生存的环境，优化海洋生态系统至关重要。为了改善渔业结构，提高单位海洋空间资源产量需要系统性开发，这也是未来渔业生产经营的新方向。因此，需要借助增殖和移植放流等手段将培育后的生物种苗放入海洋进行培植，通过收获保持海洋生物群落间的平衡和稳定，检测环境保证安全，以保证海洋区域生态环境良好。

生物只有适应生存环境才能够生存下去。现存的每一种生物，都具有与环境相适应的形态结构、生理特征及行为，这些特性能使生物与环境保持动态平衡，以承受环境变化带来的危害，维持生存并繁殖后代。随着全球极端气候变化和人类活动对自然环境影响的加剧，自然界的生物所赖以生存的环境发生了巨大变化，这对它们的生存造成了极大的威胁。

海洋环境包括海洋地质和海水光照、盐度、温度、养分等物理环境及与同种和其他种群相互作用的海洋生物环境。海洋环境不断对海洋生物施加选择压力，

---

① 本章作者：吕为群（南方海洋科学与工程广东省实验室（广州），广州 510301；水产科学国家级实验教学示范中心（上海海洋大学），上海 201306；水产种质资源发掘与利用教育部重点实验室（上海海洋大学），上海 201306；科技部海洋生物科学国际联合研究中心（上海海洋大学），上海 201306）。本研究获得南方海洋科学与工程广东省实验室（广州）人才团队引进重大专项（GML2019ZD0402）、国家自然科学基金项目（41376134，31572599）的资助。

从而推动海洋生物应对这些选择压力并进化。此外，海洋生物在长期的历史发展过程中从生态角度去适应生存环境，这种适应过程本质上是生物与生物之间、生物与环境之间的相互作用。生物在不同的生态层次上的生态特性与过程、生态关系格局及其结构(如捕食、寄生、共生、互利、竞争、利他及其与环境的关系等)、功能特性和调节机制等方面都存在着生态适应。

繁殖是否成功是衡量生物对环境是否适应的最终标准。简单地说，一个生物个体能够留下一个达到性成熟可繁殖的后代就是适应环境，这经历了许多非死亡环境因素的威胁。生态适应是对当前现实环境适应的能力，与个体在现实环境中的生死存亡有关，主要表现为生态幅的宽窄和生理耐受能力的高低等。个体存活与否是生态适应能力高低的基本反映，进化适应体现着种群水平上基因在世代间的延续与传递。两种类型的适应是相辅相成的，缺一不可。要留下能达到性成熟并替代自身的个体，必须经受生活史中的各种环境压力，没有生态适应能力是无法实现种群延续的，而进化适应能力低也将把种群带入适应的低谷或进化的盲端。

应激是生物为了应对环境变化和自身要求，重新调整体内动态平衡而进行特异和非特异级联放大的生理反应，是生物面对突然发生的环境变化做出的短期的动态反应，也是生物生态适应和进化适应的体现。动物的行为特性也与动物的形态特性和生理特性一样，也是在长期进化过程中通过自然选择形成的，同样受到遗传和环境两方面的影响。在自然环境中，海洋动物感知危险程度的能力和正确的应对防御策略决定其生存能力，它们不仅要面对环境物理因子如水温和盐度、有害物质、缺氧等的变化，还要应对种内和种间的斗争，保障捕食活动的顺利并防止被捕食，不能有效感知危险程度的群体在自然界难以生存。环境和群体应激也会严重影响海洋动物的生产和生存。

本章通过总结近年来个体优势与群体应激的研究成果，综述应激的特点、群居优势和群体等级、群体应激与应对策略、社会应激对生理行为的影响及海洋动物个性和应激应对方式的差异，为今后开展海洋生态保护与修复、海洋人工生态系统的构建、保持海洋生物群落间的平衡和稳定、促进我国海洋区域生态环境和渔业资源健康和可持续地发展提供理论基础和依据。

15.2　群居优势和群体等级

群居动物是指生活方式以群体为单位，彼此相互关照、相互协助的动物(Conradt and Roper，2005)。群居有利于获取和保护资源，群居的个体能够更好地躲避天敌的捕食，增强与同种其他种群的资源竞争，增加生殖机会与生殖成功率，使信息在个体之间顺畅地交流等(Meunier et al.，2006)。既然个体需要从群居中得到各种利益，那么至关重要的前提是动物群体的存在和稳定。只有一个动物群体保持一定的聚合力时，群内的个体才能从群居中获得相应的利益。同时，在这样的聚合模式下，群内个体又会为有限的资源产生群内的个体竞争。当群内个体不同需求或不同动机不能被满足时，这个群就会失去聚合力，产生分裂，导致个体失去群居的利益(Meunier et al.，2006)。

海洋生物中有大量群居海洋动物，它们生活在一起而且相互影响(Tinbergen，1953)，它们也是人类利用海洋资源的主要对象。竞争能力的差异意味着一些海洋动物将比其他海洋动物在获得食物或者其他需要的用品上有优先权。当这种不公平现象成为两个个体之间一贯的关系特征时，就形成了统领与从属关系(Drews，1993)。在一个多于两个个体的群体中，统领和从属关系通常将会形成“统治阶层”或“群体等级”，这种等级制度往往由公开的或者仪式化的打斗来决定个体的群体等级(Huntingford and Turner，1987)。人类通常通过观察攻击行为中的输赢来揭示统治等级的结构。然而，群体等级的形成可能会影响海洋动物生活的几乎所有特征，食物摄入、交配频率或非性群居行为也暗示着等级关系(Järvi，2010)。

15.3 群体应激与应对策略

海洋动物与其他陆地脊椎动物一样，从属个体的行为受到抑制(Desjardins et al.，2012)，具体表现为：攻击性和生殖行为受到抑制，摄食活动减少，自发活动和探索行为减弱。从属个体的行为受到抑制可以视为一种被动的应对策略，以避免与统领个体进行不必要的争斗(Benus et al.，1991)。或者说，与一个竞争技能超过自己的个体进行竞争是无用的，具有明显优势的个体不应该受到挑战。当然从属个体的许多行为变化也受到其他应激的影响(Martins et al.，2012)。因此，群体底层动物的行为特征在某种程度上反映了当战斗无法避免时，动物对长期紧张、无法预测和潜在危险的一种普遍反应。

在那些短暂失败的群体和在海洋动物群体中处于从属地位的个体中通常可以持续地观察到生理应激反应。在这种条件下，不可预测性和不可控性的程度引发了从属海洋动物个体生理和行为应激，这充分表明这些个体已达到了应激阈值(Koolhaas et al.，2011)。在生理上，从属海洋动物表现出许多在哺乳动物中普遍存在的延长应激的迹象，包括下丘脑-垂体-肾间质(HPI)轴活性的升高、下丘脑-垂体-性腺(HPG)轴活性的降低及脑中血清素(5-羟色胺，5-HT)浓度的逐渐升高(Jeffrey et al.，2012)。这种种群的从属反应模式称为“群体应激”。在行为和进化生态学中，从属个体的行为调节和适应结果至关重要(Creel et al.，2013)。

15.4　群体从属的生理效应

在脊椎动物中，群体失败和群体从属可以带来生理改变，起初是可以适应的，但是最终会威胁鱼类的健康(Winberg and Lepage，1998)。这些影响主要是由生理应激反应引起的，很大程度上是由皮质醇引起的。影响主要体现在个体相互作用中，也就是群体应激。群体应激反应是生命的一般特性，体现为劣势个体皮质醇过多分泌。在野生动物中，由于居住在阶层不稳定的群体环境中，强势个体表现高频率的攻击性行为，顶层的统治者频繁地防守并加强它们的统治地位，在这个群体中无论胜败强势者总是频繁地积极斗争(Sapolsky，1992)。而在一个阶层稳定的群体中，统治者的统治地位稳定，强势个体与从属个体会处在相对较小的群体应激环境中。

鱼类从属个体通常出现血浆皮质醇水平升高(Johansen et al.，2012)。在群体斗争初期，优势个体和劣势个体的皮质醇水平都处于增长状态，但是在优势个体地位确立后其皮质醇水平在几小时内就恢复正常水平(Overli et al.，1999)。不同物种有不同的种群大小偏好(成群或不成群)，成群结队生活的物种如果从群体中隔离成对的个体出来，无论是优势个体还是劣势个体都会发生强烈应激(Pavlidis et al.，2011)。群体阶层的稳定性也会影响个体皮质醇水平，且不同种的个体在建立稳定的群体阶层过程的不同时间也有所不同(Fox et al.，1997)。在建立稳定的群体阶层后鱼类从属个体高皮质醇水平通常持续数天或数周(Sloman et al.，2001a)。

体型大小是决定竞争能力和群体统治地位的重要因素(Knights，1987)，体型大小变化也会影响群体阶层建立后的稳定性。美洲慈鲷对相同大小仿真对手的攻击性比体型小的对手要强，面对小体型个体时其攻击性呈直线下降(Bond，1992)。当体型大小相同时，成对的欧洲鳗鱼相互攻击是最多的，体型差异超过 1.5 倍时相互攻击急剧减少(Knights，1987)。在野外成群生活的鱼类中也观察到类似现象(Ang and Manica，2010)。群体中体型大小差异可增强阶层的稳定性，这可能是因为不同大小的鱼所占据的环境不同(Jenkins，1969)，因此相互没有威胁。大体型和高群体地位预示着高繁殖率(Li and Brocksen，1977)，在优势个体和劣势个体之间相对体型大小差异可能会随着时间增大，劣势个体的威胁也会相对体型差异增大而下降。如果个体体型大小差异变大，优势个体会调节它的能量支出，劣势个体就会受到更少的攻击，降低应激水平。在斑马鱼中，尽管雌性斑马鱼更喜欢大的雄性斑马鱼，但体型较小的从属个体比体型与优势个体相近的从属个体有更高的繁殖成功率，这是因为较大的从属个体会受到更多的攻击，它们处于高应激水平，所以其繁殖行为会受到抑制。较小的从属雄鱼很少得到优势个体关注，这让从属小雄鱼有更多的繁殖行为并产生更多的后代(Watt et al., 2011)。

群体中劣势地位与生殖功能的降低有关(Fox et al., 1997)。非洲慈鲷(*Astatotilapia burtoni*)劣势个体的地位与睾酮和 11-ketotestosterone 水平降低及垂体中促性腺激素释放激素表达降低有关(Parikh et al., 2006),提升群体中的地位会导致垂体促性腺激素、黄体生成素(LH)、促卵泡激素(FSH)的生产量和释放量迅速增加(Maruska et al., 2011)。劣势的雄性北极红点鲑(*Salvelinus alpinus*)睾酮和 11-ketotestosterone 的血浆水平也较低(Elofsson et al., 2000),劣势雄性斑马鱼比它们同种的优势个体繁殖成功率低(Paull et al., 2010)。有趣的是,劣势雌性斑马鱼的整体繁殖成功率与优势种相近,但它们与优势雄性父系产生的后代较少(Paull et al., 2010)。

群体应激可直接影响 HPI 轴的关键因子(Pavlidis et al., 2011)。在虹鳟群体中从属地位的个体可以改变皮质醇动力学和减弱靶组织对皮质醇的反应,同时统治地位的个体固醇类激素合成酶转录表达水平较高,这表明其应激响应能力增强(Jeffrey et al., 2012)。从属地位的虹鳟个体下丘脑视前区促肾上腺皮质激素释放激素(CRH)mRNA 表达增加,表明 CRH 的合成和释放增加(Bernier et al., 2008)。同时,从属地位的虹鳟脑垂体阿片黑素促皮质激素原(POMC)表达,促肾上腺皮质激素(ACTH)前体肽及其他生物活动肽增加,这反映了 ACTH 和其他 POMC 衍生肽合成和分泌的增强(Winberg and Lepage, 1998)。在鲑科鱼类中,攻击行为的减少与皮质醇水平的下降通常同时发生(Winberg and Lepage, 1998),且血浆皮质醇水平与强势程度相关联(Sloman et al., 2001a)。

群体地位低与生长速率和肥满度(体重/体长)的降低息息相关(Sorensen et al., 2012),这是优势个体垄断部分食物来源引起的(Maclean and Metcalfe, 2001)。给优势个体和劣势个体投喂相同比例的食物,无法改变它们在生长速率上的差异(Lee et al., 2011),这可能是优劣个体增加其新陈代谢速率、提高标准代谢率的结果(Millidine et al., 2009)。群体应激也导致消化活动减少与消耗储存能量(Earley et al., 2004),长期如此可引发机体能源储备耗尽,阻碍生长和体重减轻(Sloman et al., 2001b)。受到较少威胁的劣势鲑科鱼类个体随着时间的推移,与其他劣势个体生长速率差异逐渐加大,但在劣势个体中体型大小不会在短期内产生很显著的差异。

皮质醇为主要的盐皮质激素(Mommsen et al., 1999),因此它慢慢影响离子和渗透压调节是不足为奇的。钠的吸收在劣势个体中显著增强(Sloman et al., 2004),但它们血液中钠的浓度仍旧不受影响,这表明在这些鱼类中钠的排泄量更大(Sloman et al., 2004)。劣势个体也更倾向于吸收铜和银(Sloman et al., 2003b),这是因为铜和银通过钠排泄转运通路被吸收进鱼体。此外,镉会大量在优势鱼类的腮组织中积累(Sloman et al., 2003c),与铜和银摄取不同,镉通过钙转运通路进入鱼体(Sloman et al., 2003a)。劣势鱼表现出不耐低氧(Thomas and Gilmour, 2012)和热应激(LeBlanc et al., 2012),然而它们能在呼吸性酸中毒的情况下调节血液中的酸碱度(Mussa and Gilmour, 2012)。

劣势鱼个体不耐缺氧和热休克,热激蛋白是应激反应中的重要因子,虹鳟热激蛋白的产生量与优势个体和劣势个体之间的攻击强度正相关,大脑中热激蛋白是依赖皮质醇诱导产生的(Currie et al., 2010)。在群体中劣势地位的个体血浆中皮质醇水平长期升高。皮质醇水平升高可以增加代谢率(de Boeck et al., 2001),降低食物转化效率(Gregory and Wood, 1999),进而导致消化道损伤或形态变化(Barton, 1987),并增加储备能量转化(de Boeck et al., 2001),连同抑制食欲(Gregory and Wood, 1999),可以导致生长受到抑制,降低肥满度(de Boeck et al., 2001)。皮质醇也是免疫功能的调节器,皮质醇水平长期升高会导致感染的易感性增加,死亡率也会增加(Gregory and Wood, 1999)。劣势鱼一般有免疫功能低下的现象,加上受攻击可能引起的皮肤损伤,它们更容易受到细菌感染(Peters et al., 1988)。

15.5　动物个性和应激应对方式

争夺群体支配地位时动物获胜并不是随机的,许多因素会影响个性在群体中的地位等级。先天具有较强攻击性的鱼获得群体支配地位的可能性较高(Cutts et al., 1999)。大西洋鲑攻击水平与代谢率正相关(Cutts et al., 1998),可以预测具有较高代谢率的鱼将在社交互动中具有较高的群体地位(McCarthy, 2001)。较高的代谢率可以增强摄食动机,较强的摄食动机增加了获得群体支配地位的可能性(Johnsson et al., 1996)。体型至少相对大 5%是确保虹鳟群体优势地位的重要因素(Abbott and Dill, 1985)。在玉丽体鱼中,体型大小是雄性群体地位的决定因素,但不是雌性群体地位的决定因素(Alonso et al., 2012)。

输赢经验(胜利/失败效应)是群体阶层的决定因素(Oliveira et al., 2011)。这是由前期群体斗争带来的神经或内分泌变化引起的(Winberg et al., 2001)。增加生长激素可以增加鱼的攻击行为和摄食动机,进而可能导致其占据群体支配地位(Jonsson et al., 2003)。在红点鲑中脑中多巴胺活动增强可以确保群体的优势地位(Winberg and Nilsson, 1992)。皮质醇则对群体竞争中的表现产生负面影响,这种影响可能是通过调节脑单胺活性来实现的(Overli et al., 2002)。在应激反应中,血浆皮质醇水平较高的虹鳟个体更容易成为群体从属者(Pottinger and Carrick, 2001)。这些个体特征就是动物个性。Pervin 和 John(1999)定义个性是"整合感觉、思考和行为而形成的个体特征",简单讲个性就是一个个体能预感它下一次处于类似情况时的行为,甚至是它在其他情境中的行为,这就是它的个性。

应激应对方式的定义是“一组连续的行为和生理应激反应，这种应激反应形式在一段时间内是不变的，并且是某一群体的个体特征”。行为方式与生理相关，而生理可以像行为控制生理一样控制行为。在某些情况下，导致行为变化的神经生物学机制是可塑的，并且可由经验加以修正(Burmeister，2007)。而有些情况下，某些性状却是终身的特征(Schjolden and Winberg，2007)。

动物个性往往在极端或应激情况下变得特别明显，个体应激应对方式差异显著。个体应激应对方式的稳定性和遗传变异增加了群体等级问题，很难辨别群体地位的起因和后果(Overli et al.，2007)。显然，已存在的生理和发育差异对于确定动物在群体中的支配或从属地位是很重要的。更大的体格、更高的新陈代谢率及最先在某领地居住等因素可增加群体支配地位斗争中战胜的机会(McCarthy，2001)。有从属个性(Abbott and Dill，1985)和较高的基础皮质醇水平(Dibattista et al.，2005)的个体成为群体从属者的可能性较高。

虹鳟应激后皮质醇水平升高的程度随着年龄增长相对稳定，并具有较高的遗传力，虹鳟的高反应(HR)和低反应(LR)家系是通过选择应激后血浆皮质醇水平持续升高或维持较低水平的个体而建立的(Pottinger and Carrick，1999)。遗传决定的HPI轴活动差异直接影响群体地位高低，如LR鱼(应激后血浆皮质醇水平低)通常在群体斗争中赢得支配地位(Pottinger and Carrick，2001)。LR鱼转移到新环境后可以迅速恢复摄食，在入侵其领地时减少运动的反应特征(Overli et al.，2001)。Koolhaas等(1999)定义LR鳟鱼家系是主动应激应对方式，而HR鳟鱼家系是被动应激应对方式。积极主动的个体通常有较低皮质醇水平和较高交感神经输出，在应对危险时采取战斗-逃跑行为策略，表现出好斗和胆大的情绪特点，稳定的常规行为伴随高能量消耗的典型特征。而被动应对个体的生理和行为模式与积极主动个体相反，应激后保持较高皮质醇水平，在应对危险时采取消极的静止-躲藏行为，表现出无攻击性和小心谨慎的情绪特点，行为多变伴随低能量消耗(Rupia et al.，2016)。

LR鱼与HR鱼对风险的评估不同(Schjolden et al.，2005)，LR鱼在应激后很快恢复摄食(Overli et al.，2001)，在新环境中优先表现出对新环境的探索或努力逃离新环境(Schjolden et al.，2005)，在觅食中会保持日常觅食行为，而HR鱼表现出更多变的觅食行为(de Lourdes Ruiz-Gomez et al.，2011)。此外，LR鱼比HR鱼保持恐惧反应的时间更长，这体现了恐惧消退的差异(Moreira et al.，2004)。LR鱼的行为模式比较固定，而HR鱼的行为模式比较多变(Johansen et al.，2012)。

在自然环境中，海洋动物面临危险时的行为和生理反应共同决定了其生存能力。在不同的环境和危险面前，它们常采用积极勇敢(战斗-逃跑)的防御反应或者消极胆小(躲藏-紧张性静止)的防御反应。对褐牙鲆活泼性、应激防御反应、应激后摄食恢复速度和频率分析后发现，野生牙鲆明显存在两个行为不同的独立亚群

(“积极勇敢”和“消极胆小”)，而且两个亚群的存在不会随着环境盐度的变化而改变。每个亚群的个体间的行为与其代谢是一致的：与“积极勇敢”个体相比，“消极胆小”个体整体耗氧水平较低，其标准代谢率、最大代谢率和有氧空间均低于“积极勇敢”个体。大型海洋猎食动物通过监测沙中鱼类有节律的呼吸来发现猎物，在模拟捕食者攻击时，“消极胆小”个体通过憋气(降低耗氧速率)采用“躲藏或紧张性静止装死”的反应来躲避危险，然而“积极勇敢”个体则通过增加呼吸速率(增加耗氧率)采用“攻击-逃跑”的反应来应对危险(Rupia et al.，2016)。这表明无论环境如何生理和行为共同决定每一个个体面临危险时的反应。因此，种群现存的遗传变异程度和潜在产生遗传变异的能力决定着总的环境适合度，尤其是应对突发的恶性环境变化。

值得注意的是，根据活泼性、应激防御反应、应激后摄食恢复速度和频率，在人工养殖牙鲆中发现了存在于“积极勇敢”群体和“消极胆小”群体之间的中间型(第三个)群体，该群体在面对模拟捕食者攻击时不会或很小地改变其呼吸和耗氧速率。此外，在大多数物种中，应对方式差异不是独立二项分布的，大多数个体表现出中间特征的连续分布。Boersma 等(2011)认为，应对方式相对差异的发生取决于种群是野生的还是驯化养殖的。在野生哺乳动物大鼠群体中，群体内个体的应对策略呈现独立二项分布，即极端主动和被动反应个体，具有中间特征应对方式的大鼠通常不会出现在野生种群中，因为它们在不稳定的环境中适应性较差。

15.6 展 望

海洋动物在自然界生存，其感知危险的能力和正确的应对防御策略尤为重要。海豹通过监测沙中鲆鲽鱼类有节律的呼吸来发现猎物，不能有效感知危险的中间型群体在自然界很少存在。沙质平坦地带生物量较低，没有掩体可以用来躲避大型鱼类的攻击，所以在这样的环境下最好通过憋气，采用“紧张性静止”的反应来躲过海豹的捕猎，对危险敏感的“消极胆小”从属个体生存机会较大；而沙质岩礁地带生物量高，有掩体可以用来躲避大型鱼类的攻击，所以在这样的环境下通过增加呼吸速率采用“攻击-逃跑”反应并躲藏起来是很好的选择。此外，岩礁地带生物量高，对危险敏感的“积极勇敢”的强势个体应激恢复较快，不会过度恐惧其他生物的干扰，同时强势个体也会优先占有食物资源丰富的地域，是这个环境的优势种。在自然界中主要是“积极勇敢”和“消极胆小”群体，两个极端独立群体的存在保持了鲆鲽鱼类种群多样性的完整。因此，人工改变海底环境可能直接影响种群内部的结构分布和多样性，甚至引发种群衰退，需要对各生态位的生物个性及其对生存环境的喜好进行系统研究。

除了群体中强势个体和从属个体的生态位，在海洋环境中群体阶层稳定性决定了种群在生物环境中的可持续性。在一个阶层稳定的群体中，统治者的统治地位稳定，强势个体与从属个体会处在相对较小的群体应激环境中，整个群体比较健康，也更有能力对抗外来威胁；而在阶层不稳定的群体中，强势个体表现出高频率攻击行为，顶层的统治者频繁地防守并加强它们的统治地位，从属个体难以生存。海洋生态系统生物生产力的强弱由每个群体的生产力决定，具有稳定有效组织结构的群体是基础。都是强势个体组成的群体，由于高频率攻击性不能有效地生产，甚至可能带来生存危机，因此需要对各生态位的生物群体组织稳定性进行系统研究。

海洋生态的稳定需要由不同的营养级生物组成的生态系统来维持，系统中的大型藻类和浮游植物是初级生产者，是维系整个海洋生态系统物质和能量平衡的基础；滤食性贝类、鱼类、沉积食性动物、大型底栖食草动物等是次级生产者，肉食性的甲壳类或鱼类是更高级生产者，它们在系统中具有复杂的物质循环和能量传递过程。在这个生态系统中，上一个等级的动物对下一个等级动物的压力也是决定该生态系统稳定的关键。因此，从群体遗传学角度对海洋生物个性和群体阶层进行系统研究，对科学地进行海洋生物的养护和综合利用至关重要。

此外，生理和行为应激反应存在巨大的个体差异，并且不同的应激应对方式通常在鱼群中共同发生。在应激应对中遗传决定的个体差异与神经可塑性的变化同时发生。然而，要确定鱼类的神经可塑性和应激应对方式之间究竟是如何联系的还有很多工作要做，要从宏观生态到微观分子功能入手进行系统研究，构建系统调控原理与管理模型。

参 考 文 献

Abbott J C, Dill L M. 1985. Patterns of aggressive attack in juvenile steelhead trout (*Salmo gairdneri*). Canadian Journal of Fisheries and Aquatic Sciences, 42 (11): 1702-1706.

Alonso F, Honji R M, Moreira R G, et al. 2012. Dominance hierarchies and social status ascent opportunity: Anticipatory behavioral and physiological adjustments in a Neotropical cichlid fish.Physiology & Behavior, 106 (5): 612-618.

Ang T Z, Manica A. 2010. Aggression, segregation and stability in a dominance hierarchy.Proceedings of the Royal Society B: Biological Sciences, 277 (1686): 1337-1343.

Barton B A, Schreck C B, Barton L D. 1987. Effects of chronic cortisol administration and daily acute stress on growth, physiological conditions, and stress responses in juvenile rainbow trout. Diseases of Aquatic Organisms, 2: 173-185.

Benus R F, Bohus B, Koolhaas J M, et al. 1991. Heritable variation for aggression as a reflection of individual coping strategies. Experientia, 47 (10): 1008-1019.

Bernier N J, Alderman S L, Bristow E N. 2008. Heads or tails? Stressor-specific expression of corticotropin-releasing factor and urotensin I in the preoptic area and caudal neurosecretory system of rainbow trout. Journal of Endocrinology, 196 (3): 637-648.

Boersma G J, Benthem L, van Beek A P, et al. 2011. Personality, a key factor in personalized medicine? European Journal of Pharmacology, 667(1-3): 23-25.

Bond A B. 1992. Aggressive motivation in the Midas cichlid: Evidence for behavioral efference. Behaviour, 122(3): 135-152.

Burmeister S S. 2007. Genomic responses to behavioral interactions in an African cichlid fish: Mechanisms and evolutionary implications. Brain, Behavior and Evolution, 70(4): 247-256.

Conradt L, Roper T J. 2005. Consensus decision making in animals. Trends in Ecology & Evolution, 20(8): 449-456.

Creel S, Dantzer B, Goymann W, et al. 2013. The ecology of stress: Effects of the social environment. Functional Ecology, 27(1): 66-80.

Currie S, Leblanc S, Watters M A, et al. 2010. Agonistic encounters and cellular angst: Social interactions induce heat shock proteins in juvenile salmonid fish. Proceedings of the Royal Society B: Biological Sciences, 277(1683): 905-913.

Cutts C J, Brembs B, Metcalfe N B, et al. 1999. Prior residence, territory quality and life-history strategies in juvenile Atlantic salmon(*Salmo salar* L.). Journal of Fish Biology, 55(4): 784-794.

Cutts C J, Metcalfe N B, Taylor A C. 1998. Aggression and growth depression in juvenile Atlantic salmon: The consequences of individual variation in standard metabolic rate. Journal of Fish Biology, 52(5): 1026-1037.

de Boeck G, Grosell M, Wood C. 2001. Sensitivity of the spiny dogfish(*Squalus acanthias*) to waterborne silver exposure. Aquatic Toxicology, 54(3): 261-273.

de Lourdes Ruiz-Gomez M, Huntingford F A, Overli O, et al. 2011. Response to environmental change in rainbow trout selected for divergent stress coping styles. Physiology & Behavior, 102(3-4): 317-322.

Desjardins J K, Hofmann H A, Fernald R D. 2012. Social context influences aggressive and courtship behavior in a cichlid fish. PLOS ONE, 7(7): e32781.

Dibattista J D, Anisman H, Whitehead M, et al. 2005. The effects of cortisol administration on social status and brain monoaminergic activity in rainbow trout *Oncorhynchus mykiss*. Journal of Experimental Biology, 208(14): 2707-2718.

Drews C. 1993. The concept and definition of dominance in animal behaviour. Behaviour, 125(3-4): 283-313.

Earley R L, Blumer L S, Grober M S. 2004. The gall of subordination: Changes in gall bladder function associated with social stress. Proceedings of the Royal Society B: Biological Sciences, 271(1534): 7-13.

Elofsson U O, Mayer I, Damsgard B, et al. 2000. Intermale competition in sexually mature arctic charr: Effects on brain monoamines, endocrine stress responses, sex hormone levels, and behavior. General and Comparative Endocrinology, 118(3): 450-460.

Fox H E, White S A, Kao M H, et al. 1997. Stress and dominance in a social fish. Journal of Neuroscience, 17(16): 6463-6469.

Gregory T R, Wood C M. 1999. The effects of chronic plasma cortisol elevation on the feeding behaviour, growth, competitive ability, and swimming performance of juvenile rainbow trout. Physiological and Biochemical Zoology, 72(3): 286-295.

Huntingford F A, Turner A K. 1987. Animal Conflict. Netherlands: Springer.

Järvi T. 1990. The effects of male dominance, secondary sexual characteristics and female mate choice on the mating success of male Atlantic salmon *Salmo salar*. Ethology, 84(2): 123-132.

Järvi T. 2010. The Effects of Male Dominance, Secondary Sexual Characteristics and Female Mate Choice on the Mating Success of Male Atlantic Salmon Salmo salar. Ethology 84, 123-132.

Jeffrey J D, Esbaugh A J, Vijayan M M, et al. 2012. Modulation of hypothalamic-pituitary-interrenal axis function by social status in rainbow trout. General and Comparative Endocrinology, 176 (2) : 201-210.

Jenkins T M. 1969. Social structure, position choice and micro-distribution of two trout species (*Salmo trutta* and *Salmo gairdneri*) resident in mountain streams. Animal Behaviour Monographs, 2 (4) : 55-123.

Jonsson E, Johansson V, Bjornsson B T, et al. 2003. Central nervous system actions of growth hormone on brain monoamine levels and behavior of juvenile rainbow trout. Hormones and Behavior, 43 (3) : 367-374.

Johansen I B, Sorensen C, Sandvik G K, et al. 2012. Neural plasticity is affected by stress and heritable variation in stress coping style. Comparative Biochemistry and Physiology Part D, 7 (2) : 161-171.

Johnsson J I, Jonsson E, Bjornsson B T. 1996. Dominance, nutritional state, and growth hormone levels in rainbow trout (*Oncorhynchus mykiss*) . Hormones and Behavior, 30 (1) : 13-21.

Knights B. 2006. Agonistic behaviour and growth in the European eel, *Anguilla anguilla* L., in relation to warm-water aquaculture. Journal of Fish Biology, 31 (2) : 265-276.

Koolhaas J M, Bartolomucci A, Buwalda B, et al. 2011. Stress revisited: A critical evaluation of the stress concept. Neuroscience & Biobehavioral Reviews, 35 (5) : 1291-1301.

Koolhaas J M, Korte S M, De Boer S F, et al. 1999. Coping styles in animals: Current status in behavior and stress-physiology. Neuroscience & Biobehavioral Reviews, 23 (7) : 925-935.

Leblanc S, Hoglund E, Gilmour K M, et al. 2012. Hormonal modulation of the heat shock response: Insights from fish with divergent cortisol stress responses. American Journal of Physiology-Regulatory, Integrative and Comparative Physiology, 302 (1) : R184-R192.

Lee G, Grant J W A, Comolli P. 2011. Dominant convict cichlids (*Amatitlania nigrofasciata*) grow faster than subordinates when fed an equal ration. Behaviour, 148 (8) : 877-887.

Li H W, Brocksen R W. 1977. Approaches to the analysis of energetic costs of intraspecific competition for space by rainbow trout (*Salmo gairdneri*) . Journal of Fish Biology, 11 (4) : 329-341.

Maclean A, Metcalfe N B. 2001. Social status, access to food, and compensatory growth in juvenile Atlantic salmon. Journal of Fish Biology, 58 (5) : 1331-1346.

Martins C I, Galhardo L, Noble C, et al. 2012. Behavioural indicators of welfare in farmed fish. Fish Physiol Biochem, 38 (1) : 17-41.

Maruska K P, Levavi-Sivan B, Biran J, et al. 2011. Plasticity of the reproductive axis caused by social status change in an African cichlid fish: I. Pituitary gonadotropins. Endocrinology, 152 (1) : 281-290.

Mccarthy I D. 2001. Competitive ability is related to metabolic asymmetry in juvenile rainbow trout. Journal of Fish Biology, 59 (4) : 1002-1014.

Meunier H, Leca J B, Deneubourg J L, et al. 2006. Group movement decisions in capuchin monkeys: The utility of an experimental study and a mathematical model to explore the relationship between individual and collective behaviours. Behaviour, 143 (12) : 1511-1527.

Millidine K J, Metcalfe N B, Armstrong J D. 2009. Presence of a conspecific causes divergent changes in resting metabolism, depending on its relative size. Proceedings of the Royal Society B: Biological Sciences, 276 (1675) : 3989-3993.

Mommsen T P, Vijayan M M, Moon T W. 1999. Cortisol in teleosts: Dynamics, mechanisms of action, and metabolic regulation. Reviews in Fish Biology and Fisheries, 9 (3) : 211-268.

Moreira P S, Pulman K G, Pottinger T G. 2004. Extinction of a conditioned response in rainbow trout selected for high or low responsiveness to stress. Hormones and Behavior, 46 (4) : 450-457.

Mussa B, Gilmour K M. 2012. Acid-base balance during social interactions in rainbow trout (*Oncorhynchus mykiss*). Comparative Biochemistry and Physiology Part A: Molecular & Integrative Physiology, 162 (3): 177-184.

Oliveira R F, Silva J F, Simoes J M. 2011. Fighting zebrafish: Characterization of aggressive behavior and winner-loser effects. Zebrafish, 8 (2): 73-81.

Overli O, Harris C A, Winberg S. 1999. Short-term effects of fights for social dominance and the establishment of dominant-subordinate relationships on brain monoamines and cortisol in rainbow trout. Brain, Behavior and Evolution, 54 (5): 263-275.

Overli O, Kotzian S, Winberg S. 2002. Effects of cortisol on aggression and locomotor activity in rainbow trout. Hormones and Behavior, 42 (1): 53-61.

Overli O, Pottinger T G, Carrick T R, et al. 2001. Brain monoaminergic activity in rainbow trout selected for high and low stress responsiveness. Brain, Behavior and Evolution, 57 (4): 214-224.

Overli O, Sorensen C, Pulman K G, et al. 2007. Evolutionary background for stress-coping styles: Relationships between physiological, behavioral, and cognitive traits in non-mammalian vertebrates. Neuroscience & Biobehavioral Reviews, 31 (3): 396-412.

Parikh V N, Clement T, Fernald R D. 2006. Physiological consequences of social descent: Studies in *Astatotilapia burtoni*. Journal of Endocrinology, 190 (1): 183-190.

Paull G C, Filby A L, Giddins H G, et al. 2010. Dominance hierarchies in zebrafish (*Danio rerio*) and their relationship with reproductive success. Zebrafish, 7 (1): 109-117.

Pavlidis M, Sundvik M, Chen Y C, et al. 2011. Adaptive changes in zebrafish brain in dominant-subordinate behavioral context. Behavioural Brain Research, 225 (2): 529-537.

Pervin L A, John O P. 1999. Handbook of Personality: Theory and Research. New York, London: The Guilford Press.

Peters G, Faisal M, Lang T, et al. 1988. Stress caused by social interaction and its effect on susceptibility to *Aeromonas hydrophila* infection in rainbow trout *Salmo gairdneri*. Diseases of Aquatic Organisms, 4 (2): 83-89.

Pottinger T G, Carrick T R. 1999. Modification of the plasma cortisol response to stress in rainbow trout by selective breeding. General and Comparative Endocrinology, 116 (1): 122-132.

Pottinger T G, Carrick T R. 2001. Stress responsiveness affects dominant-subordinate relationships in rainbow trout. Hormones and Behavior, 40 (3): 419-427.

Rupia E J, Binning S A, Roche D G, et al. 2016. Fight-flight or freeze-hide? Personality and metabolic phenotype mediate physiological defence responses in flatfish. Journal of Animal Ecology, 85 (4): 927-937.

Sapolsky R. 1992. Cortisol concentrations and the social significance of rank instability among wild baboons. Psychoneuroendocrinology, 17 (6): 701-709.

Schjolden J, Stoskhus A, Winberg S. 2005. Does individual variation in stress responses and agonistic behavior reflect divergent stress coping strategies in juvenile rainbow trout? Physiological and Biochemical Zoology, 78 (5): 715-723.

Schjolden J, Winberg S. 2007. Genetically determined variation in stress responsiveness in rainbow trout: Behavior and neurobiology. Brain, Behavior and Evolution, 70 (4): 227-238.

Sloman K A, Baker D W, Ho C G, et al. 2003a. The effects of trace metal exposure on agonistic encounters in juvenile rainbow trout, *Oncorhynchus mykiss*. Aquatic Toxicology, 63 (2): 187-196.

Sloman K A, Metcalfe N B, Taylor A C, et al. 2001a. Plasma cortisol concentrations before and after social stress in rainbow trout and brown trout. Physiological and Biochemical Zoology, 74 (3): 383-389.

Sloman K A, Morgan T P, Mcdonald D G, et al. 2003b. Socially-induced changes in sodium regulation affect the uptake of water-borne copper and silver in the rainbow trout, *Oncorhynchus mykiss*. Comparative Biochemistry and Physiology Part C: Toxicology & Pharmacology, 135 (4) : 393-403.

Sloman K A, Scott G R, Diao Z, et al. 2003c. Cadmium affects the social behaviour of rainbow trout, *Oncorhynchus mykiss*. Aquatic Toxicology, 65 (2) : 171-185.

Sloman K A, Scott G R, Mcdonald D G, et al. 2004. Diminished social status affects ionoregulation at the gills and kidney in rainbow trout (*Oncorhynchus mykiss*). Canadian Journal of Fisheries and Aquatic Sciences, 61 (4) : 618-626.

Sloman K A, Taylor A C, Metcalfe N B, et al. 2001b. Effects of an environmental perturbation on the social behaviour and physiological function of brown trout. Animal Behaviour, 61 (2) : 325-333.

Sorensen C, Nilsson G E, Summers C H, et al. 2012. Social stress reduces forebrain cell proliferation in rainbow trout (*Oncorhynchus mykiss*). Behavioural Brain Research, 227 (2) : 311-318.

Thomas J B, Gilmour K M. 2012. Low social status impairs hypoxia tolerance in rainbow trout (*Oncorhynchus mykiss*). Journal of Comparative Physiology B, 182 (5) : 651-662.

Tinbergen N. 1953. Book Reviews: Social Behaviour in Animals. New York: John Wiley and Sons.

Watt P J, Skinner A, Hale M, et al. 2011. Small subordinate male advantage in the zebrafish. Ethology, 117 (11) : 1003-1008.

Winberg S, Lepage O. 1998. Elevation of brain 5-HT activity, POMC expression, and plasma cortisol in socially subordinate rainbow trout. American Journal of Physiology-Regulatory, Integrative and Comparative Physiology, 274 (3) : R645-R654.

Winberg S, Nilsson G E. 1992. Induction of social dominance by L-dopa treatment in Arctic charr. Neuroreport, 3 (3) : 243-246.

Winberg S, Overli O, Lepage O. 2001. Suppression of aggression in rainbow trout (*Oncorhynchus mykiss*) by dietary L-tryptophan. Journal of Experimental Biology, 204 (22) : 3867-3876.

第 16 章　生物被膜在海洋生态系统中的功能作用[①]

16.1　引　言

生物被膜是地球上分布最为广泛和最为成功的一种生命模式，在诸多海洋生态系统过程中发挥着重要作用(杨金龙，2018；Flemming and Wuertz，2019)。生物被膜驱动所有生物地球化学过程，持续作用于全球生物地球化学通量(Battin et al.，2016；Flemming and Wuertz，2019)。本章从生物被膜的基本概念入手，从生物地球化学循环，生物被膜对海洋底栖无脊椎动物的影响，生物被膜、附着基质和无脊椎动物间的相互作用等方面阐述生物被膜在海洋生态系统中的重要作用，并探讨其在海洋人工生态系统中的潜在应用。

16.2　生物被膜的概念

16.2.1　概念

海洋环境中，一旦把表面洁净的载玻片等附着基浸入海水中，在数分钟到数小时内，该附着基的表面将迅速形成生物被膜(Zobell and Allen，1935)，这是对生物被膜的原始描述。Costerton 等(1987)将生物被膜定义为“基质包围的细菌种群，互相黏连到表面或者交界面”。这个定义包含微生物聚集体(microbial aggregate)、絮状物(floccule)及多孔培养基的孔空间中相互黏连的种群。任何固-液、液-液、液-气和固-气的交界面都能形成生物被膜(Characklis and Wilderer，1989)。其他的特点包括空间、生化、时间异质和其他生物被膜基质中包含的无机或其他非生物物质(Characklis and Marshall，1990)。生物被膜界面上的微生物细胞的汇合集聚不是必要条件，表面的细胞簇和微生物群落也适合这个定义，如琼脂生长的培养物和其他微生物集群，这与单一的浮游或附着细胞形成对比。2002 年，国际纯粹与应用化学联合会(IUPAC)认为生物被膜是微生物的集合，其中细胞通常嵌合在其分泌的胞外聚合物(EPS)中，这些细胞相互黏附或者黏附到表面

① 本章作者：杨金龙[1,2,3]，冯丹丹[1,2,3]，竹攸汀[1,2,3]，梁箫[1,2,3]，丁德文[3](1. 上海海洋大学国家海洋生物科学国际联合研究中心，上海 201306；2. 上海市水产动物良种创制与绿色养殖协同创新中心，上海 201306；3. 南方海洋科学与工程广东省实验室(广州)，广州 510301)。本研究获得南方海洋科学与工程广东省实验室(广州)人才团队引进重大专项(GML2019ZD0402)、国家自然科学基金项目(41876159，41476131)的资助。

(Vert et al., 2012)。Flemming 和 Wuertz(2019)使用广泛的定义来强调界面上细胞和浮游细胞间的差异，因为环境中的生物被膜并非总与模式生物被膜完全相同，也没必要满足生物被膜的所有特征，关键的一点是复杂互作的过程，当细胞处于紧密范围中时有利于互作；相比于单一的浮游或黏附细胞，细胞互作将生物被膜提高到一个更高的结构水平(Flemming and Wuertz，2019)。在海洋生态系统中，生物被膜是复杂的微生物集合，包括很多不同群体的细菌、硅藻、真菌、原生生物、其他微生物及典型的 EPS(Dobretsov，2009)。微生物附着到交界面，生长并聚集成层，形成生物被膜(Flemming and Wuertz，2019)。细胞聚集能发生在任何交界面上，甚至细胞上。微生物集是非常多变的，从极小、零散的微生物簇或者群落，不同厚度的单层或复合厚度的生物被膜到高度异质化的结构，如温泉中的微生物席或生物被膜、海雪或者紧密的颗粒污泥(Flemming and Wuertz，2019)。

16.2.2　总量分布

生物被膜分布极其广泛，就像细菌一样无处不在。Flemming 和 Wuertz(2019)报道,地球上细菌和古菌的细胞总量约为 1.2×10^{30} 个,有 5 个大的栖息地(Flemming and Wuertz，2019)。深海底层和内陆深层的微生物细胞量占全球近 60%(Flemming and Wuertz，2019)。除此之外，其他栖息地包括陆地水、污水、动植物等，每种生境总量最多仅有 5×10^{27} 个细胞(Flemming and Wuertz，2019)。

海洋中微生物是否全部以单细胞形式存在是有争议的，因为普通的抽样方法大多情况下不能区分浮游和集群的细胞(Bar-On et al.，2018)。已报道的海洋微生物集群一般符合生物被膜的定义，但其生物被膜中的黏附细胞与单个细胞之间的比例鲜有研究报道(Flemming and Wuertz，2019)。

16.3　生物地球化学循环

地球上 40%～80%的细菌和古菌细胞存在于生物被膜中，其驱动所有的生物地球化学过程，持续作用于全球生物地球化学通量，代表活跃细菌生活的主要形式(Battin et al.，2016；Flemming and Wuertz，2019)。河流生物被膜在该环境的微生物生命活动中起主导作用，对其在生物地球化学循环中的作用研究也更为广泛深入(Battin et al.，2016)，而海洋生物被膜在生物地球化学循环中的作用研究亦愈来愈多地受到关注。

16.3.1　碳循环

光合微生物生物被膜对碳的固定基本上基于生物被膜的厚度和地理环境位置。例如，在坦桑尼亚桑给巴尔潮下带测到薄(约 0.5mm)、中等厚(约 1mm)和厚

(约 2mm)的生物被膜的碳固定速率分别为 0.05kg C/(m^2 · a)、0.3kg C/(m^2 · a)和 0.5kg C/(m^2 · a)，估测到 5m 深度的整体初级生产效率为 0.14kg C/(m^2 · a) (Lugomela et al.，2005)。这一结果表明该区域的生物被膜具有活跃的固碳作用，持续贡献于海岸带生态系统的初级生产力。Orcutt 等于 2015 年利用 ^{13}C 标记技术首次报道了海底玄武岩上定植的生物被膜对大洋海床碳固定的重要作用。海水中正在下沉的颗粒和微生物被膜黏附的颗粒都称为海雪(Gram et al.，2002；Mislan et al.，2014)，这说明细菌生物被膜是碳动态循环和再矿化的潜在活跃位点。

16.3.2　氮循环

海洋生物被膜是混合型群落，由蓝细菌、异养细菌和微型浮游植物组成，在氮循环中非常活跃。Magalhäes 等(2005)调查了两个潮间带位点(泥和沙沉积物)的 NH_4^+、NO_3^-、NO_2^-和 N_2O 的通量，以及氮的固定、硝化作用和反硝化作用，并与岩石潮间带的两个位点进行了对比。海洋生态系统中最近探索的一个方面是厌氧反应释放 N_2。各种检测驱动氨酸盐反应的厌氧氨氧化菌的方法被开发出来，包括 N 同位素标记技术、厌氧细菌特异的脂质实验、荧光原位杂交(fluorescent *in-situ* hybridization，FISH)技术和分子遗传技术(Li and Gu，2011)。Awata 等(2012)利用 FISH 技术研究了温盐对海洋厌氧氨氧化生物被膜结构的影响，氨氧化活动仅出现在 20℃和 30℃，在 10℃没有发生，最大的 N 移除速率发生在 20℃时，为 0.32kg TN/(m^3 · d)；盐度的变化对氨酸盐反应无显著影响(Awata et al.，2012)。

16.3.3　EPS 在生物地球化学循环中的作用

微生物 EPS 广泛分布于海洋环境中，具有多种形式，常见的有自由溶解、胶体、紧密的颗粒，如透明胞外聚合颗粒(transparent exopolymer particle，TEP)或微粒物质，包括细胞聚合体、腐殖质、生物被膜和生物毯等(Bhaskar and Bhosle，2005)。微生物的 EPS 执行各种功能，涉及多种海洋过程。微生物 EPS 独特的胶状特性在有机物的运输和反应转化、可溶金属的络合和元素的生物地球化学循环中具有重要作用。生物被膜的 EPS 具有丰富的有机碳，是食物链中多种生物的重要碳源。细菌生长过程中分泌可溶性 EPS，微生物环中可溶性 EPS 和酶的降解产生的颗粒有机碳及颗粒 EPS 均可转化为可溶有机物，这些共同构成海洋营养能级中有机碳循环的有效途径(Bhaskar and Bhosle，2005)。

16.4　附　着　基

海洋环境中，细菌等微生物在生物和非生物表面快速地黏附和集群生长。表面集群及后续生物被膜的形成和发育为生物提供了诸多优势，并在复杂多变的海洋环境中的生态和生物地球化学循环中发挥作用。海洋中生物和非生物颗粒提供的黏附表面通常是高度定植的(Zettler et al., 2013; Harrison et al., 2014; Lee et al., 2015)。

16.4.1 生物附着基

在藻华发生的富营养环境中，巨大比例的细菌黏附到浮游植物和浮游动物上，形成残留的生物被膜(Bruckner et al., 2008; Wahl et al., 2012)。众所周知的海雪，被多种微生物集群紧密定植，在分类和基因组上不同于浮游微生物(Yooseph et al., 2010; Eloe et al., 2011)。TEP 是高度吸水的聚合物，主要由多糖组成，是微生物的支架，类似于生物被膜的 EPS 基质(Decho and Gutierrez, 2017)。杨金龙团队的早期研究发现，地中海贻贝(*Mytilus galloprovincialis*)幼虫仅在特异性丝状大型海藻表面完成附着和变态发育过程，这表明形状可能影响幼虫对附着基的选择(Yang et al., 2007)。通过对在大型海藻表面附着的海洋细菌和硅藻进行处理发现，大型海藻对幼虫附着的诱导活性无显著变化，这表明大型海藻自身调控幼虫附着变态；进一步研究发现，源于帚状绿毛藻(*Chlorodesmis fastigiata*)和柔质仙菜(*Ceramium tenerrimum*)的化学信号参与调控幼虫附着变态，且对有机溶剂和热敏感(Yang et al., 2007)。尽管大型海藻产生的单一的水溶性信号和表面相关化学信号均未有活性，但两者共同作用后，幼虫附着变态率大幅提升，这表明至少大型海藻的两个化学信号参与贻贝幼虫附着变态发育过程(Yang et al., 2007)。

16.4.2 非生物附着基

非生物附着基主要包括微塑料、不锈钢、岩石、载玻片等。海洋中累积的塑料残体为微生物附着提供了表面积资源。现存的塑料面积因塑料颗粒间摩擦产生更多微塑料而增加(Flemming and Wuertz, 2019)。海洋中的生物能够吃掉塑料并将其积累在食物网中，伴有相关的毒素和定植在塑料上的微生物。与非塑料生物被膜相比，塑料生物被膜是多变的，被复杂的影响网络所驱动，研究发现主要是空间和季节因子，还有聚合物类型、底层的质地和大小(Oberbeckmann et al., 2015)。Jones 等(2007)研究了人工表面生物被膜细菌群落结构，发现聚碳酸酯和不锈钢的生物被膜群落组成在初始阶段是相同的，但是被膜生长一周后发生变化。

16.5 生物被膜对海洋底栖无脊椎动物的作用

很多海洋无脊椎动物幼虫利用生物被膜的化学信号附着到适当的生态位。华美盘管虫(*Hydroides elegans*)是大型底栖附着生物集群的全球代表性物种，已被广泛用于验证生物被膜中的细菌是幼虫附着化学诱因的来源和细菌化学信号作用的幼虫受体研究。古生物学的证据揭示后生动物和生物被膜的关系在后生动物的进化中是非常早的，因此无脊椎动物幼虫感知细菌信号的受体是非常老的，很可能是独一无二的。尽管已有六十多年的大量研究工作，我们仍然不知道究竟是细菌配体刺激了幼虫受体的附着还是幼虫对细菌细胞的感知(Hadfield，2011)。

很多海洋无脊椎动物的幼虫选择性地附着到合适的位置，以有利于成活和繁育(Hadfield and Paul，2001)。为此，幼虫必须通过外部化学受体检测指明合适位点的环境因子，通过神经或激素组件来传递信号进入内部过程，通过行为变化产生附着和发育变化，进一步变态发育成为稚体。Hadfield 和 Paul(2001)对“响应生物被膜的附着”进行了深入的回顾，包括海洋生物被膜的整体特征和生物被膜在 10 个门物种幼虫附着中的作用。2001 年以来，对于海洋生物被膜及被膜在底栖海洋无脊椎动物附着过程中的作用研究成为热点。

16.5.1　生物被膜对经济物种的作用

海洋无脊椎动物中经济物种软体动物(牡蛎、贻贝)、棘皮动物(海参、海胆)、甲壳动物等都受到生物被膜的调控作用(杨金龙等，2012)。近江牡蛎(*Crassostrea ariakensis*)的成体和幼虫偏好有生物被膜的自然附着基(如贝壳)，而且成体可以分泌水溶性化学诱导因子来增强附着基对幼虫的吸引(Tamburri et al.，2008)。在波纹板上附着硅藻形成的生物被膜可以诱导刺参(*Stichopus japonicus*)幼虫完成附着变态过程，从而促进刺参大规模苗种生产(Ito and Kitamura，1997)。自然海洋生物被膜和硅藻生物被膜均能促进日本养殖经济海胆品种红海胆(*Pseudocentrotus depressus*)、紫海胆(*Anthocidaris crassispina*)幼虫完成附着变态，这表明自然生物被膜与硅藻生物被膜具有同样的诱导功能(Rahim et al.，2004)。同样，硅藻生物被膜也为白棘三列海胆(*Tripneustes gratilla*)幼虫附着提供了充分的诱导因子(Dworjanyn and Pirozzi，2008)。桃红对虾(*Farfantepenaeus paulensis*)虾苗被喂养在含有人工介质形成生物被膜的环境中，生长速率和存活率都会得到提升，这表明生物被膜可能为虾苗提供更多的食物资源(Ballester et al.，2007)。

16.5.2　生物被膜对贻贝附着的调控作用机制

杨金龙团队针对生物被膜对贻贝附着变态的调控进行了系统而深入的研究，以期推动生物被膜与底栖贝类相互作用研究，深入解析幼虫附着分子机制的研究，提高厚壳贻贝(*Mytilus coruscus*)等贝类的附苗成功率，最终将其生物被膜构建技术应用于人工生态系统海洋牧场构建和水产绿色生态养殖。Bao 等(2007a，2007b)证明了地中海贻贝(*M. galloprovincialis*)的附着变态是因为响应自然海洋生物被膜和细菌生物被膜，且细菌产生的两个化学信号共同作用促进幼虫完成附着变态发育过程。Wang 等(2012)调查了东海海域形成的自然生物被膜对厚壳贻贝(*M. coruscus*)眼点幼虫附着变态的调控作用，发现生物被膜诱导活性与生物被膜日龄、海洋细菌和硅藻密度及细菌群落结构有关；与之类似，生物被膜调控厚壳贻贝稚贝附着也与日龄、生物量和群落结构有关联(Yang et al.，2013b)。Yang 等(2013)进一步探讨了源于自然生物被膜的单一菌株形成的生物被膜对厚壳贻贝幼虫附着的诱导作用，发现与地中海贻贝(*M. galloprovincialis*)附着存在类似情况，即双化学信号因子发挥作用。除近海细菌外，笔者团队研究了马里亚纳海沟(Mariana Trench)、新不列颠海沟(New Britain Trench)和下北半岛(Shimokita Peninsula)等深海来源的细菌生物被膜对厚壳贻贝幼虫附着变态的影响。发现 9 株深海菌均有不同程度诱导活性，且 *Virgibacillus* sp. 1 诱导活性最高；不同的物理和化学处理后生物被膜诱导活性和深海细菌存活率均显著降低，水溶性代谢产物对幼虫附着变态有一定作用，与福尔马林固定的生物被膜协同作用诱导活性显著提高，表明诱导厚壳贻贝幼虫附着变态需要表面活性化学信号和水溶性化学信号；生物被膜表面胞外产物生物量表明胞外多糖可能在附着变态过程中发挥一定的作用(Chang et al.，2021)。

笔者团队调查了不同来源的海洋细菌形成的生物被膜对厚壳贻贝幼虫和稚贝附着的影响(杨金龙等，2015；周轩等，2015；黄道芬等，2017；杨娜等，2017；徐嘉康等，2021)，发现细菌生物被膜的附着诱导活性与来源无直接关系；调查了不同营养环境(孙俊杰等，2016；常睿珩等，2020；杨金龙等，2021)、温盐变化(杨金龙等，2013a；高伟等，2017；梁箫等，2020a)、外源性胞外产物(蔡雨珊等，2021)及时空动态演替(梁箫等，2020b)对生物被膜形成和厚壳贻贝的影响，发现这些因子因素改变均能不同程度影响厚壳贻贝附着的诱导活性。与此同时，杨金龙等(2013a，2013b)、Yang 等(2014)调查了不同环境条件下形成的自然生物被膜对厚壳贻贝稚贝附着的影响情况，发现这些多种微生物构成的生物被膜均能促进稚贝的附着；并且非生物附着基质表面分离细菌和贻贝成体肠道细菌形成的生物被膜也能促进厚壳贻贝稚贝附着(Li et al.，2014；孙俊杰等，2016；黄道芬等，2017；高伟等，2017；杨娜等，2017；Peng et al.，2020a)。

近年来，笔者团队及合作团队对生物被膜-贻贝互作分子机制进行了深入研究。假交替单胞菌属细菌在生物被膜形成过程产生突变，且突变菌株导致厚壳贻贝幼虫附着变态率下降；通过全基因组重测序技术和基因敲除技术，发现无大规模基因重组现象；进一步研究发现细菌中的 *wsp* 趋化系统应激反应、荚膜多糖的生物合成、酪氨酸代谢途径参与调控贻贝幼虫的附着变态(Zeng et al.，2015，2017)。众所周知，胞外多糖是生物被膜胞外基质的重要组分。笔者团队以海假交替单胞菌(*Pseudoalteromonas marina*)ECSMB14103 为模式菌，开展胞外多糖合成基因 *01912* 的功能研究，发现基因 *01912* 突变菌形成生物被膜对厚壳贻贝幼虫附着变态的诱导活性显著高于野生菌，*01912* 基因缺失导致了生物被膜胞外多糖可拉酸的大量产生，伴随着细菌第二信使胞内 c-di-GMP 水平提升(Peng et al.，

2020b）。c-di-GMP 的增加进一步降低了细菌的运动能力，促进了细胞的集聚，加速了生物被膜的形成，增加了胞外多糖产生，从而导致了幼虫附着活性的上调（Peng et al.，2020b）（图 16.1）。Liang 等（2021）构建了 *P. marina* 纤维素合成基因 *bcsQ* 缺失突变菌株，探究了纤维素合成基因 *bcsQ* 对生物被膜胞外产物及对厚壳贻贝幼虫附着变态的影响（图 16.2）。*P. marina* 形成生物被膜过程中，纤维素生物量过高能通过减少生物被膜胞外多糖和胞外脂的产生，进而影响对厚壳贻贝幼虫附着变态的诱导活性；*P. marina* 纤维素合成基因 *bcsQ* 缺失，纤维素生物量下降，抑制了可拉酸的分泌和降低了胞内 c-di-GMP 的含量，进而抑制了诱导活性（Liang

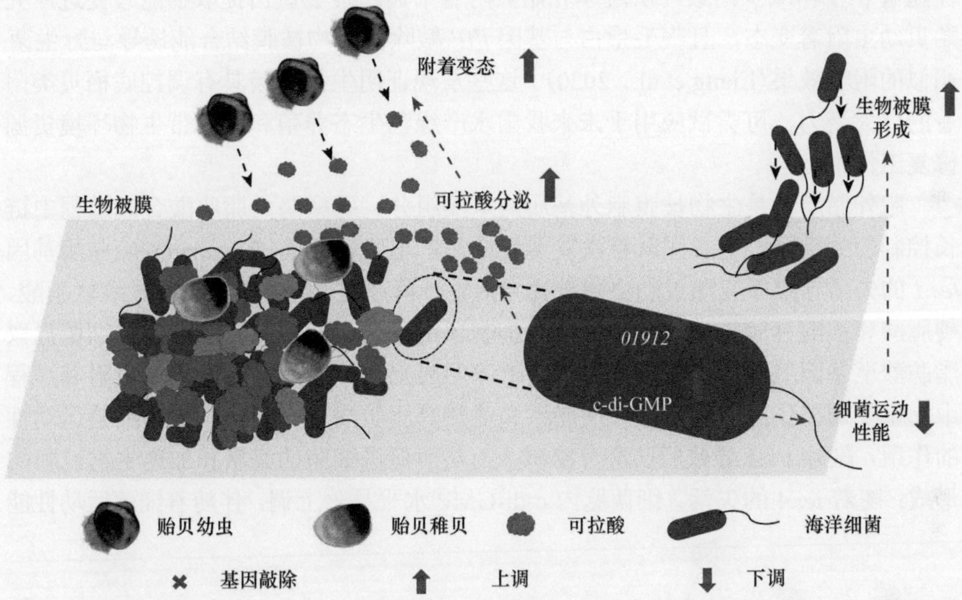

图 16.1　细菌胞外多糖合成基因 *01912* 调控贻贝幼虫附着变态的模式图（改自 Peng et al.，2020b）

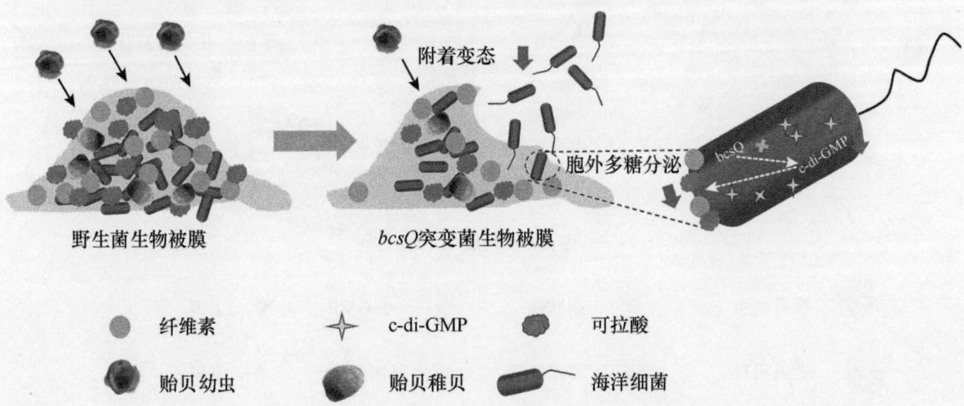

图 16.2　细菌纤维素合成基因 *bcsQ* 调控贻贝幼虫附着变态的模式图（改自 Liang et al.，2021）

et al., 2021)。因此, *P. marina* 纤维素生物量过高或过低均能通过减少生物被膜胞外多糖和胞外脂的产生，从而调控对厚壳贻贝幼虫附着变态的诱导活性。

胞外蛋白是生物被膜胞外基质的重要组分。基于 75%～85%海洋细菌具有鞭毛这一特性，笔者团队聚焦鞭毛蛋白合成基因如何影响生物被膜的形成，如何导致被膜中胞外基质组分改变来介导厚壳贻贝幼虫的附着变态研究，发现Ⅲ级鞭毛蛋白合成基因 *fliP* 缺失明显导致假交替单胞菌属细菌被膜的厚壳贻贝幼虫附着诱导活性下降 75%；进一步实验发现，*fliP* 基因的缺失导致鞭毛结构和运动性丧失，加速了细菌在基质表面集聚和生物被膜形成，导致胞外蛋白大量产生(>3 倍)，伴随着 β-多糖减少，最终引起厚壳贻贝附着下调；鞭毛蛋白提取物能够促进厚壳贻贝幼虫附着变态，且鞭毛蛋白与基因 *fliP* 敲除菌生物被膜结合能诱导与野生菌相似的附着效果(Liang et al., 2020)。这些发现证明生物被膜具有调控底栖贝类附着的巨大潜力，可尝试应用于未来我国水产绿色生态养殖和海岸带生物环境资源修复工作中。

胞外脂质也是生物被膜胞外基质的重要组分。硫酯酶是脂肪酸合成过程中链长控制的关键酶，笔者团队首次发现假交替单胞菌属细菌 *P. marina* 硫脂酶基因 *tesA* 的失活导致厚壳贻贝幼虫附着诱导活性下降超过 70%(图 16.3)，导致软脂酸、硬脂酸和油酸等脂肪酸产生量下降和抑制了细菌的运动性；外源性添加细菌提取脂肪酸至基因敲除菌中发现幼虫的附着率明显上调，表明脂肪酸在幼虫附着过程中起重要调控作用；软脂酸、硬脂酸和油酸等脂肪酸具有抗菌、抑制细菌运动性的作用，敲除 *tesA* 导致脂肪酸分泌减少，从而促进细胞的集聚和加速生物被膜的形成；随着 *tesA* 的失活，细菌胞内 c-di-GMP 水平显著上调，伴随着细菌运动性能

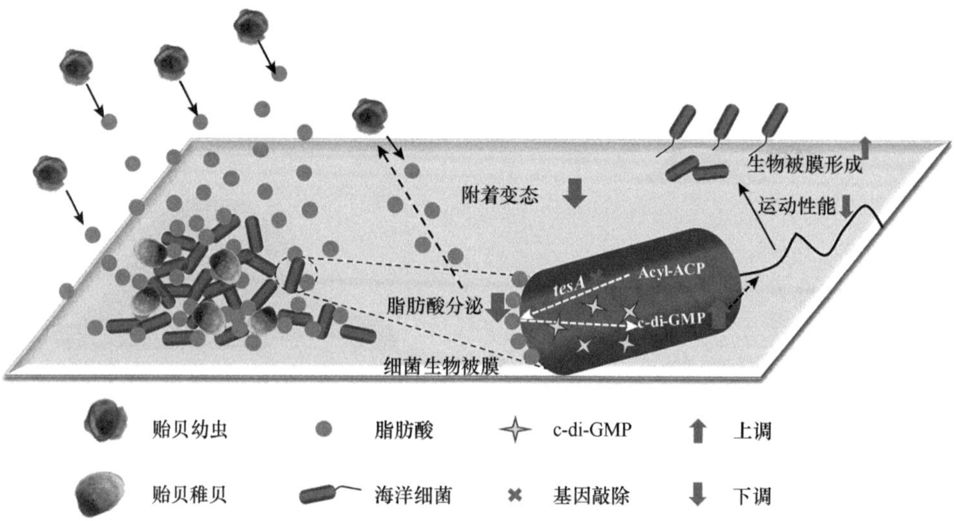

图 16.3　细菌 *tesA* 基因调控贻贝幼虫附着变态的模式图(改自 Hu et al., 2021)

下调和生长缓慢，这同时也有助于生物被膜的形成，表明脂肪酸生物合成能力的下滑促进了 c-di-GMP 含量增加，脂肪酸的存在导致细菌被膜扩散，c-di-GMP 含量增加意味着细菌从充满活力、浮游、快速生长状态转变为生长缓慢、开始积聚的生物被膜，据此首次提出了细菌的脂肪酸合成途径调控贻贝幼虫附着假说(Hu et al.，2021)。

16.6　附着基质、生物被膜和海洋无脊椎动物间的相互作用关系

生物被膜在无脊椎动物种群募集中具有重要的作用。生物被膜的诱导活性与其生物学特性密切相关，而附着基的表面性质能够影响海洋细菌的附着，进而调节生物被膜的群落结构等生物学特性。然而，目前关于三者之间互作关系的研究甚少。杨金龙团队从基质类型、表面微貌结构、表面润湿性、表面颜色等附着基质表面特性及其对海洋生物被膜形成和贻贝附着的影响等方面进行了探讨。

Li 等(2014)调查了海洋环境中自然微生物被膜在普通玻璃、疏水玻璃、亚克力板和钢等不同附着基质类型表面的细菌群落结构差异，探讨了这些细菌群落结构的差异对厚壳贻贝稚贝附着的影响，旨在阐明附着基质与生物被膜群落结构及贻贝稚贝附着三者的相互作用关系。结果表明，在无生物被膜条件下，普通玻璃、钢、亚克力板和疏水玻璃等不同附着基质对厚壳贻贝稚贝附着的影响无显著差异；然而，普通玻璃、钢、亚克力板和疏水玻璃等不同附着基质表面形成的生物被膜对稚贝附着的影响存在显著差异。基于高通量测序技术发现，大部分序列属于变形菌门、拟杆菌门和厚壁菌门，聚类分析发现普通玻璃表面形成微生物被膜中的细菌群落与钢、亚克力板和疏水玻璃差异较大。因此，微生物被膜诱导厚壳贻贝稚贝附着活性存在差异的主要原因可能源于附着基的材质影响微生物被膜中细菌密度和细菌群落结构。

在微貌结构方面，Liang 等(2019)的研究发现，与没有涂层的玻璃相比，厚壳贻贝在有涂层的附着基［聚氨酯(polyurethane，PU)、环氧树脂(epoxy resin，EP)和聚二甲基硅氧烷(polydimethylsiloxane，PDMS)］形成的生物被膜上附着率会降低；而且涂层上生物被膜的生物量会降低，包括生物被膜干重、细菌和硅藻的细胞密度及叶绿素 a 浓度，因此涂层通过改变生物被膜的生物量或者细菌群落组成影响了海洋生物被膜的形成。Yang 等(2016a)调查了将碳纳米管(carbon nanotube，CNT)和二氧化钛(titanium dioxide，TiO_2)融入 PDMS 后对生物被膜形成和厚壳贻贝稚贝附着的影响，发现 PDMS 中的 CNT 和 TiO_2 能改变生物被膜的生物量和群落组成，进而导致贻贝附着率下降。此外，Yang 等(2016b)的研究发现，在 PDMS 中填充

银纳米颗粒(AgNPs)会通过降低 28 日龄生物被膜中 Flavobacteriaceae(Bacteroidetes)的相对丰度和增加 Vibrionaceae(Proteobacteria)的相对丰度从而改变细菌群落，而且厚壳贻贝在 AgNPs 表面形成的 28 日龄生物被膜上的附着率低于对照组，降低 30%。因此，AgNPs 结合体会影响海洋环境中生物被膜的细菌群落，进而影响贻贝附着。

表面润湿性会影响海洋环境中的生物被膜群落结构，生物被膜生物学特性的改变与生物被膜诱导地中海贻贝稚贝附着活性的变化相关联。实验发现较低润湿性表面会导致自然生物被膜干重、细菌和硅藻密度及被膜厚度下调，且稚贝在较低润湿性表面形成的生物被膜上的附着率随之降低(Yang et al.，2017)。中、低润湿性表面生物被膜中的海洋附着细菌对厚壳贻贝附着有明显促进作用(杨金龙，2015；周轩等，2015)。生物被膜诱导厚壳贻贝稚贝附着的活性会因附着基颜色不同而发生变化，有生物被膜的附着基，当其附着基颜色为绿色时表面形成的被膜诱导的附着率最低(Li et al.，2017)。此外，在无生物被膜覆盖的附着基，不会因颜色的不同而产生诱导活性的差异，而且高通量测序显示生物被膜上的细菌群落也会随着基质颜色而变化(Li et al.，2017)。

16.7　海洋人工生态系统

顾名思义，海洋人工生态系统即经过人为干预或改造后形成的以海洋为大环境的生态系统。经过人工修复的珊瑚礁、海洋中投放的人工鱼礁形成的生态系统都可归为海洋人工生态系统。

16.7.1　人工鱼礁微生物多样性

人工鱼礁(artificial fish reef)是投放在海底的经过精心设计来模拟自然鱼礁某些特性的水下结构(Pickering et al.，1999)。人工鱼礁用来保护海洋栖息地，修复正在下降的生物多样性。当前鱼礁性能评估主要集中在生态上的鱼类集群和其他物种或社会经济效益，一直忽视了生物被膜群落结构对海洋生态系统的作用。Salamone 等于 2016 年首次报道了海洋中人工鱼礁真菌生物的多样性，结果显示真菌群落组成在取样周期呈现显著变化。生物被膜群落能够确定人工鱼礁营养网络的一级水平(Riera et al.，2018)。Riera 等(2018)提出，生物被膜可以作为评估人工鱼礁附着基功效的工具，研究发现人工鱼礁的材料对于生物被膜的形成，尤其是在生物被膜形成过程中的糖分泌方面起关键作用。鉴于生物被膜影响很多大型底栖生物的附着，在人工鱼礁等人工生态系统构建过程中选择合适的材料基质极为关键。

16.7.2　海洋牧场

针对我国近海生境严重退化，渔业资源和生物资源已出现持续衰退的现象，海洋人工生态系统海洋牧场建设如火如荼，已成为海洋产业新业态之一，海洋牧场在蓬勃发展的同时，也有很多方面亟待完善(杨金龙等，2004；阙华勇等，2016；杨红生等，2018)。丁德文先生多次提出，海洋牧场新形态是人工生态系统，如果海洋牧场是放流与底播技术、人工(鱼礁)技术、驯化加上养护与防灾技术，还有生态系统构建技术、生态工程技术、社会管理综合构成的一个新型生态系统，那么这个生态系统就是人工生态系统。笔者认为现代海洋牧场短期内可以把投放人工鱼礁作为修复海洋生境的有效手段，但是要让其长期形成一个不断自我更新的生态系统，需要生物被膜对其生物地球化学循环进行调控，更需要其为海洋底栖生物提供栖息场所、诱导附着因子，甚至营养饵料。

16.8　展　望

现代化海洋牧场建设的关键环节包括生境修复、苗种繁育、初级生产力提升、全过程管理等(杨红生等，2018)，其中生境修复、苗种繁育和初级生产力提升环节在自然海洋生态系统中均涉及生物被膜，然而迄今未见有国内学者提出生物被膜在海洋牧场建设中的作用。在海洋牧场建设中大力发展贝类等底栖生物养殖，将对碳的固定(即将碳储存在自然产物贝壳中)具有重要作用，这对缓解我国 CO_2 减排的压力、提高我国在气候问题国际谈判方面的话语权具有重大影响。本章总结了生物被膜的概念及总量分布，对生物被膜与海洋牧场相关的作用进行了阐述，并对完善海洋牧场中生物被膜的建设提出了建议，以期为海洋牧场的建设添砖加瓦。

笔者建议今后加强对人工生态系统生境中生物被膜的动态监测，利用高通量测序技术及宏组学技术解析海洋生物被膜形成、生物多样性改变及其与海洋环境变化相互作用的关系。通过开展海洋人工生态系统中底栖生境的重构和塑造，解析礁体设置、水动力特性、礁体界面、海洋微生物、海洋生物被膜及海草和贝类等大型底栖生物之间的互作机制，提高底栖生境的生物资源多样性，构建新型底栖生境营造技术，为海洋牧场等海洋人工生态系统的构建及海洋资源环境功能多样性恢复奠定理论基础和技术支撑。

参 考 文 献

蔡雨珊，张秀坤，竹攸汀，等. 2021. 海假交替单胞菌(*Pseudoalteromonas marina*)鞭毛蛋白对生物被膜形成及厚壳贻贝附着的影响. 海洋学报，43(4)：75-83.

常睿珩，许康豪，蔡雨珊，等. 2020. 钙离子对海假交替单胞菌生物被膜形成及厚壳贻贝附着的影响.大连海洋大学学报，35(6)：893-900.

高伟，郭行磐，徐嘉康，等. 2017. 微生物被膜形成因子及其对厚壳贻贝附着的影响. 大连海洋大学学报，32(4)：405-409.

黄道芬，梁箫，彭莉华，等. 2017. 不同来源海洋弧菌微生物被膜对厚壳贻贝稚贝附着的影响. 水产学报，41(7)：1140-1147.

柯才焕，冯丹青. 2006. 海洋底栖动物浮游幼体附着和变态的研究. 厦门大学学报(自然科学版)，45(2)：77-82.

梁箫，刘红雨，杨丽婷，等. 2020b. 弧菌生物被膜的动态演替对厚壳贻贝附着的影响. 水产学报，44(1)：118-129.

梁箫，杨丽婷，彭莉华，等. 2020a. 不同温度下形成的深海菌膜对厚壳贻贝幼虫变态的影响. 水产学报，44(10)：1728-1741.

阙华勇，陈勇，张秀梅，等. 2016. 现代海洋牧场建设的现状与发展对策. 中国工程科学，18(3)：79-84.

孙俊杰，梁箫，郭行磐，等. 2016. 培养基对微生物被膜形成和厚壳贻贝附着的影响. 水产学报，40(8)：1229-1238.

徐嘉康，王劲松，方怡涵，等. 2021. 厚壳贻贝肠道细菌的生物被膜对其幼虫和稚贝附着的影响.海洋学报，43(9)：81-91.

杨红生，杨心愿，林承刚，等. 2018. 着力实现海洋牧场建设的理念、装备、技术、管理现代化. 中国科学院院刊，33(7)：732-738.

杨金龙. 2018. 海洋生物被膜形成及其在贝类附着过程调控机制. 大连：第二届现代化海洋牧场国际学术研讨会、中国水产学会渔业资源与环境专业委员会 2018 年学术年会.

杨金龙，段志鸿，丁文扬，等. 2021. 维生素 B7 和 B12 对细菌生物被膜形成及厚壳贻贝幼虫变态的影响. 渔业科学进展，42(5)：113-123.

杨金龙，郭行磐，陈芋如，等. 2015. 中湿度表面的海洋细菌对厚壳贻贝稚贝附着的影响. 水产学报，39(3)：421-428.

杨金龙，李响，王冲，等. 2013a. 低盐度形成的微生物膜对厚壳贻贝稚贝附着的影响. 海洋科学，37(8)：107-113.

杨金龙，慎佩晶，王冲，等. 2013b. 微生物膜对厚壳贻贝稚贝附着的影响. 水产学报，37(6)：904-909.

杨金龙，王冲，顾忠旗，等. 2012. 微生物膜对海洋无脊椎动物幼体附着变态的影响研究. 海洋科学，36(8)：116-121.

杨金龙，吴晓郁，石国峰，等. 2004. 海洋牧场技术的研究现状和发展趋势. 中国渔业经济，5：48-50.

杨娜，梁箫，彭莉华，等. 2017. 肠道细菌对厚壳贻贝稚贝附着的作用研究. 海洋科学，41(11)：45-54.

张涛. 2000.海洋无脊椎动物幼虫附着变态研究进展Ⅱ：附着变态模型及人工诱导物在经济贝类苗种生产中的应用. 海洋科学，24(2)：38-41.

周轩，郭行磐，陈芋如，等. 2015. 低湿度表面的海洋附着细菌对厚壳贻贝附着的影响. 大连海洋大学学报，30(1)：30-35.

Awata T, Tanabe K, Kindaichi T, et al. 2012. Influence of temperature and salinity on microbial structure of marine anammox bacteria. Water Science and Technology, 66(5): 958-964.

Ballester E L C, Wasielesky J W, Cavalli R O, et al. 2007. Nursery of the pink shrimp *Farfantepenaeus paulensis* in cages with artificial substrates: Biofilm composition and shrimp performance. Aquaculture, 269(1-4): 355-362.

Bao W Y, Satuito C G, Yang J L, et al. 2007a. Larval settlement and metamorphosis of the mussel *Mytilus galloprovincialis* in response to biofilms. Marine Biology, 150(4): 565-574.

Bao W Y, Yang J L, Satuito C G, et al. 2007b. Larval metamorphosis of the mussel *Mytilus galloprovincialis* in response to *Alteromonas* sp. 1: Evidence for two chemical cues? Marine Biology, 152(3): 657-666.

Bar-On Y M, Phillips R, Milo R. 2018. The biomass distribution on Earth. Proceedings of the National Academy of Sciences, 115(25): 6506-6511.

Battin T J, Besemer K, Bengtsson M M, et al. 2016. The ecology and biogeochemistry of stream biofilms. Nature Reviews Microbiology, 14(4): 251-263.

Bhaskar P, Bhosle N B. 2005. Microbial extracellular polymeric substances in marine biogeochemical processes. Current Science, 88(1): 45-53.

Bruckner C G, Bahulikar R, Rahalkar M, et al. 2008. Bacteria associated with benthic diatoms from Lake Constance: Phylogeny and influences on diatom growth and secretion of extracellular polymeric substances. Applied and Environmental Microbiology, 74(24): 7740-7749.

Chang R H, Yang L T, Luo M, et al. 2021. Deep-sea bacteria trigger settlement and metamorphosis of the mussel *Mytilus coruscus* larvae. Scientific Reports, 11(1): 919.

Characklis W G, Marshall K C. 1990. Biofilms. New York: John Wiley and Sons.

Characklis W G, Wilderer P A. 1989. Structure and Function of Biofilms. New York: John Wiley and Sons.

Costerton J W, Cheng K, Geesey G G, et al. 1987. Bacterial biofilms in nature and disease. Annual Reviews in Microbiology, 41(1): 435-464.

Decho A W, Gutierrez T. 2017. Microbial extracellular polymeric substances(EPSs) in ocean systems. Frontiers in Microbiology, 8: 922.

Dobretsov S. 2009. Marine biofilms//Dürr S, Thomason J C. Biofouling. New York: Wiley-Blackwell.

Dworjanyn S A, Pirozzi I. 2008. Induction of settlement in the sea urchin *Tripneustes gratilla* by macroalgae, biofilms and conspecifics: A role for bacteria? Aquaculture, 274(2-4): 268-274.

Eloe E A, Shulse C N, Fadrosh D W, et al. 2011. Compositional differences in particle-associated and free-living microbial assemblages from an extreme deep-ocean environment. Environmental Microbiology Reports, 3(4): 449-458.

Flemming H C, Wuertz S. 2019. Bacteria and archaea on Earth and their abundance in biofilms. Nature Reviews Microbiology, 17(4): 247-260.

Gram L, Grossart H P, Schlingloff A, et al. 2002. Possible quorum sensing in marine snow bacteria: Production of acylated homoserine lactones by *Roseobacter* strains isolated from marine snow. Applied Microbiology and Biotechnology, 68(8): 4111-4116.

Hadfield M G, Paul V J. 2001. Natural chemical cues for settlement and metamorphosis of marine invertebrate larvae. Marine Chemical Ecology, 13: 431-461.

Hadfield M G. 2011. Biofilms and marine invertebrate larvae: What bacteria produce that larvae use to choose settlement sites. Annual Review of Marine Science, 3: 453-470.

Harrison J P, Schratzberger M, Sapp M, et al. 2014. Rapid bacterial colonization of low-density polyethylene microplastics in coastal sediment microcosms. BMC Microbiology, 14(1): 232.

Hu X M, Zhang J, Ding W Y, et al. 2021. Reduction of mussel metamorphosis by inactivation of the bacterial thioesterase gene via alteration of the fatty acid composition. Biofouling. 37(8): 911-921.

Ito S, Kitamura H. 1997. Induction of larval metamorphosis in the sea cucumber *Stichopus japonicus* by periphitic diatoms. Hydrobiologia, 358: 281-284.

Jones P R, Cottrell M T, Kirchman D L, et al. 2007. Bacterial community structure of biofilms on artificial surfaces in an estuary. Microbial Ecology, 53(1): 153-162.

Lee S W, Lee C W, Bong C W, et al. 2015. The dynamics of attached and free-living bacterial population in tropical coastal waters. Marine and Freshwater Research, 66(8): 701-710.

Li M, Gu J D. 2011. Advances in methods for detection of anaerobic ammonium oxidizing(anammox) bacteria. Applied Microbiology and Biotechnology, 90(4): 1241-1252.

Li Y F, Chen Y R, Yang J L, et al. 2014. Effects of substratum type on bacterial community structure in biofilms in relation to settlement of plantigrades of the mussel *Mytilus coruscus*. International Biodeterioration and Biodegradation, 96: 41-49.

Li Y F, Guo X P, Chen Y R, et al. 2017. Comparative analysis of biofilm community on different coloured substrata in relation to mussel settlement. Journal of the Marine Biological Association of the United Kingdom, 97 (1): 81-89.

Li Y F, Guo X P, Yang J L, et al. 2014. Effects of bacterial biofilms on settlement of plantigrades of the mussel *Mytilus coruscus*. Aquaculture, 433: 434-441.

Liang X, Peng L H, Zhang S, et al. 2019. Polyurethane, epoxy resin and polydimethylsiloxane altered biofilm formation and mussel settlement. Chemosphere, 218: 599-608.

Liang X, Zhang X K, Peng L H, et al. 2020. The flagellar gene regulates biofilm formation and mussel larval settlement and metamorphosis. International Journal of Molecular Sciences, 21 (3): 710.

Lugomela C, Söderbäck E, Björk M. 2005. Photosynthesis rates in cyanobacteria dominated subtidal biofilms near Zanzibar, Tanzania. Estuarine, Coastal and Shelf Science, 63 (3): 439-446.

Magalhäes C, Wiebe W J, Joye S B, et al. 2005. Inorganic nitrogen dynamics in intertidal rocky biofilms and sediments of the Douro River estuary (Portugal). Estuaries, 28 (4): 592-607.

Mislan K, Stock C A, Dunne J P, et al. 2014. Group behavior among model bacteria influences particulate carbon remineralization depths. Journal of Marine Research, 72 (3): 183-218.

Oberbeckmann S, Löder M G, Labrenz M. 2015. Marine microplastic-associated biofilms–a review. Environmental Chemistry, 12 (5): 551-562.

Orcutt B, Sylvan J, Rogers D, et al. 2015. Carbon fixation by basalt-hosted microbial communities. Frontiers in Microbiology, 6: 904.

Peng L H, Liang X, Chang R H, et al. 2020b. A bacterial polysaccharide biosynthesis-related gene inversely regulates larval settlement and metamorphosis of *Mytilus coruscus*. Biofouling, 36 (7): 753-765.

Peng L H, Liang X, Xu J K, et al. 2020a. Monospecific biofilms of *Pseudoalteromonas* promote larval settlement and metamorphosis of *Mytilus coruscus*.Scientific Reports, 10 (1): 1-12.

Pickering H, Whitmarsh D, Jensen A. 1999. Artificial reefs as a tool to aid rehabilitation of coastal ecosystems: Investigating the potential. Marine Pollution Bulletin, 37 (8-12): 505-514.

Rahim S A K A, Li J Y, Kitamura H. 2004. Larval metamorphosis of the sea urchins, *Pseudocentrotus depressus* and *Anthocidaris crassispina* in response to microbial film. Marine Biology, 144: 71-78.

Riera E, Lamy D, Goulard C, et al. 2018. Biofilm monitoring as a tool to assess the efficiency of artificial reefs as substrates: Toward 3D printed reefs. Ecological Engineering, 120: 230-237.

Salamone A L, Robicheau B M, Walker A K. 2016. Fungal diversity of marine biofilms on artificial reefs in the north-central Gulf of Mexico. Botanica Marina, (9): 291.

Tamburri M N, Luckenbach M W, Breitburg D L, et al. 2008. Settlement of *Crassostrea ariakensis* larvae: Effects of substrate, biofilms, sediment and adult chemical cues. Journal of Shellfish Research, 27 (3): 601-608.

Vert M, Doi Y, Hellwich K H, et al. 2012. Terminology for biorelated polymers and applications (IUPAC Recommendations 2012). Pure and Applied Chemistry, 84 (2): 377-410.

Wahl M, Goecke F, Labes A, et al. 2012. The second skin: Ecological role of epibiotic biofilms on marine organisms. Frontiers in Microbiology, 3: 292.

Wang C, Bao W Y, Gu Z Q, et al. 2012. Larval settlement and metamorphosis of the mussel *Mytilus coruscus* in response to natural biofilms. Biofouling, 28 (3): 249-256.

Yang J L, Guo X, Ding D, et al. 2017. Interactions between natural biofilm, substratum surface wettability, and mussel plantigrade settlement. Science China Earth Sciences, 60 (2): 382-390.

Yang J L, Li X, Liang X, et al. 2014. Effects of natural biofilms on settlement of plantigrades of the mussel *Mytilus coruscus*. Aquaculture, 424-425: 228-233.

Yang J L, Li Y F, Guo X P, et al. 2016a. The effect of carbon nanotubes and titanium dioxide incorporated in PDMS on biofilm community composition and subsequent mussel plantigrade settlement. Biofouling, 32 (7): 763-777.

Yang J L, Li Y F, Liang X, et al. 2016b. Silver nanoparticles impact biofilm communities and mussel settlement. Scientific Reports, 6: 37406.

Yang J L, Satuito C G, Bao W Y, et al. 2007. Larval settlement and metamorphosis of the mussel *Mytilus galloprovincialis* on different macroalgae. Marine Biology, 152 (5): 1121-1132.

Yang J L, Shen P J, Liang X, et al. 2013. Larval settlement and metamorphosis of the mussel *Mytilus coruscus*in response to monospecific bacterial biofilms. Biofouling, 29 (3): 247-259.

Yooseph S, Nealson K H, Rusch D B, et al. 2010. Genomic and functional adaptation in surface ocean planktonic prokaryotes. Nature, 468 (7320): 60-66.

Zeng Z, Guo X P, Li B, Wang P, et al. 2015. Characterization of self-generated variants in *Pseudoalteromonas lipolytica* biofilm with increased antifouling activities. Applied Microbiology and Biotechnology, 99 (23): 10127-10139.

Zeng Z S, Guo X P, Cai X S, et al. 2017. Pyomelanin from *Pseudoalteromonas lipolytica* reduces biofouling. Microbial Biotechnology, 10 (6): 1718-1731.

Zettler E R, Mincer T J, Amaral-Zettler L A. 2013. Life in the "plastisphere": Microbial communities on plastic marine debris. Environmental Science and Technology, 47 (13): 7137-7146.

Zobell C E, Allen E C. 1935. The significance of marine bacteria in the fouling of submerged surfaces. Journal of bacteriology, 29 (3): 239-251.

第 17 章　大规模海水增养殖活动对海域生态环境的影响①

17.1　引　　言

随着社会经济的发展，人们对海产品的需求逐渐加大，在捕捞产量因自然渔业资源限制而陷入零增长甚至负增长时，海水增养殖业得到迅速发展，随之而来的海洋生态环境问题也逐渐引起广泛关注。

海水养殖是利用浅滩、浅海、浅湾等海域对鱼类、虾类、贝类等生物对象进行人工饲养及培育以利用海洋生物资源、发展海洋经济的一种生产方式。海水养殖方式主要有浅海底播养殖、滩涂养殖、筏式养殖、深水抗风浪网箱养殖等多种方式，又可分为利用天然饵料养殖和投饵养殖两大类。海水养殖模式又分为单养、混养及间养，养殖对象主要有虾类、蟹类、贝类、鱼类、藻类等。

大规模的筏式养殖和网箱养殖占据大面积的成片海域，对海域局部环境的影响极为显著。例如，被称为中国贻贝之乡的枸杞岛万亩贻贝养殖、导致浒苔暴发的江苏省沿岸大规模滩涂紫菜养殖等，都因大规模改变了海表面或底部摩擦阻力而对周边海域的水动力条件造成了显著影响。筏式养殖包含范围宽泛，涵盖了从垂挂式浮筏养殖到浮筏式网箱养殖等多种养殖方式。垂挂式浮筏养殖是指在浅海水面上利用浮子和绳索组成浮筏，并用缆绳固定于海底，使养殖生物固着于吊绳上，并悬挂于浮筏的养殖方式。筏式养殖海域一般选在风浪较小、水深较浅，并且有大量营养盐的河口、内湾或者岛间海域等。高营养的环境有利于浮游动植物的生长及繁殖，可为贝类等养殖对象提供丰富的饵料来源。浅海网箱主要有浮式网箱、固定式网箱、沉式网箱，其框架材质多为高密度聚乙烯(HDPE)管材等。为减弱风浪的冲击作用，浮筏养殖及网箱养殖设施应选择在风浪作用较弱的海域安置。近年来，随着国家有关部门对近海内湾中高密度投饵养殖的集中整治，向外海发展大规模的可下潜式深水抗风浪网箱及大型养殖工船等已渐渐成为趋势。

海水增殖是利用海域的天然生产能力，通过人工培育苗种、放流入海，增加

---

① 本章作者：林军[1,2,3]，钟威[1]，温英[1]，杨伟[1]，汪振华[1,2,3](1. 上海海洋大学海洋生态与环境学院，上海 201306；2. 上海海洋大学海洋牧场工程技术研究中心，上海 201306；3. 自然资源部海洋生态监测与修复技术重点实验室，上海 200137)。本研究获得国家重点研发计划(2019YFD0901302)的资助。

生物种群数量或者引入新品种，以稳定和提高资源数量及质量的生产方式(唐启升等，2014)。我国海水增殖起步晚，但发展迅速，增殖对象主要有虾类、蟹类、贝类、鱼类、海藻、海参、海蜇等。除投放苗种外，建设人工鱼礁区也是海水增殖活动的重要措施。人工鱼礁是人为在海水中设置的构造物，用于改善海域生态环境及修复近海海洋生物栖息地，是供鱼类等繁殖、生长、索饵和庇护的一种人工设施，从而能够起到增殖作用(陈勇等，2002)。鱼礁按建礁功能分为诱集鱼礁、增养殖鱼礁、保护礁和藻礁等；按材料可分为钢筋混凝土鱼礁、钢制鱼礁、玻璃钢鱼礁、竹制鱼礁、木制鱼礁和废弃物鱼礁等；按投放位置可分为底置鱼礁、中层鱼礁和浮鱼礁等。鱼礁投放海域的选择应该充分考虑海域的渔业状况、底质、潮流及波浪情况，一般水体透明度高、海底空间宽阔、底质较硬、风浪小、饵料丰富、未被污染的海域适合人工鱼礁的建设。同样，大规模投放人工鱼礁改变了海底摩擦阻力，将对海洋牧场及其周边海域的水动力条件等造成显著影响。

海水增养殖活动往往需要在海面设置浮筏式/悬浮式养殖设施，或在海底投放人工鱼礁。这些人为增设在海面或海床上的设施改变了局部海域原有的水动力条件，使水体流动或波浪传播受阻，进而造成一系列的生态环境影响。这类生态环境影响既有正面的，又有负面的。海水增养殖活动对生态环境影响的负面风险随着人类对海产品需求的增加而逐渐加剧。

17.2　影响增养殖活动的环境因子

增养殖活动与海洋环境密切相关，影响增养殖对象生长的主要环境因子包括水温、流速、盐度等。

水温具有季节性变化，是增养殖生物生长、生存的重要环境条件，直接影响增养殖生物的新陈代谢和浮游生物的生长。鱼类等水产动物多是变温动物，其生长随水温变化而变化，例如，我国浙江沿岸以北的大黄鱼养殖等往往因为冬季水温过低而无法正常越冬，紫贻贝等贝类的生长速率则与表层水温存在指数关系(林军等，2016)。

增养殖区的流速影响水体更新速率，流速过小时水体交换能力差，导致水体中营养盐和饵料得不到补充；流速过大易导致养殖鱼类因体力过度消耗而死亡，或者导致养殖贝类从苗绳脱落，甚至抑制养殖贝类的滤食活动；有观测发现当流速小于 0.8m/s 时，贻贝的摄食率才会不受影响(Sansom et al.，2018)。人工鱼礁、深水网箱等增养殖设施也需要设置在流速适宜的海域内，过大的流速除了危害增养殖生物，还会对养殖设施本身造成破坏，或者导致制造成本增加。

盐度与入海径流量有关，盐度的高低影响养殖对象体内的渗透压。盐度低于养殖对象的适应范围会刺激其生理保护反应，使其机体与环境隔绝；过高或过低的盐度环境都会使其渗透压调节超出范围从而导致死亡。

除上述环境因子之外，增养殖对象生长还与海水中的溶解氧、pH、浊度、水体营养盐浓度等有关，此处不再赘述。此外，增养殖活动反过来又对海域的生态环境产生显著影响。

17.3 海水增养殖活动对水动力条件的影响

17.3.1 海水增养殖活动对流速和波浪大小的影响

一般而言，增养殖活动对流速具有削减作用。养殖设施及养殖对象覆盖于海表之上极大地减小了流速。对桑沟湾贝藻兼养海域观测发现，在养殖设施的影响下养殖海域表层流速较自然海域降低了 54%(Grant and Bacher，2001)。有关新西兰港口周边几个小型贻贝场的观测数据表明，养殖设施会使该海湾的大部分地区流速下降，平均流速减小 36%～63%，在养殖面积扩大的情况下，这种削减作用会波及周边，并会对海流产生累积影响(Plew，2011)。挪威南部贻贝养殖海域的监测结果表明，同一深度条件下相比养殖区域外养殖区域内流速降低至 30%，流速的降低致使养殖区域内饵料分布不均(Strohmeier et al.，2005；Gaurier et al.，2011；Filgueira et al.，2018)。在养殖设施及养殖生物的作用下，潮汐椭圆明显变形，潮流变化幅度减小，并影响周边海域的潮流特征。

养殖设施对流速的削减程度与其类型、结构、尺寸、材质有关，且水流速度及方向随深度变化往往较大。浮筏养殖设施上绳索的性能及其与浮标之间的距离会改变绳索的受力结构，从而影响表层流速大小及方向(Gaurier et al.，2011)。网箱养殖设施因具有较大的阻流面对流速的减小作用更明显，流速减小程度与网箱的大小、网衣的材质、网孔的疏密、网箱养殖的生物种及其养殖密度等均有关。网衣上的附着生物随着时间推移而增加，进而也会导致网箱阻流能力的变化。柔性材料的网衣容易发生变形，影响网箱的养殖容量，当使用网孔较密、质地较硬的材料作为网衣时其抗风浪性能更强，对流速和波浪的削减作用更强。

增养殖对象对流速大小的影响主要表现在其体长及摄食活动两方面。随着增养殖对象不断长大，其对流速的削减作用日渐明显。有观测表明，滤食率较低的贻贝床周围边界层内的流速剖面与滤食率较高处之间有明显的差异，不同滤食活性的贻贝对沉积物-水面边界层的物质交换影响不同，并且这种滤食活性的差异与周围流速条件密切相关(Van Duren et al.，2006)。

除了海面的筏式增养殖设施，海洋中增殖的大型海藻、水草等水生植物同样影响海洋水动力条件。大型海藻、水草作为天然的消浪设施会减缓水体流动，阻碍波浪传播，影响流场分布。适当密度的大型水生植物能够抵抗风暴，减弱波浪的破坏。Marsooli 和 Wu(2014)利用流体体积法和任意网格压缩界面法(CICSAM)跟踪水面边界，模拟了植物对波浪的削减作用。水草、海藻等大型水生植物对流速及波浪的削减作用与其柔韧性、高度、密度等均有较大的相关性(Zhu and Zou，2017；Chen et al.，2019；Dolmer，2000)。

人工鱼礁投放至海底会对其周围流速产生不同的作用。礁体背流面产生涡流，其流速远小于来流速度，在涡流的作用下礁体背流面易沉积悬浮物。礁体迎流面产生上升流，其流速较大，上升流能使沉积在海底的有机物质再悬浮。礁体开口比越小，水流受鱼礁阻隔程度越大，礁前上升流流速越大，背涡流紊流区域越明显(付东伟等，2012；于定勇等，2019)。迎流面为平面时形成的上升流流速最大，背涡流区域水平跨度也最大；迎流面为圆弧面时形成的上升流流速次之，背涡流区域水平跨度也次之；迎流面为斜向组合面时形成的上升流流速最小，背涡流区域水平跨度也最小(付东伟等，2012)。此外，礁体在不同迎流角度、底床坡度和水深条件下对流速的作用不同(Düzbastılar et al.，2009)。流速大小与礁体的组合方式、规模、投放深度等都有关，并且当这些因素变化时周围流场结构及波能耗散过程也发生变化(林军等，2013)。

17.3.2　海水增养殖活动对流速垂直结构的影响

大规模筏式养殖中，在养殖设施及养殖生物的作用下，最大流速出现于底层，最小流速出现于表层，水体上层的水平流速在垂向上出现梯度，形成一个潮流上边界层，上边界层的存在使得每一时刻的潮流垂直结构特征发生变化。为研究养殖设施于海表产生的阻力层，樊星等(2009)依照海底对水体的摩擦作用，利用阻力系数量化养殖设施及养殖对象产生的表摩擦层，并根据对数剖面拟合法计算出了上边界层及底边界层摩擦速度，建立双边界阻力数值模型，模拟了养殖设施对潮流的削减作用。Shi 和 Wei(2009)利用双阻力模型对桑沟湾养殖海域的潮流垂直结构进行了研究，研究结果表明潮流流速及其垂直分布受到上层养殖阻力和海底应力的共同作用，呈非线性变化，并且当表层海水受到的养殖阻力大于底应力的作用时，表层海水先于底层海水涨落。当筏式养殖设施引起的表层摩擦大于底摩擦时，表层流速衰减大于底层(图 17.1)，分析枸杞岛贻贝养殖海域温度、盐度及叶绿素 a 的垂直剖面发现，养殖区域可能产生下降流(Lin et al.，2016)。在下降流的作用下，表层水中的颗粒物质将加速沉积到海底(图 17.2)，加之较弱的水动力条件，在无台风和寒潮等大风浪天气过境时，海底沉积物很难再悬浮被利用。

亚热带海域四季分明，养殖海域会出现季节性的水体层化现象，尤其是夏季层化现象最为明显。水体层化阻止了物质输移，持续分层通常会影响饵料的供给和底层水体含氧量(Boegman et al.，2008)。人工鱼礁投放产生的上升流能提高各水层间的垂直交换效率，从而改变周边海域的流场结构，特别是能促进夏季强烈层化的海水的垂向混合(图 17.3)，从而有助于改善底层低氧区的氧气供给，以及实现礁区建设的生态效应和渔业资源的修复。

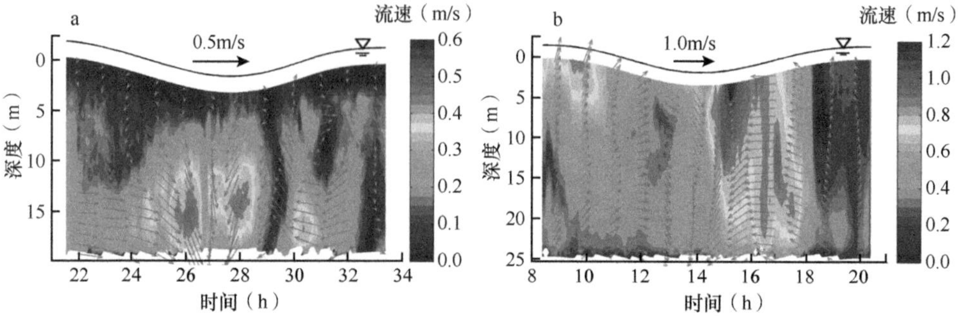

图 17.1　枸杞岛贻贝养殖场内(a)外(b)的垂向流速剖面

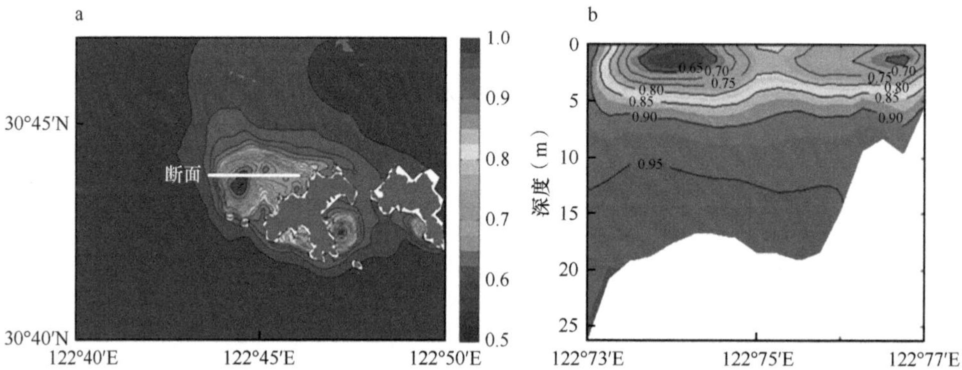

图 17.2　考虑养殖设施的表层摩擦效应和贻贝滤食效应条件下小潮时养殖区的平均示踪剂浓度

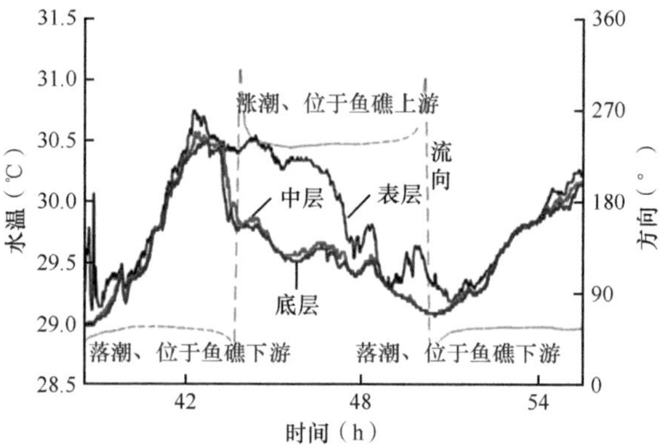

图 17.3　象山港人工鱼礁区夏季垂向水温分布随涨落潮的变化

在养殖区域内，当表层摩擦阻力远大于海底应力时，因表层养殖设施及养殖对象流速在垂向上出现明显的梯度变化，养殖区域出现湍流。养殖设施对海洋的平均流场结构、湍流特性和动量输运有一定的影响，随着深度的增大湍流动能

(TKE)衰减指数减小(Qiao et al.，2016)。Constantinescu 等(2012)采用实验和数值模拟研究了流场及湍流结构，并估计了贻贝群周围河床的摩擦速度分布，模型结果表明，在贻贝个体的小尺度上存在复杂的湍流结构，并且湍流能促进海水混合及营养物质循环。

17.4　海水增养殖活动对生态环境的影响

17.4.1　对浮游生物的影响

增养殖对象主要是虾类、蟹类、贝类、鱼类等，它们的摄食活动对浮游动植物起到自上而下的控制作用。例如，增养殖贝类主要滤食海水中的浮游生物，其滤食作用对近海海底浮游动植物的生物量及种群都有一定的影响。观测数据显示，在有贻贝生长的密歇根湖中浮游植物明显减少，春季和夏季分别减少了 24%和 8%(Norén et al.，1999)。高密度的增养殖活动不仅会加剧浮游生物的减少，还会使浮游植物群落在传代过程中逐渐向较小的浮游植物细胞分化，直径为 2～12μm 的浮游植物从占浮游植物群落总数的 65%增加到 89%(Asmus H and Asmus R M，1993)。

增养殖活动一方面可能因增养殖对象的滤食作用使浮游动植物生物量大大降低，另一方面又可能一定程度上为浮游生物生长提供有利条件，促进初级生产力提高(Duarte et al.，1993)。例如，投放人工鱼礁等增养殖活动产生的上升流将海底的营养物质带到海表，调节了水体中营养物质的浓度，促进浮游生物的繁殖，提高海洋初级生产能力(Boltovskoy and Correa，2015)。有研究表明，鱼礁投放区浮游生物丰度相对较高。此外，贝类等养殖对象的滤食作用减少了水体中的有机颗粒物，提高了光的穿透能力，能够促进浮游植物的光合作用(王伟定等，2010)。增养殖对象的代谢作用会将摄入的部分有机物迅速转化并循环到水中，刺激浮游植物的生长。因此，Froján 等(2016)认为，贻贝养殖对浮游植物动态的影响可能是增加浮游植物的周转率和总体产量，而不是降低浮游植物的现存生物量。

17.4.2　对生源要素循环和分布的影响

海水中的营养元素分布、循环及更新速率对浮游生物及增养殖对象的生长至关重要。在养殖设施的阻滞下海水在养殖设施周边滞留，导致水交换率降低，养殖区域的生源要素输运及补充受到了限制，水环境显著变化(黄宏等，2017)。当滤食性贝类的养殖规模及养殖密度过大时，养殖区域的营养盐可能会出现季节性的严重短缺，从而抑制浮游动植物的繁殖，并限制养殖对象的生长。

增养殖活动会改变海水中营养盐的浓度与结构。人工鱼礁的投放引起海洋环境发生变化，水平流和垂向紊流导致营养盐含量丰富的底层水随上升流进入真光层，使其垂向分布发生改变(Nizzoli et al.，2005)。海州湾有关调查资料显示，人工鱼礁区的磷酸盐和硅酸盐浓度高于普通海域，在秋季浓度最高，在春季浓度最低，溶解无机氮也呈现相同的季节变化(黄宏等，2017)。

此外，增养殖区一些大型藻类如海带、紫菜、龙须菜等的密集生长也会影响营养盐的浓度，致使海水中的营养盐季节性匮乏；大型藻类生长受到营养盐的制约，藻类大面积死亡腐化后会增加海水中的营养盐浓度，又可能诱发赤潮。因此，具有完善的收割机制、密度合理的藻类增养殖能够改善水质，降低营养盐浓度，减少赤潮发生(黄道建等，2005)。

17.4.3 对水质的影响

增养殖海域富营养化现象主要来源于增养殖对象的生理活动、人为投放过多的饵料、周边陆源污染物的排放。贝类的排泄物经过矿化作用后，营养物质将由颗粒态转化为溶解态，可增加海水中营养盐的浓度，其次生效应加速了水体富营养化。近年来，有研究证明筏式贝类养殖是一种去除海域中过剩营养物质的可能途径，一些贝类能够显著改变水体的营养物质分布，缓解水体的富营养化现象(Shen et al.，2018)。Srisunont 和 Babel(2016)的数据显示，翡翠贻贝对 C、N、P 具有很好的吸收潜力，其对C、N、P的净营养去除量分别为3302mg/(a · 个)、380mg/(a · 个)、124mg/(a · 个)，具有净化水体的作用。

海水增养殖活动会影响悬浮泥沙、无机颗粒物的沉降速率和分布，以及沉积物的再悬浮。养殖对象的生长与水体浊度联系密切。养殖贝类能有效降低水体的浊度，Aguiar 等(2015)的观测结果表明，贻贝生长海域浊度降低了 5%～9%，输沙量减少了 13%～22%。水体中有机质具有时空变异性，其含量与水循环关系密切，质量与气象因子有关，养殖海域底层沉积物中含有大量的有机物质，由于养殖设施的存在，其下沉速度能达到 0.5～1.9cm/s，其浓度随着饵料浓度的增加而增加(Ren and Zhang，2016)。为提高产量，养殖户往往会加大养殖密度、增加饵料的投放，水体流通性差时，底层有机物大量富集，养殖海域中营养物质循环会受到限制。养殖区域沉积的颗粒态有机碳(POC)浓度高于周边海区，并且在不同 POC 浓度下双壳贝类的生长与繁殖有差异(Hartstein and Stevens，2005)。在水流的带动下，养殖设施正下方富集的有机物会被分散，颗粒物质会重新悬浮于水中，海水透明度降低，并且生物沉积的扩散会致使更大面积海床富含有机质。

17.4.4 对生物群落的影响

贝类排泄物、人工饵料等有机颗粒物在较弱的水动力条件下沉降至海底，会影响底栖生物群落结构及分布。Stenton-Dozey 等(1999)认为，贝类养殖与水体动力、筏体附着生物、底栖生物及底边界交换等均有关系，单纯以沉积物为依据不足以确定贝类筏式养殖对生物群落结构的影响。Lacoste 等（2018）对加拿大东部贻贝养殖场的研究表明，没有明显迹象显示合理的贻贝养殖改变了底栖生物环境，一些生物可能受益于贻贝的生物沉积和脱落。在海洋和河口生态系统中，粪便和假粪产生的生物沉积促进了碎屑食物链的循环，影响底栖微生物、藻类和无脊椎动物的群落结构，增加渔业经济种类，故而筏式贝类养殖在某种程度上能够对生态系统的生物多样性和生产力有间接的正面影响。当养殖超过生态容量时，会破坏养殖区域的生态承载力，严重影响其他水生生物对浮游植物的可利用性，从而对底栖生物群落产生不利影响。特别是大量投饵的养殖活动产生的有机污染物导致底泥和底层水缺氧，在海流的扩散作用下，低氧的影响将被扩散至周边海域的底栖生物群落，影响生态系统平衡（Solomon and Ahmed，2016；Capelle et al.，2016）。

人工鱼礁的投放破坏了原海域水环境和底质环境的生态平衡，干扰了大型底栖生物的生存，使靠近礁体的生物多样性降低，影响周边底栖生物群落的组成及物种的丰度。礁体投放会吸引和诱集底栖生物，为多种海洋生物提供栖息、庇护、产卵场所，使得底栖生物物种增加，并且随着时间的推移，会形成新的人工生态系统。人工鱼礁投放有助于生物群落的恢复，对北黄海近岸人工鱼礁投放区调查发现，投礁区的浮游动物物种数量明显多于未投礁区。

人工鱼礁和贻贝筏式养殖是浙江省嵊泗县马鞍列岛海域最为典型的两种人工生境。探查褐菖鲉幼鱼利用上述人工生境以满足其避敌、摄食和生长发育的生态需求，是揭示增养殖设施发挥种群补充和资源养护作用的关键。据测算，仅枸杞岛周边的万亩贻贝养殖区每年就能养护超过 1000 万尾的褐菖鲉幼鱼。这些个体长至特定规格后，会逐步回归到岩礁生境，成为相当庞大的补充群体，是人工生境养护褐菖鲉资源局域种群的良好体现，很可能在无形中支撑起当地休闲渔业和生计渔业的高强度捕捞活动。

17.5　展　　望

增养殖活动对海域环境的影响不可避免，尤其是当增养殖密度、水层深度及规模不合理时，这种影响作用会被放大，不仅改变增养殖海域水动力条件及生态环境，还会波及周边海域。因此，研究大规模增养殖设施对水体产生的摩擦阻力十分有必要。在前人研究的基础上探索增养殖设施投放在海域不同深度所产生的摩擦效应，并将其参数化，以期为增养殖海域生态环境数值模型的建立和模拟提供基础，以便最大限度地减少增养殖活动对水动力条件及生态环境的负面影响，确定适宜的增养殖深度，减少风浪对增养殖设施的冲击，提高增养殖效率，实现海水增养殖业的可持续发展。

近期，本课题组应用一个考虑深水网箱表层摩擦效应的海洋数值模型，研究了在 3kg/m^3 的大规模养殖密度下，大黄鱼排放氨氮对海域生态环境的影响，所得最大氨氮浓度为 5～25mg/m^3，约等于长江口外海赤潮高发区的氨氮浓度。而一类至四类的海水水质标准中，无机氮(以 N 计)的浓度分别为 0.2mg/L、0.3mg/L、0.4mg/L、0.5mg/L(200mg/m^3、300mg/m^3、400mg/m^3、500mg/m^3)，故养殖黄鱼所排氨氮及其硝化为硝酸盐后对当地的水质等级影响不大，但其排氨的累计效应、处理不当的残饵等，特别是在赤潮高发期对当地浮游生态系统的影响还需要更多的研究和后期跟踪监测。考虑表层摩擦时，表层摩擦增加了养殖区与周边海域海水的剪切、增强了湍流扩散，有助于高浓度氨氮向周边海域扩散，导致高浓度(大于 10mg/m^3、大于 5mg/m^3)区面积明显小于不考虑表层摩擦时(图 17.4)，同时考虑表层摩擦时低浓度(大于 1mg/m^3、大于 0.5mg/m^3、大于 0.1mg/m^3)区面积则会略大于不考虑表层摩擦时。此外，表层摩擦阻力同样增大了氨氮表底层浓度的差异。相信类似的研究今后将越来越多地开展。

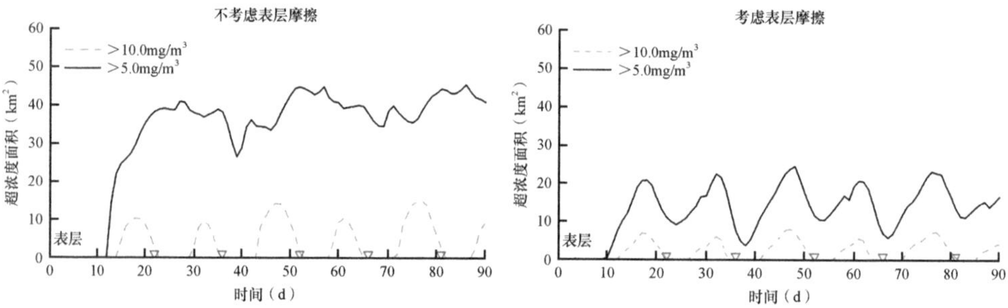

图 17.4　某规划大规模深水网箱养殖区大黄鱼排放氨氮浓度(硝化率 0.05/d)面积随潮汐规律的变化

倒三角形为阴历初一和十五日

参 考 文 献

陈勇，于长清，张国胜，等. 2002. 人工鱼礁的环境功能与集鱼效果. 大连海洋大学学报，17(1)：64-69.

樊星，魏皓，原野，等. 2009. 近岸典型养殖海区的潮流垂直结构特征. 中国海洋大学学报(自然科学版)，39(2)：181-186.

付东伟，栾曙光，张瑞瑾，等. 人工鱼礁开口比和迎流面形状对流场效应影响的双因素方差分析. 大连海洋大学学报，27(3)：274-278.

黄道建，黄小平，岳维忠. 2005. 大型海藻体内 TN 和 TP 含量及其对近海环境修复的意义. 台湾海峡，(3)：316-321.

黄宏，李大鹏，张岩，等. 2017. 海州湾海洋牧场人工鱼礁投放对营养盐的影响. 环境科学学报，37(8)：2854-2861.

林军，邓明星，章守宇，等. 2016. 贻贝养殖海域表层水温季节变化及其对紫贻贝生长的影响. 上海海洋大学学报，25(6)：918-926.

林军，章守宇，叶灵娜. 2013. 基于流场数值仿真的人工鱼礁组合优化研究. 水产学报，37(7)：1023-1031.

唐启升，丁晓明，刘世禄，等. 2014. 我国水产养殖业绿色、可持续发展战略与任务. 中国渔业经济，32(1)：6-14.

王伟定，梁君，章守宇. 2010. 人工鱼礁建设对浙江嵊泗海域营养盐与水质的影响. 水生生物学报，34(1)：78-87.

于定勇，杨远航，李宇佳. 2019. 不同开口比人工鱼礁体水动力特性及礁体稳定性研究. 中国海洋大学学报(自然科学版)，49(4)：128-136.

Aguiar E, Fuentes-Santos I, Labarta U, et al. 2015. Empirical modelling of seston quality based on environmental factors in a mussel culture area (NW Iberian upwelling system). Marine Ecology Progress Series, 536: 89-105.

Asmus H, Asmus R M. 1993. Phytoplankton-mussel bed interactions in intertidal ecosystems//Dame R F. Bivalve Filter Feeders. Nato ASI Series (Series G: Ecological Science), vol 33. Berlin, Heidelberg: Springer: 57-84.

Boegman L, Loewen M R, Hamblin P F, et al. 2008. Vertical mixing and weak stratification over zebra mussel colonies in western Lake Erie. Limnology and Oceanography, 53 (3): 1093-1110.

Boltovskoy D, Correa N. 2015. Ecosystem impacts of the invasive bivalve *Limnoperna fortunei* (golden mussel) in South America. Hydrobiologia, 746 (1): 81-95.

Capelle J J, Wijsman J W M, Van Stralen M R, et al. 2016. Effect of seeding density on biomass production in mussel bottom culture. Journal of Sea Research, 110: 8-15.

Chen H, Liu X, Zou Q P. 2019. Wave-driven flow induced by suspended and submerged canopies. Advances in Water Resources, 123: 160-172.

Constantinescu G, Miyawaki S, Liao Q. 2012. Flow and turbulence structure past a cluster of freshwater mussels. Journal of Hydraulic Engineering, 139 (4): 347-358.

Dolmer P. 2000. Feeding activity of mussels *Mytilus edulis* related to near-bed currents and phytoplankton biomass. Journal of Sea Research, 44 (3-4): 221-231.

Duarte P, Fernández-Reiriz M J, Labarta U. 2012. Modelling mussel growth in ecosystems with low suspended matter loads using a dynamic energy budget approach. Journal of Sea Research, 67: 44-57.

Düzbastılar F O, Şentürk U. 2009. Determining the weights of two types of artificial reefs required to resist wave action in different water depths and bottom slopes. Ocean Engineering, 36 (12-13): 900-913.

Filgueira R, Grant J, Petersen J K. 2018. Identifying the optimal depth for mussel suspended culture in shallow and turbid environments. Journal of Sea Research, 132: 15-23.

Froján M, Figueiras F G, Zúñiga D, et al. 2016. Influence of mussel culture on the vertical export of phytoplankton carbon in a coastal upwelling embayment (Ría de Vigo, NW Iberia). Estuaries and Coasts, 39 (5): 1449-1462.

Gaurier B, Germain G, Kervella Y, et al. 2011. Experimental and numerical characterization of an oyster farm impact on the flow. European Journal of Mechanics B/Fluids, 30 (5): 513-525.

Grant J, Bacher C. 2001. A numerical model of flow modification induced by suspended aquaculture in a Chinese bay. Canadian Journal of Fisheries and Aquatic Sciences, 58 (5): 1003-1011.

Hartstein N D, Stevens C L. 2005. Deposition beneath long-line mussel farms. Aquacultural Engineering, 33 (3): 192-213.

Lacoste É, Drouin A, Weise A M, et al. 2018. Low benthic impact of an offshore mussel farm in Îles-de-la-Madeleine, eastern Canada. Aquaculture Environment Interactions, 10: 473-485.

Layman C A, Allgeier J E. 2020. An ecosystem ecology perspective on artificial reef production. Journal of Applied Ecology, 57 (11): 2139-2148.

Lin J, Li C, Zhang S. 2016. Hydrodynamic effect of a large offshore mussel suspended aquaculture farm. Aquaculture, 451: 147-155.

Marsooli R, Wu W. 2014. Numerical investigation of wave attenuation by vegetation using a 3D RANS model. Advances in Water Resources, 74: 245-257.

Nepf H M. 2012. Hydrodynamics of vegetated channels. Journal of Hydraulic Research, 50 (3) : 262-279.

Nizzoli D, Welsh D T, Bartoli M, et al. 2005. Impacts of mussel (*Mytilus galloprovincialis*) farming on oxygen consumption and nutrient recycling in a eutrophic coastal lagoon. Hydrobiologia, 550 (1) : 183-198.

Norén F, Haamer J, Lindahl O. 1999. Changes in the plankton community passing a *Mytilus edulis* mussel bed. Marine Ecology Progress Series, 191: 187-194.

Plew D R. 2011. Shellfish farm-induced changes to tidal circulation in an embayment, and implications for seston depletion.Aquaculture Environment Interactions, 1 (3) : 201-214.

Qiao J D, Delavan S K, Nokes R I, et al. 2016. Flow structure and turbulence characteristics downstream of a spanwise suspended linear array. Environmental Fluid Mechanics, 16 (5) : 1021-1041.

Ren L, Zhang J. 2016. Temporal variation in biodeposit organic content and sinking velocity in long-line shellfish culture. Chinese Journal of Oceanology and Limnology, 34 (5) : 985-991.

Sansom B J, Atkinson J F, Bennett S J. 2018. Modulation of near-bed hydrodynamics by freshwater mussels in an experimental channel. Hydrobiologia, 810 (1) : 449-463.

Shen C, Liao Q, Bootsma H A, et al. 2018. Regulation of plankton and nutrient dynamics by profundal quagga mussels in Lake Michigan: A one-dimensional model. Hydrobiologia, 815 (1) : 47-63.

Shi J, Wei H. 2009. Simulation of hydrodynamic structures in a semi-enclosed bay with dense raft-culture. Periodical of Ocean University of China, 39 (6) : 1181-1187.

Solomon O O, Ahmed O O. 2016. Ecological consequences of oyster culture: A review. International Journal of Fisheries and Aquatic Studies, 4: 1-6.

Srisunont C, Babel S. 2016. Estimating the carrying capacity of green mussel cultivation by using net nutrient removal model. Marine Pollution Bulletin, 112 (1-2) : 235-243.

Stenton-Dozey J M E, Jackson L F, Busby A J. 1999. Impact of mussel culture on macrobenthic community structure in Saldanha Bay, South Africa. Marine Pollution Bulletin, 39 (1-12) : 357-366.

Strohmeier T, Aure J, DuinkerA, et al. 2005. Flow reduction, seston depletion, meat content and distribution of diarrhetic shellfish toxins in a long-line blue mussel (*Mytilus edulis*) farm. Journal of Shellfish Research, 24 (1) : 15-24.

Van Duren L A, Herman P M J, Sandee A J J, et al. 2006. Effects of mussel filtering activity on boundary layer structure. Journal of Sea Research, 55 (1) : 3-14.

Yu J, Chen P, Tang D, et al. 2015. Ecological effects of artificial reefs in Daya Bay of China observed from satellite and *in situ* measurements. Advances in Space Research, 55 (9) : 2315-2324.

Zhu L, Zou Q. 2017. Three-layer analytical solution for wave attenuation by suspended and nonsuspended vegetation canopy. Coastal Engineering Proceedings, 1 (35) : 27.

第 18 章　气候变化对海洋渔业资源的重大影响①

18.1 引　　言

气候变化问题是近年来国际社会关注的热点，海洋是气候系统储存能量的主要载体，气候变化给生活于其中的鱼类带来的影响不可忽视。气候的变化影响着各大洋低频气候变化模式及海洋环境要素的变化，这些变化通过对鱼类个体的直接作用或对生态系统食物链传递的间接作用影响海洋鱼类，包括鱼类的生理(生长、繁殖、洄游)、物候、资源量及分布等，并对海洋生态系统产生影响，最终影响人类对渔业资源的管理(肖启华和黄硕琳，2016)。

我国是全球最大的渔业国，海洋捕捞量占世界总量的 18%，2016 年近海捕捞总量达 1328 万 t。经过漫长的过度捕捞历史，我国正在加紧努力恢复海洋生态系统和重建渔业。过度捕捞长期以来被认为是海洋领域的主要环境和社会经济问题。同样，有望恢复海洋渔业及其所在生态系统的解决方案也受到激烈争论(Worm et al.，2009)。Pauly(2003)推断目前的渔业发展趋势意味着将底层渔业扩大到更深的水域，对生物多样性产生严重影响，全球捕捞量下降，最后可能因燃料成本增加而加剧。渔业处于危机中已有一段时间，自 1990 年以来，大约四分之一的鱼类资源被过度捕捞，处于枯竭或正在从枯竭中恢复，东北和西北大西洋、地中海和黑海是渔业资源衰竭数量最多的地区。当然渔业管理在很多地方也已经取得了成功(Beddington et al.，2007)。过去针对海洋资源开发与保护的研究多集中于海洋经济视角，而对海洋开发、沿海地区气候变化适应能力及相关的规划研究较少(王震，2014)。

20 世纪 90 年代相对于碳排放，大气中的碳积累增强，海洋碳积累可能是大气二氧化碳积累中观测到的年际变异的 40%(DeVries et al.，2019)。例如，在南极 2300 年的耦合气候模拟中，西风强化并向极地移动、地表水变暖、海冰消失、驱动全球规模的养分再分配，导致南大洋强烈的养分净转移到深海。

---

① 本章作者：管卫兵[1,3,4]，段元亮[1,2,3]，刘炜[1,3]，何培民[1,3,4](1.上海海洋大学海洋生态与环境学院，上海 201306；2. 四川省农业科学院水产研究所，成都 611731；3. 水域环境生态上海高校工程研究中心，上海 201306；4. 自然资源部海洋生态监测与修复技术重点实验室，上海 200137)。本研究获得国家重点研发专项课题“重要深海生物毒素及生物伤防护关键技术研究”(2019YFC0312600)、国家支撑计划项目“长江口附近海域生态修复及资源化利用关键技术研究与示范”(2012BAC07B00)、上海市海洋局科研项目“上海市滨海典型海域生态环境质量提升技术研究”(沪海科 2015-02)、自然资源部海洋生态监测与修复技术重点实验室项目(MEMRT202003)的资助。

除了其他非气候的人类压力因素，鲆鲽类渔业的可持续性正受到气候变化的挑战。迫切需要扩大我们关于鲆鲽类及其渔业对气候变化影响的脆弱性和风险的认识，并确定可能的减弱这种影响的方案(Cheung and Oyinlola，2018)。渔业引起的进化可能有利于鲑资源早期进入河流以逃避沿海渔业。如果早期的迁移不适应全球变暖，那么它将对鲑资源的可持续性产生负面影响(Morita，2019)。气候影响的空间格局主要取决于初级生产的变化。群落生物量的总体下降归因于温度驱动的自然死亡率的增加，以及浮游植物大小的总体下降，尽管温度升高情况下浮游植物体细胞生长更快。相关研究结果强调了变暖海洋中资源加速增长与死亡率之间竞争的重要性(Carozza et al.，2019)。在沿海封闭海湾可以观察到鱼类群落长期对大规模气候变化和区域尺度人类影响的反应，为气候和人为活动变化地区的渔业管理提供有用信息(Chung et al.，2015)。

海洋鱼类和无脊椎动物通过分布变化对海洋变暖做出反应，通常是向更高纬度和更深的水域迁移。在考虑捕捞和大尺度海洋变化的影响后，全球捕捞平均温度(mean temperature of the catch，MTC)在 1970 年至 2006 年以每十年 0.19℃的速度增加，非热带地区 MTC 以每十年 0.23℃的速度增加。十年来，在热带地区由于亚热带物种捕获量的减少，MTC 最初增加，但随后随着进一步热带化范围的扩大，群落变得有限而稳定下来。52 个大型海洋生态系统的 MTC 变化覆盖了世界上大多数沿海和陆架区域，与海面温度的区域变化显著正相关。这项研究表明，海洋变暖已经影响了过去四十年的全球渔业，突出了制定适应计划的迫切需要，以尽量减少这种变暖对沿海地区经济和粮食安全的影响，特别是在热带地区(Cheung et al.，2013；Payne，2013)。

18.2　气候变化对表层小型鱼类资源的影响

在自然变化的气候条件下，鳀鱼和沙丁鱼在数十万年的海洋地区生产栖居，现在经历了几十年到几百年的相同或更大规模的气候变化。鳀鱼和沙丁鱼种群的大小受到来自上升流、上下水层混合和河流输入的栖息地外氮源供应的限制。对鳀鱼和沙丁鱼对气候变化的反应的预测依赖于一系列模型，并考虑气候对较低营养水平的影响、捕捞对较高营养水平的影响及这两种鱼类的特征。种群观测和模型技术评估对于解决气候变化对这些鱼类的影响至关重要(Checkley et al.，2017)。在 1860～2005 年的近 150 年间，鳀鱼资源量共出现 3 次高峰，分别是 1860～1890 年、1930～1940 年、1980～1990 年，据此推测鳀鱼资源量以 40～60 年为周期发生波动(贾海波，2008)。1986～2010 年，春、夏和秋 3 个季节鳀鱼资源密度重心均向北移动，冬季资源密度重心年际变化明显，但无整体迁移规律；不同季节鳀鱼资源密度高值聚集区空间分布位置不同(牛明香等，2013)。在气候变化背景下，未来三十年间黄海鳀鱼资源密度重心年际的北移趋势明显，移动纬度范围达到2.5°～2.7°，平均向北移动速度为每年 0.09°。尺度常数 k 对鳀鱼分布的影响不大，内禀增长率 r 对模拟结果有较大影响（陈云龙，2014）。美洲拟沙丁鱼（*Sardinops sagax*）种群资源波动与太平洋年代际振荡（Pacific decadal oscillation，PDO）负相关，在低生产力时期的过度捕捞会加速该种群的衰退，休渔 20 年美洲拟沙丁鱼种群被鳀鱼、竹荚鱼等其他种群资源代替（图 18.1）（Zwolinski and Demer，2012）。

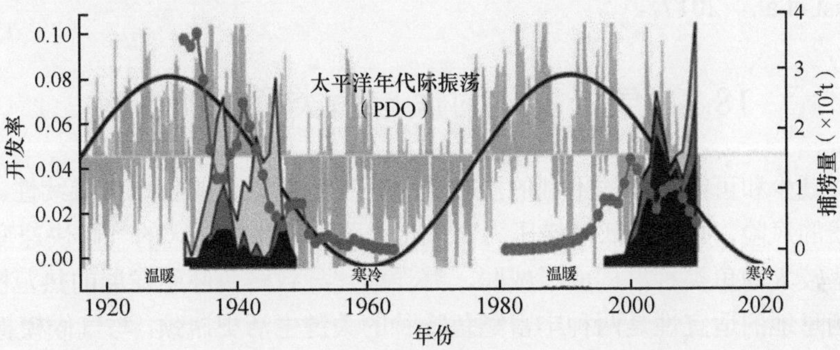

图 18.1　美洲拟沙丁鱼（*Sardinops sagax*）种群资源波动与 PDO 的关系（改自 Zwolinski and Demer，2012）

加利福尼亚流系生态系统美洲拟沙丁鱼 2 龄鱼生物量（点状曲线）；美国俄勒冈州外海（黑）、华盛顿州（黑灰）和加拿大温哥华岛（浅灰）的渔业累积开发率；每月的 PDO 指数（浅灰竖条）

一般来说，水温的变动对中上层鱼类比对中下层鱼类等的影响大。秋刀鱼、鲐鱼、竹荚鱼等是日本近海捕捞的重要中上层鱼类，其受气候变化的影响较大（缪圣赐，2008）。李非等（2018）的研究表明，太平洋年代际振荡（PDO）冷、暖 2 种气候模态通过影响秋刀鱼产卵场及索饵场的海面温度、海况环境，进而对西北太平洋秋刀鱼资源量产生年际波动影响。秋刀鱼（*Cololabis saira*）资源对海洋环境因素极为敏感，不同气候模态可能对秋刀鱼资源丰度产生不同的影响，刘祝楠和陈新军（2018）探讨了太平洋年代际振荡（PDO）冷、暖年秋刀鱼资源丰度变化与产卵场、索饵场海面温度（SST）的关系，并分别建立了资源丰度的预测模型。东南太平洋智利竹荚鱼的栖息地随着 SST 的升高，有明显的向南移动的趋势，5 月、8 月适宜栖息地面积逐渐减小，而 6～7 月适宜栖息地面积则增加了；当 SST 下降时，智利竹荚鱼适宜栖息地有向北移动的趋势，同时适宜栖息地面积增加。研究结果可用于分析厄尔尼诺现象和拉尼娜现象对东南太平洋智利竹荚鱼栖息地及渔场空间分布的影响（徐红云等，2016）。东北大西洋地区相关国家针对鲭鱼捕捞配额的争端已经持续多年，除经济利益以外，气候变化也是引发争端的重要原因之一（李励年等，2013）。

苏杭（2014）研究了环境与气候因子对鲐鱼的生长、繁殖和补充的影响，在外界温度升高的影响下，鲐鱼的栖息地由 25°N 转移到 38°N，有向北迁徙的趋势。6 月产卵场 SST、Nino 3.4 区海面温度距平值对鲐鱼资源变化有明显的影响（张良成等，2018）。

小型中上层鱼类的种群受气候影响很大。管理者无法预测环境驱动的种群生产率或分布波动可能导致过度捕捞和种群崩溃，全球气候预测系统的最新进展允许在许多陆架生态系统中以季节性尺度进行海面温度(SST)异常预测。SST 预测结合种群生物量预测的捕捞指南(HG)可使种群生物量和产量增加，以及产量和生物量低于社会经济或生态可接受水平的概率降低。然而，为了减少错误预报时崩溃的风险，重要的是将这些预测的捕捞控制与低生物量的额外捕捞限制结合起来(Tommasi et al.，2017)。

18.3 气候变化对底层鱼类资源的影响

种群减少和可能持续的不利的温暖条件正在危及鳕鱼的长期可持续性。为减少资源崩溃的风险，必须降低捕捞压力。东北大西洋和北极地区的气候快速变化对世界上一些较大的鱼类种群构成了威胁。海洋酸化导致鳕鱼胚胎发展的热范围缩小，而产卵栖息地的适宜性是两种丰富鳕鱼物种的关键生活史瓶颈，与气候模拟相关的胚胎耐受范围表明，到 2100 年不断增加的二氧化碳排放(RCP8.5)将使大西洋鳕鱼(*Gadus morhua*)和极地鳕鱼(*Boreogadus saya*)的现有产卵栖息地的适宜性恶化。适度变暖(RCP4.5)可以避免气候变化对大西洋鳕鱼的影响，但仍然为较易受损害的极地鳕鱼留下很少的产卵区，这也失去了冰雪覆盖海洋的好处(Dahlke et al.，2018)。

波罗的海东部鳕鱼种群的例子进一步说明了气候变异可能对鱼类种群产生的多种影响，并强调了解这些过程对种群动态的重要性。波罗的海中部的水文情况受到大规模气候条件的影响。自 20 世纪 80 年代后期以来，以西风强烈为主的天气条件导致冬季温和、河流径流增加、主要流入频率降低。水文学的这些变化降低了繁殖成功率，并且伴随着高捕捞压力，鱼类种群数量下降到自 20 世纪 90 年代初有记录以来的最低水平。盐度和氧气浓度的下降导致卵死亡率升高，间接增加了鲱鱼对鱼卵的捕食。波罗的海东部鳕鱼种群数量下降至创纪录的最低水平，原因是繁殖成功率降低，同时捕捞压力增加(Koster et al.，2005)。

一项使用 32 年系列数据的新研究表明，过去 30 年中阿拉斯加狭鳕的产卵时间在阿拉斯加湾变化了三周，有明确的证据表明这些变化是由气候变化和捕捞引起的。产卵时间的变化具有重要的生态和管理意义，它对于新孵出鱼类的生存至关重要，因为它决定了补充群体遇到的环境条件。因为大多数死亡发生在狭鳕生命的最初几周，影响幼鱼存活的产卵时间的变化可以强烈影响补充是否成功(Rogers and Dougherty，2019)。

几个世纪以来，鳕鱼是新英格兰渔业的支柱，也是缅因湾生态系统的关键物种。如今，缅因湾的鳕鱼种群正处于崩溃的边缘，徘徊在可持续水平的 3%～4%，即使对捕捞设置更严格的限制也未能减缓这种快速下降的趋势。缅因湾水域快速变暖，在过去十年中变暖的速度比全球 99%的海洋快，已经降低了鳕鱼从过度捕捞中反弹的能力，导致崩溃(Bris，2016)。

北极挪威鳕鱼在温暖的年份往往会产生强大的世代，而在寒冷的年份则会产生较弱的世代。这项工作表明，沿挪威海岸 1500km 的各个产卵场的产卵强度也受气候变化的影响。20 世纪有两个寒冷和两个温暖的时期，1900 年到 1920 年是寒冷的，1930 年到 1950 年是温暖的，1960 年到 1970 年是寒冷的，1980 年到 2000 年是温暖的。1900～1976 年沿海鳕鱼卵指数的时间序列表明，最南端的产卵区在寒冷时期更为重要，而最北端的产卵区在温暖时期更为重要，并且与高种群繁殖率相吻合。1976 年以后，定性观测表明，最南端产卵区的产卵种群很少。从 2003 年开始，挪威芬马克东部沿海地区出现了产卵，而在过去的 40 年里没有产卵(Sundby and Nakken，2008)。

季风、台风、海面温度对中上层鱼类有负面影响，而季风、台风、海面温度、径流 4 个气候因子对中下层鱼类起积极作用，相关系数的 *P* 值均小于 0.05；中上层鱼类受到气候变化的直接影响，而中下层鱼类则受到间接影响，滞后时间为 0～5 年，并具有多年连续性(王继隆等，2010)。

18.4　气候变化对软体动物资源的影响

在过去几十年中，头足类(鱿鱼、墨鱼和章鱼)在全球范围内有所增加，这可能归因于它们强大的表型可塑性使它们能够迅速适应不断变化的海洋环境。头足类的全球扩散可能对全球生态系统产生重要的影响。不同物种对环境变暖的反应不同，日本的日本枪乌贼(*Loligo japonica*)和剑尖枪乌贼(*Uroteuthis edulis*)似乎受益于温暖的环境，而金乌贼(*Sepia esculenta*)和普通的曼氏无针乌贼(*Sepiella maindroni*)似乎反应消极；尽管这四种物种的空间分布部分重叠，但它们在生长、分布、迁移和产卵模式等方面的不同生活史策略导致了对环境变化的不同反应(Pang et al.，2018)。黄海秋季头足类的优势种为太平洋褶柔鱼(*Todarodes pacificus*)、日本枪乌贼(*Loligo japonica*)、日本枪乌贼(*Loligo edulis*)、针乌贼(*Sepia andreana*)和双喙耳乌贼(*Sepiola birostrata*)，年际优势种稍有不同。更重要的是，此阶段调查捕获了 3 个黄海新记录种：罗氏乌贼(*Sepia robsoni*)、多钩钩腕乌贼(*Abralia multihamata*)和真蛸(*Octopus vulgaris*)。根据这 3 个暖水种在黄海出现的位置、频率和数量分析，可能的原因是全球气候变暖使得头足类暖水种分布的纬度发生变化，导致其栖息范围扩大(杜腾飞等，2016)。

北太平洋海域生物物理环境复杂，气候与海洋相互作用对渔业资源影响显著，特别是黑潮与亲潮势力的此消彼长、厄尔尼诺和拉尼娜事件的更替及太平洋年代际振荡(PDO)等，对柔鱼(*Ommastrephes bartramii*)资源与渔场分布有明显影响。

柔鱼资源丰度和渔场空间分布具有显著的季节与年际变化，这种变化与北太平洋气候模态转换显著相关。当气候模态转变时，柔鱼产卵场和渔场环境发生相应变化，一方面导致资源补充量发生变动，另一方面导致柔鱼栖息地热点分布改变，最终驱使北太平洋柔鱼资源丰度和渔场空间分布产生波动(余为，2016)。

气候驱动的海洋生态系统变化在很大程度上影响了海洋渔业资源的分布、丰度和随之而来的可用性。Alabia 等(2015)研究海洋变暖影响下北太平洋柔鱼(*Ommastrephes bartramii*)潜在的栖息地分布，使用了三种 CMIP5 气候情景(RCP4.5、RCP6.0 和 RCP8.5)的海面温度(SST)。根据鱿鱼栖息地模型，SST 对目前潜在的鱿鱼栖息地分布的影响最大，至少占 2000～2010 年 5～7 月预测空间格局的 60%。未来的鱿鱼栖息地预测显示，适当的鱿鱼栖息地净减少，并且相应地北方栖息地退缩。这些趋势可能转化为较短的鱿鱼捕捞期和鱿鱼渔场的近海转移。因此，对潜在鱿鱼栖息地的未来时空格局和轨迹的深入了解可能会对鱿鱼资源的可获得性产生重要影响，需要对气候变化下的鱿鱼渔业管理方案进行重新评估。

茎柔鱼(*Dosidicus gigas*)的气候相关研究表明，温度升高导致北太平洋东部的入侵物种范围扩大。由温度升高引起的其他环境变化，如氧气最小区域的扩大，也导致鱿鱼行为生态学和分布范围发生了变化。然而，近海鱿鱼对气候变化的反应非常复杂，头足类动物一般可能表现出气候驱动的丰度和分布变化，这反过来又可能破坏海洋生态系统结构(Alabia et al.，2015)。

有几个过程促成了新英格兰沿海地区的快速变暖，包括海洋和大气的自然及人为变化。这种快速变暖与大西洋和太平洋的年际气候波动及墨西哥湾流的向北移动有关，后者将温暖的海水带入该地区，这些因素加快了全球气候变化引起的海洋变暖的稳定步伐。研究表明，海洋酸化和全球变暖已严重威胁海洋生态系统的稳定性及生物多样性。海洋酸化严重影响海洋生物的生存和繁衍，尤其是有壳类生物，如贝类、甲壳类、棘皮类等(王有基等，2014)。根据 RCP4.5 及最高影响和管理方案，到 21 世纪末，海洋酸化有可能使海湾扇贝生物量下降约 13%；然而，较小的影响情景引起的变化很小。根据 RCP8.5，到 21 世纪末海湾扇贝生物量可能下降超过 50%，导致随后的捕捞上岸量和收入下降。在两种气候情景下，管理设定的捕捞限制改善了渔业的结果，在最高的海洋酸化影响下，减小 10%的面积使未来的生物量增加了 25%以上。然而，增加管理仍然不能阻止海洋酸化情景下渔业的长期衰退(Rheuban et al.，2018)。智利是南太平洋最大的扇贝出口国之一，主要出口至西班牙，其产量可能受到气候变化引起的各种效应影响，如海洋酸化、低氧、水温升高和上升流加剧等(杨林林，2019)。虾夷扇贝是我国贝类养殖中具有重要经济价值的品种之一。我国虾夷扇贝主要有底播和浮筏两种养殖方式。以獐子岛作为研究对象得出底播养殖产量的影响因素主要有底质水文环境、自然灾害、苗种质量和底播养殖面积等(王颖和周露，2014)。

18.5　气候变化对甲壳类资源的影响

雪蟹(*Chionoecetes opilio*)在日本海上维持着重要的底拖网捕捞渔业，它对全球变暖的反应正在引起公众的注意。Mao 等(2019)利用日本海雪蟹幼体的运输和生存模型，研究了过去(20 世纪中期)、现在(21 世纪初期)、未来(21 世纪中期)的雪蟹产卵和幼体栖居的时空变化。结果发现，在季节和长期尺度上，产卵的变化在南北纬 41.5°的区域之间存在差异。预计日本海的雪蟹幼体栖居将在未来增加，这主要归因于由水温低导致的死亡率降低。此外，定居的雪蟹大眼幼体的聚集位置可能会向北移动，而北海道的定居点也会增加。通过额外的生理实验，我们证实了水温的变化对幼体栖居的影响比当前的更强。水温的变化控制了雪蟹幼体栖居的数量和分布，而流场的变化只在一定程度上影响雪蟹幼体栖居的分布。

三疣梭子蟹(*Portunus trituberculatus*)主要分布于中国东部沿海大陆架区域，其中以长江口为中心的群体最为集中，是目前世界上捕捞最广泛的经济甲壳类，年捕捞产量曾经超过 30×10^4t。三疣梭子蟹在浙江省的海洋捕捞作业中具有十分重要的地位，最高年产量曾达 20×10^4t。三疣梭子蟹产量与捕捞压力、时滞 1 年的春季平均气温、时滞 3 年的春季海面温度和时滞 3 年的长江径流之间存在显著的相关性，春季平均气温和海面温度升高对梭子蟹的渔业资源恢复有促进作用(颜文超，2019)。三疣梭子蟹一直处于过度捕捞状态，与此同时，产量还呈现出不规则的“大小年”剧烈变动现象。这表明除受捕捞影响外，近年来三疣梭子蟹的资源生产能力可能还与 ENSO 气候变化有关(管卫兵和宣富君，2019)(图 18.2，图 18.3)。

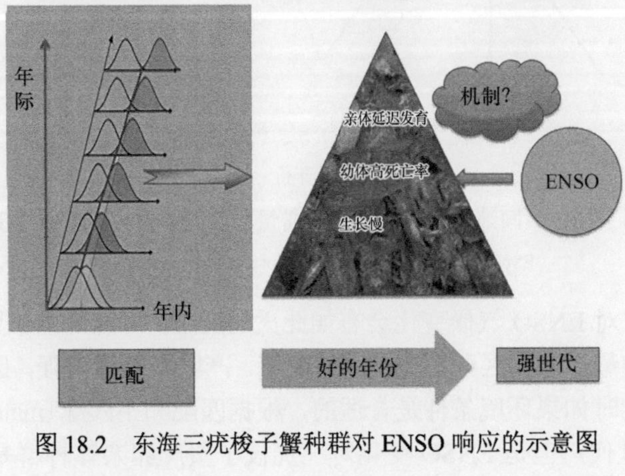

图 18.2　东海三疣梭子蟹种群对 ENSO 响应的示意图

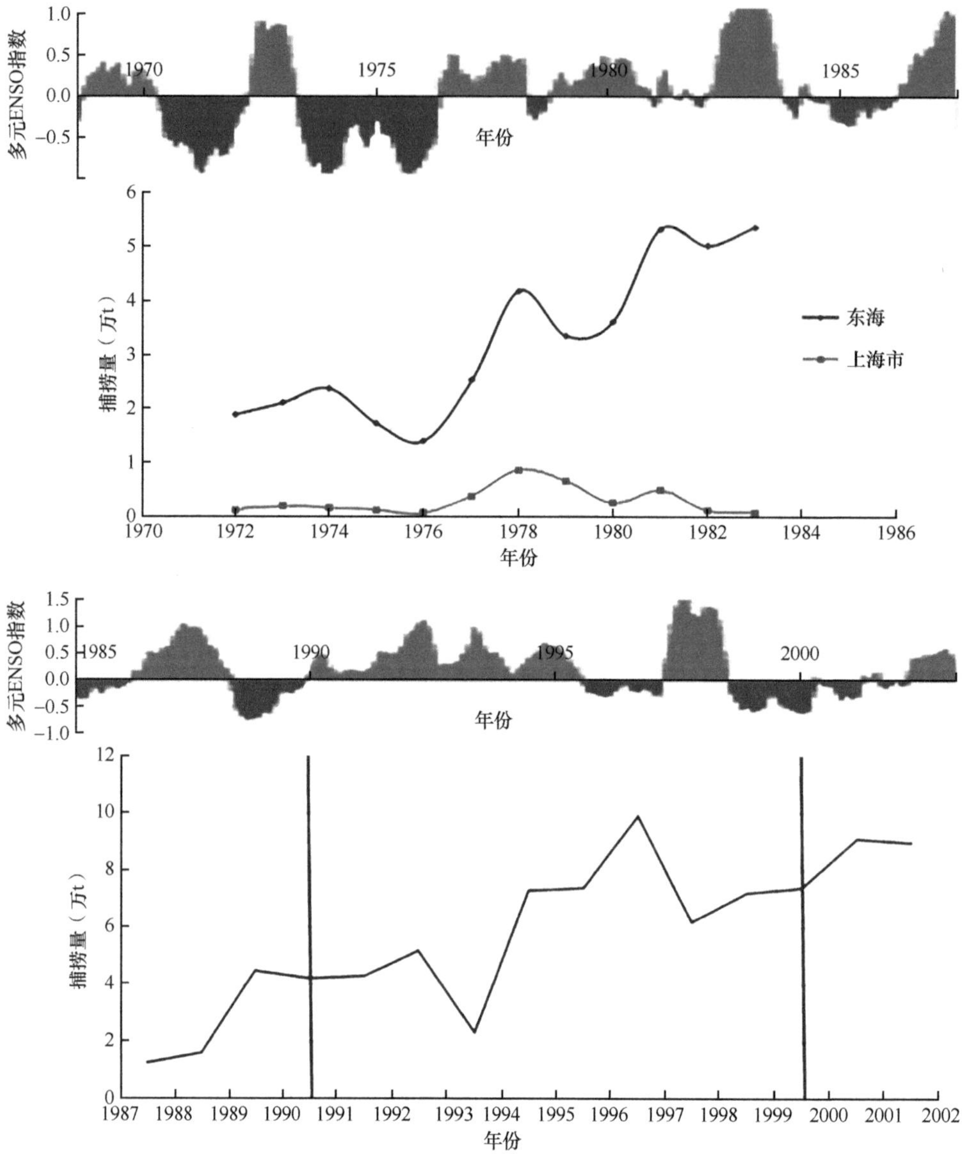

图 18.3　不同地区三疣梭子蟹捕捞量与多元 ENSO 指数的关系

ESNO 数据来源于 www.esrl.noaa.gov/psd/enso/mei/

三疣梭子蟹对 ENSO 气候变化会有如此大的反应，可能是由于繁殖不同步，尤其是在性早熟和最适产卵区分布较广的情况下，产卵不同步增强，因而生殖群体繁殖周期延长，此时如果环境条件是合适的，根据匹配和不匹配(match-mismatch)理论，将形成强世代。但是 ENSO 变化对三疣梭子蟹产卵亲体种群是如何影响的，则没有相关研究。

气候变化已经在全球范围内重新调整了生态系统，温室气体排放将继续推动未来气候变化。尽管对渔业资源的崩溃进行了一个多世纪的预测，但缅因州的龙虾丰度和捕捞量仍然很高，而且数十年来一直在增加。缅因湾最近的变暖有助于增加可孵化出幼体的龙虾卵的比例。相比之下，新英格兰南部已经变暖了，而且进一步变暖导致龙虾生长环境的水温过高。Pinsky(2018)的研究表明，缅因湾大约一半的龙虾丰度增加可归因于大型雌性的保护，大型个体的存在也减少了种群的变异性，这使得种群对气候变化的敏感度降低。在气候影响日益加剧的时代，管理自然资源需要考虑气候变化、生态系统变化和捕捞对资源生产力的协同效应。变暖导致的种群变化预测结果表明，美国龙虾渔业很容易受到未来温度升高的影响，但继续努力保持该种群的繁殖潜力可以抑制变暖的负面影响。尽管全球气候变化正在严重影响海洋生态系统，但广泛采用的主动保护措施可以提高商业渔业对气候变化的适应能力(Le et al.，2018)。美国龙虾是加拿大最有价值的渔业，在2016 年占加拿大大西洋所有渔业总商业价值的 44%。美国和加拿大的研究人员开发了一种工具，将海洋气候的预计变化纳入地理渔业管理区域，渔民、资源经理和政策制定者可以据此计划加拿大新斯科舍省和缅因湾加拿大水域的龙虾捕捞活动以维持未来的可持续性(Greenan et al.， 2019)。

18.6 气候变化对大洋性鱼类资源的影响

大西洋蓝鳍金枪鱼是世界上最有价值和最受开发者欢迎的鱼类之一，从 20 世纪 60 年代到 21 世纪中期，整个大西洋的大西洋蓝鳍金枪鱼数量大幅下降。在建立严格的管理措施之后，该种群最近开始复苏，因此利益相关者在 2017～2020 年将捕捞配额提高了 50%。然而，种群评估仍然忽略了物种分布的自然长期变化。大西洋蓝鳍金枪鱼丰度和分布的世纪规模波动，证明了大西洋多年代际振荡(AMO)的主要影响，为 1963 年北欧的大西洋蓝鳍金枪鱼渔业的崩溃和近期东北大西洋的大西洋蓝鳍金枪鱼丰度的增加提供了新的见解。为了可持续地管理大西洋蓝鳍金枪鱼和其他高度迁徙的物种，应该结合水文气候变化的影响如 AMO、全球气候变化和捕捞及当地的丰度增加，在流域范围内制定长期恢复计划(Brown et al.，2016)。

Science 杂志很早就刊登过一篇有关气候变化对鲣鱼资源影响的报道。靳少非和樊伟(2014)从鲣鱼捕捞历史变化、国内外研究现状与模型发展及未来研究方向展望等三个方面描述了全球气候变化背景下的鲣鱼渔业。ENSO 现象对金枪鱼围网资源丰度及时空分布有显著影响(代丹娜等，2011；郭爱和陈新军，2005)；结合尼诺指数划分不同的气候类型，以渔获量为指标，建立不同气候条件下中西太平洋鲣鱼围网渔场的渔情预报模型。模型验证的结果显示，3 种气候条件下的预报结果与实际统计结果间均存在显著相关关系($P<0.01$)，模型有较大的相关系

数，拟合结果较好。针对中西太平洋不同空间位置的 3 种气候条件下鲣鱼渔获量波动规律进行研究，为预测渔场和相关预报工作提供了新的思路(陈洋洋等，2019)。

18.7　气候变化对洄游性鱼类资源的影响

洄游性鱼类由于利用栖息地横跨淡水、河口、海洋，生活史复杂，受气候影响的机制更为多样。相关研究以气候变化对鲑的影响较多；温度变化对鲑的产卵和迁徙有较大影响；溪流和河流流量的改变会影响鲑的迁徙和幼年鲑的存活数量；温度和二氧化碳浓度的变化使海洋食物供应减少，鲑丰度降低；水温的升高使病原体增加、鲑死亡率增加(王志萍等，2019)。

暖水会影响冷水性鱼类如鲑和鳟等，加利福尼亚大学的 Davis 于 2019 年发现，食物的可获得性高有助于缓冲水温升高的影响(Kerlin，2019)。人为因素，特别是洄游阻碍、栖息地破碎化、孵化影响等，已经减少大部分硬头鳟和太平洋鲑种群，需要增强其适应能力以提高其对温度上升的适应能力，这些结果也有助于制订洄游性鱼类恢复的计划(Crozier et al.，2019)。Cline 等(2019)的研究发现，气候变暖减少了鲑在其新生淡水栖息地中所花费的时间，这可能会影响稳定该高度可靠资源的年龄级别的复杂性。Horreo 等(2019)对整个大西洋沿岸大西洋鲑(*Salmo salar*)的地理遗传多样性模式，以及模式(包括遗传种群结构)是否受水温影响开展研究。在当前的全球气候变化情况下，欧洲北部地区未来将成为多样性的避难所，这实际上与最后一次冰期最大值期间在冰期避难所发生的情况相反。从这个角度看，仍然丰富而庞大的北部种群应与南部几乎很少的遗留物一样珍贵，并应该受到保护。为了避免大西洋鲑在欧洲灭绝，需要在国家和不同纬度地区之间进行精心管理(Horreo et al.，2019)。

18.8　气候变化对极地渔业资源的影响

近几十年来气候变化越发严峻，对北极渔业资源产生极大的影响。气候变化引发的海水升温、海平面上升和海冰缩减等改变，不仅直接影响北极渔业资源的物种习性及时空分布，还通过对洋流、北极涛动、臭氧层等的影响间接地影响北极渔业资源的格局。气候变化对北极渔业资源的结构和数量有不可逆转的影响，且影响范围广(焦敏等，2015)。

气候变化、海洋酸化(OA)及随后海洋生产力的变化可能会影响渔业，并最终影响整个北极地区的经济。预计到 2050 年北极地区的渔业总收入可能比 2000 年增加 39%。与此同时，预计北极地区的捕捞总成本、渔民收入、家庭收入和经济影响也将增加。预计海洋酸化和气候变化将减缓捕捞量和经济指标的潜在增长。

这项研究的结果将有助于设计有效的气候变化适应战略和制定减轻 OA 在北极地区潜在负面影响的措施(Lam et al.，2016a)。近年来，随着全球渔业资源的不断衰退，各国对南极磷虾资源的关注度也越来越高，南极磷虾渔业作业范围随之逐渐扩大。与此同时，日趋明显的全球气候变化，包括海冰融退、海洋暖化、海洋酸化及紫外线辐射增强等，均对磷虾的关键孵化栖息地及摄食场造成不同程度的影响。作为南极海洋生态系统的关键种，南极磷虾对气候变化的响应通过级联效应对整个南极海洋生态系统造成深远而复杂的影响，同时也给该资源的管理带来了较大的不确定性(朱国平，2014)。2000 年为小鳞犬牙南极鱼渔业的一个分界线，且各年间平均单位捕捞努力量渔获量(CPUE)存在极显著的差异(朱国平，2013)。

气候变化和相关的海洋酸化同样对南极渔业构成了各种复杂的威胁，使这些渔业的养护和可持续管理比以往任何时候都更具挑战性。生态系统方法通常是提高渔业气候适应能力的最有效方式，南极海洋生物资源管理养护委员会明确负责实施该方法以实现其保护目标。然而，生态系统方法的实施是一个复杂且具有挑战性的问题，并且将气候变化影响淹没在已经考虑的一系列因素上的新兴需求加剧了这些困难(Rayfuse，2018)。

参考文献

陈洋洋，陈新军，郭立新，等. 2019. 基于不同气候条件的中西太平洋鲣鱼渔场预报. 上海海洋大学学报，28(1)：145-153.

陈云龙. 2014. 黄海鳀鱼种群特征的年际变化及越冬群体的气候变化情景分析. 中国海洋大学硕士学位论文.

代丹娜，刘洪生，戴小杰，等. 2011. ENSO 现象与东太平洋黄鳍金枪鱼围网 CPUE 时空分布的关系. 上海海洋大学学报，20(4)：571-578.

杜腾飞，李昂，戴芳群，等. 2016. 2006–2013 年黄海秋季头足类资源状况调查与分析. 中国水产科学，23(4)：955-964.

管卫兵，宣富君. 2019. 气候变化影响渔业资源生殖动力的研究范式——以东海三疣梭子蟹种群为例. 渔业信息与战略，34(4)：279-285.

郭爱，陈新军. 2005. ENSO 与中西太平洋金枪鱼围网资源丰度及其渔场变动的关系. 海洋渔业，(4)：338-342.

贾海波. 2008. 应用鱼鳞沉积信息追溯近 150 年黄海重要鱼种的种群动态. 中国海洋大学硕士学位论文.

焦敏，陈新军，高郭平，等. 2015. 气候变化对北极渔业资源的影响研究进展. 极地研究，(4)：454-462.

靳少非，樊伟. 2014. 鲣鱼资源开发利用研究现状及未来气候变化背景下研究展望. 渔业信息与战略，29(4)：272-279.

李非，陈新军，朱清澄，等. 2018. 不同气候模态下西北太平洋秋刀鱼海况特征分析. 南方水产科学，14(3)：20-28.

李励年，林龙山，缪圣赐. 2013. 一场由气候变化引发的渔业资源争夺战——欧洲“鲭鱼战争”持续升温. 渔业信息与战略，28(1)：75-80.

刘祝楠，陈新军. 2018. 不同气候模态下西北太平洋秋刀鱼资源丰度预测模型建立. 海洋学报，40(6)：74-82.

缪圣赐. 2008. 考虑因全球气候变暖将对日本近海中上层鱼类渔场的影响. 现代渔业信息，(5)：33.

牛明香，王俊，袁伟，等. 2013. 黄海鳀鱼时空分布季节差异分析. 生态学杂志，32(1)：114-121.

苏杭. 2014. 气候变化对鲐鱼栖息地的迁徙影响. 长沙：2014 年中国水产学会学术年会.

王继隆，李继龙，杨文波，等. 2010. 主要气候因子对东中国海主要经济鱼种生物量的影响研究. 湖南农业科学，(9)：142-147.

王颖，周露. 2014. 我国虾夷扇贝底播增殖产量影响因素研究——以獐子岛为例. 中国渔业经济，32(1)：104-109.

王有基，李丽莎，李琼珍，等. 2014. 海洋酸化和全球变暖对贝类生理生态的影响研究进展. 生态学报，34(13)：3499-3508.

王震. 2014. 渤海海洋开发与保护规划研究. 中国海洋大学博士学位论文.

王志萍，李家薰，Dave F，等. 2019. 气候变化对鲑鱼丰富度和繁殖影响的研究进展. 海洋科学，43(4)：98-104.

肖启华，黄硕琳. 2016. 气候变化对海洋渔业资源的影响. 水产学报，40(7)：1089-1098.

徐红云，汪金涛，陈新军，等. 2016. 海表水温变化对东南太平洋智利竹荚鱼栖息地分布的影响. 海洋渔业，38(4)：337-347.

颜文超. 2019. 浙江渔场三疣梭子蟹渔获量波动与人类干扰和环境因子的关系研究. 浙江海洋大学硕士学位论文.

杨林林. 2019. 气候变化可能会影响智利扇贝产量. 渔业信息与战略，34(2)：143.

余为. 2016. 西北太平洋柔鱼冬春生群对气候与环境变化的响应机制研究. 上海海洋大学博士学位论文.

张良成，郭爱，陈新军. 2018. 基于气候和环境因子的近海鲐鱼资源评估. 广东海洋大学学报，38(1)：32-38.

朱国平. 2013. 南大洋小鳞犬牙南极鱼渔业时间变化及其对气候变化的响应. 海洋环境科学，32(5)：663-668.

朱国平. 2014. 气候变化对南极磷虾资源影响的研究进展. 长沙：2014 年中国水产学会学术年会.

Alabia I D, Saitoh S, Igarashi H, et al. 2015. Future projected impacts of ocean warming to potential squid habitat in western and central North Pacific. ICES Journal of Marine Science, 73(5): 1343-1356.

Barange M, Merino G, Blanchard J L, et al. 2014. Impacts of climate change on marine ecosystem production in societies dependent on fisheries. Nature Climate Change, 4(3): 211-216.

Barker S, Ridgwell A. 2012. Ocean acidification. Congressional Research Service Reports, 29(6): 489-507.

Beddington J R, Agnew D J, Clark C W. 2007. Current problems in the management of marine fisheries. Science, 316(5832): 1713-1716.

Bris A L. 2016. Response to comments on “slow adaptation in the face of rapid warming leads to collapse of the Gulf of Maine cod fishery”. Science, 352(6284): 423.

Brown P T, Lozier M S, Zhang R, et al. 2016. The necessity of cloud feedback for a basin-scale Atlantic Multidecadal Oscillation. Geophysical Research Letters, 43(8): 3955-3963.

Carozza D A, Bianchi D, Galbraith E D. 2019. Metabolic impacts of climate change on marine ecosystems: Implications for fish communities and fisheries. Global Ecology and Biogeography, 28(2): 158-169.

Cheung W W L, Watson R, Pauly D. 2013. Signature of ocean warming in global fisheries catch. Nature, 497: 365-368.

Cheung W W L, Oyinlola M A. 2018. Vulnerability of flatfish and their fisheries to climate change. Journal of Sea Research, 140: 1-10.

Chung S, Suzaki H, Kasai A, et al. 2015. The response of fish communities to climate and human-induced changes inferred from fishery landings in an enclosed bay. Estuaries and Coasts, 38(4): 1365-1375.

Cline T J, Ohlberger J, Schindler D E. 2019. Effects of warming climate and competition in the ocean for life-histories of Pacific salmon. Nature Ecology & Evolution, 3: 935-942.

Crozier L G, McClure M M, Beechie T, et al. 2019. Climate vulnerability assessment for Pacific salmon and steelhead in the California Current Large Marine Ecosystem. PLOS ONE, 14(7): e0217711.

Dahlke F T, Butzin M, Nahrgang J, et al. 2018. Northern cod species face spawning habitat losses if global warming exceeds 1.5℃. Science Advances, 4(11): eaas8821.

DeVries T, Le Quere C, Andrews O, et al. 2019. Decadal trends in the ocean carbon sink, PNAS, 116(24): 11646-11651.

Greenan B J W, Shackell N L, Ferguson K, et al. 2019. Climate change vulnerability of American lobster fishing communities in Atlantic Canada. Frontiers in Marine Science, 6: 579-596.

Horreo J L, Griffiths A, Machado-Schiaffino G, et al. 2019. Northern areas as refugia for temperate species under current climate warming: Atlantic salmon (*Salmo salar* L.) as a model in Northern Europe. Journal of fish biology, Special Issue: The Sensory Ecology of Fishes, 95 (1): 304-310.

Jones M C, Dye S R, Pinnegar J K, et al. 2015. Using scenarios to project the changing profitability of fisheries under climate change. Fish and Fisheries, 16 (4): 603-622.

Jorda G, Marbà N, Bennett S, et al. 2020. Ocean warming compresses the three-dimensional habitat of marine life. Nature Ecology & Evolution, 4 (1): 109-114.

Kerlin K. 2019. Can salmon eat their way out of climate change? NewsRx Health & Science.

Koster F, Mollmann C, Hinrichsen H, et al. 2005. Baltic cod recruitment-the impact of climate variability on key processes. ICES Journal of Marine Science, 62 (7): 1408-1425.

Lam V W Y, Cheung W W L, Sumaila U R. 2016a. Marine capture fisheries in the Arctic: Winners or losers under climate change and ocean acidification? Fish and Fisheries, 17 (2): 335-357.

Le Bris A, Mills K E, Wahle R A, et al. 2018. Climate vulnerability and resilience in the most valuable North American fishery. Proceedings of the National Academy of Sciences of the United States of America, 115 (8): 1831-1836.

Levitus S. 2000. Warming of the world ocean. Science, 287 (5461): 2225-2229.

Mao X Y, Guo X Y, Wang Y C, et al. 2019. Influences of Global Warming on the Larval Survival and Transport of Snow Crab (*Chionoecetes opilio*) in the Sea of Japan. Sustainability, 11 (8): 2198.

Morita K. 2019. Earlier migration timing of salmonids: An adaptation to climate change or maladaptation to the fishery? Canadian Journal of Fisheries and Aquatic Sciences, 76 (3): 475-479.

Pang Y M, Tian Y J, Fu C H, et al. 2018.Variability of coastal cephalopods in overexploited China Seas under climate change with implications on fisheries management. Fisheries Research, 208: 22-33.

Pauly D. 2003. The future for fisheries. Science, 302 (5649): 1359-1361.

Payne M R. 2013. Climate change at the dinner table. Nature, 497: 320-321.

Porteus C S, Hubbard P C, Uren W T M, et al. 2018. Near-future CO_2 levels impair the olfactory system of a marine fish. Nature Climate Change, 8 (8): 737-743.

Qi D, Chen L, Chen B, et al. 2017. Increase in acidifying water in the western Arctic Ocean. Nature Climate Change, 7 (3): 195-199.

Rayfuse R. 2018. Climate change and Antarctic fisheries: Ecosystem management in CCAMLR. Ecology Law Quarterly, 45 (1): 53-81.

Rheuban J E, Doney S C, Cooley S R, et al. 2018. Projected impacts of future climate change, ocean acidification, and management on the US Atlantic sea scallop (*Placopecten magellanicus*) fishery. PLOS ONE, 13 (9): e0203536.

Rogers L A, Dougherty A B. 2019. Effects of climate and demography on reproductive phenology of a harvested marine fish population. Global Change Biology, 25 (2): 708-720.

Sundby S, Nakken O. 2008. Spatial shifts in spawning habitats of Arcto-Norwegian cod related to multidecadal climate oscillations and climate change. ICES Journal of Marine Science, 65 (6): 953-962.

Tommasi D, Stock C A, Pegion K, et al. 2017. Improved management of small pelagic fisheries through seasonal climate prediction. Ecological Applications, 27 (2): 378-388.

USGCRP. 2018. Impacts, risks, and adaptation in the United States: Fourth National Climate Assessment, Volume II //Reidmiller D R, Avery C W, Easterling D R, et al. U.S. Global Change Research Program. Washington, DC, USA.

Wei H, He Y C, Li Q J, et al. 2007. Summer hypoxia adjacent to the Changjiang Estuary. Journal of Marine Systems, 67(3-4): 292-303.

Worm B, Hilborn R, Baum J K, et al. 2009. Rebuilding global fisheries. Science, 325(5940): 578-585.

Zwolinski J P, Demer D A. 2012. A cold oceanographic regime with high exploitation rates in the Northeast Pacific forecasts a collapse of the sardine stock. Proceedings of the National Academy of Sciences of the United States of America, 109(11): 4175-4180.

第四篇

近海生态修复与保护

第19章 生物操纵与近海生物资源恢复①

19.1 引 言

生物操纵(biomanipulation)技术，也称生物调控技术，是广泛应用于富营养化水体藻华防控与水质改善的一项生态工程技术，在生态环境修复领域，属于广义的生物修复(bioremediation)技术范畴。随着实践的深入，生物操纵理论也得到了不断完善，发展出经典生物操纵理论、非经典生物操纵理论和食物网综合调控理论等。在海洋领域的实践中，还进一步发展出多营养层次综合养殖(IMTA)、海洋牧场(marine ranching)等以近海生物资源增殖、养护和栖息地修复与重建为特点，增强近海生态系统服务功能的模式。

近海水域作为海洋生态系统的一个重要组成部分，在不同局部或区域性海域及不同尺度水平上，对维持基因、物种、生态系统等不同层面上的生物多样性，以及维系近海生物资源的养护与增殖、海域生态系统健康和渔区社会稳定等诸多方面发挥着重要作用(FAO，2016)。然而，近海环境污染及不可持续的沿岸渔业方式对物种多样性、食物网结构、生态系统功能产生了不可逆转的破坏。在气候变化与海洋酸化叠加影响的背景下，人口急剧增长及其带来的沿海水域空间和水产品需求给海洋生物资源恢复带来了严峻的挑战，亟待对其进行合理保护和科学利用。

从近海生物资源恢复面临的压力来看，当前近海生物资源恢复在环境、生物资源、生态系统服务功能三个层面上面临三个关键问题：第一，面对日益严重的近海富营养化现状，如何缓解富营养化？第二，面对渔业资源衰退的现状，如何进行生物资源增殖？第三，面对生态系统服务功能下降的现状，如何在生物资源恢复的基础上增强近海生态系统的服务功能？围绕上述三个问题，学界展开了大量的研究与实践，逐步总结出利用生物操纵进行富营养化治理，利用多营养层次综合养殖(IMTA)、海洋牧场进行渔业资源增殖，利用海藻场、海藻床、红树林等栖息地修复和增殖放流等恢复与增强近海生态系统服务功能的修复模式。

上述三个层面的实践与食物网研究密不可分。食物网是生态系统中各种生物及其营养关系的网络，它描述了生物群落内不同生物之间复杂的营养相互作用，

---

① 本章作者：黄凌风，周曦杰，彭国干(厦门大学环境与生态学院滨海湿地生态系统教育部重点实验室，厦门 361102)。

并揭示了整个生态系统水平上的物质循环和能量流动过程(Cohen et al.，1993；Post et al.，2000)。具体来说，生物操纵主要以环境营养盐、浮游植物为调控对象，其目的是通过食物网中肉食者-植食者-浮游植物-营养因子的多条食物链(或营养关系途径)最大程度上削减与控制生态系统中的浮游植物与营养盐。多营养层次综合养殖与海洋牧场主要以食物网中的高级消费者(如肉食性鱼类)、初级生产者(一般是大型海藻等经济或高初级生产力物种)、食碎屑生物(一般是虾蟹贝类等)串起的牧食食物链与碎屑食物链的调控，将输入系统中的营养物质和能量的损耗及潜在的经济损耗降到最低，从而使系统具有较高的容纳量和可持续的生物资源产出。典型栖息地修复与重建则主要通过对海藻场、红树林、海草床等基础自然生境进行修复，增加生态系统的初级生产力、碎屑生产力等多样的营养来源，进一步利用上行效应增强生态系统的生态承载力及提高上层食物网的生物多样性，并结合增殖放流等生物资源增殖与调控手段，在提高系统能量转化效率的同时增强栖息地的固碳、育幼、饵料供给及庇护等生态系统服务功能(Chung et al.，2002；Nina and Hartvig，2003；Winemiller et al.，2007；Tang et al.，2011)。因此，复杂食物网的结构、关键生态过程及基于生态过程的生态功能变化，被认为是打开生态系统生物资源养护功能之谜的钥匙。正确地了解食物网结构，并基于对食物网关键生态过程的认识，围绕环境-生物资源-生态系统服务功能等不同层面的目标，进行有针对性的构建与调控，是实现近海生物资源恢复的关键途径与有效手段。

本章主要介绍生物操纵的基本概念、技术原理和几种生物操纵理论，简要介绍多营养层次综合养殖与海洋牧场、栖息地修复与重建的基本概念和技术原理，并探讨将以上技术方法应用于近海生物资源恢复的潜力和可能途径，分析粒径谱、EwE 模型等技术工具的原理及其在近海生物资源恢复中的应用潜力。

19.2 生 物 操 纵

1975 年 Shapiro 等首先提出了生物操纵的概念，即通过对湖泊中的生物群及其栖息地实施一系列人工操纵或调控措施，以促进湖泊生物群之间的有益关系和结果，降低浮游植物特别是蓝藻的生物量。生物操纵通常分为两类，即经典生物操纵(traditional biomanipulation)与非经典生物操纵(non-traditional biomanipulation)。作为富营养化湖库微藻防控和水质改善的有效方法，以上两类生物操纵技术都已获得了广泛尝试与应用，多年来已发展出了一些相关理论和方法，如营养级联效应(trophic cascade interactions)、上行/下行控制(bottom-up/top-down control)、食物网综合调控(integrated food web regulation)等(Carpenter et al.，1985；McQueen et al.，1986)。

19.2.1　经典生物操纵

众所周知，浮游动物是自然水体中重要的牧食者。作为水生生态系统牧食食物链的中间环节，浮游动物通过滤食浮游植物(单细胞藻类，也称微藻)、细菌等将初级生产者的物质和能量向鱼类等高营养级生物传递。湖库中的浮游动物包括原生动物、轮虫、枝角类和桡足类等。轮虫和桡足类以小型微藻和细菌为食，它们通过摄食可以将浮游植物群落变成以大粒级微藻或群体微藻(如微囊藻)为主的结构，但通常难以降低浮游植物的总生物量(Scheffer，1997)。多数情况下，能够显著降低浮游植物生物量的通常为大个体的浮游动物，如枝角类的大型溞(*Daphnia magna*)，它们可以滤食大部分的微藻，且滤食效率高(Brook and Dodson，1965；Pace，1984)。大型溞对微藻强大的控制能力可以从春季“清水期”现象得以说明。从许多湖泊观察到，早春季节有一段时间湖泊变得很清澈，研究发现这与微藻生物量降低和大型溞生物量升高有关，大型溞的滤食作用降低了微藻的生物量、提高了水体的透明度(Lampert et al.，1986；Luecke et al.，1990；Carpenter et al.，1993；Rudstam et al.，1993；Sarnelle，1993)。

Brook 和 Dodson(1965)通过观察发现，在鱼类丰度较高的湖泊，浮游动物个体较小，浮游植物生物量较高；而在鱼类丰度较低的湖泊，浮游动物个体较大，浮游植物生物量较低。他们提出了“体型效率假说”(size-efficiency hypothesis)，认为以上现象的出现是鱼类选择摄食个体较大的浮游动物的结果。随后，Shapiro 等于 1975 年正式提出了“生物操纵”概念，认为通过移除浮游生物食性鱼类或增加凶猛鱼类数量，壮大大型浮游动物的群体数量，可以起到降低浮游植物生物量、提高水体透明度的作用，达到改善水质的目的(Shapiro and Wright，1984；Hambright，1994；Seda and Duncan，1994)。

“生物操纵”概念自提出以来，引起了人们的广泛关注。关于生物操纵的研究以指数性增长(Drenner and Hambright，2002)，同时也出现了一些新的概念和理论(图 19.1)。Carpenter 等(1985)提出了“营养级联”(trophic cascade)理论，认为凶猛鱼类可以通过减少摄食浮游动物幼鱼，提高浮游动物生物量，起到降低初级生产力的作用。McQueen 等(1986)提出“上行/下行控制”(bottom-up/top-down control)理论，认为水体中微藻的生物量由上行和下行作用共同决定，营养物质决定了微藻的最大可达生物量，但实际的生物量是上行和下行共同作用的结果。凶猛鱼类的下行控制作用并不会对微藻产生太大作用，因为随着食物链的延长，下行控制作用会变弱，即凶猛鱼类对浮游生物食性鱼类的控制作用最大，对浮游动物的间接作用较小，而传递到微藻的作用进一步减小。根据该理论可做出预测，在富营养化程度不高的水体中，微藻生物量较低，凶猛鱼类的下行作用还可以控制微藻；但在高度富营养化的水体中，微藻生物量较高，凶猛鱼类的下行作用对微藻的作用则很有限，难以达到预期的控藻效果(Benndorf，2005)。

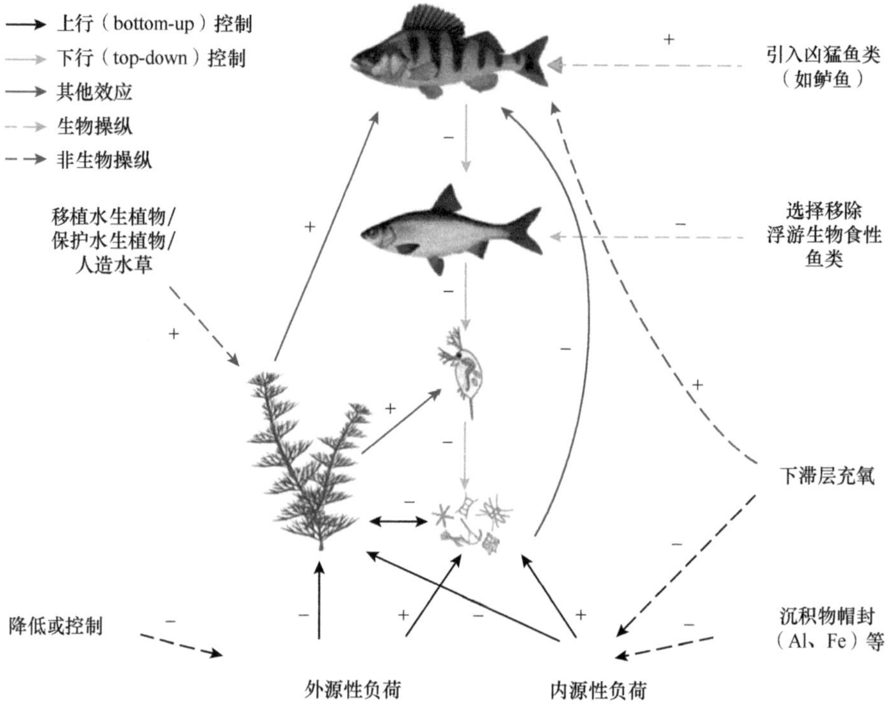

图 19.1　营养盐和湖泊食物网主要成分相互作用的概念模型

为什么在高度富营养化水体中经典生物操纵难以起作用？要解释这个原因，首先要了解生物操纵成功的两个重要条件：一是浮游动物必须有足够的种群丰度来保证微藻被摄食的死亡率高于其生长率和繁殖率；二是浮游动物必须能够摄食所有粒径大小的微藻，如果有一部分微藻不能被摄食，那么其丰度和生物量必定在营养盐的促进下快速增加。从浮游动物角度来说，微藻可以分为可食和不可食两类，能够被浮游动物滤食器官所捕获的为可食微藻，而超过浮游动物摄食范围的为不可食微藻。枝角类滤食颗粒物的上限随其个体增大而增大(Burns，1968)，但一般不超过 50μm(Geller and Müller，1981)，大于 60μm 的微藻会被强烈排斥(Dawidowicz，1990)。群体蓝藻的大小通常大于 100μm，一些蓝藻(如微囊藻)能形成数毫米的群体，难以被浮游动物所摄食(秦伯强等，2016)。在营养盐浓度较低的情况下，浮游植物的个体小，以可食性为主，且丰度较低，繁殖率也较低，浮游植物被浮游动物摄食的死亡率大于其生长率和繁殖率，因此其生物量保持在较低水平。但在营养盐浓度较高的情况下，浮游动物的高摄食压力会诱导浮游植物形成群体(Haney，1987；Lampert，1987)，如群体蓝藻，这会导致浮游动物因不能有效摄食群体蓝藻而失去对浮游植物总生物量的控制。Dawidowicz(1990)综述了富营养化条件下群体蓝藻对浮游动物种群的影响，认为蓝藻形成群体后总体积显著增大，会阻塞大型枝角类的滤食器官，引起它们的摄食率和吸收率下降，同时在蓝藻毒素作用下，生长率和繁殖率降低，导致浮游动物失去对群体蓝藻的控制，因此在富营养化严重的水体中，群体蓝藻常常占据浮游植物的优势地位。

湖泊营养水平和生物条件的差异造成生物操纵作用效果截然不同，因此，生物操纵方法具有一定的适用范围。Hansson 等(1998)提出了以下生物操纵适用原则：①生物操纵必须有力度，需将浮游生物食性鱼类的现存量减少 75%以上；②需大幅减少底栖鱼类；③需减少幼鱼的增殖；④需改善沉水植物群落；⑤磷浓度需低于 100μg/L；⑥需要公众参与。

19.2.2　非经典生物操纵

湖库富营养化常导致春夏季蓝藻水华的发生。武汉东湖从 20 世纪 70 年代起频繁出现夏季蓝藻水华，但 1985 年后蓝藻水华神秘消失，并一直持续到 2000 年左右。为了揭示东湖蓝藻水华消失的原因，中国科学院水生生物研究所的谢平、刘健康等开展了大量的研究，发现蓝藻水华的消失可能与东湖高密度的鲢、鳙有关(Xie and Liu，1992；Xie et al.，1993)，并提出了“非经典生物操纵”概念，即通过限制凶猛鱼类同时放养浮游生物食性鱼类(鲢、鳙)来直接控制蓝藻水华(Xie and Liu，2001)。

鲢、鳙是滤食性鱼类，其控制蓝藻水华的器官是鳃耙(Cremer and Smitherman，1980)。鲢、鳙在活动过程中，鳃耙持续性滤水，大于鳃耙间隔的颗粒物被截留进入消化系统(Spataru and Gophen，1985)。刘焕亮等(1992，1993)对鲢、鳙的滤食器官进行研究发现，30mm 以上鲢鳃耙间隔为 8～20μm，而 30mm 以上鳙鳃耙间隔为 23.4～72μm。Cremer 和 Smitherman(1980)的研究表明，22cm 的鲢平均鳃耙间隔为 34μm，鳙为 85μm。鲢的鳃耙较鳙致密，因而能够截留更小的颗粒。对鲢、鳙的肠含物分析表明，鲢主要滤食浮游植物和碎屑，颗粒范围为 8～100μm，其中浮游植物粒径范围集中在 17～50μm；鳙肠含物包括浮游植物、浮游动物和碎屑，范围为 17～3000μm，其中浮游植物集中在 50～100μm(Cremer and Smitherman，1980)。武汉东湖的鲢、鳙食性分析表明，鲢、鳙食物均包括腐屑、细菌、浮游植物和浮游动物，鲢的食物以浮游植物为主，而鳙以浮游动物为主，且鲢肠含物中的浮游动物以小个体的原生动物和轮虫为主，鳙则以大个体的枝角类和桡足类为主；在摄食浮游植物方面，鲢、鳙均以蓝藻为主，占总量的百分比分别为 44.5%和 55.8%(陈少莲，1982)。在以色列混养池塘中也发现，鲢主食浮游植物，而鳙则主食浮游动物(Spataru et al.，1983)。蓝藻通常被认为是难消化和低营养价值的微藻，石志中等(1975，1976)、朱蕙和邓文瑾(1983)利用放射性同位素 ^{32}P 示踪方法对鲢、鳙摄食蓝藻的吸收率进行了研究，结果表明，鲢、鳙均能消化吸收螺旋鱼腥藻和铜绿微囊藻，对螺旋鱼腥藻的吸收率分别为64.6%和6.4%，对铜绿微囊藻的吸收率分别为49.6%和34.6%。

关于放养鲢、鳙对浮游生物群落和生态系统产生的影响，一般认为，鲢、鳙显著降低浮游生物的生物量并使得浮游生物个体向小型化发展(史为良和金文洪，1989；谷孝鸿和刘桂英，1996)，伴随着鲢、鳙的排泄活动，加速了水体营养盐的循环(陈少莲等，1991；阮景荣和戎克文，1995)。鲢、鳙的鳃耙间距决定了其主要滤食粒径大的微藻，粒径小的微藻丰度因受营养盐的上行调控作用而增加。在滤食性鱼类强大的摄食压力下，浮游动物中寿命长、体型较大的种类很难生存，只有高内禀增长率和高繁殖率的r-选择者才有机会存活下来(柯志新，2008)。鲢、鳙通过滤食作用降低了大粒径微藻生物量，但又因自身的排泄活动增加了小粒径微藻的丰度，这造成了实际研究中对鲢、鳙到底是增加了微藻总生物量还是降低了总生物量有不一致的看法。研究发现，放养鲢会使微藻丰度增加，叶绿素a含量升高(赵文等，2001)。而许多研究表明，放养鲢、鳙可以控制蓝藻水华，降低叶绿素a含量，提高水体透明度(唐汇娟和谢平，2006)。因此，一般认为，基于鲢、鳙的生物操纵方法主要用于减少不能被浮游动物控制的群体蓝藻，尤其适合应用在生产力高且缺乏大型枝角类的湖泊中(Domaizon and Dévaux，1999；Radke and Kahl，2002)。Zhang等(2008)综述了非经典生物操纵的应用，认为该方法适用于浮游植物以群体蓝藻为主的富营养化水体(尤其是当水体所受外源污染尚未得到有效控制时)，而不适用于那些以小粒级微藻为主的贫营养水体。

影响鲢、鳙控藻效果的因素包括放养密度、初始浮游生物种类和温度等(Zhang et al.，2008)。鲢、鳙控制蓝藻的关键是摄食速率须不低于蓝藻的增殖速率。鲢、鳙对蓝藻的摄食利用率与蓝藻的种类组成、生理状况和水温等因素有关，而蓝藻的增殖速率与水体的营养盐水平、水温和光照等有密切关系(谢平，2003)。不同水体的物理化学条件、营养水平和微藻组成不同，所以有效控制蓝藻水华的放养密度也不同。表19.1列举了鲢、鳙在不同水体的有效放养密度(Zhang et al.，2008)。因此，在运用鲢、鳙控制蓝藻水华前，需要确定一个最适放养密度，以保证在控制蓝藻水华的前提下，尽量减小鱼类排泄增加富营养化的负面作用(柯志新，2008)。

表19.1 鲢、鳙有效控藻的放养密度(Zhang et al.，2008)

湖泊水库	放养密度(g/m^3)	浮游植物生物量	浮游动物丰度	参考文献
武汉东湖	46～50	下降	下降	Xie and Liu，2001
千岛湖	1.5～7.4	下降	—	Liu et al.，2004
太湖围栏	40	下降	下降	Ke et al.，2007
以色列Netofa水库	0.05～0.64	下降	下降	Leventer and Teltsch，1990

19.2.3　生物操纵与食物网综合调控

如前所述，经典生物操纵侧重于投放凶猛鱼类或捕捞浮游动物食性鱼类，从而增强浮游动物对微藻的控制效果和水质改善，非经典生物操纵则侧重于投放滤食性鱼类来控制群体蓝藻。虽然两种方法的侧重点不同，但其目的和出发点都是希望通过人为调控鱼类群落来控制藻华和改善水质，最终恢复生态系统健康，提高生态系统的自净能力。基于这样的目标，对受损生态系统的恢复应着眼于生态系统的结构和功能及系统的稳定性。大量的实践证明，单一的生物操纵难以维持长久的修复效果和保持系统稳定，原因可能在于这些生物操纵方法仅考虑到如何实现某种效果(如降低微藻生物量和提高水体透明度等)，还没有真正从整体的角度调控系统的结构和功能，这样的后果是突出了某种生物的作用，忽略了系统的整体性和协调性，导致系统稳定性较低，修复效果容易反弹，结果可能与初衷相悖。

实际上，经典生物操纵和非经典生物操纵均有各自的特点和优势。Carpenter 和 Kitchell (1988) 的研究发现，凶猛鱼类可以通过捕食幼鱼等小型鱼类的摄食行为调控鱼类群落结构，起到降低水体初级生产力的作用。他们还发现，营养负荷和水滞留时间决定了一个湖泊长期的生产潜力，而围绕这一潜力的年际变动则是由受种间关系和食物网影响的营养物质再循环引起的。在同等营养盐负荷条件下，初级生产力随着浮游生物食性鱼类与凶猛鱼类比例的下降而下降(图 19.2)。表 19.2 列举了凶猛鱼类通过营养级联作用降低初级生产力水平的案例。营养级联理论认为，凶猛鱼类调控群落生物量的同时也会对各种群的生产量产生影响，表现为随着凶猛鱼类数量的增加，各种群的生产量随着生物量的变化先上升后下降(Logistic 模式)，当生物量位于中间点时，种群的生产量最高，即生产量达到最大(图 19.3)。

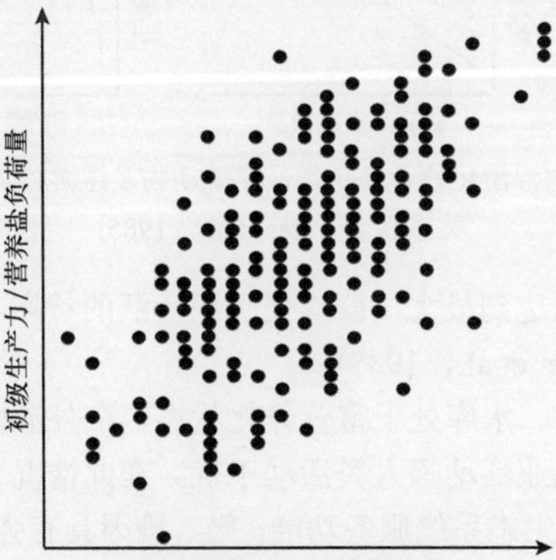

图 19.2　同等营养盐负荷条件下湖泊初级生产力与浮游生物食性鱼类/凶猛鱼类比例之间的关系(改自 Carpenter and Kitchell，1988)

表 19.2 重要的生物操纵方法和原理概览

方法	原理	参考文献
移除浮游生物食性的鱼类来控制浮游植物生物量	浮游动物食性和底栖无脊椎动物食性的鱼类被移除后，摄食浮游植物的大型浮游动物的生物量得以增加	McQueen et al.，1986；Søndergaard et al.，2008
移除底栖杂食性鱼类来控制浮游植物生物量	底栖滤食性杂食性鱼类(尤其是温带水域的植食性-碎屑食性鱼类，如鲤鱼、罗非鱼)可以自然地到达最高承载力，移除它们可以减弱生物扰动和内部营养盐循环	Starling et al.，2002；Lazzaro et al.，2003；Lazzaro and Starling，2005
放养食鱼性鱼类来控制浮游植物生物量	增加食鱼性鱼类来减少浮游动物食性鱼类，提高浮游动物的生物量及其对浮游植物的摄食量	Benndorf，1995；Skov and Nilsson，2007
放养上层植食性鱼类来控制浮游植物生物量	放养上层植食性滤食性鱼类(如鳙、鲢)来去除浮游植物，尤其是蓝藻	Arcifa et al.，1986；Starling，1993；Starling et al.，1998
大型水生植物的移植和保护	种植沉水植物和通过驱除植食性的鸟类或鱼类来维持大型水生植物的高覆盖率	Lauridsen et al.，2003；Qiu et al.，2001
放养植食性鱼类来控制大型水生植物	增加植食性鱼类(草鱼)来减少过剩生长的沉水植物	Shireman and Maceina，1981；Hanlon et al.，2000
引入双壳类	通过引入双壳类的食物来增加水的过滤作用，使水体更加干净	Roy et al.，2010；Gulati et al.，2008

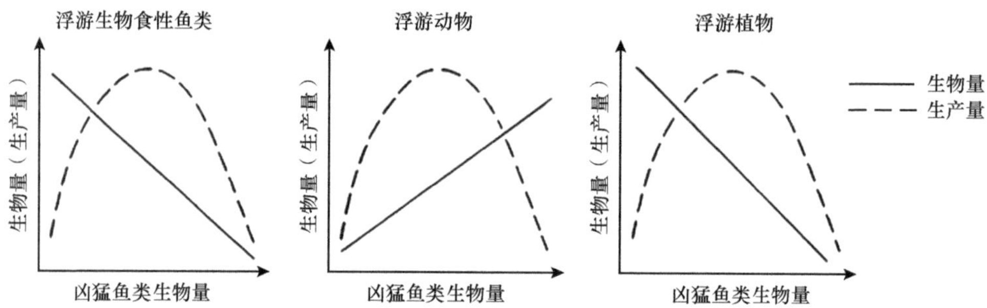

图 19.3 凶猛鱼类生物量与浮游生物食性鱼类、浮游动物及浮游植物的生物量和生产量之间的关系(Carpenter et al.，1985)

此时，群落的摄食量也达到最大，群落处于最活跃的状态，食物网的能流效率将达到最高水平(Carpenter et al.，1985)。

我国大多数的湖泊、水库处于富营养化状态，在外源营养输入难以得到有效控制的同时，又受到渔业活动等人类活动干扰。在此情况下，湖泊、水库常发生蓝藻水华，影响供水等生态系统服务功能。鲢、鳙因具有强大的控制蓝藻的能力，被广泛地应用在富营养化湖泊水库中，以期减轻蓝藻水华的危害。从我国国情出发，放养鲢、鳙控制蓝藻水华无可厚非，但凶猛鱼类也并非不能共存。可以设想，如果鲢、鳙等鱼种的放养量超过凶猛鱼类的捕食量，部分存活下来的鲢、鳙仍可发挥控制蓝藻的作用。同时，凶猛鱼类通过捕食幼鱼等小型鱼类使群落中的鱼类偏向以大型鱼类为主，降低鱼类总代谢率，降低营养循环速率，从而降低初级生产力，起到缓解水体富营养化的作用。通过这种方式，可保持生态系统的结构更为合理，能流途径延长，能流传递效率更高，系统稳定性增加，自净能力提高，从而形成良性循环。在此基础上，可以进一步设想，如果凶猛鱼类放养量与鲢、鳙等放养量搭配合理，那么凶猛鱼类的下行调控作用，将使得各营养级种群的生物量调控至中值附近，群落生产力处于较高水平，各种群的生产量与被捕食量保持相对平衡，此时系统的能流效率达到较高水平，可以加速富营养化的恢复。此外，凶猛鱼类还是优质蛋白，市场价值较高，广受人们欢迎，对其的放养可在一定程度上弥补鱼类总产量的降低所带来的渔业经济的损失。

水生生物中，除了鱼类可以调控浮游植物，底栖动物贝类对浮游植物群落也具有下行控制作用。贝类之所以能降低藻类生物量和提高水体透明度，是因为其具有高效的滤水功能。贝类的滤食作用具有选择性，即在饵料密度较低时，贝类可以高效摄食有机颗粒物，但当饵料密度较高时，一部分不适口或营养价值低的颗粒(包括无机颗粒)将以假粪形式被排出(Shumway et al.，1985)。相比于浮游动物，贝类对藻类的滤食范围广泛得多，且贝类的生命周期比浮游动物长，因此贝类可能是比浮游动物更有潜力控制蓝藻并改变水体浊度的生物(Reeders and Vaate，1990)。另外，贝类通过滤水作用提高了水体透明度，水生植物就有了生长的条件(Griffiths，1992)，一旦水生植物种群建立后，就又会为贝类幼体提供适合生长的条件，反过来又会促进贝类种群的扩大，从而进一步提高水体透明度(Macisaac，1996)。这种正向反馈机制启示我们，贝类有可能改变浅水湖泊从藻型的浊水态变为草型的清水态，前提是需要降低悬浮物浓度，提供一定的硬质基质条件以增加贝类种群数量。

综上，生物操纵已在陆上湖库的管理实践中得到了多样化的发展，各种生物操纵方法都有各自的目标和优势(表 19.2)，但也各有其局限性。从原理上看，生物操纵中的各种方法主要围绕食物网中的单一食物链进行生物操纵，如经典生物操纵及非经典生物操纵主要分别利用了浮游植物-浮游动物-饵料鱼类-肉食性鱼类与浮游植物-滤食性鱼类(或植食性鱼类)等牧食食物链；贝类生物操纵同时利用了浮游植物-滤食性贝类的牧食食物链及水体碎屑-滤食性贝类的碎屑食物链。从生物操纵的目标上看，以往的目标主要围绕富营养化治理与藻华防控，而在近海的生物资源恢复实践中，综合利用多种生物操纵方法实施近海生态系统食物网调控是一种发展趋势，将成为近海生态修复的重要手段之一。

19.3　多营养层次综合养殖与海洋牧场

在生物操纵之外，针对食物网内部调控对象不同，食物网调控还能有更广泛的应用场景。20 世纪 90 年代以来，海洋生态系统食物网营养动力学得到了快速发展，把食物网结构、关键种、生物量、生产力等问题同高营养层次对人类活动和气候变异的响应及与优势种更替有关的上行、下行控制作用紧密关联，将近海生态系统可持续产出理论提高到一个新的层次，并以此为基础阐述近海生物资源退化机制与恢复原理。养殖与增殖渔业是近海生物资源的主要开发形式，因此围绕渔业资源的保护、恢复及可持续利用，我国从实际出发，在养殖与增殖渔业领域分别提出了多营养层次综合养殖(IMTA)与海洋牧场(marine ranching)等具有代表性的生物资源可持续利用模式。总的来说，多营养层次综合养殖与海洋牧场在本质上主要利用操纵食物网内部食物链的关键种与关键过程实现对增殖对象的调控。

19.3.1　多营养层次综合养殖

自 20 世纪 80 年代，发达国家凭借国力一方面运用工业的发展理念和模式改造传统海水养殖业，另一方面基于生态的发展理念和模式采用人工措施放流苗种或进行人工栽培、科学管理、收获及海洋环境改造保护，对传统海水增养殖业进行强力的工业化改造以谋求高效产出海洋生物。多营养层次综合养殖(IMTA)是近年提出的一种健康的可持续发展的海水养殖理念，由不同营养级生物(如投饵类动物、滤食性贝类、大型藻类和沉积食性动物等)组成的综合养殖系统中，一些生物排泄到水体中的废物成为另一些生物的营养物质来源，因此这种方式能充分利用输入养殖系统中的营养物质和能量，把营养损耗及潜在的经济损耗降到最低，从而使系统具有较高的容纳量和可持续食物产出(Chopin et al.，2001)。

目前，我国的多营养层次综合养殖已经发展出鲍-海带筏式综合养殖、海带-鲍-海参筏式综合养殖、鱼-贝-海带筏式综合养殖、鲍-海参-菲律宾蛤仔-大叶藻底播等综合利用生境营造、牧食食物链与碎屑食物链的模式，这些模式在桑沟湾等北方地区被广泛地运用于养殖生产实践(方建光等，2016；Zamora et al.，2016)。多营养层次综合养殖是应对多重压力胁迫下近海生态系统显著变化的一条有效途径，它不仅促进了生态系统的高效产出，保障食物的持续供给，还最大限度地挖掘了以碳汇扩增为特点的生态服务功能，保障近海生态系统健康和水产养殖业可持续发展(唐启升等，2013)。

19.3.2　海洋牧场

我国近年来在面临传统渔业和养殖业转型难、环境污染大、渔业资源衰退、渔民生计受到威胁等严峻问题的背景下，将海洋牧场作为促进渔业转型调结构的重要抓手，提出了“积极开展水生生物增殖放流，加快建设人工鱼礁和海洋牧场”作为“保护和合理利用水生生物资源”的主要举措之一(中华人民共和国农业农村部，2016)。我国的海洋牧场是指基于海洋生态系统原理，在特定海域通过人工鱼礁、增殖放流等措施，构建或修复海洋生物生长、繁殖、索饵或避敌所需的场所，增殖养护渔业资源，改善海域生态环境，实现渔业资源可持续利用的渔业模式(阙华勇等，2016)。但我国海洋牧场由于起步晚，尚处于发展的初级阶段，在蓬勃发展的同时，也暴露出理论和技术支撑不足、建设定位不清、片面追求经济效益等问题。而且，当前多数海洋牧场在抵御人类活动和气候变化引起的环境变异方面还存在“弹性”不够、抗变能力不足等问题。

围绕海洋牧场工程建设的生态性问题，海洋牧场生态系统作为一种人工渔场，其建设相关技术应该以增殖对象为中心，解决增殖对象与其他渔业资源及海洋环境生态可持续发展过程中的关键问题。牧场建设本底生物指标与牧场建设增殖目标生物指标均要求海洋牧场建设中(诸如人工鱼礁等生境再造)避免对原有生境生物造成负面影响，同时，建设后的海洋牧场需要满足增殖目标生物对牧场环境的适宜性(图 19.4)(章守宇等，2019)。

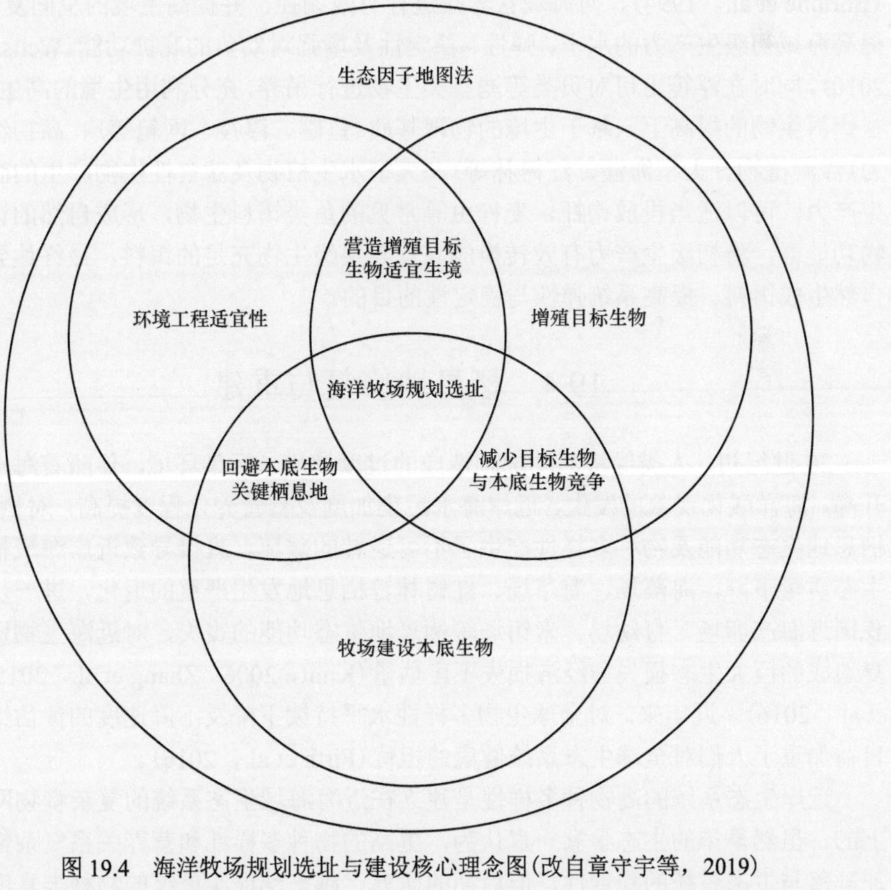

图 19.4　海洋牧场规划选址与建设核心理念图(改自章守宇等，2019)

围绕增强海洋牧场系统“弹性”的方法，在海洋牧场食物网调控研究中，食物网中各个层级的种类组成是实现海洋牧场资源增殖的关键驱动力(Naeem et al., 2012)，其弹性及稳定性主要需要以下三个基础支撑实现，其一为海洋牧场海域多样的底质基础、丰富的营养盐基础及合适的水动力作用，其二为多元的初级生产力结构，其三为不同生态类型的次级生产力以保障海洋牧场区丰富的饵料基础。在实际建设中，可以选择分布有自然藻场(含藻场修复)的岛礁或规模化筏式养殖区的水域为海洋牧场核心区域，以便起到功能叠加、相互促进的作用。生境营造目标集中在利用不同类型及功能鱼礁，采用一定的组合方式，将其布设在海域底部空间，通过改造网箱及浮筏设施形成浮鱼礁，开发利用中上层水体空间。在人工鱼礁设计上，以产卵、增殖保护等功能礁体为主，在保证稳定性的同时，可进行大型化设计，以加大海水混合强度，制造上升流增强海域营养盐循环及提高以浮游植物为代表的初级生产力水平；在开发中上层水体空间上，通过栽培海藻、海草、红树林等单位面积生物量为浮游植物 400 倍以上的高初级生产力水生植物(Bortone et al., 1994)，对海域营养盐进行有效调控，并提高生境的空间复杂性，提高海域初级生产力的水平、弹性、稳定性及增强对幼鱼的庇护功能(Wells et al., 2010)，同时在浮筏上可对贝类等滤食类生物进行吊养，充分利用生境的高生产力；在饵料生物的提高上，基于生境的物理基质(鱼礁、浮筏、网箱等)、高初级生产力(浮游植物、大型海藻、红树林等)、大型水生植物及滤食性生物产生的高碎屑生产力，可以适当投放钩虾、麦秆虫等常见的鱼类饵料生物，形成自然的饵料生物功能群，将初级生产力有效转换成高营养层级生物充足的饵料，最终达到系统自然生成饵料、提高系统弹性与稳定性的目的。

19.4 栖息地修复与重建

20 世纪初，人类经济活动加剧造成的过度捕捞、污染环境，伴随着海水温度升高、海洋酸化现象的发生、近岸海水污染加剧及富营养化程度提高，对栖息地、栖息地生态功能及物种多样性产生了不可逆转的破坏，直接导致近岸海域栖息地生态质量下降，海藻场、海草场、红树林等栖息地发生严重的退化，进一步造成我国近海产卵场、育幼场、索饵场等栖息地生态功能的丧失，对近海生物资源恢复造成的巨大生态损失与经济损失不可估量(Knut, 2006; Zhang et al., 2015; Liu et al., 2016)。近年来，对全球生物多样性水平持续下降及下降速度的评估结果已日益加重了人们对全球生态系统健康的担忧(Firth et al., 2016)。

近岸生态系统的高物种多样性是建立在近海海域生态系统的复杂食物网基础上的，虽然早年的生态学家一直认为，更高的物种多样性和营养关系复杂性会增加群落与生态系统的稳定性，但后期的研究已越来越证实单纯的物种丰富度并不能保证生态系统的稳定性，物种组成在分类学上的差异或物种的适配度，才是影响某一特定环境中群落动态及生态系统功能的关键因素。在海洋生态系统中，大部分生物为异养型生物，这些生物的食物主要来自浮游植物、大型海藻、海草、红树林、自养型微生物及源自初级生产者的有机碎屑等。由于海区物理过程、底质类型、营养基础、垂直方向水深等生物地球化学属性不同，初级生产者的组成形式在不同海区也存在较大的差异，从而发展出不同的生态系统。近海海域在水动力上不仅存在浅海强潮、上升流等强烈的混合交换作用，近海周边的不同环境类型还为大型海藻、海草及红树植物等提供了适宜的物理基底，在合适水流、温度、浊度、营养盐环境等条件下，甚至还能形成生产力极高且较为集中的海藻场、海草床、红树林。伴随着这些初级生产者的生长与凋谢，在海流等物理条件的作用下，有机碎屑被带入潮下带更深的水域成为食碎屑底栖生物及微生物的重要饵料来源，而这一部分底栖生物及微生物又为其上层水域生物提供了饵料支撑，是近海典型生境成为物种多样性及基因库的重要基石(Francesca et al.，2013)。因此，以大型水生植物为建基种(foundation species)的基础生境修复是保障我国近海生物资源恢复的基础工程。

增殖放流是用人工方法直接向海洋、滩涂、江河、湖泊、水库等天然水域投放或移入渔业生物的卵子、幼体或成体，以恢复或增加种群的数量，改善和优化水域的群落结构，是栖息地重要的修复手段。目前，大规模的渔业资源增殖放流并未取得应有的效果，原因之一在于对于放流品种的栖息地(尤其是天然生境)内部的食物网结构与关键过程缺少必要的研究。《中国水生生物资源养护行动纲要》明确把修复海草场、红树林、珊瑚礁等天然生境作为主要行动目标之一，而实践效果也已表明天然栖息地是放流苗种的育成场所，所以增殖放流的重心应该移至放流前明确增殖放流种类数量、多样性组成特征及其对构筑健康生态系统的作用和机制与放流后的养护技术，各类生境的栖息地建设将对资源增殖放流与养护事业起到事半功倍的效果。

19.5　近海生物资源恢复的研究方法与工具

19.5.1　Ecopath with Ecosim

多重人类活动交互作用影响海洋生态系统的结构和功能，严重威胁海洋生态系统健康和食物产出的可持续性，引起人们对生态系统承载力的极大关注。评估区域生态系统对生物资源的整体承载力，需要掌握生态系统的能量流动和物质循环特征，从生态系统结构完整性、稳定性及服务功能发挥是否良好等角度进行考察。多营养层次生物资源承载力评估，是近年来在生态系统的海洋管理理论指导下发展起来的近海生物资源评估的新方向，尚处于探索阶段，目前多数学者采用食物网营养动力学模型开展相关评估技术/方法研究。Ecopath with Ecosim(以下简称“EwE”）是其中一种被广泛运用的模型(Christensen et al.，2008；Paul et al.，2000)，主要用于生态网络和能量流动的分析。

EwE 模型最初是 Polovina(1984)在研究 Laevastu 渔业生态系统中某个物种的生物量收支平衡时，根据物质和能量收支平衡的理论基础建立的简化的 Ecopath 模型。之后，Ulanowicz(1986)在原来的基础上加入一系列生态学理论，用来分析各个功能组之间的能量流动特征。随后，Christensen 和 Pauly(1992a，1992b)结合了 Odum 和 Ulanowicz 的理论生态学研究成果，将其发展成单独的计算机软件，用以定量分析生态系统营养结构、不同的功能组间能量流动的特点，以及评估系统的总体特征等。至今，EwE 模型的开发应用已经有了三十多年的历史，在全球不同纬度地区、不同类型的水生生态系统(海洋、海港、水库、湖泊及池塘等)的研究十分广泛。据统计，已有 160 多个国家超过 6000 个用户注册使用 EwE 软件，并且在各类期刊发表了 500 多篇有关 EwE 模型的文章(Coll et al.，2015；Scott et al.，2016)。

EwE 软件是一个免费的生态或系统的建模软件套组。它主要由 3 个部分组成：Ecopath 是一个静态的食物网数量平衡模型；Ecosim 是用于策略探索的时间动态模型；Ecospace 是主要用于分析保护区影响和位置的时空动态模型。EwE 软件套组可以用于以下研究：①解决生态问题；②评估捕捞的生态系统效应；③探索管理策略的选择；④分析海洋保护区的影响和位置；⑤预测污染物和示踪剂的移动及积累；⑥环境改变的模型效应；⑦促进点到点的模型建立。

Ecopath 模块以构建食物网的数量平衡模型为基础，整合了一系列生态数学分析工具，利用 Ecopath 软件可以方便地建立所研究生态系统的能量平衡模型，确定生物量(B)、生产量/生物量(P/B)、消耗量/生物量(Q/B)、营养级(TL)和生态营养转化效率(EE)等重要的生态系统参数。定量描述能量在生态系统生物组成之间的流动、生态系统的规模及稳定性和成熟度、物流能力的分布和循环、系统内部的捕食和竞争营养关系、各营养级间能量的流动效率、生物群落间直接和间接的影响等。

Ecosim 模块加入了时间条件，它提供了一种模拟捕捞对生态系统生物组成数量变动影响的工具。它们利用 Ecopath 模型的输出数据，预测系统中被开发种群的捕捞强度，模拟生态系统其他生物资源对种群不同捕捞强度的反应(Christensen and Walters，2004)。Ecospace 模块则加入了空间条件，它由用户提供相关功能种群的栖息地、捕捞和保护区域的信息，综合空间进行分析。

19.5.2　粒径谱与营养级谱

粒径谱是等粒径间隔的生物分布图。Sheldon 等于 1972 年首次提出粒径谱，并提出一个大胆的假说：在海洋生态系统中，从细菌到鲸鱼的生物量在对数化的等粒级范围内几乎相等。标准化粒径谱理论认为，理想状态下其斜率(b)为–1，决定系数(R^2)接近于 1。Kerr(2011)则在 Sheldon 模型基础上以能量流动与营养级关系来构建模型，Thiebaux 和 Dickie(1992，1993)以双对数坐标绘出非正态化生物量谱，并提出正态化生物量的概念，这是当前大多数研究者常用的粒径谱形式。当前，粒径谱研究重点更多地放在了局部粒径谱(如浮游动物部分、鱼类部分)，此外，粒径谱的形态构成机制也被逐步揭示出来。

粒径谱的形态构成主要受三方面因素影响：异速生长规律(不同粒径生物之间的生长、代谢速度差异)、捕食者-被捕食者大小比及系统的整体营养传递效率(Benoit and Rochet，2004；Kriest and Oschlies，2007；Guiet et al.，2016)。由于前两者在大多数水体环境中较为稳定，因此营养传递效率经常是影响图谱形态的最主要因素。反过来，通过分析绘制出的粒径谱线，也可以对生态系统的营养传递做出评价。粒径谱最大的优点在于能够帮助我们直观了解生态系统的整体结构和局部结构的信息，便于诊断生态系统的潜在生态问题，这对制定具体的生态保护计划具有十分重要的指导意义。例如，当粒径谱的斜率显著小于–1 时，说明生态系统的营养传递效率偏低，其原因可能是初级生产过剩，浮游动物和鱼类不能及时消费。再进一步分析，其原因可能是营养过量输入造成了富营养化。除此以外，当粒径谱中某一组分的生物量偏离拟合直线较多，则说明该类生物的生物量过剩(过少)，工作者在研究或实际开展保护工作时就应当给予该类生物更多的关注。

营养级谱是由粒径谱拓展而来的。粒径谱是表示生物量或生物数量与粒径大小的关系曲线，能够很好地反映生物量随营养级递增而呈现的变化趋势，是研究生态系统特征的一个重要途径。粒径谱涵盖不同粒级大小的各种活生物的分布(Sheldon et al.，1977)。也就是说，在水生生态系统食物网中，从浮游植物到浮游动物直至鱼类都可以看作“颗粒”，并以相应球型直径表示其大小(沈国英等，2010)。那么，对于某一特定生态系统，其各粒径级上的生物量分布将遵循一定的规律。在水生生态系统中，生物的粒级大小和营养级几乎呈正相关关系，随着营养级的升高，生物的粒级也增大。所以，对于某一特定生态系统，顺营养层次向上，生物量降低(Borgmann，1987)。

营养级谱是由 Link(2010)在 PREBAL 诊断中提出的，它被用于评估生态网络模型中的参数，评估生态系统并用于海洋生物资源(LMR)的管理中(Link，2010；Heymans et al.，2016)。然而，由于营养级的测定比较烦琐，在实际的调查研究中需要对大量样品进行营养级测定，这就要求在实际研究中，结合稳定同位素、胃含物分析等技术构建包含完整营养级信息的食物网。并且营养级值相比于粒径数值，连续性更差，因此在实际绘制时，营养级谱也存在拟合度较低的问题。事实上，粒径谱与营养级谱各有千秋，特点上具有互补性，如果同时构建两种生物量谱，在研究营养传递时将两类谱线结合分析，就可以很好地了解研究对象的营养传递规律。因此，探索出结合两种生物量谱特性的新模型，将是粒径谱-营养级谱研究中的一个重要关注点，对近海生物资源恢复具有指导意义。

19.6 结　　语

针对近海生物资源的恢复策略，生境改善是基本建设手段，海域资源增殖则是核心问题，恢复与增强近海生态系统服务功能是最终目标。就我国当前海洋生物资源恢复的现状而言，在近海生物资源养护、栖息地修复和海洋牧场构建的实践需求之间尚存在一定程度的脱节，且对人类活动影响下近海生物多样性维持机制(如资源种群适应性响应机制等)及其对可持续食物产出的作用等问题的研究尚不深入。随着近年来新理念(如生物操纵、多营养层次综合养殖、海洋牧场、栖息地修复与重建等)和新技术方法(如稳定同位素技术、粒径谱、EwE 模型等)的不断完善，迫切需要在食物网调控与构建框架下，针对不同的生态系统类型和衰退的资源种群，运用新思维、新方法，深入研究近海生物资源的退化机制、恢复原理和评估方法，并进而研发针对性强的生物资源养护和退化水域生态修复新技术。

参考文献

陈少莲. 1982. 东湖放养鲢、鳙种的食性分析. 水库渔业，(3)：21-26.

陈少莲，刘肖芳，华俐. 1991. 鲢、鳙在东湖生态系统的氮、磷循环中的作用. 水生生物学报，15(1)：8-26.

陈勇，张秀梅，章守宇，等. 2016. 现代海洋牧场建设的现状与发展对策. 中国工程科学，18(3)：79-84.

方建光，李钟杰，蒋增杰，等. 2016. 水产生态养殖与新养殖模式发展战略研究. 中国工程科学，18(3)：22-28.

谷孝鸿，刘桂英. 1996. 滤食性鲢鳙鱼对池塘浮游生物的影响. 生态与农村环境学报，(1)：6-10.

柯志新. 2008. 太湖梅梁湾生物控藻围栏内鲢、鳙摄食生态和控藻效果的研究. 中国科学院水生生物研究所博士学位论文.

刘焕亮，崔和，李立萍，等. 1992. 鳙滤食器官胚后发育生物学的研究. 大连海洋大学学报，7：1-10.

刘焕亮，李梦河，李立萍，等. 1993. 鲢滤食器官胚后发育生物学的研究. 大连海洋大学学报，8：1-19.

秦伯强，杨桂军，马健荣，等. 2016. 太湖蓝藻水华"暴发"的动态特征及其机制. 科学通报，61：759-770.

阙华勇，陈勇，张秀梅，等. 2016. 现代海洋牧场建设的现状与发展对策. 中国工程科学，18(3)：79-84.

阮景荣，戎克文. 1995. 微型生态系统中链、鳙下行影响的实验研究：2.营养物水平. 湖泊科学，7：334-340.

沈国英，黄凌风，郭丰，等. 2010. 海洋生态学(第三版). 北京：科学出版社.

石志中，方德奎，张卫. 1975. 白鲢等鱼种对螺旋鱼腥藻消化吸收的示踪实验报告. 水生生物学报，(4)：497-502.

石志中，方德奎，张卫. 1976. 白鲢鱼种对螺旋鱼腥藻摄食量和利用率的研究. 水生生物学报，(1)：89-95.

史为良，金文洪. 1989. 放养鲢鳙对水体富营养化的影响. 大连海洋大学学报，4：11-24.

唐汇娟，谢平. 2006. 围隔中不同密度鲢对浮游植物的影响. 华中农业大学学报，25：277-280.

唐启升，方建光，张继红，等. 2013. 多重压力胁迫下近海生态系统与多营养层次综合养殖. 渔业科学进展，(1)：3-13.

谢平. 2003. 鲢、鳙与藻类水华控制. 北京：科学出版社.

章守宇，周曦杰，王凯，等. 2019. 蓝色增长背景下的海洋生物生态城市化设想与海洋牧场建设关键技术研究综述. 水产学报，43(1)：83-98.

赵文，董双林，张兆琪，等. 2001. 鲢放养和施肥对盐碱池塘围隔生态系统浮游生物群落的影响. 应用生态学报，12：299-303.

中华人民共和国农业农村部. 2016. 农业部关于加快推进渔业转方式调结构的指导意见. http://www.moa.gov.cn/gk/zcfg/qnhnzc/201605/t20160506_5120615.htm

朱蕙，邓文瑾. 1983. 鱼类对藻类消化吸收的研究——(Ⅱ)鲢、鳙对微囊藻和裸藻的消化吸收. 鱼类学论文集，3：77-91.

Arcifa M S, Northcote T G, Froehlich O. 1986. Fish-zooplankton interactions and their effects on water-quality of a tropical brazilian reservoir. Hydrobiologia, 139(1): 49-58.

Benndorf J. 1995. Possibilities and limits for controlling eutrophication by biomanipulation. Internationale Revue der Gesamten Hydrobiologie, 80(4): 519-534.

Benndorf J. 2005. Ecotechnology: Basis of a new immission concept in water pollution control. Water Science and Technology, 52(5): 17-24.

Benoit E, Rochet M J. 2004. A continuous model of biomass size spectra governed by predation and the effects of fishing on them. Journal of Theoretical Biology, 226(1): 9-21.

Borgmann U. 1987. Models on the slope of, and biomass flow up, the biomass size spectrum. Canadian Journal of Fisheries & Aquatic Sciences, 44(S2): 136-140.

Bortone S A, Martin T, Bundrick C M. 1994. Factors affecting fish assemblage development on a modular artificial reef in a northern Gulf of Mexico estuary. Bulletin of Marine Science, 55(55): 319-332.

Brook J L, Dodson S I. 1965. Predation, body size, and composition of plankton. Science, 150(3692): 28-35.

Burns C W. 1968. The relationship between body size of filter-feeding Cladocera and the maximum size of particle ingested. Limnology and Oceanography, 13(4): 675-678.

Carpenter S R, Kitchell J F. 1988. Consumer control of lake productivity. BioScience, 38(11): 764-769.

Carpenter S R, Kitchell J F, Hodgson J R. 1985. Cascading trophic interactions and lake productivity.BioScience, 35(10): 634-639.

Carpenter S R, Lathrop R C, Munozdelrio A. 1993. Comparison of dynamic models for edible phytoplankton. Canadian Journal of Fisheries and Aquatic Sciences, 50(8): 1757-1767.

Chopin T, Buschmann A H, Hulling C, et al. 2001. Minireview integrating seaweeds into marine aquaculture systems: A key toward sustainability. Journal of Phycology, 37(6): 975-986.

Christensen V, Walters C J. 2004. Ecopath with Ecosim: Methods, capabilities and limitations. Ecological Modelling, 172(2): 109-139.

Christensen V, Walters C, Pauly D, et al. 2008. Ecopath with Ecosim Version 6 User Guide. Vancouver, BC: Fisheries Centre；University of British Columbia.

Christensen V D, Pauly D. 1992a. Ecopath Ⅱ-a software for balancing stead state ecosystem models and calculation network characteristics. Ecological Modelling, 61(3-4): 169-185.

Christensen V D, Pauly D. 1992b. A guide to the Ecopath program. ICLARM software 6, 6: 72-90.

Chung I K, Kang Y H, Yarish C, et a1. 2002. Application of seaweed cultivation to the bioremediation of nutrient-rich effluent. Algae, 17(3): 187-194.

Cohen J E, Beaver R A, Cousins S H, et al. 1993. Improving food webs. Ecology, 74(1): 252-258.

Coll M, Akoglu E, Arreguín-Sánchez F, et al. 2015. Modelling dynamic ecosystems: Venturing beyond boundaries with the Ecopath approach. Reviews in Fish Biology and Fisheries, 25(2): 413-424.

Cremer M C, Smitherman R O. 1980. Food habits and growth of silver and bighead carp in cages and ponds. Aquaculture, 20 (1): 57-64.

Dawidowicz P. 1990. Effectiveness of phytoplankton control by large-bodied and small-bodied zooplankton. Hydrobiologia, 200: 43-47.

Domaizon I, Dévaux J. 1999. Impact of moderate silver carp biomass gradient on zooplankton communities in a eutrophic reservoir. Consequences for the use of silver carp in biomanipulation. Comptes Rendus de L'académie des Sciences Série III Sciences de la vie, 322 (7): 621-628.

Drenner R W, Hambright K D. 2002. Piscivores, trophic cascades, and lake management. The Scientific World Journal, 2: 284-307.

FAO. 2016. The State of World Fisheries and Aquaculture. Contributing to food security and nutrition for all. Rome.

Firth L B, Knights A M, Bridger D, et al. 2016. Ocean sprawl: Challenges and opportunities for biodiversity management in a changing world. Oceanography & Marine Biology, 54: 193-269.

Francesca C, Valentina C, Stanislas F D, et al. 2013. Trophic structure of vermetid reef community: High trophic diversity at small spatial scales. Journal of Sea Research, 77: 93-99.

Geller W, Müller H. 1981. The filtration apparatus of Cladocera: Filter mesh-sizes and their implications on food selectivity. Oecologia, 49 (3): 316-321.

Griffiths R W. 1992. Effects of zebra mussels (*Dreissena polymorpha*) on the benthic fauna of Lake St. Clair//Nalepa T F, Schloesser D W. Zebra Mussels - Biology, Impacts and Control. London: Lewis Publishers.

Guiet J, Poggiale J C, Maury O. 2016. Modelling the community size-spectrum: Recent developments and new directions. Ecological Modelling, 337: 4-14.

Gulati R D, Pires L, Van Donk E. 2008. Lake restoration studies: Failures, bottlenecks and prospects of new ecotechnological measures. Limnologica, 38 (3-4): 233-247.

Hambright K D. 1994. Can zooplanktivorous fish really affect lake thermal dynamics? Archiv Fur Hydrobiologie, 130 (4): 429-438.

Haney J F. 1987. Field studies on zooplankton-cyanobacteria interactions. New Zealand Journal of Marine and Freshwater Research, 21 (3): 467-475.

Hanlon S G, Hoyer M V, Cichra C E, et al. 2000. Evaluation of macrophyte control in 38 Florida lakes using triploid grass carp. Journal of Aquatic Plant Management, 38: 48-54.

Hansson L A, Annadotter H, Bergman E, et al. 1998. Biomanipulation as an application of food-chain theory: Constraints, synthesis, and recommendations for temperate lakes. Ecosystems, 1 (6): 558-574.

Ke Z, Xie P, Guo L, et al. 2007. *In situ* study on the control of toxic *Microcystis* blooms using phytoplanktivorous fish in the subtropical Lake Taihu of China: A large fish pen experiment. Aquaculture, *265* (1): 127-138.

Kerr S R. 2011. Theory of size distribution in ecological communities. Journal of the Fisheries Research Board of Canada, 31 (12): 1859-1862.

Knut S. 2006. Overgrazing of kelp beds along the coast of Norway. Journal of Applied Phycology, 18: 599-610

Kriest I, Oschlies A. 2007. Modelling the effect of cell-size-dependent nutrient uptake and exudation on phytoplankton size spectra. Deep Sea Research Part Ⅰ Oceanographic Research Papers, 54 (9): 1593-1618.

Lampert W. 1987. Laboratory studies on zooplankton-cyanobacteria interactions. New Zealand Journal of Marine and Freshwater Research, 21 (3): 483-490.

Lampert W, Fleckner W, Rai H, et al. 1986. Phytoplankton control by grazing zooplankton: A study on the spring clear-water phase. Limnology and Oceanography, 31 (3): 478-490.

Lauridsen T L, Sandsten H, Møller P H. 2003. The restoration of a shallow lake by introducing *Potamogeton* spp.: The impact of waterfowl grazing. Lakes & Reservoirs Research & Management, 8 (3-4) : 177-187.

Lazzaro X, Bouvy M, Ribeiro R A, et al. 2003. Do fish regulate phytoplankton in shallow eutrophic Northeast Brazilian reservoirs？ Freshwater Biology, 48 (4) : 649-668.

Lazzaro X, Starling F. 2005. Using biomanipulation to control eutrophication in a shallow tropical urban reservoir（Lago Paranoa, Brazil）//Reddy M V. Restoration and Management of Tropical Eutrophic Lakes. Enfield, Plymouth: Science Publishers, Inc.: 361-387.

Leventer H, Teltsch B. 1990. The contribution of silver carp (*Hypophthalmichthys molitrix*) to the biological control of Netofa reservoirs. Hydrobiologia, 191 (1) : 47-55.

Link J S. 2010. Adding rigor to ecological network models by evaluating a set of pre-balance diagnostics: A plea for PREBAL. Ecological Modelling, 221 (12) : 1580-1591.

Liu Q G, Chen M K, Tong H Y, et al. 2004. Study on the possible cause of water blooming and the bloom-prevention technology in Lake Qiandaohu. Agriculture Science China, 3 (8) : 627-633.

Liu Z Z, Cui B S, He Q. 2016. Shifting paradigms in coastal restoration: Six decades' lessons from China. Science of the Total Environment, 566-567: 205-214.

Luecke C, Vanni M J, Magnuson J J, et al. 1990. Seasonal regulation of *Daphnia* populations by planktivorous fish: Implications for the spring clear-water phase. Limnology and Oceanography, 35 (8) : 1718-1733.

Macisaac H J. 1996. Potential abiotic and biotic impacts of zebra mussels on the inland waters of North America. American Zoologist, 36 (3) : 287-299.

McQueen D J, Post J R, Mills E L. 1986. Trophic relationships in freshwater pelagic ecosystems. Canadian Journal of Fisheries and Aquatic Sciences, 43 (8) : 1571-1581.

Naeem S, Duffy J E, Zavaleta E. 2012. The functions of biological diversity in an age of extinction. Science, 336 (6087) : 1401.

Nina M J, Hartvig C. 2003. Diurnal, horizontal and vertical dispersal of kelp-associated fauna. Hydrobiologia, 503: 69-76.

Pace M L. 1984. Zooplankton community structure, but not biomass, influences the phosphorus-chlorophyll a relationship. Journal Canadien des Sciences Halieutiques et Aquatiques, 41 (41) : 1089-1096.

Pauly D, Christensen V, Walters C. 2000. Ecopath, Ecosim, and Ecospace as tools for evaluating ecosystem impact of fisheries. Ices Journal of Marine Science, 57 (3) : 697-706.

Polovina J J. 1984. An overview of the ECOPATH model. Fishbyte, 2 (2) : 5-7.

Post D M M L, Pace M L, Hairston N G. 2000. Ecosystem size determines food-chain length in lakes. Nature, 405 (6790) : 1047-1049.

Qiu D R, Wu Z B, Liu B Y, et al. 2001. The restoration of aquatic macrophytes for improving water quality in a hypertrophic shallow lake in Hubei Province, China. Ecological Engineering, 18 (2) : 147-156.

Radke R J, Kahl U. 2002. Effects of a filter-feeding fish [silver carp, *Hypophthalmichthys molitrix* (Val.)] on phyto- and zooplankton in a mesotrophic reservoir: Results from an enclosure experiment. Freshwater Biology, 47: 2337-2344.

Reeders H H, Vaate A B D. 1990. Zebra mussels (*Dreissena polymorpha*) : A new perspective for water quality management. Hydrobiologia, 200-201 (1) : 437.

Roy E D, Martin J F, Irwin E G, et al. 2010. Transient social-ecological stability: The effects of invasive species and ecosystem restoration on nutrient management compromise in Lake Erie. Ecology and Society, 15 (1) : 655-672.

Rudstam L G, Lathrop R C, Carpenter S R. 1993. The rise and fall of a dominant planktivore: Direct and indirect effects on zooplankton. Ecology, 74 (2) : 303-319.

Sarnelle O. 1993. Herbivore effects on phytoplankton succession in a eutrophic lake. Ecological Monographs, 63 (2): 129-149.

Scheffer M. 1997. Ecology of Shallow Lakes. Dordrecht: Springer.

Scott E, Serpetti N, Steenbee J, et al. 2016. A Stepwise Fitting Procedure for automated fitting of Ecopath with Ecosim models. Softwarex, 5: 25-30.

Seda J, Duncan A. 1994. Low fish predation pressure in London reservoirs: Ⅱ. Consequences to zooplankton community structure. Hydrobiologia, 291 (3): 179-191.

Shapiro J, Lamarra V A, Lynch M. 1975. Biomanipulation: An ecosystem approach to lake restoration//Brezonik P L, Fox J. Proceedings of a symposium on Water Quality Management through Biological Control.Gainesville: University of Florida: 85-89.

Shapiro J, Wright D I. 1984. Lake restoration by biomanipulation: Round Lake, Minnesota, the first two Years. Freshwater Biology, 14 (4): 371-383.

Sheldon R W. 1967. A continuous size spectrum for particulate matter in the sea. Journal of the Fisheries Research Board of Canada, 24 (5): 909-915.

Sheldon R W, Prakash A, Sutcliffe W H. 1972. The size distribution of particles in the ocean. Limnology and Oceanography, 17 (3): 327-340.

Sheldon R W, Sutcliffe Jr W H, Paranjape M A. 1977. Structure of pelagic food chain and relationship between plankton and fish production. Journal of the Fisheries Research Board of Canada, 34 (12): 2344-2353.

Shireman J V, Maceina M J. 1981. The utilization of grass carp, *Ctenopharyngodon idella* Val., for hydrilla control in Lake Baldwin, Florida. Journal of Fish Biology, 19 (6): 629-636.

Shumway S E, Cucci T L, Newell R C, et al. 1985. Particle selection, ingestion, and absorption in filter-feeding bivalves. Journal of Experimental Marine Biology and Ecology, 91 (1): 77-92.

Skov C, Nilsson P A. 2007. Evaluating stocking of YOY pike *Esoxlucius* as a tool in the restoration of shallow lakes. Freshwater Biology, 52 (9): 1834-1845.

Søndergaard M, Liboriussen L, Pedersen A R, et al. 2008. Lake restoration by fish removal: Short- and long-term effects in 36 Danish lakes. Ecosystems, 11 (8): 1291-1305.

Spataru P, Gophen M. 1985. Food composition of the barbel Tor canis (Cyprinidae) and its role in the Lake Kinneret ecosystem. Environmental Biology of Fishes, 14 (4): 295-301.

Spataru P, Wohlfarth G W, Hulata G. 1983. Studies on the natural food of different fish species in intensively manured polyculture ponds. Aquaculture, 35 (4): 283-298.

Starling F. 1993. Control of eutrophication by silver carp (*Hypophthalmichthys molitrix*) in the tropical Paranoa Reservoir (Brasilia, Brazil): A mesocosm experiment. Hydrobiologia, 257 (3): 143-152.

Starling F. 1998. Development of biomanipulation strategies for the remediation of eutrophication problems in an urban reservoir, Lago Paranoa, Brazil. Stirling: University of Stirling.

Starling F, Lazzaro X, Cavalcanti C, et al. 2002. Contribution of omnivorous tilapia to eutrophication of a shallow tropical reservoir: Evidence from a fish kill. Freshwater Biology, 47 (12): 2443-2452.

Tang Q S, Zhang J H, Fang J G. 2011. Shellfish and seaweed mariculture increase atmospheric CO_2 absorption by coastal ecosystems. Marine Ecology Progress Series, 424: 97-105.

Thiebaux M L, Dickie L M. 1992. Models of aquatic biomass size spectra and the common structure of their solutions. Journal of Theoretical Biology, 159 (2): 147-161.

Thiebaux M L, Dickie L M. 1993. Structure of the body-size spectrum of the biomass in aquatic ecosystems. Canadian Journal of Fisheries & Aquatic Sciences, 50(6): 1308-1317.

Ulanowicz R E. 1986. Growth and Development: Ecosystem Phenomenology Phenomenology. NewYork: Springer-Verlag.

Wells R J D, Steneck R S, Palma A T. 2010. Three-dimensional resource partitioning between American lobster (*Homarus americanus*) and rock crab (*Cancer irroratus*) in a subtidal kelp forest. Journal of Experimental Marine Biology & Ecology, 384(1): 1-6.

Winemiller K O, Akin S, Zeug S C. 2007. Production sources and food web structure of a temperate tidal estuary: Integration of dietary and stable isotope data. Marine Ecology Progress Series, 343(6): 63-76.

Xie P, Liu J. 1992. Studies on the influences of planktivorous fishes (silver carp and bighead carp) on the "water bloom" in a shallow, eutrophic Chinese lake (Donghu Lake) using enclosure method. Annual Report of FEBL for 1991: 21-24.

Xie P, Liu J. 2001. Practical success of biomanipulation using filter-feeding fish to control cyanobacteria blooms: A synthesis of decades of research and application in a subtropical hypereutrophic lake. Scientific World Journal, 1: 337-356.

Xie P, Wang S, Wang J, et al. 1993. An enclosure experiment on the influence of three "domestic" carps-silver carp, bighead carp and grass carp, on the "water bloom" in a shallow, eutrophic Chinese lake (Lake Donghu). FEBL Annual Report for 1992: 13-20.

Zamora L N, Yuan X, Carton A G, et al. 2016. Role of deposit-feeding sea cucumbers in integrated multitrophic aquaculture: Progress, problems, potential and future challenges. Reviews in Aquaculture: 1-18.

Zhang X, Xie P, Huang X. 2008. A review of nontraditional biomanipulation. Scientific World Journal, 8: 1184-1196.

Zhang X M, Zhou Y, Liu P, et al. 2015. Temporal pattern in biometrics and nutrient stoichiometry of the intertidal seagrass *Zostera japonica* and its adaptation to air exposure in a temperate marine lagoon (China): Implications for restoration and management. Marine Pollution Bulletin, 94: 103-113.

第 20 章　大型海藻生态修复及其机制[①]

20.1　引　　言

随着海洋交通运输、围海造地、临海工业的快速发展，大型建设工程、海堤和码头等人工岸线设施的建设改变了海湾岸线的自然属性，滩涂湿地不断萎缩。同时，陆源污染物质大量输入及水产养殖业的超负荷发展，导致水体富营养化、赤潮频发、海湾生态环境的恶化日益凸显、生物栖息和繁衍场所受到破坏、海岸带生态群落单一化、生物多样性减少、海湾生态系统稳定性和生态服务功能下降、近海生态环境不同程度地退化。因此，对近海生态环境的修复工作迫在眉睫。

生态修复(ecological remediation)是以生态学原理为指导，以生物修复为基础，并与物理修复和化学修复相结合，通过优化组合，达到效果最佳、耗费最低、对原始生态系统损害最小的一种对污染环境进行修复的综合方法(陆静依，2001)。根据生态修复的作用原理，生态修复有微生物修复、物理和化学修复、植物修复等几种修复方式，其中植物修复是生态修复的基本形式。水生植物修复是修复富营养化水体氮磷污染的重要手段。水生植物通过光合作用，吸收水体中的营养盐、释放氧气，进而有效地维持水体生态系统的稳定，实现水生态系统的修复，常见的水生植物有海草、大叶藻、大型海藻等。在近岸海洋生态系统中，大型海藻广泛分布于潮间带及潮间带以下的透光层，是海洋植物中的重要组成部分，约占海洋初级生产力的 10%，在维持海洋生态系统的生产力、稳定性、资源流动等生态功能中扮演着重要角色(安鑫龙等，2010；章守宇等，2007)。大型海藻已经被广泛应用于富营养化和酸化污染环境的生态修复中，是现阶段应用于海洋生态系统修复最多的生物(宋凯等，2018)。海带、裙带菜、龙须菜、紫菜等大型海藻不仅可以通过大量吸收海水中的碳、氮、磷等营养盐缓解水体的富营养化和海水酸化程度，还具备部分人工鱼礁的功能，是海洋动物的天然饵料场所和孵化、栖息、隐蔽场所，在维护近岸海洋生态系统的生态功能中发挥着积极的作用。

本章回顾近年来国内外利用大型海藻进行生态修复的技术与实践，并针对大型海藻生态修复过程中对碳氮磷营养盐的吸收与利用、对重金属的吸收与富集、

---

① 本章作者：杜虹，王慧，刘晓娟，毕然，邹定辉，梁宏豪(汕头大学海洋科学研究院广东省海洋生物技术重点实验室，汕头 515063)。本研究获得南方海洋科学与工程广东省实验室(广州)人才团队引进重大专项(GML2019ZD0606)的资助。

藻菌相互作用及其生态过程等机制问题展开探讨，以期为基于大型海藻的生态修复技术研发提供系统的理论基础。

20.2　利用大型海藻进行生态修复的技术研究与实践

在自然海区、礁石、潮间带等均存在规模不一的天然藻场。海洋中的天然藻场通常是指水深大约在 20m 以内，海草或海藻群落生长茂盛的场所。藻场中的海藻大部分是褐藻，包括巨藻属(*Macrocystis*)、海带属(*Laminaria* 或 *Saccharina*)、裙带菜属(*Undaria*)、马尾藻属(*Sargassum*)、鼠尾藻(*Sargassum thunbergii*)等，也有红藻，如珊瑚藻(*Corallina officinalis*)、坛紫菜(*Neoporphyra haitanensis*)、石花菜(*Gelidium amansii*)、舌状蜈蚣藻(*Grateloupia livida*)等，还有绿藻，如石莼(*Ulva lactuca*)、浒苔(*Ulva prolifera*)、礁膜属(*Monostroma*)等(李恒和李美真，2006)。但由于人类的活动，天然藻场正面临退化、枯竭的危险。以日本为例，在 14 年的时间里日本沿海地区损失了 6400hm^2 海草和海藻床，其中马尾藻床占 22.0% (Terawaki et al.，2003)。天然藻场的修复工作以马尾藻场的修复实践较多，通过人工增殖海藻种苗，设计人工礁石、藻礁等方式将种苗投放到自然海区，达到天然海藻场资源逐步恢复的目的。例如，Terawaki 等(2003)在利用沙滩斜坡和礁石修建的阶梯式人工藻床进行马尾藻场修复，随着藻床的扩张和马尾藻的大规模移栽，日本濑户内海的马尾藻场得到了较好的恢复。在韩国，Yoon 等(2014)通过取无肋马尾藻(*Sargassum fulvellum*)和铜藻(*Sargassum horneri*)的受精卵并将其黏附在混凝土砌块基质上培育种苗，然后转移到海区中栽培，对济州岛沿岸的马尾藻场进行了恢复。我国在近年来也大力支持海藻场的生态修复工作，在山东、浙江、福建、广东等沿海各地均实施了不同规模的海藻场修复工作(谭海丽，2012；于永强，2013；张建伟，2015；曲元凯，2015；王惠等，2019)。这些天然海藻场经过人工修复，不同程度上恢复了海藻场的覆盖面积，不但可以发挥吸收氮磷营养盐、净化水质的生态功能，而且依赖海藻场栖息产卵的鱼、虾、贝等海洋生物资源也得以恢复，生物多样性增加，从而使近岸水域生态系统趋向良性发展。此外，天然海藻场的修复工作与海洋牧场建设等密切关联，这使得海藻场的生态功能进一步提升。

海藻场不仅可为海洋经济动物营造良好的生存环境，形成综合立体生态养殖系统，减轻海区富营养化等水体污染，增加海洋环境中的生物多样性，还可达到改善与稳定局部生态环境、修复渔业资源、提高水域利用率的目的。利用大型海藻开展生态修复的基础是利用各种人工辅助手段使大型海藻在不同类型的海区中大量生长，因此，大规模人工栽培大型海藻进行近岸富营养化水体生态修复的技术在国内外得到广泛应用。目前，全球范围内包括亚洲、拉丁美洲、北美洲等均有一定规模的大型海藻人工栽培，其中，中国人工栽培海藻历史悠久，种类繁多，模式多样，且产量居首。主要的栽培技术模式有：以紫菜、龙须菜为代表的潮间带筏式人工栽培；以海带、裙带菜为代表的潮下带浅海筏式人工栽培；以菊花心江蓠、麒麟菜为代表的潮下带浅海固定式海底栽培；以细基江蓠繁枝变型为代表的池塘底播式人工栽培。随着我国数年来的大型海藻人工栽培规模逐步扩大，形成了山东的海带和裙带菜、江苏的紫菜、福建及广东的龙须菜等大规模的人工藻场。大规模栽培的海藻在生长过程中大量吸收碳、氮、磷等生源要素，收获海藻的同时将水体中过量的营养盐去除。以紫菜人工栽培为例，紫菜养殖区内营养盐的去除效果十分明显，其中氨氮的去除率高达 79.6%，亚硝酸盐氮的去除率为 67.6%(He et al.，2008)。条斑紫菜在藻体密度为1.6g/L、光照强度为90μmol/(m^2 · s)时，对氮磷的去除率均达到 93.0%以上(邵飞等，2014)。浙江省宁波象山港口大规模养殖的江蓠可使养殖水域中的无机氮减少 50.0%、磷酸盐减少 60.0%(徐姗楠等，2006)。近年来，国外也开始关注大型海藻对氮、磷营养盐的去除作用。荷兰瓦格宁根大学研究人员的最新研究发现，大规模栽培石莼可帮助减轻海洋酸化，18 万 km^2 的石莼培养海域可以将地中海的海水 pH 提高十分之一(https://thefishsite.com/articles/seaweed-helps-solve-acidification-feed-world)。在美国的切萨皮克湾和附近的大西洋沿岸水域中，大型海藻条斑紫菜对总氮和总磷的去除率分别达到 61.3%和 9.9%，耐盐沉水植物川蔓藻对总氮和总磷的去除率分别达到 74.6%和 85.4%(Patrick et al.，2016)。这些研究表明，通过海藻吸收并固定的氮和磷等营养物质由海洋转移到陆地，可大大降低水体中营养物质的含量，因此在改善海洋环境方面有十分重要的作用和意义(安鑫龙等，2010)。

经过多年来大型海藻生态修复的实践，科学家的关注点从富营养化水体的修复延伸到多类型污染水体的生态修复，研究工作也从建设大型海藻场、评估大型海藻的生态修复效果，进一步延伸到大型海藻在生态修复过程中的机制研究等。例如，大型海藻吸收氮磷等大量营养盐的机制如何？大型海藻对水体中重金属吸收吸附的效果如何？又有哪些机制？此外，大型海藻修复的过程中，往往不是单一作用，而是植物-附生微生物-水体微生物-环境因子等共同作用的结果。那么大型海藻与海洋微生物之间存在怎样的资源竞争、化感作用等相互关系？在人工海藻场，大型海藻栽培密度高，存在不同程度的病虫害，这与海洋微生物有怎样的密切关系？因此，在大型海藻生态修复实践基础上，开展大型海藻生态过程的机制研究，可为大型海藻生态修复实践提供理论支持，有助于进一步提升大型海藻生态修复效率。

20.3 大型海藻对碳源的吸收利用及其调控机制

天然海水中，碳源主要以 CO_2、HCO_3^-、CO_3^{2-}等形式存在，并处于不断转换的动态平衡中。海水的 pH 决定不同形式碳源的含量。大型海藻通过光合作用将 CO_2 固定成有机物，进而合成其他的含碳化合物。海藻对碳的利用机制非常复杂，其中一种碳利用机制是藻细胞直接利用 CO_2，将 CO_2 转化为碳水化合物。例如，坛紫菜裂片变种（*Neoporphyra haitanensis* var. *schizophylla*）、石花菜（*Gelidium amansii*）、红叶藻（*Delesseria sanguinea*）、酵母状节荚藻（*Lomentaria articullata*）和羊栖菜（*Hizikia fusiforme*）能通过不耗能的被动运输方式从海水中直接吸收利用二氧化碳小分子（Johnston et al.，1992）。从现有资料来看，目前报道的只能利用 CO_2 作为光合作用外在碳源的大型海藻为潮间带或亚潮间带的海藻种类（邹定辉和高坤山，2001）。潮间带海藻在退潮时暴露于空气中，在低潮干出条件下，潮间带海藻以大气 CO_2 为唯一碳源进行光合作用，无机碳的吸收使得海藻叶状体表面水膜 pH 急剧升高，有利于胞外碳酸酐酶（carbonic anhydrase，CA）催化大气 CO_2 转化为 HCO_3^-，从而产生 CO_2 浓度梯度，成为海藻光合作用利用大气 CO_2 的动力。我国南方海域养殖的主要经济海藻为坛紫菜（*Neoporphyra haitanensis*），由于其养殖常采用筏式吊养，总会周期性地经历退潮时的干出过程，其吸收 CO_2 的模式类似于潮间带海藻。近年来，随着海洋中 CO_2 浓度不断增加，CO_2 对大型海藻的生理生化指标（如生长、光合作用、碳水化合物、可溶性蛋白和色素含量等）具有重要的影响。高浓度的 CO_2 有利于羊栖菜（*Hizikia fusiforme*）的生长（Zou，2005）。此外，海洋中 CO_2 浓度的增加对海藻碳水化合物、可溶性蛋白及色素含量的积累方面的影响研究表明，高浓度的 CO_2 可促进条浒苔（*Ulva clathrata*）和龙须菜碳水化合物含量的增加、可溶性蛋白和色素含量的减少（徐智广等，2008）。在高浓度的 CO_2 条件下，大型海藻不仅表现出一定的生理生化特征，还通过分子调控来适应不断变化的环境。例如，普通马尾藻（*Sargassum vulgare*）能够通过增加与能量代谢、光合作用、离子稳态、细胞壁、蛋白质合成、碳储存和细胞信号等有关基因的表达量来适应高 CO_2 浓度的环境（Kumar et al.，2017）。

相比只能利用 CO_2 作为碳源的海藻，大多数大型海藻具有利用 HCO_3^- 作为光合作用外在碳源的能力（邹定辉和高坤山，2001）。而海水中的 CO_3^{2-}，一般认为它不能作为光合作用的直接碳源，既不能抑制也不能促进光合作用（Maberly，1992）。CO_2 分子很容易通过扩散作用经过细胞膜进入细胞质（Raven et al.，1997）。与 CO_2 相比，HCO_3^- 渗透通过质膜的速率则要慢得多并且困难，因此促进 HCO_3^- 被吸收或利用的机制尤为重要。由于质膜对 HCO_3^- 渗透性低，以及细胞内总的膜负势能，因此利用 HCO_3^- 作为光合作用的碳源需要能量。一般地，每通过 1 分子的 HCO_3^- 需要 2ATP 的能量（Falk and Palmqvist，1992）。CA 活性与大型海藻 HCO_3^- 的利用能力具有密切关系。CA 在海藻中具有胞内（质体和叶绿体中）和胞外（与质膜表面相结合）两种存在形式。大型海藻中胞外 CA 有两种功能：①催化 HCO_3^- 向 CO_2 转化，CO_2 通过扩散或吸收作用穿过细胞膜；②催化空气中的 CO_2 向 HCO_3^- 转化，

HCO_3^-被海藻所利用(Axelsson et al., 1995)，有时 HCO_3^-在质膜附近又重新转化为 CO_2，而 CO_2 再进入海藻细胞。因此，这种功能与海藻暴露在空气中的光合作用利用 CO_2 类似(Mercado and Niell, 2000)。胞内 CA 的作用被认为是催化胞内无机碳库产生向 Rubisco 供应的 CO_2(Sultemeyer et al., 1993)。胞外 CA 催化 HCO_3^-的利用方式，是大型海藻利用无机碳最普遍和最基本的方式，在大型绿藻、红藻及褐藻均有发现。由于 CA 的高效性，这种 HCO_3^-利用方式在通常 pH 海水条件(约 8.2)下具有很高的能力。由这种方式所支撑的光合作用，能被胞外 CA 抑制剂 AZ(acetazolamide，很难渗透质膜)所抑制(Axelsson et al., 1999)；另外，胞外 CA 仅仅是能加速 HCO_3^-与 CO_2 之间的相互转化，并不能影响 CO_2 的平衡浓度，而且形成的 CO_2 主要是通过扩散作用被动进入细胞。因此，当 CO_2 平衡浓度很低时，这种 HCO_3^-利用方式在高 pH 条件(>9.4)下不能很好地起作用(Axelsson et al., 1995; Larsson et al., 1997)。红藻和褐藻如水云属(*Ectocarpus*)和黑顶藻属(*Sphacelaria*)的丝状体种类，或生长在较深海域的海藻如红叶藻(*Delesseria sanguinea*)，由胞外 CA 催化的 HCO_3^-利用方式中，AZ 的抑制作用很小(Axelsson et al., 1999)。这说明，由胞外 CA 催化的 HCO_3^-利用方式在总无机碳利用中的作用随藻类不同而有差异。

一些海藻没有胞外 CA，此时 HCO_3^-利用可能是通过一种对 HCO_3^-主动运输的系统(泵)，如阴离子交换蛋白(或带 3 阴离子蛋白)。而主动地直接吸收 HCO_3^-可以有不同的方式(机制)，如通过通透蛋白共向或反向运输等(Larsson et al., 1997)。另外，在一些潮间带海藻中，尽管存在胞外 CA，但胞外 CA 活性与 HCO_3^-亲合力之间没有相关性，这是由于它们具有 HCO_3^-直接吸收的机制(Mercado et al., 1998)。在肠浒苔(*Ulva intestinalis*)中，有两种 HCO_3^-利用方式，即通过胞外 CA 催化的 HCO_3^-利用和基于 DIDS 敏感机制的 HCO_3^-直接吸收。在 HCO_3^-利用系统中，由胞外 CA 催化的 HCO_3^-的脱水化系统不如直接的 HCO_3^-运输系统有效(Axelsson et al., 1995; Larsson et al., 1997)。

参与海洋碳循环是大型海藻非常重要的生态功能。大型海藻通过光合作用吸收 CO_2 并转化为有机碳，其光合固碳构成海域初级生产力的基础，在海洋碳循环中起着至关重要的作用。这种作用一方面体现为大型海藻吸收大气与海水中的 CO_2 使海洋微环境发生变化，另一方面这种微环境的改变又反过来影响海气 CO_2 交换和海水碳体系。海水中无机碳(inorganic carbon，IC)的存在形式以 HCO_3^-为主(90%左右)，游离的 CO_2 虽不足 1%，但大型海藻可直接利用海水中的游离 CO_2，使海水 CO_2 体系平衡向 CO_2 方向移动，导致大气中的 CO_2 在海水中的溶解量增加，从而加强了海洋碳汇。因此，大规模栽培大型经济海藻被认为是增加海洋碳汇的重要措施(宋金明，2004)。

我国是海藻栽培大国，近年来海藻栽培业发展迅速，大型经济藻类养殖产量每年为 120 万～150 万 t，换算为固碳量为 36 万～45 万 t，平均每年 40 万 t。如果被吸收的碳全部从大气中获得，则我国仅人工养殖经济海藻就可多从大气中吸收 40 万 t 的碳。2012 年全国近海养殖海藻总产量达到 176.47 万 t(权伟等，2014)，换算为固碳量则达 48 万 t。可见海藻栽培这一措施对固碳增汇有重要意义。大气中 CO_2 浓度的增加一定程度上会促进陆地及海洋植物的碳吸收，未来海藻栽培对海洋碳汇将具有更重要的生态作用。

20.4　大型海藻对氮源和磷源的吸收利用及其调控机制

海水中氮源主要由有机氮、无机氮和颗粒有机氮组成。无机氮包括氨氮、硝酸盐氮和亚硝酸盐氮等，可以被大型海藻直接吸收利用。有机氮包括氨基酸和尿素等，有机氮必须转化成无机氮后再被藻吸收利用(Guan et al.，2015)。海水中的磷源主要以磷酸盐、磷酸氢盐和磷酸二氢盐的形式存在，其中磷酸氢盐占主要部分(95%)，在不同 pH 的海水中，三者处于相互转化的动态平衡中。

大型海藻对氮磷的吸收利用主要通过三种方式：吸附、主动扩散和被动运输。吸附是指氮磷营养盐以离子形式透过细胞壁后吸附在细胞膜上或者进入细胞内的过程，是大型海藻利用氮磷营养盐的第一步。吸附之后，氮磷营养盐将通过主动扩散或被动运输的方式进一步被大型海藻吸收、利用及转化。大型海藻对氮磷营养盐的吸收具有偏好性。例如，在氨氮和硝酸盐氮同时存在的情况下，大型海藻孔石莼(*Ulva pertusa*)、铁钉菜(*Ishige okamurai*)和蜈蚣藻(*Grateloupia filicina*)均先利用硝酸盐氮作为氮源(张永正等，2012)。与此类似，比起氨氮，海带(*Saccharina japonica*)也更偏向于利用硝酸盐氮作为氮源(Xu et al.，2011)。此外，缺氮或缺氮后进行氮恢复对大型海藻的生理生化指标及氮代谢相关基因表达的影响非常显著。例如，缺氮会严重抑制紫球藻(*Porphyridium cruentum*)的光合作用(Zhao et al.，2017)，而缺氮后再添加额外的氮源和磷源后，浒苔(*Ulva prolifera*)的生长速率显著提高(Li et al.，2016)。对龙须菜进行缺氮后再复氮处理，显著地抑制了色素、氨基酸和蛋白质的合成，但是加快了生长速率、增加了内源性铵盐和可溶性多糖的含量，同时显著地影响了氮代谢相关基因的表达，如硝酸还原酶、谷氨酰胺合成酶、天冬酰胺合成酶等(Liu et al.，2019b，2019c)。谷氨酰胺合成酶是无机氮同化和吸收过程中的一个关键酶。在不同氨氮与硝酸盐氮比例下，龙须菜谷氨酰胺合成酶基因的两个拷贝(*glGS1* 和 *glGS2*)具有不同的表达模式，表明了它们在氮源的吸收利用中具有不同的生物学作用(Liu et al.，2019a)。

在生态修复过程中，大型海藻不仅可以利用无机氮，还可以利用尿素、氨基酸等有机氮(Vonk et al.，2008)。在近岸水体中，由于地表径流的输入，尿素是重要的有机氮存在形式，有些海域尿素占溶解有机氮的比例高达 40%～90%(Glibert et al.，2006)。在中国近海海域，如大亚湾海域，尿素的浓度甚至高于 NO_3^-和 NH_4^+

等无机氮的浓度（张云等，2014）。当无机氮被消耗时，大型海藻将利用有机氮（如尿素、甘氨酸、丙氨酸等）作为氮源以维持海藻的生长，如浒苔（*Ulva prolifera*）（Li et al.，2019）。因此，关于大型海藻利用有机氮的研究也逐渐受到关注。Li 等（2016）对浒苔（*Ulva prolifera*）利用有机氮的能力进行了研究，发现在培养基中添加溶解性有机氮（尿素和甘氨酸）、磷（ATP 和 G-6-P）后，浒苔的生长速率相对于无机氮组显著提高。研究表明，海藻对有机氮的吸收也具有一定的偏好性。Tyler 等（2005）以尿素和 6 种氨基酸为氮源对绿藻石莼（*Ulva lactuca*）和红藻真江蓠（*Gracilaria vermiculophylla*）进行处理，发现两种藻在贫氮条件下更偏好于利用尿素和甘氨酸。对一种育枝蕨藻（*Caulerpa prolifera*）的研究也发现，它更优先吸收 C∶N 比值低的氨基酸，如甘氨酸（Van Engeland et al.，2013）。

尿素是一种中性的有机小分子化学物质，是最先被关注的植物利用有机氮代谢的一种有机氮。目前在陆地高等植物中研究比较多。在植物细胞内，已知有两种途径能分解尿素：脲酶（urease）途径和尿素酰胺水解酶（urea amidolyase）途径。绝大部分藻类均通过脲酶途径降解尿素，脲酶将尿素水解为氨和氨基甲酸酯，氨基甲酸酯再进一步被水解为氨及碳酸；尿素酰胺酶途径则是以莱茵衣藻、小球藻等部分绿藻为主要代表，尿素酰胺酶是一个复合酶，由尿素羧化酶（urea carboxylase，UC）*DUR1* 基因编码而成，以及脲基甲酸盐水解酶（allophanate hydrolase，AH）*DUR2* 基因编码构成，催化尿素生成氨和二氧化碳（Solomon et al.，2010）。这两种途径均在细胞质内完成，尿素转变为铵后，铵离子进入 GS/GOGAT 循环，合成蛋白质、核酸等含氮大分子（Solomon et al.，2010）。尿素进入藻细胞主要通过细胞膜上的尿素转运载体的转运，该过程属于主动运输，需要 ATP 提供能量。该转运载体对尿素具有高亲合力，由 *DUR3* 基因编码完成（Wang et al.，2008）。然而，大型海藻对尿素的吸收途径和机制还不清楚，相关研究也很少。例如，在条斑紫菜中发现了两个尿素转运载体基因（*PyUT1* 和 *PyUT2*），这两个基因参与了尿素的转运，并且可能对条斑紫菜叶状体的颜色和光合色素含量具有重要的作用（Kakinuma et al.，2016）。对龙须菜在尿素培养下的生理生化指标检测发现，随着尿素浓度的增加，龙须菜的光合色素叶绿素 a 和藻红蛋白含量下降，当尿素含量低于 25μmol/L 时，尿素的吸收有利于龙须菜的生长和氮储存（Han et al.，2017）。

近年来，关于大型海藻对磷的吸收利用的研究也越来越多。大型海藻对磷的吸收利用不仅受时间的影响，还与物种有关。例如，海带、龙须菜和鼠尾藻（*Sargassum thunbergii*）对磷的吸收能力会随着时间的延长逐渐降低，海带对磷的吸收效果和能力优于龙须菜，而鼠尾藻对磷的吸收效果和能力最差（李赵嘉等，2014）。不同磷的浓度，对大型海藻的生理生化具有重要的影响。在磷浓度低于 12μmol/L 的情况下，坛紫菜的生长速率和藻红蛋白含量随着磷浓度的升高而增加；在磷浓度高于 12μmol/L 时，则不再增加（孟庆俊等，2010）。与此同时，氮磷比例对海藻吸收磷也具有重要影响。龙须菜在总无机氮浓度为 100～200μmol/L 时，氮磷比值为 10～15，在三氮(氨氮、硝酸盐氮和亚硝酸盐氮)中氨氮比例较高时，龙须菜生长较好，生化组分含量较高(雷光英，2007)。氮或磷浓度一定时，氮磷比值升高，南麂列岛铜藻(*Sargassum horneri*)和坛紫菜(*Neoporphyra haitanensis*)对磷的吸收速率下降(南春容等，2014；孟庆俊等，2010)。此外，氮磷的同时加富可促进大型海藻的生长和大型海藻的光合电子传递，如仙掌藻(*Halimeda opuntia*)，氮磷的同时加富显著抑制条斑紫菜(*Neopyropia yezoensis*)可溶性糖的积累，但是对游离氨基酸和藻红蛋白含量的增加却有显著的促进作用(Hofmann et al.，2015；李信书等，2012)。此外，关于大型藻类对磷的去除效果也有一定的研究。例如，龙须菜的池塘养殖对活性磷的去除率达到 21.4%(王翔宇等，2016)，在模拟实验中海带对磷的去除率是 65.2%，鼠尾藻对磷的去除率是 55.7%，龙须菜对磷的去除率达到 58.8%(李赵嘉等，2014)。当地中海贻贝(*Mytilus galloprovincialis*)与大藻江蓠(*Gracilaria verrucosa*)生物量比例为 1∶0.28 时，对环境中营养盐的去除效果最好(Ajjabi et al.，2018)。因此，在富营养化海区，选择合适的大型海藻种类和栽培方式对营养盐的去除和生态修复效果起着重要作用。

20.5 大型海藻对重金属的去除作用及其机制

重金属是指密度大于 5g/cm^3 的金属，包括生命必需元素、微量元素和有害元素。生命必需元素是指机体进行正常生理活动所不可或缺的金属，如铜(Cu)、铁(Fe)、硒(Se)、锌(Zn)、钴(Co)、锰(Mn)、镍(Ni)等，这些元素具有特定的生理功能，但当这些元素在生物体内的累积超过一定阈值就会对机体产生毒害作用。有毒元素为生命非必需元素，它们的存在对机体无益，如镉(Cd)、汞(Hg)、铅(Pb)等，且在生物体内的含量增加就会产生毒性。一些多价态元素，如硒(Se)和砷(As)①虽然在无污染的海水中存在的浓度比较低，但可以被海藻大量地吸收和富集，并在体内进行形态转化。

无论是人工养殖还是天然生长的大型海藻都能够富集海水中的重金属，特别是环境背景值高或陆源污染输入量大的海区生长的海藻，其对重金属的富集程度更高(Amado Filho et al.，1999；El-Said，2013)。大型海藻在生长过程中可以大量地富集海水中的重金属(包括有毒金属镉和砷)，能起到净化海水的作用。然而，大型海藻对于海水中无机元素的富集能力，也使得食用类海藻中重金属含量大大增加，其对人类健康的影响受到了广泛重视(Besada et al.，2009)。

---

① 硒和砷不是金属，但其化合物具有金属性且和重金属一样有毒，所以此处将其和重金属放在一起讨论。

20.5.1　大型海藻对于重金属的富集作用

大型海藻可以从海水中富集大量的金属，如 Cd、Cu、Zn、Pb、As 和 Ni。海藻富集海水中的重金属污染物主要分为胞外吸附和胞内吸收两个阶段。藻类细胞壁上的功能基团或附生生物可与金属离子发生吸附反应，反应时间比较短，不需要任何代谢和转化，通常称为生物吸附。吸附的金属离子可以通过与质膜上的功能酶结合，跨膜运输至细胞内，进一步被植物吸收，并参与生物代谢和转化。

海藻吸附重金属的途径和机制与物种、细胞壁结构及生理特点相关，同时离子交换、络合反应、氧化还原条件等都能够影响藻细胞对重金属的吸附和吸收能力。首先，藻细胞分泌的多糖对金属阳离子具有吸附作用；其次，藻细胞壁上存在大量与金属离子结合的官能团，使藻细胞壁表面带负电荷，从而与金属离子形成配位络合；最后，藻细胞壁组成的网状结构具有较大的表面积，也促进了藻类对重金属的吸附。死亡的藻细胞对重金属也具有很强的吸附能力(邓莉萍等，2008；Tsezos and Volesky，1981)。有研究证实，死亡的藻细胞有更多的内部官能团暴露出来，虽然丧失了主动运输等富集途径，但通过物理-化学途径富集重金属的吸附能力却显著提高(Sar et al.，1999；Trujillo et al.，1991)，其吸附能力的大致顺序为：Pb＞Fe＞Cu＞Zn＞Ni＞Se＞As(陈勇生等，1997)。

不同海藻物种对重金属的富集也存在显著差异。孔石莼(*Ulva pertusa*)对 Cu 和 Cd 有很强的吸收能力，而浒苔(*Ulva prolifera*)对 Pb 具有较好的去除效果(魏海峰等，2008；朱明等，2011)。马尾藻(*Sargassum* spp.)则对 Zn、Mn、As、Cd 等金属元素均具有超强的富集作用；在 pH 适宜的情况下，其也可以对污染水体中的 Pb 具有很好的富集作用(Ye et al.，2015；Brito et al.，2012)。虽然关于大型海藻吸收重金属的动力学已有大量的报道，但大部分研究多局限于实验室控制条件下的吸收动力学和机制研究，自然海区的原位研究报道仍非常有限。原位人工藻场对于水体的修复效率容易受季节和温度限制，如紫菜等生长时间短暂的大型海藻，仅可以季节性地富集水体中的重金属元素。对于陆源污染输入比较严重的海区，建议采用多物种的交替种植模式，以确保当前海区水质的稳定性。

海水中的多价态元素，如铬、硒、砷在吸附和吸收的过程中还可能发生氧化还原反应。水体中的无机硒主要存在两种价态，亚硒酸盐和硒酸盐。亚硒酸盐和硒酸盐的比例取决于水体的 pH，亚硒酸盐在海水中占有主导地位。大型海藻如海带和龙须菜可以从海水中富集大量的无机硒，并转化为有机硒，促进硒元素在海洋食物链中向上传递，或提高大型海藻自身的抗氧化活性和资源可利用性(孙显和杨宇峰，2016；Cho et al.，2011)。砷作为剧毒元素在海洋中的含量相对较低，无污染海区砷含量仅为 1.5μg/L(Neff，1997)。砷在海水中的形态有三价亚砷酸盐、五价砷酸盐及少量的甲基砷，开阔海区中含量最高的是五价砷酸盐。大型海藻不能区别磷酸盐和砷酸盐，导致砷酸盐可以被大量地吸收，部分被还原为毒性更强的三价砷，或被转化为甲基砷酸盐或毒性较低的有机砷，导致海水中的砷被藻类大量富集(刘金鑫等，2017)，也同时造成了砷在海洋食物链中的累积和传递(Neff，1997)。海水中的铬以三价和六价的铬化合物存在，三价铬可以参与生物代谢，六价铬具有生物毒性，尚未见大型海藻原位富集铬的报道，仅有少量报道以大藻为生物吸附剂去除工业废水中铬的研究(Murphy，2008)。

20.5.2 海水中金属的协同与拮抗作用

海水是一个复杂的环境基质，多种营养元素和有毒金属元素共存。当水体中存在多种重金属时，各类重金属同海藻的相互作用一定程度上会影响海藻对重金属的富集效果。大型海藻对不同金属元素的吸收既有协同效应，又有拮抗效应。王增焕等(2011)发现，龙须菜对 Cu 和 Cd 有较强的富集能力，并且当这两种重金属共同存在时，其富集效果最好。由于很多金属阳离子利用相同非选择性阳离子通道进入藻细胞内，在水体富含大量无机阳离子的情况下，藻类对于一些有害金属的吸收和吸附都会被抑制，在 Zn 浓度增加的情况下，海带对 Pb 的富集会逐渐呈现降低的趋势(杨秀丽，2010)。同时，在海水中一些无机元素含量比较低的情况下，也会有更多有害金属进入藻体内。大型海藻对混合重金属的富集能力与生理机制较单一元素的富集更为复杂，需要进行更多的研究。

20.5.3 影响大型海藻原位富集重金属的因素

Sánchez-Quiles 等(2017)以“trace metals”(痕量金属)、“heavy metals”(重金属)、“micronutrients”(微量元素)、“bioaccumulation”(生物富集)、“seagrasses”(海草)、“macroalgae”(大型海藻)、“seaweeds”(海藻)、“marine angiosperms”(海洋被子植物)为关键词，在几个主要学术搜索引擎(http://portal.isiknowledge.com；http://info.scopus.com；http://www.scholar.google.com)中检索了 1956～2014 年的 155 篇论文，提取分析了 2 万多条关于大型海藻和海草中 10 种重金属(Cd、Co、Cr、Cu、Fe、Hg、Mn、Ni、Pb、Zn)和 1 种类金属(As)的数据，结果发现：褐藻对于 As 和 Cd 的平均富集能力最强，如褐藻 *Cystoseira barbata* 和 *Undaria pinnatifida* 中 As 含量分别高达 410mg/kg 和 104mg/kg，*Padina pavonica* 中 Cd 含量可高达 6.1mg/kg(Caliceti et al.，2002；Brito et al.，2012)。红藻与绿藻对 As 和 Cd 的富集能力相近，一般情况下 As 含量低于 50mg/kg，Cd 含量低于 1mg/kg。褐藻、红藻和绿藻对于 Hg 的富集能力都比较弱，可能与海水中 Hg 的背景值较低相关。红藻与绿藻对 Co、Cr、Mn、Ni、Pb 和 Zn 的富集能力相近，均强于褐藻(Sánchez-Quiles et al.，2017)。不同种类的大型海藻对 Zn、Cu 等生命元素富集能力的差异比较大，这些差异可能与大型海藻的生长周期、生物量及细胞

分布结构相关(Sánchez-Quiles et al.，2017)。海区环境也会显著影响大型海藻对金属的富集，如地中海埃及段受陆源污染影响严重的海域采集的海藻体内均含有超高量的各种金属元素，其中 Cd 和 Zn 的含量均高于平均报道水平的 10～30 倍(El-Said，2013)。海藻对于有毒元素 As 的富集能力也存在近两个数量级的差异，这可能与藻类的生理代谢、将无机砷转化为低毒有机砷的能力相关。自然环境条件下，针对大型海藻原位吸收、转化和累积海水中重金属的研究还比较有限，这也限制了我们对于大型海藻富集重金属机制的揭示。

20.6　大型海藻生态修复过程藻菌共生关系及其生态过程

大型海藻在生长的各个周期都与微生物发生着紧密关系。细菌可以通过形成生物膜的形式在固体表面生存以获得稳定的生活环境(防止被水流冲刷)、获得营养物质以防止原生动物的捕食。大型海藻的表面无疑是一个非常理想的生长微环境。大型海藻和藻际细菌之间因此形成了一种稳定的共生关系，并通过这种共生关系共同影响海洋生态环境、物质的生物地球化学循环及气候变化等(图 20.1)。一方面，大型海藻可通过分泌化感物质抑制不利于自己生存的病原菌；另一方面，大型海藻还可以通过分泌有机物吸引有利于自己生存的细菌进行共生。藻细胞所分

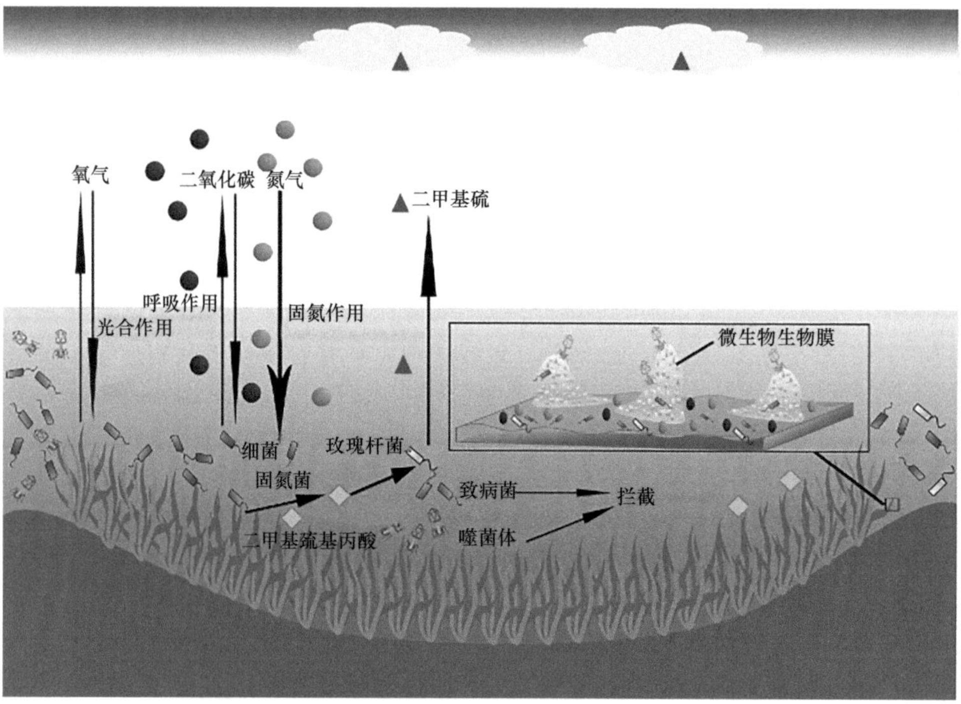

图 20.1　海藻场内大型海藻与细菌的共生关系及其对近海海洋生态环境的影响

泌的黏液、多糖、蛋白聚糖及其他胞外产物有可能作为氮源和碳源被细菌所利用，影响着藻际细菌的数量与生长。大型海藻的藻细胞表面的菌群浓度一般高于周围水中的菌群浓度，能够达到 10^7cells/cm^2。共生的细菌则可能主要通过供应无机营养成分、吞食和裂解等方式来影响藻的生长、生理机能甚至是微藻细胞分化。

20.6.1　大型海藻和藻际微生物共同介导海洋中的碳循环

20 世纪 80 年代，科学家已经认识到海洋可能是大气中 CO_2 的主要储存地。经过几十年的研究，研究者对海洋碳循环的生物、生态、化学和物理过程有了一定的了解，并基于这些了解提出了海洋碳固存的生物机制——生物碳泵(BCP)(Jiao et al.，2018)。首先，海洋藻类光合作用将 CO_2 转化为碳水化合物(包括琼脂、卡拉胶、褐藻酸盐、岩藻多糖、昆布多糖、纤维素、果糖等)以储存能量，同时提供了全球一半的初级生产力(Cesário et al.，2018)。据估计，全球大型藻类的现存量约为 2.8 亿 t(Mühlenbruch et al.，2018)。这些生物量是海洋环境中重要的碳源，可以为海洋浮游动物提供初级生产力。同时，这些生物量也是藻际异养细菌的营养来源，海洋微生物通过利用藻类固定的碳来介导碳的生物地球化学循环。海洋微生物群落可以转化和回收一半以上海洋中产生的溶解有机碳(DOC)，从而在全球碳循环中发挥重要作用(Mühlenbruch et al.，2018)。对于藻类产生的高分子量有机碳，特定的藻际细菌能够通过分泌胞外酶将其水解为小分子有机碳(分子量小于 600Da)并运输到细胞内供其生长利用(Reintjes et al.，2019)。例如，一些与大型藻类共生的拟杆菌类群的藻际细菌可以通过胞外酶将海藻多糖水解为低聚糖运输至胞内，再由糖苷水解酶将低聚糖水解为单糖、双糖或三糖，这是海洋中碳水化合物转化的重要途径(Cho et al.，2015)。因此，海洋大型藻类及其藻际细菌常作为一个整体共同介导海洋中的碳循环，对全球碳循环具有重要影响(Egan et al.，2013；Cooper et al.，2015)。

20.6.2　大型海藻和藻际微生物共同介导海洋中的氮循环

海洋氮循环是海洋中最复杂的生物地球化学循环之一。氮作为生产力的重要限制元素，在海洋生物地球化学中占有中心地位，对许多其他元素特别是碳的循环产生重要影响(Canfield et al.，2010)。大型海藻是驱动海洋氮循环的主要贡献者之一。大型海藻和浮游植物在光合作用固定碳来合成有机物的过程中，也吸收和利用氮、磷等元素。作为初级生产者的藻类自身不具有固氮机制，需要通过吸收外界环境中的铵盐和硝酸盐等无机氮以同化成体内的蛋白质、核酸等有机大分子。这些无机态的氮主要来自陆源输入，而藻际细菌的氮固定(即将 N_2 转化为无机氮)也是大型海藻获得无机氮的重要过程之一。海洋中最早被发现的固氮菌是 *Trichodesmium* 属的一种固氮光自养细菌(Capone et al.，2005)，后来陆续发现其他细菌如异养细菌(Zehr et al., 2001)和自养的蓝细菌等也能够固氮。固氮菌对氮的固定决定了海洋生物可利用氮的储量,从而影响海洋初级生产力。在寡营养环境中,海洋大型藻类尤其需要吸收固氮菌合成的无机氮作为氮源的补充(Ramanan et al., 2016)。大型海藻将无机氮转化为有机氮后,其自身或其分泌的有机氮类物质可以被滤食性动物、浮游动物、鱼类所捕食,从而进入食物链。大型海藻或异养生物在生长和死亡过程中,会将有机氮重新释放到海洋环境中,而藻际细菌是将环境中的有机氮转化为无机氮或者气态氮的生物地球化学循环中最重要的生物因子。大型海藻和藻际细菌之间的协同作用能够促进海洋中的氮处于一个平衡状态,对海洋氮循环具有重要的意义。

20.6.3 大型海藻和藻际微生物共同介导海洋中的硫循环及影响全球气候变化

海洋是溶解硫的主要储藏库之一,海水中的硫酸盐浓度约为29mmol/L,比淡水高出2～3个数量级。藻类和大多数光能自养生物一样,获取硫酸盐形式的硫供自身利用,合成有机物质(Giordano et al., 2008)。二甲基巯基丙酸(dimethylsulfoniopropionate, DMSP)是大型海藻产生的一种重要的含硫物质(Egan, 2013)。DMSP可以参与藻细胞的渗透压调节、抗氧化、冷冻保护等过程(Saha et al., 2012)。DMSP可以通过藻细胞自身降解或者藻际细菌的降解产生二甲基硫(dimethyl sulfide, DMS),而DMS是大气中最重要的生物硫源之一,占海洋生物源硫释放量的90%以上。大气中来自DMS的SO_4^{2-}在云凝结核(cloud condensation nuclei, CCN)形成过程中起着重要作用,可导致云层覆盖率增加,可能影响局部甚至全球反照率,对气候产生降温效应,从而影响气候调节(Wiesemeier and Pohnert, 2007; Zhang et al., 2019)。每年以DMS形式从海洋向大气转移的硫总量(DMS)为13～37Tg。DMS在大气中经过氧化后形成SO_4^{2-}、$S_2O_3^{2-}$、$S_4O_6^{2-}$和DMSO,这些DMS氧化产物作为凝结核,导致水分子合并形成云。硫化物通过降水返回陆地,完成全球硫循环。因此,大型海藻及其藻际微生物在驱动全球硫循环和调节气候变化中均发挥着重要作用(张晓华等, 2018)。

20.6.4 大型海藻/草和藻际细菌对病原菌的过滤作用

大型海藻/草自身可以分泌各种次级代谢产物以抑制病原菌在藻表面的定殖,而且这种次级代谢产物分泌到水体后,会对水体中的病原菌产生抑制作用。这些水体中的病原菌不仅是海藻的致病菌,还包含人类、鱼类和无脊椎动物的病原菌。例如,一种褐藻 *Sargassum muticum* 释放的抗菌活性物质能够抑制人体致病菌,包括四联球菌(*Micrococcus* sp.)、志贺氏菌(*Shigella* sp.)等(Moorthi and Balasubramanian, 2015)。针对印度尼西亚四个海岛的研究发现,如果海岛周围有海草场存在,海水中人体和海洋生物的潜在致病菌的相对丰度会降低50%;而且海草场周围的珊瑚礁的患病率比没有海草场低 2 倍多(Lamb et al.，2017)。大型海藻/草主要分泌脂类、卤化物(如卤代呋喃酮、二溴代乙酸)、含硫化合物、酚类、多糖类、萜类等次级代谢产物(也称为化感物质)。一个典型的例子是，红藻 *Delisea pulchra* 产生的卤代呋喃酮能够干扰微生物在藻表面的定殖，从而保持藻的健康与增殖(Campbell et al.，2011；Egan et al.，2013)。另外，大型海藻释放的这些物质对特定的微生物具有选择作用，从而影响定殖细菌的群落结构。研究发现，一种绿藻 *Dictyosphaeria ocellata* 具有调节其共生细菌群落结构的能力(Lam and Harder，2007；Sneed and Pohnert，2011)。

与大型海藻共生的细菌也可以通过分泌抗菌物质抑制其他细菌的定殖。表面上看，这是一种细菌之间的竞争关系，两种相同/相似生态位的细菌竞争同一生态位，但其产生的过程和后续的生态学意义并不那么简单。优势菌之所以能够长期定殖在藻的表面，是海藻和细菌相互选择的一个过程，两者只有产生稳定的共生关系才能长期共生。这些细菌能够为宿主提供的有利因素之一就是通过产生某些抗菌物质，抑制对宿主藻有毒力作用的病原菌的生长。例如，一种海带 *Saccharina latissima* 与包括变形菌门、拟杆菌门、浮霉菌门和放线菌门在内的 100 多种细菌共生，这些细菌能够产生抗菌物质抑制病原菌侵染海带(Wiese et al.，2009)。徐年军等(2002)对鸭毛藻、松节藻、海黍子、酸藻、小粘膜藻等的活性物质提取并进行抑菌试验，发现这些藻的醇提物均对大肠杆菌和金黄色葡萄球菌等人类和水产品的致病菌具有较好的抑制活性。大型海藻/草及其藻际细菌通过分泌抗菌物质抑制病原菌的生长，从而避免病原菌侵染宿主藻，同时对海水中的病原菌起到“过滤”作用。

参 考 文 献

安鑫龙，李雪梅，徐春霞，等. 2010. 大型海藻对近海环境的生态作用. 水产科学，29(2)：115-119.

陈勇生，孙启俊，陈钧，等. 1997. 重金属的生物吸附技术研究. 环境工程学报，(6)：34-43.

邓莉萍，苏营营，苏华，等. 2008. 大型海藻吸附水体中重金属离子的机理及影响因素. 海洋科学，(8)：93-99.

雷光英. 2007. 大型海藻龙须菜实验生态学的初步研究. 暨南大学硕士学位论文.

李恒，李美真. 2006. 藻场的生态作用及人工藻场建设的现状. 中国水产，(11)：77-80.

李信书，伏光辉，陈百尧，等. 2012. 氮、磷加富对条斑紫菜生长及生化组成的影响. 水产科学，31(9)：544-548.

李赵嘉，曾昭春，贾佩峤，等. 2014. 大型海藻对氮磷吸收能力的初步研究. 河北渔业，(1)：1-11.

刘金鑫，谢邵文，杨芬，等. 2017. 不同生长期和磷浓度下砷酸盐对铜绿微囊藻生长及砷吸收的影响. 环境科学学报，37(6)：2061-2068.

陆静依. 2001. 美国环保署水生生物资源生态恢复指导性原则. 上海水务，(1)：50-53.

孟庆俊，林少珍，项彬彬，等. 2010. 营养盐可得性对坛紫菜氮磷吸收、生长及藻红蛋白含量的影响. 上海海洋大学学报，(2)：214-218.

南春容，王铁杆，张鹏，等. 2014. 南麂列岛铜藻氮磷吸收特征研究. 上海海洋大学学报，23(5)：706-711.

曲元凯. 2015. 三种马尾藻的生长繁殖和人工藻场的构建. 广东海洋大学硕士学位论文.

权伟，应苗苗，康华靖，等. 2014. 中国近海海藻养殖及碳汇强度估算. 水产学报，38(4)：509-514.

邵飞，费岚，吴海龙，等. 2014. 环境因子及藻体密度对条斑紫菜生长与氮磷去除效率的影响. 生态学报，34(21)：6164-6171.

宋金明. 2004. 中国近海生物地球化学. 济南：山东科学技术出版社.

宋凯，郭远明，李子孟. 2018. 大型海藻在海洋环境中的生态修复研究进展. 山东化工，47(21)：56-60.

孙显，杨宇峰. 2016. 富硒藻类研究进展. 生态毒理学报，11(2)：101-110.

谭海丽. 2012. 无居民海岛潮间带大型海藻生态修复研究. 中国海洋大学博士学位论文.

王惠，谢恩义，徐日升，等. 2019. 硇洲马尾藻 *Sargassum naozhouense* 幼孢子体附着及原生态恢复. 广东海洋大学学报，39(1)：42-48.

王翔宇，张少春，吴海一，等. 2016. 龙须菜池塘养殖及其对氮磷去除效果的研究. 广西科学院学报，32(2)：112-115.

王增焕，王许诺，林钦，等. 2011. 龙须菜对铜、镉的富集特征. 水产学报，35(8)：1233-1239.

魏海峰，刘长发，张俊新，等. 2008. 孔石莼(*Ulva pertusa*)对铅、铜、镉的吸收. 环境科学与管理，(8)：51-53.

徐年军，范晓，韩丽君，等. 2002. 海藻乙醇提取物抗菌活性的研究. 海洋与湖沼，(3)：265-270.

徐姗楠，李祯，何培民. 2006. 大型海藻在近海水域中的生态修复作用及其发展策略. 渔业现代化，(6)：12-14.

徐智广，邹定辉，张鑫，等. 2008. 二氧化碳和硝酸盐氮加富对龙须菜生长、生化组分和营养盐吸收的影响. 生态学报，28(8)：3752-3759.

杨秀丽. 2010. 海藻中几种金属元素形态的研究. 中国海洋大学硕士学位论文.

于永强. 2013. 潮间带鼠尾藻床构建技术研究. 烟台大学硕士学位论文.

张建伟. 2015. 枸杞岛瓦氏马尾藻规模化增养殖及生态修复作用研究. 上海海洋大学硕士学位论文.

张晓华，刘骥，柳敬丽，等. 2018. DMSP 的生物合成与裂解及其在硫循环中的作用. 中国科学基金，32(5)：471-478.

张永正，王萍，桂福坤，等. 2012. 石莼、铁钉菜和蜈蚣藻对氮源利用的研究. 海洋环境科学，31(3)：341-345.

张云，黄凯旋，欧林坚，等. 2014. 大亚湾海域尿素与浮游生物脲酶活性研究. 热带海洋学报，(1)：90-96.

章守宇，汪振华，林军，等. 2007. 枸杞岛海藻场夏、秋季的渔业资源变化. 海洋水产研究，(1)：45-52.

朱明，郭赣林，刘兆普，等. 2011. 浒苔对重金属 Pb^{2+} 的生物吸附及其生理反应. 水产科学，30(11)：681-684.

邹定辉，高坤山. 2001. 大型海藻类光合无机碳利用研究进展. 海洋通报，(5)：83-90.

Ajjabi L C, Abaab M, Segni R. 2018. The red macroalga *Gracilaria verrucosa* in co-culture with the Mediterranean mussels *Mytilus galloprovincialis*: Productivity and nutrient removal performance. Aquaculture International, 26(1): 253-266.

Amado Filho G M, Andrade L R, Karez C S, et al. 1999. Brown algae species as biomonitors of Zn and Cd at Sepetiba Bay, Rio de Janeiro, Brazil. Marine Environmental Research, 48(3): 213-224.

Axelsson L, Larsson C, Ryberg H. 1999. Affinity, capacity and oxygen sensitivity of two different mechanisms for bicarbonate utilization in *Ulva lactuca*L. (Chlorophyta). Plant, Cell & Environment, 22(8): 969-978.

Axelsson L, Ryberg H, Beer S. 1995. Two modes of bicarbonate utilization in the marine green macroalga *Ulva lactuca*. Plant, Cell & Environment, 18(4): 439-445.

Besada V, Andrade J M, Schultze F, et al. 2009. Heavy metals in edible seaweeds commercialised for human consumption. Journal of Marine Systems, 75(1-2): 305-313.

Brito G B, de Souza T L, Bressy F C, et al. 2012. Levels and spatial distribution of trace elements in macroalgae species from the Todosos Santos Bay, Bahia, Brazil. Marine Pollution Bulletin, 64(10): 2238-2244.

Caliceti M, Argese E, Sfriso A, et al. 2002. Heavy metal contamination in the seaweeds of the Venice lagoon. Chemosphere, 47(4): 443-454.

Campbell A H, Harder T, Nielsen S, et al. 2011. Climate change and disease: Bleaching of a chemically defended seaweed. Global Change Biology, 17(9): 2958-2970.

Canfield D E, Glazer A N, Falkowski P G. 2010. The evolution and future of Earth's nitrogen cycle. Science, 330 (6001): 192-196.

Capone D G, Burns J A, Montoya J P, et al. 2005. Nitrogen fixation by *Trichodesmium* spp.: An important source of new nitrogen to the tropical and subtropical North Atlantic Ocean. Global Biogeochemical Cycles, 19 (2): 1-17.

Cesário M T, da Fonseca M M R, Marques M M, et al. 2018. Marine algal carbohydrates as carbon sources for the production of biochemicals and biomaterials. Biotechnology Advances, 36 (3): 798-817.

Cho D H, Ramanan R, Heo J, et al. 2015. Enhancing microalgal biomass productivity by engineering a microalgal–bacterial community. Bioresource Technology, 175: 578-585.

Cho S H, Cho Y J, Choi C Y. 2011. Effect of feeding regime on compensatory growth of juvenile abalone, *Haliotis discus hannai*, fed on the dry sea tangle, *Laminaria japonica*. Journal of the World Aquaculture Society, 42 (1): 122-126.

Cooper M B, Smith A G. 2015. Exploring mutualistic interactions between microalgae and bacteria in the omics age. Current Opinion in Plant Biology, 26: 147-153.

Egan S, Harder T, Burke C, et al. 2013. The seaweed holobiont: Understanding seaweed–bacteria interactions. FEMS Microbiology Reviews, 37 (3): 462-476.

El-Said G F. 2013. Bioaccumulation of key metals and other contaminants by seaweeds from the Egyptian Mediterranean Sea Coast in relation to human health risk. Human and Ecological Risk Assessment: An International Journal, 19 (5): 1285-1305.

Falk S, Palmqvist K. 1992. Photosynthetic light utilization efficiency, photosystem Ⅱ heterogeneity, and fluorescence quenching in *Chlamydomonas reinhardtii* during the induction of the CO_2-concentrating mechanism. Plant Physiology, 100 (2): 685-691.

Giordano M, Norici A, Ratti S, et al. 2008. Role of sulfur for algae: Acquisition, metabolism, ecology and evolution// Hell R, Dahl C, Knaff D B, et al. Sulfur Metabolism in Phototrophic Organisms. Dordrecht: Springer: 397-415.

Glibert P M, Harrison J, Heil C, et al. 2006. Escalating worldwide use of urea–a global change contributing to coastal eutrophication. Biogeochemistry, 77 (3): 441-463.

Guan M, Moller I S, Schjorring J K. 2015. Two cytosolic glutamine synthetase isoforms play specific roles for seed germination and seed yield structure in *Arabidopsis*. Journal of Experimental Botany, 66 (1): 203-212.

Han T, Qi Z, Huang H, et al. 2017. Biochemical and uptake responses of the macroalga *Gracilaria lemaneiformis* under urea enrichment conditions. Aquatic Botany, 136: 197-204.

He P, Xu S, Zhang H, et al. 2008. Bioremediation efficiency in the removal of dissolved inorganic nutrients by the red seaweed, *Porphyra yezoensis*, cultivated in the open sea. Water Research, 42 (4-5): 1281-1289.

Hofmann L C, Bischof K, Baggini C, et al. 2015. CO_2 and inorganic nutrient enrichment affect the performance of a calcifying green alga and its noncalcifying epiphyte. Oecologia, 177 (4): 1157-1169.

Jiao N, Guo Z, Legendre L, et al. 2018. Editorial for the special issue on marine carbon sequestration and climate change. National Science Review, 5 (4): 456-457.

Johnston A M, Maberly S C, Raven J A. 1992. The acquisition of inorganic carbon by four red macroalgae. Oecologia, 92 (3): 317-326.

Kakinuma M, Suzuki K, Iwata S, et al. 2016. Isolation and characterization of a new *DUR3*-like gene, *PyDUR3.3*, from the marine macroalga *Pyropia yezoensis* (Rhodophyta). Fisheries Science, 82 (1): 171-184.

Kumar A, Castellano I, Patti F, et al. 2017. Molecular response of *Sargassum vulgare* to acidification at volcanic CO_2 vents: Insights from de novo transcriptomic analysis. Molecular Ecology, 26 (8): 2276-2290.

Lam C, Harder T. 2007. Marine macroalgae affect abundance and community richness of bacterioplankton in close proximity. Journal of Phycology, 43 (5) : 874-881.

Lamb J B, Van De Water J A J M, Bourne D G, et al. 2017. Seagrass ecosystems reduce exposure to bacterial pathogens of humans, fishes, and invertebrates. Science, 355 (6326) : 731-733.

Larsson C, Axelsson L, Ryberg H, et al. 1997. Photosynthetic carbon utilization by *Enteromorpha intestinalis* (Chlorophyta) from a Swedish rockpool. European Journal of Phycology, 32 (1) : 49-54.

Li H, Zhang Y, Chen J, et al. 2019. Nitrogen uptake and assimilation preferences of the main green tide alga *Ulva prolifera* in the Yellow Sea, China. Journal of Applied Phycology, 31 (1) : 625-635.

Li H, Zhang Y, Han X, et al. 2016. Growth responses of *Ulva prolifera* to inorganic and organic nutrients: Implications for macroalgal blooms in the southern Yellow Sea, China. Scientific Reports, 6: 26498.

Liu X, Huan Z, Zhang Q, et al. 2019a. Glutamine synthetase (GS) : A key enzyme for nitrogen assimilation in the Macroalga *Gracilariopsis lemaneiformis* (Rhodophyta) . Journal of Phycology, 55 (5) : 1059-1070.

Liu X, Wen J, Chen W, et al. 2019b. Physiological effects of nitrogen deficiency and recovery on the macroalga *Gracilariopsis lemaneiformis* (Rhodophyta) . Journal of Phycology, 55 (4) : 830-839.

Liu X, Wen J, Zheng C, et al. 2019c. The impact of nitrogen deficiency and subsequent recovery on the photosynthetic performance of the red macroalga *Gracilariopsis lemaneiformis*. Journal of Applied Phycology, 31 (4) : 2699-2707.

Maberly S C. 1992. Carbonate ions appear to neither inhibit nor stimulate use of bicarbonate ions in photosynthesis by *Ulva lactuca*. Plant, Cell & Environment, 15 (2) : 255-260.

Mercado J M, Gordillo F J L, Figueroa F L, et al. 1998. External carbonic anhydrase and affinity for inorganic carbon in intertidal macroalgae. Journal of Experimental Marine Biology and Ecology, 221 (2) : 209-220.

Mercado J M, Niell F X. 2000. Carbon dioxide uptake by *Bostrychia scorpioides* (Rhodophyceae) under emersed conditions. European Journal of Phycology, 35 (1) : 45-51.

Moorthi P V, Balasubramanian C. 2015. Antimicrobial properties of marine seaweed, *Sargassum muticum* against human pathogens. Journal of Coastal Life Medicine, 3: 122-125.

Mühlenbruch M, Grossart H P, Eigemann F, et al. 2018. Mini-review: Phytoplankton-derived polysaccharides in the marine environment and their interactions with heterotrophic bacteria. Environmental Microbiology, 20 (8) : 2671-2685.

Murphy V, Hughes H, McLoughlin P. 2008. Comparative study of chromium biosorption by red, green and brown seaweed biomass. Chemosphere, 70 (6) : 1128-1134.

Neff J M. 1997. Ecotoxicology of arsenic in the marine environment. Environmental Toxicology and Chemistry: An International Journal, 16 (5) : 917-927.

Patrick C J, Weller D E, Ryder M. 2016. The relationship between shoreline armoring and adjacent submerged aquatic vegetation in Chesapeake Bay and nearby Atlantic coastal bays. Estuaries and Coasts, 39 (1) : 158-170.

Ramanan R, Kim B H, Cho D H, et al. 2016. Algae–bacteria interactions: Evolution, ecology and emerging applications. Biotechnology Advances, 34 (1) : 14-29.

Raven J A. 1997. Inorganic carbon acquisition by marine autotrophs. Advances in Botanical Research, 27: 85-209.

Reintjes G, Arnosti C, Fuchs B, et al. 2019. Selfish, sharing and scavenging bacteria in the Atlantic Ocean: A biogeographical study of bacterial substrate utilisation. The ISME Journal, 13 (5) : 1119-1132.

Saha M, Rempt M, Gebser B, et al. 2012. Dimethylsulphopropionate (DMSP) and proline from the surface of the brown alga *Fucus vesiculosus* inhibit bacterial attachment. Biofouling, 28 (6) : 593-604.

Sánchez-Quiles D, Marbà N, Tovar-Sánchez A. 2017. Trace metal accumulation in marine macrophytes: Hotspots of coastal contamination worldwide. Science of the Total Environment, 576: 520-527.

Sar P, Kazy S K, Asthana R K, et al. 1999. Metal adsorption and desorption by lyophilized *Pseudomonas aeruginosa*. International Biodeterioration & Biodegradation, 44(2-3): 101-110.

Sneed J M, Pohnert G. 2011. The green macroalga *Dictyosphaeria ocellata* influences the structure of the bacterioplankton community through differential effects on individual bacterial phylotypes. FEMS Microbiology Ecology, 75(2): 242-254.

Solomon C M, Collier J L, Berg G M, et al. 2010. Role of urea in microbial metabolism in aquatic systems: A biochemical and molecular review. Aquatic Microbial Ecology, 59(1): 67-88.

Sultemeyer D, Schmidt C, Fock H P. 1993. Carbonic anhydrases in higher plants and aquatic microorganisms. Physiologia Plantarum, 88(1): 179-190.

Terawaki T, Yoshikawa K, Yoshida G, et al. 2003. Ecology and restoration techniques for *Sargassum* beds in the Seto Inland Sea, Japan. Marine Pollution Bulletin, 47(1-6): 198-201.

Trujillo E M, Jeffers T H, Ferguson C, et al. 1991. Mathematically modeling the removal of heavy metals from a wastewater using immobilized biomass. Environmental Science & Technology, 25(9): 1559-1565.

Tsezos M, Volesky B. 1981. Biosorption of uranium and thorium. Biotechnology and Bioengineering, 23(3): 583-604.

Tyler A C, McGlathery K J, Macko S A. 2005. Uptake of urea and amino acids by the macroalgae *Ulva lactuca* (Chlorophyta) and *Gracilaria vermiculophylla* (Rhodophyta). Marine Ecology Progress Series, 294: 161-172.

Van Engeland T, Bouma T J, Morris E P, et al. 2013. Dissolved organic matter uptake in a temperate seagrass ecosystem. Marine Ecology Progress Series, 478: 87-100.

Vonk J A, Middelburg J J, Stapel J, et al. 2008. Dissolved organic nitrogen uptake by seagrasses. Limnology and Oceanography, 53(2): 542-548.

Wang W, Koehler B, Cao F, et al. 2008. Molecular and physiological aspects of urea transport in higher plants. Plant Science, 175: 467-477.

Wiese J, Thiel V, Nagel K, et al. 2009. Diversity of antibiotic-active bacteria associated with the brown alga *Laminaria saccharina* from the Baltic Sea. Marine Biotechnology, 11(2): 287-300.

Wiesemeier T, Pohnert G. 2007. Direct quantification of dimethylsulfoniopropionate (DMSP) in marine micro-and macroalgae using HPLC or UPLC/MS. Journal of Chromatography B, 850(1-2): 493-498.

Xu D, Gao Z, Zhang X, et al. 2011. Evaluation of the potential role of the macroalga *Laminaria japonica* for alleviating coastal eutrophication. Bioresource Technology, 102(21): 9912-9918.

Ye J, Xiao H, Xiao B, et al. 2015. Bioremediation of heavy metal contaminated aqueous solution by using red algae *Porphyra leucosticta*. Water Science and Technology, 72(9): 1662-1666.

Yoon J T, Sun S M, Chung G. 2014. *Sargassum* bed restoration by transplantation of germlings grown under protective mesh cage. Journal of Applied Phycology, 26(1): 505-509.

Zehr J P, Waterbury J B, Turner P J, et al. 2001. Unicellular cyanobacteria fix N_2 in the subtropical North Pacific Ocean. Nature, 412(6847): 635-638.

Zhang X H, Liu J, Liu J, et al. 2019. Biogenic production of DMSP and its degradation to DMS—their roles in the global sulfur cycle. Science China Life Sciences, 62(10): 1296-1319.

Zhao G, Ye S, Yuan H, et al. 2017. Surface sediment properties and heavy metal pollution assessment in the Pearl River Estuary, China. Environmental Science and Pollution Research, 24(3): 2966-2979.

Zou D. 2005. Effects of elevated atmospheric CO_2 on growth, photosynthesis and nitrogen metabolism in the economic brown seaweed, *Hizikia fusiforme* (Sargassaceae, Phaeophyta). Aquaculture, 250(3-4): 726-735.

第21章 江苏紫菜养殖生态修复效益研究①

21.1 引 言

随着全球人口增长、科技迅猛发展、城市化进程加速和陆地自然资源日益枯竭，以获取生存空间和自然资源为主要目标的人类用海活动不断加剧，对海洋的依赖程度越来越高，目前世界上大约60%的人口集中在距离海岸带60km的地带(Small and Nicholls，2003)。人类社会的高速发展给海洋环境造成了巨大压力，已对海岸带生态环境的可持续发展构成了巨大的威胁，这些威胁包括侵占河道、过度倾废、过度捕捞、环境污染、生境破坏、外来种入侵、无控制的旅游活动及人类活动引起的全球变暖等。近年来，世界各国近岸海域均出现了不同程度的氮磷污染现象。氮磷营养盐的增加为藻类的生长提供了充足的营养，引起了赤潮等一系列海洋环境问题。海洋富营养化已经成为严重威胁海洋生态健康的重要因素之一，其中高浓度的氮磷、频发的赤潮和养殖动物病害是近海污染的主要环境特征。

近岸海域水体富营养化是导致赤潮、绿潮和褐潮等海洋灾害事件发生的重要原因。水体中高浓度的氮磷等生源物质为生物灾害的发生奠定了物质基础。同时，溶解氧、气温和光照也会影响藻类生长，进而引起藻类种类和数量的变化。当水体流动缓慢时，营养物质的扩散会受到阻碍，从而使营养物质得到积累，同时也给予了那些较适应缓流水体的藻类适宜的水动力条件(鄢恒珍等，2009)。营养元素在水体及底部沉积物间存在溶解、沉积动态平衡，外源性营养物进入水体后，通过物理、化学和生物作用沉积到底泥中，当水体营养物含量降到一定限度时，底泥中的营养物将被重新释放到水体中，加剧水体的富营养化(Wang et al.，2009)。

江苏辐射沙洲海域是我国重要的海洋沙脊生态系统，由于滩面较大且不断淤积扩大，因此其功能性开发利用和环境保护日益受到重视。经过几十年的发展，辐射沙洲海域已经形成了集文蛤、泥螺、缢蛏和条斑紫菜等于一体的海水养殖产

---

① 本章作者：吴海龙[1,4]，段元亮[2,3,4]，李信书[1]，戴卫平[5]，何培民[3,4,6](1. 江苏海洋大学，连云港 222005；2. 四川省农业科学院水产研究所，成都 611731；3.上海海洋大学海洋生态与环境学院，上海 201306；4. 水域环境生态上海高校工程研究中心，上海 201306；5. 江苏省紫菜协会，南京 210003；6.自然资源部海洋生态监测与修复技术重点实验室，上海 200137)。本研究获得国家自然科学基金项目(41706141)、国家支撑计划项目“长江口附近海域生态修复及资源化利用关键技术研究与示范”(2012BAC07B00)、国家重点研发专项课题“重要深海生物毒素及生物伤防护关键技术研究”(2019YFC0312600)、上海市海洋局科研项目“上海市滨海典型海域生态环境质量提升技术研究”(沪海科 2015-02)和自然资源部海洋生态监测与修复技术重点实验室项目(MEMRT202003)的资助。

业。然而，由于陆上污染物的大量输入，同时受到该海域海底地形的影响，营养物质加速积累，该海域氮磷营养盐浓度不断增大，并且绿潮藻大规模增殖，因此对于该海域富营养化的控制已经成为维持该海域海水养殖可持续开展的必由之路。

大型海藻通过吸收氮磷营养物质供给自身的生长需要，其中的经济种类被采收到岸上，可以有效地移除水体中的氮、磷和碳等营养物质。当海水中氮磷营养盐浓度较高时，有利于大型海藻的生长和其他生理过程，大型海藻也能够将吸收的营养盐大量储存。因此，大型海藻往往被认为是富营养化海域尤其是网箱养殖区水体修复的重要物种。海藻和鱼、虾或其他水产动物的综合养殖已经被认为是一种削减水体中溶解营养物质和缓解环境富营养化的有效手段（Nobre et al.，2010；Scherner et al.，2012）。在综合养殖系统中，溶解性无机营养盐能够被海藻吸收以供生长和产生新的植物组织。通过综合养殖，系统中的溶解性无机营养盐浓度降低，同时还能获取海藻和动物产品（Ridler et al，2011）。这种养殖模式已经被认为是一种保持水产养殖可持续发展的有效方式（Mao et al.，2009；Huo et al.，2011）。

自 19 世纪 70 年代以来，辐射沙洲海域逐渐形成了条斑紫菜养殖产业，养殖面积和产值不断增加，并先后引入了冷冻网技术和自动化收割技术，使条斑紫菜养殖产业得到了蓬勃发展，并形成了完善的加工体系和技术标准。近年来，对该海域条斑紫菜大规模栽培形成的人工藻场生态修复效果的研究逐渐展开。本章基于江苏紫菜养殖产业现状及其产业结构布局新情况，总结了江苏条斑紫菜养殖情况及其对环境响应变迁的情况，同时对自 2014 年坛紫菜引种成功后江苏海域的养殖情况进行了综述。研究表明，当前江苏紫菜养殖品种主要为传统养殖品种条斑紫菜和新引种成功品种坛紫菜，2018 年统计数据显示，全省总养殖面积达 448km^2，其中条斑紫菜养殖面积为 428km^2，坛紫菜养殖面积为 20km^2，表明江苏紫菜栽培主产业仍为条斑紫菜。在对江苏近岸海域水质评价中发现，紫菜养殖密集区水体营养盐浓度显著低于非养殖区，表明紫菜养殖对于江苏近岸富营养化水域水质提升作用显著。为定量评价紫菜养殖生态修复功能，我们于 2012～2013 年对条斑紫菜养殖生态修复功能进行了研究，结果表明，在紫菜养殖季节养殖区营养盐浓度显著低于非养殖区。该年度通过条斑紫菜收获，3688.15t 氮和 105.61t 磷被从水体中移除，并且养殖区主要赤潮藻种中肋骨条藻丰度显著低于非养殖区。20 万亩条斑紫菜养殖规模可以使辐射沙洲离岸 5km 以外至 100km 海域水体的氮指标达到Ⅲ类海水标准，磷指标可以达到Ⅱ类海水标准。辐射沙洲海域条斑紫菜产量达 58 950t（干重），总销售额达 65.08 亿元，这表明紫菜养殖兼具生态效益和经济效益。但其功能表现仅体现在紫菜养殖季节，而未来探索建立紫菜养殖空白期江苏富营养海域生态修复新模式将成为重要的研究方向。

21.2　江苏条斑紫菜与坛紫菜养殖生态修复时空布局

21.2.1　江苏条斑紫菜养殖面积及产量

江苏条斑紫菜养殖面积从2002年的77km^{2}增加至2018年的428km^2(图21.1)，其中，连云港海域条斑紫菜养殖面积持续增加，已经成为江苏沿海最大的紫菜养殖区，总面积达267km^2，占江苏全省条斑紫菜养殖面积的62.4%。南通条斑紫菜养殖面积从2002年开始呈逐年上升趋势，至2010年达到小高值。2011年后，条斑紫菜养殖规模基本稳定。盐城海域条斑紫菜养殖面积在江苏海域占比最低，在2007～2008年面积增加明显，之后面积维持在30～40km^2。江苏条斑紫菜产量结构与养殖分布及其面积变化密切相关，全省产量至2018年达642 000万枚，其中连云港产量最大，达356 900万枚(图21.2)。

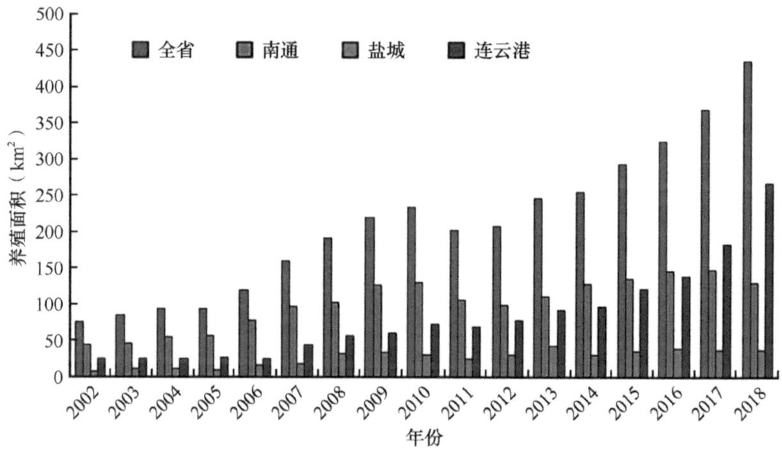

图21.1　2002～2018年江苏条斑紫菜养殖面积

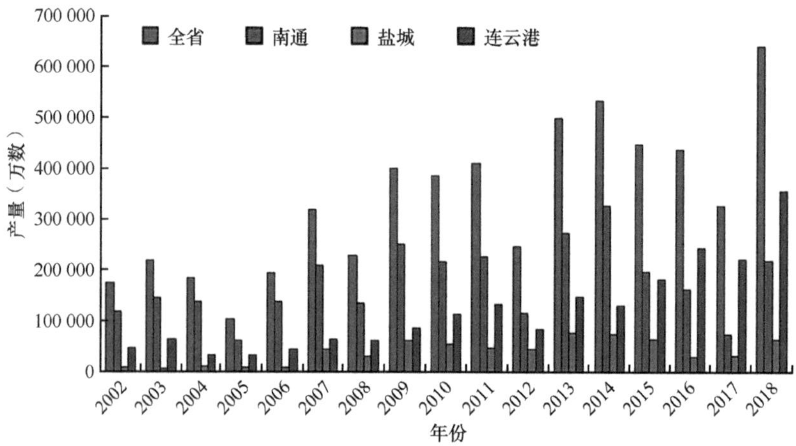

图21.2　2002～2018年江苏条斑紫菜产量

21.2.2　江苏坛紫菜引种及养殖面积

2015 年 6～7 月江苏盐城海瑞食品有限公司从福建和宁波运输 8000 串(20 个文蛤贝壳/串)坛紫菜贝壳丝状体至大丰海瑞紫菜育苗室并继续进行培育(图 21.3)。育苗池规格为 4m×21m，培育 3 天后进行大量壳孢子放散及采苗。一般 20 串贝壳丝状体可放散 8 亿壳孢子，用于 1 亩网帘采苗，平均 1 个文蛤贝壳丝状体可放散 200 万壳孢子。采苗网帘规格为 2.5m×3m，采苗平均密度为 106 棵/cm，8 月共采苗 16 000 张网，养殖面积为 400 亩(40 张网为 1 亩)，即采苗量为 115 万棵/网，1 亩采苗量为 4600 万棵，400 亩采苗量共计 184 亿棵。采苗后立即进行海上布放养殖。

图 21.3　坛紫菜贝壳丝状体培育与采苗

海上养殖区域为辐射沙洲东沙海域(33.04°N，121.22°E)，采用半浮式养殖筏架设施进行坛紫菜养殖(图 21.4)。将采苗网帘挂养在紫菜筏架上，养殖面积为 400 亩。养殖近 30 天后，网帘苗绳上的平均幼苗密度为(763±47)棵/10cm，苗长达(6.6±2.0)cm。经过 55 天养殖，坛紫菜平均长度达到(28.73±10.24)cm，生物量为 2.10kg/网(干重)。计算结果表明，55 天养殖期间，坛紫菜平均日生长率为 0.52cm，日增重率为 0.35g/m^2。

图 21.4　大丰坛紫菜养殖情况

自引种成功后，2015～2019 年江苏海域持续进行坛紫菜规模化养殖。2015～2016 年坛紫菜养殖面积从 13.3km^2 急剧增加至 53.3km^2，平均产量为 250kg/亩（干重），其后因采收能力限制、与条斑紫菜养殖时空布局短期冲突限制及市场价格等因素，养殖规模呈下降趋势，至 2018 年，养殖面积仍达 20km^2 以上（图 21.5）。

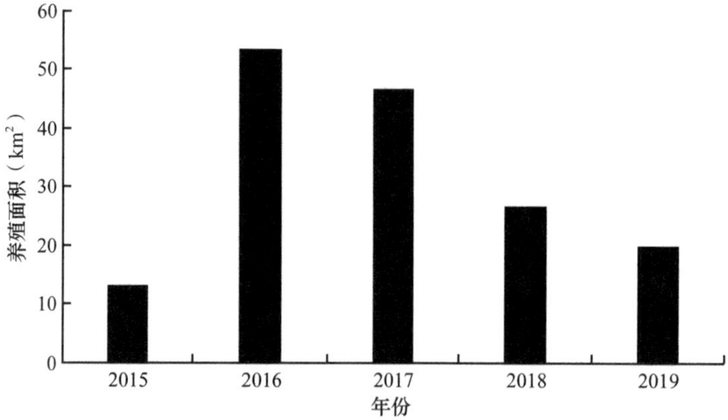

图 21.5 江苏坛紫菜养殖面积

21.3 江苏辐射沙洲浅海条斑紫菜大规模养殖生态修复效益研究

21.3.1 站位设置与对照区设置

在紫菜养殖区布设 4 条断面、12 个采样站位，在非紫菜养殖区布设 2 个采样站位。每月中旬在大潮平潮期采样，采集水面下 15～20cm 的表层水。水样采集和环境参数测定工作从 2012 年 8 月至 2013 年 7 月进行。每站位平行采集 3 瓶各 500ml 水样，先经 0.45μm 的乙酸纤维滤膜过滤，冷冻运回实验室，按《海洋调查规范第 4 部分：海水化学要素调查》（GB/T 12763.4—2007）执行，测定参数包括活性磷（PO_4-P）、氨氮（NH_4-N）、亚硝酸盐氮（NO_2-N）、硝酸盐氮（NO_3-N）、化学需氧量（COD_{Mn}）、生化需氧量（BOD_5）和叶绿素 a（Chl a）。同时使用 HANNA 快速分析仪测定表层水温、pH、盐度和溶解氧（DO）含量。

21.3.2 实验区水质变化监测

辐射沙洲海域 2012 年 8 月至 2013 年 7 月每月水温、盐度、pH 的变化见表 21.1，2012 年 12 月至 2013 年 4 月溶解性氮磷营养盐、溶解氧（DO）、化学需氧量（COD）和叶绿素 a 含量（Chl a）等见表 21.2。

表 21.1　2012 年 8 月至 2013 年 7 月辐射沙洲海域环境参数变化

时间	水温(℃)	盐度	pH
2012 年 8 月	28.03±0.30	26.10±1.66	7.99±0.11
2012 年 9 月	26.04±0.42	28.31±0.70	7.91±0.07
2012 年 10 月	21.49±0.69	29.40±0.20	8.09±0.07
2012 年 11 月	13.96±1.92	30.02±0.38	8.01±0.10
2012 年 12 月	8.55±1.43	29.44±2.06	8.03±0.09
2013 年 1 月	4.78±0.90	31.25±2.22	8.05±0.03
2013 年 2 月	5.70±1.80	29.08±1.10	8.11±0.02
2013 年 3 月	9.50±0.24	30.90±1.56	8.10±0.03
2013 年 4 月	10.45±0.76	30.41±0.06	8.11±0.01
2013 年 5 月	19.21±1.43	29.20±1.45	7.99±0.06
2013 年 6 月	21.25±0.37	31.11±0.35	8.35±0.07
2013 年 7 月	27.59±0.21	33.89±0.89	8.06±0.08

表 21.2　2012 年 12 月至 2013 年 4 月条斑紫菜养殖区和非养殖区溶解性氮磷营养盐、化学需氧量、溶解氧和叶绿素 a 含量变化

测量参数	养殖区(n=36)	非养殖区(n=6)
NH_4-N(μmol/L)	3.59±2.01	6.46±0.69
NO_3-N(μmol/L)	18.77±8.02	36.57±3.26
NO_2-N(μmol/L)	0.71±0.28	2.06±0.31
DIN	23.07±8.15	45.09±3.04
PO_4-P(μmol/L)	1.00±0.58	1.83±0.26
N/P	23.07	24.63
COD(mg/L)	1.30±0.29	1.56±0.31
DO(mg/L)	4.66±0.72	4.06±0.55
Chl a(μg/L)	0.26±0.07	0.46±0.12

水温变化具有明显的季节特征，夏季水温为21.25～28.03℃(2012 年 8 月水温最高)；冬季水温为 4.78～8.55℃(2013 年 1 月水温最低)；pH 为 7.91～8.35，平均值为 8.07。

从 2012 年 12 月至 2013 年 4 月，条斑紫菜养殖区 DO、COD 和叶绿素 a 含量平均值分别为 4.66mg/L、1.30mg/L 和 0.26μg/L，而非养殖区平均值分别为 4.06mg/L、1.56mg/L 和 0.46μg/L。

2012 年 8 月至 2013 年 7 月辐射沙洲海域条斑紫菜养殖区和非养殖区全年溶解性氮磷营养盐浓度变化如图 21.6 所示。监测结果显示，非养殖区溶解性氮磷营养盐浓度在养殖季节和非养殖季节没有显著差异(P＞0.05)。其中，NH_4-N 浓度为 5.2～7.5μmol/L，平均浓度为 6.26μmol/L，NO_3-N 和 PO_4-P 浓度分别为 33～42μmol/L 和 1.40～2.32μmol/L，而 NO_2-N 浓度一直较低，各月值均在 0.32～1.11μmol/L 左右。

监测结果表明，辐射沙洲海域条斑紫菜养殖区溶解性营养盐浓度显著低于非

养殖区，尤其是在条斑紫菜养殖季节($P<0.05$)。从 2012 年 9 月至 2013 年 3 月，NH_4-N 浓度从 6.79μmol/L 降低到 1.18μmol/L，2013 年 4 月 NH_4-N 浓度突然升高至 4.95μmol/L，随后逐步降低，2013 年 7 月低至1.52μmol/L，随后再次升高。NO_3-N 浓度变化与 NH_4-N 浓度变化表现一致，从 2012 年 9 月到 2013 年 3 月浓度从 27.50μmol/L 降低到 8.26μmol/L，2013 年 4 月突然升高至 27.9μmol/L，5～6 月浓度再次降低，6 月降低为 13.2μmol/L。条斑紫菜养殖期间(2012 年 10 月至 2013 年 5 月)，NO_2-N 一直保持较低浓度，变化范围为 0.32～1.11μmol/L，其中 2012 年 10～12 月 NO_2-N 浓度保持更低水平，为 0.32～0.60μmol/L。PO_4-P 浓度，从 2012 年 12 月开始降低，随后至 2013 年 5 月一直保持较低浓度，为 0.50～0.75μmol/L。可见，条斑紫菜养殖区生态修复效果十分明显。

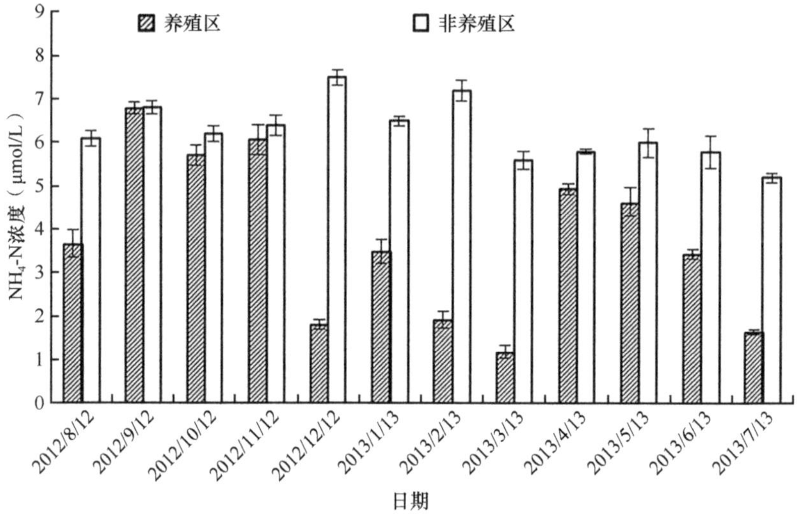

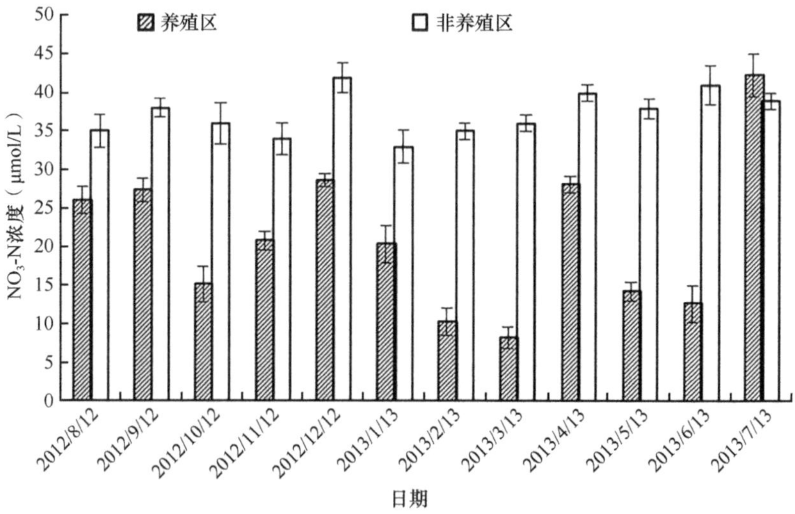

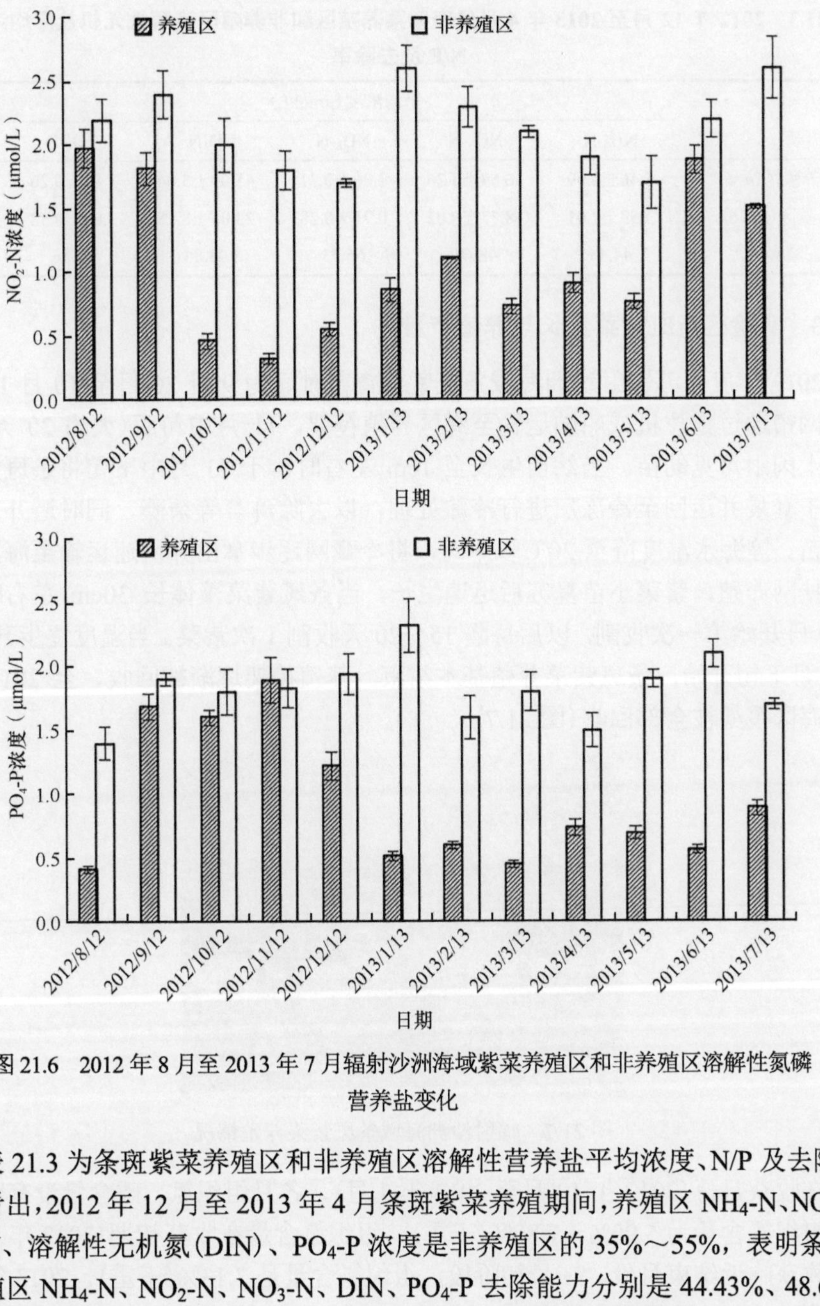

图 21.6 2012 年 8 月至 2013 年 7 月辐射沙洲海域紫菜养殖区和非养殖区溶解性氮磷营养盐变化

表 21.3 为条斑紫菜养殖区和非养殖区溶解性营养盐平均浓度、N/P 及去除率，可以看出，2012 年 12 月至 2013 年 4 月条斑紫菜养殖期间，养殖区 NH_4-N、NO_2-N、NO_3-N、溶解性无机氮(DIN)、PO_4-P 浓度是非养殖区的 35%～55%，表明条斑紫菜养殖区 NH_4-N、NO_2-N、NO_3-N、DIN、PO_4-P 去除能力分别是 44.43%、48.67%、65.53%、48.84%、45.36%。此外，紫菜养殖区和非养殖区氮磷比(N/P)的均值分别为 23.07 和 24.63。

表 21.3　2012 年 12 月至 2013 年 4 月条斑紫菜养殖区和非养殖区溶解性无机盐平均浓度、N/P 及去除率

	平均浓度(μmol/L)					N/P
	NH_4-N	NO_3-N	NO_2-N	DIN	PO_4-P	
非养殖区(n=6)	6.46±0.69	36.57±3.26	2.06±0.31	45.09±3.04	1.83±0.26	24.63
养殖区(n=36)	3.59±2.01	18.77±8.02	0.71±0.28	23.07±8.15	1.00±0.58	23.07
去除率(%)	44.43	48.67	65.53	48.84	45.36	

21.3.3　实验区条斑紫菜生长与养殖产量

2012 年度江苏辐射沙洲海域条斑紫菜育苗时间为 9 月 20 日至 10 月 10 日。幼苗网帘通过拖拉机或船舶运输至海区养殖筏架。11 月中旬后(大约 20 天时间)网绳上肉眼可见幼苗。当幼苗生长至 1cm 左右时，于 11 月中下旬将条斑紫菜苗网晒干套袋并运回至冷冻厂进行冷藏处理，以去除浒苔等杂藻，同时避开高温以防烂苗。等海水温度降至 20℃以下时，将冷藏网逐步拿出并快速运输至海区筏架重新挂网养殖，紫菜小苗复苏后迅速生长。当条斑紫菜藻体长 30cm 左右时，12 月 10 日开始第一次收割，以后每隔 15～20 天收割 1 次紫菜。当温度逐步升高时，从 4 月下旬开始，条斑紫菜养殖基本结束，养殖筏架逐渐被回收，至 2013 年 5 月，海区筏架被全部回收(图 21.7)。

图 21.7　辐射沙洲海域条斑紫菜养殖情况

在收获月份(2012 年 12 月至 2013 年 4 月)，各月组织氮、磷含量没有明显差异。组织氮含量为 5.99%～7.80%(干重)，组织氮含量在收获初期(2012 年 12 月)高于收获临近结束月份。在最初阶段，组织氮含量是 7.13%(干重)，2013 年 4 月降低到 6.14%。组织磷含量为 0.16%～0.19%(干重)，均值为 0.18%(干重)。

由卫星图片解译结果可知(图 21.8)，在辐射沙洲海域 6 个主要养殖区，条斑紫菜养殖总面积为 384.6km^2，面积最小的养殖区为启东养殖区，为 9.6km^2，面积最大的东沙养殖区，条斑紫菜养殖面积为 130km^2。

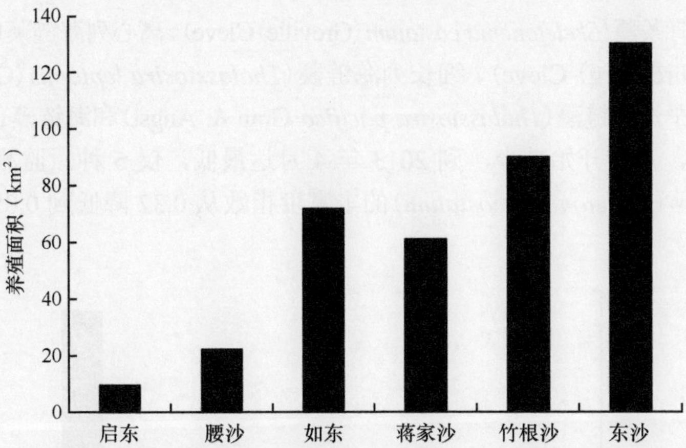

图21.8 2012～2013年辐射沙洲海域各紫菜养殖区养殖面积

根据各紫菜养殖区养殖公司2012年12月至2013年4月各月数据统计结果，计算出每月每公顷紫菜养殖产量。统计结果表明，不同养殖区不同月份的产量均有差异，2012年平均每公顷产量为19.60kg(干重)，2013年3月达到最大产量，为547.47kg(干重)。2013年3月竹根沙养殖区每公顷产量达646.54kg，在所有养殖区中产量最高。根据各养殖区月平均产量和养殖面积计算可得，辐射沙洲海域2012～2013年总产量为58 950.87t(干重)。

21.3.4 条斑紫菜养殖生态效益评估

据统计，2012年12月至2013年4月辐射沙洲海域条斑紫菜养殖区每月移除氮量为8.04～1495.72t，每月移除磷量为0.19～43.86t，整个条斑紫菜收获季节，通过条斑紫菜收获移除的氮为3688.15t，移除的磷为105.61t(图21.9)。

2012年12月至2013年4月开展了5个航次调查，在辐射沙洲紫菜养殖区共鉴定出浮游植物5门125个类群。硅藻是其中的优势种群，占总种类数的84.0%，沟鞭藻类占12.4%。如表21.4所示，优势种从2012年12月的派格棍形藻(*Bacillaria paxillifera*(Müller) Hendey)、桥弯形鞍链藻(*Campylosira cymbelliformis*(A.S.) Grunow)、辐射圆筛藻(*Coscinodiscus radiatus* Ehrenberg)、圆筛藻(*Coscinodiscus* sp.)、新月柱鞘藻(*Cylindrotheca closterium*(Ehrenberg) Reimann & Lewin)、具翼漂流藻(*Planktoniella blanda*(Schmidt) Syvertsen & Hasle)、中肋骨条藻(*Skeletonema costatum*(Greville) Cleve)和海线藻(*Thalassionema nitzschioides*(Grunow) Mereschkowsky) 8种增加到2013年2月的洛氏辐环藻(*Actinocyclus roperii*(de Brébisson) Grunow ex Van Heurck)、桥弯形鞍链藻(*Campylosira cymbelliformis*(A.S.) Grunow)、辐射圆筛藻(*Coscinodiscus radiatus* Ehrenberg)、圆筛藻(*Coscinodiscus* sp.)、布氏双尾藻(*Ditylum brightwellii*(West) Grunow)、具槽帕拉藻(*Paralia sulcata*(Ehrenberg)

Cleve)、中肋骨条藻(*Skeletonema costatum*(Greville) Cleve)、离心列海链藻(*Thalassiosira eccentrica*(Ehrenberg) Cleve)、细长列海链藻(*Thalassiosira leptopus*(Grun) Hasle et Fryxell)、太平洋海链藻(*Thalassiosira pacifica* Gran & Angst)和海链藻(*Thalassiosira* sp.)共 11 种，其后开始减少，到 2013 年 4 月达最低，仅 5 种。监测期间赤潮藻种中肋骨条藻(*Skeletonema costatum*)的丰富度指数从 0.32 降低到 0.05，且在 3 月没有出现。

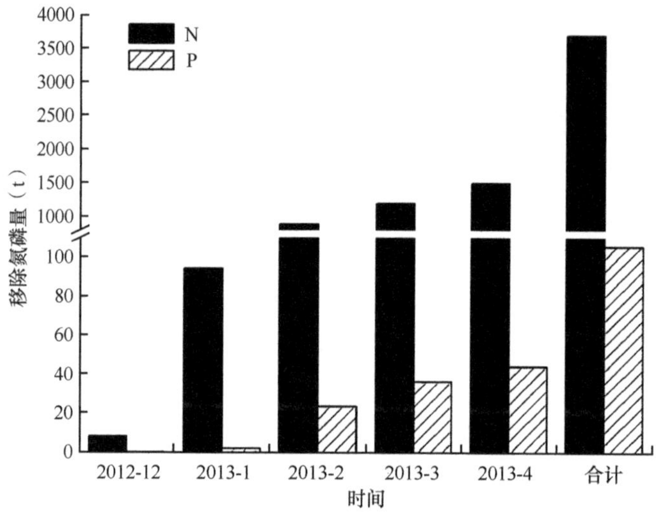

图 21.9　2012 年 12 月至 2013 年 4 月辐射沙洲海域条斑紫菜养殖移除氮磷量

表 21.4　2012 年 12 月至 2013 年 4 月辐射沙洲海域浮游植物优势种

种类	丰富度指数				
	2012-12	2013-1	2013-2	2013-3	2013-4
Actinocyclus roperii (de Brébisson) Grunow ex Van Heurck		0.03	0.02		
Asteroplanus karianus Grunow					0.12
Bacillaria paxillifera (Müller) Hendey	0.03			0.05	0.07
Campylosira cymbelliformis (A.S.) Grunow	0.2	0.28	0.17	0.18	
Coscinodiscus radiatus Ehrenberg	0.06	0.06	0.03	0.03	
Coscinodiscus sp.	0.04	0.04	0.02	0.05	
Cylindrotheca closterium (Ehrenberg) Reimann & Lewin	0.03	0.03		0.05	0.04
Ditylum brightwellii (West) Grunow		0.02	0.05	0.07	
Planktoniella blanda (Schmidt) Syvertsen & Hasle	0.03	0.03			
Paralia sulcata (Ehrenberg) Cleve			0.03	0.04	
Skeletonema costatum (Greville) Cleve	0.32	0.12	0.28		0.05
Thalassionema nitzschioides (Grunow) Mereschkowsky	0.03	0.02			

续表

种类	丰富度指数				
	2012-12	2013-1	2013-2	2013-3	2013-4
Thalassiosira eccentrica (Ehrenberg) Cleve		0.02	0.02	0.04	
Thalassiosira leptopus (Grun) Hasle & Fryxell		0.03	0.04	0.15	0.02
Thalassiosira pacifica Gran & Angst			0.02		
Thalassiosira sp.			0.26		

如表 21.5 所示，条斑紫菜养殖期间，浮游植物密度为 1.16×10^4～5.64×10^4cells/L，均值为 2.34×10^4cells/L，最大值出现在 2013 年 4 月。

表 21.5　2012 年 12 月至 2013 年 4 月辐射沙洲海域浮游植物数量和种类变化

指数	2012-12	2013-1	2013-2	2013-3	2013-4
密度（$\times10^4$cells/L）	1.99	1.31	2.28	1.16	5.64
H	3.82	2.18	3.97	4.18	3.30
J'	0.27	0.16	0.28	0.31	0.21

注：*H*-多样性指数；*J'*-均匀度指数

多样性指数 *H* 为 2.18～4.18，均值为 3.56，均匀度指数为 0.16～0.31，均值为 0.25。多样性指数和均匀度指数最大值均出现在 2013 年 3 月，分别达 4.18 和 0.31。

21.4　江苏 2000～2018 年条斑紫菜养殖生态修复效益研究

海区富营养化已经成为一个亟待解决的问题。大量营养物质的输入改变了水体和沉积物中的无机营养结构(Neori et al.，2004)。物化环境的改变导致了赤潮、养殖病害和其他一系列环境问题(de Montaudouin，2014)。研究表明，当水体中的溶解性无机氮、磷浓度分别超过 0.1mg/L 和 0.02mg/L 时，发生赤潮的可能性大大增加(Hodgkiss and Ho，1997)。红藻条斑紫菜具有快速吸收营养从而将营养物质从水体中移除的能力，因此条斑紫菜已经被认为是一种降低水体富营养化程度的有效工具(Kraemer et al.，2004；Kim et al.，2007)。

21.4.1　紫菜养殖核心区溶解性氮磷和富营养化指数变化趋势

针对条斑紫菜营养吸收及削减能力的室内和室外研究已广泛开展。在一个 3～4 天的室内控制培养实验中，条斑紫菜对氮、磷的削减能力分别达到 92%～93%和 72%～85%(Carmona et al.，2009)。然而，由于受到复杂水动力环境的影响，在开放海域栽培试验中，条斑紫菜对氮、磷的削减能力仅分别达到 55.2%和

54.6%(Troell et al.，2003；He et al.，2008)。本研究中条斑紫菜养殖核心区各采样站位的 DIN 浓度均接近 0.4mg/L，少数站位的浓度超过 0.5mg/L，表明该海区 DIN 水质标准为Ⅲ类。几乎所有站位的 DIP 浓度均低于 0.03mg/L，表明该海区 DIP 水质标准为Ⅱ类。根据《海洋监测规范第 4 部分：海水分析》(GB 17378.4—2007)，辐射沙洲海域全年水质保持在Ⅱ到Ⅲ类。同时发现，在时间上，从 2012 年 12 月至 2013 年 5 月条斑紫菜养殖核心区 DIN 和 DIP 浓度逐步降低；在空间上，条斑紫菜养殖核心区 DIN 和 DIP 浓度从近岸到远海逐渐降低，从北部到南部逐渐减低(图 21.10)。

条斑紫菜吸收水体中营养盐的形式为 NH_4-N、NO_3-N、NO_2-N 和 PO_4-P (Harrison and Hurd，2001)，其对缓解水体富营养化具有重要意义。如图 21.11 所示，辐射沙洲海域紫菜养殖区条斑紫菜养殖季节富营养化指数(NQI)从 9.53(2012 年 12 月)降低到 3.29(2013 年 3 月)，水质由Ⅳ至劣Ⅳ类提高为Ⅱ至Ⅲ类。

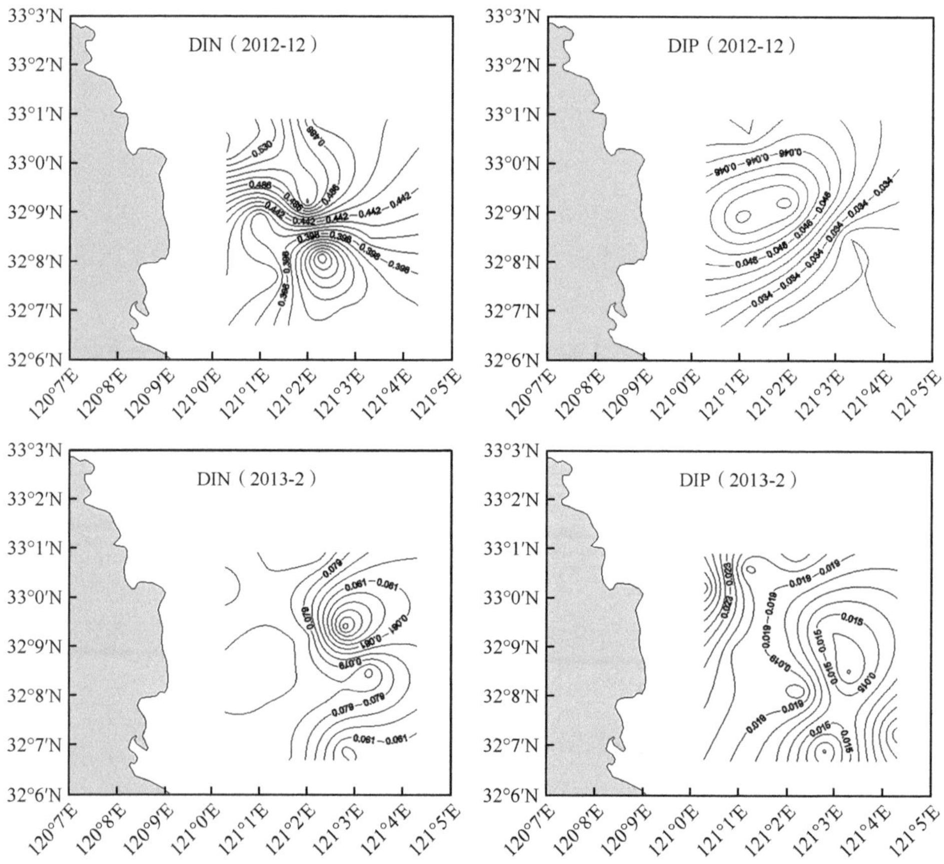

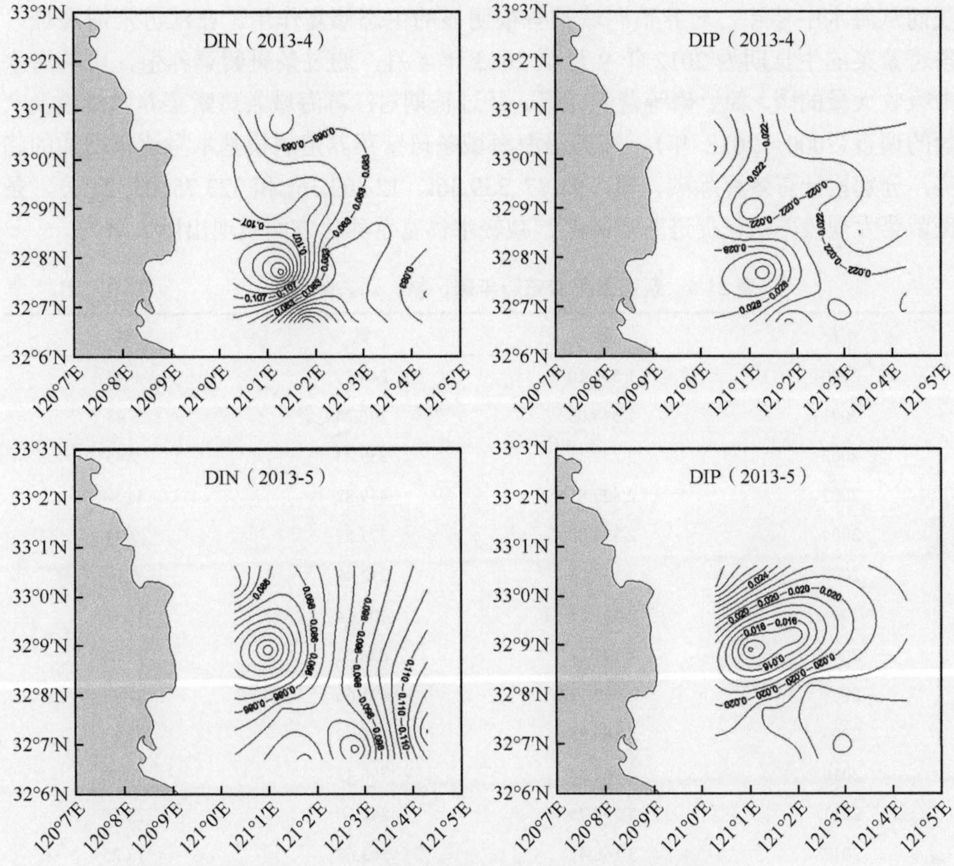

图 21.10　紫菜养殖区溶解性无机盐分布示意图

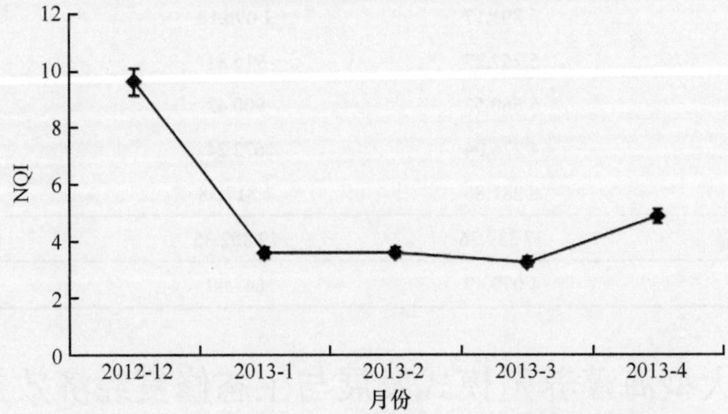

图 21.11　2012 年 12 月至 2013 年 4 月富营养化指数变化

21.4.2　江苏条斑紫菜历年碳氮磷移除总量变化

条斑紫菜作为一种有效的生物泵，储存在藻体中的营养元素可随着海藻的收获而从海水中移除，对养殖海域具有很明显的生态修复作用。在江苏沿海海域，条斑紫菜的生长期为 2012 年 9 月至 2013 年 4 月，通过条斑紫菜养殖，可从海水中吸收大量的碳、氮、磷等营养元素。经过长期对江苏海域条斑紫菜养殖规模及产量的调查(2000～2018 年)，江苏沿海海域条斑紫菜养殖规模基本呈逐年增加的趋势，分别累计有效移除碳、氮、磷 77 339.36t、12 302.35t 和 323.75t(表 21.6)。条斑紫菜大规模养殖在促进海洋碳汇、减轻水体富营养化方面展现出巨大潜力。

表 21.6　条斑紫菜养殖历年碳、氮、磷去除量　　(单位：t)

年份	碳	氮	磷
2000	1 535.10	244.19	6.43
2001	1 548.00	246.24	6.48
2002	2 258.34	359.23	9.45
2003	2 827.81	449.82	11.84
2004	2 373.60	377.57	9.94
2005	1 335.28	212.40	5.59
2006	2 521.81	401.14	10.56
2007	4 127.27	656.52	17.28
2008	2 965.13	471.66	12.41
2009	5 166.88	821.89	21.63
2010	4 969.08	790.43	20.80
2011	5 290.75	841.60	22.15
2012	3 166.41	503.68	13.25
2013	6 437.10	1 023.95	26.95
2014	6 891.17	1 096.18	28.85
2015	5 757.27	915.81	24.10
2016	5 660.52	900.42	23.70
2017	4 226.04	672.24	17.69
2018	8 281.80	1 317.38	34.67
累计去除量	77 339.36	12 302.35	323.75
平均值	4 070.49	647.49	17.04

21.5　大型海藻养殖模式发展与生态修复经济效益研究

采用经济型大型海藻养殖对富营养化海域进行生态修复，不仅能够改善水域环境，还能够获得经济收益。当前辐射沙洲海域已经建成完善的条斑紫菜粗加工-深加工-精加工行业体系和标准，条斑紫菜养殖与加工已经成为邻近海岸带居民的主要经济支柱。并且坛紫菜规模化养殖也已经成为江苏近海海藻养殖的重要组成，条斑紫菜和坛紫菜轮作已经成为江苏海水养殖新模式，据江苏省紫菜协会 2013～2014 年统计资料，条斑紫菜亩产 93.10kg(干重)，干菜为 110.4 元/kg，辐射沙洲海域产量达 58 950t(干重)，总销售额达 65.08 亿元。2014 年坛紫菜市场价格高达 200 元/kg，在江苏辐射沙洲海域养殖 10 万亩坛紫菜，按照亩产 250kg(干重)计算，则总产量可以达到 2.5 万 t(干重)，总产值则可以达到 50 亿元。综上，紫菜总产值为 115.08 亿元。

江苏海域紫菜养殖，尤其是条斑紫菜养殖基本已达到饱和状态，养殖规模再进一步扩大的空间虽然还有，但已不大了。本研究结果表明，20 万亩条斑紫菜养殖规模可以使辐射沙洲离岸 5km 以外至 100km 海域水体的氮指标达到Ⅲ类海水标准，磷指标可以达到Ⅱ类海水标准。在该海域发展坛紫菜养殖产业，可以进一步提升海域的水质。

参考文献

何培民，张泽宇，张学成，等. 2018. 海藻栽培学. 北京：科学出版社.

徐姗楠，马家海，何培民. 2007. 紫菜的减数分裂. 海洋科学，7：76-80.

鄢恒珍，龚文琪，梅光军等. 2009. 水体富营养化与生物修复技术评析. 安徽农业科学，37(34)：17003-17006.

张学成，秦松，马家海，等. 2005. 海藻遗传学. 北京：中国农业出版社：184-235.

郑宝福，李钧. 2009. 中国海藻志(第二卷第一册). 北京：科学出版社：89-94.

Anderson R J, Smit A J, Levitt G J. 1999. Upwelling and fish-factory waste as nitrogen sources for suspended cultivation of *Gracilaria gracilisin* Saldanha Bay, South Africa.Hydrobiologia, 398-399: 455-462.

Beer S. 1994. Mechanisms of inorganic carbon acquisition in marine macroalgae(with special reference to the Chlorophyta). Progress in Phycological Research, 10: 179-207.

Bolton J, Robertson-Andersson D M, Troell M, et al. 2006. Integrated system incorporates seaweeds in South African abalone culture. Global Aquaculture Advocate, 9(4): 54-55.

Broggiato A, Arnaud-Haond S, Chiarolla C, et al. 2014. Fair and equitable sharing of benefits from the utilization of marine genetic resources in areas beyond national jurisdiction: Bridging the gaps between science and policy. Marine Policy, 49: 176-185.

Capriulo G M, Smith G, Troy R, et al. 2002. The planktonic food web structure of a temperate zone estuary, and its alteration due to eutrophication. Hydrobiologia, 475-476: 263-333.

Carmona R, Kraemer G P, Yarish C. 2006. Exploring northeast American and Asian species of *Pyropia* for use in an integrated finfish-algal aquaculture system. Aquaculture, 252: 54-65.

Chopin T, Buschmann A H, Halling C, et al. 2001. Integrating seaweeds into marine aquaculture systems: A key towards sustainability. Journal of Phycology, 37(6): 975-986.

Chopin T, Yarish C, Wilkes R, et al. 1999. Developing *Porphyra*/salmon integrated aquaculture for bioremediation and diversification of the aquaculture industry. Journal of Applied Phycology, 11: 463-472.

de Montaudouin X. 2014. Sandra E. Shumway(Ed.): Shellfish aquaculture and the environment. Environmental Science and Pollution Research, 21(12): 7781-7783.

FAO. 2003. Yearbook. Fishery statistics, aquaculture production 2001. Vol. 92/2. Formerly published as: FAO Fisheries Circular N. 815 "Aquaculture Production Statistics" in http: //www.fao.org/fi/statist/statist.asp (18/ 09/2003).

Fei X G. 2004. Solving the coastal eutrophication problem by large scale seaweed cultivation. Hydrobiologia, 512: 145-151.

Ferreira J G, Saurel C, Lencart-Silva J D, et al. 2014. Modelling of interactions between inshore and offshore aquaculture. Aquaculture, 426-427: 154-164.

Ferrol-Schulte D, Gorris P, Baitoningsih W, et al. 2015. Coastal livelihood vulnerability to marine resource degradation: A review of the Indonesian national coastal and marine policy framework. Marine Policy, 52: 163-171.

Hafting J T. 1999. Effect of tissue nitrogen and phosphorus quotaon growth of *Pyropia yezoensis* blades in suspension cultures. Hydrobiologia, 398-399: 305-314.

Haglund K, Pedersén M. 1993. Outdoor pond cultivation of the subtropical marine red alga *Gracilariate nuistipitata* in brackish water in Sweden. Growth, nutrient uptake, co-cultivation with rainbow trout and epiphyte control. Journal of Applied phycology, 5 (3) : 271-284.

Harrison P J, Hurd C L. 2001. Nutrient physiology of seaweeds: Application of concepts to aquaculture. Cahiers de Biologie Marine, 42: 71-82.

He P M, Xu S N, Zhang H Z, et al. 2008. Bioremediation efficiency in the removal of dissolved inorganic nutrients by the red seaweed, *Porphyra yezoensis*, cultivated in the open sea. Water Research, 42 (4-5) : 1281-1289.

Hernández I, Pérez-Pastor A, Vergara J J, et al. 2006. Studies on the biofiltration capacity of *Gracilario psislongissima*: From microscale to macroscale. Aquaculture, 252: 43-53.

Hodgkiss I J, Ho K C. 1997. Are changes in NBP ratios in coastal waters the key to increased red tide blooms. Hydrobiologia, 352: 141-147.

Huo Y Z, Xu S N, Wang Y Y, et al. 2011. Bioremediation efficiencies of *Gracilaria verrucosa* cultivated in an enclosed sea area of Hangzhou Bay, China. Journal of Applied Phycology, 23 (2) : 173-182.

Jiang Z J, Fang J G, Mao Y Z. 2010. Eutrophication assessment and bioremediation strategy in a marine fish cage culture area in Nansha Bay, China. Journal of Applied Phycology, 22: 421-426.

Jousson O, Pawlowski J, Zaninetti L, et al. 2000. Invasive alga reaches California. Nature, 408: 157-158.

kácelová O, Lepš J. 2014. The relationship of diversity and biomass in phytoplankton communities weakens when accounting for species proportions. Hydrobiologia, 724: 67-77.

Kim J K, Kraemer G P, Neefus C D, et al. 2007. Effects of temperature and ammonium on growth, pigment production and nitrogen uptake by four species of *Porphyra* (Bangiales, Rhodophyta) native to the New England coast. Journal of Applied Phycology, 19 (5) : 431-440.

Kraemer G P, Carmona P, Chopin T, et al. 2004. Evaluation of the bioremediation potential of several species of the red alga *Porphyra* using short-term measurements of nitrogen up-take. Journal of Applied Phycology, 16: 48-97.

Lai Z G, Yin K D. 2014. Physical-biological coupling induced aggregation mechanism for the formation of high biomass red tides in low nutrient waters. Harmful Algae, 31: 66-75.

Mao Y, Yang H, Zhou Y, et al. 2009. Potential of the seaweed Gracilaria lemaneiformis for integrated multi-trophic aquaculture with scallop Chlamys farreri in North China. Journal of applied phycology, 21 (6) : 649-656.

Martínez B, Pato L S, Rico J M. 2012. Nutrient uptake and growth responses of three intertidal macroalgae with perennial, opportunistic and summer-annual strategies. Aquatic Botany, 96 (1) : 14-22.

Martínez B, Rico J M. 2002. Seasonal variation of P content and major N pools in *Palmaria palmata* (Rhodophyta). Journal of Phycology, 38: 1082-1089.

McVey J P, Stickney R R, Yarish C, et al. 2002. Aquatic polyculture balanced ecosystem management: New paradigms for seafood production//Stickney R R, McVey J P. Responsible Marine Aquaculture. Oxon: CABI Publishing: 91-104.

Mercado J M, Niell F X. 2000. Carbon dioxide uptake by *Bostrychia scorpioides*(Rhodophyceae) under emersed conditions. European Journal of Phycology, 35: 45-51.

Morand P, Merceron M. 2005. Macroalgal population and sustainability. Journal of Coastal Research, 21(5): 1009-1020.

Mumford T F, Miura A. 1998. *Pyropia* as food: Cultivation and economics//Lembi C A, Waaland J R. Algae and Human Affairs.Cambridge: Cambridge University Press: 87-117.

Neori A, Chopin T, Troellc M, et al. 2004. Integrated aquaculture: Rationale, evolution and state of the art emphasizing seaweed biofiltration in modern mariculture. Aquaculture, 231: 361-391.

Nishimura A. 1982. Effects of organic matters produces in fish farms on the growth of red tide algae *Gymnodinium* type-65 and *Chattonella antique*. Bulletin of the planktonology Society of Japan, 29: 1-7.

Nobre A M, Robertson-Andersson D, Neori A, et al. 2010. Ecological-economic assessment of aquaculture options: Comparison between abalone monoculture and integrated multi-trophic aquaculture of abalone and seaweeds. Aquaculture, 306: 116-126.

Rai L C, Kumar H D, Mohn F H, et al. 2000. Services of algae to the environment. Journal of Microbiology and Biotechnology, 10(2): 119-136.

Ridler N, Robinson B, Chopin T, et al. 2006. Development of integrated multi-trophic aquaculture in the Bay of Fundy, Canada: A socio-economic case study. World Aquaculture, 37: 43-48.

Sahoo D, Yarish C. 2005. Mariculture of seaweeds//Andersen RA.Phycological Methods: Algal Culturing Techniques. New York: Academic Press；Amsterdam: Elsevier Publishing: 219-237.

Scherner F, Barufi J B, Horta P A. 2012. Photosynthetic response of two seaweed species along an urban pollution gradient: Evidence of selection of pollution-tolerant species. Marine Pollution Bulletin, 64(11): 2380-2390.

Shen Y M. 2010. Nutrients distribution characters and its appraisement inshore area in Jiangsu Province. Ecology and Environmental Sciences, 19(1): 6-10.

Small C, Nicholls R J. 2003. A global analysis of human settlement in coastal zones. Jounal of Costal Research, 19(3): 584-599.

Strokal M, Yang H, Zhang Y C, et al. 2014. Increasing eutrophication in the coastal seas of China from 1970 to 2050. Marine Pollution Bulletin, 85(1): 123-140.

Troell M, Halling C, Neori A, et al. 2003. Integrated mariculture: Asking the right questions. Aquaculture, 226: 69-90.

Victor N D, Elliott M, Orive E. 2002. Causes, historical development, effects and future challenges of a common environmental problem: Eutrophication. Hydrobiologia, 475-476: 1-19.

Wang X H, Li L, Bao X, et al. 2009. Economic cost of an algae bloom cleanup in China's 2008 Olympic sailing venue. Eos, Transactions American Geophysical Union, 90(28): 238-239.

Wilfart A, Prudhomme J, Blancheton J P, et al. 2013. LCA and emergy accounting of aquaculture systems: Towards ecological intensification. Journal of Environmental Management, 121: 96-109.

Xu S N, Chen Z Z, Li S Y, et al. 2011. Modeling trophic structure and energy flows in a coastal artificial ecosystem using mass-balance Ecopath model. Estuaries & Coasts, 34(2): 351-363.

Zhao Y F. 2003. Situation, problems and developmental strategies of shellfish cultivation in Jiangsu Province. Scientific Fish Farming, 9: 9-10.

Zhou G J, Zhao X M, Bi Y H, et al. 2011. Phytoplankton variation and its relationship with the environment in Xiangxi Bay in spring after damming of the Three-Gorges, China. Environmental Monitoring & Assessment, 176: 125-141.

第 22 章　长江口海三棱藨草湿地的生态修复：机制与效应①

22.1　引　　言

我国滨海湿地目前正经历由大规模开发利用到保护优先的转变(国家林业局等，2016)。2016 年 11 月 1 日中央全面深化改革领导小组通过了《湿地保护修复制度方案》，确立到 2020 年全国湿地面积不低于 8 亿亩，其中自然湿地面积不低于 7 亿亩，新增湿地面积 300 万亩，湿地保护率提高到 50%以上。为实现这一目标，将逐步建立退化湿地修复、健全湿地用途监管等 6 个制度(张立等，2018)。同时，中央全面深化改革领导小组审议通过了《海岸线保护与利用管理办法》，为我国依法治海、生态管海、构建科学合理的自然岸线格局提供了法律依据(张立等，2018)。2016 年 12 月国家海洋局印发《关于加强滨海湿地管理与保护工作的指导意见》，力争到 2020 年我国实现对典型代表性滨海湿地生态系统的有效保护，建立一批自然保护区，同时开展受损湿地生态修复，修复滨海湿地总面积不少于 8500hm^2。2017 年 3 月 28 日，国家林业局、国家发展改革委、财政部共同印发了《全国湿地保护“十三五”实施规划》，要求加强湿地修复工作，规划到 2020 年，全国湿地保护率达 50%以上，恢复退化湿地 14 万 hm^2，新增湿地面积 20 万 hm^2(国家林业局等，2016)。国家一系列湿地保护、修复法律法规文件的出台，为我国湿地保护及修复工作的实施提供了强有力的法理背景和动力基础，标志着我国湿地由重视开发利用到加强保护的背景转变。

然而相比于湿地修复实践，目前理论研究的不足已经成为湿地修复工作的瓶颈，主要包括两个方面：湿地退化机制研究的不足及湿地修复基础理论研究的不足。对比 2003 年和 2014 年两次全国湿地资源普查结果，我国湿地退化的威胁因子和出现频次增加了 38.72%，主要威胁因素增加，影响频次和面积都呈增加态势(国家林业局，2014)。湿地萎缩退化已成为我国最突出的生态环境问题(国家林业

---

①本章作者：方淑波[1,2,3]，陶燕东[1,2]，厉成伟[1,2]，赵萌[1,2]，钟胜财[1,2]，吴铭轩[1,2]，武鹏玲[1,2]，胡阳[1,2]，何宁[1,2]，何培民[1,2,3](1.上海海洋大学海洋生态与环境学院，上海 201306；2. 水域环境生态上海高校工程研究中心，上海 201306；3.自然资源部海洋生态监测与修复技术重点实验室，上海 200137)。本研究获得国家重点研发计划(2017YFC0506002)、国家科技支撑计划项目(2012BAC07B03)、上海市海洋局科研项目(沪海科 2015-02)和自然资源部海洋生态监测与修复技术重点实验室项目(MEMRT202003)的资助。

局等，2016）。目前，我国湿地以每年 500 万亩的速度减少，近 70%的重要湿地受到污染、围垦、过度放牧和不合理水资源利用等的影响(张经，2011；中国科学院学部，2011；Ma et al.，2014；国家林业局等，2016；Fang et al.，2017）。在我国湿地保护加强的背景下，加强湿地修复基础理论的研究对国家湿地保护总量目标的实现具有重要意义。

我们课题组 2015 年承接上海市海洋局城市滨海湿地生境提升的技术课题，在上海南汇东滩区域进行了海三棱藨草(*Scirpus mariqueter*)的修复工作，以期达到水质净化及鸟类、鱼类、底栖类等物种生境质量提升等目的。项目进行的 2 年内，海三棱藨草湿地由开始的零星分布扩大到近 200 亩，底栖类、鸟类种群数量都得以明显提升(陶燕东等，2018）。本研究是上海南汇边滩海三棱藨草湿地修复工作实践的一个总结，通过海三棱藨草的人为引种及对土壤理化因子、植物群落指标、底栖生物的观测，详细探讨了海三棱藨草修复过程中的空间分异机制及理论问题，并对未来的研究进行了展望。

22.2　研究区域及研究方法

南汇东滩湿地于 1998 年被列入国家重要湿地名录，其北接浦东东滩，南接奉贤边滩，北邻九段沙与崇明东滩，总面积约 33 100hm^2，位于长江口和杭州湾的交汇处(图 22.1)。研究区域属北亚热带季风气候，温暖湿润，年平均气温为 15.3℃，四季分明，常年多风，雨量充沛，年降水量为 1022mm。研究区南汇边滩潮间带位于 30°51′～30°52′N、121°55′～121°56′E，东海大桥东侧，属于南汇东滩促淤圈围四期工程南部，总面积为 108hm^2。

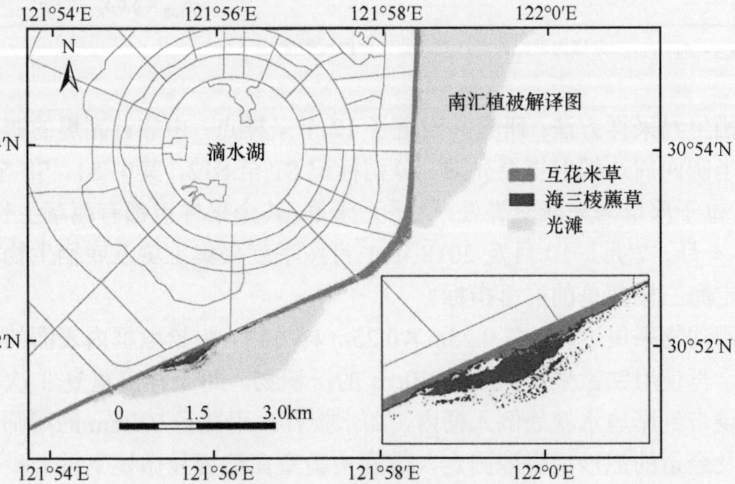

图 22.1　研究区域示意图

采集样品包括土壤、海三棱藨草及底栖生物等。对于土壤，于 2015 年 10 月在研究区采用网格式采样法，设置了 101 个采样点，以植被因子为变量对采样点进行聚类分析，在分类组选择 32 个不同类别的采样点，于 2017 年 5 月、8 月、10 月、12 月按季度对研究区进行土壤采集，每个样点采集表层 25cm 土壤，重复采集土壤 3～5 次，将土壤混合均匀后用密封袋保存并测定土壤理化因子(陶燕东等，2017)。滩涂的高程用水准仪(博飞 SZ1032)测量。

海三棱藨草分析的指标有密度、高度、盖度特征及植被指数(表 22.1)。每个样地随机取 3 个采样点，采样点为 1m×1m 的样方，需要测定的植物群落指标有密度、株高、盖度、地上部分生物量。密度采用人工计数的方法，计数样方内海三棱藨草的株数；株高的测量是在每个采样点选取 5 株较高的植株，用米尺从地面到植株的顶端测定株高，最后取平均值；盖度采用目测估计的方法；地上部分生物量的取样，在样方内用剪刀齐地收割 25cm×25cm 的海三棱藨草，放入密封袋后，及时带回实验室烘干称重。

表 22.1　植被指数计算公式

植被指数	计算公式
归一化差值植被指数(NDVI)	$\mathrm{NDVI}=\dfrac{\rho_{\mathrm{NIR}}-\rho_{\mathrm{R}}}{\rho_{\mathrm{NIR}}+\rho_{\mathrm{R}}}$
比值植被指数(RVI)	$\mathrm{RVI}=\dfrac{\rho_{\mathrm{NIR}}}{\rho_{\mathrm{R}}}$
差值植被指数(DVI)	$\mathrm{DVI}=\rho_{\mathrm{NIR}}-\rho_{\mathrm{R}}$
修改型土壤调节植被指数(MSAVI)	$\mathrm{MSAVI}=\dfrac{2\rho_{\mathrm{NIR}}+1-\sqrt{(2\rho_{\mathrm{NIR}}+1)^2-8(\rho_{\mathrm{NIR}}-\rho_{\mathrm{R}})}}{2}$
增强型植被指数(EVI)	$\mathrm{EVI}=2.5\times\dfrac{\rho_{\mathrm{NIR}}-\rho_{\mathrm{R}}}{\rho_{\mathrm{NIR}}+6.0\rho_{\mathrm{R}}-7.5\rho_{\mathrm{BLUE}}+1}$

注：ρ_{NIR}、ρ_{R}、ρ_{BLUE} 分别为近红外、红光、蓝光波段反射率

底栖生物采样方法：研究共设置了 12 个采样点，由靠近副堤的藨草湿地边缘中心呈半圆向周边辐射直至光滩，分别标记 S1 至 S12，其中 S1、S8 全年无藨草，S3、S11 位于藨草与光滩交界处，几乎无藨草，其余采样点都有藨草生长(图 22.2)。2017 年 4 月、7 月、10 月及 2018 年 1 月按季度采集土壤及底栖生物样品，同时现场测定海三棱藨草的群落指标。

底栖动物采集过程：在 0.25m×0.25m 样方内，先拾取框内表面的大型底栖动物标本，再使用铁锹采集深度为 30cm 的沉积物，每个样点重复 3 次。将样品装入塑料袋带到岸边水塘处倒入桶内，加水搅拌，用孔径 0.5mm 的网筛筛洗，滤出的动物及余留的泥沙用甲醛固定，带回实验室在体视显微镜下进一步分选，然后分离、鉴定、计数和称重(卓异等，2014)。

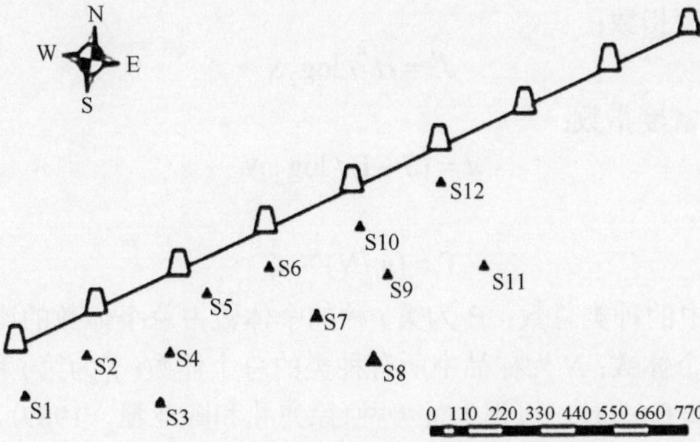

图 22.2　底栖生物采样位置示意图

在采集底栖生物的同时进行土壤采集，每个样点采集的土壤深度为 25cm，重复 3～5 次，应用全球定位系统(GPS)对样点进行定位。将土壤混合均匀后用密封袋保存，带回实验室测定土壤理化因子(陶燕东，2017)。

应用 ArcGIS 的 Spatial Autocorrelation (Moran I) 功能，得出相应变量的莫兰指数(Moran I)、Z 得分与 P 值，论证土壤理化因子与高程的空间自相关性，之后应用空间回归中的最小二乘法(OLS)对两者的相关性进行评估。基于具有统计显著性的土壤理化因子，应用地理加权回归(GWR)分析变量之间的空间异质性。

土壤样品需要测定的生化因子有总氮(TN)、总磷(TP)、硝酸盐氮、亚硝酸盐氮、盐度、含水率(moisture)及总有机碳(TOC)。盐度通过电导率(conductivity)法测定。含水率的测定需要将土壤样品采集后置于密封袋中，并及时进行实验测量，避免水分过度蒸发，采用烘干法称量干重后计算比值。具体实验方法参照参考文献(鲍士旦，2002)。以上所有数据皆在 Excel 2010 进行处理。

底栖生物数据处理：所有实验数据在 Excel 2010 上进行预处理，计算香农-维纳多样性指数(H')、Pielou 均匀度指数(J')、Margalef 丰富度指数(d)和优势度指数(Y)，然后应用 SPSS21.0 软件对数据进行统计分析。大型底栖动物群落特征指数与海三棱藨草群落特征和环境因子之间利用 Canoco for Windows 4.5 软件进行 CCA 排序分析。CCA 排序分析方法：首先对底栖生物物种数据进行除趋势对应分析(DCA)，判断是否剔除不能进行单峰分析的数据，然后将海三棱藨草群落特征和环境因子用 WCanolmp 转换格式，最后进行选择 CCA 分析输出结果并用 CanoDraw 作图。

香农-维纳多样性指数：

$$H'=\sum_{i=1}^{S} P_i \log_2 P_i$$

Pielou 均匀度指数：

$$J' = H' / \log_2 S$$

Margalef 丰富度指数：

$$d = (S-1) / \log_2 N$$

优势度指数：

$$Y = (n_i/N) \times f_i$$

式中，S 为样品中的种类总数；P_i 为第 i 种的个体数占总个体数的比例；n_i 为样品中第 i 种生物的个体数；N 为样品中所有种类的总个体数；f_i 为第 i 种出现的频度。当某一种生物 $Y \geqslant 0.02$ 时，可视为优势种(徐兆礼和陈亚瞿，1989)。

22.3　海三棱藨草植被扩张过程及影响因子分析

22.3.1　NDVI 变化对滩涂高程变化的响应分析

前期研究表明(刘瑜和韩震，2009；Zoungrana et al.，2018)，滩涂高程、土壤水盐因子是影响盐沼植被在潮间带分布的关键因素(宋国元等，2008；Li et al.，2018)。对比 2015 年与 2017 年的高程变化，在 2015 年，研究区的最高高程是 4.1m，主要分布在研究区的中间偏东位置，而到了 2017 年，研究区的最高高程是 4.5m，且 4.1m 等高线区域扩展到研究区的整个北部区域(图 22.3)。2015 年 NDVI 最小值为 0.14，还有一部分地区并未有海三棱藨草的生长，而 2017 年区域内 NDVI 最小值在 0.29 以上，栅格区域内所有像元都有海三棱藨草的覆盖。总体对比 NDVI 年际变化，数值逐年递增，说明海三棱藨草群落分布面积逐年扩大。

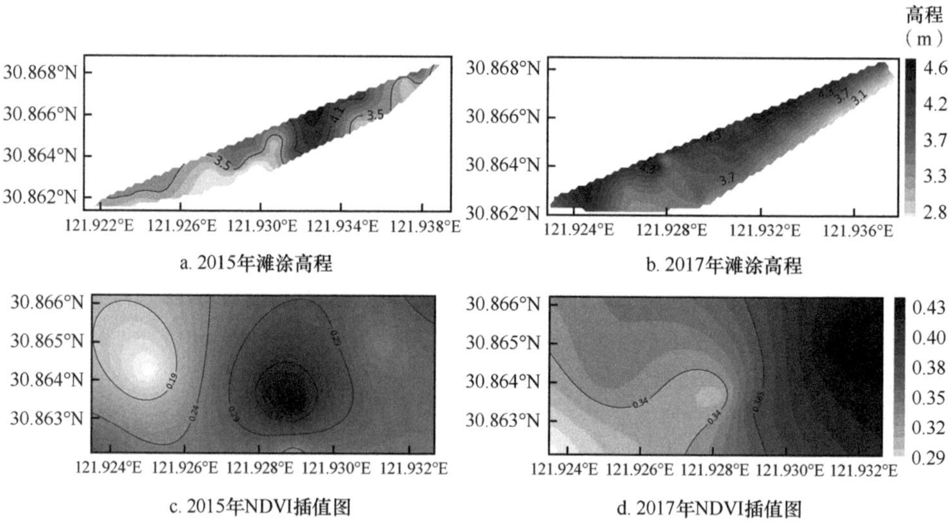

图 22.3　滩涂高程与 NDVI 分布图

为研究 NDVI 与地形高程的变化量之间的相互关系，通过 ArcGIS 中 3D Analysis 的 Raster math 工具进行减法运算。以 2015 年为起始值，以 2017 年为终止值，分别获得高程及 NDVI 的年际差值图(图 22.4)，并将其重分类为 11 个类别，同一像元差值越大，数字越大。研究区西部高程波动剧烈，淤长在 9 及以上；东部淤长缓慢，在 4 及以下；中部出现一块类别 4 的地块，其比周边高程淤长缓慢。NDVI 差值图表明植被覆盖区东部类别比西部类别高，在西部有一块类别为9以上的区域。将高程差值图与 NDVI 差值图进行逻辑运算，计算得出高程与 NDVI 同时不低于 6 的区域占总面积的 51.45%，且主要集中在东部，占 85.99%，西部小范围有该区域分布，占 14.01%(图 22.4)。在类别不低于 6 时，80.45%的 NDVI 变化值区域包含在高程变化值区域里，表明滩涂高程与 NDVI 值变化有很强的同步性。

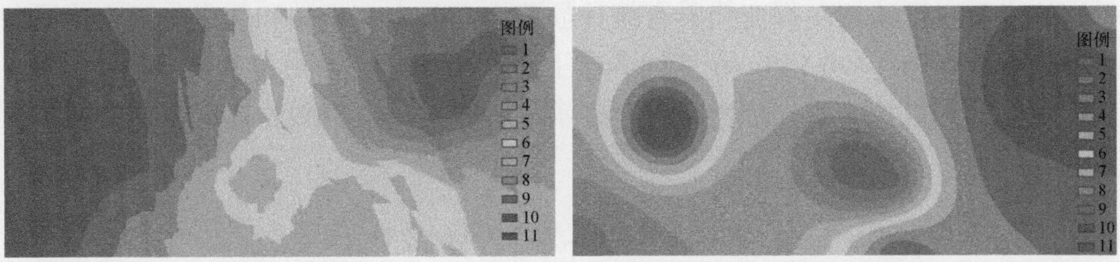

高程差值图　　NDVI差值图

图 22.4　滩涂高程与 NDVI 年际差值图

22.3.2　土壤理化因子对高程分异的响应分析

通过应用 ArcGIS 得出相应变量的莫兰指数、*Z* 得分与 *P* 值(表 22.2)，其中 2015 年和 2017 年总磷(TP)的 *P* 值分别为 0.355 和 0.538，不具有空间上的统计显著性，表示其数据分布具有随机性，空间分布为随机模式。盐度 *P* 值为 0 时，*Z* 得分大于 2.58；*P* 值为 0.078 时，*Z* 得分大于 1.65，表明其在空间分布上具有统计显著性，并且莫兰指数分别为 0.338 和 0.198，即盐度在空间上的分布模式为空间自相关。综合盐度、含水率、总氮、亚硝酸盐氮、硝酸盐氮、有机碳及高程等数值结果，*Z* 得分与 *P* 值都具有统计显著性，莫兰指数都为正，所以除总磷外，剩余所有土壤理化因子在空间分布上都呈现空间聚集。土壤高程的莫兰指数总体偏大，其在分布上较土壤理化因子受空间位置的影响更为显著。

表 22.2　土壤理化因子与高程的空间自相关性分析

年份		盐度	总氮	总磷	含水率	有机碳	硝酸盐氮	亚硝酸盐氮	高程
	莫兰指数	0.338	0.190	0.053	0.186	0.171	0.248	0.253	0.697
2015	*Z* 得分	5.111	2.910	0.924	2.933	2.676	4.167	3.845	10.239
	P 值	0	0.004	0.355	0.003	0.007	0	0	0

续表

年份		盐度	总氮	总磷	含水率	有机碳	硝酸盐氮	亚硝酸盐氮	高程
2017	莫兰指数	0.198	0.025	0.121	0.184	0.287	0.162	0.083	0.481
	Z 得分	1.764	2.136	0.615	1.833	4.3109	1.840	2.216	3.755
	P 值	0.078	0.034	0.538	0.067	0	0.085	0.054	0

基于土壤理化因子与高程的空间自相关性，以高程为解释变量、土壤因子为因变量得到表 22.3。2015 年土壤理化因子与高程的空间相关分析表明，盐度、总氮、含水率、有机碳与亚硝酸盐氮在空间分布上具有统计显著性。硝酸盐氮回归系数为–0.869，与高程呈负相关关系，但两者不具有统计显著性。2017 年，含水率、盐度及有机碳与高程变化具有统计显著性，其中有机碳和盐度与高程的回归系数分别为 0.166 和 0.145，在空间分布上两者与高程呈正相关关系，而含水率与高程变化呈负相关关系。综合分析，含水率、盐度与有机碳与高程在空间分布上具有显著相关关系。

表 22.3　最小二乘法(OLS)分析

	年份	变量	盐度	总氮	含水率	有机碳	硝酸盐氮	亚硝酸盐氮
高程	2015	系数	0.459	0.132	–0.329	0.925	–0.869	–0.004
		P 值	0.041*	0.047*	0.003*	0.016*	0.055	0.029*
		T-统计	1.039	2.013	–3.696	1.956	–1.944	–0.128
	2017	系数	0.145	–0.828	–0.030	0.166	–0.906	0.004
		P 值	0.001*	0.092	0.016*	0.025*	0.433	0.889
		T-统计	1.088	–0.096	–1.661	2.358	–0.795	0.141

* $P<0.05$

基于最小二乘法得出具有统计显著性的土壤理化因子，经过地理加权回归(GWR)分析和残差的莫兰指数检验，得到图 22.5。回归系数的大小表明两个变量之间相关性的大小，基于此将回归系数分为 9 级，数字越大，说明在局部范围里特定的空间位置上两个变量相关性越大。如图 22.5 所示，不同空间位置高程变化与土壤因子的相关性不同，同一空间位置的不同理化因子与高程变化的相关性有显著差异。图 22.5 中高程与含水率回归系数是基于 2015 年及 2017 年的土壤含水率数据进行的回归分析，2015 年不小于 6 级的采样点有 57 个，占比 61.3%，而 2017 年不小于 6 级的采样点有 16 个，占比 50%。2015 年、2017 年土壤盐度与高程回归系数级别在 4 到 6 之间的分别占比 73.11%、68.75%。

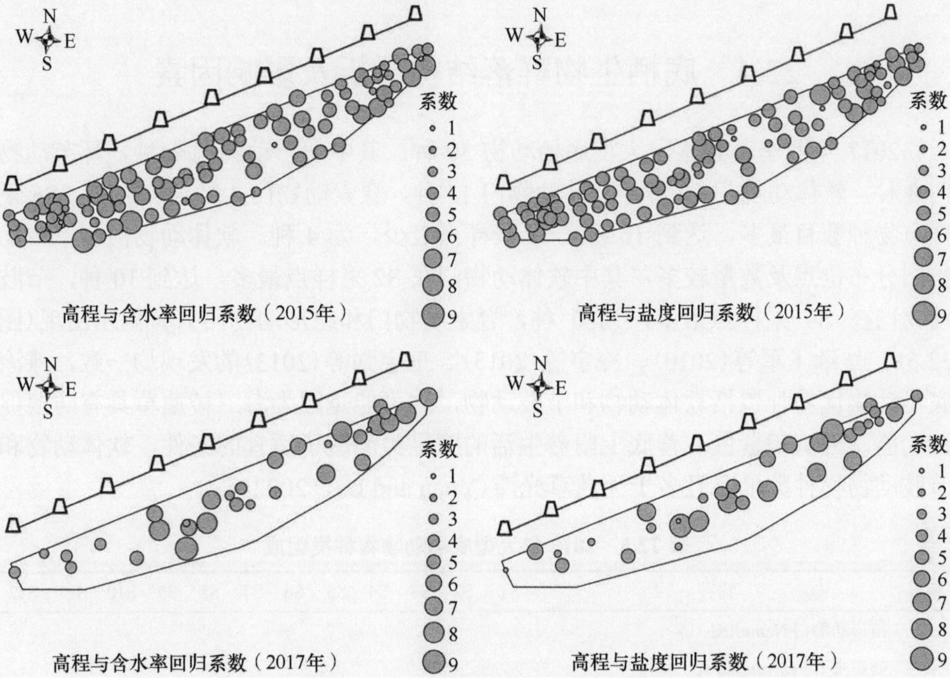

图 22.5　地理加权回归系数分布

22.3.3　土壤理化因子与植被群落参数的相关性分析

土壤因子与植被因子的 Pearson 相关分析(表 22.4)表明，盐度与植被密度、高度和盖度呈正相关关系，其中盐度与植被密度的相关系数(0.299)最大。土壤含水率与植被因子都呈负相关关系，与植被密度、盖度、高度的相关系数分别为–0.503、–0.478 和–0.510。总磷和亚硝酸盐氮与植被因子的相关性并不显著，总氮与指标盖度相关性显著。硝酸盐氮与植被密度呈显著负相关关系，相关系数为–0.236。有机碳与植被的空间分布也具有显著的相关性，相关系数也比较大，但这更多是植被-土壤系统相互作用的结果，海三棱藨草的生长会导致土壤有机碳的增加。

表 22.4　土壤因子与植被因子的 Pearson 相关分析

植被因子	土壤因子						
	盐度	总氮	总磷	含水率	有机碳	硝酸盐氮	亚硝酸盐氮
密度	0.299**	0.299	–0.088	–0.503*	0.335*	–0.236**	0.087
盖度	0.274*	0.304*	–0.079	–0.478**	0.356**	–0.259*	0.054
高度	0.296**	0.265	–0.062	–0.510**	0.352**	–0.233*	0.158

**P＜0.01；*P＜0.05

22.4　底栖生物群落结构分析及影响因素

2017 年四季节共鉴定大型底栖动物 30 种：其中纽形动物门 1 种，环节动物门 3 种，软体动物门 12 种，节肢动物门 13 种，脊索动物门 1 种(表 22.5)。S6 采样点物种数目最多，达到 16 种，S8 采样点最少，为 4 种。软体动物门和节肢动物门分布位点及数量较多，其中软体动物门在 S2 采样点最多，达到 10 种，节肢动物门在 S4 采样点最多，为 6 种，脊索动物门和纽形动物门只有偶尔出现(图 22.6)。与章飞军等(2010)、冷宇等(2013)、王宝强等(2013)的发现均一致，滩涂底栖动物优势种包括软体动物和节肢动物，这可能是因为海三棱藨草具有防浪促淤功能，为沉积食性、营底上附着生活的腹足类创造了适宜的条件，软体动物和节肢动物物种数量多且多于无藨草光滩(Yuan and Lu，2002)。

表 22.5　2017 年大型底栖动物物种类组成

编号	物种	S1	S2	S3	S4	S5	S6	S7	S8	S9	S10	S11	S12
	纽形动物门 Nemertea												
Z1	脑纽虫 *Cerebratulina* sp.												+
	环节动物门 Annelida												
Z2	丝异须虫 *Heteromastus filiformis*						+						+
Z3	长吻沙蚕 *Glycera chirori*			+			+						
Z4	圆锯齿吻沙蚕 *Dentinephtys glabra*	+		+	+		+	+					+
	软体动物门 Mollusca												
Z5	光滑狭口螺 *Stenothyra glabra*		+		+	+	+	+		+		+	
Z6	拟沼螺 *Assiminea* sp.		+		+	+	+	+		+	+		+
Z7	绯拟沼螺 *Assiminea latericea*		+		+	+	+				+		+
Z8	堇拟沼螺 *Assiminea violacea*	+*	+		+	+	+	+		+	+		+
Z9	泥螺 *Bullacta exarata*	+		+				+		+			
Z10	尖锥拟蟹守螺 *Cerithidea largillierti*		+										
Z11	等边浅蛤 *Gomphina aequilatera*	+	+	+					+				
Z12	河蚬 *Corbicula fluminea*	+	+	+			+		+		+	+	+
Z13	中国绿螂 *Glauconome chinensis*	+	+	+	+	+	+	+		+	+	+	+
Z14	缢蛏 *Sinonovacula constricta*		+				+	+		+	+		+
Z15	黑龙江河篮蛤 *Potamocorbula amurensis*		+			+	+	+		+		+	+
Z16	四角蛤蜊 *Mactraveneri formis*	+		+	+								
	节肢动物门 Arthropoda												
Z17	中国周眼钩虾 *Perioculodes meridichinensis*				+			+		+			+
Z18	秀丽白虾 *Exopalaemon modestus*							+	+				
Z19	硬爪始根钩虾 *Eohaustorius cheliferus*	+		+			+		+			+	

续表

编号	物种	S1	S2	S3	S4	S5	S6	S7	S8	S9	S10	S11	S12
Z20	安氏白虾 *Exopalaemon annandalei*									+			
Z21	日本大螯蜚 *Grandidierella japonica*	+			+		+	+			+		
Z22	豆形拳蟹 *Philyra pisum*	+			+							+	
Z23	短身大眼蟹 *Macrophthalmus abbreviatus*	+				+		+					
Z24	谭氏泥蟹 *Ilyoplax deschampsi*					+	+			+		+	+
Z25	天津厚蟹 *Helice tientsinensis*				+								+
Z26	伍氏拟厚蟹 *Helicana wuana*			+	+					+		+	
Z27	隆线背脊蟹 *Deiratonotus cristatum*									+	+	+	
Z28	雷伊著名团水虱 *Gnorimosphaeroma rayi*				+		+	+					
Z29	多齿半尖额涟虫 *Hemileucon hinumensis*						+						
	脊索动物门 Chordata												
Z30	弹涂鱼 *Periophthalmus modestus*							+					

注："+"代表物种有分布；S 表示采样点

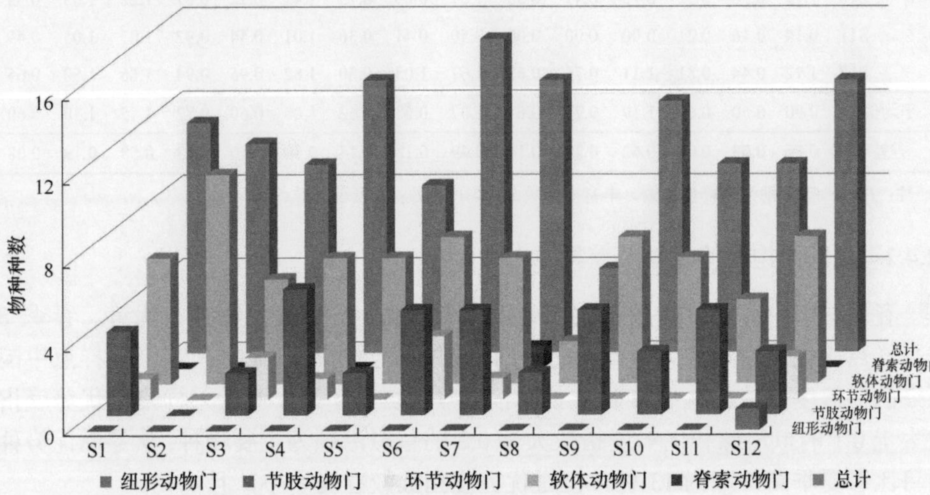

图 22.6　2017 年大型底栖动物的群落种类组成

22.4.1　物种多样性指数

南汇东滩底栖生物丰富度指数、均匀度指数平均值最高的季节分别为夏季、冬季，最低的分别是春季、秋季(表 22.6)。在空间上，多样性指数、丰富度指数、均匀度指数最高的采样点分别是 S6、S6、S2，最低的是 S8(表 22.6)。通过 SPSS 计算显著性差异，南汇东滩大型底栖动物的多样性指数(P=0.002＜0.01)、丰富度指数(P=0＜0.01)和均匀度指数(P=0.032＜0.05)在空间上具有显著差异，然而季节变化差异不显著(P 值依次为 0.767、0.598、0.927)。这与卓异等(2014)研究的结果相似，大型底栖动物的物种数、栖息密度有极显著的季节差异，但是多样性指数和均匀度指数没有明显的季节差异。

表 22.6　2017 年四个季度大型底栖动物群落结构特征

		春季			夏季			秋季			冬季			年度		
		H'	*d*	*J'*	*H'*	*d*	*J'*	*H'*	*d*	*J'*	*H'*	*d*	*J'*	*H'*	*d*	*J'*
采样点	S1	1.31	0.68	0.96	0.45	0.43	0.32	0.09	0.13	0.12	0.23	0.40	0.17	0.36	1.18	0.15
	S2	1.22	0.59	0.88	1.37	0.71	0.85	1.85	0.83	1.03	1.55	0.77	0.96	2.15	1.32	0.93
	S3	1.01	0.44	0.92	1.10	0.52	1.00	1.01	0.44	0.92	0.16	0.26	0.14	0.57	1.02	0.26
	S4	1.33	0.86	0.73	1.90	1.22	0.92	1.58	0.94	0.88	1.60	1.06	0.82	2.20	1.72	0.86
	S5	0.33	0.20	0.47	1.04	0.61	0.65	0.00	0.00	0.00	1.52	0.77	0.94	1.49	1.01	0.71
	S6	0.53	0.47	0.39	2.53	1.38	1.22	1.57	1.07	0.81	1.69	0.97	0.94	2.47	2.04	0.89
	S7	0.51	0.48	0.37	2.14	1.39	0.97	1.93	1.30	0.88	1.33	0.59	0.96	2.07	1.80	0.78
	S8	1.04	0.48	0.95	0.00	0.00	0.00	0.00	0.00	0.00	0.00	0.00	0.00	0.07	0.35	0.05
	S9	1.02	0.66	0.64	1.96	1.14	0.94	1.32	0.62	0.95	0.69	0.29	1.00	2.09	1.61	0.84
	S10	1.27	0.56	0.92	0.73	0.41	0.53	1.31	0.83	0.73	1.41	0.72	0.87	1.22	1.03	0.55
	S11	0.14	0.16	0.21	0.00	0.00	0.00	0.50	0.41	0.36	1.01	0.44	0.92	1.07	1.05	0.49
	S12	1.12	0.44	0.81	1.11	0.75	0.62	1.67	1.05	0.80	1.82	0.95	0.94	1.66	1.50	0.65
平均值		0.90	0.50	0.69	1.19	0.71	0.67	1.07	0.63	0.62	1.08	0.60	0.72	1.45	1.30	0.60
方差		0.16	0.03	0.07	0.62	0.22	0.14	0.49	0.18	0.14	0.39	0.10	0.13	0.58	0.19	0.08

注：*H'*、*d*、*J'*分别为多样性指数、丰富度指数、均匀度指数；S 表示采样点

22.4.2　群落结构空间及季节差异

春夏季节中优势度指数在大部分采样点较高，并以个别物种占优势。春季 8 个采样点以优势度指数大于 0.4 的中国绿螂为主要物种，其中有 4 个采样点中国绿螂的优势度指数已达到 0.7 以上(图 22.7)；夏季超过一半的采样点以优势度指数大于 0.1 的拟沼螺和优势度指数大于 0.2 的堇拟沼螺为主要物种；秋冬季优势种数目比春夏季高，都为 13 种，但是优势度指数较春夏季小，且均匀。

物种组成上，四个季节都有的物种分别为光滑狭口螺、拟沼螺、堇拟沼螺和中国绿螂。在三个季节出现的有硬爪始根钩虾、伍氏拟厚蟹，只在春季出现的有短身大眼蟹、泥螺、秀丽白虾，只在夏季出现的有长吻沙蚕和豆形拳蟹，只在秋季出现的为雷伊著名团水虱，只在冬季出现的为多齿半尖额涟虫。

22.4.3　群落结构变化的影响因子分析

优势种与环境因子及植被指数的关系见图 22.8，在春季 RDA 图中，对横轴 RDA1 贡献较大的环境因子是高程和藨草高度、密度及盖度，其次是总有机碳和含水率；对纵轴 RDA2 影响较大的是总氮和电导率，其次是总磷和硝酸盐氮。拟

沼螺、堇拟沼螺、伍氏拟厚蟹与高程、藨草密度及盖度、总有机碳呈正相关关系，中国绿螂和光滑狭口螺与总磷和总氮呈正相关关系，与电导率呈负相关关系，河蚬与硝酸盐氮和亚硝酸盐氮成正比关系，而泥螺、等边浅蛤、四角蛤蜊和秀丽白虾分布与所有参数线段距离很远，受所有参数影响较小。

在夏季 RDA 图中，对横轴 RDA1 贡献较大的环境因子是高程和藨草高度、密度及盖度，其次是电导率、总有机碳、硝酸盐氮和亚硝酸盐氮。中国绿螂、堇拟沼螺、黑龙江河篮蛤、谭氏泥蟹、拟沼螺、光滑狭口螺等物种密度与高程、藨草高度、密度、盖度、电导率、总有机碳、硝酸盐氮和亚硝酸盐氮呈显著正相关关系，而硬爪始根钩虾、豆形拳蟹与含水率、总氮、总磷呈正相关关系，四角蛤蜊、长吻沙蚕和伍氏拟厚蟹受到所有参数的影响较小。

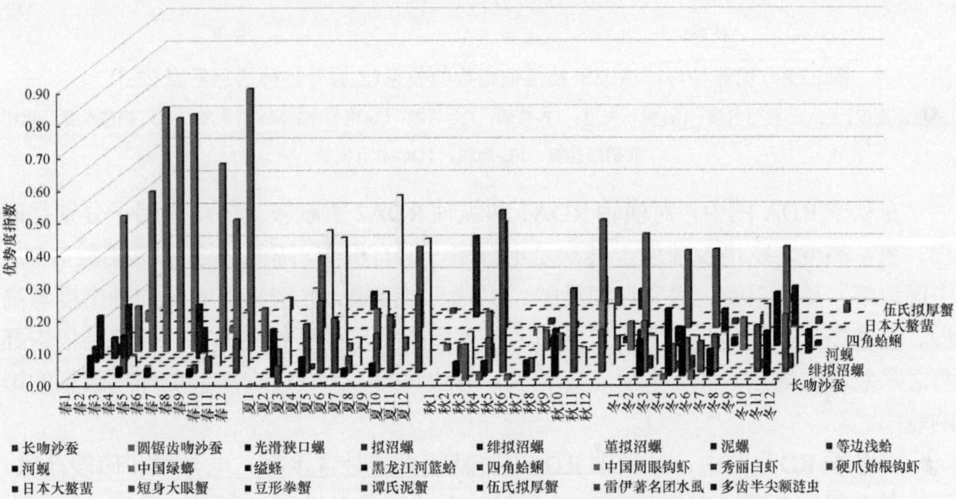

图 22.7　2017 年四个季度大型底栖动物群落的优势种组成

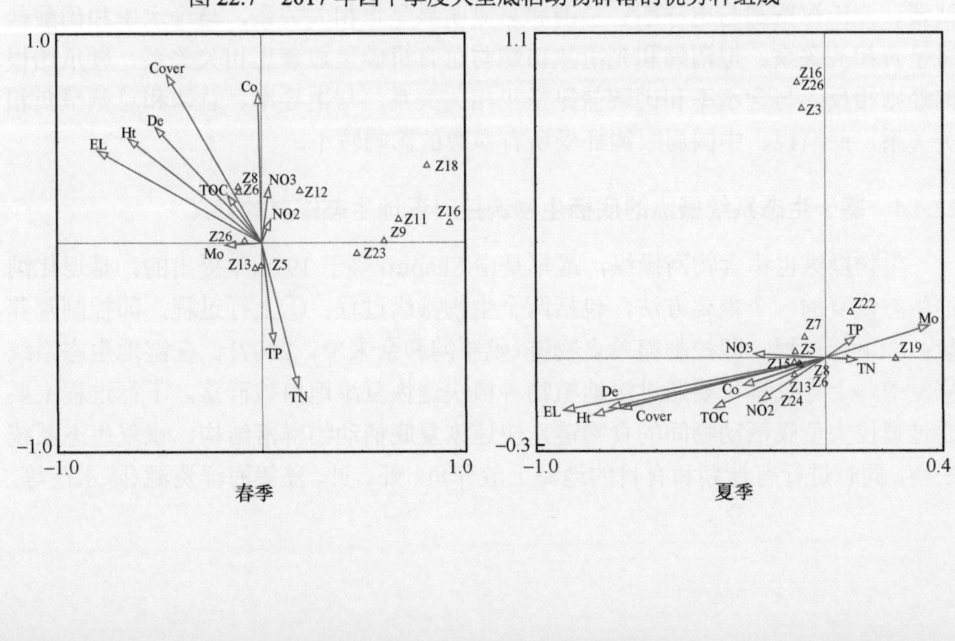

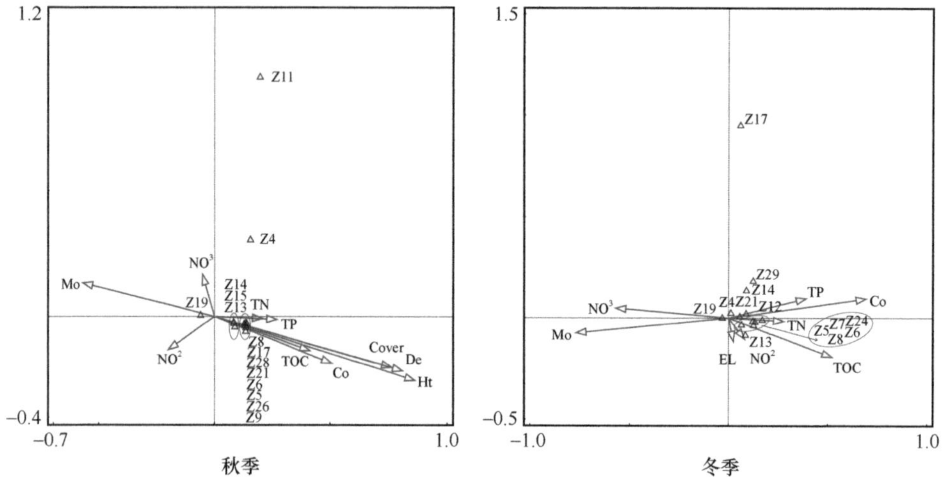

图 22.8　优势种与环境因子及植被指数的关系(Z 编号物种信息见表 22.5)

Ht-藨草高度；Cover-藨草盖度；De-藨草密度；TP-总磷；TN-总氮；Co-电导率；Mo-含水率；NO^{3-}硝酸盐氮；NO^{2-}亚硝酸盐氮；EL-高程；TOC-总有机碳

在秋季 RDA 图中，对横轴 RDA1 和纵轴 RDA2 贡献较大的环境因子分别是高程、藨草高度、密度及盖度，其次是电导率、总有机碳、硝酸盐氮和亚硝酸盐氮。中国绿螂、堇拟沼螺、黑龙江河篮蛤、泥螺、拟沼螺、光滑狭口螺等物种密度与高程、藨草高度、密度、盖度、电导率、总有机碳明显呈正相关关系，硬爪始根钩虾与之呈负相关关系，而含水率正好相反。等边浅蛤、圆锯齿吻沙蚕受环境因素的影响较小。

在冬季 RDA 图中，对横轴 RDA1 贡献较大的是含水率、电导率和硝酸盐氮，其次是总氮和总磷；对纵轴 RDA2 贡献较大的是总有机碳和高程。缢蛏、日本大螯蜚、谭氏泥蟹都与电导率、总磷和总氮明显呈正相关关系，与含水率和硝酸盐氮呈负相关关系。拟沼螺和光滑狭口螺与总有机碳呈显著正相关关系，硬爪始根钩虾则相反，与含水率和硝酸盐氮呈正相关关系，与电导率、总磷和总氮呈负相关关系，而河蚬、中国周眼钩虾受所有参数的影响较小。

22.4.4　基于生态系统操纵的底栖生物调控对湿地生态修复的意义

生物操纵也称食物网操纵，最早是由 Shapiro 等于 1975 年提出的，是退化湖泊生态恢复的一个重要方法，包括两个生物操纵过程：①上行过程，即控制营养盐；②下行过程，即控制简单食物链(姚雁鸿和余来宁，2007)。在湿地生态系统修复中，上行过程主要通过湿地植物种植快速恢复湿地植被群落，下行过程主要通过调控大型底栖动物间的食物链，快速恢复底栖动物群落结构，恢复生态系统平衡，同时进行有计划和有目的地海上放养鱼、虾、贝、藻等海洋资源(陈永茂等，

2000)，并将大型底栖动物作为湿地恢复后等级评价及干扰等级评价如物种数目的评价、基于物种特性的评价等的指标。

根据本研究，春夏秋三季中大型底栖动物群落结构特征明显与植被指数和高程相关，随着海三棱藨草的生长，移动性强的蟹类数量降低，但藨草降低了土壤盐度，底栖生物以滤食性、底埋型的瓣鳃类的中国绿螂和沉积食性、营底上附着生活、腹足类的拟沼螺类为主，从而影响了大型底栖动物群落分布。然而，段学花等(2010)的研究发现，大型底栖动物具有沉积促淤作用，从而影响高程的分异，同时减少水中有机颗粒和浮游动物，对维持水中的溶解氧含量有一定作用。除高程梯度外，土壤有机碳与海三棱藨草的分布也密切相关，有机碳随植被的增加而增加，有机质的含量丰富，颗粒较小，底栖动物生物量高；但有机质过于丰富反而导致环境缺氧、底栖动物的丰度明显下降(王银东等，2005)，然而底栖动物又可以通过在土壤中移动增加土壤氧气以增强植物根部呼吸作用，从而相互影响，同时改变土壤营养盐的空间分布(Hond and Kikuchi，2008)。前期研究发现，土壤盐度、含水率与植被群落参数之间具有显著相关关系，与本研究结果相似，这说明底栖动物、植被、环境因素三者之间相互影响(厉成伟等，2018)。本研究发现中国绿螂和拟沼螺类物种(即滤食性和沉积食性功能类型)在海三棱藨草空间分异及扩张过程中有重要作用，海三棱藨草生长前期以移动性强、掘穴生活的甲壳类为主，随后又以滤食性、底埋型的瓣鳃类的中国绿螂为主，接着又转为以沉积食性、营底上附着生活的腹足类的拟沼螺类为主。基于此研究，通过人工干预的手段，在局部沉积环境改变的基础上，对大型底栖动物群落结构进行调控，包括调控物种间关系、配置群落及功能类型等，营造海三棱藨草扩张的“热点区域”(即种子库和繁殖体)，进而促进湿地的大范围快速修复，对湿地学理论研究及生态修复研究具有重要意义。这是我们下一步的工作。

参考文献

安传光. 2011. 长江口潮间带大型底栖动物群落的生态学研究. 华东师范大学博士学位论文.

鲍士旦. 2002. 土壤农化分析. 北京：中国农业出版社.

蔡立哲，马丽，高阳，等. 2002. 海洋底栖动物多样性指数污染程度评价标准的分析. 厦门大学学报(自然科学版)，(5)：641-646.

陈家宽. 2003. 上海九段沙湿地自然保护区科学考察集. 北京：科学出版社.

陈沈良，谷国传，虞志英. 2002. 长江口南汇东滩淤涨演变分析. 长江流域资源与环境，(3)：239-244.

陈永茂，李晓娟，傅恩波. 2000. 中国未来的渔业模式——建设海洋牧场. 资源开发与市场，16(2)：78-79.

陈中义，李博，陈家宽. 2005. 长江口崇明东滩土壤盐度和潮间带高程对外来种互花米草生长的影响. 长江大学学报(自科版)，(2)：6-9，103-104.

丁文慧，姜俊彦，李秀珍，等. 2015. 崇明东滩南部盐沼植被空间分布及影响因素分析. 植物生态学报，39(7)：704-716.

董存有. 1993. 珠江口中国绿螂生态的初步观察. 四川动物，(2)：32-33.

段学花，王兆印，徐梦珍. 2010. 底栖动物与河流生态评价. 北京：清华大学出版社.
国家林业局. 2014. 第二次全国湿地资源调查结果.
国家林业局，国家发展改革委，财政部. 2016. 全国湿地保护“十三五”实施规划.
冷宇，刘一霆，刘霜，等. 2013. 黄河三角洲南部潮间带大型底栖动物群落结构及多样性. 生态学杂志，32(11)：3054-3062.
李慧峰，杨文波，袁立来，等. 2018. 莱州湾南部胶莱河口潮间带大型底栖动物群落结构特征. 大连海洋大学学报，33(5)：674-682.
李蕙，袁琳，张利权，等. 2017. 长江口滨海湿地潮间带生态系统的多稳态特征. 应用生态学报，28(1)：327-336.
厉成伟，赵萌，陶燕东，等. 2018. 滨海湿地植被-土壤相互作用及其对沉积环境分异的响应格局. 生态学杂志，37(11)：3305-3314.
林颂. 2015. 小清河口及邻近海域沉积环境特征及底栖生质量评价. 中国海洋大学硕士学位论文.
刘建康. 1995. 东湖生态学研究. 北京：科学出版社.
刘英文，杨世伦，罗向欣. 2011. 海平面上升的淹没效应和岸滩冲淤对潮间带湿地面积影响的分离估算. 上海国土资源，32(3)：23-26，45，52.
刘瑜，韩震. 2009. 基于遥感的长江口南汇潮滩植被群落时空动态变化. 上海海洋大学学报，18(5)：579-585.
路珊，刘晶，邹业爱，等. 2014. 上海浦东东滩滩涂围垦后农业发展模式对春秋迁徙水鸟群落的影响. 复旦学报(自然科学版)，53(3)：329-335.
宋国元，赵敏，曹同. 2008. 长江口冲积岛植物群落演替现状. 植物研究，(1)：114-123.
陶燕东. 2017. 南汇东滩湿地海三棱藨草群落构建与生态修复效果研究. 上海海洋大学硕士学位论文.
陶燕东，于克锋，何培民，等. 2017. 围垦后南汇东滩海三棱藨草的空间分布及其影响因子研究. 长江流域资源与环境，26(7)：1032-1041.
陶燕东，钟胜财，厉成伟，等. 2018. 南汇东滩湿地海三棱藨草的生态修复效果研究. 海洋湖沼通报，(5)：40-49.
童春富，章飞军，陆健健. 2007. 长江口海三棱藨草带生长季大型底栖动物群落变化特征. 动物学研究，(6)：640-646.
王宝强，薛俊增，庄骅，等. 2011. 洋山港潮间带大型底栖动物群落结构及多样性. 生态学报，31(20)：5865-5874.
王丹，张荣，熊俊，等. 2015. 互花米草入侵对滨海湿地土壤碳库的贡献——基于稳定同位素的研究. 植物生态学报，39(10)：941-949.
王银东，熊邦喜，陈才保，等. 2005. 环境因子对底栖动物生命活动的影响. 浙江海洋学院学报(自然科学版)，24(3)：253-257.
徐兆礼，陈亚瞿. 1989. 东黄海秋季浮游动物优势种聚集强度与鲐鲹渔场的关系. 生态学杂志，(4)：13-15，19.
姚雁鸿，余来宁. 2007. 生物操纵在退化湖泊生态恢复上的应用. 江汉大学学报(自然科学版)，(2)：81-84.
袁兴中，陆健健，刘红. 2002. 河口盐沼植物对大型底栖动物群落的影响. 生态学报，(3)：326-333.
张华兵，刘红玉，李玉凤，等. 2013. 自然条件下盐城海滨湿地土壤水分/盐度空间分异及其与植被关系研究. 环境科学，34(2)：540-546.
张经. 2011. 关于陆-海相互作用的若干问题. 科学通报，56(24)：1956-1966.
张立，于秀波，姜鲁光，等. 2018. 中国沿海湿地保护绿皮书——沿海湿地保护十大进展与最值得关注的十块滨海湿地. 生物学通报，53(8)：4-9.
张莹，吕振波，徐宗法，等. 2011. 山东半岛南部海湾底栖动物群落生态特征及其与水环境的关系. 生态学报，31(15)：4455-4467.
章飞军，丁宏印，邱树萍，等. 2010. 浙江秀山岛潮间带大型底栖动物群落组成及其生物多样性. 浙江海洋学院学报(自然科学版)，29(1)：9-14.
中国科学院学部. 2011. 我国围填海工程中的若干科学问题及对策建议. 中国科学院院刊，26(2)：171-173.

周晓，葛振鸣，施文彧，等. 2006. 长江口九段沙湿地大型底栖动物群落结构的季节变化规律. 应用生态学报，(11)：2079-2083.

卓异，蔡立哲，郭涛，等. 2014. 泉州湾蟳埔潮间带大型底栖动物群落的时空分布. 生态学报，34(5)：1244-1252.

Baird D. 1985. Utilization by shorebirds of benthic invertebrate production in intertidal areas. Oceanography & Marine Biology: An Annual Review, 23: 573-597.

Fang S B, Jia X B, Qian Q T, et al. 2017. Reclamation history and development intensity determine soil and vegetation characteristics on developed coasts. Science of the Total Environment, 586: 1262-1271.

Honda H, Kikuchi K. 2008. Nitrogen budget of polychaete *Perinereis nuntia vallata* fed on the feces of Japanese flounder. Fisheries Science, 68 (6) : 1304-1308.

Irlandi E A. 1994. Large- and small-scale effects of habitat structure on rates of predation: How percent coverage of seagrass affects rates of predation and siphon nipping on an infaunal bivalve. Oecologia, 98 (2) : 176-183.

Juario J V. 1975. Nematode species composition and seasonal fluctuation of a sublittoral meiofauna community in the German Bight. Veroeffentlichungen des Instituts fur Meeresforschung in Bremerhaven, 15 (4) : 283-337.

Leung J. 2015. Habitat heterogeneity affects ecological functions of macrobenthic communities in a mangrove: Implication for the impact of restoration and afforestation. Global Ecology & Conservation, 4 (24) : 423-433.

Li C W, Tao Y D, Zhao M, et al. 2018. Soil characteristics and their potential thresholds associated with *Scirpus mariqueter* distribution on a reclaimed wetland coast. Journal of Coastal Conservation, 22 (6) : 1107-1116.

Ma Z J, Melville D S, Liu J G, et al. 2014. Rethinking China's new great wall-massive seawall construction in coastal wetlands threatens biodiversity. Science, 346 (21) : 912-914.

Shapiro J, Lamarra V, Lynch M. 1975. Biomanipulation: An ecosystem approach to lake restoration//Brezonik P L, Fox J. Proceedings of a symposium on Water Quality Management through Biological Control. Gainesville: University of Florida: 85-89.

Yuan X Z, Lu J J. 2002. Ecological characteristics of macrozoobenthic community of tidal flat wetland in the Changjiang Estuary. Resources & Enuironment in the Yangtza Basin, 11 (5) : 414-420.

Zoungrana B J B, Conrad C, Michael T, et al. 2018. MODIS NDVI trends and fractional land cover change for improved assessments of vegetation degradation in Burkina Faso, West Africa. Journal of Arid Environments, 153: 66-75.

第 23 章　旋流自转技术在海洋生态保护中的应用①

23.1　引　　言

人类活动特别是沿海经济活动带来的污染使海洋生态系统遭到破坏。在所有污染源中，陆源污染成为海洋污染的主要来源，因此控制和减少陆源排海污染物成为当务之急。陆源污染包括化工、印染、制革、电镀、酿造、炼油等行业气液固废弃物。例如，被联合国大会列为全球亟待解决的十大环境问题之一的微塑料污染问题，其来源主要为陆地人类活动中经河流、污水处理厂等排入海洋环境的微塑料。微塑料主要包括大型塑料垃圾经过物理、化学和生物过程造成分裂和体积减小而形成的塑料颗粒；化妆品、牙膏、洗面奶等含有的微塑料颗粒；洗衣机洗衣时产生的大量的微塑料纤维等。微塑料由于比表面积大而大量吸附有多氯联苯、双酚 A 等污染物，对海洋生物的生长、发育、躲避天敌和繁殖的能力有危害作用，并且微塑料会通过海洋食物链传递，最终进入人类食物链对人体健康安全造成威胁。微塑料已成为海洋乃至全球环境的新兴污染物。

鉴于海洋生态保护的严峻形势，在国际法律框架下，《联合国海洋法公约》、联合国环境规划署《保护海洋环境免受陆地活动影响的全球行动纲领》(GPA) 等都涉及陆源污染物减排及控制问题。在国内，《全国海洋生态环境保护规划(2017 年—2020 年)》《中华人民共和国海洋环境保护法》等提出控制陆源污染来加强海洋生态保护。

污染控制强化是指灵活运用物理、生物、化学理论方法，通过现有技术创新和突破，改进工艺流程，提高设备效率，实现全过程污染控制。其中，旋流自转强化技术作为物理法强化污染控制的一种，以三维旋流动力学和微米级污染物运动学、污染物微界面传递关联分离机制为基础，实现无添加药剂条件下的污染物去除，从而有效解决污染物分离中的“高能耗、高物耗”问题。

自 1885 年第一个用于空气中固体颗粒分离的旋风分离器专利(J. M. Finch, Dust collector, US 325521, 1885)和 1891 年第一个旋液分离器专利(E. Bretney, Water purifier, US 453105, 1891)发表以来，对旋流器的研究已经有 130 多年的历史(Lynch and Rowland，2005)。旋流分离强化技术的发展也经历了三个阶段：第一

---

① 本章作者：常玉龙[2]，汪华林[1,2]，李剑平[2]，黄渊[2]，付鹏波[2](1. 工业废水无害化与资源化国家工程研究中心，上海 200237；2. 华东理工大学，上海 200237)。

阶段，1950 年前的液-固旋流分离阶段，该阶段发展受煤、金属等陆上矿产资源开发的驱动，主要分离毫米级以上的固体颗粒(Hsieh and Rajamani，1991；Dyakowski and Williams，1993)；第二阶段，1950～2000 年的液-液旋流分离与微细固液分离阶段，该阶段发展主要受海洋油田开采及其环境保护的驱动，主要针对微米级的液滴或者较难分离的固体颗粒物(Young et al.，1994；Zhou et al.，2010)；第三阶段，2000 年以后的离子、分子及其聚集态污染物的旋流分离新阶段，该阶段受纳米技术、环境技术发展的驱动，旋流分离技术由微米尺度分离发展到现在的非均相体系中离子、分子及其聚集体等纳米尺度分离(Hualin et al.，2012；Tsai et al.，2007)。第三阶段的发展得益于旋流场内新发现的两种流动规律应用，即颗粒自转和颗粒群有序捕集，这是在传统旋流场流动规律(外旋流、内旋流、循环流、短路流、空气柱)基础上发展而来的(Huang et al.，2017a；Fu et al.，2017)。

本章针对海洋生态保护中的强化污染物去除总结旋流强化技术的作用原理，其分为：①颗粒自转运动和颗粒自公转耦合运动引起界面振荡、颗粒群捕集引起的颗粒强化污染物去除；②旋流场内强剪切力引起的介质表面污染物剥离、强剪切力引起的细胞类或絮体类污染物释放；③旋流场内二次涡摆动引起的非结构和非对称流场结构强化污染物去除。在此基础上，提出了利用双分支流理论指导微旋流器并联放大，以同时兼顾大处理量及强污染去除，从而指导海洋生态保护中陆源污染(如含有机物和营养物质的工业废水、含病原体医疗废水、含油酸碱废水，以及化工、印染、制革、电镀、酿造、炼油污染物和微塑料等)的控制，这为旋流自转强化技术在海洋污染物控制与生态保护中应用提供指导和技术支撑。

23.2　旋流强化技术中的颗粒作用原理

旋流强化技术中颗粒作用主要是利用旋流场内颗粒自转、旋流场内颗粒群有序捕集来强化离子、分子及其聚集体的分离。

1) 旋流场内颗粒自转强化离子、分子态污染物捕集

旋流场内颗粒在围绕中轴线旋转运动的同时，沿螺旋线进行高速自转。如图 23.1 所示，利用两台正交分布高速相机构建了微球自转检测的三维同步高速运动分析系统(S-HSMA)，采用微流控技术自制了外壳透明内含对称双球核的单分散示踪微球，可获得旋流场柱锥壁面附近微球自转速度分布(Huang et al.，2017b)。

微球在壁面附近高速自转，自转速度随公转半径减小而迅速减小，且自转与公转方向相反。利用旋流器内颗粒(固体颗粒或微米液滴)的高速自转规律，来强化离子、分子态污染物的捕集，并进一步利用密度差进行污染物去除。颗粒发生自转增大了颗粒表面所受剪切应力的不均匀性，进而加速颗粒表面更新，强化捕

集过程。捕集过程如图 23.2 所示，当颗粒位于湍动剪切流场中时，一方面周围的流体强烈湍动，使得连续相中污染物分子充分对流扩散，减小了由浓度差造成的传质阻力，同时也减小了相界面在连续相一侧的停滞膜厚度；另一方面颗粒周围流体存在速度梯度，使得液滴表面所受剪切作用力不均匀，导致液滴具有自转的趋势。

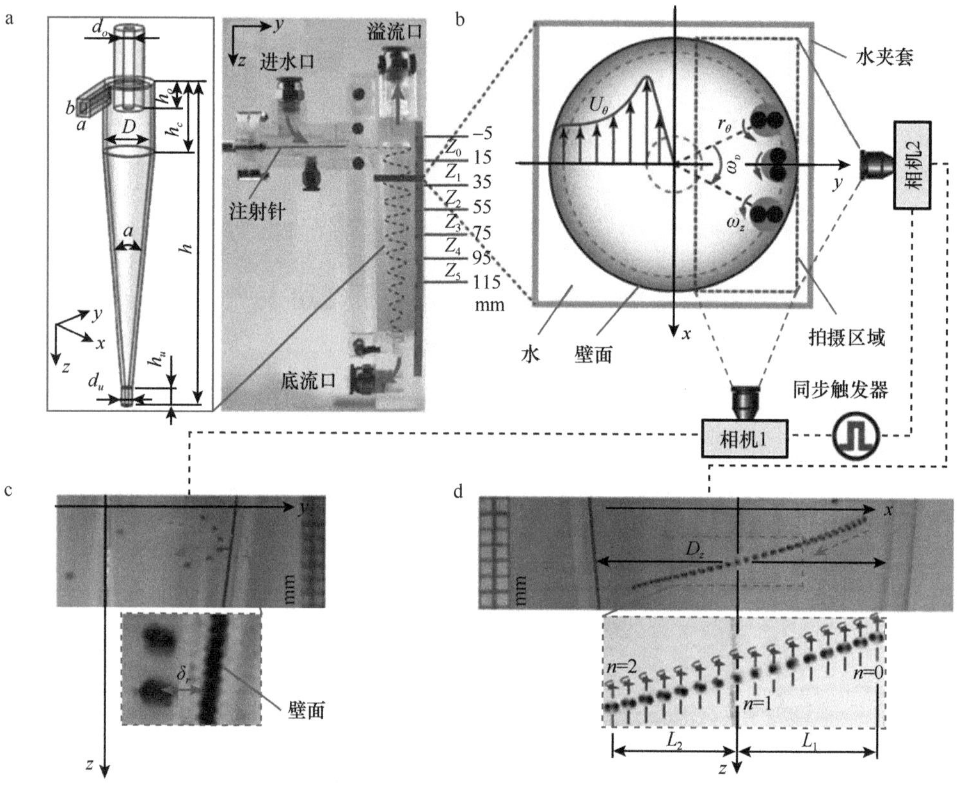

图 23.1　微球自转检测的三维同步高速运动分析系统（Huang et al.，2017a）

2）旋流场内颗粒自公转耦合引起孔内污染物界面振荡

含污染物颗粒从切向进口进入旋流腔后，从直线迁移运动变为了螺旋曲线运动。如图 23.3 所示，由于颗粒的密度远大于洗涤水的密度，因此颗粒在强大的离心力作用下很快径向迁移到旋流器壁面附近。在边界层强剪切流动及与壁面的碰撞中，颗粒发生高速的自转运动。由于颗粒的高速自转，一方面其表面上产生周期性变化的应力加强区域，另一方面颗粒内部孔道吸附污染物也受到周期性变化的耦合离心力的作用。在两个因素的作用下颗粒表面和内部孔道中的污染物界面发生振荡，在振荡交错作用力下，污染物得以去除。当颗粒上的污染物脱除后，在旋流场中实际存在着污染物、水和颗粒三相，且密度依次增大。在旋流场离心分离作用下，密度最小的污染物进入内旋流，最终由溢流口排出；而密度最大的洗涤后的颗粒则随外旋流从旋流器底流口排出。综上所述，在旋流场中同时完成了颗粒孔道内污染物的脱除和液固两相的高速分离。

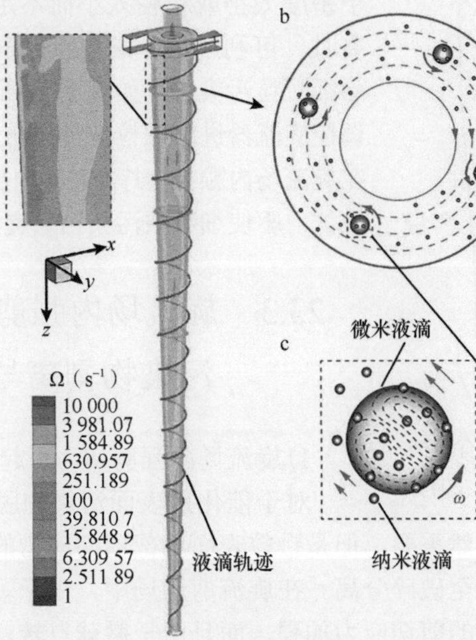

图 23.2　微液滴自转强化离子、分子态污染物捕集(Huang et al.，2017b)

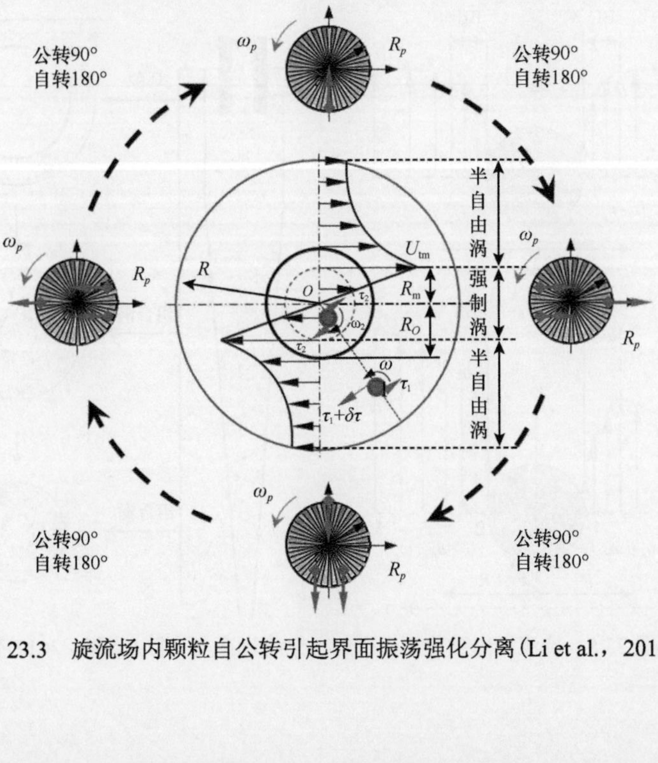

图 23.3　旋流场内颗粒自公转引起界面振荡强化分离(Li et al.，2016)

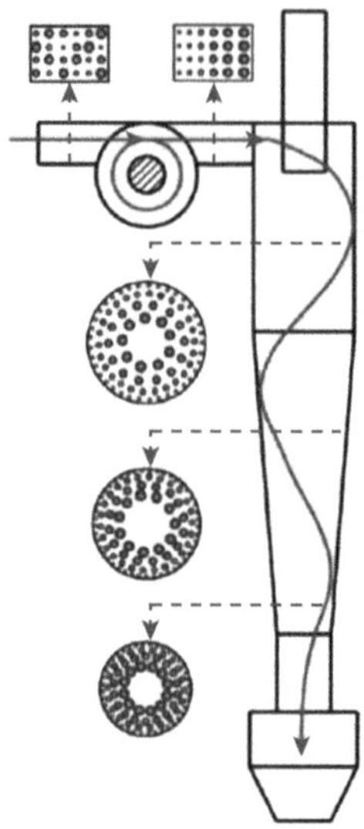

图 23.4　旋流场内颗粒群有序捕集细颗粒污染物(Fu et al.，2017)

3) 旋流场内颗粒群有序捕集细颗粒污染物

旋流分离原理主要是利用离散相和分散相密度差造成的离心力不同来分离，当颗粒污染物由于密度太小或粒径太小而不足以提供强离心力分离时，可利用旋流场内颗粒群有序捕集原理来去除细颗粒污染物。如图 23.4 所示，其作用原理为：调控旋流器进口颗粒粒径分布为“外小内大”趋势，在旋流场内颗粒有序分布，内部大颗粒构成膜状颗粒群，驱使细颗粒污染物贴旋流器内壁分离。

23.3　旋流场内强剪切力引起的污染物剥离与去除

1) 旋流场内强剪切力引起污染物剥离

对于催化剂表面污染物脱除而言，整体增大颗粒表面的剪切应力固然重要，但是颗粒表面局部剪切应力的加强更有利于颗粒表面污染物膜的变形甚至破碎分离。在旋流剪切场中，由于颗粒的高速自转，在颗粒表面将产生非常大的剪切应力加强，而且由于微球自转，这个应力加强区是周期性变化的，进而有助于表面包覆污染物的脱除。作用原理如图 23.5 所示。

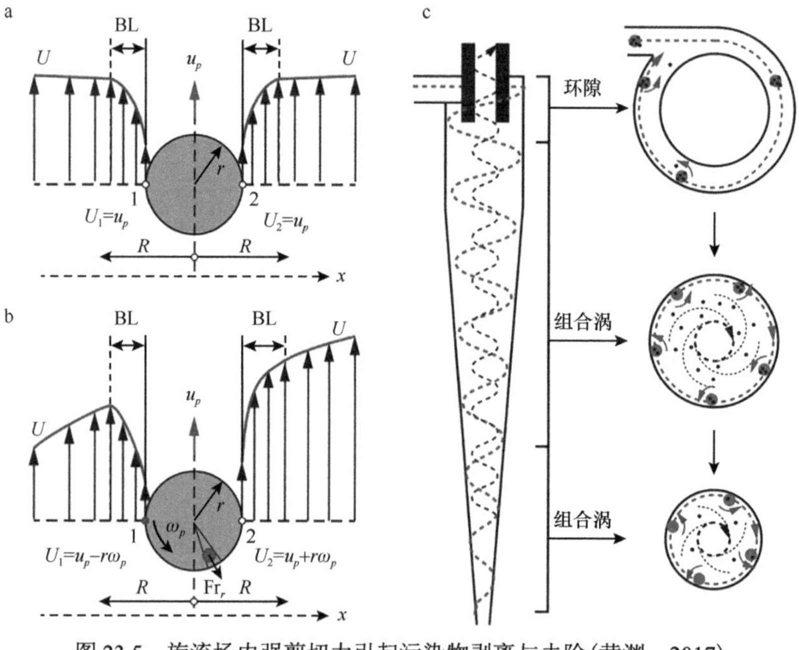

图 23.5　旋流场内强剪切力引起污染物剥离与去除(黄渊，2017)

2) 旋流场内强剪切力释放胞内污染物

旋流场中各流层因速度和压力不同而产生速度梯度和压力梯度，所产生的流体剪切力和挤压作用对细胞或絮体类污染物有破解作用。如图 23.6 所示，这种过程主要体现在两方面：一方面是表面磨损，即表面污染物从母聚集体中分离；另一方面是破碎，即细胞类或絮体类分裂为更小的单元，从污染物载体释放，方便进一步去除。

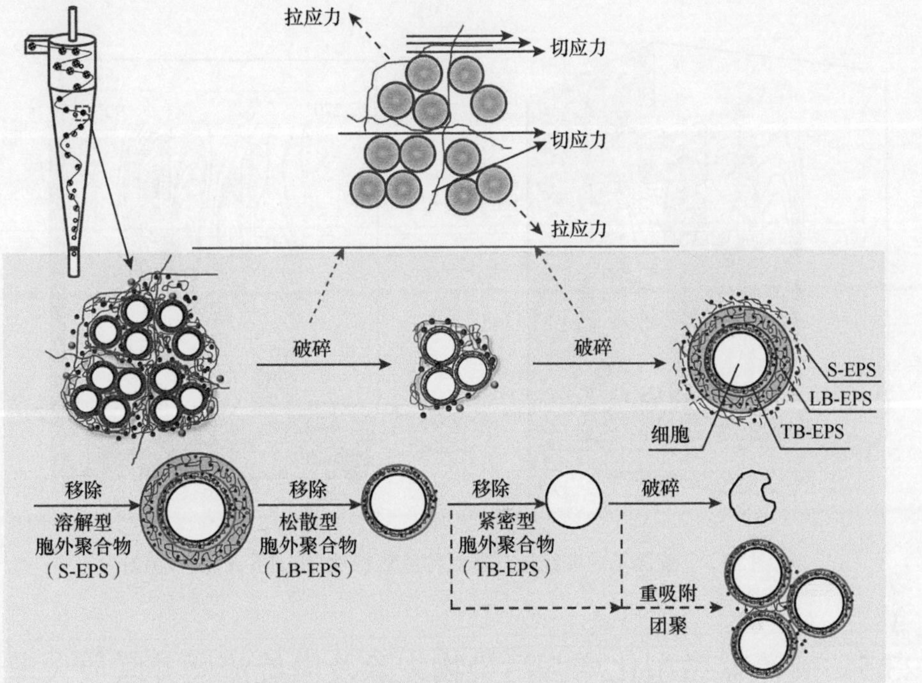

图 23.6 旋流场内强剪切力释放胞内污染物(Xu et al.，2018)

23.4 旋流场非结构及非线性流场特性对污染物的去除强化作用

旋流器内的流场特性及其与流固界面的关系是旋流强化技术应用的重要基础。利用体积三分量测速仪(V3V)进行旋流器内的流场测试。如图 23.7 所示，流场的非线性特征与非对称结构得以表征，旋流场内二次涡流的不稳定导致旋流场内流场结构非轴对称，二次涡沿螺旋线向下旋进，这是由于边壁黏滞效应及切向速度梯度导致流体失稳。二次涡的涡核随时间发生径向和轴向的摆动，在锥段中部涡核摆动幅度最为剧烈，旋进涡的摆动能够强化孔内污染物的去除。

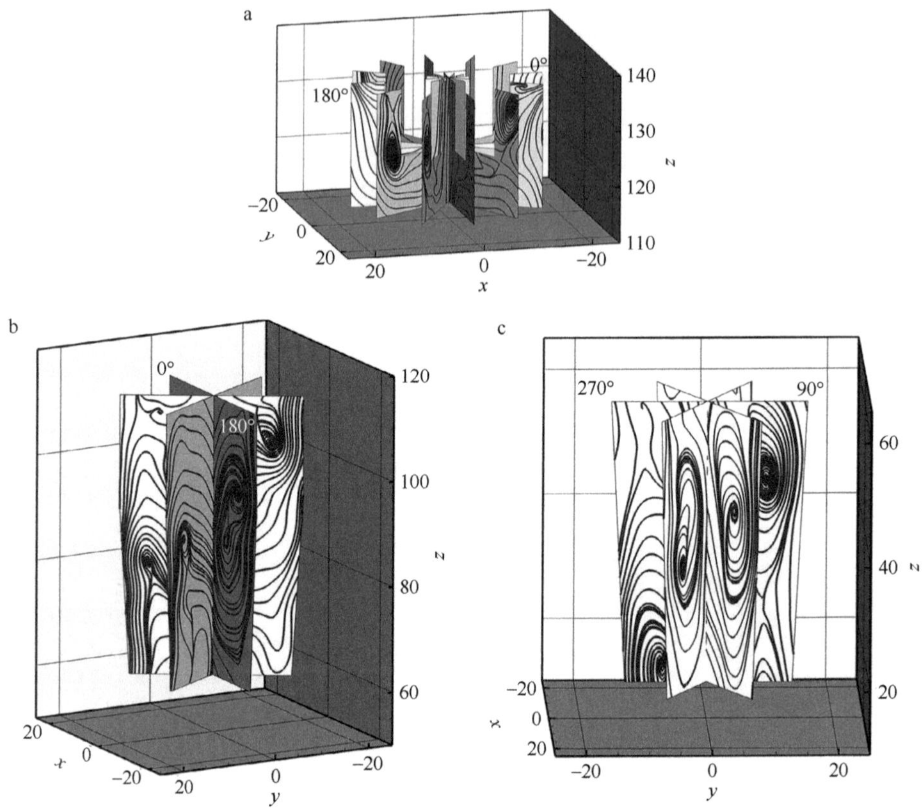

图 23.7　旋流场内非线性与非对称流场特性(Hualin et al.，2012)

23.5　旋流器微型化增强污染物去除及微旋流器并联放大理论

当旋流器公称直径减小时，旋流场内离心力增大，从而提高颗粒的自转速度、自公转振荡强度和旋流场内剪切力，从而强化分子、离子态污染物的去除，但不可避免地会降低旋流器的处理能力。为兼顾旋流器处理能力和分离精度，微旋流器的组合化发展将是今后的必然趋势。在尽可能低的压力下将微旋流器并联起来，弥补微旋流器处理量小的缺陷，从而满足能耗低、分离效率高的双重要求。在理想条件下，微旋流器组的性能是组成其单个微旋流器性能的线性叠加，即分离精度与单个微旋流器相同，处理能力是所有微旋流器的总和。然而在低压操作条件下这种线性关系就很难得到，其主要原因可能是微旋流器组内存在一个分布不均匀的流场，其中有一些微旋流器可能出现流量严重不足，而另一些则可能流量过剩，这些都将导致微旋流器旋流分离湍能耗散的增加，从而降低微旋流器组的性能。可见，微旋流器组压降和流量的均匀分布对提高旋流分离效率和微旋流器组性能有至关重要的作用。因此，微旋流器并联配置的设计方法是微旋流器组商业化的关键。如图 23.8 所示，基于分支流理论，建立微旋流器控制体，基于质量守恒、动量守恒和能量守恒列出控制方程，求解控制方程获得流量压降分布，从而指导微旋流器的并联放大(Chang et al.，2019)。

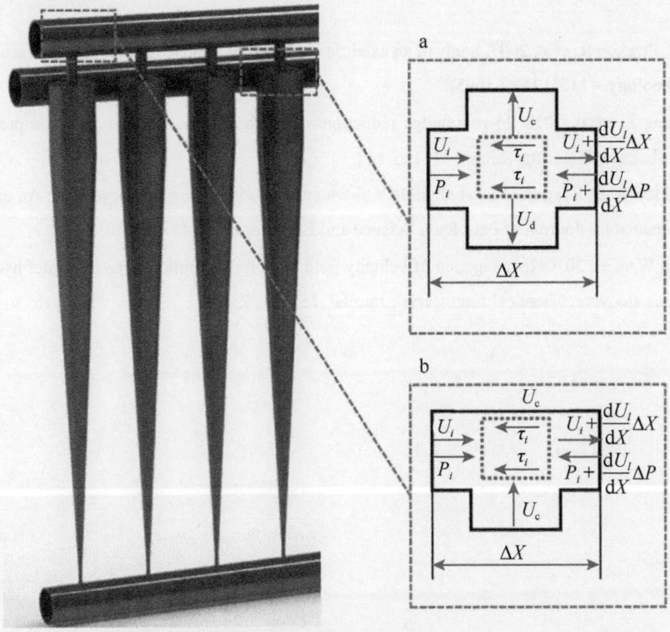

图 23.8　微旋流器并联放大理论控制体建立(Chang et al.，2019)

参 考 文 献

黄渊. 2017. 旋流场中颗粒高速自转研究及应用.华东理工大学博士学位论文.

Chang Y, Wang H, Jin J, et al. 2019. Flow distribution and pressure drop in UZ-type mini-hydrocyclone group arranged in compact parallel manifolds. Experimental Thermal and Fluid Science, 100: 114-123.

Dyakowski T, Williams R A. 1993. Modelling turbulent flow within a small-diameter hydrocyclone. Chemical Engineering Science, 48(6): 1143-1152.

Fu P B, Wang F, Yang X J, et al. 2017. Inlet particle-sorting cyclone for the enhancement of PM2.5 separation. Environmental Science & Technology, 51(3): 1587-1594.

Hualin W, Zhang Y, Jiangang W, et al. 2012. Cyclonic separation technology: Researches and developments. Chinese Journal of Chemical Engineering, 20(2): 212-219.

Huang Y, Li J, Zhang Y, et al. 2017. High-speed particle rotation for coating oil removal by hydrocyclone. Separation and Purification Technology, 177: 263-271.

Huang Y, Wang H, Chen Y, et al. 2017. Liquid-liquid extraction intensification by micro-droplet rotation in a hydrocyclone. Scientific Reports, 7(1): 2678.

Hsieh K T, Rajamani R K. 1991. Mathematical model of the hydrocyclone based on physics of fluid flow. AIChE Journal, 37 (5): 735-746.

Li J P, Yang X J, Ma L, et al. 2016. The enhancement on the waste management of spent hydrotreating catalysts for residue oil by a hydrothermal-hydrocyclone process. Catalysis Today, 271: 163-171.

Lynch A J, Rowland C A. 2005. The History of Grinding. Littleton: Society for Mining, Metallurgy and Exploration, Inc. (SME).

Tsai C J, Chen S C, Przekop R, et al. 2007. Study of an axial flow cyclone to remove nanoparticles in vacuum. Environmental Science & Technology, 41 (5): 1689-1695.

Xu Y, Fang Y, Wang Z, et al. 2018. *In-situ* sludge reduction and carbon reuse in an anoxic/oxic process coupled with hydrocyclone breakage. Water Research, 141: 135-144.

Young G A B, Wakley W D, Taggart D L, et al. 1994. Oil-water separation using hydrocyclones: An experimental search for optimum dimensions. Journal of Petroleum Science and Engineering, 11 (1): 37-50.

Zhou N, Gao Y, An W, et al. 2010. Investigation of velocity field and oil distribution in an oil–water hydrocyclone using a particle dynamics analyzer. Chemical Engineering Journal, 157 (1): 73-79.

第24章 海洋油气平台生产废水处理及生态保护①

24.1 引 言

海洋油气生产在世界油气生产中占有重要地位，2020年我国海洋油气产量已超过全国油气产量的30%，海洋是陆地油气资源最现实的接替区。石油是海洋石油工业最严重的污染物，除事故性溢油外，日常生产排放的生产水是油污染的主要来源。开采过程中的原油/凝析油会与水混合乳化，因而生产水中常含有以石油类为主的种类复杂的有机物，其主要成分是各种烷烃、环烷烃、芳香烃的混合物，此部分石油类污染物对海洋生态环境具有较大威胁，受到了研究者的广泛关注。

油气田开采进入中后期之后会面临一系列难题，如生产水中油品乳化程度增大、多次修井作业后采出液含砂、含聚污水的处理、含各种毒性成分生产水的深度处理等。为应对这些问题带来的挑战，需根据各油气田平台实际生产情况选用合适的传统生产水处理技术进行组合，或尝试采用新技术，形成合理的生产水处理工艺流程，以减少海洋油气资源生产过程中排海生产水对海洋生态环境产生的影响。图24.1是南海某典型气田平台形貌，三个通过栈桥连接的平台分别用于钻修井、油气开采、人员住宿。

图24.1 海洋油气开采平台图

本章主要介绍世界和中国海洋油气生产及生产水处理现状，包括海上油气田生产水的来源、特征及处理技术。在进行生产水处理工艺的选择时，需考虑水质

---

① 本章作者：杨强[1,2]，孙盖南[2]，卢浩[2]，刘懿谦[2]，代品一[2]，汪华林[1,2]（1. 工业废水无害化与资源化国家工程研究中心，上海200237；2. 华东理工大学，上海200237）。本研究获得国家重点研发计划“物理法处理石化废水”(2019YFA0705800)的资助。

特性、成本效益、排放或回注或再利用等因素，将多种处理技术有机结合，以期达到最佳处理效果。

24.2　海洋油气资源开发历程

海洋中有丰富的资源。海洋资源是指赋存于海洋环境中可以被人类利用的物质和能量，以及与海洋开发有关的海洋空间。海洋石油开采，可追溯到 19 世纪末，1896 年美国开始在加利福尼亚的圣巴巴拉海峡钻井；1947 年美国在墨西哥湾钻出第一口商业性油井，这是浅海开发石油的起点；从此，海底采油技术不断发展，如图 24.2 所示。1973 年第四次中东战争爆发，阿拉伯石油禁运和不断上涨的油价使得海底开采石油的利润大大提高(Guo et al.，2013)。随着人口的增长和工业化进程的加快，从能源安全考虑，海洋油气资源开发得到了沿海国家的重视。与陆地油气勘探逐步进入衰退期形成对照，海洋油气近年来开始快速发展，2015 年海洋石油供应量从 2010 年的 2800 万桶/日提升至 3800 万桶/日，而海上天然气供应量据预测将从 2010 年的 1600 万桶/日提升至 2025 年的 3900 万桶/日，增长巨大。海底油气资源勘探、开发，目前已成为沿海国家的重要经济活动内容，甚至成为一些国家的经济支柱产业。

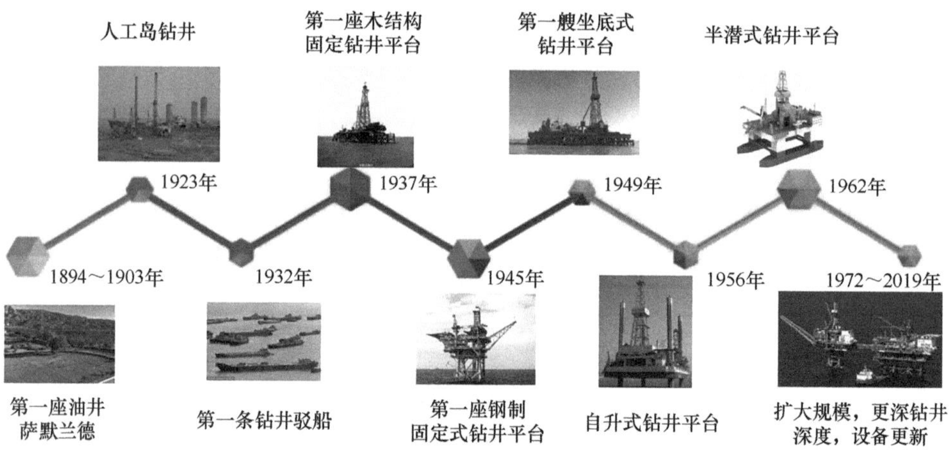

图 24.2　世界海上油气平台发展

我国自 1966 年自行设计了第一艘钻井船开始，不断推进海洋油气资源的开发，目前已形成了以渤海、南海近海海域开发为主的海上油气资源开发战略，并逐步迈向深海油气资源的开发，从而保障国家能源安全，如图 24.3 所示(刘宇，2018；Yuan and Wang，2018)。

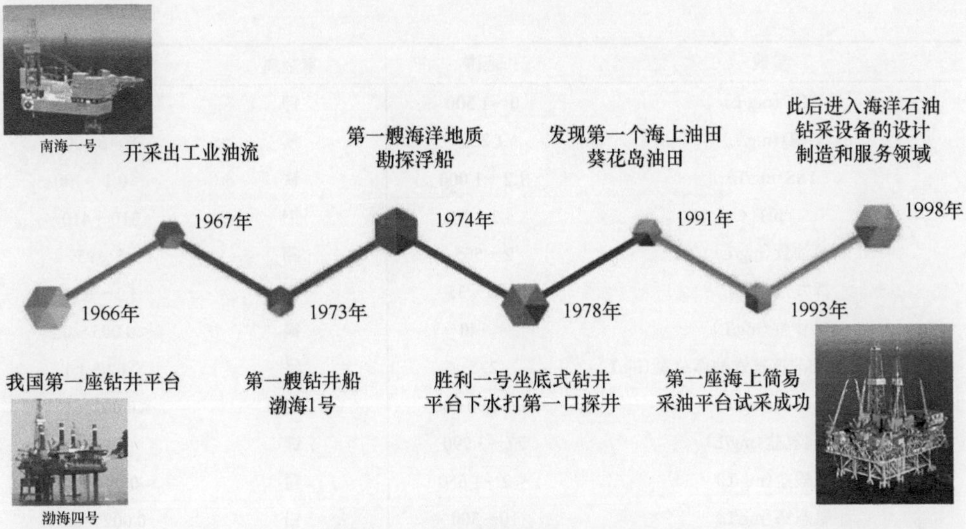

图 24.3　中国海上油气平台发展

24.3　生产水对海洋生态的影响

生产水(PW)是指在油气开采过程中地下储层的水被带到地表所产生的废水，是油气开采工业中最大的副产物。除事故性溢油外，日常生产排放的生产水是油污染的主要来源。2012 年全球原油日产量约 8000 万桶、生产水日产量约 2.5 亿桶，水油比约为 3∶1，采出液中含水率高达 70%以上(Bader，2007；Al-Ghouti et al.，2019)。而针对海上采油平台，为抵消成本投资，油田作业周期长，含水率普遍较高(孙华等，2014)。对于生产末期的油田，甚至会出现含水率 98%以上的情况(Kusworo et al.，2018；McCabe，2012)。海上油田生产水不仅量大且成分复杂，其含有多种有害的有机物质或无机物质，可能对平台作业甚至海洋环境产生不良影响(章念南和周菊英，1988；Frid，2002；Dudášová et al.，2014；Sanjiv et al.，2018)，生产水成分参见表 24.1。石油烃类作为众多海洋污染物中毒性最大的物质之一，已被联合国环境规划署(UNEP)列为重点监控对象之一。据我国生态环境部 2017 年《中国近岸海域生态环境质量公报》，我国生产水排放达 1.89 亿 m^3/a，深圳、东营、天津海域的石油类监测数据超标，我国近海石油类直排来源如图 24.4 所示。

表 24.1　油田生产水基本参数

参数	范围	重金属	范围(mg/L)
密度(kg/m^3)	1 014～1 140	钙	13～25 800
表面张力($\times10^{-5}$N/cm)	43～78	钠	132～97 000

续表

参数	范围	重金属	范围(mg/L)
TOC(mg/L)	0～1 500	钾	24～4 300
COD(mg/L)	1 220	镁	8～6 000
TSS(mg/L)	1.2～1 000	铁	＜0.1～100
pH	4.3～10	铝	310～410
总油量(mg/L)	2～565	硼	5～95
挥发性(mg/L)	0.39～35	钡	1.3～650
碱/中性(mg/L)	＜140	镉	＜0.005～0.2
基于 GLC/MS 的非挥发性油脂总量(μg/L)	275	铬	0.02～1.1
氯化物(mg/L)	80～200 000	铜	＜0.002～1.5
碳酸氢盐(mg/L)	77～3 990	锂	3～50
硫酸盐(mg/L)	＜2～1 650	锰	＜0.004～175
氨态氮(mg/L)	10～300	铅	0.002～8.8
亚硫酸盐(mg/L)	10	锶	0.02～1 000
总极性(mg/L)	9.7～600	钛	＜0.01～0.7
高酸(mg/L)	＜1～63	锌	0.01～35
酚(mg/L)	0.009～23	砷	＜0.005～0.3
VFA(mg/L)	2～4 900	汞	＜0.001～0.002
		银	＜0.001～0.15
		铍	＜0.001～0.004

注：TSS-总悬浮固体(total suspended solid)；VFA-挥发性脂肪酸

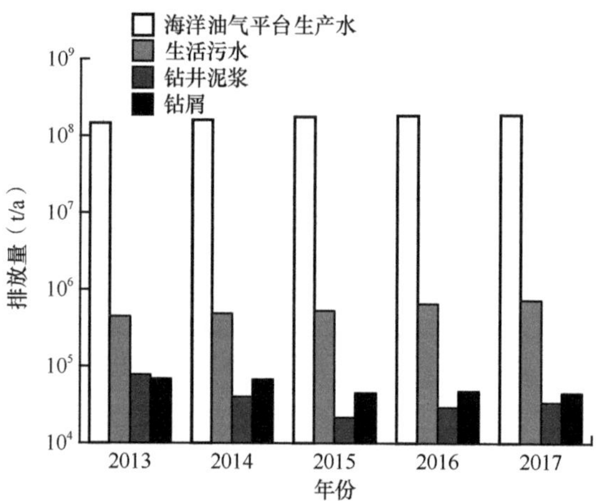

图 24.4　2017 年我国近海石油类直排来源分析

针对海上油田，生产水的最终去向有排海或回注两种。对于排海生产水，长期以来重点关注的指标为水中石油类含量(Ekins et al.，2007)，并针对这一指标制定了严格的法规限制：北海、地中海、波斯湾、亚洲海域对排海生产水中石油类含量一般规定为不超过 40mg/L。日益严峻的环境问题迫使越来越多的国家制定更为严格的标准来控制排海生产水中的石油类含量，如《保护东北大西洋海洋环境公约》规定东北大西洋海域排海生产水月最高排放石油类浓度含量为 30mg/L (OSPAR Commission，2015)。中国根据海域等级划分不同，排海生产水中石油类浓度月平均限制值为 20～45mg/L(国家海洋局，2008)。对于回注生产水，各国标准中还限制了总悬浮物的含量(油气田开发专业标准化技术委员会，2012)。油田生产水回注指标一般为石油类含量不高于 42mg/L，总悬浮物含量(TSS)不高于 10mg/L(Bader，2007)。然而，随着海洋环境保护工作日益严峻，加之钻井、压裂、生产过程中杀菌剂、缓蚀剂等化学药剂的添加(Al-Ghouti et al.，2019)，无论是排海生产水还是回注生产水，除石油类及总悬浮物外，苯及苯的同系物、重金属、醇等可溶性有机物，甚至是 pH、盐度等生产水的基本理化特性参数都应在排放或回注指标中得到进一步的关注(Arthur et al.，2011；Ahmadun et al.，2009)。随着世界范围内海洋环境保护形势日益严峻，越来越多的国家、地区、组织制定了相关的法规、标准，致力于实现排海生产水的零排放，这就要求越来越多的生产水实现达标回注，缓解生产水排放压力(Council，2000；Pollestad，2005)。因此，海上平台含油生产水高效处理工艺，尤其是生产水达标回注处理工艺是目前油气田平台含油生产废水处理的一项重大技术挑战。

24.4　生产水处理现状

油滴粒径分布是生产水的一个基本特征(Council，2000；Ahmadun，2009)，决定了生产水处理技术及工艺的选择，一般悬浮态的油由尺寸为 0.5～200μm 的油滴组成(Neff，2002)。油滴尺寸分布受界面张力、湍流强度、温度变化、系统剪切(泵送、管件压降等)等因素的影响。悬浮油滴的粒径分布因系统流程及采出点而异，图 24.5 展示了一个典型的生产水中油滴粒径的分布曲线(Gran and Briggs，2002)。根据斯托克斯定律，油滴的上升速度与油滴直径的平方成正比，对于按斯托克斯定律工作的设备，油滴尺寸分布是影响生产水处理性能的关键，随着油滴粒径的减小，除油装置或系统对悬浮油的去除能力降低，因此，在设计分级处理系统时必须考虑油滴粒径的分布。

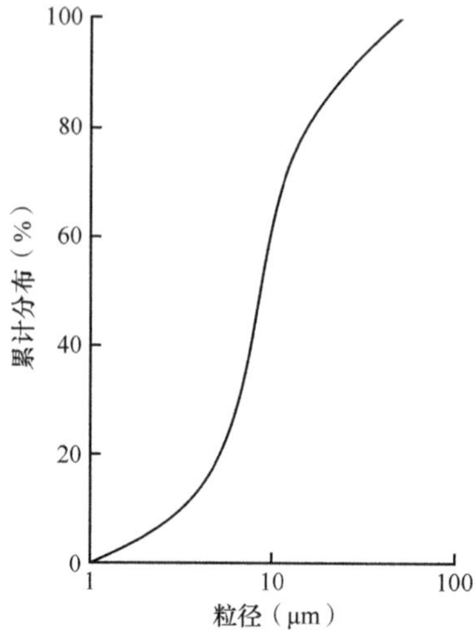

图 24.5　生产水中典型油滴粒径分布曲线

常用的生产水处理技术有重力分离(Arnold and Stewart，2008)、聚结(Pollestad，2005；OSPAR Commission，2008；Judd et al.，2014)、旋流(Neff，2002；Azetsu et al.，2007)、离心(Grant and Briggs，2002)、气浮(Tibbetts et al.，1992；Santander et al.，2011；Igunnu and Chen，2014)、介质过滤(国家海洋局，2008)、膜过滤(Plebon et al.，2006；Robinson，2007；Arnold and Stewart，2008；Stewart and Arnold，2009；Jiménez et al.，2018)，选取其中的一种或几种技术组合即可形成典型的海上油田或气田生产水处理流程，如图 24.6、图 24.7 所示，其中最典型的生产水处理系统配置为旋流-紧凑气浮-过滤组合的三级处理工艺(Owens，2007；Bayati et al.，2011；Stewart and Arnold，2011；Ma et al.，2014)，当不考虑化学药剂的聚结增强作用时，重力分离器、水力旋流器、诱导气浮等设备的性能与油滴粒径之间存在确定的预期关系(Charles et al.，2011)，见表 24.2。

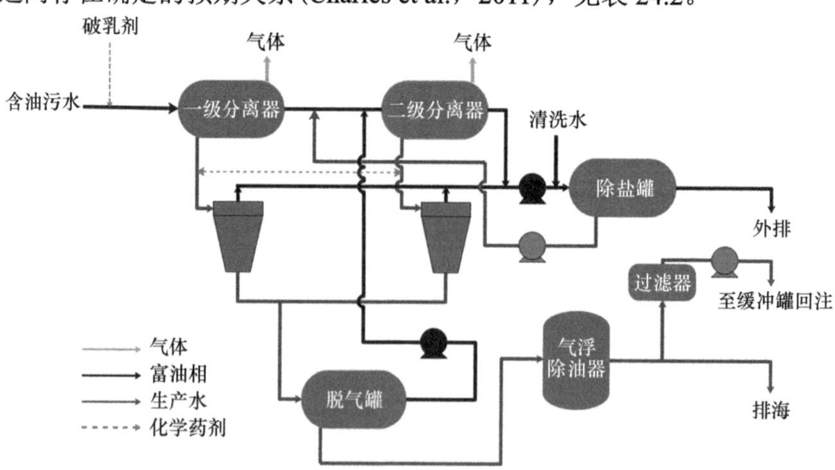

图 24.6　典型海上油田平台生产流程

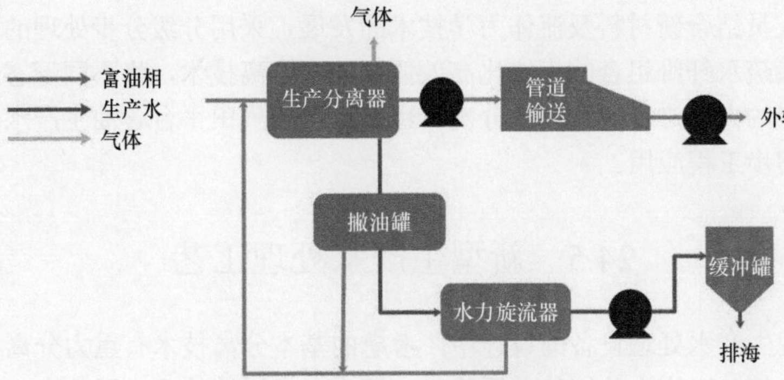

图 24.7　典型海上气田平台生产流程

表 24.2　常见生产水处理技术

基本原理	设备类型	分离粒径极限(μm)	进口浓度(mg/L)	出口浓度(mg/L)	去除效率(%)
重力分离(Igunnu and Chen，2014)	撇油器 平流式分离器	100～150	5 000～20 000	50～100	80～90
板块聚结(Tibbetts et al.，1992；Khatib and Verbeek，2003)	平行板分离器 波纹板分离器 错流分离器 混流式分离器	30～50	5 000～20 000	40	90～98
增强聚结(Jiménez et al.，2018)	填料式聚结器	10～15	20～50	2～5	99
气浮(Kenand Maurice，2008；Stewar and Arnold，2009)	溶气气浮 散气气浮(机械搅拌) 散气气浮(喷嘴诱导)	10～20	200～500	15～25	90～95
增强重力分离(Robinson，2007；OSPAR Commission，2008)	水力旋流器 离心机	15～30	20～80	20～80	90～95
过滤(Plebon et al.，2006)	多介质膜 核桃壳过滤器	1～3	20～50	～1	99

海上油气田开采进入中后期后，生产水量显著升高且乳化程度加剧，传统处理工艺受到分离精度、处理量、稳定性及运行成本、占地空间的限制，无法满足处理要求，且海上油气田生产水排放标准日益严苛，一些新型技术也应运而生，如紧凑型气浮装置(compact flotation unit，CFU)，自从 2001 年挪威 Epcon Offshore 公司研发的第一台紧凑型立式气浮装置在海上油田得到成功应用以来，先后有 Siemens 水务、Veolia 水务、Cameron 集团等 10 多家公司推出了相关产品(陈涛涛等，2014)。此外，20 世纪 50 年代以来，由于无机陶瓷膜具有良好的耐腐蚀性、耐高温性、无污染、易清洗、结构稳定、孔径分布窄、化学稳定性好、不易被微生物侵蚀、机械强度大及寿命长等特点，无机陶瓷膜技术也已进入工业应用(周健儿等，2008)；在近年兴起的亲疏水组合纤维除油技术的研究中，由华东理工大学

相关研究人员结合新材料及流体力学技术的发展，采用分级分步处理的思路，开发了基于亲疏水纤维组合的模块化高效低耗油水分离技术，将不同形态的液滴通过分级分步的方法进行快速高效分离，也在海上油气田平台含油生产水处理过程中获得了初步工程应用。

24.5 新型生产水处理工艺

在常规生产水处理设备的设计中，考虑的基本分离技术有重力分离、聚结、旋流和浮选等。当需去除固体悬浮物时，还需考虑过滤技术。近年来，随着排海指标的严控及产能扩大的需求增大，一些紧凑高效的新型生产水处理技术装备得到了应用。

24.5.1 管式油水分离技术

管式分离技术是一种在管道输送中即可实现油水分离的紧凑型重力分离器，它借助物料密度的差异分离出油、气、水三相，管式分离技术主要有安全、环保、紧凑、高效等优点(图 24.8)。Statoilhydro 公司最先研发出管式分离器，其主要设计理念包括：减小分离器直径，缩短沉降时间；增大水相区域面积，减小水力负荷；增大采出液沿管道的轴向雷诺数，使采出液呈高湍流流动状态，从而提高油水分离效率(舒正勇，2013)。近年来，中国科学院力学研究所相继开发出了 T 型管式分离器、柱型旋流管式分离器及导流片型管式分离器等新型管式分离器(Wang et al.，2008；Liu et al.，2012；Shi et al.，2012)，并且在中国海油深圳分公司的采油平台、辽河油田和胜利油田等进行了现场测试及技术推广，为我国海上平台油水分离的技术难题提出了可行的解决方案(吴应湘和许晶禹，2015)。

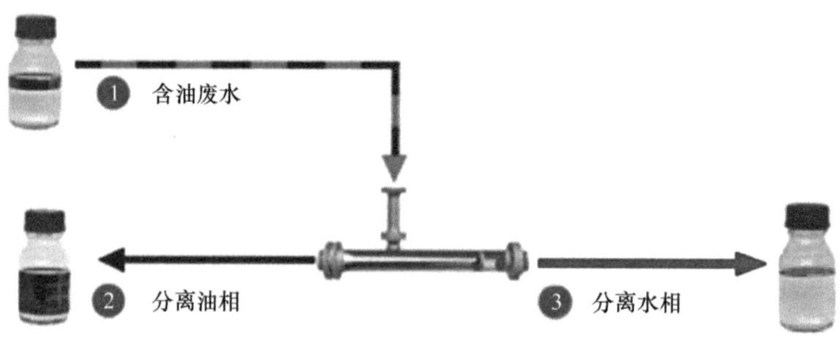

图 24.8 在线管式油水分离器

24.5.2 新型纤维聚结除油技术

使用规整或松散的填料作为聚结组件的分离器一般称为填料式聚结分离器，

常规填料式聚结器与板式聚结器相比具有更高的油滴分离精度，对于油滴的有效去除粒径约为 10μm。聚结组件可以是纤维状或颗粒状的介质，其一般为亲油性材料且具有较大的比表面积，油滴在聚结介质表面黏附聚并，这类聚结器的结构形式类似于过滤器，但其作用是将油滴聚结长大，随填料的不同，聚结器形式多样且聚结性能也有很大差异。该类填料式聚结器尚没有形成规范，其能够移除的油滴粒径也没有固定的标准或经验图表可以查询，该类聚结器的设计仍以现场中小试验结果为主要依据。目前这种填料式聚结器在海上平台的应用并不多，但其具有深度发展的潜质，只要填料设计合理，甚至可以有效移除 1～10μm 的微小油滴。

已有研究人员开发了适用于深度除油的组合纤维介质的编织方法(吴应湘和许晶禹，2015；杨强等，2014，2015)，通过调节组合纤维的比例、编织形式等来实现纤维聚结介质对微小乳化油滴的深度聚结，并且提出了将不同尺寸的油滴分步分级脱除的新型模块化聚结分离设备，包括多级组合纤维编织段、波纹强化分离段，通过各除油模块的组合(图 24.9)，可适应进料 1000～5000mg/L 的油含量波动，将出口生产水含油量脱除至 20mg/L 以内。该新型组合纤维聚结(combined fibers coalescence，CFC)分离设备具有适应能力强、快速高效的优势，非常适合应用于空间有限的海上平台生产水深度除油工艺中，其在海上油气田生产水处理中已经得到成功应用。

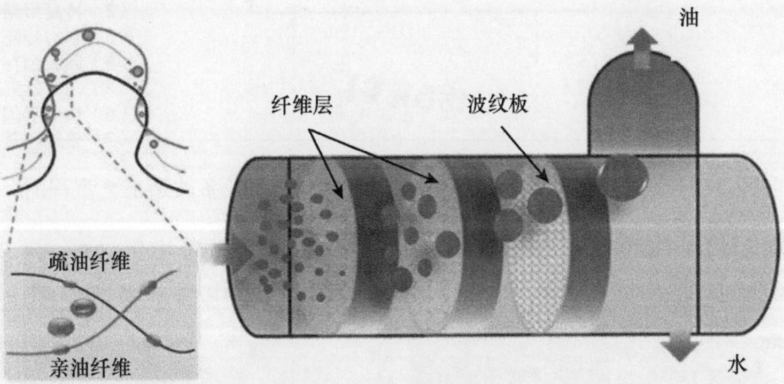

图 24.9　新型模块化聚结分离设备原理示意图

24.5.2.1　CFC 技术在海上气田生产水升级处理中的应用

中国海洋石油集团有限公司某气田生产水除油工艺处理流程为：生产分离器出水进入水力旋流器，旋流分离后的出水进入闪蒸罐缓冲后排海(王振伍和钟小侠，2015)。随着气田开采进入中后期，井下压力降低，采出物减少，生产操作压力降低，气相流量增大，在换热相变和管道传输过程中造成的乳化更加严重，出现大量粒径小于 10μm 的油滴。原生产水处理工艺以水力旋流器为核心，由于旋流分离机理的限制，水力旋流器的分离精度为 10μm 以上，对小于 10μm 的油滴几乎无分离作用，导致排海生产水油含量超标。经采样分析，生产分离器出口水油含量平均为 1250mg/L、水力旋流器出口水油含量平均为 330mg/L，水力旋流器出口水中的油滴分布为小于 6.2μm 的占 50%、小于 14μm 的占 90%。经现场实验验证，使用新型模块化聚结分离设备替代原水力旋流器，改造后工艺流程如图 24.10 所示。

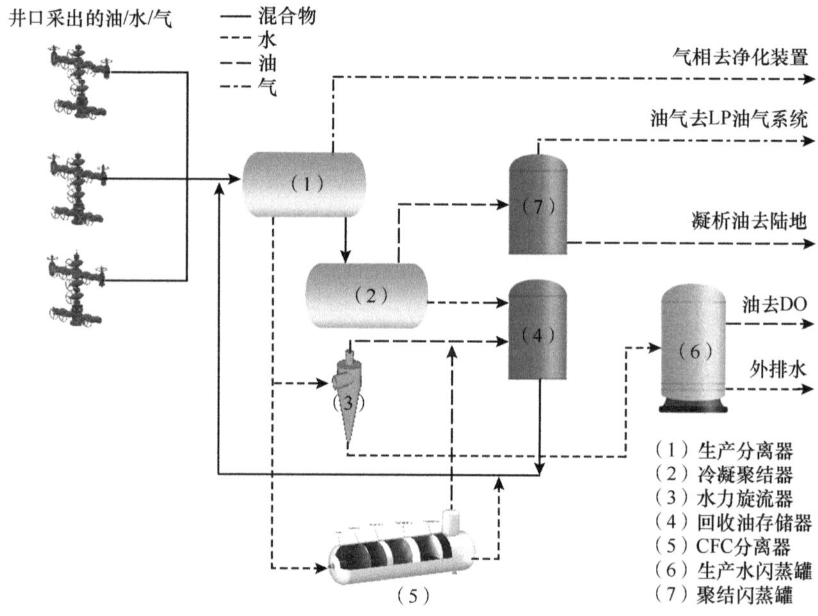

图 24.10　某海上气田平台使用模块化聚结分离设备改造工艺流程图

设备自 2016 年投运至今运行稳定，出口平均油含量小于 25mg/L，图 24.11 显示了该模块化聚结分离设备的工业装置及其进口、出口水样对比图。

图 24.11　模块化聚结分离设备外观(a)及进口、出口水样对比图(b)

24.5.2.2　CFC 技术在海上油田生产水处理升级改造中的应用

中国海洋石油集团有限公司某油田井口平台因生产进入中后期，需提升采出液量以保证油田产量，过量生产水的达标处理成为平台提液增产的瓶颈。如图 24.12 所示，该平台生产水除油工艺处理流程为：采出液自油井采油树采出后进入立式重力沉降罐，重力沉降罐中大量富油相及生产水通过海管输送至浮式生产储油卸油装置(FPSO)，部分生产水由井口平台自身处理以缓解 FPSO 处理压力。平台通过流程改造，增设新型模块化聚结分离设备，采出液经立式重力沉降罐简单分离后，水相中油含量平均为 500～800mg/L，由水力旋流器进行处理；经水力旋流器处理后，水相中油含量平均为 300～500mg/L，水相进入新型模块化聚结分离设备，设备水出口油含量平均降低至 22mg/L；经设备处理后的水相进入注水缓冲罐，再次经简单重力沉降后油含量达标(20mg/L 以下)，再通过注水泵回注至井下。水力旋流器、设备、注水缓冲罐的油相均排放至闭排罐。

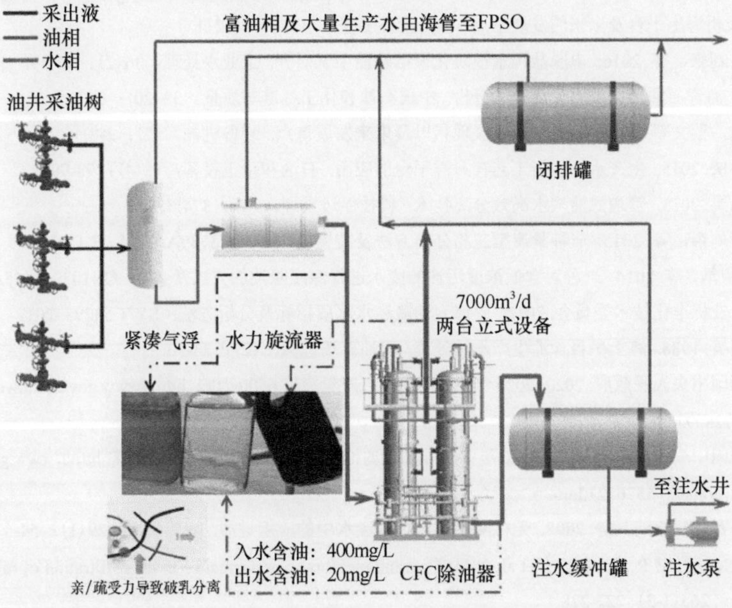

图 24.12　某海上油田平台使用模块化聚结分离设备改造工艺流程图

设备自 2018 年 9 月投运至今运行稳定，图 24.12 为该平台改造后的生产水处理工艺流程图及新型模块化聚结分离设备进口、出口水样对比。

24.5.3　膜分离技术

由于海上平台承重和空间的限制，其生产处理系统必须紧凑、高效。膜分离在石油工业中被认为是一种非常规技术，但其在海上油田采出水的处理中具有一定的应用潜力(Coskun et al.，2010)。

膜分离技术具有灵活性、紧凑性和自动化程度高的特点，且膜分离的环保性好，具有替代传统分离技术的潜力(Schwinge et al.，2004；Chen and Liu，2012)，如陶瓷膜油水分离技术无须额外加入化学药剂，且对热和化学应力的抵抗性强，并可清洗再生(Abadi et al.，2011；Bennion et al.，1996)。但目前为止，膜分离技术在海上平台生产水处理中工业化应用的案例很少，主要原因是来自不同地层生产水中的杂质种类复杂，极易造成膜分离器的堵塞，从而影响设备的长周期稳定运行。

参 考 文 献

陈涛涛，邵天泽，陈家庆，等. 2014. 紧凑型旋流气浮一体化技术的国产化研究进展与主体结构浅析. 北京石油化工学院学报，22(2)：59-66.

国家海洋局. 2008. 海洋石油勘探开发污染物排放浓度限值：GB 4914—2008..

刘宇. 2018. 浅析海上平台及未来的发展重点. 中国设备工程，(18)：210-211.

卢浩，杨强，刘森，等. 2016. 电脱盐污水模块化聚结除油中试研究. 工业水处理，36(2)：36-39.

舒正勇. 2013. 海洋石油平台油水分离技术分析. 中国石油和化工标准与质量，33(20)：262.

孙华，许俊斌，蔡文军. 2014. 海上平台发展现状以及未来发展重点. 装备机械，(2)：2-8.

王振伍，钟小侠. 2015. 生产水处理新工艺在海洋平台的应用. 石油和化工设备，18(4)：98-99.

吴应湘，许晶禹. 2015. 管道式油气水高效分离技术. 科技促进发展，(3)：374-378.

杨强，卢浩，刘森，等. 2015. 一种紧凑型三相分离方法及装置：CN104773789A. 2015-07-15.

杨强，许萧，卢浩，等. 2014. 一种对含低浓度污油的废水进行深度除油的方法及装置：CN103964545A.2014-08-06.

油气田开发专业标准化技术委员会. 2012. 碎屑岩油藏注水水质指标及分析方法：SY/T 5329—2012.

章念南，周菊英. 1988. 海上平台含油生产水的处理. 石油矿场机械，(2)：24-30.

中华人民共和国中央人民政府. 2020. 2020 年我国海上油气产量突破 6500 万吨. http://www.gov.cn/xinwen/2020-12/23/content_5572809.htm.

中华人民共和国中央人民政府. 2021.2020 年中国石油国内油气产量当量首次突破 2 亿吨. http://www.gov.cn/xinwen/2021-01/01/content_5576121.htm.

周健儿，包启富，汪永清，等. 2008. 无机陶瓷膜在含油废水中的应用进展. 陶瓷学报，29(1)：54-57.

Abadi S R H, Sebzari M R, Hemati M, et al. 2011. Ceramic membrane performance in microfiltration of oily wastewater. Desalination, 265(1-3): 222-228.

Ahmadun F R, Pendashteh A, Abdullah L C, et al., 2009. Review of technologies for oil and gas produced water treatment. Journal of Hazardous Materials. 170(2-3): 530-551.

Al-Ghouti M A, Al-Kaabi M A, Ashfaq M Y, et al. 2019. Produced water characteristics, treatment and reuse: A review. Journal of Water Process Engineering, 28: 222-239.

Arnold K, Stewart M. 2008. Chapter 9: Produced water treating systems. Surface Production Operations: 482-609.

Arthur J D, Dillon L W, Drazan D J. 2011. Management of Produced Water from Oil and Gas Wells. Working Document of the NPC North American Resource Development Study, 32.

Azetsu-Scott K, Yeats P, Wohlgeschaffen G, et al. 2007. Precipitation of heavy metals in produced water: Influence on contaminant transport and toxicity. Marine Environmental Research, 63 (2): 146-167.

Bader M S H. 2007. Seawater versus produced water in oil-fields water injection operations. Desalination, 208 (1-3): 159-168.

Bayati F, Shayegan J, Noorjahan A. 2011. Treatment of oilfield produced water by dissolved air precipitation/solvent sublation. Journal of Petroleum Science & Engineering, 80 (1): 26-31.

Bennion D B, Thomasand F B, Bietz R F, et al. 1996. Underbalanced drilling, praises and perils. Midland: Permian Basin Oil and Gas Recovery Conference.

Blumenschein C D, Kenneth W. 2001. Walnut shell filtration for oil and solids removal from steel mill recycle systems. Iron and Steel Review, 78 (4): 33-37.

Chen W, Liu J. 2012. The possibility and applicability of coagulation-MBR hybrid system in reclamation of dairy wastewater. Desalination, 285: 226-231.

Coskun T, Debik E, Demir N M. 2010. Treatment of olive mill wastewaters by nanofiltration and reverse osmosis membranes. Desalination, 259 (1-3): 65-70.

Council T. 2000. Directive 2000/60/EC of the European Parliament and of the Council of 23 October 2000 establishing a framework for community action in the field of water policy. Official Journal of the European Communities, 22 (22): 1-73.

Dudášová D, Sjöblom J, Øye G. 2014. Characterization and suspension stability of particles recovered from offshore produced water. Industrial & Engineering Chemistry Research, 53 (4): 1431-1436.

Ekins P, Vanner R, Firebrace J. 2007. Zero emissions of oil in water from offshore oil and gas installations: Economic and environmental implications. Journal of Cleaner Production, 15 (13-14): 1302-1315.

Fakhru'l-Razi A, Pendashteh A, Abdullah L C, et al. 2009. Review of technologies for oil and gas produced water treatment. Journal of hazardous materials, 170 (2-3): 530-551.

Frid C. 2002. Bioaccumulation in marine organisms: Effect of contaminants from oil well produced water. Organic Geochemistry, 34 (1): 149.

Grant A, Briggs A D. 2002. Toxicity of sediments from around a North Sea oil platform: Are metals or hydrocarbons responsible for ecological impacts? Marine Environmental Research, 53: 95-116.

Guo T X, Yang Q H, Huang K, et al. 2013. Techniques for high-efficient development of offshore fluvial oilfields. Petroleum Exploration & Development, 40 (6): 758-765.

Igunnu E T, Chen G Z. 2014. Produced water treatment technologies. International Journal of Low-Carbon Technologies, 9 (3): 157-177.

Jiménez S, Micó M M, Arnaldos M, et al. 2018. State of the art of produced water treatment. Chemosphere, 192: 186-208.

Judd S, Qiblawey H, Al-Marri M, et al. 2014. The size and performance of offshore produced water oil- removal technologies for reinjection. Separation and Purification Technology, 134: 241-246.

Khatib Z, Verbeek P. 2002. Water to value-produced water management for sustainable field development of mature and green fields. Journal of Petroleum Technology, 55 (1): 26-28.

Kusworo T D, Aryanti N, Utomo D P. 2018. Oilfield produced water treatment to clean water using integrated activated carbon-bentonite adsorbent and double stages membrane process. Chemical Engineering Journal, 347: 462-471.

Liu H F, Xu J Y, Zhang J, et al. 2012. Oil-water separation in a liquid-liquid cylindrical cyclone. Journal of Hydrodynamics, 24 (1): 116-123.

Ma S, Kang Y, Cui S. 2014. Oil and water separation using a glass microfiber coalescing bed. Journal of Dispersion Science and Technology, 35(1): 103-110.

McCabe P J. 2012. Oil and natural gas: Global resources. Fossil Energy: 7-23.

Neff J M. 2002. Bioaccumulation in Marine Organisms: Effect of Contaminants from Oil Well Produced Water.London: Elsevier Ltd.

OSPAR Commission. 2015. Assessment of the Discharges, Spills and Emissions to Air on the Norwegian Continental Shelf, 2009-2013.

Owens N, Lee D W. 2007. The use of micro-bubble flotation technology in secondary & tertiary produced water treatment a technical comparison with other separation technologies. Aberdeen: TUV NEL, 5th Produced Water Workshop.

Plebon M J, Saad M A, Fraser S. 2006. De-Oiling of produced water from offshore oil platforms using a recent commercialized technology which combines adsorption, coalescence and gravity separation. San Francisco: 16th International Offshore and Polar Engineering Conference.

Pollestad A. 2005. The Troll oil case-practical approach towards zero discharge. Tekna: Tekna Produced Water Conference.

Robinson J T. 2007. An overview of produced water treatment technologies. Houston: 14th Annual International Petroleum Environmental Conference.

Sanjiv K, Kumar N T, Tarkeshwar K. 2018. Developments in oilfield scale handling towards green technology-A review. Journal of Petroleum Science and Engineering, 169: 428-444.

Schwinge J, Neal P R, Wiley D E, et al. 2004. Spiral wound modules and spacers: Review and analysis. Journal of Membrane Science, 242(1-2): 129-153.

Shi S Y, Xu J Y, Sun H Q, et al. 2012. Experimental study of a vane-type pipe separator for oil-water separation. Chemical Engineering Research and Design, 90: 1652-1659.

Stewart M, Arnold K. 2009. Emulsions and Oil Treating Equipment.Oxford: Gulf Professional Publishing: 107-211.

Stewart M, Arnold K. 2011. Produced Water Treatment Field Manual.Oxford: Gulf Professional Publishing.

Tibbetts P J C, Buchanan I T, Gawel L J, et al. 1992. A comprehensive determination of produced water composition//Ray J P, Engelhardt F R. Produced Water: Technological/Environmental Issues and Solutions.New York: Plenum Publishing Corp.: 97-113.

Wang L Y, Wu Y X, Zheng Z C, et al. 2008. Oil-water two-phase flow inside T-junction. Journal of Hydrodynamics, 20(2): 147-153.

Yuan S, Wang Q. 2018. New progress and prospect of oilfields development technologies in China. Petroleum Exploration and Development, 45(4): 698-711.

Zara K, Pal V. 2003. Water to value-produced water management for sustainable field development of mature and green fields. Journal of Petroleum Technology, 55(1): 26-28.

第 25 章　海洋假单胞菌 PF-6 胞外多糖对 Pb^{2+}、Cu^{2+}和 Cr^{6+}的吸附研究[①]

25.1　引　言

海洋环境、工业废水及生活污水中含有大量的有毒重金属离子，威胁着人类的健康。重金属的残留和污染是全球公认的环境灾害(Malin and Leif，2001)。重金属离子不能通过生物或化学的方法降解，对生物体有很强的毒害作用，超过一定的浓度就会抑制生物生长或使生物体死亡。虽然现已采用多种方法如化学沉降、离子交换、过滤等来处理这类废水，但仍存在一些不足，如选择性差、金属离子去除不彻底、费用高等(陈彪等，2019)。

生物吸附是利用生物体及其衍生物来吸附工业废水中有害重金属离子的过程(Sezos and Volesky，1982)。微生物胞外多糖(exopolysaccharide，EPS)具有絮凝、聚合细胞、防止外界有害物质侵入等功能，在重金属离子的生物吸附中发挥着重要作用(王晓霞等，2015)。有研究表明，在重金属吸附过程中，几丁质和葡聚糖起主要作用(Zhang et al.，2019)。Ozturk 等(2009)的研究表明 *Synechocystis* sp.胞外多糖的单糖组分不同，会影响胞外多糖对 Cr^{6+}的吸附性。González 等(2010)研究了细菌代谢物对 Cu^{2+}的细胞表面吸附和分子内部吸附。这些研究证实了多糖具有吸附重金属的作用，为重金属污染治理提供了新的思路。但在水中通常有多种离子共存，它们会与待去除的金属离子竞争吸附位点，因此了解吸附剂的特性及离子差异对金属离子的吸附有十分重要的意义。

随着工业化进程加快，重金属污染日益突出。海洋是一个包括无光照、低温、高盐、高渗透压、强酸、强碱的独特生态系统。海洋微生物大多是能适应这种环境的极端微生物，其代谢产物在结构和活性方面有着独特的性质。科学合理地利用海洋微生物资源，对解决环境污染、资源开发等问题，尤其是解决重金属离子污染的问题，具有重要意义。

---

① 本章作者：叶淑红，吕芳(大连工业大学食品学院，大连 116034)。本研究获得国家自然科学基金面上项目(31770725)、辽宁省教育厅项目(20205705)的资助。

25.2　研究材料和研究方法

25.2.1　菌株

从南极海水中筛选海洋假单胞菌 *Pseudomonas* PF-6，在实验室保藏。

25.2.2　*Pseudomonas* PF-6 胞外多糖的制备

基础培养基(g/L)：葡萄糖 10.0g，蛋白胨 5.0g，牛肉膏 3.0g，氯化钠 5.0g，琼脂 20.0g，陈海水 1L，初始 pH 为 7.0。

发酵培养基(g/L)：蔗糖 20.96g，酵母膏 25.35g，牛肉膏 3.0g，磷酸氢二钾 1.98g，氯化钙 0.5g，硫酸锰 0.5g，陈海水 1L，初始 pH 为 7.0。

假单胞菌 *Pseudomonas* PF-6 于 28℃液体发酵 36h，将发酵液于 4000r/min 离心 20min。取上清液，浓缩后加入 3 倍体积的 95%冰乙醇醇沉，4℃放置过夜，将混合液于 4000r/min 离心 15min，取沉淀加温水搅拌溶解，采用 Sevag 法(王丽华等，2003)脱蛋白，透析，将浓缩后的样品在真空冷冻干燥条件下保存。将粗多糖进行 DEAE-52 纤维素柱层析，Sephadex G-100 柱层析纯化。将经过 Sephadex G-100 柱层析纯化后得到的 5 种样品分别配成 0.1mg/ml 的溶液，在 190～500nm 的波长范围内进行紫外扫描，用于检测多糖样品中是否含有蛋白质和核酸类物质，并采用蒽酮-硫酸法(石庆华，2006)测定多糖产量。

25.2.3　吸附实验

配制初始浓度为 10mg/L 的 Pb^{2+}、Cu^{2+}和 Cr^{6+}重金属溶液，量取 50ml 置于 250ml 锥形瓶中，加入一定量的多糖溶液，30℃、200r/min 恒温振荡后，将混合液于 4000r/min 离心 15min，用原子吸收分光光度计法测定上清液中重金属离子的浓度(Rhee et al.，2000)。吸附容量由下式求出(Zhou et al.，2009)：

$$Q=\frac{V(C_0-C_e)}{W} \tag{25.1}$$

式中，C_0 为金属离子初始浓度(mg/L)；C_e 为金属离子平衡浓度(mg/L)；Q 为多糖对金属离子的吸附容量(mg/g)；V 为吸附体系的体积(L)；W 为多糖的用量(g)。

1)多糖加入量对吸附效果的影响

加入 1.0ml 浓度为 0～1.5mg/ml 的多糖溶液，测定吸附容量。

2)pH 对多糖吸附重金属离子的影响

在吸附实验中，用稀盐酸或氢氧化钠溶液来调节 pH 范围(3.0～7.0)。

3) 吸附时间对多糖吸附重金属离子的影响

设定不同的吸附时间(1～6h)，测定吸附容量。

4) 共存离子对多糖吸附重金属离子的影响

在吸附实验中，加入 1.0ml 浓度为 1.0mmol/L、2.0mmol/L、3.0mmol/L、4.0mmol/L 的 $CaCl_2$/KCl 盐溶液。

在以上吸附实验中，以去离子水代替多糖做空白实验，每组做 3 个平行实验。

25.2.4　多糖的红外光谱分析

取多糖干粉和分别吸附了 Pb^{2+}、Cu^{2+}的多糖干粉 1～3mg，研细，再加入 100～300mg 磨细干燥的 KBr 粉末，放入锭剂成型器中，加压(5～10t/cm^2)得到一定直径及厚度的透明片，然后将此薄片放在仪器的样品窗口上进行测定，测试范围为 4000～400cm^{-1}。

25.3　多糖的制备及多糖对金属离子吸附性的影响因素研究

按照 25.2.2 小节的方法制备多糖，胞外多糖产量为 0.3mg/ml。分别将纯化后的多糖溶液在 190～500nm 区域进行紫外光谱扫描，此溶液在 190～200nm 有较强吸收峰，这是多糖的特征吸收峰，在 260nm 和 280nm 处未发现吸收峰，表明此多糖溶液中不含核酸和蛋白质类物质。

25.3.1　多糖加入量对吸附金属离子效果的影响

由图 25.1 所知，随着多糖加入量的增加，多糖对 Cu^{2+}、Pb^{2+}和 Cr^{6+}的吸附容量先增大后减小(最大值分别为 139.75mg/g、163.50mg/g、70.49mg/g)，对应的多糖最适投入浓度分别为 1.0g/L、1.0g/L 和 0.8g/L。这可能是由于吸附性能与表面吸附位点有关：当多糖含量较少时，所含吸附位点少，吸附离子的数量相应较少；随着多糖含量增加，单位质量多糖所包围的金属离子增多，金属离子就容易与吸附剂(多糖)上的活性位点结合而被吸附，吸附容量就升高。但当多糖含量过大时，虽然吸附位点增多，但单位质量多糖所包围的金属离子反而减少，而且已结合的金属离子可能不稳定又发生了脱离现象(刘莎等，2010)。

实验结果显示，多糖对三种金属离子的吸附容量大小顺序为 Pb^{2+}＞Cu^{2+}＞Cr^{6+}，这表明在相同的实验条件下，多糖对三种金属离子的吸附容量是不同的，说明多糖吸附剂对金属离子的吸附性具有选择性。影响吸附剂对金属离子选择性的因素很多，可能与吸附剂的构造、吸附剂所含的功能团及金属离子在水溶液中的状态、大小、键能等因素有关(刘磊和宋文成，2018)。实验结果显示，吸附容量的大小可能与金属离子的相对原子质量有关(刘磊和宋文成，2018)，三种金属离子相对原子质量大小顺序为 Pb^{2+}(207) > Cu^{2+}(64) > Cr^{6+}(52)，而与金属离子所带的电荷数没有关系，具体的原因还需要进一步的研究。

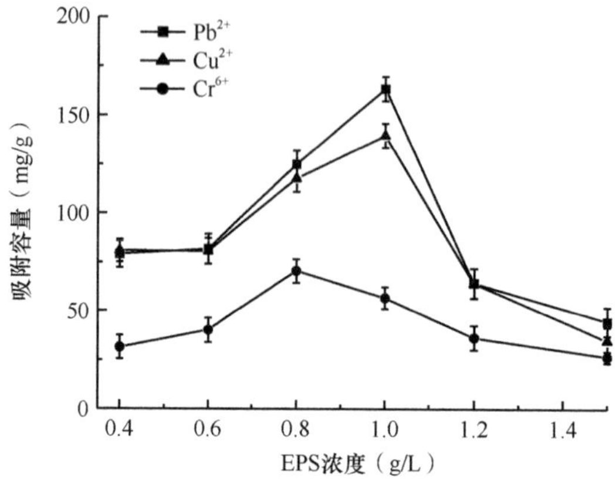

图 25.1 多糖加入量对吸附效果的影响

25.3.2 pH 对多糖吸附金属离子效果的影响

吸附体系的 pH 对多糖吸附金属离子效果的影响较大，有研究表明：只有在适宜的 pH 范围内，生物吸附才能达到较好的效果(Guibaud et al.，2003)。对大多数生物吸附过程而言，pH 非常重要，它直接影响着金属离子的溶解度和多糖中各种化学基团的离子化程度(Sibel and Tamer，2006)。由图 25.2 可见，在特定的 pH 范围内多糖对三种重金属离子的吸附规律基本相同，在一定的范围内，随着 pH 的增大，多糖对金属离子的吸附容量提高。pH 为 5.0 时，多糖对 Cu^{2+}的吸附容量达到最大(169.15mg/g)；pH 为 5.5 时，多糖对 Pb^{2+}的吸附容量达到最大(216.09mg/g)；pH 为 6.0 时，多糖对 Cr^{6+}的吸附容量达到最大(84.47mg/g)。当 pH 偏高或偏低时

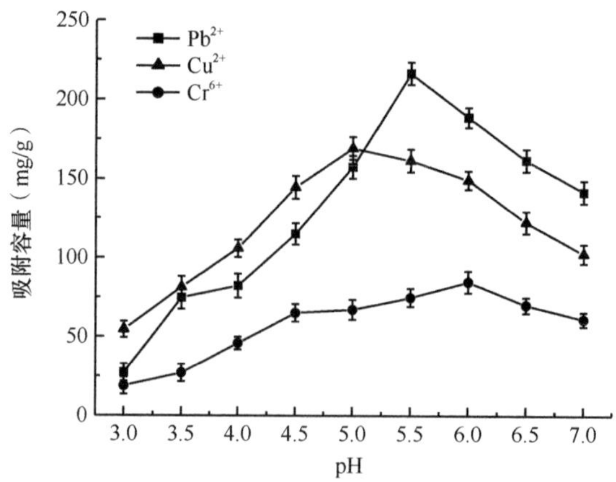

图 25.2 pH 对多糖吸附金属离子效果的影响

都不利于吸附。经分析，出现以上现象的原因可能是：当 pH 过低时，溶液中大量的 H^+与金属离子争夺多糖上的吸附点位，增加表面斥力，导致吸附效率较低；在碱性条件下，重金属离子开始形成氢氧化物沉淀，不利于生物吸附过程的进行(韩润平等，2006)。实验结果表明，多糖具有较强的吸附 Cu^{2+}和 Pb^{2+}的能力，这可能与铜和铅的相对原子质量较大有关(刘磊和宋文成，2018)。

25.3.3　吸附时间对多糖吸附金属离子效果的影响

吸附时间对多糖吸附 Cu^{2+}、Pb^{2+}和 Cr^{6+}效果的影响如图 25.3 所示，可以看出，多糖对金属离子的吸附有一个动态平衡的过程。在初始的 1h 之内，随着吸附时间的增加，多糖对三种金属离子的吸附容量都是增加的，在 2h 时吸附容量达到最大(Cu^{2+} 183.67mg/g、Pb^{2+} 225.40mg/g、Cr^{6+} 86.97mg/g)。之后，随着时间的延续吸附容量出现下降直至平衡。吸附初期，由于多糖本身带负电荷，其能与带正电荷的金属离子迅速结合，吸附容量逐渐增大；当吸附体系稳定后，吸附容量达到平衡。研究表明，生物吸附剂需要 2～4h 才能与金属离子完全相互作用，从而达到理想的去除金属离子的效果(杨智宽等，2000)。实验结果显示，多糖对三种金属离子的适宜吸附时间均为 2h，说明 2h 内多糖分别完成与三种金属离子的相互作用，而吸附时间并没有因为金属离子的种类不同而不同。我们为使吸附过程进行完全，确定吸附时间均为 2h。

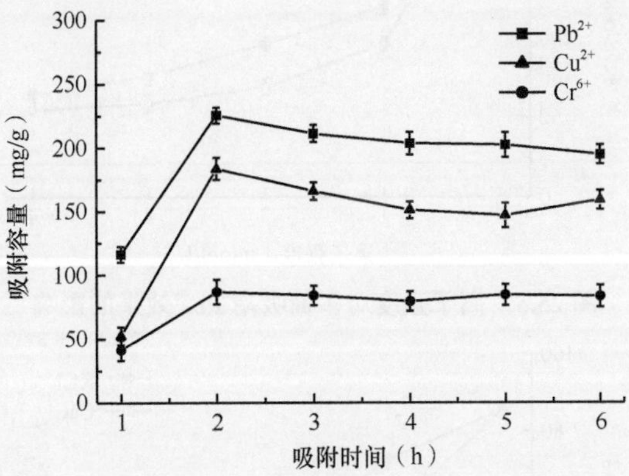

图 25.3　吸附时间对多糖吸附金属离子效果的影响

周伟芝等(2009)用 SM.A87 胞外多糖对重金属离子 Pb^{2+}、Cu^{2+}进行吸附，最大吸附容量可分别达到357mg/g、145mg/g；Guven 等(2003)用 *Ochrobactru anthropi* 胞外多糖吸附 Cu^{2+}时的最大吸附容量只有 26.0mg/g；Apoort 等(1999)用活性黑曲霉处理 Pb^{2+}和 Cu^{2+}时，得到它们的最大吸附容量分别为 7.24mg/g 和 2.66mg/g。本实验的结果显示，假单胞菌 *Pseudomonas* PF-6 胞外多糖对 Pb^{2+}和 Cu^{2+}的吸附容量具有较高水平。

25.3.4　离子强度对多糖吸附金属离子效果的影响

离子强度对多糖吸附金属离子效果的影响如图 25.4～图 25.6 所示。

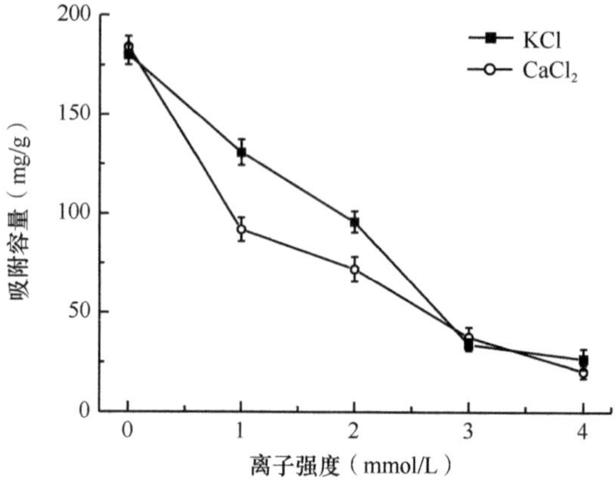

图 25.4　离子强度对多糖吸附 Cu^{2+}效果的影响

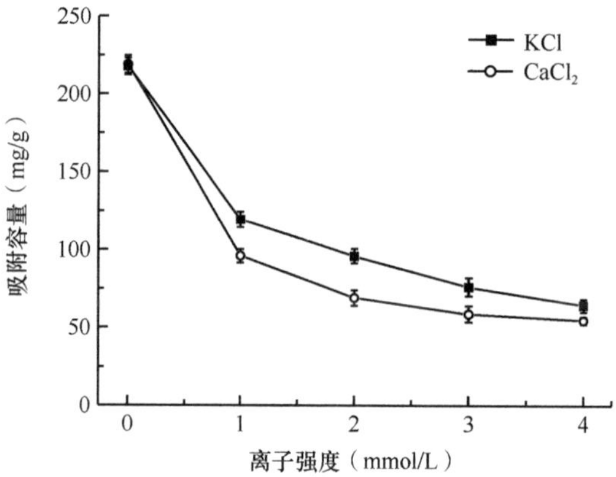

图 25.5　离子强度对多糖吸附 Pb^{2+}效果的影响

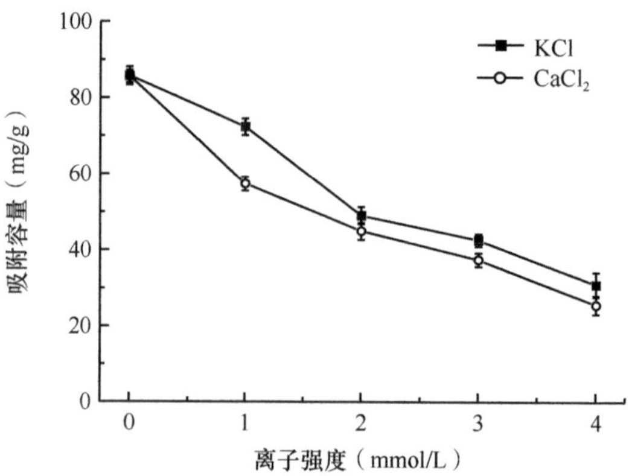

图 25.6　离子强度对多糖吸附 Cr^{6+}效果的影响

吸附体系溶液中的其他阳离子会与待去除的金属离子竞争吸附位点，从而对多糖吸附金属离子的过程造成干扰。自然的水体中常含有 Ca^{2+}、Mg^{2+}、K^{+}、Na^{+}等阳离子，本研究中分别选择二价和一价的两种阳离子(Ca^{2+}和 K^{+})来考察不同共存离子对多糖吸附金属离子效果的影响。由图 25.4～图 25.6 可见，随着溶液中Ca^{2+}和 K^{+}含量的增大，多糖对于三种金属离子的吸附容量逐渐降低。这是因为带有正电荷的盐离子与同样具有正电性的金属离子发生竞争性抑制，争夺多糖表面上拥有负电性的吸附位点，降低了多糖对金属离子的吸附容量。在一定的作用范围内，盐离子种类不同影响效果也不同。例如，在相同的盐浓度下，Ca^{2+}具有 K^{+}两倍的离子强度，因此它的影响比 K^{+}强一些，即二价的钙离子抑制吸附的作用比一价的钾离子大(王敬，2009)，但是阴离子对于吸附过程的影响要视具体情况而定(刘磊和宋文成，2018)。

25.3.5 多糖吸附金属离子的红外光谱分析

吸附性能试验显示，多糖对 Pb^{2+}和 Cu^{2+}的吸附容量较大，而对 Cr^{6+}的吸附容量较小，所以选择多糖吸附 Pb^{2+}和 Cu^{2+}前后的样品做红外色谱分析，以便研究吸附性能与多糖结构之间的关系。

在培养基(按照 25.2.2 小节的方法制备)中用不同淀粉和葡萄糖替代蔗糖，得到 ρ 不同的多糖对 Pb^{2+}和 Cu^{2+}的吸附容量结果(表 25.1)。

表 25.1 多糖吸附性能的对比

多糖	ρ	$Q(Cu^{2+})$	$Q(Pb^{2+})$
EPS_{Suc}	0.22	179.32	219.95
EPS_{Sta}	1.08	207.45	275.48
EPS_{Glu}	1.82	257.88	331.81

注：ρ 表示多糖中酸性多糖与中性多糖的含量之比；$Q(Cu^{2+})$表示多糖对 Cu^{2+}的吸附容量；$Q(Pb^{2+})$表示多糖对 Pb^{2+}的吸附容量；EPS_{Suc} 表示碳源为蔗糖得到的多糖；EPS_{Sta} 表示碳源为淀粉得到的多糖；EPS_{Glu} 表示碳源为葡萄糖得到的多糖

从表 25.1 的数据我们可以发现，三种多糖中酸性多糖与中性多糖的含量之比是不同的。酸性多糖与中性多糖的含量之比大小顺序为：$\rho(EPS_{Glu})>\rho(EPS_{Sta})>\rho(EPS_{Suc})$，这与吸附性能的大小顺序一致，可以认为多糖对金属离子的吸附性能与多糖所含的酸性多糖与中性多糖的含量之比有关，酸性多糖含量越高，多糖的吸附性能越好。

通过分析多糖吸附金属离子前后的红外光谱(图 25.7)发现，多糖官能团中的 O—H、C═O、COOH 和 C—O—C 是多糖与金属离子发生作用的主要官能团。酸性多糖中含有大量的 O—H、C═O 和 COOH 等负电性官能团，在溶液中可以解离出 COO—，有助于与金属阳离子结合(Ruangsomboon et al.，2007)，因此酸性多糖对金属离子的吸附性能更好。

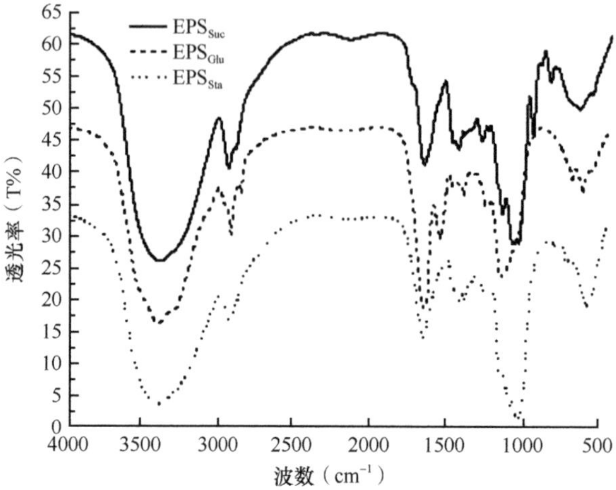

图 25.7 多糖的红外光谱图

参 考 文 献

陈彪，吴光辉，范伟，等. 2019. 重金属废水处理技术研究. 中国标准化，538(2)：245-246.

韩润平，卫华，张敬华，等. 2006. 谷壳的热差红外扫描电镜分析及对铜铅离子的生物吸附研究. 环境科学学报，26(1)：32-39.

刘磊，宋文成. 2018. 微生物吸附重金属离子机理研究进展. 安徽农业科学，46(5)：15-17.

刘莎，叶淑红，王际辉，等. 2010. 一株细菌 ps-5 胞外多糖抗氧化性能研究. 食品科技，35(6)：111-114.

石庆华. 2006. 生物化学实验指导. 北京：中国农业大学出版社：135.

王敬. 2009. 新型深海中温菌 *Wangia profunda*(SM-A87)胞外多糖对重金属离子和有机物的吸附性能研究. 山东大学硕士学位论文.

王丽华，李元瑞，陈懿. 2003. 姬松茸多糖脱蛋白方法的研究. 食品科技，(1)：18-19，26.

王晓霞，赵祥颖，刘建军. 2015. 海洋微生物胞外多糖及其生物活性研究. 山东食品发酵，(1)：3-6.

杨智宽，单崇新，苏帕拉. 2000. 羧甲基壳聚糖对水中 Cd^{2+}的絮凝处理研究. 环境科学与技术，88(1)：10-12.

周维芝，李伟伟，王敬，等. 2009. 深海适冷菌 *Pseudoalteromonas* sp. SM9913 胞外多糖对 Pb^{2+}和 Cu^{2+}的吸附性能研究. 环境科学，30(1)：200-205.

Apoort K, Viraraghavan T, Cullimore D. 1999. Removal of heavy metals using the fungus *Aspergillus niger*. Bioresource Technology, 70: 95-104.

González A G, Shirokova L S, Pokrovsky O S, et al. 2010. Adsorption of copper on *Pseudomonas aureofaciens*: Protective role of surface exopolysaccharides. Colloid Interface, 350(1): 305-314.

Guibaud G, Tixier N, Bouju A, et al. 2003. Relation between extracellular polymers composition and its ability to complex Cd, Cu and Pb. Chemosphere, 52(10): 1701-1710.

Guven O, Tansel O, Nur C. 2003. Heavy metal biosorptipn by biomass of *Ochrobactrum anthropi* producing exopolysaccharide in actived sludge. Bioresource Technology, 90(1): 71-74.

Malayoglu U. 2018. Removal of heavy metals by biopolymer (chitosan)/nanoclay composites. Separation Science & Technology, 53 (17): 2741-2749.

Malin M, Leif B. 2001. Metal-binding proteins and peptides in bioremediation and phytoremediation of heavy metals. TRENDS in Biotechnology, 19 (2): 67-73.

Ozturk S, Aslim B, Suludere Z. 2009. Evaluation of chromium (Ⅵ) removal behaviour by two isolates of *Synechocystis* sp. in terms of exopolysaccharide (EPS) production and monomer composition. Medcine, 100 (23): 5588-5593.

Rhee S K, Song K B, Yoon B D, et al. 2000. Animal Feed Containing Simple Polysaccharides: PCT-KR00-01556. 2003-05-08.

Ruangsomboon S, Chidthaisong A, Bunnag B, et al. 2007. Lead (Pb^{2+}) adsorption characteristics and sugar composition of capsular polysaccharides of cyanobacterium *Calothrix marchica*. Songklanakarin Journal of Science & Technology, 29 (2): 529-541.

Sezos M T, Volesky B. 1982. The mechanism of uranium biosorption by Rhizopus arrhizzts. Biotechnology Bioengineering, 24 (2): 385-401.

Sibel T, Tamer A. 2006. Zn (Ⅱ) biosorptian properties of *Botrytis cinerea* biomass. Journal of Hazardous Materials, 131 (1-3): 137-145.

Zhang Z, Ottosen L M, Wu T, et al. 2019. Electro-remediation of tailings from a multi-metal sulphide mine: Comparing removal efficiencies of Pb, Zn, Cu and Cd. Chemistry & Ecology, 35 (1): 54-68.

Zhou W Z, Wang J, Shen B L, et al. 2009. Biosorption of copper (Ⅱ) and cadmium (Ⅱ) by a novel exopolysaccharide secreted from deep-sea mesophilic bacterium. Colloids and Surfaces B: Biointerfaces, 72 (2): 295-302.

第 26 章　论海洋生态修复中生态文化建设的重要性[①]

26.1　引　　言

随着社会经济的高速发展，我国沿海各地近乎无序地向海要地，从开始的围海养殖，发展到工业项目入驻，最后，房地产开发也大规模介入，其中有合法合规的，但违法违规的项目也是层出不穷。大面积的填海造地，使我国的自然岸线占有率不断降低，近岸海洋生态系统遭受严重破坏，出现了海湾服务功能下降、湿地滩涂萎缩、海岛破坏和生物多样性丧失等一系列问题。正是在这样的背景下，一场针对围填海历史遗留问题的整治行动已在全国范围内展开，对各地的围填海项目进行现状调查，做出生态评估，编制生态修复方案并组织实施是整治行动的主要内容(自然资源部国家发展和改革委员会，2018)。

纵观我国围填海历史遗留问题的形成，深层次的原因是人类社会与自然环境之间的空间争夺，是经济发展与环境保护之间的价值观博弈，但公众乃至一些政府职能部门生态意识淡薄也是造成违法违规围填海项目不断的原因之一。因此，提升公众的生态意识，加强海洋生态文化建设，出台注重生态科学以保障海洋生态修复切实落地的政策法规，加大生态理念的宣传教育力度等，必然是海洋生态修复中的重要内容，具有不可或缺的现实意义和历史意义。

26.2　生态、文化和生态文化

26.2.1　生态、文化

生态学意义上的“生态”(Eco-)一词，源于古希腊字，意思是“家”或者“环境”，指一切生物的生存状态，以及生物与环境之间的相互关系，这里的“环境”包括“生物环境”和“非生物环境”。但现在“生态”一词涉及的范畴已越来越广泛，人们常常用“生态”来定义许多美好的事物，如健康的、美的、和谐的等事物均可冠以“生态”修饰。本研究中的“生态”一词采用其生态学上的原意。

中文“文化”乃是“人文化成”一语的简约版，出于《易经》贲卦彖辞：“刚柔交错，天文也；文明以止，人文也。观乎天文，以察时变，观乎人文，以化成

① 本章作者：戴惠平，田敏(上海摩通生态环境科技有限公司，上海 201500)。

天下。”

近代以来，“文化”一词用于翻译英文“culture”，指一切经人为力量加诸自然物之上的成果，即文化是指一切文化产品之总和(区文伟，2015)。本研究中的“文化”一词采用此意。

26.2.2　生态文化

生态文化是指“蕴含生态科学理念”的文化，是以崇尚自然、保护环境、促进资源永续利用为基本特征，能够使人与自然协调发展、和谐共进，促进实现可持续发展的文化。生态文化的形成意味着人类对待自然的价值观念上的根本转变，标志着人类中心主义的价值取向过渡到了人与自然和谐发展的价值取向。

生态文化是人类自主、自觉地协调与生存环境关系的一种文化形态，强调人的自觉与自律，强调人与自然环境的相互依存、相互促进、共处共融，以尊敬、维护大自然和生态环境为前提，提倡以人与人、人与自然、人与社会和谐共生为宗旨，以建立可持续的生产方式和生活方式为内涵，以引导人们走上持续、和谐的发展道路为着眼点。

人类社会在发展过程中过度攫取自然资源，引发严重的环境危机，生态环境恶化、自然资源枯竭、生态灾难频繁等不仅对地球上的其他生物造成危害，还危及人类自身的生存。生态文化正是在这样的背景下越来越丰富起来的，有关生态文化的理论研究也更为深入。事实上，我国的生态文化可上溯到远古的图腾，而道家的“天人合一”说，已上升到理论的高度，“地法天，天法道，道法自然”可以说是我国古人认识人与自然关系的真实写照。“竭泽而渔，岂不获得？而明年无鱼；焚薮而田，岂不获得？而明年无兽”(《吕氏春秋》)至今仍具有现实的指导意义。

生态文化具有特定的层次性，生态文化的物质表层，是指承载着生态文化内涵的物质实体。有机食品、生态建筑及生态主题的艺术品、广告牌、宣传教育基地等，通过人类感官而逐渐影响个体的思维方式和行为模式，传播其所承载的生态文化内涵。生态文化的形式浅层，即承载着生态文化内涵的仪式、形式、过程。各类生态文化活动、蕴含生态文化内涵的媒体宣传等，构筑人与自然和谐发展的总体氛围，可以增强公众对自然的亲切感和依赖感。生态文化的体制中层，是指国家、地区、部门或经济实体，为了弘扬生态文化、保护生态环境而制定的承载生态文化内涵的各类约束性的法律、法规、政策、制度、规定、纪律等及与之相应的管理机构和管理体制，用以规范公众的行为，传播生态文化。生态文化的观念深层就是体现生态文化的价值观和行为理念，以及受这种价值观和行为理念所支配的行为方式。受支配的具体行为方式和抽象的观念、准则、规范、心理状态是紧密结合在一起的，所以生态文化的建设必须立足于改变公众的价值观念、行为理念和具体的规范、准则及心理状态。

26.3 生态文化与生态文明

“文化”与“文明”两个词语是有区别的，凡是人对自然的改变都是文化，这里面有正面的，也有负面的，所以文化随着时代的变化有着不同的判断，又随着地域、民族、党派或信仰的不同具有多元性，但文明一定是具有进步、进化、发展的价值观，是一个阶段人类文化发展的成果集成(白光润，2003)。

生态文明是人类文明的重要组成部分，它包括人类对自然的认识理解、价值判断、行为模式、人类社会中的环境友好关系，有利于与环境状况相平衡的生活方式、生产方式，以及实现人类可持续发展的理念和目标等。生态文明又是一个体系，包括从观念到社会、制度和物质建设的不同层面。作为一种文明形态，生态文明更多体现的是它的文化内涵，生态文明相关的制度建设、科学技术进步、行动和物质建设的主要目的，都是保障生态文化理念的实现。因此，生态文化是生态文明建设的重要内容和重要支撑(郑晓云，2018)。

助推生态文明建设的文化力量主要体现在树立正确科学的生态价值观，引导公众养成较好的生态环境素养、关爱环境的行为，改变生活陋习，形成节约资源和保护环境的空间格局、产业结构、生产方式、生活方式，还自然以宁静、和谐、美丽。

“人与自然是生命共同体，人类必须尊重自然、顺应自然、保护自然。”生态文化、生态文明的形成，标志着人类中心主义价值取向到自然和谐发展价值取向的过渡。目前，我国已把建设生态文明提高到了“关系人民福祉、关乎民族未来的长远大计”的高度。面对资源约束趋紧、环境污染严重、生态系统退化的严峻形势，必须树立尊重自然、顺应自然、保护自然的生态文明理念，把生态文明建设放在突出地位，融入经济建设、政治建设、文化建设、社会建设各方面和全过程。

生态文明建设就是要坚持节约资源和保护环境的基本国策，坚持节约优先、保护优先、自然恢复为主的方针，着力推进绿色发展、循环发展、低碳发展，形成节约资源和保护环境的空间格局、产业结构、生产方式及生活方式，从源头上扭转生态环境恶化趋势。

国土是生态文明建设的空间载体，必须珍惜每一寸国土，优化国土空间开发格局。引申到海洋事业上，要加大“蓝色国土”理念的宣传力度，在发展海洋经济的同时，加强保护海洋生态环境。节约资源是保护生态环境的根本之策，要节约集约利用资源，控制能源消费总量，加强节能降耗，推进水循环利用。良好的生态环境是人和社会持续发展的根本基础。扩大森林、湖泊、湿地面积，保护生物多样性。加强防灾减灾体系建设，提高气象、地质、地震灾害防御能力。另外，保护生态环境必须依靠制度。应积极开展节能量、碳排放权、排污权、水权交易试点，以制度的形式确保生态保护和修复落到实处。生态文明是人类文明发展的一个新阶段，也是社会主义核心价值观的崇高体现。生态文明是一个多元的发展趋势，树立文明的生态意识，建立完善的生态制度，切实将生态文明建设贯彻到实际工作中。

26.4　海洋生态修复是生态文明建设的重要内容

改革开放以来，我国海洋事业发展迅速，海洋开发对沿海地区经济社会发展起到了重要的推动作用。但与此同时我们也看到，海洋事业在发展过程中还存在经济规模偏小、资源开发利用程度不高、发展方式比较粗放、科技创新能力不足等矛盾和问题。特别是一些地方过度、盲目、无序的海洋开发，以及对海洋资源的掠夺式占有，造成近海渔业资源枯竭、海洋环境污染、物种锐减等一系列生态环境问题，制约了海洋经济的健康发展，影响了海域的综合开发效益，已成为沿海地区经济社会可持续发展的重大瓶颈(李华，2013)。

据《2018 年中国海洋生态环境状况公报》，全国海洋生态环境状况整体呈现稳中向好，但近岸海域依然存在几大环境问题：入海河流水质状况较差；部分近岸海域污染依然严重；典型海洋生态系统健康状况不容乐观。实施监测的河口、海湾、滩涂湿地、珊瑚礁等典型海洋生态系统，呈富营养化状态的海域共 56 680m^2，其中天津近岸海域水质差，上海和浙江近岸海域水质极差，入海排污口邻近海域环境状况无明显改善，海洋环境风险仍然突出。因此，进一步加大海洋生态保护和修复的力度将是目前阶段海洋工作的主旋律。

生态文明建设是一个非常宽泛的门类，它的内涵和本质可大致概括为建设以资源环境承载力为基础、以自然规律为准则、以可持续发展为目标的资源节约型、环境友好型社会。从物质基础看，应以生态经济为主导，对传统产业进行生态化改造，大力发展节能环保等战略性新兴产业，使绿色经济、循环经济和低碳技术在整个经济结构中占较大比重，推动经济绿色转型。从激励与约束机制看，必须建立完善的生态制度，把环境公平正义的要求体现到经济社会决策和管理中，加大制度创新力度，建立健全法律、政策和体制机制。从必保底线看，必须保障可靠的生态安全，有效防范环境风险，及时妥善处置突发资源环境事件和自然灾害，维护生态环境状况稳定，避免重大生态危机。海洋生态修复针对遭到破坏的海洋环境进行修复，提升海洋环境的承载力，促进我国沿海经济的可持续发展，符合生态文明建设的总体目标，是生态文明建设的重要内容。

海洋生态修复要遵循生态文明建设的中心理念，贯彻“自然恢复为主、人工修复为辅”这一主导思想，利用大自然的自我修复能力，在适当的人工措施的辅助作用下，对海洋生态系统的结构、功能、生物多样性和持续性等进行全面有效恢复，使受损的海洋生态系统恢复到原有或与原来相近的结构和功能状态。

生态文明建设是实现我国经济社会可持续发展的根本出路，更是满足人民群众过上美好生活期盼的客观需求，而作为其重要的组成部分，海洋生态修复则是实现这美好愿景的具体举措之一，是利用科学与知识，利用生态工程学或生态平衡、物质循环的原理和方法，改善受污染、受破坏的海洋生态系统。海洋生态修复在保护生态环境和生态治理领域具有重要作用，近年来我国生态文明建设之所以取得显著成效，一个重要原因就是实施重大生态保护和修复工程。

26.5 海洋生态修复中的生态文化建设内容

我国早从 20 世纪 80 年代颁布第一部《中华人民共和国海洋环境保护法》开始就在养护海洋方面做出了不懈努力，进入 21 世纪以来，又相继出台或修订了《中华人民共和国海洋环境保护法》《中华人民共和国海域使用管理法》《中华人民共和国海岛保护法》《中华人民共和国深海海底区域资源勘探开发法》等法律，为加强海洋生态保护提供了较为完善的法律体系。可喜的是，在相关法律法规的制定、贯彻中央保护生态的中心思想、公众和政府机构主观保护生态意识加强等多方面努力下，沿海地区在推进生态文明建设方面取得了积极进展，成效显著，整体呈现趋稳向好的积极态势。但由于“向海索地”“向海索物”的惯性思维长期存在，重开发轻保护的观念没有得到根本扭转，不利于海域资源可持续利用，加之海洋生态文明建设工作起步较晚、技术性强、需要的专业知识广，在实际工作中既没有现成的模式和经验可以借鉴，又存在许多新情况、新问题需要解决，因此要从主观思想、宣传力度、具体措施等多方面入手，真正做到深入人心、达到成效，这才是海洋生态文化建设的关键所在。本研究着重探讨生态文化建设中物质表层层次生态文化宣传教育基地、生态雕塑、生态景观小品、主题广告牌等几个承载生态文化内涵的载体，并将其与海洋生态修复的具体工作相结合。

26.5.1 生态文化宣传教育基地

开展生态文化宣传教育示范基地建设，旨在普及生态文化科学知识，增强公众生态意识，提高公众投身海洋生态文明建设的自觉性和积极性，努力形成关心、珍惜、保护海洋生态环境的良好氛围，是海洋生态修复的题中应有之义。

在生态文化宣传教育基地的设计策划上，内容主题可包括以下四个方面。

(1) 提高海洋强国意识：通过解读与海洋相关的法律法规和政策规划，使公众明确建设海洋强国的目标任务，营造良好的社会氛围。

(2) 提高海洋生态意识：通过介绍海洋生态功能和海洋环保知识，增强公众“蓝色国土”意识，使公众更自觉关爱海洋，珍惜海洋。

(3) 提高海洋科学意识：通过普及海洋生物、海洋资源、海洋地质等海洋科学知识，提升公众海洋科学文化修养。

(4) 开展项目情况介绍：将海洋生态修复项目的技术路线、前后对比等情况向公众做详尽解析和宣传，增强公众参与性。

26.5.2　生态雕塑

传达生态观念的雕塑可称为“生态雕塑”。生态雕塑具有多元综合的雕塑设计理念，从观念、材料到制作都具有更加明显的多元性，强调不同文化、设计观念的交流和互动；生态雕塑强调与自然生态环境的和谐共存，在对资源材料合理运用的态度上充分体现生态观念；生态雕塑与周围的建筑、环境和地域文化等相互协调，彼此共生。

26.5.3　生态景观小品

生态景观小品是一类公共艺术品，对空间起点缀作用，注重公共的交流、互动，注意“生态理念”的体现，将艺术与自然、社会融为一体。生态景观小品除了美化环境，兼具展示、宣传功能，在设计原则上应遵循以下原则。

(1) 功能上的满足：生态景观小品在设计中要考虑功能因素，无论是在物质层面还是在精神层面上，都要满足设定的需求。

(2) 个性特色：生态景观小品设计必须具有独特的个性，不仅指设计师的个性，还包括该艺术品对其所处的区域环境的历史文化和时代特色的反映。

(3) 生态原则：一方面节约节能，采用可再生材料来制作，另一方面在作品的设计思想上引导和加强人们的生态保护观念。

26.5.4　主题广告牌

海洋生态修复内容还可以用主题广告牌的方式展现。作为宣传教育工作的窗口、平台、阵地，主题广告牌的内容可包括与海洋修复相关的国家政策、海洋生态修复存在的问题和取得的成绩及海洋生态修复实施过程中工作人员的精神风貌和先进事迹等。主题广告牌这种宣传方式快捷、直观、方便，有利于信息的及时更新，对提高公众的生态思想觉悟、增强公众的生态文化素养有显著的效果。主题广告牌还具有提升海洋生态修复项目组织实施人员工作积极性的功能，项目组织实施情况的公示兼具监察督查的意义。

海洋生态修复中的生态文化建设还包括以下三点。

(1) 结合实践经验和海洋文明成果，研究分析海洋生态文化在当前海洋经济与环境协调发展中的作用，并对海洋生态文化的概念及内涵进行界定和探讨，分析海洋生态文化的特征。

(2)建立起海洋生态文化分析方法，为海洋生态文明实践提供理论和方法。

(3)选取我国海洋生态修复实施工作的先进地区，总结其成功的经验和存在的问题，结合实际提出有针对性的对策措施，促进当地海洋生态文化发展水平的提升，同时为其他城市提供借鉴。

26.6 加强生态文化建设对海洋生态修复意义重大

海洋生态，事关海洋生物的生存环境安全，也是人类生活、生存和发展的一部分。保护海洋生态安全，与人类的生活、生存和发展息息相关。不过，由于海洋生物的多样性和环境变化的随机性，与陆域相比，海域是一个区域性问题，海洋生态问题复杂，这也就决定了海洋生态治理与修复较难，在面临的问题中，内涵不明、目标定位不清和实践总结不足等问题依然存在，如何综合运用工程、技术、经济、行政、法律等手段，因地制宜地保护与修复受损的海洋生态系统结构、提高生态系统保护能力、完善区域生态格局、维护和增强生态系统服务功能，使生态系统对长期或突变的自然或人为扰动保持弹性和稳定性，最终实现海洋生态系统的可持续性，不是单纯机械地抓几方面，而是要全面协调可持续发展，统筹兼顾，充分尊重海洋的自然规律，以海洋环境承载力为基础，不断提升资源集约节约和综合利用效率，促进人与海洋的长期和谐共处，最终实现海洋经济的全面、协调和可持续发展。而要实现上述目标，提升公众特别是海洋生态修复组织实施人员的生态意识和海洋文化素养是必要的前提，而加强海洋生态文化建设正是有效的途径之一。

其实，海洋生态文化建设作为一个新课题、新实践，近年来已受到理论工作者和沿海省(区、市)逐渐重视，目前虽然还未形成统一的理论体系，但各项研究和实践也正在展开。加强海洋生态文化建设，构建相应的海洋生态评价分析方法，开展海洋生态修复技术的深入研究，有助于为海洋生态修复的具体实施提供理论和实践支持，为海洋生态修复进一步落实乃至起到成效指明方向。

海洋生态学学科体系建设是海洋生态学在科研、教学上的具象化，本质上应归于生态文化建设的范畴之内。而关注海洋生态文化的建设，将海洋生态文化建设的科研和教学纳入“海洋生态学学科体系建设”中，可进一步促进和强化海洋生态学学科体系建设。

海洋生态文化建设是中国特色社会主义生态文明建设的重要环节，只要我们增强海洋生态文明意识，加强海洋生态管控，加快构建以政府为主导、企业为主体、社会组织和公众共同参与的海洋环境治理体系，推动实现海洋生态环境领域治理能力现代化，运用科技手段改善海洋生态，必会在海洋生态修复这一攻坚战中取得胜利。

参 考 文 献

白光润. 2003. 论生态文化与生态文明. 人文地理，18(2)：75-78.

李华. 2013. 加强海洋生态文明建设助推经济社会全面发展——以天津滨海新区为例. 求知，11：36-37.

区文伟. 2015. 区文伟文集：浅谈文化. 广州：花城出版社.

郑晓云. 2018. 用文化的力量助推生态文明建设. 人民周刊，(21)：66-67.

自然资源部国家发展和改革委员会. 2019. 自然资源部国家发展和改革委员会关于贯彻落实《国务院关于加强滨海湿地保护严格管控围填海的通知》的实施意见. 中华人民共和国国务院公报，(9)：75-77.

第五篇

近海生态灾害暴发机制与防控

第 27 章　我国近海的有害藻华①

27.1　引　　言

浮游生物暴发性增殖并产生生态灾害的现象，称为有害藻华(亦称为水华或赤潮)，有害藻华可以发生在海水(赤潮)，也可以发生于淡水(水华)，肇事物种大多是微型藻类，也有少数大型藻类、浮游动物和微生物。藻华生物既有浮游生物，又有底栖藻类。本章中的有害藻华主要指那些发生在海水中由微型藻类形成的有害藻华。有害藻华能够对海洋生态环境和海洋经济造成严重破坏，所产生的危害包括导致海洋经济动物死亡、产生藻毒素使海产品染毒、破坏海洋食物网结构、影响滨海旅游业等。

有害藻华肆虐于世界各国沿海，是国际社会共同关注的重大海洋环境问题和生态灾害，也是我国近海最主要的生态灾害。自 20 世纪 70 年代起，我国有记录的赤潮有近千次，尤其是自 2000 年以来赤潮事件每年都高达几十次。赤潮发生规模也呈急剧扩大的趋势，1998 年至今，每年都发生面积超过 1000km^2 的特大有害藻华，其中部分年份有害藻华面积甚至达到上万平方千米，前后持续时间将近一个月，世界罕见。与此同时，有毒、有害藻华原因种也在不断增加，甲藻等有害种类已成为我国赤潮的主要原因种。这些趋势充分表明了我国赤潮问题的严重性和复杂性(周名江和朱明远，2006)，而产生这些问题的原因与全球气候变化和人类活动加剧密不可分。在 20 世纪 90 年代之前，我国的有害藻华发生次数非常小，多数由甲藻中的夜光藻和少数由硅藻种类引发，且多发生于河口港湾海域，面积很小。21 世纪以来，有害藻华暴发的次数、持续时间和影响范围均大幅上升，平均每年有害藻华事件达 50～80 次(图 27.1)，有害藻华持续时间经常超过一个月，单次有害藻华的覆盖面积达数千至上万平方千米(Yu et al.，2018)。有害藻华的原因种也由当初的以硅藻种类为主，演变成以有毒有害的甲藻种类为主，兼具其他门类的多种有害藻类。

① 本章作者：吕颂辉，欧林坚，王小冬，岑竞仪，崔磊(暨南大学赤潮与海洋生物学研究中心，广州 510632)。

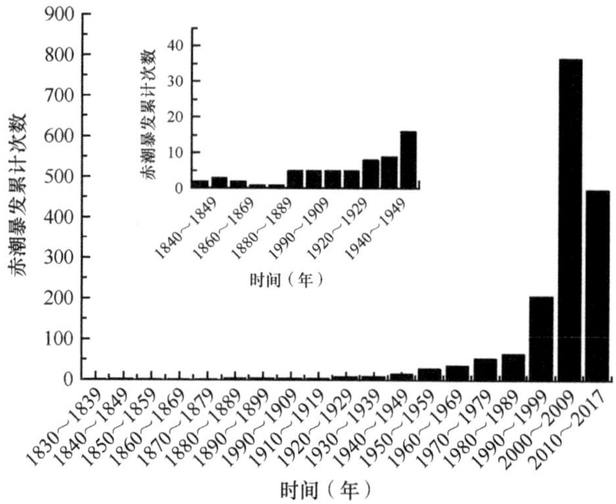

图 27.1　1830～2017 年我国近海赤潮发生记录(俞志明和陈楠生，2019)

27.2　我国有害藻华的危害

有害藻华频发给我国沿海带来了严重的生态、资源、环境问题和重大的经济损失。据不完全统计，我国因有害藻华而造成的经济损失有的年份可达 10 亿元以上，一次大规模的赤潮就可能带来数十亿元的直接经济损失，例如，1998 年发生于珠江口海域的凯伦藻赤潮造成粤港澳地区养殖渔业直接经济损失近 4 亿元，2015 年发生在福建和浙江南部沿海的米氏凯伦藻(*Karenia mikimotoi*)赤潮对两地的鲍鱼养殖业造成了毁灭性打击，经济损失逾 20 亿元(未包括间接损失，如海产品的滞销、应急措施等)。

藻毒素是有害藻华的主要危害方式之一，部分有毒藻类产生的藻毒素经贝类或鱼类累积后危害食用者(包括海洋动物和人类)的健康和生命，调查表明麻痹性贝毒和腹泻性贝毒这两类主要的藻毒素污染普遍存在于我国沿海，而西加毒素等鱼毒素则主要分布于我国南方近海。近年有记录的贝毒事件中，有几百人因误食染毒贝类而中毒，数十人死亡(周名江等，2006)。例如，2008 年江苏省发生了因误食染麻痹性贝毒的蛤蜊而造成 7 人中毒 1 人死亡的事件；2011 年 5 月浙江和福建两省超过 200 人因误食染腹泻性贝毒的贻贝而中毒；2016 年和 2019 年 4～5 月秦皇岛市均出现因食用染麻痹性贝毒的海虹(紫贻贝)而中毒的事件，多人被送院治疗(Yu et al.，2018)；而因食用染毒珊瑚鱼类而导致的西加鱼毒素中毒事件，在南方沿海时有发生(吕颂辉和李英，2006)。

很多种类的藻毒素在我国沿海贝类样品中先后被检出，其中包括石房蛤毒素(STX)及其衍生物、冈田软海绵酸(OA)、鳍藻毒素(DTX)、扇贝毒素(PTX)、虾夷扇贝毒素(YTX)、氮杂螺环酸毒素(AZA)、螺旋形亚胺(GYM)和螺环内酯毒素(SPX)等(Li et al.，2017；Liu et al.，2017)。这些毒素大多由有害藻华生物产生，其中的麻痹性贝毒(PSP)是毒性较高且在我国近海广泛分布的毒素之一。

27.3　我国近海有害藻华发生的区域特征

我国幅员辽阔，具有漫长的海岸线，横跨热带、亚热带和温带等不同的气候带，具有包括河口、海湾和岛礁在内的不同生态系统类型，因此，有害藻华的原因种、暴发时间和危害方式等也具有不同的特异性。

南海近岸有害藻华多发生于每年的 3～5 月，藻华原因种主要有球形棕囊藻(*Phaeocystis globosa*)、米氏凯伦藻和双胞旋沟藻(*Cochlodinium geminatum*)等，主要危害方式是造成养殖鱼类死亡和堵塞电站冷却水进水管道。

东海海域的有害藻华高发期是 5～7 月，藻华原因种主要有东海原甲藻(*Prorocentrum donghaiense*)和米氏凯伦藻，东海原甲藻藻华每年 5～6 月在长江口至福建近海大规模暴发，而米氏凯伦藻藻华则经常于 5 月在浙江南部和福建沿海发生，主要致灾方式是造成养殖鲍鱼和鱼类死亡、破坏海洋生态系统及引起贝类中毒。

黄渤海海域的有害藻华高发期为 6～8 月，危害较大的藻华原因种主要有抑食金球藻(*Aureococcus anophagefferens*)和亚历山大藻(*Alexandrium* spp.)。抑食金球藻藻华通常被称作“褐潮”，自 2009 年以来每年在秦皇岛邻近海区暴发，该海区有害藻华主要危害方式是造成养殖贝类死亡和使贝类染毒。

27.4　我国近海代表性有害藻华

27.4.1　东海原甲藻赤潮

东海原甲藻属于甲藻纲原甲藻目原甲藻科原甲藻属，是中国近海的常见种。中国有记录的第一例东海原甲藻赤潮发生于 1995 年。1998 年至今，东海原甲藻每年都会在东海海区发生赤潮，赤潮规模达到 1000km^2 甚至上万平方千米，并能持续超过 1 个月。东海原甲藻已成为中国近海最受关注的赤潮原因种。此外，日本、韩国和土耳其等地也报道过该种赤潮的发生。

东海原甲藻赤潮一般发生于每年的 4～5 月，细胞密度往往大于 10^{7}cells/L，最高细胞密度甚至可达到 3.6×10^{8}cells/L。东海原甲藻有时会和夜光藻(*Noctiluca scintillans*)、亚历山大藻及米氏凯伦藻等共同形成赤潮。虽然目前未检测到东海原甲藻能产生毒素，但该种赤潮会对地区生态环境、近海渔业资源和公众健康造成极大影响，每年造成的渔业经济损失达几百万元人民币。周明江和朱明远(2006)

发现，在东海海区东海原甲藻赤潮的分布具有明显的规律，基本分布在 27°～31°N 沿水深 30～50m 等深线的海底地形陡变海域。在赤潮暴发前，常能观测到东海原甲藻在水体次表层生长、扩展的“孕育”阶段。在浙江和福建的近岸水体，常能监测到东海原甲藻赤潮。

27.4.1.1 东海原甲藻的生理生长特性

东海原甲藻游动能力强，在海流交汇的混合水体中具有较强的适应能力，表现出昼夜垂直移动的特性。东海原甲藻适应较广的温度和盐度范围，可在温度为 10～27℃、盐度为 20～40 的条件下生长，但是当温度高于 31℃或是盐度小于 10 时，东海原甲藻就会死亡。在温度为 20～27℃、盐度为 25～35 的条件下，东海原甲藻的生长速率大于 $0.60d^{-1}$。相较于其他常见的赤潮藻，东海原甲藻对低光的适应能力较强。Xu 等(2010)的研究发现，适合东海原甲藻生长的光强需要大于 $30\mu mol/(m^2 \cdot s)$，但即使当光强仅为 $2\mu mol/(m^2 \cdot s)$时，东海原甲藻的生长速率也可以达到 $0.33d^{-1}$。Liu 等(2011)认为，东海原甲藻的生长速率在光照强度为 $70\mu mol/(m^2 \cdot s)$时达到最大。在适宜的环境条件下，东海原甲藻的最大生长速率可达到 $2d^{-1}$。

不同氮浓度下，东海原甲藻的生长都遵循 Monod 模式，并且在氮限制或氮饱和条件下表现出相似的吸收动力学特征。Hu 等(2014)认为，环境中多种氮源的存在，会使得东海原甲藻对具体某种氮源的吸收产生影响。东海原甲藻对硝酸盐的吸收受到环境中铵盐、谷氨酸和尿素的抑制；与此相反，东海原甲藻对铵盐的吸收则受到尿素和谷氨酸的刺激。东海原甲藻可以依赖不同的氮源维持生长。以铵盐、硝酸盐、尿素、谷氨酸或二肽为唯一氮源培养时，东海原甲藻的生长速率相当，但其同化尿素中氮源的能力强于硝酸盐。在极端氮胁迫甚至氮限制情况下，东海原甲藻具有调控胞内碳和氮代谢的特殊能力，这与其他的光合自养真核藻类是不同的。Jing 等(2017)采用定量反转录 PCR，分析了东海原甲藻参与氮转运与同化的四种基因，结果表明编码硝酸盐转运、尿素水解和镍转运基因对于氮的可利用性较为敏感，而尿素转运基因则更多地受到尿素浓度的影响。尿素的存在，有利于东海原甲藻的种间竞争生长。

正磷酸盐是浮游植物可以直接吸收利用的无机磷源。浮游植物在遭受磷胁迫时，会转向利用有机磷源。Li 等(2015)发现，海水中的磷胁迫会导致东海原甲藻不能完成 DNA 复制，或 G1/S 节点上的蛋白质光合磷酸化会导致细胞周期无法完成，但是却仍然能进行光合作用和代谢，细胞体积增大；当补充磷后，东海原甲藻能够迅速恢复，完成细胞周期。Shi 等(2017)进一步采用转录组和 MicroRNAome 测序分析了磷胁迫条件下东海原甲藻的分子响应机制。在磷耗尽的情况下，G1/S 细胞周期基因显著下调，与生长抑制保持一致，而参与有机磷水解、碳固定、硝酸盐合成、糖酵解、细胞致死的基因上调。ATP-生成基因和 ATP-消耗基因表达的上升，表明在磷胁迫下东海原甲藻朝向加速 ATP 再循环的代谢重组。此外，东海原甲藻还存在膜上硫脂替代磷脂的机制。东海原甲藻可以利用不同的磷源维持生长，在等当量的磷酸酶、葡萄糖-6-磷酸、ATP 和 RNA 等磷源下，其生长能力相当。东海原甲藻通过碱性磷酸酶水解利用有机磷源。Ou 等(2008，2019)发现，东海原甲藻的碱性磷酸酶为诱导酶，在磷胁迫的状态下表达；与其他赤潮种类相比，东海原甲藻碱性磷酸酶的表达量是适度、不浪费的，保证了东海原甲藻高效节能地水解利用有机磷源。此外，东海原甲藻的碱性磷酸酶主要分布在细胞表面，且对有机磷源具有较高的亲和力，这都有利于其竞争利用有机磷源。已有的研究表明，磷限制或是有机磷存在的环境下，东海原甲藻表现出较强的竞争生长优势。

27.4.1.2　东海原甲藻赤潮的发生及其演替机制

东海原甲藻赤潮的发生及其演替受到海水中物理、化学和生物等因子的共同作用。Dai 等(2013)认为，东海原甲藻赤潮是在台湾海峡暖流的锋面上发展种群密度并达到最大值的，海洋锋面在其赤潮种质库上发挥重要作用。东海原甲藻对温度和盐度的耐受范围大，水温对诱导东海原甲藻赤潮的发生和消亡具有重要意义，低温可能导致东海原甲藻赤潮发生延迟。东海原甲藻适应于低光强生长的能力使得其在阴雨天气及浑浊度较高的水体中形成赤潮更具有竞争优势。东海原甲藻具有较强的游动能力，可在短时间内进行物理辐聚，东海原甲藻具有垂直迁移的能力，可下潜到次表层寻找光强合适的水层，甚至穿过跃层进入含有丰富营养盐的下层水体中。

在富营养化和贫营养化的海区都有发生东海原甲藻的赤潮。在春季的东海长江口近岸海区，常常观测到硅藻赤潮和赤潮的演替，东海原甲藻赤潮往往发生于骨条藻(*Skeletonema* spp.)赤潮消亡后。东海原甲藻种群的细胞密度与海水中的 N/P 比正相关，与绝对磷酸盐浓度负相关。近几十年来，由于化肥使用量的激增，随着长江径流排放入海的氮含量显著升高，海水的营养盐结构发生显著改变。海水的低 Si/N 比(Si/N＜1)和高 N/P 比(N/P＞50)可能加速了东海原甲藻赤潮的发生。Ou 等(2008)认为，在适宜的温度和营养盐条件下，骨条藻凭借高生长速率成为优势竞争者，从而形成赤潮。当水体中的磷酸盐或硅酸盐被耗尽后，骨条藻迅速衰亡。海水中低 Si 浓度导致的 Si/N 下降也可能加速骨条藻藻华的衰亡。与此同时，东海原甲藻生长速率较低，但可以在磷胁迫或限制的环境下保持生理活性并长时间维持生存，凭借对海区中有机磷的竞争优势，在骨条藻衰亡后形成新的赤潮。Zhou 等(2017)利用数学模型总结认为温度和光强对东海海区赤潮演替影响很小，磷胁迫是导致该海区硅藻赤潮向甲藻赤潮演替的最重要原因，而硝酸盐在决定东海原甲藻赤潮的发生范围上发挥着重要作用。

27.4.2 米氏凯伦藻赤潮

27.4.2.1 米氏凯伦藻的分类及分布

米氏凯伦藻属于裸甲藻目(Gymnodiniales)凯伦藻科(Kareniaceae)凯伦藻属。该种有多个同种异名，包括 *Gymnodinium mikimotoi*、*Gyrodinium nagasakiense*、*Gymnodinium nagasakiense* 等。国内曾将其译为长崎裸甲藻、米金裸甲藻、米氏裸甲藻和三宅裸甲藻等。该种的种名“*mikimotoi*”是根据日本一位资助了米氏凯伦藻赤潮研究的珍珠养殖场主 Mikimotoi 的名字命名的，目前较认可的中文译名为“米氏凯伦藻”。

米氏凯伦藻分布广泛，遍布于全球海域，属广域分布种，从热带海域到极地海区都有分布。据报道，凯伦藻属种类在美国、新西兰、日本、韩国、中国、挪威、智利、澳大利亚和南非等地均有分布。其生长温度为 4～31℃，盐度适应范围是 9～35，对光照的耐受阈很宽，从海表到密度跃层都能适应，光饱和强度大约为 200mmol photon/($m^2 \cdot s$) (Gentien，1998；Richardson and Kullenberg，1987)。该种主要以细胞分裂的方式进行无性繁殖，通过对实验室培养的米氏凯伦藻进行分子和形态学观察，没有发现任何的暂时性孢囊(Hansen et al.，2000)。该藻具有较强的垂直运动能力，能够以大约 2m/h 的速度进行昼夜垂直运动(Koizumi et al.，1996)。

米氏凯伦藻主要是依赖光合自养进行生长，具有多种营养盐消化吸收途径，以无机营养盐为主，但也能够吸收利用有机营养盐，可以利用多种不同形态的氮源和磷源，同时还具备吞噬营养的能力，一些细菌和海洋微藻的存在能促进米氏凯伦藻的生长(Zhang et al.，2011)，使其在藻华发生时在营养盐竞争中处于优势地位(Yamaguchi and Itakura，1999；Zhang et al.，2011；Luo et al.，2017)。

27.4.2.2 米氏凯伦藻毒素及生物毒性

米氏凯伦藻能产生细胞毒素、溶血毒素、糖脂类毒素、脂肪酸类毒素和一系列多不饱和脂肪酸类毒素。研究发现，米氏凯伦藻溶血毒素最少含三种组分，包括两种糖脂类物质和一种脂类物质，分别为含有两个不饱和脂肪酸的糖基二乙酰基甘油、单半乳糖甘油二酯(monogalactosyl diacylglycerol)和双半乳糖甘油二酯(digalactosyl diacylglycerol)(Parrish et al.，1998)。十八碳五烯酸(18:5n-3，octadecapentaenoic acid，OPA)是米氏凯伦藻中溶血活性最强的脂肪酸类物质(Mooney et al.，2007)。米氏凯伦藻产生的细胞毒素主要包括裸甲藻素 A(gymnocin A)和裸甲藻素 B(gymnocin B)(Satake et al.，2002，2005)。裸甲藻素 A 和裸甲藻素 B 两者在分子结构上差异较大，但细胞毒性接近。裸甲藻素 A 对小鼠淋巴瘤 P388 细胞有细胞毒性(Tsukano et al.，2006)。米氏凯伦藻除了能通过产生溶血毒素和细胞毒素对鱼类和哺乳动物造成影响，还可以产生某种代谢物从而降低蒙古裸腹溞(*Monia mongolica*)、近海伪镖水蚤(*Pseudodiaptomus marinus*)、大森纺锤水蚤(*Acartia omorii*)、中华哲水蚤(*Calanus sinicus*)的摄食率，降低海哥兰哲水蚤(*Calanus helgolandicus*)等的产卵量，在较低密度(＜80cells/ml)下明显减少褶皱臂尾轮虫(*Brachionus plicatilis*)的数量并使卤虫存活率明显下降，影响黑褐新糠虾(*Neomysis awatschensis*)的存活和繁殖，还能影响部分敏感贝类幼体的早期发育，可致其幼体和成体死亡(邢小丽等，2003；孙军等，2007；孙科，2010；张勇等，2011；张腾飞等，2018)。

27.4.2.3　米氏凯伦藻赤潮及其危害

米氏凯伦藻是全球范围内凯伦藻属赤潮的主要肇事种，最早于 1935 年在日本发现，已在南美、北非及挪威、新西兰、澳大利亚和中国等近岸海域引发过赤潮灾害，导致鱼类和贝类等海洋生物死亡，造成严重的经济损失。例如，1981 年在韩国 Chinhae 海湾发生的米氏凯伦藻赤潮，致使大量鱼类死亡，造成约 260 万美元渔业损失(Kim，2010)；1995 年发生在法国沿岸的米氏凯伦藻赤潮，引起 800～900t 的贻贝和大量的鱼类死亡(Gentien，1998)；1998 年在日本暴发的米氏凯伦藻赤藻，造成约 44 亿日元的经济损失；2004 年在印度特里凡得琅海岸持续 3 个月的米氏凯伦藻赤潮，导致大量的鱼类死亡和引起沿岸居民出现呼吸困难症状(Robin et al.，2013)；自 20 世纪 50 年代以来，墨西哥湾佛罗里达海岸几乎每年都暴发短凯伦藻与米氏凯伦藻的混合赤潮，并会引起海洋哺乳动物和其他海洋生物群的死亡(Granéli et al.，2008)。

我国较大规模的米氏凯伦藻赤潮首次发生于 1998 年的珠江口海域，该次赤潮对粤港两地的海水养殖业造成了毁灭性打击，直接经济损失达 3.5 亿元(崔伟民等，2009)。在我国，米氏凯伦藻赤潮已成为灾害性赤潮主要种类之一。据统计，自 1998 年以来，我国沿海共发生米氏凯伦藻赤潮 90 余次，沿海海产养殖业损失严重(Lu et al.，2014)。其中，2001～2019 年福建省沿海共发生米氏凯伦藻 30 次，经济损失达 20.16 亿元，浙江省沿海共发生 14 次，经济损失达 6505 万元。仅 2012 年我国浙江省和福建省海域就连续暴发了 12 起米氏凯伦藻赤潮(表 27.1)，导致大量养殖鲍鱼死亡，经济损失累计超过 20 亿元，创造了我国近海赤潮所致经济损失的历史纪录(陈宝红等，2015；国家海洋局，2016)。

表 27.1　国内 1998～2019 年米氏凯伦藻引发的主要赤潮事件

时间	省(市)	发生海域	面积(km^2)	直接经济损失(万元)
1998-3～4	广东	珠江口海域	不详	35 000
2004-6	天津	天津附近海域	3 200	不详
2005-5-24～6-1		长江口外海域	7 000	不详

续表

时间	省(市)	发生海域	面积(km^2)	直接经济损失(万元)
2005-6-8	浙江	南韭山列岛海域	不详	不详
2005-5-30～6-10	浙江	南麂列岛附近海域	500	2 400
2005-5-31～6-16	浙江	洞头海域	300	3 700
2005-6-13	浙江	嵊泗至中街山沿线海域	1 300	不详
2006-6-12～14	浙江	洞头岛到南麂列岛附近海域	2 100	不详
2007-6-11～13	福建	平潭东澳一级渔港码头西面海域及平潭龙王头海域	不详	500
2008-5-1～5	浙江	苍南大渔湾	260	不详
2009-7-18～23	江苏	连云港东西连岛及拦海大堤东北海域	210	不详
2010-6-13～16	福建	泉州深沪湾海域	7	4
2012-5-23～6-8	浙江	南麂列岛附近海域	40	280-4
2012-5-24～6-3	浙江	洞头岛附近海域	40	57-7
2012-6-3～7	浙江	舟山嵊泗海域	240	67-3
2012-5-18～6-7	福建	宁德三沙湾的霞浦、福鼎海域	130	30
2012-5-27～6-8	福建	福州连江黄岐海域	40	105 390
2012-5-30～6-8	福建	福州福清东翰海域	6	11 996-1
2012-6-5～8	福建	福州罗源碧里乡吉壁-新沃海域	10	1 170
2012-5-26～6-7	福建	平潭海域	80	63 151-2
2012-5-25～27	福建	莆田湄洲岛洋屿海域	2	1 050
2012-5-30～6-3	福建	莆田东岙、坑口、石城、湄洲岛洋屿海域	32	14 549-5
2012-5-25～26	福建	泉州惠安杜厝海域	0-7	80
2012-5-30～6-2	福建	泉州惠安小岞海域	7	3 700
2014-9-13～17	河北	渤海中部海域	400	不详
2014-9-7～9	浙江	舟山嵊泗海域	200	不详
2015-5-26～6-2	福建	霞浦古镇海域	100	不详
2017-6-16～7-6	浙江	渔山列岛海域	420	不详
2017-6-27～30	浙江	洛屿岛及玉环岛披山海域	300	不详
2017-6-27～30	浙江	南韭山西部海域	120	不详
2017-6-20～26	浙江	舟山朱家尖海域	180	不详
2018-6-7～12	福建	连江后湾至同心湾海域	5	不详
2019-5-25～31	福建	连江黄岐半岛北部海域	4	不详

注：表中数据引自《中国海洋灾害公报》(1998～2018 年)和《福建省赤潮灾害信息》(2018～2019 年)

27.4.3 球形棕囊藻赤潮

棕囊藻属(*Phaeocystis*)为世界广布的有害藻华物种(Lancelot et al.，1998)，目前已经明确鉴定的有 7 种：*P. pouchetii*、*P. antarctica*、*P. cordata*、*P. globosa*、*P. jahnii*、

P. scrobiculata 和 *P. rex*(Medlin and Zingone，2007；Andersen et al.，2015)。但是能够经常引发藻华的主要是波切棕囊藻(*P. pouchetii*)、南极棕囊藻(*P. antarctica*)和球形棕囊藻(*P. globosa*)，它们主要分布于北半球高纬度和北极海区、南极海区及北半球的温带、热带海区(Schoemann et al.，2005)。波切棕囊藻、南极棕囊藻和球形棕囊藻均具有异型生活史(Rousseau et al.，2007)，它们的生长阶段中包括微小的单细胞阶段及巨大的囊体阶段：单细胞一般只有几微米，而囊体直径则可达到几百微米，最大可达 3cm(Qi et al.，2004；Rousseau et al.，2007)。囊体的外被是一层轻薄、坚韧且具有弹性的半透膜，囊体外被内侧包含几百甚至几千个细胞，而内部没有细胞，仅为一些液体，因此整个囊体为中空球状(Hamm et al.，1999)。单细胞和囊体阶段可相互转化，但是藻华发生时主要以囊体形态存在，单细胞形态的藻华偶尔发生(Lancelot et al.，1994)。

棕囊藻赤潮的发生对于海洋生态系统的结构和功能及全球气候变化可能具有重要的调控作用。棕囊藻单细胞能够被微型浮游动物摄食；而囊体由于具有坚韧的外被及相对较大的体积，仅能被较大的浮游动物摄食(Hamm et al.，1999；Jakobsen and Tang，2002)，从而改变了微型食物环和经典食物链的物质循环。棕囊藻是 DMSP 的主要生产者之一(Stefels et al.，2007)，DMS 可以促进大气中云凝结核的形成，有助于云层加厚而影响地球表层的辐射通量，对 CO_2 等气体引起的温室效应具有拮抗效应。棕囊藻赤潮发生时碳生物量极高，达到 10mg C/L，因此赤潮暴发时棕囊藻必然吸收大量的 CO_2，赤潮消退后棕囊藻囊体被再矿化或者沉入海底(Reigstad and Wassman，2007)，从而有效改变了海气间的 CO_2 通量。

我国东南沿海常见的有害藻华物种为球形棕囊藻，该株系具有世界其他海区球形棕囊藻缺乏的两个特点：①具有溶血毒性(Shen et al.，2002)；②能够形成直径高达 3cm 的囊体，世界最大(Qi et al.，2004)。因此，球形棕囊藻赤潮在我国沿海的发生往往造成非常严重的后果。1997 年我国东南沿海首次发生球形棕囊藻赤潮，覆盖范围从福建省厦门以南至广东省东部海域，波及海域面积超过 $1000km^2$，持续时间 6 个月，对沿岸海水养殖业造成了毁灭性的打击，直接经济损失达到 7500 万美元(陈菊芳等，1999；Qi et al.，2004)。其中，球形棕囊藻是我国沿海常见的有害藻华物种(Qi et al.，2004)。2004 年 6 月渤海暴发球形棕囊藻赤潮，主要发生在黄河口附近海域，影响面积达 $1850km^2$；2006 年 10 月渤海再次发生棕囊藻赤潮，转移至天津和河北黄骅近岸海域，影响面积超过 $1600km^2$。球形棕囊藻囊体堵塞了捕捞网具，导致当地渔民无法出海捕捞，严重影响了正常的生产生活(曲凌云等，2008)。2014 年和 2015 年冬季广西核电站邻近海域发生棕囊藻赤潮，巨大的囊体堵塞了核电站冷凝系统，对核电设施的安全形成了潜在威胁(于仁成和刘东艳，2016)。除了上述较大规模有害藻华的发生，球形棕囊藻赤潮几乎每年均在我国沿海，尤其是在广东、广西和海南等南海沿岸海域发生(韦桂秋等，2012；黄海燕等，2016），其中面积超过 100km^2 或者造成较大经济损失的达多余次(表 27.2)。近 20 年来，球形棕囊藻已经成为我国沿海典型的有害藻华物种。

表 27.2 我国近海近年球形棕囊藻藻华发生统计

年份	发生海域	面积(km^2)	影响	参考文献
1997～1998	广东东部、厦门近岸	3000	养殖鱼类死亡	陈菊芳等，1999
2002	汕头港外妈屿岛东南	100	未记录	窦勇等，2015
2004	汕头、天津近岸	100	未记录	窦勇等，2015
2005	湛江、汕头近岸	600	未记录	窦勇等，2015
2006	珠海、河北黄骅附近海域	1600	限制渔业捕捞	曲凌云等，2008
2009	珠江口、海南近岸	＞100	未记录	窦勇等，2015
2010	广西北部湾	150	未记录	窦勇等，2015
2014	广西北海近岸	未记录	堵塞核电站冷凝系统	李波等，2015
2015	广西北海近岸	未记录	堵塞核电站冷凝系统	于仁成和刘东艳，2016

棕囊藻藻华一般发生在富营养化的近岸海区，氮磷营养盐含量的升高增强了棕囊藻的竞争能力，从而成为棕囊藻藻华发生频率日益增大的元凶(Lancelot et al.，1998；Qi et al.，2004；Wang et al.，2011)。随着全球气候的剧烈变化，温度升高和海洋酸化同富营养化的互相作用可能提高棕囊藻藻华的发生频率和增大其规模(Wang et al.，2010)，从而对近岸生态系统产生更多的影响。

27.4.4 抑食金球藻褐潮

从 2009 年开始，位于渤海的秦皇岛近岸海域出现了一种由微微型藻类诱发的藻华，藻华暴发时海水呈褐色，故称为褐潮，褐潮是有害藻华的一种。由于细胞个体只有几微米，通过特征色素分析和分子检测技术，鉴定出诱发褐潮的原因物种为抑食金球藻(Kong et al.，2012；Zhang et al.，2012)。

抑食金球藻属于海金藻纲(Pelagophyceae)，是一种单细胞藻类，细胞呈圆形或者椭圆形，细胞表面光滑，金色，无鞭毛和细胞壁，个体微小，粒径约 3μm，不含眼点与气囊，单个叶绿体，细胞无鞭毛，不能运动且生活史简单。

2010 年秦皇岛海域暴发的褐潮面积超过 3000km^2，造成当地养殖的海湾扇贝大面积死亡，直接经济损失达到 2 亿元。除此之外，由于秦皇岛是北方滨海旅游胜地，而褐潮高发期又是每年 6～8 月的旅游旺季，因此对当地海洋生态和旅游经济都有巨大的影响。除了秦皇岛海域，2011 年位于北黄海的山东省桑沟湾海域也发生了类似的褐潮(Kong et al.，2012)。

褐潮于 1985 年首次出现在美国的长岛湾(Long Island Sound)、纳拉甘西特湾(Narragansett Bay)、大南湾(Great South Bay)及巴尼加特湾(Barnegat Bay)的河口

海域。除美国外，近年来在南非的萨尔达尼亚湾(Saldanha Bay)也暴发了褐潮。2009 年开始出现于渤海秦皇岛沿岸海域的褐潮，使中国成为继美国和南非之后世界上第 3 个受褐潮影响的国家。

目前国内外对褐潮的暴发原因均认为与营养盐的浓度和组成有着复杂的关系，多数研究认为，褐潮的暴发与海水中溶解有机氮(DON)的浓度密切相关。

美国东海岸抑食金球藻褐潮暴发过程中海水中溶解有机氮的现场监测结果表明，在褐潮暴发前 DON 的浓度较高，但随着抑食金球藻细胞密度的增加，DON 的浓度逐渐降低，而在褐潮消亡后，DON 的浓度又有所升高，这表明 DON 浓度对促进褐潮的暴发起着重要作用(Gobler and Sunda，2012)。

我国秦皇岛海域褐潮暴发期间，以尿素为主的溶解有机氮浓度达到高值，并且现场海域与利用可溶性有机物有关的酶活性处于较高水平(Ou et al.，2019)。通过转录组分析发现，相较其他氮源，北戴河海域的抑食金球藻对有机氮源特别是尿素具有更高的吸收利用效率，并且抑食金球藻能够通过多种途径利用溶解有机氮(Dong et al.，2014)。国内外褐潮多暴发于水体交换较弱的河口与港湾，高有机营养盐为褐潮的暴发提供了可能的物质基础。以上研究结果充分证明，褐潮的暴发与可溶性营养盐有非常密切的联系。

褐潮暴发不仅对养殖贝类产生致死效应，研究还发现，秦皇岛的抑食金球藻对海洋浮游动物桡足类的生殖发育过程产生影响，能够使雌性成体的繁殖率下降 39%～50%(He et al.，2018)。抑食金球藻还能够诱导翡翠贻贝氧化应激、激活免疫系统中的补体系统、改变脂肪酸代谢等(Zheng et al.，2018)。

关于褐潮为何迄今只在美国、南非和中国近海暴发，其种源是否外来物种入侵的问题，最新的研究结果表明，抑食金球藻属于全球广布种，在中国沿海广泛分布，且对采自渤海的沉积柱状样品分析的结果表明，近 1500 年来，抑食金球藻在渤海海域一直存在(Tang et al.，2019)。但为何只在以秦皇岛为代表的极少数海域形成褐潮灾害，尚有待进一步深入研究。

参 考 文 献

陈宝红，谢尔艺，高亚辉，等. 2015. 米氏凯伦藻对海洋生物致毒作用的研究进展. 福建水产，37(3)：241-249.

陈菊芳，徐宁，江天久. 1999. 中国赤潮新记录种——球形棕囊藻. 暨南大学学报，20(3)：125-129.

崔伟民，杨维东，刘洁生，等. 2009. 米氏凯伦藻溶血毒素的溶血反应特征. 热带亚热带植物学报，17(3)：237-241.

窦勇，高金伟，时晓婷，等. 2015. 2000-2013 年中国南部近海赤潮发生规律及影响因素研究. 水生态学杂志，36(3)：31-37.

黄海燕，康林冲，杨翼，等. 2016. 2013 年我国近海赤潮引发种种类和分布研究. 海洋科学，40(11)：17-27.

李波，蓝文陆，李天深，等. 2015. 球形棕囊藻赤潮消亡过程环境因子变化及其消亡原因. 生态学杂志，34(5)：1351-1358.

梁玉波，李冬梅，姚敬元，等. 2019. 中国近海藻毒素及有毒微藻产毒原因种调查研究进展. 海洋与湖沼，50(3)：511-524.

吕颂辉，李英. 2006. 我国西加鱼毒流行现状研究进展. 中国公共卫生，22(2)：226-227.

曲凌云，吕颂辉，高春蕾，等. 2008. 棕囊藻渤海株核糖体18SrDNA和ITS基因结构序列分析. 海洋科学进展，26(2)：200-206.

孙百晔，王修林，李雁宾，等. 2008. 光照在东海近海东海原甲藻赤潮发生中的作用. 环境科学，29(2)：362-367.

孙军，宋书群，徐兆礼，等. 2007. 东海米氏凯伦藻水华中中华哲水蚤的选择性摄食. 海洋与湖沼，38(6)：536-541.

孙科. 2010. 米氏凯伦藻(*Karenia mikimotoi*)对海洋生物毒性的实验研究. 中国科学院(海洋研究所)硕士学位论文.

韦桂秋，王华，蔡伟叙，等. 2012. 近10年珠江口海域赤潮发生特征及原因初探. 海洋通报，31(4)：466-474.

邢小丽，高亚辉，林荣澄. 2003. 赤潮藻对桡足类摄食、产卵及孵化影响的研究进展. 台湾海峡，22(3)：369-376.

许翠娅，黄美珍，杜琦. 2010. 福建沿岸海域主要赤潮生物的生态学特征. 台湾海峡，29(3)：434-441.

于仁成，刘东艳. 2016. 我国近海藻华灾害现状、演变趋势与应对策略. 中国科学院院刊，31(10)：1167-1174.

俞志明，陈楠生. 2019. 国内外赤潮的发展趋势与研究热点. 海洋与湖沼，50(3)：474-486.

张腾飞，颜天，张清春，等. 2018. 几种典型有害藻对皱纹盘鲍急性毒性及其抗氧化酶活性的影响. 海洋环境科学，37(2)：207-214.

张勇，杨维东，李宏业，等. 2011. 米氏凯伦藻对蒙古裸腹溞的毒性及致毒途径分析. 生态毒理学报，6(1)：94-98.

周明江，朱明远. 2006. 我国近海有害赤潮发生的生态学、海洋学机制及预测防治研究进展. 地球科学进展，21(7)：673-679.

朱德弟，陆斗定，王云峰，等. 2009. 2005年春初浙江近海的低温特征及其对大规模东海原甲藻赤潮发生的影响. 海洋学报，31：31-39.

自然资源部.1989-2017年中国海洋灾害公报. http://www.mnr.gov.cn/sj/sjfw/hy/gbgg/zghyzhgb/.

Andersen R A, Bailey J C, Decelle J, et al. 2015. *Phaeocystis rex* sp. nov. (Phaeocystales, Prymnesiophyceae): A new solitary species that produces a multilayered scale cell covering. European Journal of Phycology, 50(2): 207-222.

Bergholtz T, Daugbjerg N, Moestrup Ø. 2006. On the identity of *Karlodinium veneficum* and description of *Karlodinium armiger* sp. Nov. (Dinophyceae), based on light and electron microscopy, nuclear-encoded LSU rDNA, and pigment composition. Journal of Phycology, 42(1): 170-193.

Chen G F, Ma C S, Zhang C Y, et al. 2013. A rapid and sensitive method for field detection of *Prorocentrum donghaiense* using reverse transcription-coupled loop-mediated isothermal amplification. Harmful Algae, 29: 31-39.

Chen G F, Zhang C Y, Zhang B Y, et al. 2011. Development of a PNA probe for fluorescence *in situ* hybridization detection of *Prorocentrum donghaiense*. PLOS ONE, 6(10): e25527.

Cui L, Lu X X, Dong Y L, et al. 2018. Relationship between phytoplankton community succession and environmental parameters in Qinhuangdao coastal areas, China: A region with recurrent brown tide outbreaks. Ecotoxicology & Environmental Safety, 159: 85-93.

Dai X F, Lu D D, Guan W B, et al. 2013. The correlation between *Prorocentrum donghaiense* blooms and the Taiwan Warm Current in the East China Sea-Evidence for the "pelagic seed bank" hypothesis. PLOS ONE, 8(5): e64188.

Dong H P, Huang K X, Wang H L, et al. 2014. Understanding strategy of nitrate and urea assimilation in a Chinese strain of *Aureococcus anophagefferens* through RNA-Seq Analysis. PLOS ONE, 9(10): e111069.

Gentien P. 1998. Bloom dynamics and ecophysiology of the *Gymnodinium mikimotoi* species complex//Anderson D M, Cembella A D, Hallegraeff G M. Physiological Ecology of Harmful Algal Blooms. Berlin: Springer: 155-173.

Gobler C J, Sunda W G. 2012. Ecosystem disruptive algal blooms of the brown tide species, *Aureococcus anophagefferens* and *Aureoumbra lagunensis*. Harmful Algae, 14: 36-45.

Granéli E, Weberg M, Salomon PS. 2008. Harmful algal blooms of allelopathic microalgal species: The role of eutrophication. Harmful Algae, 8 (1): 94-102.

Guiry M D, Guiry G M. 2017. AlgaeBase. World-wide electronic publication. Galway: National University of Ireland.

Hamm C E, Simson D A, Merkel R, et al. 1999. Colonies of *Phaeocystis globosa* are protected by a thin but tough skin. Marine Ecology Progress Series, 187: 101-111.

Hansen G, Daugbjerg N, Henriksen P. 2000. Comparative study of *Gymnodinium mikimotoi* and *Gymnodinium aureolum*, comb. nov. (= *Gyrodinium aureolum*) based on morphology, pigment composition, and molecular data.Journal of Phycology, 36 (2): 394-410.

He X J, Han D D, Han L Y, et al. 2018. Grazing and performance of the copepod *Pseudodiaptomus poplesia* on a Chinese strain of *Aureococcus anophagefferens*. Acta OceanologicaSinica, 37 (4): 69-76.

Hu Z X, Duan S S, Xu N, et al. 2014. Growth and nitrogen uptake kinetics in cultured *Prorocentrum donghaiense*. PLOS ONE, 9 (4): e94030.

Hu Z X, Mulholland M R, Duan S S, et al. 2012. Effects of nitrogen supply and its composition on the growth of *Prorocentrum donghaiense*. Harmful Algae, 13: 72-82.

Hu Z X, Mulholland M R, Xu N, et al. 2016. Effects of temperature, irradiance and pCO_2 on the growth and nitrogen utilization of *Prorocentrum donghaiense*. Aquatic Microbial Ecology, 77 (3): 155-166.

Huang B Q, Ou L J, Wang X L, et al. 2007. Alkaline phosphatase activity of phytoplankton in East China Sea coastal waters with frequent Harmful algal bloom occurrences. Aquatic Microbial Ecology, 49 (2): 195-206.

Jakobsen H H, Tang K W. 2002. Effects of protozoan grazing on colony formation in *Phaeocystis globosa* (Prymnesiophyceae) and the potential costs and benefits. Aquatic Microbial Ecology, 27 (3): 261-273.

Janouškovec J, Gavelis G S, Burki F, et al. 2017. Major transitions in dinoflagellate evolution unveiled by phytotranscriptomics. Proceedings of the National Academy of Sciences of the United States of America, 114 (2): E171-E180.

Jing X L, Lin S J, Zhang H, et al. 2017. Utilization of urea and expression profiles of related genes in the dinoflagellate *Prorocentrum donghaiense*. PLOS ONE, 12 (11): e0187837.

Kim H G. 2010. An overview on the occurrences of harmful algal blooms (HABs) and mitigation strategies in Korean coastal waters//Ishimatsu A, Lie H J. Coastal Environmental and Ecosystem Issues of the East China Sea. Tokyo: Terrapub and Nagasaki University Publication: 121-131.

Koizumi Y, Uchida T, Honjo T. 1996. Diurnal vertical migration of *Gymnodinium mikimotoi* during a red tide in Hoketsu Bay. Journal of plankton research, 18 (2): 289-294.

Kong F, Yu R C, Zhang Q C, et al. 2012. Pigment characterization for the 2011 bloom in Qinhuangdao implicated "brown tide" events in China. Chinese Journal of Oceanology and Limnology, 30 (3): 361-370.

Lai J X, Yu Z M, Song X X, et al. 2011. Response of the growth and biochemical composition of *Prorocentrum donghaiense* to different nitrogen and phosphorus concentrations. Journal of Experimental Marine Biology and Ecology, 405 (1-2): 6-17.

Lancelot C, Keller M D, Rousseau V, et al. 1998. Autecology of the marine Haptophyte *Phaeocystis* sp.//Anderson D M, Cembella A D, Hallagraeff G M. Physiological Ecology of Harmful Algal blooms. Berlin: Springer-Verlag: 209-224.

Lancelot C, Rousseau V. 1994. Ecology of *Phaeocystis*: The key role of colony forms//Green J C, Leadbeater B S C. The Haptophyte Algae, vol 51. Oxford: Clarenton Press: 229-245.

Li J, Glibert P M, Zhou M J, et al. 2009. Relationships between nitrogen and phosphorus forms and ratios and the development of dinoflagellate blooms in the East China Sea. Marine Ecology Progress Series, 383: 11-26.

Li J, Glibert P M, Zhou M J. 2010. Temporal and spatial variability in nitrogen uptake kinetics during harmful dinoflagellate blooms in the East China Sea. Harmful Algae, 9 (6) : 531-539.

Li M H, Sun G, Qiu J B, et al. 2017. Occurrence and variation of lipophilic shellfish toxins inphytoplankton, shellfish and seawater samples from the aquaculture zone in the Yellow Sea, China. Toxicon, 127: 1-10.

Li M Z, Li L, Shi X G, et al. 2015. Effects of phosphorus deficiency and adenosine 5′-triphosphate (ATP) on growth and cell cycle of the dinoflagellate *Prorocentrum donghaiense*. Harmful Algae, 47: 35-41.

Li Y, Lu S H, Jiang T J, et al. 2011. Environmental factors and seasonal dynamics of *Prorocentrum* populations in Nanji Islands National Nature Reserve, East China Sea. Harmful Algae, 10 (5) : 426-432.

Liu S X, Yu Z G, Yao P, et al. 2011. Effects of irradiance on pigment signatures of harmful algae during growth process. Acta OceanologicaSinica, 30 (6) : 46-57.

Liu Y, Yu R C, Kong F Z, et al. 2017. Lipophilic marine toxins discovered in the Bohai Sea using high performance liquid chromatography coupled with tandem mass spectrometry.Chemosphere, 183: 380-388.

Lu D D, Goebel J, Qi Y Z, et al. 2005. Morphological and genetic study of *Prorocentrum donghaiense* Lu from the East China Sea, and comparison with some related *Prorocentrum* species. Harmful Algae, 4 (3) : 493-505.

Lu D D, Qi Y Z, Gu H F, et al. 2014. Causative species of harmful algal blooms in Chinese coastal waters. Algological Studies, 145 (1) : 145-168.

Luo H, Lin X, Li L, et al. 2017. Transcriptomic and physiological analyses of the dinoflagellate *Karenia mikimotoi*reveal non-alkaline phosphatase-based molecular machinery of ATP utilisation. Environmental Microbiology, 19 (11) : 4506-4518.

Medlin L K, Zingone A. 2007. A taxonomic review of the genus *Phaeocystis*. Biogeochem, 83: 3-18.

Mooney B D, Nichols P D, De Salas M F, et al. 2007. Lipid, fatty acid, and sterol composition of eight species of Kareniaceae (Dinophyta) : Chemotaxonomy and putative lipid phycotoxins. Journal of Phycology, 43 (1) : 101-111.

Ou L, Liu X, Li J, et al. 2018. Significant activities of extracellular enzymes from a brown tide in the coastal waters of Qinhuangdao, China. Harmful Algae, 74: 1-9.

Ou L J, Huang X Y, Huang B Q, et al. 2015. Growth and competition for different forms of organic phosphorus by the dinoflagellate *Prorocentrum donghaiense* with the dinoflagellate *Alexandrium catenella* and with the diatom *Skeletonema costatum*. Hydrobiologia, 754 (1) : 29-41.

Ou L J, Qin X L, Shi X Y, et al. 2019. Alkaline phosphatase activities and regulation in three harmful *Prorocentrum* species from the coastal waters of East China Sea. Microbial Ecology, 79 (2) : 459-471.

Ou L J, Wang D, Huang B Q, et al. 2008. Comparative study on phosphorus strategies of three typical harmful algae in Chinese coastal waters. Journal of Plankton research, 30 (9) : 1007-1017.

Parrish C C, Bodennec G, Gentien P. 1998. Haemolytic glycoglycerolipids from *Gymnodinium* species. Phytochemistry, 47 (5) : 783-787.

Qi Y Z, Chen J F, Wang Z H, et al. 2004. Some observations on harmful algal bloom (HAB) events along the coast of Guangdong, southern China in 1998. Hydrobiologia, 512: 209-214.

Reigstad M, Wassmann P. 2007. Does *Phaeocystis* spp. contribute significantly to vertical export of biogenic matter? Biogeochem, 83: 217-234.

Richardson K, Kullenberg G. 1987. Physical and biological interactions leading toplankton blooms: A review of *Gyrodinium aureolum* blooms in Scandinavian waters. Rapp. P. -v. Réun.Cons. Int. Explor. Mer., 187: 19-26.

Robin R S, Kanuri V V, Muduli P R, et al. 2013. Dinoflagellate Bloom of *Karenia mikimotoi* along the southeast Arabian Sea, bordering western India. Journal of Ecosystems, 2013: 463720.

Rousseau V, Chretiennot-Dinet M J, Jacobsen A, et al. 2007. The life cycle of *Phaeocystis*: State of knowledge and presumptive role in ecology. Biogeochem, 83 (1-3) : 29-47.

Satake M, Shoji M, Oshima Y, et al. 2002. Gymnocin-A, a cytotoxic polyether from the notorious red tide dinoflagellate, *Gymnodinium mikimotoi*. Tetrahedron Letters, 43 (33) : 5829-5832.

Satake M, Tanaka Y, Ishikura Y, et al. 2005. Gymnocin-B with the largest contiguous polyether rings from the red tide dinoflagellate, *Karenia* (formerly *Gymnodinium*) *mikimotoi*. Tetrahedron Letters, 46 (20) : 3537-3540.

Schoemann V, Becquevort S, Stefels J, et al. 2005. *Phaeocystis* blooms in the global ocean and their controlling mechanisms: A review. Journal of Sea Research, 53 (1-2) : 43-66.

Shen P, van Rijssel M, Wang Y, et al. 2004. Toxic *Phaeocystis globosa* strain from China grow at remarkably high temperatures//Steidinger K A, Landsberg J H, Tomas C R, et al. Harmful Algae 2002. Florida Fish and Wildlife Conservation Commission, Florida Institute of Oceanography and Intergovernmental Oceanographic Commission of UNESCO, St. Petersburg: 396-398.

Shi X G, Lin X, Li L, et al. 2017. Transcriptomic and microRNAomic profiling reveals multi-faceted mechanisms to cope with phosphate stress in a dinoflagellate. The ISME Journal, 11: 2209-2218.

Stefels J, Michael S, Suzanne T, et al. 2007. Environmental constraints on the production and removal of the climatically active gas dimethylsulphide (DMS) and implications for ecosystem modeling.Biogeochemistry, 83 (1-3) : 245-275.

Tang Y Z, Ma Z P, Hu Z X, et al. 2019. 3, 000 km and 1, 500-year presence of *Aureococcus anophagefferens* reveals indigenous origin of brown tides in China. Molecular Ecology, 28: 4065-4076.

Tsukano C, Sasaki M. 2006. Structure-activity relationship studies of gymnocin-A. Tetrahedron Letters, 47 (38) : 6803-6807.

Wang X, Tang K W, Wang Y, et al. 2010. Temperature effects on growth, colony development and carbon partitioning in three *Phaeocystis* species.Aquatic Biology, 9 (3) : 239-249.

Wang X, Wang Y, Smith Jr W O. 2011. The role of nitrogen on the growth and colony development of *Phaeocystis globosa* (Prymnesiophyceae) .European Journal of Phycology, 46 (3) : 305-314.

Xu N, Duan S S, Li A F, et al. 2010. Effect of temperature, salinity and irradiance on the growth of the harmful dinoflagellate *Prorocentrum donghaiense* Lu. Harmful Algae, 9 (1) : 13-17.

Yamaguchi M, Itakura S. 1999. Nutrition and growth kinetics in nitrogen- or phosphorus-limited cultures of the noxious red tide dinoflagellate *Gymnodinium mikimotoi*. Fisheries Science, 65 (3) : 367-373.

Yu R C, Lu S H, Liang Y B. 2018. Harmful algal blooms in the coastal waters of China//Glibert P M, Berdalet E, Burford M, et al.Globalecology and oceanography of harmful algal blooms. Cham: Springer: 309-316.

Zhang Q C, Qiu L M, Yu R C, et al. 2012. Emergence of brown tides caused by *Aureococcus anophagefferens* Hargraves et Sieburth in China. Harmful Algae, 19 (9) : 117-124.

Zhang Q C, Yu R C, Song J J, et al. 2011. Will harmful dinoflagellate *Karenia mikimotoi* grow phagotrophically? Chinese Journal of Oceanology and Limnology, 29 (4) : 849-859.

Zheng J W, Liu S L, Lu S H, et al. 2018. Proteomic profile in the mussel *Pernaviridis* after short-term exposure to the brown tide alga *Aureococcus anophagefferens*. Ecotoxicology and Environmental Safety, 162: 365-375.

Zhou Y P, Zhang Y M, Li F F, et al. 2017a. Nutrients structure changes impact the competition and succession between diatom and dinoflagellate in the East China Sea. Science of the Total Environment, 574: 499-508.

Zhou Z X, Yu R C, Zhou M J. 2017b. Seasonal succession of microbial blooms from diatoms to dinoflagellates in the East China Sea: A numerical simulatioin study. Ecological Modelling, 360: 150-162.

第 28 章　黄海、东海大型水母暴发机制研究进展[①]

28.1　引　　言

在全球变化和人类活动影响下海洋生态系统的结构与功能发生了很大的变化，其中一个重要的现象是海洋中以水母为代表的胶质类生物的数量增多，水母在一些区域的种群暴发对沿海工业、旅游业和渔业活动等所造成的影响引起了全球的关注，大量的媒体报道和科学论文的发表，使人们逐渐达成了这样一种共识：全球海洋中的水母数量都在增多，水母有可能成为海洋生态系统中的主导性生物，将导致海洋生态系统结构与功能的改变，从而改变海洋生态系统的生物地球化学循环，渔业资源也将受到极大破坏。与此同时，另外一种观点同样引起社会和全球各大媒体的广泛关注：目前还没有足够的证据证明全球海洋中的水母数量都在增多，因为一些区域发现了水母数量减少的现象，目前不能证明水母数量的增多是一种不可逆转的趋势，可能是一种周期性的变化，与海洋生态系统演变有关。人们关注的另一个焦点问题是水母暴发的原因，一种观点认为是人类活动——海洋生物资源的过度开发、海洋污染、富营养化、海洋工程、海水养殖等引起的，也有观点认为是气候变化——全球变暖引起的。

水母在近海特别是近岸的暴发引起了社会和媒体的极大关注，由于水母暴发，一些核电站海水冷却系统被堵塞而停止运转，仅 2011 年日本、以色列和英国的核电站就发生了由于水母暴发停止运行的事件，这样的事件在近几年不断发生。水母暴发对旅游业也造成了很大的影响，一些沿海的旅游设施由于水母暴发而关闭，因为很多水母带有刺细胞，会对人体造成伤害，甚至经常发生游客被水母蜇死的事件；水母暴发也对海洋渔业活动造成了很大影响。这样的事件在网上只要搜索一下“jellyfish bloom”就会出现大量的报道。水母暴发也对海洋生态系统健康造成了很大影响，很多生态学家认为由于水母持续增加，水母有可能取代鱼类等大型生物成为海洋生态系统的主导性生物，给海洋生态系统健康带来极大危害，甚至会导致生态系统的灾难(Jackson et al.，2001；Richardson et al.，2009)。但 Condon 等(2012)在 *BioScience* 上发表了一篇综述性文章，认为水母未来未必会成为海洋

---

① 本章作者：孙松，张芳，冯颂(中国科学院海洋研究所海洋生态与环境科学重点实验室，胶州湾海洋生态系统定位研究站，青岛 266071)。本研究获得中国科学院战略性先导专项(XDA23050502)、泰山学者工程专项经费的资助。

生态系统的统治者，目前缺乏足够的证据说明全球水母的增加是趋势性的还是阶段性的，也许只是海洋生态系统的一个周期性的变化，因为在历史上也曾经发生过多次水母暴发的现象，目前水母的数量增多是全球气候变化和人类活动共同作用下海洋生态系统的一个综合反应，海洋生态系统未来的变化趋势还有待进行深入的研究，现在不足以做出一些结论性的判断。*Nature* 也刊登了一篇文章对这个问题进行了评述(Schrope，2012)。

水母是海洋生态系统中的重要组成部分，主要食物是海洋中的浮游动物，与鱼类等生物进行饵料竞争，也会摄食鱼类的卵和幼体，水母的数量增多会对海洋生态系统的结构与功能产生重要的影响，也会对渔业资源造成破坏，使渔业资源长期得不到恢复。针对水母暴发的基础生物学、生态学、发生机理和生态效应等问题，我国在 2011 年启动了国家重大基础研究项目“中国近海水母暴发的关键过程、机理及生态环境效应”，通过大量的文献分析、历史资料综合分析、海洋综合考察和实验生态学研究，对水母暴发的关键过程、机理和生态效应有了初步的认识，取得了一些阶段性的成果和突破性的进展，涉及实验生物学、基础生态学、关键物理过程、化学过程、生物过程、野外考察等各个方面的内容。本章在对国际水母暴发问题的研究现状、关键科学问题的争论及未来发展方向等的综合分析基础上，结合我国在此领域的最新研究成果，提出了中国近海水母暴发机制的理论框架和科学假设，在未来的几年中我们将进行进一步论证和补充，建立我国近海水母暴发与生态系统演变的理论体系。

本章对水母暴发机制进行了系统研究，基于大量实验结果和大规模海上考察与综合分析，从基础生物学和生态学的角度，提出一种新的理论模式：水母种群的暴发是对环境变异的一种应激反应，是为了逃避不良环境、扩大分布范围、寻求新的生存空间、为种群繁衍寻求更多机会的一种生存策略，这是水母在几亿年的漫长历史演化过程中能够生存下来、持续繁衍的一个重要生物学特性。导致水母种群暴发的关键过程是海洋底层温度的变动和饵料数量的变化，全球气候变化和富营养化是中国近海水母暴发的最重要诱发因素。水母暴发是全球变化下海洋生态系统演变的一种综合体现。

28.2　神秘的水母

通常我们所指的水母包括两大类，一类是带有刺细胞的水母，如海月水母(*Aurelia* spp.)、海蜇(*Rhopilema esculentum*)、沙蜇(*Nemopilema nomurai*)和霞水母(*Cyanea* spp.)等；另一类是不带刺细胞的水母，身体上带有像梳子一样的纤毛，如侧腕栉水母(*Pleurobrachia pileus*)和瓜水母(*Beroe cucumis*)等。尽管水母的身体柔软、不带骨骼，但仍然能够发现很多古生物学的证据，从已有的古生物学记录来看，在 5.4 亿年之前，也就是寒武纪早期就出现了栉水母(Chen et al.，2007)，其他水母约在寒武纪中后期至 5.2 亿～5.4 亿年前出现(Hagadorn et al.，2002)，所以说水母是地球上最古老的生物之一，它们在海洋中已经生存了超过 5 亿年的时间，在这漫长的历史长河中，水母经过了地球上几次大的极端环境的考验，在这些过程中一些曾经在地球上非常繁茂的生物，如三叶虫、鹦鹉螺和海洋爬行类等都先后灭绝了。水母能够在地球上繁衍这么长的时间，说明它具有非常顽强的适应环境变异的能力，最主要的是它具有快速繁殖的能力和高效利用饵料的能力(Butterfield，1997)。水母的身体含水量很高，一般超过 95%，因此它们单位体积的有机物含量很低。水母通过滤食的方式摄食水体中的浮游生物，这有利于水母在低密度和块状分布的饵料环境(Ducklow et al.，2009)及动荡的环境(Eiane et al.，1999)与其他捕食性生物进行食物竞争。

水母具有世代交替的繁殖特性，水母体在海洋中营自由生活，通过有性繁殖产生浮浪幼体，沉到海底变态为水螅体。水螅体生活于海底，营底栖生活，水螅体通过多种多样的无性繁殖方式进行繁育，包括横裂生殖、出芽生殖和足囊生殖等。水螅体的无性繁殖方式取决于环境条件的变化，这对揭示水母暴发机制来说至关重要，将在下面进行详细讨论。

28.3 水母研究中的困难性与复杂性

28.3.1 样品采集和鉴定方面的困难

水母广泛分布于全球海洋中，从近海到大洋、从浅海到深海都有水母的分布。最近的考察结果表明，在水深几千米的深海中，仍然能够发现大量的水母。水母也是大洋中最常见的生物之一。水母的个体差异很大，从直径几毫米到几米。水母体内含水量很高，身体易碎，使用浮游动物拖网所获的样品往往是黏糊糊的一堆果冻样的东西，给种类鉴定和生物量统计带来很大困难。所以在很多海洋浮游动物调查中不包括水母考察的内容，只有一些专业考察和采取特殊的取样方法才包括水母考察的资料。此外，大部分的水母不具有经济价值，而且经常对渔业活动造成很大破坏作用，所以也难以获得渔业活动方面的资料。

28.3.2 水母观测方面的困难

由于水母体内含水量很高，对声波反射作用小，因此很难使用声学设备如探鱼仪等进行声学探测；大型水母往往分布在水深 10m 以下，因此也难以通过卫星遥感的手段对水母进行观测；水母身体透明度比较高，所以也难以使用光学设备进行探测。到目前为止，人们还没有研发出有效地用于水母观测的设备。现在的水母观测基本是基于船基目测、拖网取样等方法，给水母研究带来很大困难。

28.3.3　长期变化数据缺乏

由于上述原因，有关水母种类组成和数量变化的长期数据比较缺乏，因此难以判断现在海洋中水母的种类组成和数量变化是周期性的自然变动还是趋势性的异常变动。

28.3.4　生活史复杂

水母具有世代交替的特性，在生活史发育过程中受制于环境条件的变化，水螅体阶段的生活史策略复杂多变，在环境不利的情况下能够进行休眠，Richardson 等(2009)的研究表明，水母的水螅体在休眠几十年之后仍然能够进行正常生长和发育。

28.4　关键科学问题与研究策略

在水母研究过程中，人们最关心的科学问题简单来说主要是：海洋中的水母为什么会出现数量增多甚至出现泛滥成灾的现象？水母数量增多是全球气候变化还是人类活动引起的？水母数量增多对海洋生态系统有何影响？水母是否会成为海洋生态系统中的主导性生物，从而改变海洋生态系统的结构与功能？这些变化对渔业资源、海洋生物地球化学循环等会产生什么影响？

针对上述几个关键科学问题，在研究策略上首先我们必须弄清水母的生活史策略，特别是水螅体阶段它们的分布范围、数量变动、生殖方式等与环境变化之间的关系，这对于了解水母暴发的发源地、导致水母暴发的原因等非常重要。对于水母暴发机制的认识，我们必须针对环境因子变动对水母生活史不同阶段的影响，特别是对水螅体繁殖方式的影响进行实验生物学和生态学研究，根据这些基础研究来解析在自然环境中水母暴发的机制。其次是探讨水母暴发与海洋生物网变动之间的关系，没有充足的饵料，水母种群不可能得到补充和壮大。最后是研究水母与其他生物之间的相互关系，水母数量增多是否是敌害生物或者与之进行食物和空间竞争的生物数量减少的结果。综上所述，水母种群的暴发应该满足三个方面的条件：高繁殖率、高生长率和低死亡率。其中，高繁殖率主要与水母生活史策略，特别是生活在海底的水螅体阶段的无性繁殖策略密切相关；高生长率的关键是必须能够获得足够的食物；满足低死亡率的一个重要条件是敌害生物(能够摄食水母的生物)的数量要少。要回答上述问题，首先要进行大量的活体培养和实验生态学实验，同时进行大量的海上调查，建立水母暴发概念模型，并基于一系列的实验与考察数据进行检验和修正，建立水母暴发机制的理论体系和预测模式，我们已经进行了大量实验生物学方面的研究和大规模海洋现场考察，取得了一些重要的进展。

28.5 研究进展

28.5.1 水母种群暴发与水螅体栖息地的探索——观念上的改变

水母的水螅体在自然海域中生活在哪里？人们认为要了解水母暴发的原因，最重要的就是要找到水螅体的分布区域，只有这样才能找到水母暴发的源地，才能解开水母暴发的秘密，从而进行监测、预警和预报。但是在水母研究中人们所面临的一个非常重要的问题是：在自然海域中除海月水母外，根本找不到其他水母的水螅体，到目前为止这还是一个世界性难题。尽管水母的个体很大，如沙蜇的身体直径能够达到 2m，体重 200kg，但是它们的水螅体只有几毫米大，在茫茫大海中寻找水螅体无异于大海捞针。大量的实验和野外调查结果表明：在合适的温度和环境条件下，水螅体能够在大部分的硬质海底上生存。以海月水母为例，在合适的温度和饵料环境下，海月水母的水螅体能够在玻璃板、波纹板、PC 管、水泥板、礁石、贝壳等各种介质上附着下来，并进行正常生活(图 28.1，图 28.2)。但由于水螅体个体很小，底栖生物众多、海底复杂及水深和光照等方面的制约，我们难以在硬的礁石海底进行观察和取样，因此在自然海域中进行大规模水螅体数量和分布调查(就目前来说)几乎是不可能的。尽管可以使用分子生物学的方法进行种类鉴定，但定量研究也是非常困难的。

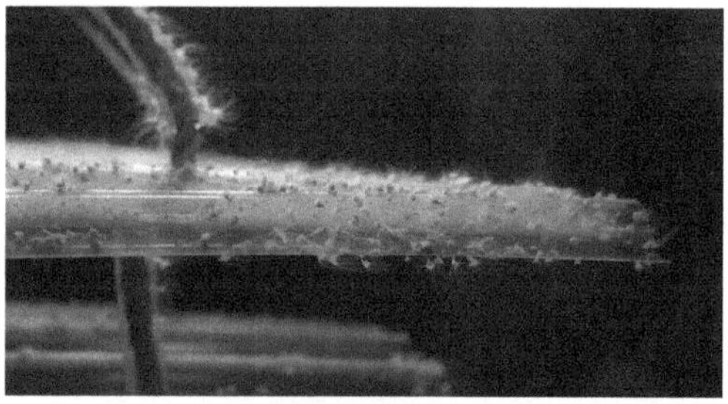

图 28.1　生活在塑料波纹板上的海月水母水螅体

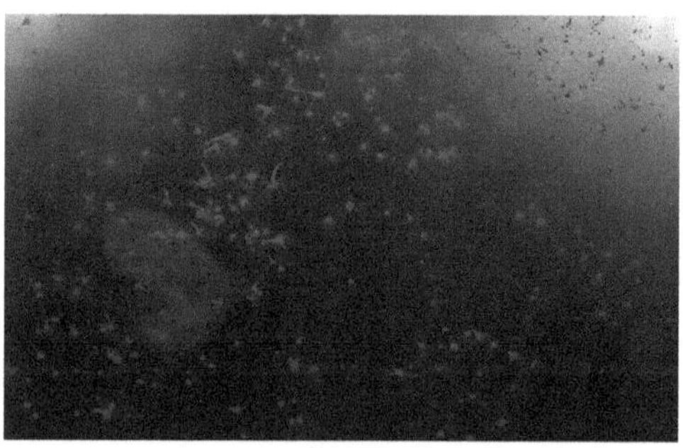

图 28.2　生活在玻璃板上的海月水母水螅体

水螅体是水母生活史中最重要的阶段，水母大部分时间是以水螅体的方式存在的，水螅体也是水母度过不良环境最重要的阶段，它们具有很多适应环境的生物特性：在不同的环境中采用不同的生活史策略，甚至在环境不利的情况下能够进入休眠等。因此即使我们找到了水螅体，并不意味着水母种群的暴发，因为水母种群的暴发取决于很多因素：水螅体的数量、水螅体是否通过横裂生殖的方式产生碟状幼体、水体中的饵料数量能否支撑水母的快速繁殖和生长等。因此，在研究方法和理念上需要进行一些调整：不应该把主要精力放在寻找水螅体上，而是应该放在导致水母暴发的环境条件上，水螅体能够存在于各种硬质海底，但并不是每个有水螅体存在的区域都是水母暴发的源头。如同我们在环境中发现了能够导致感冒的病毒，但并不意味着一定会感冒，关键还是取决于我们自身的健康状态。水母种群暴发与生态系统的健康状态密切相关。

28.5.2　对水母暴发机制的新认知——理论模式

水母种群的暴发是对环境变异的一种应激反应，是一种生物迁徙行为，其目的是逃避不良环境、扩大分布范围、寻求新的生存空间、为种群繁衍寻求更多的机会，这是水母在几亿年的漫长历史演化过程中能够生存下来、持续繁衍的一个重要特征。

水母的出现是水螅体扩大分布范围、度过不良环境的一种生殖策略。水母生活史的一个非常重要的特征是世代交替，即有性生殖和无性生殖交替出现，其中无性生殖发生在水螅体阶段。水螅体的无性繁殖有多种方式：通过足囊生殖和出芽生殖产生新的水螅体(水螅体—水螅体)；通过横裂生殖产生碟状幼体，然后发育为幼水母(水螅体—碟状幼体—幼水母)。通过横裂生殖产生碟状幼体是水螅体离开海底、离开它们熟悉的家园、寻求新的栖息地的关键步骤。从碟状幼体开始，它们就开始了随波逐流、充满风险和刺激的流浪生活，它们将被海流和风带到完全陌生和未知的世界，将面临饵料短缺、被摄食、极端环境等众多风险，在成熟之后还将面临在水体中能否相聚在一起、产生的雄性配子和雌性配子能否顺利结合，从而通过有性繁殖产生另一种形式的幼体——浮浪幼体。浮浪幼体沉到海底之后变态为水螅体(浮浪幼体—水螅体)，浮浪幼体又将面临找不到合适的附着基、被摄食、环境不适宜等方面的风险。在这个过程中，水母已经在茫茫大海中漂游了几个月的时间，其实早已远离它们原来的家园(水螅体栖息地)，到达了一个陌生的环境，在这个过程中所产生的新的水螅体不能对原栖息地的水螅体群落进行补充，而原栖息地的水螅体在产生碟状幼体之后，本身的生长和数量会受到影响。因此水螅体采用何种方式进行无性繁殖、哪些环境因素控制水螅体的繁殖方式等，将是我们认识水母暴发机制、寻找水母暴发源地的关键问题。不同的温度和饵料组合实验证明：温度和饵料是控制水螅体发育方向和生殖策略的关键因子。以海月水母为实验材料，组合和比较实验证明：在低温（10℃以下）环境下，水螅体向个体生长的方向发展，水螅体的能量主要用于自身的生长，而不是繁殖，饵料的作用不是十分明显，主要原因是在温度低的环境中水螅体的代谢减慢；在温度为15℃的环境中，水螅体开始进行横裂生殖，产生碟状幼体，饵料对水螅体的生长和繁殖具有明显的影响，说明此时水螅体的代谢活跃，对能量需求很大；超过15℃之后，在温度为20～25℃时，水螅体生长活跃，但主要发展方向是通过足囊、出芽等生殖方式进行无性繁殖：水螅体产生新的水螅体，所以水螅体的数量会迅速增多。通过温度和饵料组合实验发现，在温度低、饵料少的情况下，水螅体的能量去向主要是用于自身的生长，水螅体个体增大，这有利于进行横裂生殖；在温度较高的环境中，饵料的作用十分重要，在饵料不足的情况下，水螅体的死亡率增加。

水母种群暴发是对不良环境的应激反应。水螅体能够通过无性繁殖产生新的水螅体，但几乎不能从水母体产生新的水母体（钵水母类），水螅体能够通过休眠等方式度过不良环境，但水母体却很难做到。通过大量的实验和对水母生活习性、生活史策略、演化历史等方面的综合分析，我们可以进行下面的假设：在水母演化过程中，它们的主要生存方式是在海底营底栖生活，在温度、饵料适宜的环境中，水螅体通过无性繁殖方式产生新的水螅体，种群可以得以繁衍。在环境适宜的条件下，一部分水螅体能够通过横裂生殖的方式产生碟状幼体，变态为水母体后随波逐流，从而达到扩大分布范围的目的。海月水母、海蜇、沙蜇和霞水母等都有一个共同的特点：在受到温度刺激时进行横裂生殖，产生碟状幼体，海月水母受到升温和降温刺激都能够进行横裂生殖，而沙蜇等在受到升温刺激时能够产生碟状幼体。所以温度的变动是促使水螅体向横裂生殖方式转变、产生碟状幼体的必要条件，而丰富的饵料是保障幼水母发育成功的最重要条件。在动荡的环境下，温度变动、饵料生物数量变动等将促使水螅体向横裂生殖的方向发展，这有利于水螅体扩大分布范围，提高生存概率、度过不良环境。

28.5.3 近海水母暴发的几个受到关注的问题

水母的暴发是海洋生态系统演变的一个综合结果，与赤潮、绿潮等生态灾害是同一类现象。对于导致水母数量增多，甚至在一些区域暴发，目前有各种各样的解释，归纳起来主要有下面几个原因：①渔业资源减少导致的，因为降低了水母被捕食和竞争食物的压力（Purcell，2012）；②水体富营养化导致的，由于浮游藻类增多，特别是小型和微型浮游生物增多，藻类的沉降和分解导致水体底部缺氧，这样的环境不适合其他生物生存，但水母具有耐受这些恶劣环境的能力，因此水母的数量急剧增多（Arai，2001；Purcell，2012）；③全球气候变化引起的，因为从一些现象的分析中可以看出水母数量变化与海水温度变化具有很好的对应关系(Attrill et al.，2007；Richardson and Gibbons，2008)；④外来种的入侵导致的，船舶的压舱水将水母从一个海域带到了另一个海域(Kideys，2002；Graham and Bayha，2008)；⑤人类活动导致海岸带的改变而引起的，如大量海岸带工程为水母水螅体的附着提供了硬质附着基。但上述这些对水母暴发原因的解释，大部分是从生物学和生态学原理进行的推理，缺少直接的实验证据(Purcell，2012)。从我们目前的研究来看，在我国近海水母增多主要是全球气候变化引起的底部海水温度变异和富营养化导致的小型和微型生物的大量增加导致的。

动荡的海洋环境有利于水母种群的暴发。底层海水温度的变动能够诱导水螅体产生碟状幼体，在动荡的海洋环境中，浮游生物特别是小型和微型浮游生物数量增加，为水母的生长提供了重要的能量保障。而动荡的环境不利于其他生物的生存，为水母的暴发提供了“良好”的机会。

在我国北方海域，渤海、黄海和东海都有海月水母暴发的条件，关键是春季温度的变化和饵料生物的数量变化，如果春季底层水温在 15℃左右的时间长，水母暴发的可能性就大。从现有的实验可以推测：在冬季温度偏低和饵料生物相对较少、春季温度偏高和海水温度在 15℃左右的时间拉长且饵料生物大量繁殖的前提下，海月水母暴发的可能性最大。在台湾海峡以北的近海海域，大型水母沙蜇和霞水母等的主要发源地位于长江口及其邻近海域，主要依据是水螅体阶段的横裂生殖需要有温度刺激，而长江口及其邻近海域由于受到台湾暖流和黑潮东海分支的影响，相对于其他海域来讲，更具备这样的环境条件。从我们在海上大量调查和现场追踪的结果来看，符合上述推论。

全球气候变化是导致水母暴发的关键驱动因素。全球气候变化导致局部区域海水温度升高，特别是底层水温剧烈波动，在温度变动的刺激下，水螅体向横裂生殖方式发展，产生大量的碟状幼体，迅速发育为幼水母，在饵料充足的环境中，水母迅速生长，在海上大量出现的时候，就是我们看到的水母暴发。在我国近海，人类活动的影响是不容忽视的因素，如富营养化、海洋污染、海岸带的改变、食物网结构的改变、生物个体小型化、微型生物的增多等会导致生态系统的不稳定性，引发一系列的生态灾害，不仅体现在水母的暴发，还体现在赤潮和绿潮的暴发方面。富营养化导致水体中微型生物大量出现，这不利于浮游动物等的生长和发育，因为很多浮游动物不能直接利用这些微型和微微型生物，但由于水母是滤食性生物，它们很容易摄取这些生物作为饵料，饵料刺激也是水母暴发的诱导因素之一。

Condon 等(2012)在 *BioScience* 上发表的文章对水母是否在全球范围内数量增多、最终是否会成为生态系统中的主导性生物提出了不同的见解，认为目前没有足够的证据证明全球海洋中的水母在增多，因为一些区域的水母数量的确在增加，但也有一些区域水母的数量在减少。我们在胶州湾对小型水母的长期调查数据显示(缺乏大型水母考察资料)，胶州湾中的水母种类和数量的确在增加，而且增加的幅度比较大。小型水母数量的增多对胶州湾生物多样性、生态系统的结构与功能等均产生了很大的影响(Sun et al.，2012)(图 28.3)。

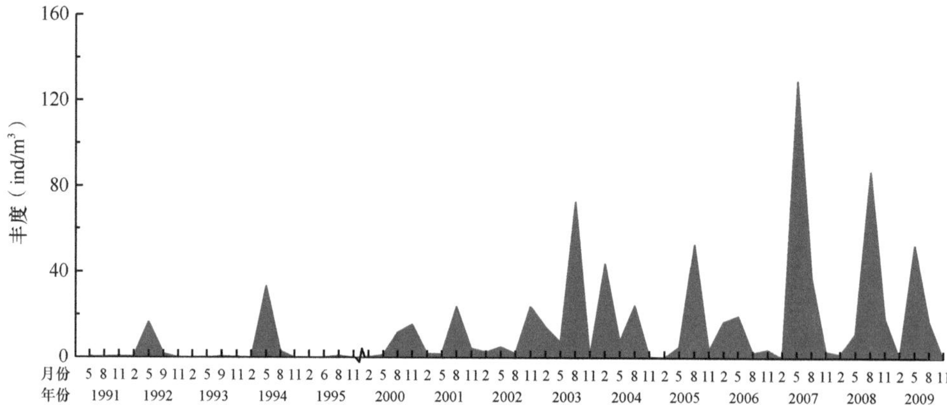

图 28.3　胶州湾小型水母丰度的长期变化

尽管我们已经进行了大量的室内模拟实验和大规模的海上现场考察，但仍然不能满足对水母复杂生活史、生殖策略、种群暴发等方面的全面了解。我国近海水母暴发机制理论模式的提出，是基于对水母基础生物学、生态学、大量活体培养、野外现场调查、现场实验及大量历史数据的综合分析整理得出的一个新的理论框架，很多具体的数据、证据和结论随着研究工作的深入会不断进行完善。该理论模式的提出重点解决下述几个长期困扰我们的问题：①对水母暴发机制的研究应该从哪里入手？关键过程是什么？根据现在的模式，我们认为水母暴发机制应该从水母生活史和食物网两个方面进行研究，重点应该是对水母水螅体阶段的研究，关键过程是物理过程和生物过程的耦合——温度与饵料。②水母暴发到底是气候变化还是人类活动引起的？无论是气候变化还是人类活动(如富营养化)都不能回答为什么水母暴发不是连续性的，而是间歇性的。从我们的理论模式可以进行这样的推论：水母的水螅体长期生活在海底，每年有一部分水螅体会通过横裂生殖方式产生碟状幼体，然后发育为小水母，水母随波逐流在水体中生活几个月的时间，在秋季环境对其生存不利的时候，水母在水体中释放雌雄配子，受精后产生浮浪幼体，然后沉降到海底附着，变态为水螅体。这是正常情况下的生活史策略，我们在教科书中学到的对水母生活史世代交替的描述也是这样的，但其中有个非常关键的环节：新产生的水母体不能回到原来的栖息地，水螅体通过横裂生殖产生碟状幼体，变为小水母后就随波逐流在海洋中进行漂荡了，等到水母成熟后进行有性生殖产生浮浪幼体、下沉再变成水螅体时它们已经远离“故乡”，被风和海流带到了完全陌生的地方，因为水母游泳能力很差，只能靠水体流动，而在大多数情况下水体是不会回流或静止不动的。因此“原栖息地”中的水螅体补充在很大程度上不是来自由浮浪幼体变态而来的“新”水螅体，而主要依靠水螅体本身的无性繁殖。这对我们寻找水母暴发的“源头”和对水母暴发进行预测、预警、预报等都很重要。基于上面几个因素分析，水母不能连续暴发的原因是水母产生的水螅体不能补充到“发源地”，所以需要积累一定时间才能集聚足够的水螅体进行下次暴发。另外，有效的温度刺激、丰富的饵料供给、足够的适宜水螅体进行横裂生殖的温度的持续时间、足够大的水螅体种群等各方面的因素要同时满足，才能促使水母种群的暴发，而并不是每年都能同时满足这几个条件，所以水母的种群暴发是间歇性的。

参 考 文 献

Arai M N. 2001. Pelagic coelenterates and eutrophication: A review. Hydrobiologia, 451(1-3): 69-87.

Attrill M J, Wright J, Edwards M. 2007. Climate-related increases in jellyfish frequency suggest a more gelatinous future for the North Sea. Limnology and Oceanography, 52(1): 480-485.

Brodeur R D, Mills C E, Overland J E, et al. 1999. Evidence for a substantial increase in gelatinous zooplankton in the Bering Sea, with possible links to climate change. Fisheries Oceanography, 8(4): 296-306.

Butterfield N J. 1997. Plankton ecology and the Proterozoic–Phanerozoic transition. Paleobiology, 23(2): 247-262.

Chen J Y, Schopf J W, Bottjer D J, et al. 2007. Raman spectra of a Lower Cambrian ctenophore embryo from southwestern Shaanxi, China. Proceedings of the National Academy of Science, 104(15): 6289-6292.

Condon R H, Graham W M, Duarte C M, et al. 2012. Questioning the rise of gelatinous zooplankton in the world's oceans. BioScience, 62(2): 160-169.

Ducklow H W, Doney S C, Steinberg D K. 2009. Contributions of long-term research and time-series observations to marine ecology and biogeochemistry. Annual Review of Marine Science, 1: 279-302.

Eiane K, Aksnes D L, Bagøien E, et al. 1999. Fish or jellies-A question of visibility？ Limnology and Oceanography, 44(5): 1352-1357.

Graham W M, Bayha K M. 2008. Biological invasions by marine jellyfish//Nentwig W. Biological Invasions. Berlin, Heidelberg: Springer: 239-255.

Hagadorn J W, Dott Jr R H, Damrow D. 2002. Stranded on a Late Cambrian shoreline: Medusae from central Wisconsin. Geology, 30(2): 147-150.

Jackson J B C, Kirby M X, Berger W H, et al. 2001. Historical overfishing and the recent collapse of coastal ecosystems. science, 293(5530): 629-637.

Kideys A E. 2002. Fall and rise of the Black Sea ecosystem. Science, 297(5586): 1482-1484.

Lotan A, Fine M, Ben-Hillel R. 1994. Synchronization of the life cycle and dispersal pattern of the tropical invader scyphomedusae *Rhopilema nomadica* is temperature dependent. Marine Ecology Progress Series, 109: 59.

Purcell J E. 2012. Jellyfish and ctenophore blooms coincide with human proliferations and environmental perturbations. Annual Review of Marine Science, 4: 209-235.

Richardson A J, Bakun A, Hays G C, et al. 2009. The jellyfish joyride: Causes, consequences and management responses to a more gelatinous future. Trends in Ecology and Evolution, 24(6): 312-322.

Richardson A J, Gibbons M J. 2008. Are jellyfish increasing in response to ocean acidification? Limnology and Oceanography, 53 (5) : 2040-2045.

Schrope M, 2012. Marine ecology: Attack of the blobs. Jellyfish will bloom as ocean health declines, warn biologists. Are they already taking over? Nature, 482 (7383) : 20-22.

Sun S, Li Y H, Sun X X, 2012. Changes in the small-jellyfish community in recent decades in Jiaozhou Bay, China. Chinese Journal of Oceanology and Limnology, 30 (4) : 507-518.

Uye S, Ueta U. 2004. Recent increase of jellyfish populations and their nuisance to fisheries in the Inland Sea of Japan. Bulletin of Japanese Society of Fisheries Oceanography, 68: 9-19.

Vinogradov M Y, Shushkina E A, Musayeva E I, et al.1989. A newly acclimated species in the Black Sea: The ctenophore *Mnemiopsis leidyi* (Ctenophora: Lobata) . Oceanology, 29 (2) : 220-224.

第 29 章　黄海绿潮暴发机制及预警、防控研究进展①

29.1　引　言

水体富营养化及全球气候变暖等现象逐年加剧，由此引发的一系列生物灾害事件逐渐增多，对淡水、海洋等生态系统造成了持久性影响。生物暴发因具备覆盖面积广、持续时间长及暴发突然等特征，对人类的水产养殖、渔业活动、景观和生态服务功能产生重大影响，严重的甚至会造成人类的伤亡事件，持续引起联合国、世界各国及地区的关注。以淡水生态系统为例，淡水中以蓝藻水华暴发为主。水体富营养化是造成水华暴发的重要原因，其实质是由氮、磷含量偏高造成。伴随着城市化、工业化的快速发展，大量生活污水及工厂排放的废液等未经处理就通过各种渠道汇集到邻近水域中，在导致河道形成黑臭水体的同时，也进一步加剧了淡水湖泊如太湖、白洋淀等水体的富营养化现象(Wang et al.，2013)，由此引发了一系列的生态问题。人类的生产、生活大多在陆地上开展，实践证明通过控制氮磷排放、使用化学氧化剂、养殖滤食性鱼类及恢复水域生态等方式便可基本控制蓝藻水华暴发(秦伯强等，2006；陈超等，2018)。

水体富营养化及全球气候变暖等对海洋生态系统造成的影响同样加剧。陆源污染经长江口、珠江口、黄河口等进入海洋，造成局部海域水体富营养化现象加剧，造成严重的生态后果(屠建波和王保栋，2006；徐姗楠和何培民，2006；柯东胜等，2007)，甚至引起一定程度的抗生素污染(Yan et al.，2013)，对海洋生态系统的健康及稳定造成极大挑战。除造成相关污染外，由此诱发的一系列生物灾害更为严重。以微型藻类引发的生物灾害为例，多发于半咸水海域及富营养化程度较高的咸水海域。近年来，长江口等河口附近海域赤潮高发，在危害渔业及水产资源的同时，赤潮藻种及其释放的藻毒素也对生态系统中的食物链等造成严重的影响与破坏，长久以来持续引发关注(Landsberg et al.，2009；Peacock et al.，2018)。

---

① 本章作者：刘金林[1,3]，何培民[1,3]，张建恒[1,3]，康新宇[1]，高松[2]，赵晓惠[1]，文钦琳[1]，符美琳[1](1. 上海海洋大学海洋生态与环境学院，上海 201306；2. 自然资源部北海预报中心，青岛 266033；3.自然资源部海洋生态监测与修复技术重点实验室，上海 200137)。本研究获得国家重点研发专项(2018YFD0901500-04)、国家自然科学基金项目(41576163)、上海市扬帆计划(17YF1407900)的资助。

本课题组成员于 2019 年 6 月 20 日至 28 日，参与长江口赤潮高发区(嵊山—枸杞岛及其周边海域)科考航次。航次期间，多次记录到具备一定规模的赤潮暴发情况(图 29.1)，可见长江口附近海域的赤潮暴发较严重。

图 29.1　2019 年 6 月 24 日枸杞岛附近海域赤潮暴发

此外，由某些胶质类动物的大量增殖造成的危害也同样值得关注。以水母为例，随着全球气候变暖加剧及渔业过度捕捞等多因素的综合影响，国外如地中海、黑海及爱尔兰海等海域均常年或周期性出现水母暴发现象，严重影响当地的鲈鱼养殖等水产养殖活动，对旅游业造成冲击的同时也危害人类的生命安全，水母蜇人致死事件屡有发生(Lynam et al.，2011；Nastav et al.，2013；Falkenhaug，2014；Ghermandi et al.，2015)。已有研究表明，春季底层海水水温维持在 15℃左右的时间越长，水母暴发的可能性就越大。我国也是水母暴发的受害国之一，4～7 月东海和南黄海海域存在数量极其庞大的水母，以沙蜇(*Nemopilema nomurai*)和白色霞水母(*Cyanea nozakii*)等物种为主(孙松等，2012)。水母因运动能力较差，一般主要随洋流扩散至渤海等海域(孙松，2012)，极有可能导致堵塞当地的核电站冷却水进水口等高危事件发生(张朝文等，2019)。本课题组成员在 2019 年 6 月下旬开展的科考航次中，观测到南黄海东部及东海北部海域存在大量水母生物体(图 29.2)，但并未在长江口附近及苏北浅滩南部记录到具备一定规模的水母种群，据了解，可能由于当地海域的水深过浅及透明度较低不适合水母生存。

相比微型藻类暴发及动物大量增殖造成的危害而言，大型藻类暴发形成的绿潮及金潮造成的影响更为严重(图 29.3，图 29.4)(Smetacek and Zingone，2013)。有关西北太平洋地区金潮暴发的源头追踪等目前尚未定论，此处不进行阐述(Byeon et al.，2019；丁晓玮等，2019)。以绿潮为例，绿潮是一种在沿岸国家中普遍发生的藻华现象(Blomster et al.，2002)，美国(Hughey et al.，2018)、日本(Yoshida et al.，2015)和韩国(Kwon et al.，2017)等国沿海均发生过或正在发生较大规模的绿潮，防控绿潮暴发已成为世界性难题。

图 29.2 2019 年 6 月 21 日黄海外海观察到大量水母

图 29.3 2015 年 6 月 6 日黄海海域漂浮绿藻航拍图

图 29.4 2013 年 5 月 14 日温州洞头海域铜藻打捞图

绿潮暴发的实质是大自然的一种自我净化方式，在其暴发期间可以高效地吸收区域内的氮磷等营养盐(Xing et al.，2015；Li et al.，2016)，有效改善当地海域的水体质量。我国的海南三亚、广西北海、河北秦皇岛海域也陆续发生过一定规模的绿潮，但几乎不会扩散到其他海域(刘正一，2010；韩红宾，2019；Song et al.，2019)。而黄海海域自 2007 年至今已连续 15 年大规模暴发绿潮，其规模堪称世界之最，在对黄海沿岸地区的海洋环境和生态服务功能造成严重破坏的同时，也严重影响了我国的国际形象。以 2008 年 6 月 25 日大量漂浮绿藻出现在青岛奥帆赛海域为例，经鉴定绿潮藻种主要为浒苔(*Ulva prolifera*)，该事件受到全球媒体的广泛关注，我国政府组织数万人次持续 46 天进行打捞，共计打捞漂浮绿藻 120 万 t，确保了青岛奥帆赛顺利举办。因历年绿潮暴发影响极其严重，政府在绿潮防控方面一直投入巨额资金，有关资金主要应用于青岛等地附近海域的漂浮绿藻打捞工作等，虽然能够短时期内通过打捞方式去除绿藻，但治标不治本。

自 2007 年开始，我国黄海绿潮暴发已持续 15 年。绿潮形成机制过程较为复杂，在对江苏省紫菜养殖造成重大损失的同时，也对山东省沿岸生态环境、旅游业等产生了严重影响。本章借鉴蓝藻水华、赤潮及胶质类动物大量暴发的机制并结合绿潮暴发的相关特征，认为当前类似的生态灾害主要是由水体富营养化、气候变暖等多方面因素造成的优势物种大量增殖。继而从黄海绿潮暴发机制、黄海绿潮主要预警方式等方面的最新研究进行系统阐述，并参照现有的南黄海、北黄海有关海域的防控举措，进一步提出新的防控思路及综合性防控方案，为我国将来的绿潮暴发防控工作提供可参考的措施。

29.2 黄海绿潮暴发机制研究

2008 年黄海绿潮骤然大规模暴发，对山东半岛沿岸及海域生态造成了严重影响(何培民等，2019)，但关于暴发源头及有关机制在当时并不明确以至于出现争议。课题组从多角度揭示了黄海绿潮的暴发机制，在确定南黄海海域为绿潮源头海区的同时，进一步确认了江苏省紫菜养殖筏架区固着生长的浒苔为南黄海绿潮的主要源头，另外，对黄海绿潮周期性发生全过程进行解析，也为系统认知浒苔是黄海绿潮暴发的单一优势种奠定了理论基础。

29.2.1 确定黄海绿潮源头海区与生物溯源

29.2.1.1 南黄海海域为绿潮源头海区

2008 年大规模暴发的绿潮严重影响了山东半岛南岸海域，关于绿潮暴发源头追踪等当时虽有部分佐证资料，但少数证据并不足以令政府信服。2010～2013 年，课题组依托国家专项经费支持，连续 4 年同时对江苏如东、大丰、射阳、滨海 4 个断面(100km)开展船舶监测，进一步确认如东太阳岛附近海区为绿潮藻最早漂浮海区，该结果与其余调查航次的有关结果相吻合(范士亮等，2012)。结合卫星遥感数值模拟、船舶 GPS 漂移跟踪、浒苔物种分子检测及显微繁殖体分布特征等精细化手段，进一步确定如东—大丰海域为绿潮藻早期漂浮聚集海域，即黄海绿潮发生源头海区(田晓玲等，2011；Teng et al.，2011；陈斌斌等，2013；Huo et al.，2013，2014；韩红宾等，2015；华梁等，2015)。其中，每年绿潮藻最早漂浮时间为 3 月下旬至 4 月上旬，最早聚集形成斑块时间为 4 月下旬至 5 月上旬。

29.2.1.2　紫菜养殖筏架固着浒苔为黄海绿潮的主要源头

2008～2019 年通过源头海区严格排查，课题组对南黄海长度约 300km 的沿岸堤坝、100 多个养殖池塘、80 条入海河口和辐射沙洲六大紫菜养殖区(近 30 万亩)等 4 种生境分布区固着绿潮藻的种类及生物量开展了连续监测，发现紫菜养殖筏架固着浒苔生物量高达约 3800t，远高于其他 3 种生境浒苔生物量总和(260t)。ITS 及 5SrDNA 序列分子鉴定进一步揭示，紫菜养殖筏架固着绿藻与漂浮绿潮藻种一致(陈斌斌等，2012)。现场调查进一步发现，缆绳固着浒苔为绿潮暴发主要起始生物量，此外，结合卫星遥感数据等综合分析(曹丛华等，2017)，最终判定紫菜养殖筏架固着浒苔为黄海绿潮主要源头(Zhang and He，2017)，该结论为社会各界所广泛接受。

我们认为，因自然或人为因素自紫菜养殖筏架脱落之后，一方面浒苔迅速释放孢子于海域及沉降于底泥中，另一方面脱落下来的浒苔成体藻在短时间内快速增殖(Zhang et al.，2013)，随后便形成具备一定规模的绿潮，绿潮藻在海流及风力的作用下逐渐北移并继续快速生长，直至影响山东半岛南岸海域。由于筏架养殖区底泥中存在大量绿潮藻繁殖体，秋季筏架再度入海之后，底泥及水体中的绿潮藻繁殖体逐渐固着生长在筏架上，因海区温度及光强等处于季节性变化中，筏架的缆绳等处固着生长的绿潮藻物种便处于演替过程。自来年 2 月始，海区的物理条件、化学条件等逐渐适合浒苔生长，由此浒苔的生物量迅速增加并最终引起绿潮的规模性暴发(图 29.5)。

29.2.2　黄海绿潮周期性发生全过程

29.2.2.1　黄海绿潮暴发全过程分为 4 个阶段

自绿潮藻于海面零星漂浮始，依照 2008～2016 年的立体监测数据，黄海绿潮暴发全周期可划分为形成期、快速增长期、平稳期、衰亡期 4 个阶段。针对黄海绿潮暴发每个阶段，采用支持向量机模型、因子灰色关联等多种分析方法，通过

30 多个因子分析遴选出气象、海洋、生态、水质等关键因子，确定权重及 4 个阶段分界点，以此构建各阶段监测指标体系，进一步揭示黄海绿潮暴发期间浒苔生长状态与生态环境的时空对应关系，并通过各海域现场试验和验证，4 个阶段漂浮浒苔日生长率分别为 7%～17%、17%～58%、10%左右、–16%～–8%，其中快速增长期生长速度最快，衰亡期进入负增长阶段。当绿潮进入衰亡期后大量藻体出现下沉（水中悬浮及海底沉降），藻体的分解对当地水质等造成了一定影响（吴青，2015；Zhang et al.，2019）。

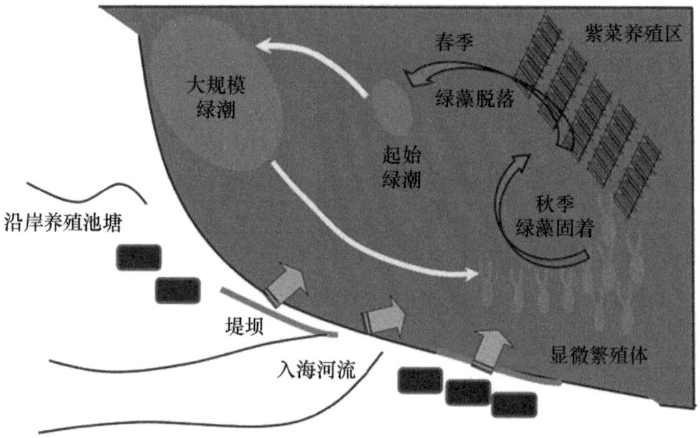

图 29.5　黄海绿潮暴发过程示意图

29.2.2.2　绿潮发生早期种群演替规律

运用黄海漂浮绿潮藻种类形态鉴定技术和 ITS 及 5SrDNA 序列分子鉴定技术，确认 2009～2011 年南黄海紫菜养殖筏架存在固着浒苔，且海区最初漂浮种类依次为扁浒苔（*Ulva compressa*）、曲浒苔（*Ulva flexuosa*）和缘管浒苔（*Ulva linza*），最后出现浒苔。随着绿潮藻逐渐北移，最终仅浒苔继续快速增长并漂移至山东半岛南岸，扁浒苔、曲浒苔等在漂浮过程中逐步消失。2011 年 10 月紫菜养殖筏架上浒苔大量固着生长，2012 年 4 月浒苔则直接漂浮并大规模暴发。另外，引发大规模绿潮暴发的种类主要为漂浮生态型浒苔，与定生生态型浒苔相区分。

29.3　黄海绿潮主要预警方式研究

在国家海洋局公益性科研专项“黄海绿潮业务化预测预警关键技术研究与应用”等重大项目支撑下，项目组成功攻克了一系列关键技术，建立起相关数值模拟模型并搭建了黄海绿潮业务化预测预警平台等，该成果经过实际验证，已于国家海洋局北海分局（现为自然资源部北海局）等单位开展业务化应用，为绿潮的漂浮路径判断、打捞等工作提供了准确数据，也为其余自然灾害的预警提供了参考。

29.3.1　构建黄海绿潮立体监测网

成功建立起黄海绿潮立体监测网，该系统依靠卫星、船舶、航空、浮标、岸站等开展全过程、全区域的有效监测。通过开展基于卫星监测、航空监测、船舶现场监测、漂流浮标跟踪监测等多手段的立体同步试验，建立基于混合像元分解方法的不同分辨率卫星解译绿潮覆盖面积的映射关系，从而大幅度提高中低分辨率卫星监测的准确性。该监测网历经十余年的实际检验及系统改进，具备极高的监测准确性。

29.3.2　建立黄海绿潮斑块漂移模型

基于“拉格朗日”粒子追踪算法建立绿潮斑块漂移模型，利用绿潮斑块漂移实验室的实验数据和海上跟踪试验数据，率定海流和风力对浒苔的拖曳力及角度系数等模型参数，实现了对绿潮斑块精细化漂移模拟预测(黄娟等，2011)。

29.3.3　建立黄海绿潮生态动力学模型

采用绿潮斑块漂移预测和溯源模型，将多源不同时刻监测数据动力模拟至同一时间窗，并建立浒苔绿潮综合实况分布图业务化输出技术。该模型创新性地实现了拦截网对绿潮粒子的阻拦，以及对绿潮粒子翻越拦截网动力过程的模拟。引入浒苔生长和衰亡等模块，建立浒苔绿潮生态动力学模型，实现对黄海浒苔绿潮全要素预测预警，浒苔漂移速度相对误差不超过 22%。

29.3.4　搭建黄海绿潮业务化预测预警平台

针对黄海海域海洋气象环境特点，集成多套国际先进的气象、海流、波浪数值预报模式，建立黄海精细化大气海洋动力环境业务化预报系统(白涛等，2013)。采用自主研发的改进集合卡曼滤波同化技术实现对地波雷达海流实时观测数据的同化。预报系统整体分辨率为 10km，在受灾严重的青岛近岸海域分辨率达到 50m，预报时效为 120h。

采用 GIS 技术集成多源、多手段绿潮监测数据融合与信息提取准自动化技术、多核多线程并行和数据块的高效自动拼接技术等，实现绿潮监测预报模型与 GIS 空间处理系统的无缝高效集成。平台具有绿潮应急监测获取、信息提取与融合、数据收集与同化、应急预测预警、图件制作及产品发布等功能，平台自 2013 年业务化稳定运行至今，已将传统 5h 的人工制作时间缩短为 1h 以内。

29.4　黄海绿潮防控措施探究

因黄海海域暴发的绿潮藻具备漂浮特征，依照区域的不同，可将有关举措进一步分为江苏段、山东段绿潮防控措施，其中江苏段海域绿潮防控由江苏省有关单位负责执行，山东段海域绿潮防控则由山东省有关单位负责执行。依照执行内容的不同，江苏省以开展防控及早期打捞(源头打捞及过程打捞)作业为主，山东省则以开展末期打捞作业为主。若江苏省从源头上严格控制住绿潮规模，漂浮至山东省南黄海海域的绿潮藻规模将会降至极低水平。显然从源头控制住绿潮规模，一方面能够节约政府资金、资源，另一方面将促进夏季青岛等市旅游等行业的发展，进一步改善中国在海洋生态方面的国际形象。山东省政府只需引导、鼓励有关渔民发展经济海藻养殖业等，即可尽量避免渔民失业情况的发生。此外，紫菜养殖过程中的各主要时间点由气候情况决定，相关源头防控措施执行时间应围绕时间点进行灵活设置，而早期打捞、末期打捞的时间及地点在黄海绿潮业务化预测预警平台等指引下方可有效开展。

29.4.1　江苏段海域相关海域防控举措

29.4.1.1　严格把关网帘低温冷藏过程

网帘低温冷藏过程中，应严格保障温度达标且冷藏时长充分。课题组在历年的调查中发现，网帘上附着生长大量绿潮藻的情况一般为成区域出现。据了解，部分养殖户岸基冷库的制冷效果不佳，未达到–25℃的温度要求，从而导致网帘上附着的绿潮藻孢子未被低温有效冻死。而一旦网帘入海并附着生长大量绿潮藻之后，该网帘的紫菜产量就会较低或基本无产量。直至6月，部分养殖户方对上述筏架进行回收，这就导致网帘上附着的绿潮藻生物量呈指数增长，存在承载过重及海流冲刷造成浒苔脱落入海的情况。养殖户在低温冷藏网帘过程中，应当严格确保冷藏温度达到要求，这样既能确保紫菜的正常生长，又能避免网帘上的绿潮藻成为绿潮暴发种质来源之一。另外，网帘的冷藏时间也必须充分，养殖户在实际的生产过程中发现若冷冻时间较短，网帘上也容易附着生长绿潮藻，会给养殖户造成巨大的损失。

29.4.1.2　应用生物防治措施的可行性

生物防治一直是备受推崇的理念思路。但南黄海绿潮暴发情况极为复杂，在漂浮过程中，采用如大量引入喜食浒苔的藻钩虾属(*Ampithoe*)物种等的方法开展防治工作脱离实际情况。而在绿潮藻附着筏架生长的初始阶段开展防治工作较为现实，若是在此阶段通过引入浒苔的相关致病菌进行防治，极有可能对筏架区的正常生产及相关海域的食物链、食物网等造成重大影响，因而适合从种间竞争、化感作用等角度去开展生物防治工作。课题组在历经多年的海区调查中发现，少量紫菜也会附着生长在缆绳上。缆绳上生长紫菜的地方不易出现绿潮藻，而生长绿潮藻的地方也不易出现紫菜，因而判断绿潮藻与紫菜之间存在一定的竞争关系及化感作用等。经过多年的研究，课题组成功开发出缆绳紫菜育苗新型技术，后续的规模化海区实验将会进一步验证该技术的可行性，未来有望将此技术规模化推广，在提高紫菜产量的同时又能有效控制住缆绳固着绿潮藻的生长。

29.4.1.3 适当应用环保型化学药剂灭杀固着绿潮藻

针对源头固着浒苔，课题组创建了南黄海绿潮源头固着浒苔灭杀关键技术，并取得了防控效果。2018 年课题组采用过碳酸钠直接灭杀 1300 亩紫菜养殖筏架缆绳上的固着绿潮藻，相当于间接在青岛海区打捞 10 余万吨绿潮藻(湿重)。但使用过碳酸钠灭杀浒苔的成本相对较高，而使用次氯酸钠水溶液相对经济且实用，经过室内模拟实验及现场扩大试验，发现 0.6%的次氯酸钠溶液能有效去除紫菜养殖筏架上缆绳等处的固着绿藻。在此浓度基础上，适当扩大浓度能够更加快速地开展灭杀工作(于克锋等，2013；朱莹，2014)。喷洒次氯酸钠溶液数小时后，残留有效氯含量即可控制在允许范围之内，对紫菜的生理活性及海域生态总体影响不大。与此同时，其余的氯产品如二氧化氯泡腾片等也在考虑之中(邵魁双等，2018)，但类似产品生产成本高且鲜有灭杀机制层次的研究说明，短时间内建议在小范围试点应用。

2019 年 7 月 15 日，自然资源部协调江苏省紫菜协会、上海海洋大学等 3 家单位召开研讨会，会议就源头防控过程中适当应用化学药剂灭杀固着绿潮藻的方案取得统一意见。在来年开展规模化化学药剂灭杀过程中，课题组将通过系列研究手段分析灭杀前、灭杀中及灭杀后涉及海域的化学残留物含量、水质状况、浮游生物多样性、微生物多样性、筏架固着藻类种群多样性及显微繁殖体数量变化等，通过开展系统性研究，对海域的生态环境及灭杀效果开展有效评估。

29.4.1.4 严禁人为丢弃绿藻入海行为

紫菜养殖期间，缆绳等处存在的绿潮藻生物量较高，渔民为减轻支架负重，常常会采取将绿潮藻摘除的举措，存在部分绿潮藻因此入海的现象。当紫菜采收结束之后，缆绳及支架会被回收运回，因 5 月底缆绳上附着的绿潮藻生物量尤为庞大，为减轻缆绳重量、提高回收效率及节省燃油费，渔民一般采取套环牵拉的方式将绿潮藻剔除，即便渔民随后将掉落的绿潮藻拾起回收也无法做到完全清除，其中也存在部分绿潮藻未经回收便进入海区的现象。为避免上述绿潮藻入海情况的发生，企业应从生产制度上规范相关行为。政府或浒苔资源化利用相关企业宜在4～5月设置相关的奖励及检查机制，依照回收重量对将缆绳浒苔回收上岸的养殖户进行补贴，以此提高渔民的回收积极性，促进浒苔资源化利用有关企业产业化的生产与发展。

29.4.1.5　及时回收养殖筏架设施

在实际紫菜养殖生产过程中，因低温冷冻未达到要求造成网帘大量附着绿潮藻的情况较为常见，为避免网帘绿潮藻生物脱落入海情况出现，养殖户宜在每年5月初之前对该类型网帘进行回收。另外，缆绳上附着的浒苔绿藻是引发南黄海绿潮大暴发的重要源头之一，虽然支架上附着的绿潮藻对绿潮暴发贡献较低，但缆绳和支架都是绿潮防控过程中需重点关注的部分，在紫菜生产结束之后应及时回收相关设施。江苏省紫菜协会于2019年7月19日发布文件《关于贯彻和落实十部委〈关于加快推进水产养殖业绿色发展的若干意见〉促进紫菜产业可持续发展的决议》，要求紫菜养殖单位必须保证每季下海的缆绳、支架及网帘于每年的6月10日前全部收回，严禁丢弃在海上，另外由协会负责安排验收，对于执行不到位的单位将给予处罚。上述决议将会有效改善地方紫菜养殖单位的设施回收现状，从根源上进一步减小绿潮可能暴发的规模。

29.4.1.6　重点开展源头和过程打捞工作

绿潮藻的打捞工作应以源头打捞为主、过程打捞为辅，末期打捞实为下策。浒苔从缆绳等处脱落后，其暴发阶段依旧处于初期，此时浒苔生物量较低且未连接成片，其规模依旧在可控范围之内。2018年，项目组通过试点率先于辐射沙洲海域打捞源头漂浮浒苔2000t(湿重)，参照浒苔暴发生物量的变化数据进行计算，该举措相当于在青岛附近海区直接打捞约20万t(湿重)绿潮藻，可以有效缓解青岛附近海域的打捞压力。此外，项目组带动江苏省船队在滨海海域打捞近2万t(湿重)浒苔，有效减小了2018年绿潮暴发规模，为成功举办上海合作组织青岛峰会减轻了压力。数据表明，2018年绿潮藻覆盖面积为历年最低，仅为193km^2(图29.6)，由此可见源头打捞等的效果十分显著。

课题组建议于4月初至6月期间在源头海区外围设置全封闭或半封闭拦截圈，如采取全封闭拦截方式，预计将使用总长约250km的拦截网，使用数十艘打捞船即可完成打捞任务。另外，为打捞少数从拦截圈内“突围”出去的绿潮藻，拟在大丰与射阳之间设立一条流动拦截线，通过黄海绿潮业务化预测预警平台的指引，打捞船及时赶至预计海域开展作业。以上源头及过程打捞举措将会控制漂浮至山东半岛近海海域的绿潮藻总体生物量保持在极低水平，总体打捞资金预计在1亿元以内，这远低于在青岛海域集中开展打捞工作所需资金，在为政府节约资金的同时，也能将绿潮对山东半岛近海海域及沿岸地区的影响降到最低水平。

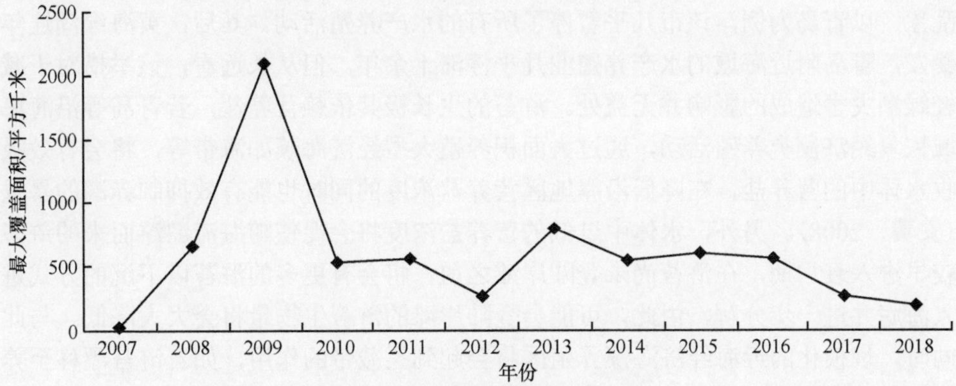

图 29.6　黄海绿潮历年发生规模

29.4.2　山东段海域附近海域防控举措

29.4.2.1　依照现有应急机制做好打捞准备

自 2008 年青岛奥帆赛以来，山东省政府及地方政府已连续 12 年开展艰苦的绿潮打捞工作。在社会各界的通力合作下，已形成包含打捞、转运(图 29.7)和资源化利用等的产业链。以浒苔为原料生产的饲料、肥料及乙醇等畅销全国甚至出口至国外，产生了极为可观的收入。通过在南黄海海域综合实行上述防控措施，虽然自南黄海海域暴发的绿潮规模会降到极低水平，但连云港等海域的 30 余万亩紫菜养殖区也是潜在的绿潮暴发源头之一，应当继续运用黄海绿潮业务化预测预警平台开展监测，引导沿岸绿藻的打捞准备工作。

图 29.7　2018 年 7 月“海状元 2 号”开展浒苔打捞中转作业

29.4.2.2　恢复近海经济海藻养殖活动

为确保 2008 年青岛奥帆赛成功举办，山东省青岛等地先后集中整治水产养殖乱象。以青岛为例，该市几乎暂停了所有的水产养殖活动。其后，黄海绿潮连年暴发，青岛附近海域的水产养殖业几乎停滞十余年。但从长远看，该举措对于减轻绿潮灾害造成的影响并无益处。浒苔的生长极其依赖营养盐，若青岛等沿海海域恢复经济藻类养殖活动，通过大面积养殖大型经济海藻如海带等，将会有效吸收水体中的营养盐，在降低沿岸地区营养盐浓度的同时也能有效抑制赤潮的暴发(安蓁，2008)。另外，水体中过低的营养盐浓度将会促使随海流漂浮而来的浒苔较早进入衰亡期，在浒苔尚未登陆岸滩之前，将会有更多的浒苔以下沉的方式进入海底并进一步分解，由此，可能会登陆岸滩的浒苔生物量将会大大降低。与此同时，规模化的近海经济海藻养殖区将会起到拦截带的作用，如若浒苔漂移至养殖区的边缘，将会为浒苔的打捞争取时间且减轻对沿岸海水浴场等的影响。在这期间，若对养殖区造成一定破坏，节省下来的部分打捞资金也足以补偿养殖户的亏损。当前海藻养殖技术已经足够成熟(何培民等，2018)，且距离青岛市不远的荣成市等地拥有充分的养殖经验，在青岛市等附近海域恢复经济海藻养殖活动并无太大难度。

29.5　展　　望

通过综合开展防控措施，未来可将我国黄海绿潮灾害规模降到极低水平。但使用化学药剂开展浒苔灭杀工作时需考虑轮换使用数种药剂，避免漂浮型浒苔因此产生较高的耐药性从而演替出更难以防控的生态型亚型。另外，随着全球气候变暖加剧及紫菜养殖产业北移，由此引发的风险不可忽视，相比之下，养殖海带等大型经济海藻对于沿岸营养盐的吸收反而更为高效，并且不易引起绿潮藻漂浮型浒苔的固着与生长。此外，绿潮预警机制应及时处于运作之中并时刻做出反应，而新的依靠遥感数据预警浒苔暴发的分辨模式及生物量计算方式等也已出现(Hu et al.，2017，2019)，未来有必要对相关系统进行更新与完善。冬季在山东半岛南岸已检测出漂浮生态型浒苔，说明山东半岛南岸已有漂浮生态型浒苔零星定殖(Zhao et al.，2018)，由种源北侵导致浒苔在山东半岛本地暴发绿潮的风险不能完全忽视。

中国当前面临的生态灾害问题，解决方案不在于技术，而在于统筹管理。“谁污染，谁治理”的模式在陆地上具备可行性，但在广阔的海域内难以判断“谁污染”，海水流向的不确定及海流较强的搬运能力，使得营养盐等物质被输送至不确定的地点。以南黄海筏架养殖区为例，紫菜的养殖模式本质上是一种可持续发展模式，可以有效地吸收海水中过量的营养盐，但江苏沿海地区陆源污染物持续排放入海及春夏期间长江口营养盐等由海流往北输送，进一步导致紫菜筏架养殖区富营养化加剧，由于生长条件适宜，绿潮藻种逐渐在当地海域生长、累积，进而导致绿潮藻优势种浒苔等的大规模暴发。而当地紫菜养殖户需为清除绿潮藻投入更多的资金及人力，紫菜的产量和售价也因此受到较大影响，已有研究表明，大规模绿潮的形成与整个黄海西部的紫菜养殖规模没有必然联系，只是与特定地点、特定养殖模式的紫菜养殖有关，且绿潮的规模变化与筏架回收的进程(即固着绿潮藻释放的进程)相关(Xing et al.，2018，2019)。由此看来，江苏省的紫菜养殖户也是绿潮灾害的受害者之一，只是绿潮对江苏省紫菜养殖业造成的巨大损失一般是由养殖户承受甚至造成养殖企业破产，而对山东省旅游业等造成的损失大多是由中央政府及地方政府承担。绿潮的暴发是对江苏省及山东省已有产业的巨大打击，暴发源头海域及受影响海域均为受害者，只有在国家的统筹管理及资金支持之下，协调江苏省及山东省为防控绿潮开展一系列行动，才能有效解决绿潮问题。

虽然全球气候变暖也是绿潮藻大规模生长的诱因(Cai et al.，2016；Gao et al.，2017，2018)，但根本原因在于来自陆源的污染物质被过度排放入海。富营养化加剧是全球问题，中国在缓解该问题时应当给出中国方案，制定水污染相关标准条例等并严格执行；对工业三废等进行有效处理，有效降低各入海水系中营养盐浓度及大气中温室物质等的浓度。但从目前的研究来看，在淡水水系中控制总磷的排放要比控制总氮的排放更经济有效(Schindler et al.，2016)，没有明显证据表明控制氮的输入能有效控制水体的富营养化，与之相反，过度削减总氮反而能诱发固氮类蓝藻暴发水华等(Schindler et al.，2008)，甚至研究发现，通过季节性向湖泊输入硝酸氮，可以有效控制湖底底泥中磷和氨的释放，从而控制水体的富营养化(Cubas et al.，2014)。上述研究成果已于9个欧美国家应用并取得效果，但并无涉及亚洲国家的相关案例，该成果是否适用于中国的淡水富营养化治理甚至是半咸水等富营养化治理，目前尚不明确。中国在制定新的标准时，参考国外的案例并加以适当引用，才能更好地贴合生产实际与国情。

除富营养化及全球气候变暖之外，多种因素也造成了我国绿潮等生态灾害的发生，如海洋酸化，H^+会影响浒苔无机碳获取机制，增加光能在非光化学淬灭中的比率。低温和低盐会诱导浒苔藻体产生更密的分枝，暴发期间突然低温会显著提高浒苔的光合活性，促进绿潮快速暴发。浒苔夜间(暗周期阶段)生长速率甚至可高于白天(光周期阶段)。在低光照强度条件下，CO_2浓度升高可促进浒苔快速生长，因此海洋酸化一定程度上会促进绿潮浒苔快速生长，导致绿潮快速发生。此外，绿潮暴发也与过度捕捞有所关联，研究发现滤食性鱼类及贝类对于浒苔繁殖体具备很好的滤食作用(高亚平等，2018)，人类过度捕捞在打破生态平衡的同时，也对原有食物链造成很大的冲击，继而产生深远的影响。

无论是控制绿潮的暴发，还是控制其余藻类甚至是海洋动物造成的大暴发，只依靠文中提出的防控举措是无法解决实际问题的。根本的解决方案还在控制污染物及温室气体的排放等，只有如此，绿潮问题才能得以有效解决，我国海域生态才能逐渐恢复，海洋生态灾害的暴发次数及规模才会大大降低。

参考文献

安蓁. 2008. 大型海藻及纳米材料对赤潮中肋骨条藻的抑制作用研究. 中国海洋大学硕士学位论文.

白涛，黄娟，高松，等. 2013. 黄海绿潮应急预测系统业务化研究与应用. 海洋预报，30(1)：51-58.

曹丛华，黄娟，高松，等. 2017. 黄海绿潮灾害应急遥感监测与预测预警系统. 北京：海洋出版社.

陈斌斌，马家海，蔡永超，等. 2013. 江苏省如东海区条斑紫菜栽培筏架固着 *Ulva* L.属绿藻的分子生物学与形态学分析. 海洋环境科学，32(3)：394-397.

陈斌斌，马家海，张天夫，等. 2012. 中国沿海石莼属绿藻的 ITS 和 5S rRNA 序列分析. 海洋渔业，34(3)：249-255.

陈超，范帆，史小丽，等. 2018. 化学氧化剂对水华蓝藻的控制研究. 中国环境科学，38(11)：4307-4313.

丁晓玮，张建恒，庄旻敏，等. 2019. 我国长江口及邻近海域铜藻生长和金潮分布变化特征. 海洋渔业，41(2)：188-196.

范士亮，傅明珠，李艳，等. 2012. 2009-2010 年黄海绿潮起源与发生过程调查研究. 海洋学报，34(6)：187-194.

高亚平，方建光，房景辉，等. 2018. 长牡蛎和紫贻贝对浒苔微观繁殖体生物控制的可行性研究. 海洋与湖沼，49(5)：1116-1122.

韩红宾. 2019. 秦皇岛近岸海域绿藻发生过程与起源. 中国海洋大学博士学位论文.

韩红宾，华梁，霍元子，等. 2015. 黄海绿潮暴发前江苏紫菜养殖海域绿藻显微繁殖体分布特征. 上海海洋大学学报，24(3)：365-374.

何培民，张建恒，霍元子，等. 2019. 中国绿潮. 北京：科学出版社.

何培民，张泽宇，张学成，等. 2018. 海藻栽培学. 北京：科学出版社.

华梁，霍元子，张建恒，等. 2015. 南黄海绿潮暴发早期与末期显微繁殖体分布及种类组成研究. 上海海洋大学学报，24(2)：256-264.

黄娟，吴玲娟，高松，等. 2011. 黄海绿潮应急漂移数值模拟. 海洋预报，28(1)：25-32.

姜鹏，赵瑾. 2018. 黄海绿潮浒苔漂浮生态型的发现与启示，海洋与湖沼，49(5)：959-965.

柯东胜，关志斌，余汉生，等. 2007. 珠江口海域污染及其研究趋势. 海洋环境科学，26(5)：488-491.

刘正一. 2010. 渤海、南海六种浒苔的调查及分析. 南京农业大学硕士学位论文.

秦伯强，杨柳燕，陈非洲，等. 2006. 湖泊富营养化发生机制与控制技术及其应用. 科学通报，51(16)：1857-1866.

邵魁双，巩宁，顾炎斌，等. 2018. 基于越冬微繁体库消减的黄海绿潮防控方法：201811348910.3. 2019-09-17.

孙松. 2012. 对黄、东海水母暴发机理的新认知. 海洋与湖沼，43(3)：406-410.

孙松，于志刚，李超伦，等. 2012. 黄、东海水母暴发机理及其生态环境效应研究进展. 海洋与湖沼，43(3)：401-405.

田晓玲，霍元子，陈丽平，等. 2011. 江苏如东近海绿潮藻分子检测与类群演替分析. 科学通报，56：309-317.

屠建波，王保栋. 2006. 长江口及其邻近海域富营养化状况评价. 海洋科学进展，24(4)：532-538.

吴青. 2015. 浒苔漂浮与沉降机制研究. 上海海洋大学硕士学位论文.

徐姗楠，何培民. 2006. 我国赤潮频发现象分析与海藻栽培生物修复作用. 水产学报，30(4)：554-561.

于克锋，朱莹，华梁，等. 2014. 一种紫菜养殖过程中绿藻的清除方法：201310424955.5. 2013-09-17.

张朝文，关春江，徐鹏，等. 2019. 辽东湾东部海域核电冷源取水区的风险生物分析. 海洋环境科学，38(1)：41-45.

朱莹. 2014. 紫菜养殖筏架固着绿藻的清除方法研究. 上海海洋大学硕士学位论文.

Blomster J, Bäck S, Fewer D P, et al. 2002. Novel morphology in *Enteromorpha* (Ulvophyceae) forming green tides. American Journal of Botany, 89(11): 1756-1763.

Byeon S Y, Oh H J, Kim S, et al. 2019. The origin and population genetic structure of the "golden tide" seaweeds, *Sargassum horneri*, in Korean waters. Scientific Reports, 9: 1-13.

Cai R S, Tan H J, Qi Q H. 2016. Impacts of and adaptation to inter-decadal marine climate change in coastal China seas. International Journal of Climatology, 36(11): 3770-3780.

Cubas F J, Novak J T, Godrej A N, et al. 2014. Effects of nitrate input from a water reclamation facility on the Occoquan Reservoir water quality. Water Environment Research, 86(2): 123-133.

Falkenhaug T. 2014. Review of Jellyfish Blooms in the Mediterranean and Black Sea. Marine Biology Research, 10(10): 1038-1039.

Gao G, Clare A S, Rose C, et al. 2017. Eutrophication and warming-driven green tides (*Ulva rigida*) are predicted to increase under future climate change scenarios. Marine Pollution Bulletin, 114(1): 439-447.

Gao G, Clare A S, Rose C, et al. 2018. *Ulva rigida* in the future ocean: Potential for carbon capture, bioremediation and biomethane production. Global Change Biology Bioenergy, 10(1): 39-51.

Ghermandi A, Galil B, Gowdy J, et al. 2015. Jellyfish outbreak impacts on recreation in the Mediterranean Sea: Welfare estimates from a socioeconomic pilot survey in Israel. Ecosystem Services, 11: 140-147.

Hu L B, Hu C M, He M X. 2017. Remote estimation of biomass of *Ulva prolifera* macroalgae in the Yellow Sea. Remote Sensing of Environment, 192: 217-227.

Hu L B, Zeng K, Hu C M, et al. 2019. On the remote estimation of *Ulva prolifera* areal coverage and biomass. Remote Sensing of Environment, 223: 194-207.

Hughey J R, Miller K A, Gabrielson P W. 2018. Mitogenome analysis of a green tide forming *Ulva* from California, USA confirms its identity as *Ulva expansa* (Ulvaceae, Chlorophyta). Mitochondrial DNA Part B-Resources, 3(2): 1302-1303.

Huo Y Z, Hua L, Zhang J H, et al. 2014. Abundance and distribution of *Ulva* microscopic propagules associated with a green tide in the southern coast of the Yellow Sea. Harmful Algae, 39: 357-364.

Huo Y Z, Zhang J H, Chen L P, et al. 2013. Green algae blooms caused by *Ulva prolifera* in the southern Yellow Sea: Identification of the original bloom location and evaluation of biological processes occurring during the early northward floating period. Limnology and Oceanography, 58: 2206-2218.

Kwon H K, Kang H, Oh Y H, et al. 2017. Green tide development associated with submarine groundwater discharge in a coastal harbor, Jeju, Korea. Scientific Reports, 7(1): 1-9.

Landsberg J H, Flewelling L J, Naar J. 2009. Karenia brevis red tides, brevetoxins in the food web, and impacts on natural resources: Decadal advancements. Harmful Algae, 8(4): 598-607.

Li X S, Yu K F, Huo Y Z, et al. 2016. Effects of nitrogen and phosphorus enrichment on growth and photosynthetic assimilation of carbon in a green tide forming species (*Ulva prolifera*) in the Yellow Sea. Hydrobiologia, 776(1): 161-171.

Lynam C P, Lilley M K S, Bastian T, et al. 2011. Have jellyfish in the Irish Sea benefited from climate change and overfishing? Global Change Biology, 17(2): 767-782.

Nastav B, Malej M, Malej A, et al. 2013. Is it possible to determine the economic impact of jellyfish outbreaks on fisheries? A Case Study-Slovenia. Mediterranean Marine Science, 14(1): 214-223.

Peacock M B, Gibble C M, Senn D B, et al. 2018. Blurred lines: Multiple freshwater and marine algal toxins at the land-sea interface of San Francisco Bay, California. Harmful Algae, 73: 138-147.

Schindler D W, Carpenter S R, Chapra S C, et al. 2016. Reducing phosphorus to curb lake eutrophication is a success. Environmental Science & Technology, 50(17): 8923-8929.

Schindler D W, Hecky R E, Findlay D L, et al. 2008. Eutrophication of lakes cannot be controlled by reducing nitrogen input: Results of a 37 year whole ecosystem experiment. Proceedings of the National Academy of Sciences, 105(32): 11254-11258.

Smetacek V, Zingone A. 2013. Green and golden seaweed tides on the rise. Nature, 504(7478): 84-88.

Song W, Han H B, Wang Z L, et al. 2019. Molecular identification of the macroalgae that cause green tides in the Bohai Sea, China. Aquatic Botany, 156: 38-46.

Teng L H, Ding L P, Lu Q Q. 2011. Microscopic observation of pyrenoids in order Ulvales(Chlorophyta) collected from Qingdao coast. Journal of Ocean University of China, 10(3): 223-228.

Wang X, Wang Y, Liu L S, et al. 2013. Phytoplankton and eutrophication degree assessment of Baiyangdian Lake Wetland, China. The Scientific World Journal, 2013: 436965.

Xing Q G, An D Y, Zheng X Y, et al. 2019. Monitoring seaweed aquaculture in the Yellow Sea with multiple sensors for managing the disaster of macroalgal blooms. Remote Sensing of Environment, 231: 111279.

Xing Q G, Tosi L G, Braga F, et al. 2015. Interpreting the progressive eutrophication behind the world's largest macroalgal blooms with water quality and ocean color data. Natural Hazards, 78(1): 7-21.

Xing Q G, Wu L L, Tian L Q, et al. 2018. Remote sensing of early-stage green tide in the Yellow Sea for floating-macroalgae collecting campaign. Marine Pollution Bulletin, 133: 150-156.

Yan C X, Yang Y, Zhou J L, et al. 2013. Antibiotics in the surface water of the Yangtze Estuary: Occurrence, distribution and risk assessment. Environmental Pollution, 175(8): 22-29.

Yoshida G, Uchimura M, Hiraoka M. 2015. Persistent occurrence of floating *Ulva* green tide in Hiroshima Bay, Japan: Seasonal succession and growth patterns of *Ulva pertusa* and *Ulva* spp.(Chlorophyta, Ulvales). Hydrobiologia, 758(1): 223-233.

Zhang J H, He P M. 2017. Blooming Mechanism of the World'S Largest Green Tides in the Yellow Sea. Paris: Editions Universitaires Europeennes.

Zhang J H, Huo Y Z, Yu K F, et al. 2013. Growth characteristics and reproductive capability of green tide algae in Rudong coast, China. Journal of Applied Phycology, 25(3): 795-803.

Zhang Y Y, He P M, Li H M, et al. 2019. *Ulva prolifera* green-tide outbreaks and their environmental impact in the Yellow Sea, China. National Science Review, 6(4): 825-838.

Zhao J, Jiang P, Qiu R, et al. 2018. The Yellow Sea green tide: A risk of macroalgae invasion. Harmful Algae, 77: 11-17.

第 30 章　我国金潮发生概况及其生态效应①

30.1　引　言

随着全球气候变化、海水温度上升和富营养化等一系列海洋生态问题的综合作用，大型海藻分布格局逐渐演替，甚至暴发性增殖形成大型海藻藻华。其中，绿潮已在我国黄海海域连续 13 年大规模暴发，并已逐渐演变成我国近海常态化海洋生态灾害。近年来，由铜藻(*Sargassum horneri*)引起的金潮现象正逐渐兴起，尤其是2017年金潮对我国辐射沙洲条斑紫菜(*Neopyropia yezoensis*)养殖区造成了严重破坏，金潮发生区域紫菜几乎绝收，损失惨重(图 30.1)。

图 30.1　黄海(a)、东海(b)海域暴发金潮现象

金潮是大型海洋褐藻快速聚集生长而引起水体变色的一种生态现象。世界上最引人关注的是马尾藻海的漂浮金潮，马尾藻海并不是严格意义上的海，是大西洋中一个没有岸的“海”，大致在 20°～35°N、35°～70°W，覆盖 500 万～600 万 km^2 的水域，该区域由于漂浮大量马尾藻属海藻而被命名，因此它只能被视为大西洋中一个特殊的水域，马尾藻海上大量漂浮的马尾藻是唯一能在开阔水域自主生长的藻类。这种海藻并不生长在海岸岩石及附近地区，而是以大“木筏”的形式漂浮在大洋中，直接在海水中摄取养分，并通过分裂成片、再继续以独立生长的方

① 本章作者：庄旻敏[1,2,3]，张建恒[1,2,4]，何培民[1,2,4]，丁晓玮[1,2]（1. 上海海洋大学海洋生态与环境学院，上海 201306；2. 水域环境生态上海高校工程研究中心，上海 201306；3. 华东师范大学，上海 200241；4. 自然资源部海洋生态监测与修复技术重点实验室，200137）。本研究获得国家重点研发专项(2018YFD0901500-04)、国家自然科学基金项目(41576163)、上海市扬帆计划(17YF1407900)的资助。

式蔓延开来。

近年来，在与马尾藻海邻近的加勒比海，马尾藻金潮呈现常态化发生，每年6月至8月漂浮马尾藻均登陆上岸，对沿岸生态景观、生态环境和生态服务功能造成严重破坏，尤其是2019年6月金潮形成面积达到1000km^2，明显大于2011～2017年的金潮面积，与2018年基本相当(Sissini et al.，2019)。

在我国，由铜藻引起的金潮已连续10多年发生，一般金潮会漂移至远海和日本海域，不会在我国沿岸登陆。然而近几年，近海金潮现象正在兴起(Zhang et al.，2019)，尤其是2017年，超过25 000km^{2}范围的漂浮铜藻聚集在一起，在海流和风的驱动下，漂移到了江苏辐射沙洲区域，造成紫菜养殖设施的大规模损毁及紫菜养殖区的大面积绝收，盐城、南通两市紫菜行业的经济损失高达5亿元，引起国内外科学家的高度关注，被称为继绿潮之后我国近海海域第二种大型海藻藻华灾害。

金潮存在双源头或者往复漂移现象，人类活动和自然条件变化是导致金潮形成的关键因素。然而，关于金潮的生态效应一直存在争议，漂移至开阔远离海岸的金潮藻，被称为漂浮藻场，为大量海洋生物提供栖息地和庇护场所，只有漂移至近岸的金潮藻才需要进行打捞进而资源化处理。此外，金潮铜藻是一类重要经济海藻，可用于制作藻胶、饲料、食品等产品。因此，科学认识、正确处理金潮现象，才是未来防控或利用金潮的关键。

30.2 我国金潮溯源与发生过程

30.2.1 我国及邻近海域铜藻分布范围

铜藻在我国沿海主要分布于辽宁(大连)、山东(荣成、青岛、日照)、浙江(舟山、温州)、福建(宁德、莆田、厦门、漳州)、广东(汕头、汕尾)、台湾(澎湖)等地，在日本九州、韩国济州岛、朝鲜西海岸均有分布。

我国铜藻生物量较大的区域位于浙江和山东，在浙江嵊山和南麂形成颇有规模的铜藻藻场，是南麂列岛国家级海洋自然保护区标志性物种，浙江省北部海域贻贝养殖区和山东省威海市荣成市海带养殖区海域有大量固着铜藻生长(图30.2)，山东渔民每年在5月会大量采收铜藻，晒干磨成粉末后制作饵料喂养海参，浙江贻贝养殖渔民仅采收贻贝，并不对铜藻进行加工利用。

30.2.2 漂浮铜藻漂移路径

通过一系列遥感图像分析2017年黄海和东海马尾藻藻华的演变及漂移路径。2017年3月1日至6月25日遥感图像显示了藻类生物量的增长、影响程度的增大、斑块的移动方向和藻华的逐渐减弱。3月1日，在浙江省沿海地区26°～30°N、

122°～127°E，初始监测到漂浮的马尾藻斑块暴发。4 月 4 日，在东海至南黄海海域均监测到漂浮马尾藻。从 4 月 4 日到 5 月 21 日，漂浮铜藻马尾藻藻华覆盖区域逐渐增大，覆盖面积达 188km^2。接着这些马尾藻藻华继续向北移动。在 5 月 26 日至 6 月 25 日，藻类覆盖逐渐减少并分裂成几个小覆盖区域。6 月 25 日，藻类覆盖面积只有 0.2km^2，然后消失在黄海中。

图 30.2　浙江省北部海域贻贝养殖区及山东省威海市荣成市海带养殖区海域固着铜藻

a、b. 贻贝养殖区；c、d. 海带养殖区

30.2.3　浙江典型铜藻分布区铜藻季节性分布特征

7 月至次年 4 月，枸杞岛贻贝养殖区养殖筏架上均有固着铜藻分布(图 30.3)，并且株高逐月(除了 4 月)增加，7 月固着铜藻首次出现在贻贝养殖区，平均体长为 3.75cm；次年 4 月达到最长，可达 4.51m，平均体长 3.31m。漂浮铜藻从次年 3 月首次出现，株高亦逐月增加，次年 6 月达到最长，平均体长 1.86m。藻体固着器于次年 4 月衰亡，固着马尾藻从贻贝养殖缆绳上脱落，在气囊的作用下可继续

在贻贝养殖区附近海域漂浮。

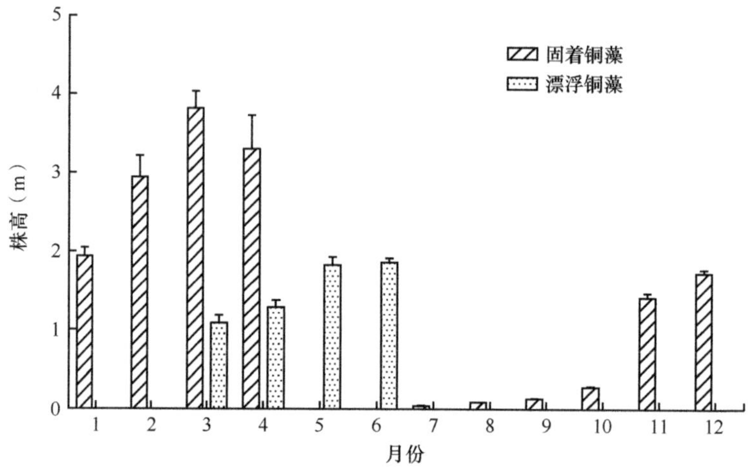

图 30.3　贻贝养殖区铜藻株高四季变化特征

30.3　我国金潮暴发机制探索

30.3.1　铜藻生物学特征

铜藻(*Sargassum horneri*)属于褐藻门(Phaeophyta)墨角藻目(Fucales)马尾藻科(Sargassaceae)马尾藻属(*Sargassum*)，是中国暖温带海域浅海区海藻场的主要连片大型褐藻物种。铜藻藻体高大，枝叶繁茂，生长迅速，最长可达 5～10m；藻体高度分化，外形很明显地分为固着器(假根)、枝干(茎)、叶片和气囊四部分，成熟的藻体上还有生殖托(图 30.4)。假根呈盘状，固着生长在岩石、养殖设施等基质上；枝干有明显的主枝和侧枝之分，呈辐射分枝状；叶片呈锯齿状、扁平，一般有中肋；稍大的藻体具有气囊结构，气囊多为管状，内贮气体，可帮助藻体漂浮在海水表面，藻体脱落后可营漂浮生长；铜藻雌雄异株，生殖托呈圆柱状，藻体主要以有性生殖方式进行种群繁衍，辅以残枝营养繁殖方式。铜藻多生长于潮下带的礁石上，也可大量生长于贻贝养殖区和鱼排区筏架上。

目前国内外的研究普遍认为全球气候变化和人类社会生产活动导致近岸海域的污染引起水体富营养化是大型海藻藻华等频发的重要原因。随着全球人口增长、科技迅猛发展、城市化进程加速和陆地自然资源日益枯竭，以获取生存空间和自然资源为主要目标的人类用海活动不断加剧，对海洋的依赖程度越来越高，目前世界上大约 60%的人口集中在距离海岸带 60km 的地带。海水富营养化的显著特点是氮严重超标，主要由现代化工农业、水产养殖业和畜牧业等将大量营养盐通过河水等不同渠道释放到沿海海域造成(秦伯强等，2006；陈超等，2018)。在营养盐富集的海岸环境中，通常可以观察到大型海藻广泛生长并形成藻华。农业和养殖业是造成海水富营养化的主要生产方式。农业的发展使土壤中富集了大量的氮和磷，磷元素大部分转变为不溶物固定在土壤中，氮元素则随地表径流排入海中；养殖过程中，大量的残余饵料和养殖动物的粪便直接排海，造成了近岸海域的富营养化(Smetacek and Zingone，2013)。

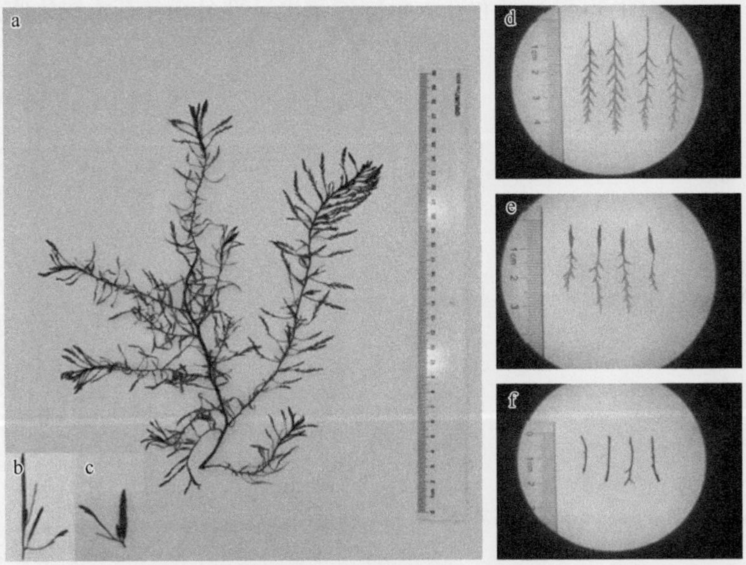

图 30.4　金潮优势种铜藻形态学特征

a. 铜藻藻体；b. 铜藻雄性生殖托；c. 铜藻雌性生殖托；d. 铜藻叶片；e. 铜藻气囊；f. 铜藻茎

随着我国工农业及城市化发展，大量陆源污染物的输入使近海富营养化程度剧增，而旺盛的海水养殖作业亦造成局部养殖海区严重的富营养化与酸化，最终使得海岸带海域赤潮、绿潮、水母、金潮等生态灾害频发。《2018 年中国海洋生态环境状况公报》显示，长江口及邻近黄海和东海海域海水富营养化十分严重，为漂浮金潮铜藻提供了丰富的营养物质，促进金潮快速暴发。

30.3.2　人类活动与自然因素协同促进铜藻脱落形成金潮

浙江沿海贻贝养殖区附生大量固着铜藻，我们推算养殖区固着铜藻生物量约为 2.1t/hm^2，此外，浙江沿岸附近海域贻贝养殖区面积高达 1594hm^2(数据来自《浙江统计年鉴》)，因此为黄海、东海海域金潮的快速形成提供了重要生物量基础。与震惊世界的黄海绿潮相比，绿潮来自固着在江苏辐射沙洲海域的紫菜养殖设施上的浒苔(*Ulva prolifera*)，每年浒苔大量生长在紫菜养殖缆绳和竹筏上，渔民在采收紫菜时，将浒苔作为危害藻类之一，通过人工清理的方式直接扔到海区，浒苔与铜藻一样，具有气囊结构，脱落下来的浒苔便可以漂浮在海表面形成绿潮(Zhang et al.，2013，2016，2017)。同样地，浙江贻贝养殖区可为铜藻生长提供大量附着基，渔民在采收贻贝时，会将附着铜藻脱落下来丢弃至海里，具有气囊结构的铜藻即可漂浮在海水表面形成金潮。此外，铜藻是生态修复重要藻种之一，浙江沿岸广泛养殖铜藻，这些铜藻均可以生长至 6m 以上，受到波浪和水流作用形成的拖拽力影响，植株脱离附着基，藻体可脱落下来漂移进入海区。山东荣成多进行海带养殖(图 30.5)，亦存在大量固着铜藻，部分铜藻在渔民采收过程中和自然条件下脱落，形成一定规模的金潮。

图 30.5　浙江枸杞岛附近海域贻贝养殖区、山东荣成附近海域海带养殖区航拍图及固着铜藻

a、c. 贻贝养殖区；b、d. 海带养殖区

30.4　金潮生态效应

30.4.1　金潮有害生态效应

大型海藻藻华虽然对人体健康和食品安全不会造成直接危害，但是大量海藻在近岸堆积将会产生恶臭气味，藻类的堆积还会为细菌和寄生虫的繁殖提供温床，可能会引起疾病蔓延(Hauxwell et al.，2001)；沉降的大型海藻还可能覆盖底栖生物，藻体腐烂后会引起局部海域出现缺氧区，并进一步导致鱼虾贝类的死亡(Baden et al.，1990；Valiela et al.，1992；D'Avanzo et al.，1996；Diaz，2001；Worm et al.，1999）。此外，大型海藻藻华不仅能够妨碍人类合理利用沿岸资源，还阻碍自然环境重建和生态系统功能恢复(Valiela et al.，1997；Raffaelli et al.，1998；Diaz，2001；Oesterling and Pihl，1999；Deutsch and Voss，2006；Fox et al.，2008，2009)。海面漂浮大量铜藻，对作业渔船也会产生较大影响，船体的螺旋桨易被坚韧的铜藻藻体缠绕，造成安全隐患；大量的铜藻缠绕在渔网上，堵塞水流，使水流对渔网的破坏力加大，导致作业效率低下，引起经济损失。更重要的是，金潮暴发会影响沿岸海域休闲旅游业，例如，墨西哥湾金潮对多米尼加、牙买加及美国(佛罗里达群岛、波多黎各、迈阿密和棕榈滩)的生态景观均造成了严重影响。

30.4.2　金潮有益生态效应

在开阔远海海域，金潮对海洋生态健康是有一定益处的。铜藻植株高大、分枝繁茂，可成片漂浮在水面，被称为“海中森林”，铜藻形成的海藻场中栖息生活着多种门类的海洋生物，它能为海龟、鱼类等小型海洋生物提供栖息、觅食、繁殖和隐蔽的场所。褐藻在漂移过程中进行光合作用释放氧气，增加相关海域的含氧量。铜藻海藻场在浅海生态环境中有着重要作用，在生长过程中其还从周围海水环境中吸收大量的无机氮、活性磷等，消除海区富营养化，被列为藻床重建、海洋生态生物修复的首选物种之一(Sun et al.，2009)。此外，铜藻是海藻工业的优质原料，还广泛地应用到医药、食品、饲料和有机肥料方面，具有较高的商业价值(Witvrouw and de Clercq，1997；O'Sullivan et al.，2010；Ermakova et al.，2011)。

30.5　结　语

近年来，铜藻金潮在我国黄海、东海海域频繁发生，逐渐转变成为我国近海一种常态化生态现象。我们应当辩证科学地看待漂浮金潮，对于漂移至开阔远离海岸区域的金潮，可将其看作一种有益的生态现象，它为海洋生态系统功能维护和生物多样性保护提供了场所，被称为“移动式的海洋自然保护区”；对于漂移至近岸的金潮，我们应摸清其源头和漂移过程，建立早期预测预警系统，构建综合资源化利用技术，开展早期防控和利用，最终实现有效管理漂浮金潮现象。

参考文献

陈超，范帆，史小丽，等. 2018. 化学氧化剂对水华蓝藻的控制研究. 中国环境科学，38(11)：4307-4313.

秦伯强，杨柳燕，陈非洲，等. 2006. 湖泊富营养化发生机制与控制技术及其应用. 科学通报，51(16)：1857-1866.

Baden S P, Loo L O, Pihl L, et al. 1990. Effects of eutrophication on benthic communities including fish: Swedish west coast. Ambio, 19: 113-122.

D'Avanzo C, Kremer J N, Wainright S C. 1996. Ecosystem production and respiration in response to eutrophication in shallow temperate estuaries. Marine Ecology Progress Series, 141: 263-274.

Deutsch B, Voss B. 2006. Anthropogenic nitrogen input traced by means of δ^{15}N values in macroalgae: Results from *in-situ* incubation experiments. Science of the Total Environment, 366: 799-808.

Diaz R J. 2001. Overview of hypoxia around the world. Journal of Environmental Quality, 30: 275-281.

Ermakova S, Sokolova R, Kim S M, et al. 2011. Fucoidans from brown seaweeds *Sargassum horneri*, *Eclonia cava*, *Costaria costata*: Structural characteristics and anticancer activity. Applied Biochemistry and Biotechnology, 164: 841-850.

Fox S E, Stieve E, Valiela I, et al. 2008. Macrophyte abundance in Waquoit Bay: Effects of land-derived nitrogen loads on seasonal and multi-year biomass patterns. Estuaries and Coasts, 31: 532-541.

Fox S E, Teichberg M, Olsen Y S, et al. 2009. Restructuring of benthic communities in eutrophic estuaries: Lower abundance of prey leads to trophic shifts from omnivory to grazing. Marine Ecology Progress Series, 380: 43-57.

Hauxwell J, Cebrián J, Furlong C. et al. 2001. Macroalgal canopies contribute to eelgrass (*Zostera marina*) decline in temperate estuarine ecosystems. Ecology, 82: 1007-1022.

O'Sullivan L, Murphy B, McLoughlin P, et al. 2010. Prebiotics from marine macroalgae for human and animal health applications. Marine Drugs, 8: 2038-2064.

Oesterling M, Pihl L. 2001. Effects of filamentous green algal mats on benthic macrofaunal functional feeding groups. Journal of Experimental Marine Biology and Ecology, 263: 159-183.

Raffaelli D G , Raven J A, Poole L J. 1998. Ecological impact of green macroalgal blooms. Oceanography and Marine Biology: An Annual Review, 36: 97-125.

Sissini M N, de Barros Barreto M B B, Menezes Széchy M T, et al. 2019.The floating *Sargassum* (Phaeophyceae) of the South Atlantic Ocean- likely scenarios. Phycologia, 56: 321-328.

Smetacek V, Zingone A. 2013. Green and golden seaweed tides on the rise. Nature, 504 (7478) : 84-88.

Sun J Z, Zhuang D G , Wang T G , et al. 2009. Design and primary enforcement of *Sargassum horneri* ground establishment around Nanji Islands. Modern Fisheries Information, 24: 25-28.

Valiela I, Foreman K, LaMontagne M, et al. 1992. Couplings of watersheds and coastal waters- sources and consequences of nutrient enrichment in Waquoit Bay, Massachusetts. Estuaries, 15: 443-457.

Valiela I, McClelland J, Hauxwell J, et al. 1997. Macroalgal blooms in shallow estuaries: Controls and ecophysiological and ecosystem consequences. Limnology and Oceanography, 42: 1105-1118.

Witvrouw M, de Clercq E. 1997. Sulfated polysaccharides extracted from sea algae as potential antiviral drugs. General Pharmacology, 29: 497-511.

Worm B, Lotze H K, Bostrom C, et al. 1999. Marine diversity shift linked to interactions among grazers, nutrients, and propagule banks. Marine Ecology Progress Series, 185: 309-314.

Zhang J H, Ding X W, Zhuang M M, et al. 2019. An increase in new *Sargassum* (Phaeophyceae) blooms along the coast of the East China Sea and Yellow Sea. Pycologia, 58 (4) : 374-381.

Zhang J H, Huo Y Z, Wu H L, et al. 2014. The origin of the *Ulva* macroalgal blooms in the Yellow Sea in 2013. Marine Pollution Bulletin, 89: 276-283.

Zhang J H, Kim K J, Yarish C, et al. 2016. The expansion of *Ulva prolifera* O. F. Muller macroalgal blooms in the Yellow Sea, PR China, through asexual reproduction. Marine Pollution Bulletin, 104: 101-106.

Zhang J H, Zhao P, Huo Y Z, et al. 2017. The fast expansion of *Pyropia* aquaculture in "Sansha" regions should be mainly responsible for the *Ulva* blooms in Yellow Sea. Estuarine, Coastal and Shelf Science, 189: 58-65.

第31章　典型海洋甲藻藻毒素：结构与理化性质、毒性及其检测技术①

31.1　引　言

有害藻华(harmful algal blooms，HABs)是全球性的典型海洋生态灾害及环境热点问题，不仅严重破坏海洋生态系统平衡，还给海洋渔业、水产养殖业及水产品出口贸易带来巨额经济损失，其引发的赤潮藻毒素经食物链传递而最终严重威胁人类生命安全与健康。进入20世纪，随着受人类活动影响所导致的水体富营养化程度的不断加剧，全球有害藻华频发。目前，全球有5000多种浮游微藻，其中约300种为赤潮原因种，包括甲藻、硅藻和蓝藻等，其中约四分之一物种产生了种类繁多的赤潮藻毒素(phycotoxin)。目前研究较多的藻毒素包括麻痹性贝毒(paralytic shellfish poison，PSP)、神经性贝毒(neurotoxic shellfish poison，NSP)、记忆缺失性贝毒(amnesic shellfish poison，ASP)、腹泻性贝毒(diarrhetic shellfish poison，DSP)、西加毒素(ciguatoxin，CTX)、虾夷扇贝毒素(yessotoxin，YTX)和原多甲藻酸贝类毒素(azaspiracid，AZA)等。本章将对上述七种代表性海洋赤潮藻毒素进行概述，以期为增强对海洋典型赤潮甲藻毒素的认识及科学防控提供参考。

31.2　麻痹性贝毒(PSP)

31.2.1　概述

麻痹性贝毒(PSP)由石房蛤毒素(saxitoxin，STX)及其结构类似物组成，属于四氢嘌呤的三环化合物。PSP主要由海洋甲藻(真核生物)、部分淡水蓝藻(蓝细菌)及藻际(phycosphere)和海洋细菌(原核生物)产生，广泛分布于全球范围。在海洋环境中，PSP主要由有毒赤潮甲藻产生，包括亚历山大藻属(*Alexandrium*)、裸甲藻属(*Gymnodinium*)和盾甲藻属(*Pyrodinium*)。在淡水环境中，PSP主要由原核蓝

---

① 本章作者：杨桥[1]，张晓玲[1]，杨希[1,2]，田晓清[3]，樊成奇[3]，代俊[1,4](1. 浙江海洋大学ABI Group，舟山316022；2. 广东省农业科学院动物科学研究所，广州510640；3. 中国水产科学研究院东海水产研究所，上海200090；4. 湖北工业大学生物工程与食品学院，武汉430068)。本研究获得国家自然科学基金项目(41876114)、舟山市科技局专项(2022C41018)和浙江省自然科学基金项目(LY18D060007)的资助。

细菌产生，包括鱼腥藻属(*Anabaena*)、拟柱孢藻属(*Cylindrospermopsis*)、束丝藻属(*Aphanizomenon*)、浮丝藻属(*Planktothrix*)和鞘丝藻属(*Lyngbya*)(Usup et al.，1994；Oshima et al.，1993；Lefebvre et al.，2008)。人体摄入 PSP 后中毒症状包括口周和四肢刺痛、麻木且失去运动控制能力，严重的可致人死亡。

31.2.2 种类与结构

PSP 中研究最多的是 STX。STX 是 1957 年从巨石房蛤(*Saxidomus giganteus*)中分离鉴定的第一个 PSP 化合物，1975 年其晶体结构获得解析(Bordner et al.，1975；Schantz et al.，1975)，其化学结构如图 31.1 所示。自 STX 发现之后陆续发现了近 60 个 STX 结构类似物，统称为 PSP(表 31.1)。通常产 PSP 生物合成由几种 PSP 结构类似物组成的特征性毒素，可分为亲水性或疏水性，可根据取代基侧链分为多个类型，如氨基甲酸酯、硫酸根、羟基、羟基苯甲酸酯或乙酸根。

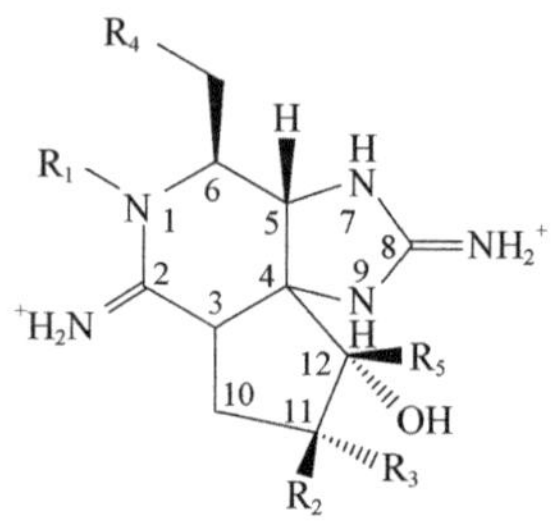

图 31.1 石房蛤毒素(STX)分子骨架及其结构类似物的化学结构示意图

表 31.1 麻痹性贝毒(PSP)化学结构信息表

毒素	$^aR_1$	$^aR_2$	$^aR_3$	$^aR_4$	$^aR_5$
非硫酸盐型					
STX	H	H	H	$OCONH_2$	OH
neoSTX	OH	H	H	$OCONH_2$	OH
单硫酸盐型					
GTX1	OH	H	OSO_3^-	$OCONH_2$	OH
GTX2	H	H	OSO_3^-	$OCONH_2$	OH
GTX3	H	OSO_3^-	H	$OCONH_2$	OH
GTX4	OH	OSO_3^-	H	$OCONH_2$	OH
GTX5(B1)	H	H	H	$OCONHSO_3^-$	OH
GTX6(B2)	OH	H	H	$OCONHSO_3^-$	OH
双硫酸盐型					
C1	H	H	OSO_3^-	$OCONHSO_3^-$	OH
C2	H	OSO_3^-	H	$OCONHSO_3^-$	OH
C3	OH	H	OSO_3^-	$OCONHSO_3^-$	OH
C4	OH	OSO_3^-	H	$OCONHSO_3^-$	OH

续表

毒素	aR1	aR2	aR3	aR4	aR5
去氨基甲酰化型					
dcSTX	H	H	H	OH	OH
dcneoSTX	OH	H	H	OH	OH
dcGTX1	OH	H	OSO_3^-	OH	OH
dcGTX2	H	H	OSO_3^-	OH	OH
dcGTX3	H	OSO_3^-	H	OH	OH
dcGTX4	OH	OSO_3^-	H	OH	OH
脱氧脱羰基型					
doSTX	H	H	H	H	OH
doGTX1	OH	H	OSO_3^-	H	OH
doGTX2	H	H	OSO_3^-	H	OH
沃氏鞘丝藻毒素					
LWTX1	H	H	OSO_3^-	$OCOCH_3$	H
LWTX2	H	H	OSO_3^-	$OCOCH_3$	OH
LWTX3	H	OSO_3^-	H	$OCOCH_3$	OH
LWTX4	H	H	H	$OCOCH_3$	H
LWTX5	H	H	H	$OCOCH_3$	OH
LWTX6	H	H	H	$OCOCH_3$	H
羟基苯甲酸单酯类似物					
GC1	H	H	OSO_3^-	OCOPhOH	OH
GC2	H	OSO_3^-	H	OCOPhOH	OH
GC3	H	H	H	OCOPhOH	OH
bGC4	OH	H	OSO_3^-	OCOPhOH	OH
bGC5	OH	OSO_3^-	H	OCOPhOH	OH
bGC6	OH	H	H	OCOPhOH	OH
苯甲酸二羟基酯类似物					
cGC1a	H	H	OSO_3^-	DHB	OH
cGC2a	H	OSO_3^-	H	DHB	OH
cGC3a	H	H	H	DHB	OH
cGC4a	OH	H	OSO_3^-	DHB	OH
cGC5a	OH	OSO_3^-	H	DHB	OH
GC6a	OH	H	H	DHB	OH
硫酸苯甲酸酯类似物					
cGC1b	H	H	OSO_3^-	SB	OH
cGC2b	H	OSO_3^-	H	SB	OH

续表

毒素	[a]R_1	[a]R_2	[a]R_3	[a]R_4	[a]R_5
[c]GC3b	H	H	H	SB	OH
[c]GC4b	OH	H	OSO_3^-	SB	OH
[c]GC5b	OH	OSO_3^-	H	SB	OH
[c]GC6b	OH	H	H	SB	OH
其他 PSP 类似物					
M1	H	OH	H	$OCONHSO_3^-$	OH
M2	H	OH	H	$OCONH_2$	OH
M3	H	OH	OH	$OCONHSO_3$	OH
M4	H	OH	OH	$OCONH_2$	OH
[b]M5					
[b]A					
[b]B					
[b]C					
[b]D					
SEA	H	$CCOO^-$	H	$OCONH_2$	OH
STX-uk	H	H	H	$OCONHCH_3$	OH

a 取代基见图 31.1；b 表示无结构特征；c 表示 R_4 取代基团根据质谱主要离子峰推断；

注：DHB-二羟基苯甲酸盐(di-hydroxyl-benzoate)；SB-硫酸苯甲酸盐(sulfated-benzoate)

PSP在结构上可分为几大类：①非硫酸盐型，如STX和neoSTX(neosaxitoxin)；②单硫酸盐型，如膝沟藻毒素(GTX1～GTX6)；③双硫酸盐型，如(C1～C4毒素)。此外，还存在这些结构类似物的十氨基甲酰基衍生物，包括十氨基甲酰基-石房蛤毒素(dcSTX，dcneoSTX)、十氨基甲酰基-膝沟藻毒素(dcGTX1～dcGTX4)和13-脱氧十氨基甲酰基衍生物(doSTX，doGTX1、doGTX2)。不同种类的PSP其相对毒性亦不尽相同(表31.2)。

表 31.2　不同种类麻痹性贝毒(PSP)的相对毒性比较

结构	毒素	相对毒性 [a]
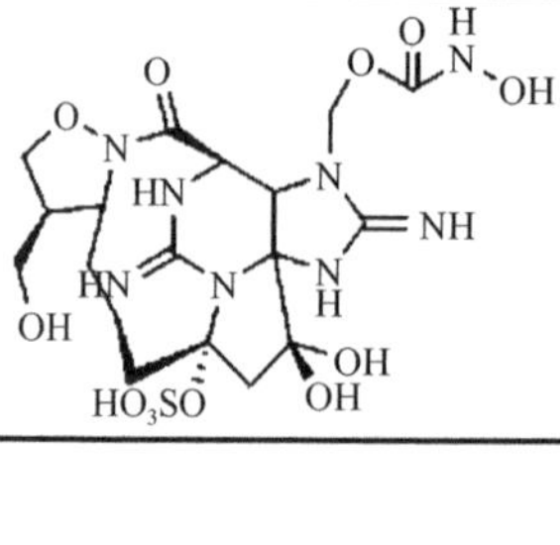	Zetekitoxin AB	63，160，580[b]

续表

结构	毒素	相对毒性[a]
	非硫酸盐型	
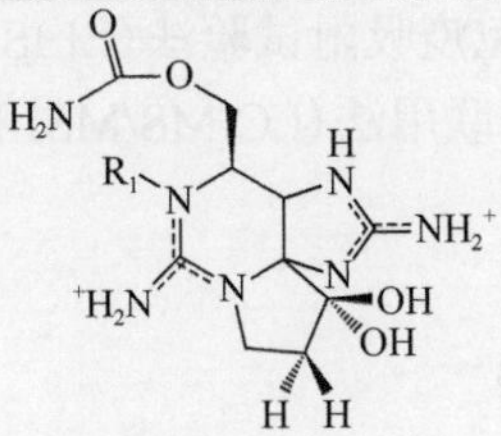	STX	1
	NeoSTX	0.5～1.1
	单硫酸盐型	
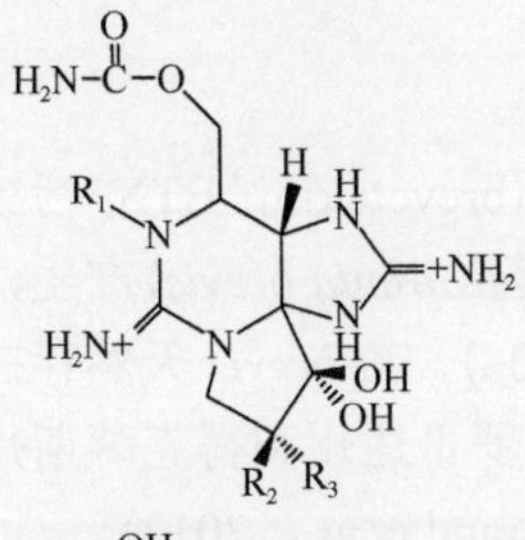	GTX1/4[c]	0.39/1.09～0.48/0.76
	GTX2/3[c]	0.8/0.33～0.9/0.9
	去氨基甲酰化型	
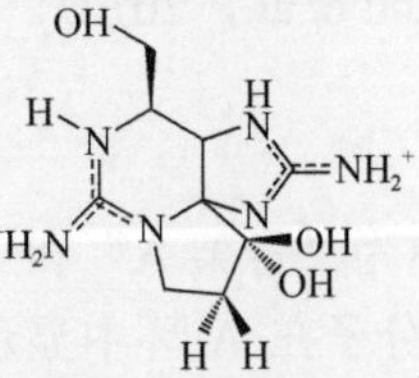	dcSTX	0.43
	dcneoSTX	0.43
	dcGTX1～dcGTX14	0.18～0.45
	双硫酸盐型	
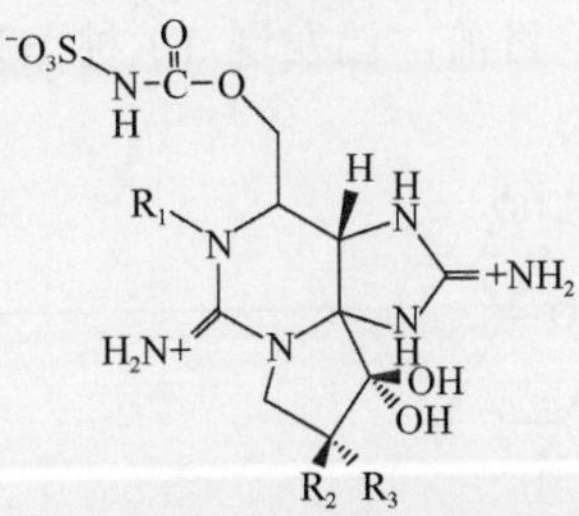	C1～C4	＜0.01～0.14

a 表示相对毒性基于小鼠生物测定结果(Wiese et al.，2010)；b 表示相对毒性基于非洲爪蟾卵母细胞中与人脑、心脏和肌肉 Na^+通道的结合亲合力；c 表示 α/β 差向异构混合物

31.2.3　理化性质

PSP 为四氢嘌呤类化合物，碱性，易溶于水，微溶于甲醇和乙醇，酸性条件下热稳定，而在碱性条件下易被氧化(Beach et al.，2015)。

31.2.4　毒性机理

当 PSP 以等摩尔比可逆地结合电压门控 Na^+通道(VGSC)时，由于 STX 带正电的胍基与带负电的羧基在 Na^+通道的 1 号位点相互作用，从而堵塞孔隙，阻断 Na^+内流，阻碍动作电位的形成，从而发挥其毒性作用，导致 PSP 中毒(Wiese et al.，2010)。

31.2.5　检测方法

PSP 检测方法主要有小鼠生物测定法(MBA)、酶联免疫吸附试验法(ELISA)、高效液相色谱-荧光检测法(HPLC-FLD)、液相色谱-质谱联用法(LC-MS/MS)和毛细管电泳法(CE)等。

31.3　神经性贝毒(NSP)

31.3.1　概述

神经性贝毒(NSP)中毒是人类进食被短裸甲藻毒素(brevetoxin，BTX)污染的贝类所引起。BTX 属于多环醚类毒素，主要由短凯伦藻(*Karenia brevis*)产生，亦被称为 PbTx(Ptychodiscusbrevetoxin)(Watkins et al.，2008)。*K. brevis* 天然存在于墨西哥湾、加勒比海和新西兰沿海地区，且常在美国佛罗里达州和得克萨斯州沿岸地区引发赤潮(Poli et al.，2000；Naar et al.，2007；Brand et al.，2012)。

31.3.2　种类与结构

BTX 分子有两个结构骨架(图 31.2，图 31.3)，分别称为“骨架 A”和“骨架 B”。这两个骨架的特征在于相对线性，其中弯曲的中间分子在 A 环中显示出内酯官能团，其具有一系列环，然后形成梯状化学结构。目前，已发现 10 种 BTX 结构类似物(图 31.4)。

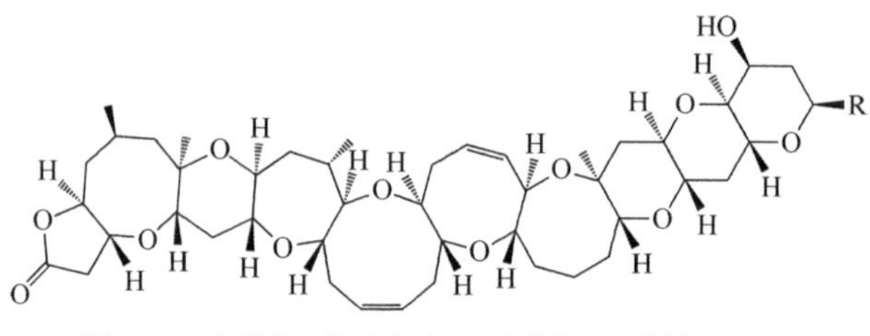

图 31.2　短裸甲藻毒素(BTX)骨架 A 结构示意图

PbTx-1(R：CH_2CCH_2CHO)

PbTx-7(R：$CH_2CCH_2CH_2OH$)

PbTx-10(R：$CH_2CHCH_3CH_2OH$)

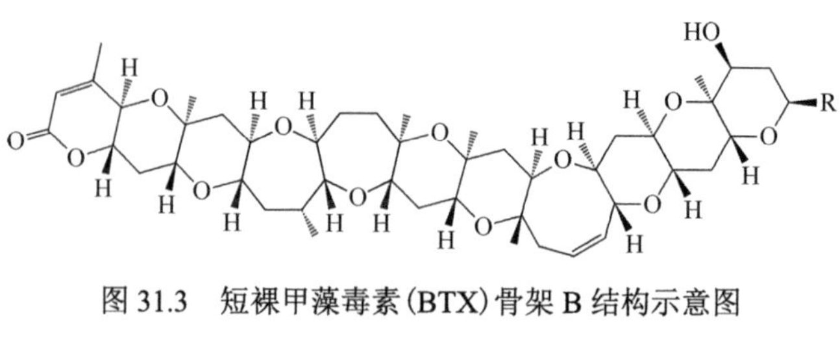

图 31.3　短裸甲藻毒素(BTX)骨架 B 结构示意图

PbTx-2（R：CH_2CCH_2CHO）
PbTx-3（R：$CH_2CCH_2CH_2OH$）
PbTx-5（K-ring acetate of PbTx-2）
PbTx-6（H-ring epoxide of PbTx-2）
PbTx-8（R：CH_2COCH_2Cl）
PbTx-9（R：$CH_2CHCH_3CH_2OH$）

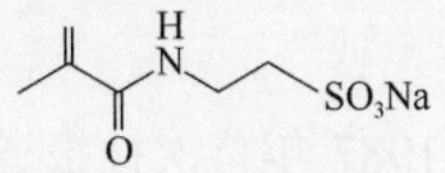

BTX-1（R：）

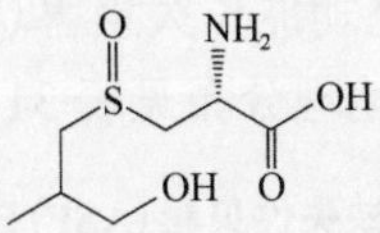

BTX-2（R：）
BTX-3（R：$CH_3(CH_2)_{12}CO/CH_3(CH_2)_{14}CO$）

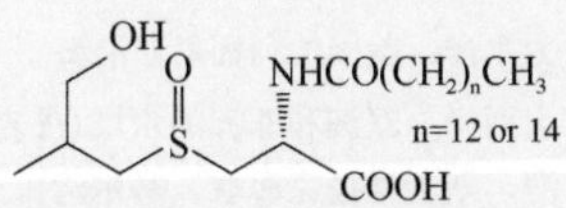

BTX-4（R：）

图 31.4　短裸甲藻毒素（BTX）化学结构示意图

31.3.3　理化性质

NSP 属大环聚醚类化合物，脂溶性，耐酸，具有热稳定性。BTX 的分子量约为 900。迄今为止，所研究的所有天然毒素衍生物的毒性都低于 PbTx-1 和 PbTx-2 母体化合物（Baden et al.，2005）。

31.3.4　毒性机理

BTX 为脂溶性，可透过细胞膜，包括血脑屏障，被迅速吸收和分布在整个机体并在肝脏代谢。其致毒机理有两种，一是以高亲合力结合到电压门控 Na^+通道上的位点 5 受体，并诱导通道介导的 Na^+流入（Dechraoui et al.，2005）。神经激发由神经膜去极化，产生以胃肠道和神经症状为主的中毒症状。二是通过形成气溶胶，作用于人类呼吸系统，产生类似哮喘的症状（Tao et al.，2014）。

31.3.5　检测方法

目前 PbTx 检测方法主要有 4 种：①小鼠生物测定法（MBA）；②酶联免疫吸附试验法（ELISA）（Watkins et al.，2008）；③液相色谱-质谱联用法（LC-MS/MS）；

④放射免疫分析法(RIA)(Watkins et al.，2008)。虽然 MBA 仍然是监管评估的标准方法，但是相比于 MBA，ELISA 是更合适的替代检测方法(Twiner et al.，2007)。

31.4　记忆缺失性贝毒(ASP)

31.4.1　概述

记忆缺失性贝毒(ASP)于 1987 年首次被报道。软骨藻酸(domoic acid，DA)是 ASP 的主要成分。DA 是一种天然存在的强烈的神经毒性非蛋白氨基酸，由长链羽状硅藻产生，能导致短期记忆功能长久损害(吴多加和李凤琴，2005)。产 ASP 有毒硅藻广泛分布于海水中，其地理分布见表 31.3。

表 31.3　产记忆缺失性贝毒(ASP)硅藻的地理分布

藻株	主要分布区域
柔弱拟菱形藻(*Pseudo-nitzschia delicatissima*)	大西洋：挪威、丹麦水域，斯卡格拉克海峡，非洲西北部沿海，罗得岛和阿根廷及美国沿海
	太平洋：美国加利福尼亚沿海
多列拟菱形藻(*P. multiseries*)	大西洋：欧洲和非洲的水域(丹麦海峡至非洲西北沿海，包括挪威和丹麦沿海，斯卡格拉克海峡，基尔湾)，加拿大、美国水域(北极至墨西哥湾)，南美洲(阿根廷)水域
	太平洋：美国加利福尼亚和加拿大不列颠哥伦比亚的水域
澳洲拟菱形藻(*P. australis*)	大西洋：西班牙、葡萄牙水域，非洲西南部和阿根廷的沿海水域
	太平洋：秘鲁、智利、新西兰、墨西哥(加利福尼亚湾)的沿海水域，北美洲西海岸，从美国圣地亚哥(加利福尼亚州)水域到皮吉特湾、华盛顿水域，再到加拿大不列颠哥伦比亚的水域
尖刺拟菱形藻(*P. pungens*)	大西洋：阿根廷沿海水域和美国(路易斯安那州)沿海水域
	太平洋：美国(宾夕法尼亚)沿海水域、墨西哥沿海水域(加利福尼亚湾)、新西兰沿海水域，日本沿海水域、彼得大帝湾，俄罗斯沿海水域
成列拟菱形藻(*P. seriata*)	挪威、丹麦附近海域；巴伦支海(约 80°N)，挪威海，北海，挪威沿海水域，斯卡格拉克海峡，基尔湾，英吉利海峡，格陵兰岛到新基地(45°N)，美国阿拉斯加水域，加拿大不列颠哥伦比亚沿海水域
多纹拟菱形藻(*P. multistriata*)	日本沿海水域和意大利那不勒斯湾
P. turgidula	新西兰沿海水域
P. fraudulenta	新西兰沿海水域、阿根廷沿海水域
Nitzschia navis-varingica	越南虾养殖池塘

31.4.2　种类与结构

DA 是非蛋白氨基酸，属氨基酸类化合物(图 31.5)，其标准结构式为(2S, 3R, 4S)-4-[(2E, 4Z, 6R)-6-羧基庚-2, 4-二烯-2-甲基]-3-(羧甲基)吡咯烷-2-羧酸。根据羧甲基的相对空间位置与双键位置的不同，存在 10 多种异构体。DA 具有典型的酸性氨基酸特征，分子式为 $C_{15}H_{21}NO_6$，相对分子质量为 311.33。DA 是由长链羽状硅藻代谢产生的一种强烈的神经毒性物质，可直接或间接刺激谷氨酸受体(Berman et al.，2002)。

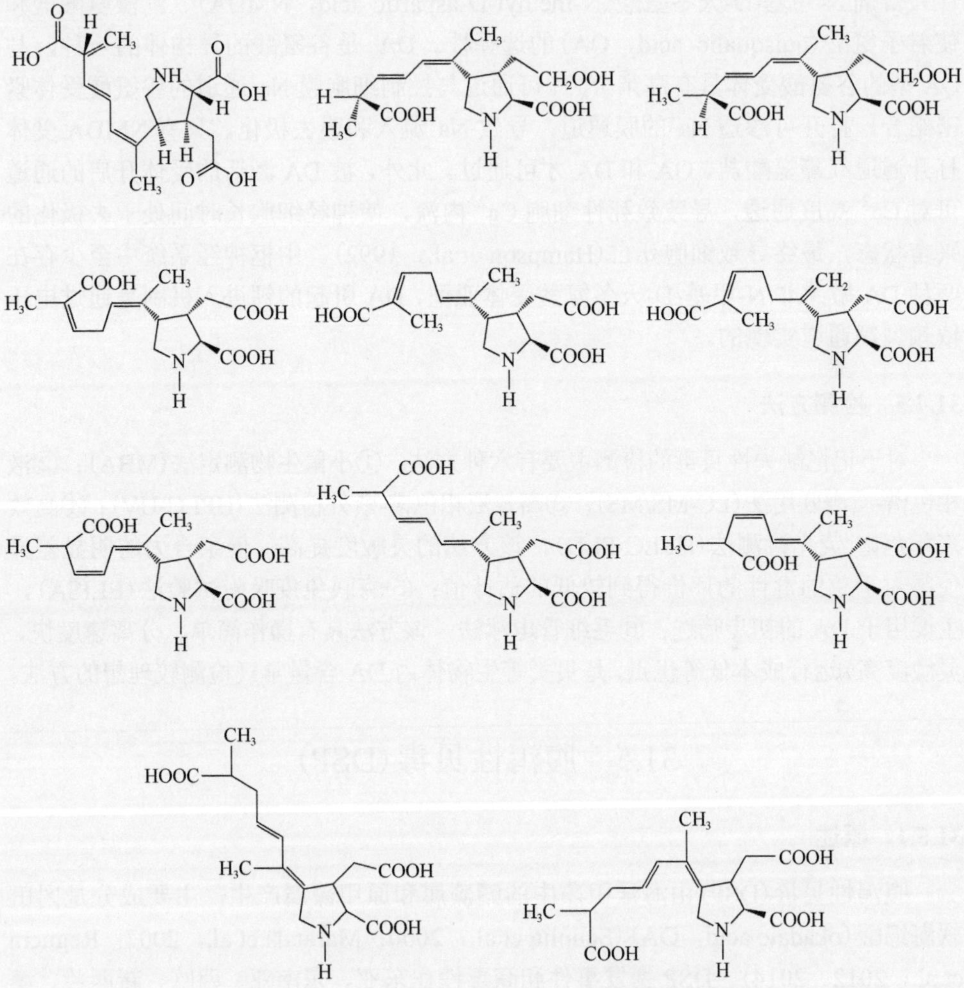

图 31.5　记忆缺失性贝毒(DSP)化学结构示意图

31.4.3　理化性质

DA 纯品为白色粉末，熔点为 223～224℃，易溶于水，微溶于甲醇(刘伟斌和杜琦，1997)。其结构与红藻氨酸和谷氨酸相似，是红藻氨酸受体的兴奋剂(陈匹平和刘江，2001)。DA 可与神经元细胞中的特定受体蛋白结合，导致神经元细胞持续去极化，直至发生细胞破裂。人类进食贝类耐受 DA 的最大限量为 20mg/kg(柳俊秀和何培民，2009）。

31.4.4 毒性机理

DA 的毒性作用机理是在兴奋性氨基酸受体和突触传递。其特征在于对外源性兴奋剂 N-甲基-D-天冬氨酸（N-methyl-D-aspartic acid，NMDA）、红藻氨酸盐和使君子氨酸（quisqualic acid，QA）的选择性。DA 是谷氨酸的异构体的一种，与 QA 型的谷氨酸受体具有高亲合力。可通过与控制细胞膜 Na^+通道的谷氨酸受体紧密结合，打开可渗透 Na^+的膜通道，导致 Na^+流入和膜去极化。只有 NMDA 受体打开通道红藻氨酸盐、QA 和 DA 才可通过。此外，被 DA 激活的受体开启的通道可对 Ca^{2+}高度通透，导致致死性细胞 Ca^{2+}内流，使神经细胞长时间处于去极化的兴奋状态，最终导致细胞死亡（Hampson et al.，1992）。中枢神经系统中至少存在两种 DA 敏感非 N-甲基-D-天冬氨酸受体亚型，DA 引起的钙进入机制是通过电压依赖型钙通道实现的。

31.4.5 检测方法

对于记忆缺失性贝毒的检测主要有六种方法：①小鼠生物测定法（MBA）；②液相色谱-质谱联用法（LC-MS/MS）；③高效液相色谱-紫外检测法（HPLC-UV）；④高效液相色谱-荧光检测法（HPLC-FLD），该方法的灵敏度提高，但亲合力的明显差异使得对于总的毒性的评价得到较低的估计值；⑤酶联免疫吸附试验法（ELISA），主要用于 DA 的初步筛选；⑥毛细管电泳法，该方法具有操作简单、分离速度快、灵敏度高、运行成本低等优点，是贝类等生物体内 DA 含量常规检测较理想的方法。

31.5 腹泻性贝毒（DSP）

31.5.1 概述

腹泻性贝毒（DSP）由海洋甲藻中的鳍藻属和原甲藻属产生，主要成分是冈田软海绵酸（okadaic acid，OA）（Scholin et al.，2000；Maranda et al.，2007；Reguera et al.，2012，2014）。DSP 暴发事件和高毒性在东亚、东南亚、西欧、新西兰、澳大利亚、北美洲、南美洲和南非等地都曾有报道（van Dolah，2000；Reguera et al.，2012），表明产 DSP 甲藻在全球主要海域中几乎均有分布。

31.5.2 种类与结构

DSP 最初包含三类亲脂性毒素，根据这些毒素的化学结构（图 31.6），可以将它们分为酸性毒素、中性毒素和虾夷扇贝毒素及其衍生物（Yasumoto et al.，1985；Yasumoto and Murata，1993）。

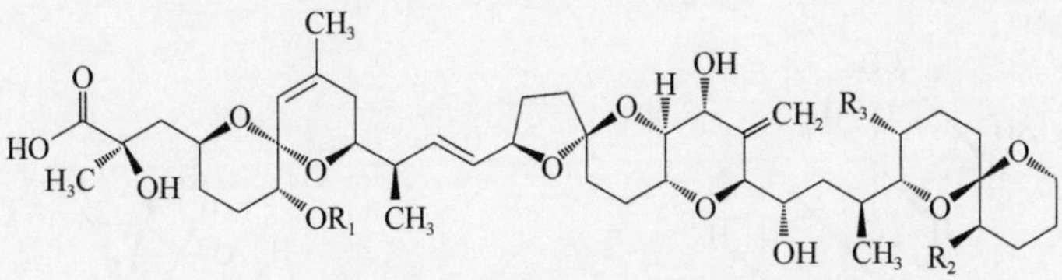

图 31.6　酸性腹泻性贝毒(DSP)化学结构示意图

(1)第一类：酸性毒素包括大田软海绵酸(OA)及其衍生物鳍藻毒素(dinophysistoxin，DTX)(表 31.4)。

表 31.4　酸性腹泻性贝毒(DSP)结构信息

	R_1	R_2	R_3	分子式	相对分子质量
大田软海绵酸	H	H	CH_3	$C_{44}H_{68}O_{13}$	805.0
鳍藻毒素-1	H	CH_3	CH_3	$C_{45}H_{70}O_{13}$	819.3
鳍藻毒素-2	H	CH_3	H	$C_{44}H_{68}O_{13}$	805.3
鳍藻毒素-3	acyl	CH_3	CH_3		

(2)第二类：中性毒素包括聚醚内酯扇贝毒素(pectenotoxin，PTX)，其中 6 种的化学结构已确定(图 31.7，表 31.5)。

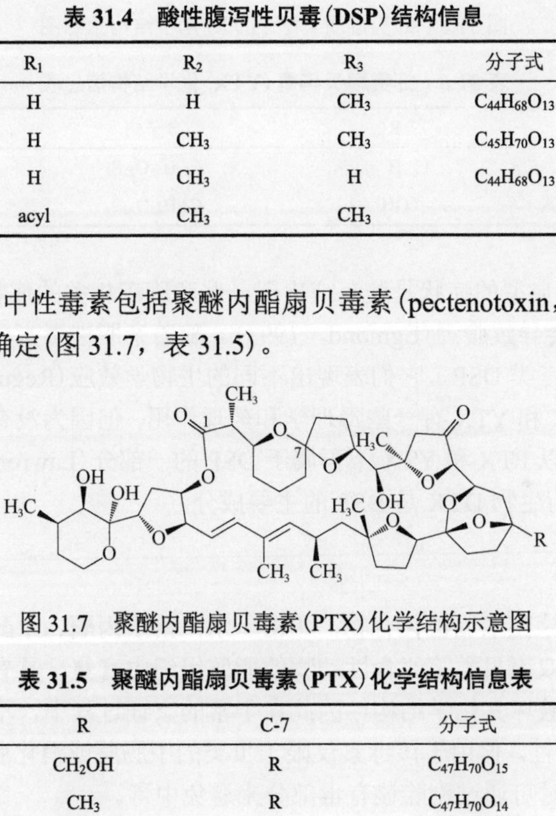

图 31.7　聚醚内酯扇贝毒素(PTX)化学结构示意图

表 31.5　聚醚内酯扇贝毒素(PTX)化学结构信息表

	R	C-7	分子式	相对分子质量
扇贝毒素-1	CH_2OH	R	$C_{47}H_{70}O_{15}$	874.5
扇贝毒素-2	CH_3	R	$C_{47}H_{70}O_{14}$	858.5
扇贝毒素-3	CHO	R	$C_{47}H_{68}O_{15}$	872.5
扇贝毒素-4	CH_2OH	S	$C_{47}H_{70}O_{15}$	874.5
扇贝毒素-6	COOH	R	$C_{47}H_{68}O_{16}$	888.5
扇贝毒素-7	COOH	S	$C_{47}H_{68}O_{16}$	888.5

(3)第三类：虾夷扇贝毒素(yessotoxin，YTX)及其衍生物 4，5-羟基虾夷扇贝毒素见图 31.8、表 31.6。

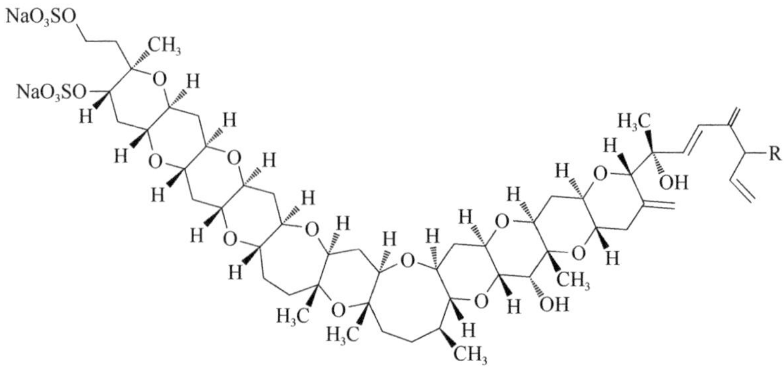

图 31.8　虾夷扇贝毒素(YTX)化学结构示意图

表 31.6　虾夷扇贝毒素(YTX)化学结构信息表

	R	分子式	相对分子质量
虾夷扇贝毒素	H	$C_{55}H_{82}O_{21}S_2$	1143.4
4, 5-羟基虾夷扇贝毒素	OH	$C_{55}H_{82}O_{22}S_2$	1159.4

DSP 中毒最典型的症状是腹泻或出现一些和腹泻相关的症状，但 DSP 中的 PTX 和 YTX 不会导致腹泻(Egmond，1993)。随着亲脂性毒素分析方法的进步，分别检测到了这三类 DSP，它们表现出不同的生物学效应(Reguera and Pizzaro，2008)。尽管 PTX 和 YTX 有一些毒理学和药理作用，但因为没有与这些毒素中毒相关的报道，所以 PTX 和 YTX 不再属于 DSP 的一部分(Lawrence et al.，2011)。现今，OA 及其衍生物 DTX 是 DSP 的主要成分。

31.5.3　理化性质

DSP 是一类聚醚亲脂性化合物，不溶于水，溶于丙酮、甲醇、乙醇、氯仿等有机溶剂。可在双壳贝类等滤食性动物的脂肪组织中富集，具有热稳定性，通常的加热处理不易破坏其化学结构，因此在平常的烹饪过程中，不能通过高温加热来降低 DSP 的毒性。但由于该毒素仅限于贝类的中肠腺或消化腺中，因此人们在食用该有毒贝类时可通过剔除该有毒部分来避免中毒。

31.5.4　毒性机理

关于 OA 的毒性作用机理，除了所描述的肠道疾病，OA 及其衍生物 DTX，尤其是 DTX1 和 DTX2，是细胞质中丝氨酸/苏氨酸蛋白磷酸酶 1(protein phosphatase 1，PP1)和蛋白磷酸酶 2A(protein phosphatase 2A，PP2A)的特异性抑制剂，而蛋白磷酸酶类是一类重要的酶，与细胞内许多关键的代谢过程密切相关(Bialojan and Takai，1988；Fernandez et al.，2002)。已有研究表明，控制肠道细

胞 Na^+分泌的蛋白质过度磷酸化，细胞骨架和调节溶质渗透性的连接部分的磷酸化增强会使体内水分流失，从而引起腹泻(Egmond，1993；Hallegraeff et al.，1995)。但目前尚未报道有将酶抑制与毒性作用联系起来的途径，而且 OA 毒性作用的严重程度与其抑制活性之间并无明确相关性。有学者指出，非 PPs 抑制剂物质可诱导与 OA 及其衍生物类似的毒性作用，并且这些物质的毒性作用不能被其他众所周知的 PPs 抑制剂一致地重复(Munday，2013)。此外，OA 及其衍生物 DTX，尤其是 DTX3，具有肿瘤促进及诱导细胞凋亡效应(Valdiglesias et al.，2013)。

31.5.5　检测方法

因为 DSP 在贝类中含量很少，因此其检测方法要求必须十分灵敏可靠。主要的 DSP 检测分析方法包括：小鼠生物测定法(MBA)、细胞毒性试验法(cytotoxicity assay)、免疫分析法(immunoassay)和高效液相色谱法(HPLC)。

31.6　西加毒素(CTX)

31.6.1　概述

西加毒素(ciguatoxin，CTX)，又称雪卡鱼毒素、雪卡毒素，主要由冈比亚藻产生，CTX 易于在食物链中进行生物转化和生物富集(Clausing et al.，2018)。西加毒素中毒是一种最常见的非细菌性鱼毒中毒，是由食用含有 CTX 的鱼类引起的，每年全球有 5 万多人因食用含有 CTX 的鱼类而中毒。

31.6.2　种类与结构

太平洋雪卡毒素(Pacific CTX)、加勒比海雪卡毒素(Caribbean CTX)和印度雪卡毒素(Indian CTX)是目前为止发现的三种西加毒素。CTX 相邻两环之间的原子桥由醚一氧原子组成，具有顺/反式的立体化学结构。目前已知的 P-CTX 的结构为 6 种，分别为 P-CTX-1、P-CTX-2、P-CTX-3、P-CTX-3C、P-CTX-4A 和 P-CTX-4B，已知的 C-CTX 的结构有两种，分别为 C-CTX-1 和 C-CTX-2(图 31.9)。其中，P-CTX-2 与 P-CTX-3、P-CTX-4A 与 P-CTX-4B、C-CTX-1 与 C-CTX-2 分别为差向异构体。

31.6.3　理化性质

CTX 为多环醚化合物，相对分子质量为 1000～1150，具有反式异构体，具有亲脂性，无色，热稳定，易被氧化，易溶于极性有机溶剂，不溶于水(Lehane and Lewis，2000)。

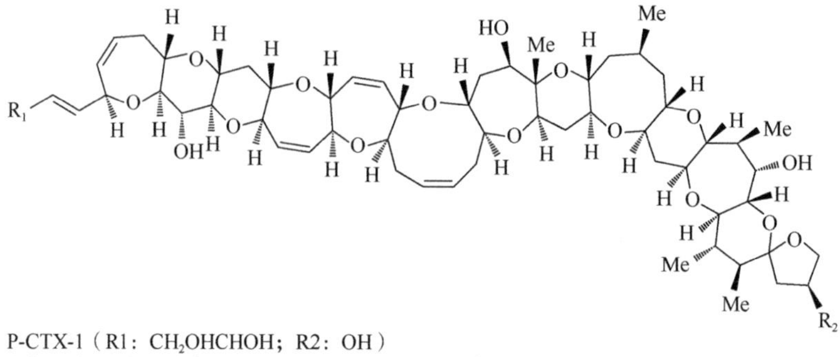

P-CTX-1（R1：$CH_2OHCHOH$；R2：OH）
P-CTX-2、P-CTX-3（R1：$CH_2OHCHOH$；R2：OH）
P-CTX-4A、P-CTX-4B（R1：CH_2CH；R2：OH）

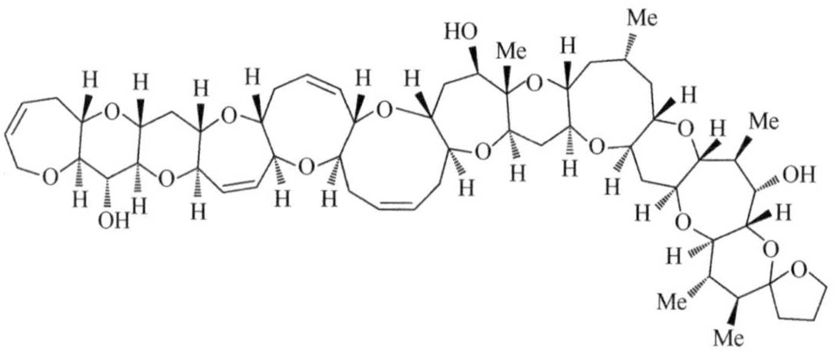

P-CTX-3C

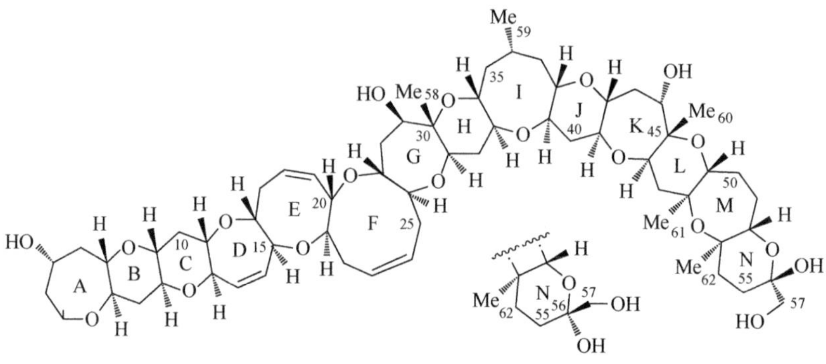

2: C-CTX-2

图 31.9　太平洋与加勒比海雪卡毒素的化学结构示意图

31.6.4　毒性机理

CTX 的毒性机理包括在几种类型神经细胞内释放自发或重复的动作电位，造成神经递质释放增加、突触小泡循环改变、细胞内 Na^+和 Ca^{2+}水平升高及依赖于这些过程的离子失调(Molgo et al.，1992)。这些作用可归因于 CTX 对神经元电压门控 $Na^+(Na_V)$和 $K^+(K_V)$通道的药理作用，这两个通道分别对动作电位的上升和下降阶段至关重要(Lehane and Lewis，2000)。电压门控 K^+通道(K_V)的活性负责膜电位向静息状态的重新极化，也有助于CTX介导的神经元兴奋性的增加(Birinyi et al.，2005；Hidalgo et al.，2002；Schlumberger et al.，2010)。

31.6.5　检测方法

目前 CTX 常用的检测方法包括：①体内检测法(Banner et al.，1961)；②免疫分析法(Hokama et al.，1977，1985)；③受体结合分析法；④四唑蓝细胞活力测定法(Manger et al.，1995)；⑤高通量电生理学法(Inserra et al.，2017)；⑥液相色谱-质谱联用法(LC-MS/MS) (Lewis and Jones，1997；Pottier et al.，2002)。

31.7　虾夷扇贝毒素(YTX)

31.7.1　概述

虾夷扇贝毒素(YTX)最初从虾夷扇贝消化腺中分离获得(Murata et al.，1987)，是由网状原角甲藻、多边舌甲藻和具刺膝沟藻合成的含硫聚醚类化合物。YTX 可在滤食性贝类中积累(Satake et al.，1997)，在浮游植物和鲍鱼中均能检测到 YTX 的存在(Pitcher et al.，2019)。YTX 还可以通过在滤食性双壳类软体动物如贻贝、扇贝和蛤中积累而进入多级食物链中。

31.7.2　种类与结构

YTX 属于亲脂性藻毒素(图 31.10)。其化学平面结构于 1987 年(Murata et al.，1987)首次被描述，1996 年报道了其绝对构型(Satake et al.，1996；Takahashi et al.，1996)。

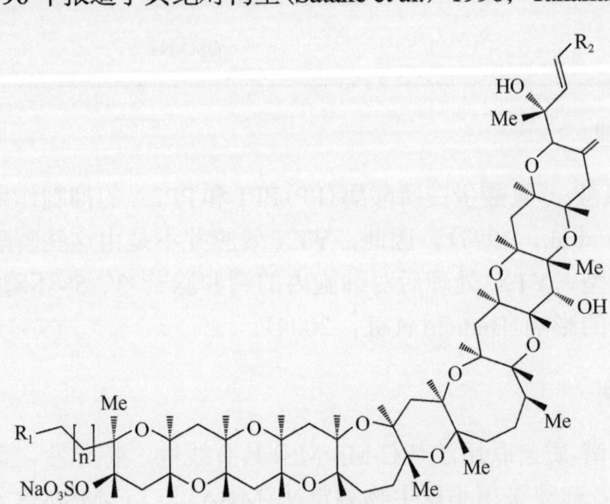

图 31.10　虾夷扇贝毒素(YTX)化学结构示意图

目前已有超过 90 个 YTX 结构类似物被发现(Miles et al.，2005)。根据侧链甲基取代基个数和 R_1、R_2 基团的种类不同，可将 YTX 分为 6 类，分别是 HydroxyYTX、HomoYTX、Hydroxy-homoYTX、NorYTX、DesulfoYTX 和 CarboxyYTX(Miles et al.，2005；Satake et al.，1997)。

31.7.3　理化性质

YTX 骨架由 11 个连续的醚环组成，尽管其化学结构与 PbTx、CTX 相似(表 31.7)，但这些毒素的细胞靶标、Na^+通道和 YTX 的完全不同。此外，YTX 一端含有 9 个碳的不饱和侧链，另一端含有两个硫酸酯基，此增加了 YTX 分子的亲脂性和亲水性(Yasumoto and Takizawa，1997)。

表 31.7　虾夷扇贝毒素(YTX)化学结构信息表

	n	R_1	R_2
YTX	1	OSO_3Na	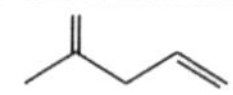
HydroxyYTX	1	OSO_3Na	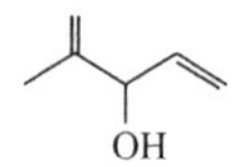
HomoYTX	2	OSO_3Na	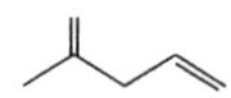
Hydroxy-homoYTX	2	OSO_3Na	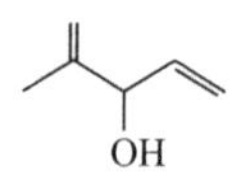
NorYTX	1	OSO_3Na	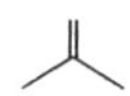
DesulfoYTX	1	OSO_3Na	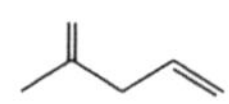
CarboxyYTX	1	OSO_3Na	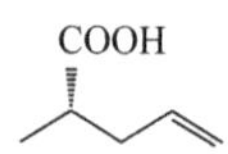

31.7.4　毒性机理

YTX 对丝氨酸/苏氨酸蛋白磷酸酶(PP) PP1 和 PP2A 的抑制作用是大田软海绵酸的 4 倍(Ogino et al.，1997)。因此，YTX 效应并不是由这些磷酸酶介导的。根据不同的细胞模型，YTX 处理后对细胞内的钙和腺苷 3′, 5′-环磷酸腺苷(cAMP)水平有不同程度的影响(Bianchi et al.，2004)。

31.7.5　检测方法

鉴于液相色谱-质谱联用法(LC-MS/MS)具有线性、特异性、重复性和重现性的优点，部分学者建议采用小鼠生物测定法(MBA)与 LC-MS/MS 结合的方式，对 YTX 进行分析检测(Paz et al.，2008；Liu et al.，2016；Krock et al.，2009；Fonfría et al.，2008)。小鼠死亡后，用 LC-MS/MS 进行确证，对其毒素成分进行鉴定和定量分析(Mudadu et al.，2018)。

31.8　原多甲藻酸贝类毒素(AZA)

31.8.1　概述

原多甲藻酸贝类毒素(AZA)是一种来源于环胺藻属(*Azadinium*)和*Amphidoma*的毒素。当这些毒素在可食用的海洋生物中积累并随后被人食用后，会引发胃肠道综合征。

31.8.2　结构与种类

AZA 是聚醚类海洋毒素，在各种贝类中积累，迄今已报道了 30 多种 AZA 结构类似物(图 31.11，表 31.8)。但不同 AZA 毒素的毒性不同，目前欧盟等国际组织和地区仅对 AZA1、AZA2 和 AZA3 有限量规定，其毒性研究结果主要来自 AZA-1。

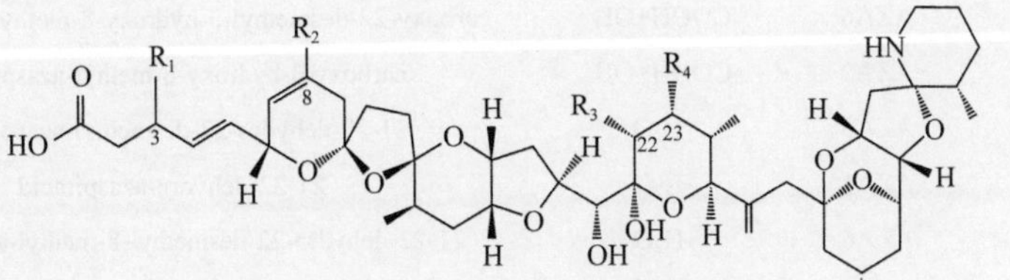

	R_1	R_2	R_3	R_4
AZA1	H	H	CH_3	H
AZA2	H	CH_3	CH_3	H
AZA3	H	H	H	H
AZA4	OH	H	H	CH_3
AZA5	H	H	H	OH

图 31.11　原多甲藻酸贝类毒素(AZA)化学结构示意图

表 31.8　原多甲藻酸贝类毒素(AZA)化学结构信息表

	原初类似物	取代基	名称
AZA1			Azaspiracid
AZA2			8-methyl-azaspiracid
AZA3			22-desmethyl-azaspiracid
AZA4	AZA3	OH	22-desmethyl-3-hydroxy-azaspiracid
AZA5	AZA3	OH	22-desmethyl-23-hydroxy-azaspiracid
AZA6			22-desmethyl-8-methyl-azaspiracid
AZA7	AZA1	OH	3-hydroxy-azaspiracid

续表

	原初类似物	取代基	名称
AZA8	AZA1	OH	23-hydroxy-azaspiracid
AZA9	AZA6	OH	22-desmethyl-3-hydroxy-8-methyl-azaspiracid
AZA10	AZA6	OH	22-desmethyl-23-hydroxy-8-methyl-azaspiracid
AZA11	AZA2	OH	3-hydroxy-8-methyl-azaspiracid
AZA12	AZA2	OH	23-hydroxy-8-methyl-azaspiracid
AZA13	AZA3	2 OH	22-desmethyl-3，23-dihydroxy-azaspiracid
AZA14	AZA1	2 OH	3，23-dihydroxy-azaspiracid
AZA15	AZA6	2 OH	22-desmethyl-3，23-dihydroxy-8-methyl-azaspiracid
AZA16	AZA2	2 OH	3，23-dihydroxy-8-methyl-azaspiracid
AZA17	AZA3	COOH	carboxy-22-desmethyl-azaspiracid
AZA18	AZA1	COOH	carboxy-azaspiracid
AZA19	AZA6	COOH	carboxy-22-desmethyl-8-methyl-azaspiracid
AZA20	AZA2	COOH	carboxy-8-methyl-azaspiracid
AZA21	AZA3	COOH+OH	carboxy-22-desmethyl-3-hydroxy-azaspiracid
AZA22	AZA1	COOH+OH	carboxy-3-hydroxy-azaspiracid
AZA23	AZA6	COOH+OH	carboxy-22-desmethyl-3-hydroxy-8-methyl-azaspiracid
AZA24	AZA2	COOH+OH	carboxy-3-hydroxy-8-methyl-azaspiracid
AZA25	AZA3	$-H_2O$	21-22-dehydro-22-desmethyl-azaspiracid
AZA26	AZA1	$-H_2O$	21-22-dehydro-azaspiracid
AZA27	AZA6	$-H_2O$	21-22-dehydro-22-desmethyl-8-methyl-azaspiracid
AZA28	AZA2	$-H_2O$	21-22-dehydro-8-methyl-azaspiracid
AZA29	AZA3	$COOCH_3$	22-desmethyl-azaspiracid-1-methyl-ester
AZA30	AZA1	$COOCH_3$	Azaspiracid-1-methyl-ester
AZA31	AZA6	$COOCH_3$	22-desmethyl-8-methyl-azaspiracid-1-methyl-ester
AZA32	AZA2	$COOCH_3$	8-methyl-azaspiracid-1-methyl-ester

31.8.3 理化性质

AZA 呈无色，非晶质固体，性质相对稳定。其含有螺环的含氮聚醚，末端含有羧基。其碳骨架由 40 个碳原子组成，分子中有 20 个立体异构中心和 9 个环。在冷藏条件下可长期储存。

31.8.4 毒性机理

目前，尚不确定 AZA 的具体毒性作用机理(Rossini and Hess，2010)，积累这些毒素在敏感系统中诱导的分子反应的数据显得极为重要。

31.8.5　检测方法

AZA 的检测方法包括：①小鼠生物测定法（MBA）；②体外细胞法。

参 考 文 献

刘伟斌，杜琦. 1997. 国外软骨藻酸的研究概况. 海洋湖沼通报，1（12）：67-70.

柳俊秀，何培民. 2009. 赤潮藻毒素种类与化学结构研究进展. 中国医药生物技术，4（2）：144-147.

吴多加，李凤琴. 2005. 软骨藻酸与人类健康关系研究进展. 卫生研究，34（3）：378-381.

Aase B, Rogstad A. 1997. Optimization of sample cleanup procedure for determination of diarrhetic shellfish poisoning toxins by use of experimental design. Journal of Chromatography A, 764 (2) : 223-231.

Alfonso A, de la Rosa L, Vieytes M R, et al. 2003. Yessotoxin, a novel phycotoxin, activates phosphodiesterase activity: Effect of yessotoxin on cAMP levels in human lymphocytes. Biochemical Pharmacology, 65 (2) : 193-208.

Aune T, Yasumoto T, Engeland E. 1991. Light and scanning electron microscopic studies on effects of marine algal toxins toward freshly prepared hepatocytes. Journal of Toxicology and Environmental Health, Part A Current Issues, 34 (1) : 1-9.

Baden D G, Bourdelais A J, Jacocks H, et al. 2005. Natural and derivative brevetoxins: Historical background, multiplicity, and effects. Environmental Health Perspectives, 113 (5) : 621-625.

Banner A H, Sasaki S, Helfrich P, et al. 1961. Bioassay of ciguatera toxin. Nature, 189 (4760) : 229-230.

Banner A H, Scheuer P J, Sasaki S, et al. 1960. Observations on ciguatera-type toxin in fish. Annals of the New York Academy of Sciences, 90 (3) : 770-787.

Beach D G, Melanson J E, Purves R W. 2015. Analysis of paralytic shellfish toxins using high-field asymmetric waveform ion mobility spectrometry with liquid chromatography-mass spectrometry. Analytical and Bioanalytical Chemistry, 407 (9) : 2473-2484.

Berman F W, Lepage K T, Murray T F. 2002. Domoic acid neurotoxicity in cultured cerebellar granule neurons is 21 con-trolled preferentially by the NMDA receptor Cainflux pathway. Brain Research, 924 (1) : 20-29.

Bialojan C, Takai A. 1988. Inhibitory effect of a marine-sponge toxin, okadaic acid, on protein phosphatases. Specificity and kinetics. Biochemical Journal, 256 (1) : 283-290.

Bianchi C, Fato R, Angelin A, et al. 2004. Yessotoxin, a shellfish biotoxin, is a potent inducer of the permeability transition in isolated mitochondria and intact cells. Biochimica et Biophysica Acta (BBA) -Bioenergetics, 1656 (2-3) : 139-147.

Birinyi-Strachan L C, Gunning S J, Lewis R J, et al. 2005. Block of voltage-gated potassium channels by Pacific ciguatoxin-1 contributes to increased neuronal excitability in rat sensory neurons. Toxicology and Applied Pharmacology, 204 (2) : 175-186.

Bordner J, Thiessen W E, Bates H A, et al. 1975. Structure of a crystalline derivative of saxitoxin. The Structure of saxitoxin. Journal of the American Chemical Society, 97 (21) : 6008-6012.

Botana L M, Rodriguez-Vieytes M, Alfonso A, et al. 1996. Phycotoxins: Paralytic shellfish poisoning and diarrhetic shellfish poisoning. Food Science and Technology-New York-Marcel DeKKER: 1147-1170.

Brand L E, Campbell L, Bresnan E. 2012. Karenia: The biology and ecology of a toxic genus. Harmful Algae, 14: 156-178.

Cheng Y S, Zhou Y, Irvin C M, et al. 2005.Characterization of marine aerosol for assessment of human exposure to brevetoxins. Environmental Health Perspectives, 113(5): 638-643.

Clausing R J, Barbara L, Oberhaensli F R, et al. 2018. Experimental evidence of dietary ciguatoxin accumulation in an herbivorous coral reef fish. Aquatic Toxicology, 200: 257-265.

Dechraoui M Y B, Tiedeken J A, Persad R, et al. 2005. Use of two detection methods to discriminate ciguatoxins from brevetoxins: Application to great barracuda from Florida Keys. Toxicon, 46(3): 261-270.

Dell'Ovo V, Bandi E, Coslovich T, et al. 2008. In vitro effects of yessotoxin on a primary culture of rat cardiomyocytes. Toxicological Sciences, 106(2): 392-399.

Egmond P H. 1993. Paralytic and diarrhoeic shellfish poisons: Occurrence in Europe, toxicity, analysis and regulation. Journal of Natural Toxins, 2: 41-83.

EU Commission. 2011. Commission Regulation(EU) No 15/2011 of 10 January 2011 amending Regulation(EC) No 2074/2005 as regards recognised testing methods for detecting marine biotoxins in live bivalve molluscs. Official Journal of the European Union. Series, L6(3).

Fernandez J J, Candenas M L, Souto M L, et al. 2002. Okadaic acid, useful tool for studying cellular processes. Current Medicinal Chemistry, 9(2): 229-262.

Fonfría E S, Vilariño N, Vieytes M R, et al. 2008. Feasibility of using a surface plasmon resonance-based biosensor to detect and quantify yessotoxin. Analytica Chimica Acta, 617(1-2): 167-170.

Glibert P M, Burkholder J A M, Kana T M. 2012. Recent insights about relationships between nutrient availability, forms, and stoichiometry, and the distribution, ecophysiology, and food web effects of pelagic and benthic *Prorocentrum* species. Harmful Algae, 14: 231-259.

Hallegraeff G M, Anderson D M, Cembella A. 1995. Manual on harmful marine microalgae, IOC Manuals and Guides No. 33. UNESCO, Paris.

Hampson D R, Huang X P, Wells J W, et al. 1992. Interaction of domoic acid and several derivatives with kainic acid and AMPA binding sites in rat brain. European Journal of Pharmacology, 218(1): 1-8.

Hess P, Butter T, Petersen A, et al. 2009. Performance of the EU-harmonised mouse bioassay for lipophilic toxins for the detection of azaspiracids in naturally contaminated mussel(*Mytilus edulis*) hepatopancreas tissue homogenates characterised by liquid chromatography coupled to tandem mass spectrometry. Toxicon, 53(7-8): 713-722.

Hess P, Grune B, Anderson D B, et al. 2006. Three Rs approaches in marine biotoxin testing: The report and recommendations of a joint ECVAM/DG SANCO workshop(ECVAM Workshop 55). Alternatives to Laboratory Animals, 34(2): 193-224.

Hidalgo J, Liberona J L, Molgó J, et al. 2002. Pacific ciguatoxin-1b effect over Na^+ and K^+ currents, inositol 1, 4, 5-triphosphate content and intracellular Ca^{2+} signals in cultured rat myotubes. British Journal of Pharmacology, 137(7): 1055-1062.

Hogg R C, Lewis R J, Adams D J. 2002. Ciguatoxin-induced oscillations in membrane potential and action potential firing in rat parasympathetic neurons. European Journal of Neuroscience, 16(2): 242-248.

Hokama Y. 1985. A rapid, simplified enzyme immunoassay stick test for the detection of ciguatoxin and related polyethers from fish tissues. Toxicon, 23(6): 939-946.

Hokama Y, Banner A H, Boylan D B. 1977. A radioimmunoassay for the detection of ciguatoxin. Toxicon, 15(4): 317-325.

Inserra M, Lavrukhina Y, Jones A, et al. 2017. Ciguatoxin detection methods and high-throughput assays. Analysis of Food Toxins and Toxicants, 2: 469-488.

James K J, Carmody E P, Gillman M, et al. 1997. Identification of a new diarrhoetic toxin in shellfish using liquid chromatography with fluorimetric and mass spectrometric detection. Toxicon, 35 (6) : 973-978.

Kellman R, Schaffner C A M, Grnset T A, et al. 2009. Proteomic response of human neuroblastoma cells to azaspiracid-1. Proteomics, 72 (4) : 695-707.

Krock B, Seguel C G, Valderrama K, et al. 2009. Pectenotoxins and yessotoxin from Arica Bay, North Chile as determined by tandem mass spectrometry. Toxicon, 54 (3) : 364-367.

Lawrence J, Loreal H, Toyofuku H, et al. 2011. Assessment and management of biotoxin risks in bivalve molluscs. FAO Fisheries and Aquaculture Technical Paper, 551: Ⅰ.

Lee J S, Yanagi T, Kenma R, et al. 1987. Fluorometric determination of diarrhetic shellfish toxins by high-performance liquid chromatography. Agricultural and Biological Chemistry, 51 (3) : 877-881.

Lefebvre K A, Bill B D, Erickson A, et al. 2008. Characterization of intracellular and extracellular saxitoxin levels in both field and cultured *Alexandrium* spp. samples from Sequim Bay, Washington. Marine Drugs, 6 (2) : 103-116.

Lehane L, Lewis R J. 2000. Ciguatera: Recent advances but the risk remains. International Journal of Food Microbiology, 61 (2-3) : 91-125.

Lewis R J, Jones A. 1997. Characterization of ciguatoxins and ciguatoxin congeners present in ciguateric fish by gradient reverse-phase high-performance liquid chromatography/mass spectrometry. Toxicon, 35 (2) : 159-168.

Liu R Y, Liu L, Xu Y L, et al. 2016. The production, distribution and fate of yessotoxins, taking the northern Yellow Sea of China for example. Environment and Ecology Research, 4 (6) : 322-345.

Manger R L, Leja L S, Lee S Y, et al. 1995. Detection of sodium channel toxins: Directed cytotoxicity assays of purified ciguatoxins, brevetoxins, saxitoxins, and seafood extracts. Journal of AOAC International, 78 (2) : 521-527.

Maranda L, Corwin S, Dover S, et al. 2007. *Prorocentrum lima* (Dinophyceae) in northeastern USA coastal waters. Ⅱ: Toxin load in the epibiota and in shellfish. Harmful Algae, 6 (5) : 632-641.

Miles C O, Samdal I A, Aasen J A G, et al. 2005. Evidence for numerous analogs of yessotoxin in *Protoceratium reticulatum*. Harmful Algae, 4 (6) : 1075-1091.

Molgo J, Benoit E, Cornella J X, et al. 1992. Ciguatoxin: A tool for research on sodium-dependent mechanisms. Methods in Neurosciences, 8: 149-164.

Molgó J, Shimahara T, Gaudry-Talarmain Y M, et al. 1992. Ciguatoxin-induced changes in acetylcholine release and in cytosolic calcium levels. Bulletin de la Societe de pathologie Exotique (1990), 85 (5 Pt 2) : 486-488.

Mudadu A G, Lorenzoni G, Bazzoni A M, et al. 2018. Yessotoxin detection in bivalve molluscs: A case study from coastal mussel farms (Sardinia, Italy). Italian Journal of Food Safety, 6 (4) : 7015.

Munday R. 2013. Is protein phosphatase inhibition responsible for the toxic effects of okadaic acid in animals? Toxins, 5 (2) : 267-285.

Murata M, Kumagai M, Lee J S, et al. 1987. Isolation and structure of yessotoxin, a novel polyether compound implicated in diarrhetic shellfish poisoning. Tetrahedron Letters, 28 (47) : 5869-5872.

Naar J P, Flewelling L J, Lenzi A, et al. 2007. Brevetoxins, like ciguatoxins, are potent ichthyotoxic neurotoxins that accumulate in fish. Toxicon, 50 (5) : 707-723.

Ogino H, Kumagai M, Yasumoto T. 1997. Toxicologic evaluation of yessotoxin. Natural Toxins, 5 (6) : 255-259.

Oshima Y, Blackburn S I, Hallegraeff G M. 1993. Comparative study on paralytic shellfish toxin profiles of the dinoflagellate *Gymnodinium catenatum*from three different countries. Marine Biology, 116 (3) : 471-476.

Paz B, Daranas A H, Norte M, et al. 2008. Yessotoxins, a group of marine polyether toxins: An Overview. Marine Drugs, 6 (2) : 73-102.

Pitcher G C, Foord C J, Macey B M, et al. 2019. Devastating farmed abalone mortalities attributed to yessotoxin-producing dinoflagellates. Harmful Algae, 81: 30-41.

Poli M A, Musser S M, Dickey R W, et al. 2000. Neurotoxic shellfish poisoning and brevetoxin metabolites: A case study from Florida. Toxicon, 38 (7) : 981-993.

Pottier I, Vernoux J P, Jones A, et al. 2002. Characterisation of multiple Caribbean ciguatoxins and congeners in individual specimens of horse-eye jack (*Caranx latus*) by high-performance liquid chromatography/mass spectrometry. Toxicon, 40 (7) : 929-939.

Ravn H, Anthoni U, Christophersen C, et al. 1995. Standardized extraction method for paralytic shellfish toxins in phytoplankton. Journal of Applied Phycology, 7 (6) : 589-594.

Reguera B, Pizarro G. 2008. Planktonic Dinoflagellates that Contain Polyether Toxins of the Old "DSP Complex" //Botana L M. Seafood and Freshwater Toxins: Pharmacology, Physiology, and Detection.Boca Raton: CRC Press.

Reguera B, Riobó P, Rodríguez F, et al. 2014. Dinophysis toxins: Causative organisms, distribution and fate in shellfish. Marine Drugs, 12 (1) : 394-461.

Reguera B, Velo-Suárez L, Raine R, et al. 2012. Harmful dinophysis species: A review. Harmful Algae, 14 (1) : 87-106.

Rossini G P, Hess P. 2010. Phycotoxins: Chemistry, mechanisms of action and shellfish poisoning//Luch A. Molecular, Clinical and Environmental Toxicology. Basel: Birkhäuser: 65-122.

Satake M, Mackenzie L, Yasumoto T. 1997. Identification of *Protoceratium reticulatum*as the biogenetic origin of yessotoxin. Natural Toxins, 5 (4) : 164-167.

Satake M, Terasawa K, Kadowaki Y, et al. 1996. Relative configuration of yessotoxin and isolation of two new analogs from toxic scallops. Tetrahedron Letters, 37 (33) : 5955-5958.

Schantz E J, Ghazarossian V E, Schnoes H K, et al. 1975. Structure of saxitoxin. Journal of the American Chemical Society, 97 (5) : 1238-1239.

Schlumberger S, Mattei C, Molgó J, et al. 2010. Dual action of a dinoflagellate-derived precursor of Pacific ciguatoxins (P-CTX-4B) on voltage-dependent K^+ and Na^+ channels of single myelinated axons. Toxicon, 56 (5) : 768-775.

Scholin C A, Gulland F, Doucette G J, et al. 2000. Mortality of sea lions along the central California coast linked to a toxic diatom bloom. Nature, 403 (6765) : 80-84.

Suzuki T, Yoshizawa R, Kawamura T, et al. 1996. Interference of free fatty acids from the hepatopancreas of mussels with the mouse bioassay for shellfish toxins. Lipids, 31 (6) : 641-645.

Tachibana K, Scheuer P J, Tsukitani Y, et al. 1981. Okadaic acid, a cytotoxic polyether from two marine sponges of the genus Halichondria. Journal of the American Chemical Society, 103 (9) : 2469-2471.

Takahashi H, Kusumi T, Kan Y, et al. 1996. Determination of the absolute configuration of yessotoxin, a polyether compound implicated in diarrhetic shellfish poisoning, by NMR spectroscopic method using a chiral anisotropic reagent, methoxy- (2-naphthyl) acetic acid. Tetrahedron Letters, 37 (39) : 7087-7090.

Tao L, Zhu J Q, Li G. 2014. Ecological floating bed applied to control nutrients and cyanobacteria bloom in the pond water under intensive aquaculture/advanced materials research. Trans Tech Publications, 955: 638-642.

Tobío A, Fernández-Araujo A, Alfonso A, et al. 2012. Role of yessotoxin in calcium and cAMP-crosstalks in primary and K-562 human lymphocytes: The effect is mediated by Anchor kinase a mitochondrial proteins. Journal of Cellular Biochemistry, 113 (12) : 3752-3761.

Tubaro A, Sosa S, Carbonatto M, et al. 2003. Oral and intraperitoneal acute toxicity studies of yessotoxin and homoyessotoxins in mice. Toxicon, 41 (7) : 783-792.

Usup G, Kulis D M, Anderson D M. 1994. Growth and toxin production of the toxic dinoflagellate *Pyrodinium bahamense* var. *compressum* in laboratory cultures. Natural Toxins, 2 (5) : 254-262.

Valdiglesias V, Prego-Faraldo M, Pásaro E, et al. 2013. Okadaic acid: More than a diarrheic toxin. Marine Drugs, 11 (11) : 4328-4349.

van Dolah F M. 2000. Marine algal toxins: Origins, health effects, and their increased occurrence. Environmental Health Perspectives, 108 (S1) : 133-141.

Viviani R. 1992. Eutrophication, marine biotoxins, human health//Vollenweider R A, Marchetti R, Viviani R.Marine Coastal Eutrophication. Amsterdam: Elsevier: 631-662.

Wang J, Wang Y Y, Lin L, et al. 2012. Quantitative proteomic analysis of okadaic acid treated mouse small intestines reveals differentially expressed proteins involved in diarrhetic shellfish poisoning. Journal of Proteomics, 75 (7) : 2038-2052.

Watkins S, Reich A, Fleming L, et al. 2008. Neurotoxic shellfish poisoning. Marine Drugs, 6 (3) : 431-455.

Wiese M, D'agostino P M, Mihali T K, et al. 2010. Neurotoxic alkaloids: Saxitoxin and its analogs. Marine Drugs, 8 (7) : 2185-2211.

Yamaoka K, Inoue M, Miyahara H, et al. 2004. A quantitative and comparative study of the effects of a synthetic ciguatoxin CTX3C on the kinetic properties of voltage-dependent sodium channels. British Journal of Pharmacology, 142 (5) : 879-889.

Yasumoto T, Murata M. 1993. Marine toxins. Chemical Reviews, 93 (5) : 1897-1909.

Yasumoto T, Murata M, Oshima Y, et al. 1985. Diarrhetic shellfish toxins. Tetrahedron, 41 (6) : 1019-1025.

Yasumoto T, Takizawa A. 1997. Fluorometric measurement of yessotoxins in shellfish by high-pressure liquid chromatography. Bioscience, Biotechnology, and Biochemistry, 61 (10) : 1775-1777.

图　版

图版 I-1　莆田休闲渔庄的海马齿生态浮床

图版 I-2　宁波梅山湾的抗风浪海马齿生态浮床

图版 I-3　厦门筼筜湖的海马齿生态浮床

图版 I-4　宁德溪尾湾河口区海马齿生态浮床

图版 I-5　福建东山八尺门网箱上的海马齿生态浮床

图版 I-6　宁德三都澳网箱区的海马齿生态浮床

图版 I　海马齿生态浮床

海马齿［*Sesuvium portulacastrum* (L.) L.］

图版Ⅱ-1　2014 年修复前的南汇东滩湿地

图版Ⅱ-2　2015 年人工移栽海三棱藨草

图版Ⅱ-3　2018 年海三棱藨草群落恢复面貌

图版Ⅱ-4　2019 年海三棱藨草群落恢复面貌

图版Ⅱ-5　海三棱藨草茂盛生长

图版Ⅱ-6　海三棱藨草群落

图版Ⅱ-7　湿地迁徙候鸟翘嘴鹬和灰尾漂鹬

图版Ⅱ-8　湿地已成为遛马场所

图版Ⅱ　南汇东滩湿地海三棱藨草群落恢复

海三棱藨草（*Scirpus mariqueter*）

图版III-1　潮滩前沿植被斑块与水动力地貌反馈塑造的“蜿蜒曲折状”自组织格局

图版III-2　湿地内部植被与水动力地貌反馈塑造的“羽扇状”自组织格局

图版III-3　潮滩区域的海三棱藨草通过空间自组织形成“精灵圈”格局

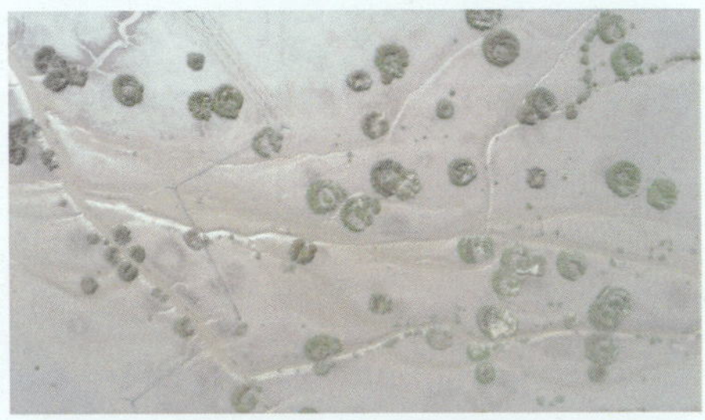

图版III-4　潮滩区域的互花米草通过空间自组织形成“精灵圈”格局

图版III-5 上海南汇临港东滩海三棱藨草空间自组织初期形成“精灵圈”格局

图版III-6　上海南汇临港东滩海三棱藨草、互花米草空间自组织形成“精灵圈”格局

图版III-7　黄河口盐沼湿地物理自组织过程引发形成盐地碱蓬空间多边形格局

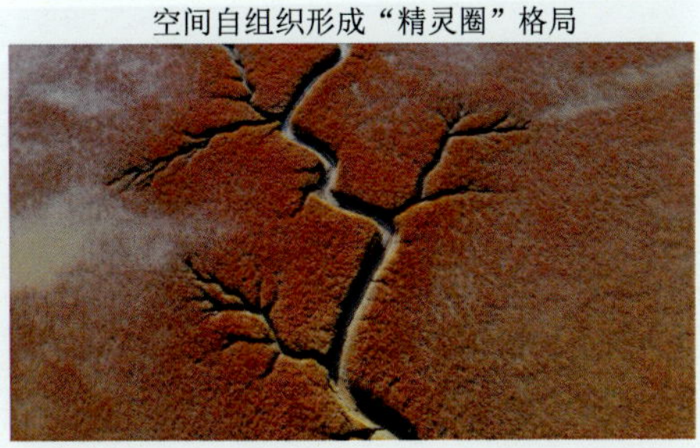

图版III-8　辽宁盘锦盐地碱蓬盐沼湿地潮沟自组织网络格局，潮沟呈现空间自相似分叉结构

图版III　湿地自组织格局

三棱藨草（*Scirpus mariqueter*），互花米草（*Spartina alterniflora*），盐地碱蓬[*Suaeda salsa* (L.) Pall.]

图版Ⅳ-1　江苏吕四条斑紫菜养殖海区

图版Ⅳ-2　江苏如东条斑紫菜养殖海区

图版Ⅳ-3　江苏大丰东沙条斑紫菜无支杆生态养殖模式

图版Ⅳ-4　江苏连云港坛紫菜养殖海区

图版Ⅳ-5 江苏如东海区养殖条斑紫菜采收

图版Ⅳ-6 江苏如东海区采用拖拉机收割条斑紫菜

图版Ⅳ-7　福建宁德坛紫菜养殖海区

图版Ⅳ-8　福建霞浦坛紫菜养殖海区

图版Ⅳ　紫菜人工养殖生态系统

条斑紫菜（*Neopyropia yezoensis*），坛紫菜（*Neoporphyra haitanensis*）

图版Ⅴ-1　大叶藻生境修复前后对比

图版Ⅴ-2　牡蛎壳海珍礁资源养护效果

图版Ⅴ-3　海洋牧场示意图

图版Ⅴ　海洋牧场生态系统

大叶藻（*Zostera marina* L.）

图版Ⅵ-1　枸杞岛厚壳贻贝养殖区

图版Ⅵ-2　厚壳贻贝养殖海区

图版Ⅵ-3　厚壳贻贝养殖浮子上附着的铜藻

图版Ⅵ-4　枸杞岛厚壳贻贝养殖区无人机局部航拍图

图版Ⅵ　枸杞岛厚壳贻贝养殖生态系统

厚壳贻贝（*Mytilus coruscus*），铜藻（*Sargassum horneri*）

图版Ⅶ-1 鱼-藻 IMTA 模式-鱼类深水网箱养殖

图版Ⅶ-2 鱼-藻 IMTA 模式-海带筏式栽培

图版Ⅶ-3 海带栽培生产及夹苗的海带苗生长状况

图版Ⅶ-4 鱼-藻 IMTA 模式-海带收获

图版Ⅶ-5 鲍-藻-参 IMTA 模式-养殖生产日常管理

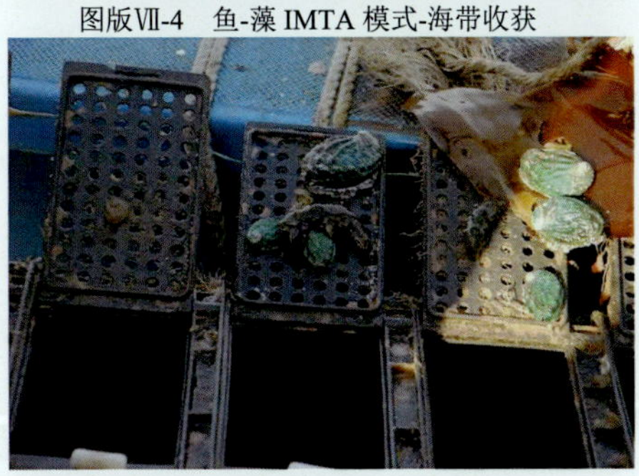

图版Ⅶ-6 鲍-藻-参 IMTA 模式-养殖的鲍鱼和海参

图版Ⅶ-7 贝-藻-胆 IMTA 模式-养殖的贝类和海胆

图版Ⅶ-8 IMTA 模式养殖区现场调查

图版Ⅶ 山东省桑沟湾多营养层次综合养殖（IMTA）模式

海带（*Saccharina japonica*）

图版Ⅷ-1　鱼-贝-藻生态养殖试验区

图版Ⅷ-2　大黄鱼深水网箱养殖

图版Ⅷ-3　厚壳贻贝养殖

图版Ⅷ-4　深水网箱养殖的大黄鱼苗

图版Ⅷ-5　岛礁附着生长的大型海藻

图版Ⅷ　三横山岛礁鱼-贝-藻 IMTA 综合养殖生态系统

大黄鱼（*Larimichthys crocea*），厚壳贻贝（*Mytilus coruscus*）